생물 오개념 연구와 지도

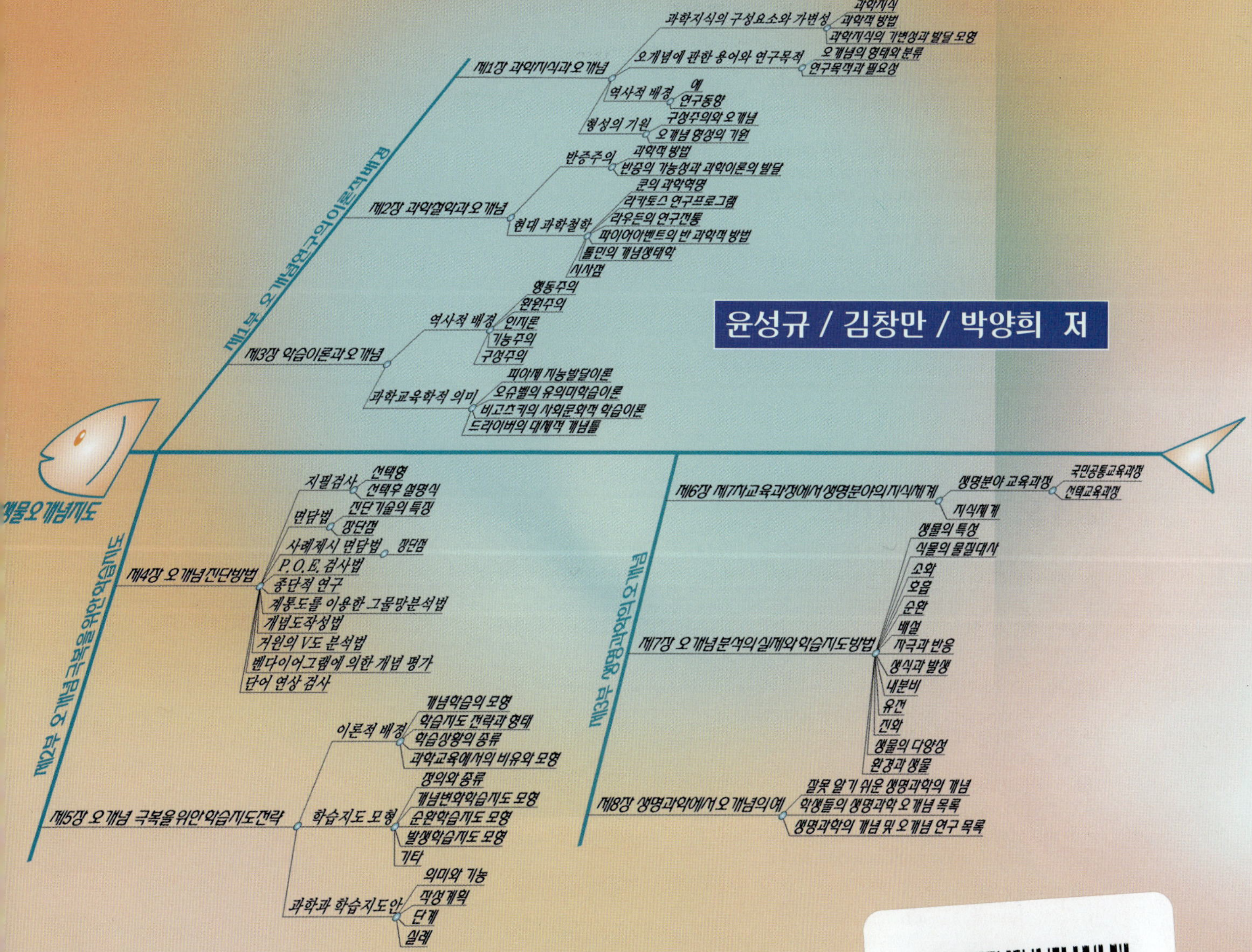

윤성규 / 김창만 / 박양희 저

JN443445

월드사이언스
WORLD SCIENCE
www.worldscience.co.kr

Misconceptions and Instruction in Biology Education

by
Sung Gyu YUN, Chang Man KIM, Yang Hee PARK

Published by World Science Publishing Company, Inc.
Seoul, Korea
Tel. 02-581-5811-3
Fax. 02-521-6418
E-mail: worldscience@hanmail.net
Home page: http://www.worldscience.co.kr

Printed in Republic of Korea

ISBN 978-89-5881-087-2

생물 오개념 연구와 지도

인 쇄 · 2007년 8월 20일
발 행 · 2007년 9월 5일
저 자 · 윤성규 김창만 박양희
발행인 · 박 선 진
표지/편집 · 이승철

발행처 · 도서출판 월드사이언스
서울특별시 동작구 사당5동 240-15
등록일자 · 1987년 12월 14일
등록번호 · 3-136
TEL · (02) 581-5811~3
FAX · (02) 521-6418
E-mail · worldscience@hanmail.net
URL · http://www.worldscience.co.kr

정가 30,000원
ISBN 978-89-5881-087-2

이 도서의 국립중앙도서관 출판시도서목록(CIP)은 e-CIP 홈페이지
(http://www.nl.go.kr/cip.php)에서 이용하실 수 있습니다.(CIP제어번호: CIP2007002563)

머리말

과학은 어느 학문보다도 합리적이고 체계적이므로 보편적인 절차에 따라 그 구성요소들을 차례대로 가르치면 쉽게 배울 수 있는 학문일 것이다. 그러나, 현실적으로 과학은 이해하기 어렵고 잘 못 알기 쉬운 학문으로 인식되고 있으며, 학생들이 잘 알고 있다고 하는 지식도 조금만 자세히 분석해 보면 그릇된 개념을 가진 경우가 많다.

학생들을 가르치다 보면 간혹 교사가 가르치고자 하는 개념과는 전혀 다르게 이해하고 있는 경우를 경험하게 된다. 이런 경우 교사는 어떻게 바로 잡을 것인지를 고민하게 된다. 학생들이 잘못된 지식을 많이 가지게 되는 원인 중의 하나는 그들 나름대로의 경험을 통해서도 지식을 획득하기 때문이다. 학생들은 학교의 형식교육을 받는 과정에서 많은 과학 지식을 습득하지만 일상생활이나 자연 속의 직접적인 경험을 통해서도 적지 않은 과학지식을 획득한다. 특히 그렇게 획득된 지식은 과학적이지는 않지만 그들 나름대로는 합리적인 경우가 대부분이다. 이렇게 습득된 지식은 학교에서 과학학습을 할 때에는 오히려 방해요인으로 작용하기도 한다. 구성주의 관점에서 보면 과학교육을 통하여 학생들의 개념을 변화시키기는 쉽지 않다.

학술지를 보면 여러 가지 학습지도 전략들이 개발되고 있다. 그러나 이렇게 개발된 학습지도 방법들이 우리 교육현장에서 직접 이용되기는 어렵고 이론에 치우치는 경우가 많다. 반면에 오개념에 관한 연구결과들은 모두 수업현장에 즉시 적용할 수 있는 장점이 있다. 수업에 임하기 전에 학습자가 이미 가지고 있는 선개념에는 어떤 것이 있는가를 파악하는 것은 과학적 개념을 효율적으로 지도하기 위한 수업계획의 기초가 될 수 있다. 오개념들은 어떻게 형성되었으며 학습에 의해 어떻게 변화되는지 그리고 이와 같은 요인들을 고려한 가장 효과적인 수업방법은 무엇인지에 관한 연구는 효과적인 학습을 위하여 꼭 필요한 것이다.

이 책은 초·중등학교에서 직접 오개념을 조사한 것을 분석하여 학생들이 가지고 있는 오개념을 쉽게 파악할 수 있도록 하였다. 그리고 교사가 교육현장에서 수업 계획이나 지도에 바로 적용할 수 있도록 생명과학의 오개념을 극복할 수 있는 알맞은 학습지도 방법을 제시하였다.

이 책은 크게 네 부분으로 나누어져 있다. 제1부는 오개념의 이론적 배경을 파악하기 위하여 오개념 형성의 기원과 오개념의 인식론적 그리고 심리학적 배경을 간단하게 살펴보았다. 제2부는 오개념 극복을 위한 학습지도 방법을 제시하기 위하여 오개념의 진단 방법과 오개념을 수정하기 위한 학습지도 전략을 다루었다. 학습지도 전략은 학습지도 모형을 중심으로 다루었다. 제3부에서는 우선 제7차 교육과정을 포함하여 우리나라에서 다루고 있는 생명과학의 영역별 지식체계를 제안하였다. 그리고, 실제 우리나라 초·중등 학생들이 가지고 있는 오개념을 조사해 보고 그러한 오개념을 수정하기 위한 학습지도 방법을 제시하였다. 제4부에서는 생명과학에서 제시된 국내외의 학생들이 가진 오개념의 예를 다루면서 그 동안 국내에서 진행된 생명과학의 오개념에 관한 연구 예를 모두 정리하였다.

생명과학은 과학의 다른 분야에 비하여 작은 개념이 무척 많으며 용어의 연속이므로 예비교사가 임용고사를 준비하는데 애로사항이 많을 것이다. 예비교사는 이 책을 통하여 본인이 가지고 있는 개념이 어떠한지를 자가진단 할 수 있으므로 임용고사 준비에 무척 도움이 될 뿐만 아니라 교사가 되고 난 후의 학습지도에도 도움이 될 것이다.

이 책을 출판하기 위하여 오랜 기간 동안 준비하였지만 아직도 부족한 부분이 많은 것이 사실이다. 앞으로도 추가적인 연구와 논문들이 발표됨에 따라 수정·보완해야 할 것이다. 아무쪼록 이 책이 생명과학의 학습이나 지도에서 오개념을 줄이고 과학적 개념을 학습할 수 있도록 예비교사 그리고 교사 및 학생에게 많은 도움이 되었으면 하는 바램이다.

이 책의 내용이 알차게 구성되도록 틀을 잡아주신 대구대학교 과학교육연구소의 임성민 · 차정호 · 김인환 · 정철 교수님께 감사드리며, 이 책으로 공부하는 학생의 입장에서 조언을 해준 대구대학교 환경생태교육연구실의 교육대학원생들께 감사드린다. 아울러, 이 책이 출판되도록 지원을 해 주신 아카데미서적의 주성필 사장님과 월드사이언스의 박선진 사장님께 감사의 마음을 전하고 싶다.

2006년 12월

저자 일동

책내용의 개념도

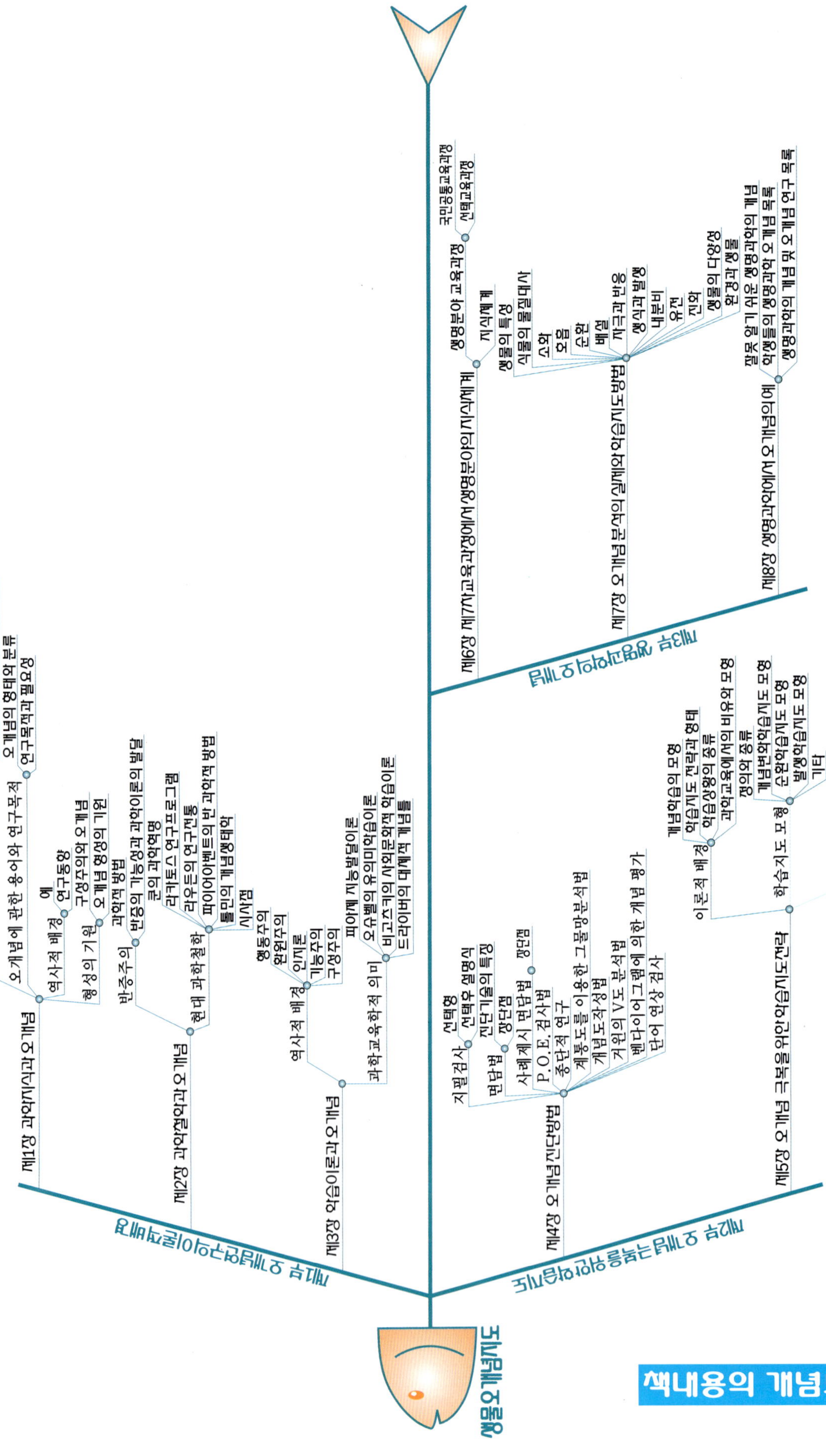

생물오개념지도
제1부 오개념과 학습이론의 관계
제1장 과학지식과 오개념
과학지식의 구성요소와 가변성
과학지식
과학적 방법
과학지식의 가변성과 발달 모형
오개념에 관한 용어와 연구목적
오개념의 형태와 분류
연구목적과 필요성
역사적 배경
예
연구동향
형성의 기원
구성주의와 오개념
오개념 형성의 기원
제2장 과학철학과 오개념
반증주의
과학적 방법
반증의 가능성과 과학이론의 발달
현대 과학철학
쿤의 과학혁명
라카토스 연구프로그램
라우든의 연구전통
파이어아벤트의 반 과학적 방법
툴민의 개념생태학
시사점
제3장 학습이론과 오개념
역사적 배경
행동주의
합리주의
인지론
기능주의
구성주의
과학교육학적 의미
피아제 지능발달이론
오슈벨의 유의미학습이론
비고츠키의 사회문화적 학습이론
드라이버의 대체적 개념틀
제2부 생명과학의 오개념
제6장 제7차교육과정에서 생명분야의 지식체계
생명분야 교육과정
국민공통교육과정
선택교육과정
지식체계
제7장 오개념 분석의 실제와 학습지도방법
생물의 특성
식물의 물질대사
소화
호흡
순환
배설
자극과 반응
생식과 발생
내분비
유전
진화
생물의 다양성
환경과 생물
제8장 생명과학에서 오개념의 예
잘못 알기 쉬운 생명과학의 개념
학생들의 생명과학 오개념 목록
생명과학의 개념 및 오개념 연구 목록
제3부 오개념 극복을 위한 학습지도전략
제4장 오개념진단방법
지필검사
선택형
선택후 설명식
진단기술의 특징
면담법
장단점
사례제시 면담법
장단점
P.O.E. 검사법
종단적 연구
계통도를 이용한 그물망분석법
개념도작성법
가원의 V도 분석법
벤다이어그램에 의한 개념 평가
단어 연상 검사
제5장 오개념 극복을 위한 학습지도전략
이론적 배경
개념학습의 모형
학습지도 전략과 형태
학습상황의 종류
과학교육에서의 비유와 모형
학습지도 모형
정의와 종류
개념변화학습지도 모형
순환학습지도 모형
발생학습지도 모형
기타
과학과 학습지도안
의미와 기능
작성계획
단계
실례

차 례

제1부 오개념 연구의 이론적 배경

제1장 과학 지식과 오개념

제2장 과학철학과 오개념

제3장 학습이론과 오개념

제 1 부

오개념 연구의 이론적 배경

제1장 과학 지식과 오개념

1.1. 과학 지식의 구성요소와 가변성

1.1.1. 과학 지식

가. 과학 지식의 정의와 종류

과학 지식은 인식론자에 따라 서로 다른 의미로 정의되며, 그 출처에 따라 다양한 종류로 나뉜다. 따라서 과학 지식의 학습지도 방법과 전략은 과학 지식의 종류에 따라 달라진다.

1) 과학 지식의 정의

지식을 뜻하는 'knowledge'는 '알다'를 나타내는 'to know'의 명사형이다. '알다'는 모르는 것을 깨닫는 행위를, 지식은 그렇게 알게 된 내용, 또는 사물에 대한 인식으로 정의된다. 지식은 인식에 의하여 얻어지고 객관적으로 확증된 성과로서, 사물에 관한 개개의 단편적인 사실적·경험적 인식을 말하고, 더욱 엄밀한 뜻으로는 원리적·통일적으로 조직되어 있어서 객관적 타당성을 요구하는 판단의 체계를 말한다(이희승, 1994). 인지 심리학자들은 지식은 정보와 기술로 이루어진 복잡한 체계로 정의하기도 한다(Carin, 1997).

전통적 인식론에서는 과학 지식을 신념·진리·증거로 정의하지만, 구성주의를 포함한 현대의 인식론에서는 과학 지식을 이와 다르게 정의한다. 그들에 따르면, 과학 지식은 감각적 지각이나 의사소통을 통해 수용된 것이 아니라 능동적으로 구성된 것으로서 언제나 자연을 그대로 나타내지는 않으며(Steffe & Gale, 1995), 과학 지식은 자연현상을 설명하기 위해 사회적 합의 과정을 통해 구성한 설명 체계라는 것이다(Riggfs, 1992). 그들에 따르면, 과학 지식은 절대 불변의 진리가 아니라 새로운 증거가 제시됨에 따라 언제라도 바뀌거나 대체될 수 있는 임시적 개념 체계라는 뜻이다.

2) 과학 지식의 출처

인식론자들은 지식의 의미뿐만 아니라 그 출처에 관해서도 견해를 달리한다. 경험론은 지식의 출처(source)로 관찰·측정·실험·지각(perception)·내성·자각(self-awareness)·느낌·기억·증언·신념·직관·권위·전통(Hospers, 1997; Kitchener, 1999) 등을, 합리론은 논리적 추리와 이성을, 반증주의는 상상력과 직관적 추리를, 그리고 사회학자 및 현대의 과학 철학자들은 사회적 합의 과정을 제시한다(조희형, 1998). 학생들은 이외에 계시나 권위를 매개로 과학 지식을 획득하기도 한다.

경험주의는 지식의 출처로 특별히 경험을 중요시하고, 경험을 통해 형성된 지식을 경험 지식이라 한다. 그러나 현대의 인식론은 지식의 출처를 자연이나 이성에 두지 않고 자연과 인간 사이, 또는 인간과 인간 사이의 상호작용에 둔다. 따라서 지식은 자연현상을 보고, 그것을 기술하고 이해하기 위해 구성한 인식의 체계이다. 또한, 과학 지식의 가치는 자연에 대한 관찰이나 실험으로 검증되는 것이 아니라 자연현상을 설명하고 생활과 사회의 문제를 해결하는 정도에 따라 결정된다.

3) 과학 지식의 종류

인식론자는 지식을 경험적(empirical) 지식, 선험적(priority) 지식, 명제적(propositional) 지식, 비명제적(non-propositional) 지식, 절차적 지식(knowledge of how) 등으로 대별한다. 칸트에 따르면 경험적 지식은 감각적 경험에 바탕을 둔다. 선험적 지식은 순수이성(pure understanding), 혹은 순수오성에 바탕을 두어 경험과는 독립적으로 형성되며 바로 그 이성이나 오성에 의해서 정당화된다. 명제적 지식은 서술을 통해 얻어지는 지식으로서 서술적 지식 또는 선언적(declarative) 지식으로 불리기도 하며 비명제적 지식은 대면이나 숙지(acquaintance)를 통해 획득되기 때문에 직접적 지식으로 불리기도 한다. 절차적 지식은 '~을 이용할 줄 안다' 와 같이 '안다' 가 특정한 능력을 가지고 있음을 의미하는 지식이다. 표상적 지식은 '보일의 법칙을 안다' 와 같이 관련이 있는 정보가 인지구조에 표상화 되어 있어서 필요할 때마다 머리에 떠올려야 하는 지식을 말한다. 이와 같은 지식 가운데서 실용주의는 대체로 절차적 지식을, 경험주의는 비명제적 지식을, 그리고 합리주의는 명제적 지식을 중요시한다(Kitchener, 1999).

한편, 조희형(2003)은 명제적 지식을 다시 사실적 지식, 논리적 지식, 규범적 지식으로 분류하였다 (그림 1.1).

그림 1.1에서 사실적 지식은 '물은 100℃에서 끓는다.' 와 같이 과학적 사실에 관한 지식을 의미하며, 논리적 지식은 '포유동물은 새끼를 낳아 젖으로 키우는 동물이다' 와 같이 설명하려는 주어에 서술 부분을 포함시켜 분석적 문장으로 표현되는 지식으로서 형식적 지식으로 일컬어지기도 한다(조희형, 2003). 규범적 지식은 '유전자 조작 식품은 해롭다' 와 같이 가치나 도덕적·윤리적 기준 또는 규범을 나타내는 지식이다.

나. 과학 지식의 구성 요소

과학 지식은 사실, 개념, 언명, 법칙, 이론, 가설 등으로 이루어져 있으며 각급 학교에서 이루어지는 과학교육의 목적, 내용, 방법 등을 결정하는 기준이 된다. 먼저 개괄적인 구조를 살펴보면 그림 1.2와 같다.

1) 사실

과학 지식의 구성 요소로서의 사실(fact)은 관찰한 것을 그대로 진술한 명제이다. 관찰이

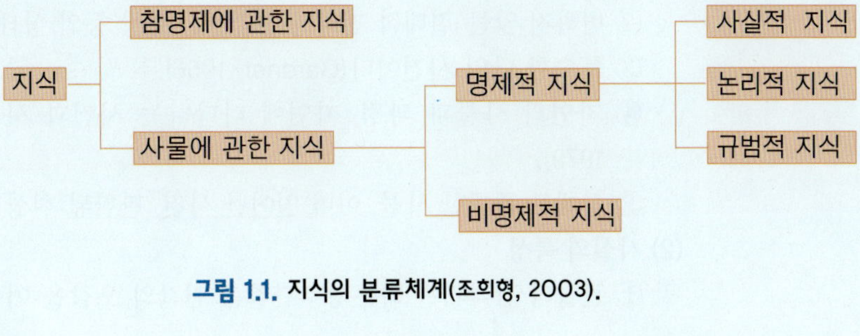

그림 1.1. 지식의 분류체계(조희형, 2003).

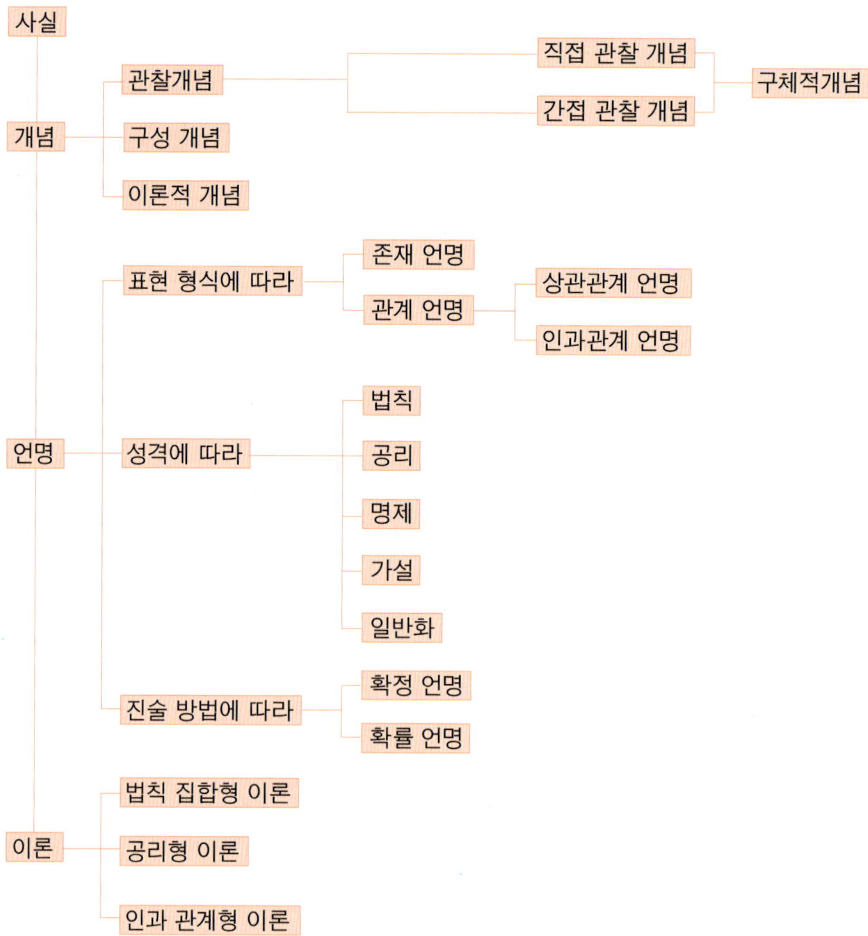

그림 1.2. 과학적 이론의 구조(권 등, 1998).

가능한 자연 세계의 실재를 나타내는 단일 언명(simple statement)이다. 사실은 본 것을 그대로 진술한 명제로서 구체적인 대상을 가르치기 때문에, 직접 그리고 언제라도 관찰을 통해 그 속성을 확인할 수 있는 특성을 지닌다(Chiappetta, et al., 1998). 따라서 '사실' 은 단순히 알려진 하나의 정보로서 구체적이고 관찰 가능한 것이며, 사실 뒤에는 숨은 이론이 없고 사실은 그저 단순히 존재하는 것이다.

(1) 사실의 정의

① 관찰·측정·실험을 통해 수집한 구체적이고 검증이 가능한 산물이나 정보이다(Martin et al., 1997).

② 변하지 않는 절대적 진리나 사건·일·현상 등의 상태이다(Chiappetta, et al., 1998).

③ 특수한 단일 사건이다(Gardner, 1966).

④ 자연의 사물과 과정, 자연에 나타나는 사건과 사건들 사이의 관계이다(Mulkay, 1979).

⑤ 실제로 존재한 사물, 이미 일어난 사건, 관찰된 현상에 관한 진술이다(Carin, 1997).

(2) 사실의 특성

① 관찰의 감각기관 의존성 : 관찰은 인간의 오감을 이용하여 외부로부터 오는 정보를

감지하고, 이 감지한 정보가 뇌에 전달되어 뇌의 인지구조에 의해서 분석된 것을 언어로 진술하는 일련의 과정을 의미하며, 우리의 모든 감각이 외부 자극에 대하여 선형적으로 변하는 것이 아니라 비선형적으로 변한다.

② 관찰의 인지구조 의존성 : 관찰은 감각 기관에 의해서만 이루어지는 것이 아니라 인지적 과정을 거쳐서 이루어지는 것이므로 외부로부터 오는 정보가 변형될 가능성이 더 크다.

③ 관찰의 이론 의존성 : 관찰은 관찰 행위에 의해서 영향을 받을 뿐만 아니라 이론에 의해서도 영향을 받는다. 즉, 같은 현상을 두고 시간이 지남에 따라서 사실은 변해왔다.

예)

- 태양은 수평선 위로 올라온다.(관찰 진술로 천동설 → 지동설 → 상대론에 따라서 사실은 변해왔다.)
- 전자의 질량은 9.1×10^{-31}kg이다(물리학적 관계식이 동원된다).
- $F=ma$, $F=qE$ (역학과 전기 이론에서 나왔다)
- 순수한 물의 끓는점은 1기압 하에서 100℃이다. (사실의 약속 의존성)

2) 개념

개념은 관찰 사실을 바탕으로 형성되며, 실제 상황에 대한 인지구조의 표현으로서 이론을 이루는 기본단위이다. 개념은 물체, 성질, 현상, 사건 등에 관한 생각뿐이지 그것들 자체가 아니다.

(1) 개념의 정의와 구분

개념은 관념(idea), 개인개념(conception), 구인(construct) 등과 혼돈되어 사용되고 있다(조희형, 2003). 과학에서 오개념 연구와 관련된 구체적인 용어들은 단원 1.2.1에서 표와 함께 제시하였다.

① 관념(觀念, idea)은 개념·개인 개념·구인 등을 총칭하는 용어로서(그림 1.3) 이 용어들이 담고 있는 의미와 대상을 모두 포괄한다(조희형, 2003). 관념은 개념·법칙·이론 등에 대한 생각(notion)을 의미하기도 하는데, 이 경우에는 개인 개념이라고 한다.

② 개념(槪念)은 물체, 성질, 현상, 사건 등에 관하여 여러 사람들이 공유하는 공통적인 관념이다. 개념에 관한 자세한 설명은 단원 1.2에서 다룬다.

③ 구인(構因, construct)은 관찰할 수는 없지만 논리적 추리나 수학적 계산으로 알아 낼 수 있으며 조작적 정의로 표현 할 수 있는 개념을 말한다. 속도는 관찰 할 수 있는 개념이지만 순간 속도는 미적분을 통해 알아 낼 수 있는 구인이다(조희형,

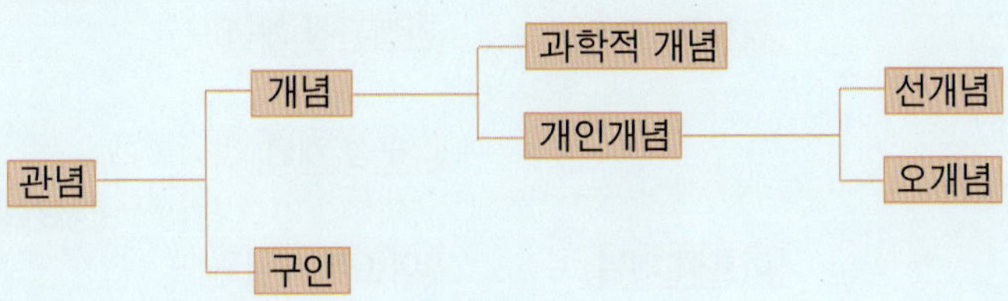

그림 1.3. 관념의 구분.

2003). 과학교육 연구에서는 구인을 표시 도구로 취급하며 매개 변인으로 부르기도 한다.

(2) 개념의 기능

카플란(Kaplan, 1964)은 개념의 기능을 다음과 같다고 하였다.

① 개념은 어휘를 제시하고 있다.

우리는 다른 사람과 의사소통하기 위해서 언어를 사용한다. 문장은 단어들로 구성되어 있으며, 단어는 그 나름대로의 의미를 가지고 있기 때문에 의사를 전달할 수 있다.

② 학습자의 개념 형성을 가능하게 한다.

사람마다 머리 속에 가지고 있는 개념(conception)은 다르다. 그러나, 사람마다 다양한 주관 개념을 가지고 있더라도 의사소통이 가능한 것은 객관적인 개념(concept)이 존재하기 때문이다. 개념이 존재하므로 인하여 학습자가 가지고 있는 주관 개념을 바람직한 방향으로 변화시킬 수 있으며 그 변화 방향에 대한 방향키의 역할을 개념이 제공한다고 할 수 있다.

③ 사물을 분류할 수 있게 한다.

사물의 공통된 속성이라고 정의하기도 한다. 개념이 있기 때문에 다양한 사물을 유사한 것과 그렇지 않은 것으로 구별할 수 있다.

④ 이론의 형성을 가능하게 한다.

건물은 벽돌로 구성되어 있으며, 물질은 원자로 구성되어 있다. 벽돌로 지은 건물이 아니라도 건물은 방이라는 단위로 구성되어 있다고 할 수 있다. 이와 같이 모든 구조물은 그것을 구성하는 어떤 단위가 있다. 과학의 이론도 하나의 구조물이다. 그 구조가 건물이나 물체와 같이 가시적인 것이 아니긴 하지만 논리적인 구조를 가지고 있다.

(3) 개념의 분류

개념은 다음 그림 1.4와 같이 분류할 수 있다.

3) 언명

과학의 이론은 진술된 문장들로 구성되어 있고, 그 문장은 단어들로 구성되어 있다. 이 단어를 "개념(concept)"이라 하고, 문장은 "언명(言明, statement)"이라고 할 수 있다. 과학에서의 언명은 현상이나 사실의 표현일 수도 있고, 원리나 법칙을 나타낼 수 있다. 언명의 종류에는 여러 가지가 있다.

그림 1.4. 개념의 분류(조희형, 1999).

4) 법칙

법칙(法則, laws)은 개념들 사이의 관계를 나타내는 매우 전형적인 관계언명으로서 법칙은 일반적으로 "…이면 …이다."의 형태를 취한다. '법도'나 '법률'은 우리가 순응해야 한다. 이것과 달리 자연 현상에 대한 법칙은 되풀이되는 현상의 일반화(一般化, generalization)이다. 법칙은 그에 따라 자연이 순응해야 함을 뜻하는 것이 아니라 우리의 관찰과 실험 등을 통한 특수한 사실로부터 이끌어내는 일반적 경향성이기 때문에 어떤 면에 있어서는 사실보다 덜 확실하다.

법칙은 원리와 자주 혼돈된다. 원리(原理, principle)는 적용할 수 있는 범위나 영역이 법칙보다 넓고 더 다양하다. 원리는 논리적 관계, 연산 기호, 수학적 공식 등으로 서술하지만, 법칙은 구체적이고 가시적인 상황이나 특정한 체계 안에서 진술한다(조와 최, 2005). 법칙은 관찰 사실을 바탕으로 도출한 일반화이지만, 원리는 관찰 자료와 직접적인 관련이 있다. 보일의 법칙과 아르키메데스의 원리는 이와 같이 정의되는 법칙과 원리의 특성을 잘 나타낸다. '통나무는 물에 뜬다.'는 법칙이지만, '물에 잠긴 물체는 잠긴 부피와 같은 물의 무게만큼 가벼워진다.'는 원리이다.

공리(公理, axioms)는 다른 것을 증명하기 위한 논리의 출발점으로 삼기 위한 것으로 당연히 그렇다고 하는 어떤 약속이라고 할 수 있다.

예) 광속은 일정하다. 뉴턴 역학에서 시공간은 절대적인 속성을 갖는다.

5) 이론

이론(理論, theory)은 사실·개념·법칙으로 이루어진 복합적인 지식으로서(Carin, 1997) 사실·개념·법칙을 설명하는 기능을 갖는다(Chiappetta, et al., 1998). 또한 과학적 이론은 자연 현상에 관한 가정적 속성인 과정으로 그 원인을 제시함으로써 그 현상을 설명할 뿐만 아니라 새로운 현상을 예측하는 바탕이 된다.

(1) 이론의 기본 요소

- 이론은 기본적 가정들과 그것들 사이에 맺어지는 추상적 관계에 의한 구조를 의미하며, 이론이 연역적 체계를 이루는 근간이 된다.

  예) **기본적 가정** : 분자의 구조, 운동에너지
  추상적 구조 : 열역학적 명제

- 대응률로서 과학적 이론과 관찰 자료를 연결해 주는 기능을 한다.
- 구성 요소인 모형을 이용한다. 모형은 이론이 형성될 때뿐만 아니라 이론에 의해서 법칙과 사실을 설명하는 데에도 이용한다. 모형은 잘 알려져 있고 비교적 친숙한 실제의 물리적 사물, 기제, 과정 등을 말하지만 이론이 지시하는 대상물은 대개 직접 관찰할 수 없거나 추상적인 속성을 나타내므로 친숙해진 용어와 모형을 빌려 그 본성이 표현된다. 또한 모형을 통해서 자연현상을 설명하는 특징이 있지만 자연의 추상적이고 가설적인 실재를 표현하기 때문에 과학적 이론과 개념에 대한 오인의 출처가 될 수 있다.

(2) 이론이 갖추어야 할 본성(Kuhn, 1996)

- **정확성** : 이론은 정확해야 한다. 즉, 이론으로부터 연역된 언명의 참가치는 현재의 실험 결과 및 관찰 결과와 일치해야 한다.
- **일관성** : 이론은 내적으로는 물론이고 다른 영역의 이론과도 일치해야 한다.
- **범위** : 이론의 범위는 넓어야 한다. 이론은 본래 설명하려는 관찰 결과와 법칙을

초월하여 더 깊고 넓은 영역에 걸쳐 관찰된 결과와 법칙도 설명할 수 있어야 한다.

- **단순성** : 이론은 단순해야 한다. 간단한 이론일수록 좋을 이론이다.
- **유용성** : 이론은 새로운 결과를 많이 이끌어 낼 수 있어야 한다. 좋은 이론은 새로운 현상뿐만 아니라 현상들 사이의 새로운 관계를 제시할 수 있는 바탕이 된다.

(3) 이론의 기능

과학적 이론이 가지고 있는 기능은 다음과 같다(Reynolds, 1971).

- **사물의 분류(typology)** : 과학적 지식의 일차적 기능은 다양한 사물을 무리 짓거나 구별하는 것이다.
- **예측과 설명(predication and explanation)** : 과학적 지식은 미래의 일을 예측하고, 과거의 일을 설명하는 기능을 가지고 있다.
- **이해감(sense of understanding)의 제공** : 이해감이란 "아하, 그렇구나!" 하는 감정이 생기는 상태를 의미한다. 물론 이해감이란 설명과 예측의 과정을 통하여 이루어진다. 그러나, 설명과 예측을 한다고 하여 모두 이해감에 도달하는 것은 아니다.
- **사물의 통제(control)** : 과학적 이론의 마지막 기능은 사물을 통제하는 것이다. 기계의 작동 원리를 알면 그 기계를 통제할 수 있는 것과 같이 자연 현상을 지배하는 원리를 알면 자연을 통제할 수 있다.

과학적 이론이 가지고 있는 기능과 그 유형에 따른 분류를 보면 다음과 같다(그림 1.5).

(4) 이론의 유형

① 법칙 집합형(the set-of-laws form) 이론 : 가장 구조화되지 않은 형태의 이론으로 일련의 조작적 정의가 가능한 개념들과 이 개념들 간의 관계에 관한 서로 독립적인 여러 법칙들로 이루어진 이론을 의미한다. 자연과학 초기의 박물학, 지질학과 생물학 분야에서의 이론이다.

예) 스키너의 조작적 행동에 관한 법칙에서,

- 유기체는 강화 계획이 연속적일 때가 간헐적일 때보다 행동의 학습이 빠르다.
- 유기체는 간헐적으로 강화를 받았을 때가 연속적인 강화를 받았을 때보다 얻은 행동이 더 지속적이다.
- 이 두 이론은 사물의 분류 기능과 설명과 예측 기능, 사물의 통제 기능은 가능하

그림 1.5. 과학적 이론의 기능과 유형 따라 분류(김, 2001)

지만 이해하기는 어렵다. 또한 이 이론은 두 개의 법칙으로 구성되어 있는데 각 법칙은 실험적 증거를 뒷받침하고 있으나 서로 논리적이거나 인과적인 관계는 형성하지 못하는 법칙 집합형 이론이라고 할 수 있다.

② **공리형**(the axiomatic form) **이론** : 공리형은 일련의 상호 관련된 정의들과 언명들로 구성되어 있으며 내적으로 완벽한 논리적 체계를 갖는다.

예) 기하학 및 수학의 거의 모든 분야, 해밀턴의 해석학적 고전 역학

③ **인과 과정형**(the causal process form) **이론** : 공리형에서 관계 언명들이 위계적 구조를 가지고 있는 반면에 인과 과정형에서는 관계 언명들이 비교적 대등하며 과학적 이론이 대표적인 예이다. 발달된 화학적 이론은 대부분 공리형과 인과 과정형이 복합된 공리적 인과 과정형(axiomatic-causal process form) 이론이다.

예) 고전 역학에서 뉴턴의 운동법칙

6) 가설

가설(假說, hypothesis)은 아직 검증되지 않은 예상으로서(Singleton et al., 1993) 문제의 답에 대한 잠정적 추측, 또는 현상에 대한 임시적 설명 체계이다. 그것은 또한 예상한 것의 진리를 검증하기 위하여 도출한 문장으로서(Salmon, 1994) 과학적 이론과 법칙이 형성되는 바탕이자 과학적 이론과 법칙을 검증하는 수단이다. 가설은 어떤 현상을 기존의 지식으로는 설명할 수 없을 때 그에 대해 잠정적으로 가정하여 진술한 학설로서 관찰·측정·실험 등의 방법을 통하여 사실과 일치하는 것이 확인되면 진리로 받아들여진다. 그림 1.6에 나타나 있듯이, 진리로 인정된 가설은 그 진술의 내용에 따라 과학적 법칙, 또는 이론으로 일컬어진다. 인식론에서는 법칙이 되는 가설을 일반화 가설로, 이론이 되는 가설은 설명 가설로 부른다.

(1) 가설의 예상 기능

귀납적 가설은 관찰·측정·실험을 통해 수집한 자료를 바탕으로 형성되며, 연역적 가설은 법칙과 이론을 지지하고 확장하며 반박하기 위해 그 법칙과 이론으로부터 도출된다. 귀납적 가설은 여러 번의 검증을 거쳐 지지되면 법칙이나 이론으로 인정되며, 연역적 가설은 검증 결과에 따라 그것이 도출된 법칙과 이론을 지지하거나 기각하는 수단이 된다. 이런 이유 때문에, 가설은 반드시 검증이 가능한 형태로 진술한다(Carin, 1997).

(2) 가설의 검증 가능성(Popper, 1968)

많은 내용을 포함하여 그만큼 일반성이 높고 반증 가능성이 높은 가설을 대담한 가설, 비교적 적은 내용을 포함함으로써 일반성이 좁고 반증 가능성이 낮은 가설을 신중한 가설이라고 한다. '기체의 압력과 부피'에 관한 가설이 '공기의 압력과 부피'에 관한

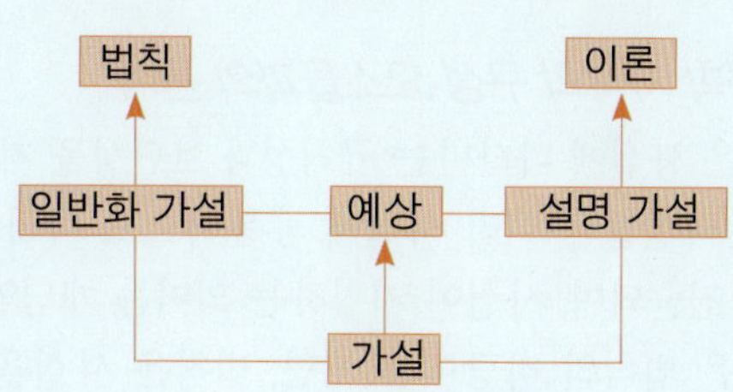

그림 1.6. 가설의 종류(McComas, 2000).

가설보다 일반성이 더 넓고 반증의 가능성도 더 높다. 전자는 대담한 가설이며 후자는 신중한 가설이다. 반증주의에 따르면, 대담한 가설일수록 과학적이고 좋은 가설이며, 과학은 대담한 가설을 제시하고 관찰을 통해 그 가설을 반증하는 과정을 거치면서 발달한다.

(3) 보조 가설과 임시 변통적 가설(Popper, 1968)

가설을 검증하는 과정에서 가설이 하는 역할에 따라 보조 가설과 임시 변통적 가설로 구분된다. 보조 가설은 과학적 이론과 법칙, 또는 다른 가설의 검증에 필요한 부가적 가정으로 그것은 가정된 이론적 배경이나 실험·관찰의 전제조건을 말한다(Salmos, 1995). 갈릴레이는 금성의 삭망 현상을 관찰하고 그에 관한 가설을 제시하였는데, '금성이 지구와 태양 사이에 있다' 나 '금성을 관찰한 망원경은 믿을 만하다'는 진술이 보조 가설의 좋은 예이다. 또한, 지동설에서 행성들 사이의 상대적 거리, 지구와 행성의 공전과 자전의 속도 등에 관한 가정이 보조 가설의 한 예이다.

임시 변통적 가설은 그 정의가 의미하듯이 검증할 수 없는 특성을 지니고 있다. 따라서, 임시 변통적 가설이 더해진 이론이나 법칙은 그 반증이 불가능하다. 갈릴레이가 자신이 발견한 망원경을 통해서 울퉁불퉁한 달의 모습을 발견하고 그것을 근거로 아리스토텔레스의 우주관을 부정했을 때, 아리스토텔레스의 우주관을 지지했던 자연 철학자들은 눈에 보이지 않는 에테르(ether)가 달을 둘러싸고 있기 때문에 달은 아직도 완전한 구를 이룬다고 말할 수 있다는 임시 변통적 가설을 제시함으로써 아리스토텔레스의 우주관을 옹호했을 뿐만 아니라 그의 우주관의 반증을 불가능하게 하였다.

7) 일반화

일반화(generalizations)는 실증적으로 검증된 사례로부터 아직 검증되지 않은 영역에까지 그 적용 범위를 확대해서 진술한 언명이다. 어떤 연구자가 몇 가지 온도에서 몇 가지 물체의 저항을 측정하여 보았더니 온도가 높을수록 저항이 증가한다는 것을 발견하였다고 할 때, 이 자료를 바탕으로 하여 연구자는 모든 물질의 저항은 온도에 비례하여 증가한다는 결론을 내릴 수 있다. 이것은 몇 가지 온도와 몇 가지 물질이라는 제한된 조건에서 얻은 결과를 모든 온도 영역과 모든 물질로 확대 적용한 것이다. 이것을 일반화라고 한다.

과일반화(過一般化, over-generalizations)는 입수한 증거들이 포괄하는 범위를 벗어나 일반화하는 것으로서, 여러 가지 금속에 대한 전기저항 특성을 비금속에까지 확장한다거나, 고온 영역에서 나타나는 특성을 저온 영역에까지 확장하는 것이 그 예가 될 수 있다. 위의 예처럼 금속의 특성을 비금속에까지 적용하는 것은 과일반화이지만 이것이 과일반화라는 것을 인지하기 위해서는 금속과 비금속이라는 개념이 형성되어 있어야 한다. 그러한 개념이 형성되기 전이라면 불충분한 일반화로 나타나기 쉽게 된다.

8) 과학 지식의 구성 요소들과의 관계

개념은 사실에 나타나는 규칙성과 보편성을 지칭하며, 사실은 개념을 이용하여 서술된다. 또한, 과학적 사실들은 여러 사실에 공통적으로 나타나는 준거속성, 즉 완두·씨·주름 등과 같은 개념들로 진술되며, 사실이 지칭하는 의미는 개념일 수도 있다.

사실은 법칙의 바탕이 되지만, 법칙은 사실을 설명한다. 법칙은 그것에서 관찰 사실을 연역하거나 관찰하고 있는 현상의 원인을 제시함으로써 사실을 설명한다. 또한, 법칙은 이미 나타났지만 아직까지 관찰되지 않았거나 미래에 관찰될 사실들을 예상한다. 법칙이 하는 이런 기능들은 그것이 개별적 사실들의 일반화이기 때문에 가능하다.

과학적 사실은 이론의 구성 요소가 되지만, 이론은 사실을 설명한다. 사실과 이론은 그 대상의 관찰 가능성에 따라서도 구분할 수 있다.

이론은 자연의 규칙성, 즉 자연법칙을 바탕으로 구성되며, 그 법칙의 원인을 제시함으로써 법칙을 설명한다. 또한, 법칙은 관찰할 수 있는 현상들 사이의 관계에 대한 진술이지만, 이론은 관찰할 수 없는 속성에 대한 설명 체계이다(McComas, 2000).

(1) 법칙과 이론의 구분

① **법칙의 예** : 기체의 압력은 일정한 온도에서 부피에 반비례한다.

② **이론의 예** : 원소는 더 이상 쪼개지지 않는 원자로 구성되어 있다.

③ 법칙은 관찰을 통해서 직접 검증할 수 있지만, 이론은 가설의 검증을 통한 간접적 방법으로 검증할 수밖에 없다.

④ 법칙은 예외를 인정하지 않는 언명이지만, 이론은 여러 언명을 포괄하는 복합 진술이다.

⑤ 법칙은 개별적 사건만을 설명하고 예측할 수 있지만, 이론은 훨씬 더 광범위한 영역의 사건을 설명하고 예측한다. 보일의 법칙은 특수한 상황에서 특정 기체의 압력과 부피의 관계에 한정되지만, 뉴턴의 만유인력 이론은 천체의 운동, 물체의 자유낙하, 심지어는 조수 운동을 포함한 광범위한 영역의 현상까지도 설명한다.

(2) 구성 요소간의 관계

사실과 법칙은 자연에서 발견되는 반면에, 개념과 이론은 구성된다. 과학적 사실과 개념은 법칙의 구성 요소이며, 법칙은 그 사실과 개념을 설명한다. 또한, 과학적 사실·개념·법칙은 이론을 이루지만, 이론은 이런 요소들을 설명한다.

(3) 과학 지식의 구성 요소와 실례

과학지식의 구성요소와 그 실례를 들면 다음의 표 1.1과 같다.

1.1.2. 과학적 방법

일반적 의미로서의 방법은 어떤 목적을 달성하거나 그 과정에서 생기는 문제를 해결하는 원리이다. 따라서 과학적 방법은 과학적 문제를 해결하기 위한 절차, 원리, 준거 등과 관련되어 있다.

가. 과학적 방법의 의미

과학적 연구란 과학 지식을 얻거나 정당화하기 위한 체계적인 실험, 탐색, 조사 활동과 그에 필요한 자료를 수집, 분석, 해석하는 등의 절차와 준거를 따르는 탐구(scientific inquiry)를 지칭하고 그런 원리와 준거를 일컬어 과학적 방법(scientific method)이라고 한다. 즉, 과학적 방법은 자연 세계를 대상으로 하는 과학적 탐구의 한 가지 방법이며, 과학 지식을 형성하거나 그 전위와 타당성을 검증하는 방법 및 원리이다. 또한 과학적 방법은 그 대상과 주제에 따라 특수한 절차에 따라 이루어질 수 있으며 특히 중·고등학교의 과학 학습지도에서는 ① 문제의 진술, ② 문제에 관한 정보와 자료의 수집, ③ 가설의 설정, ④ 조사·실험의 수행, ⑤ 자료의 기록·정리·분석, ⑥ 결론의 도출의 단계에 따라 수행된다. 한편 과학적 연구에서는 과학 지식에 대한 관점에 따라 귀납법, 연역법, 가설−연역법, 사회적 적응과 합의 등을 과

표 1.1. 과학지식의 구성요소와 실례(조와 최, 2005)

구성요소	실 례
사실	완두의 둥근 씨가 5474개이고, 주름진 씨가 1850개이다.
개념	완두, 둥근 씨, 주름진 씨, 우성, 열성, 유전인자 등
법칙	매년 추수할 때마다 둥근 씨와 주름진 씨가 대략 3:1의 비로 나타난다.
원리	열성형질은 대립인자 둘 다 열성일 때, 우성은 대립인자가 두 개 중 최소한 한 개일 때 표현된다.
이론	한 형질에 대하여 한 쌍의 유전자가 있으며, 생식을 할 때 분리되어 각 배우자에 한 개씩 들어가고, 자손에서 다시 한 쌍을 이룬다.
가설	F1을 자가 수분시키면, F2에서 황색 씨와 녹색 씨가 3:1의 비로 나타날 것이다.

학적 방법으로 활용한다.

나. 과학적 방법의 종류

1) 귀납법

귀납법(歸納法)은 많은 사실들을 관찰하여 보편적인 결론을 도출해 내는 방법으로, 특히 특수한 사례들을 바탕으로 일반적인 원리를 이끌어내는 과정을 귀납적 추리(Honer, et al., 1999)라고 하며 주로 경험주의자들이 적용한다.

① 귀납적 추리의 원리

경험주의는 관찰 결과로부터 과학적 법칙을 일반화하는 방법으로 귀납법을 중요시한다. 과학적 법칙은 언제나 어떤 상황에서도 일어나는 일단의 현상이나 사건들을 통틀어 지칭한다. 문장들을 바탕으로 일반화되며, 일반화 과정이 다음과 같은 세 가지의 조건을 만족시키는 한 그 설명이 나타내는 과학적 법칙은 타당하다고 말한다(Chalmers, 1999).

- 일반화의 바탕이 되는 관찰 문장의 수가 될수록 많아야 한다.
- 가능한 한 광범위한 상황에서 관찰해야 한다.
- 관찰한 설명과 일반화된 법칙이 모순되지 않아야 한다.

이 세 가지 조건은 소위 귀납의 원리(principle of induction)를 구성한다(Chalmers, 1999). 귀납의 원리는 한마디로 "여러 가지 조건 하에서 A를 수없이 관찰하고, 관찰된 A가 모두 예외 없이 B의 특성을 갖는다면, 모든 A는 B의 특성을 갖는다." 와 같은 형식으로 진술할 수 있다.

과학적 방법으로서의 귀납법은 실험적이고 질적인 특성을 지닌다. 귀납적 추리는 비록 그 일반화의 바탕이 되는 전제와 결론 사이가 개연적이지만, 과학적 연구와 탐구에서 새로운 정보를 수집하기에는 매우 효과적인 방법이다.

② 귀납법의 문제와 한계점

과학적 방법에 대한 베이컨의 주장에 처음으로 의구심을 품은 사람은 18세기 스코틀랜드 철학자 흄(David Hume)으로, 그는 귀납적 과정을 통한 과학적 법칙의 발견은 결코 논리적으로 될 수 없다고 하였다. 왜냐하면 일반적인 진술은 제한된 수의 관찰로부터 유도될 수 없기 때문이다. 예를 들면 많은 백조가 흰 것임을 보았다고 해서 '모든 백조는 희다' 라는 진술이 참이라는 것을 증명할 수 없다는 것이다. 즉 언젠가는 희지 않은 백조가 관찰될 가능성이 항상 남아있기 때문이다.

현대의 과학 철학자들은 과학적 방법으로서의 귀납적 추리가 문제와 한계를 지니고 있기 때문에, 귀납법을 타당한 과학적 방법으로 인정하려 하지 않는다. 귀납적 추리가 안고 있는 문제와 한계는 관찰과 사실이 이론과 상황에 의존하는 특성, 귀납의 원리, 특히 과학적 법칙의 바탕이 되는 관찰 및 그 사실이 만족시켜야 할 조건, 귀납적 추리의 본성, 귀납의 외적 요인 등에서 비롯한다.

현대의 과학 철학에 따르면, 관찰과 그 결과 그리고 과학적 사실은 관찰자가 과거에 겪은 경험, 그의 기대감, 그가 가지고 있는 이론 등에 의존한다. 그런데 관찰자의 과거 경험과 기대감은 관찰자에 따라 상대적이며, 그가 인식하고 있는 이론은 언제라도 틀릴 수 있는 잠정적인 것에 불과하다. 따라서, 그것들을 과학적 법칙의 절대적 검증 수단으로 이용하기 어렵다. 귀납주의에 따르면 첫째, 과학은 관찰에서 출발하고 둘째, 관찰은 과학 지식의 확고한 바탕을 제공하며 셋째, 과학 지식은 관찰에서 귀납적으로 형성된다. 관찰의 이론 의존성은 첫째와 둘째의 가정에, 그리고 귀납적 추론의 본성은 셋째의 가정에 문제가 있음을 지적한다.

귀납의 문제점은 관찰 사실의 진실성 여부 이외에도 귀납적 추론의 내적 불완전성, 수학적 사용의 경시, 가설의 이용 방법을 제시 못하는 점 등으로 인하여 확률론으로(모든 ~에서 아마도 ~으로) 후퇴하여 관찰 대상의 범위를 확대시킴으로써 사실에 접근하려고 하였다.

2) 연역법

연역법(演繹的)은 대전제로부터 소전제를 매개로 하여 대전제의 개념 속에 포함되어 있는 결론을 논리적으로 이끌어 내는 방법이다. 연역법에 의해서 얻어진 결론은 대전제의 일부이기 때문에 새로운 지식이라고는 할 수 없다. 몇 개의 명제가 옳다는 가정 아래 다른 명제도 옳다는 것을 논리적으로 밝히는 방법이다. '사람은 죽는다.' 'A는 사람이다.' '그러므로 A는 죽는다.' 이런 식으로 일반법칙을 전제로 해서 개별적인 명제를 성립시키는 논증을 귀납과 대비하여 연역이라 할 때가 많이 있지만 협의로는 1개 또는 2개의 명제를 전제로 한 다음 다른 명제를 성립시키는 논리적인 방법을 말한다.

연역법은 전제를 지지하면서 결론을 부정하는 것을 모순이라는 가정 아래에서 전제들로부터 결론을 이끌어내는 과정으로 합리주의자들이 주로 과학적 방법에 적용한다.

과학 철학에서는 연역적 추리를 설명과 예상의 한 가지 수단으로 취급할 만큼 과학 지식의 이상적인 정당한 방법으로, 또는 가설의 제시에 효율적인 방법으로 인식한다. 연역적 추리 과정은 타당성, 논리적 결과 또는 논리적 시사점, 증명 등이 관련되어 있다. 연역적 논증 과정에서 '전제가 참이다' 또는 '결론이 참이다' 와 같은 주장이 옳으면 그 논증 과정이 타당하다고 말하며, 논증하는 과정을 증명(證明, proof)이라고 말한다(Hung, 1997). 그러나 논증의 결론과 다르게, 연역적 논증의 결론은 맞았거나 틀릴 수 있을 뿐이지 결코 정확도로 나타낼 수 없다. 또한, 연역법은 새로운 정보를 산출하지 않기 때문에, 과학적 탐구 방법으로서는 한계를 드러낸다(Salmos, 1995). 또한 전제의 참을 검증할 타당한 논리적 방법이 없는 문제를 안고 있어서 타당한 논증 형식이 못되는 귀납법으로 그 전제의 진위와 타당성을 검증할 수밖에 없다.

3) 가설-연역법

논리 경험주의와 반증주의로 대표되는 반귀납주의(反歸納主義)에 따르면, 실제의 귀납적 논증은 가설을 설정하고, 그것을 바탕으로 결론을 도출하며, 관찰과 경험을 통해 그 결론의 진위를 검증하는 가설-연역적(hypothetico-deductive) 과정에 따라 이루어진다.

가설-연역적 방법은 몇 개의 일반적인 가설로부터 연역적으로 추리한 명제를 이용하여 경험적 현상을 설명하려는 수단으로서, 귀납법을 부정하며 그렇다고 연역법도 전적으로 받아들이지 않는 인식론자들이 제시한 일종의 과학적 방법이다. 특히, 과학적 방법으로서의 가설-연역적 방법은 그것의 근본적 전제인 가설이 실험 또는 경험에 의해 직접 증명될 수 없다고 보고, 그 가설로부터 연역된 명제를 경험적 실험이나 관찰을 통해 검증하여 본래 가설의 진위를 판단하는 탐구 방법이다. 이러한 가설-연역적 방법은 관찰 결과로부터 추론된 일반화가 직접 검증될 수 없기 때문에, 일반화로부터 관찰 언명을 연역하고 그 관찰 언명의 검증을 통해서 그것의 진위를 판단해야 한다는 가정에 기초한다.

가설-연역적 방법은 새로운 개념이나 이론을 바탕으로 잠정적이고 아직 정당화되지 않은 가설을 제시하고, 그것에서 논리적 추론을 통해 결론을 이끌어내는 과정으로 진행된다(Richards, 1987). 이 방법은 첫째, 관찰 사실을 설명하기 위한 가설의 제시 둘째, 초기 조건의 설정 셋째, 가설과 초기 조건에서 예상의 연역 넷째, 예상 검증의 네 단계로 구성되어 있다. 예를 들어, "구리는 전기를 통한다."는 가설과 "이 전선은 구리로 만들어져 있으며 전기회로에 적절하게 연결되어 있다."는 초기 조건에서 "이 전선에는 전기가 흐를 것이다."는 것을 추론한 다음, 그 전선에 전기가 정말로 흐르는지 확인함으로써 그 가설의 진위를 판정한다. 검증 결과가 가설을 지지하지 않으며, 그 가설을 그냥 기각한다.

그러나 가설-연역적 방법이 이상적인 과학적 방법으로 적용되기 위해서는 우선 해결되어야 할 문제점을 안고 있는데 그것은 가설-연역적 방법이 과학이 지니는 논리적이고 합리적인 특성만을 강조할 뿐 주관적·심리학적·사회학적 측면을 소홀히 취급하는 경향이다. 각급 학교의 과학교육 현장에서 적용되는 가설-연역적 방법은 상상력과 호기심이 과학 지식의 형성 및 발달에 미치는 영향을 경시하고 최초에 가설이 어떻게 설정되었는지도 밝히지 못한다. 따라서, 이 방법은 과학 지식을 구성하는 단계보다는 그 정당화 단계에서만 적절히 이용될 수 있는 방법으로 인식되기도 한다. 또한 이 방법은 보조 가설과 대안 가설이 제기되는 상황에 적용하기 어려운 난점도 지니고 있다(Salmos, 1995).

1.1.3. 과학 지식의 가변성과 발달 모형

과학적 사실과 관찰이 관찰자의 기대감, 이론, 선행 개념, 문화적·사회적 관례에 의존한다는 말은 과학 지식과 그것을 이루는 구성 요소들이 절대적 진리가 아니라 잠정적·가설적·임시적 속성임을 암시한다. 그리고 현대의 과학철학적 관점에서의 과학 지식의 가치는 사회적 합의에 의해 결정된다. 따라서 과학은 사회적 변화와 학문적 발달에 따라 함께 발달하는 학문으로 볼 수 있다.

가. 과학 지식의 가변성

경험주의와 실증주의를 포함한 전통적 인식론에 따르면, 과학적 탐구의 목적은 분명하다. 전통적 인식론에 따르면, 과학적 탐구는 자연에 대한 관찰을 통해서 절대적 진리를 발견하고 그것을 바탕으로 과학 지식을 일반화할 목적으로 이루어진다. 그러나 현대의 인식론에 따르면, 관찰이 주관적 속성을 지니며, 그에 따라 과학 지식도 절대적 진리로 형성되지 않는다.

1) 관찰의 이론 의존성

현대의 인식론에 따르면, 관찰은 이론에 의존하는 특성이 있다(Riggs, 1992; Chalmers, 1982). 관찰자들은 동일한 것을 볼지라도 각자의 지식·신념·기대감·가치관 등에 따라 서로 다른 내용을 진술한다. 따라서, 그들은 전통적 인식론자들이 말하는 과학적 사실·개념·법칙 등을 객관적인 용어로 진술할 수 없다. 관찰의 그런 이론 의존성(theory-ladenness 또는 theory-dependence) 때문에, 과학적 사실은 물론이고 그것을 바탕으로 이루어진 과학 지식을 절대적인 진리로 보기 어렵다.

2) 지식의 가변성

과학적 사실과 관찰이 관찰자의 기대감, 이론, 선행 개념, 문화적·사회적 관례에 의존한다. 이것은 과학 지식과 그것을 이루는 구성 요소들이 절대적 진리가 아니라 잠정적·가설적·임시적 속성임을 암시한다. 현대의 인식론에 따르면, 개념은 사물과 현상에 공통적으로 나타나는 특성일 뿐이지 그 실체는 아니다. 특히 과학사는 과학 지식이 절대적 진리가 아니라 계속 변화되고 발달되어왔음을 잘 보여주고 있다.

나. 과학 지식의 변화 모형

과학이 발달해 온 방법과 과정에 관한 해석은 인식론적 견해에 따라 다르다. 그러므로 그 방법과 과정에 관한 문제는 과학 철학의 주요한 논쟁점이 되고 있을 뿐만 아니라 과학교육의 방법에 대해서도 많은 시사점을 던져주고 있다. 과학 지식이 변화(발전)하는 데에는 다음의 4가지 모형이 있다. 이들은 서로 배타적이 아니라 유기적인 연계성이 있다.

1) 누가적 모형

과학의 발달에 관한 누가적(累加的, cumulative) 모형은 경험주의와 실증주의의 인식론에 근거를 둔다. 과학 지식의 불변성을 전제로 보편적인 과정을 통해서 얻어진 새로운 사실·개념·법칙·이론 등이 이미 형성된 과학 지식 체계에 계속 축적되어 발달한다고 가정한다. 그러나 경험주의와 실증주의가 과학 지식과 그것을 이루는 구성 요소의 참가치 및 검증의 필요성에 대한 인식에는 큰 차이를 드러낸다. 경험주의가 기존의 지식 체계에 새로운 사실·개념·법칙·이론 등이 관찰을 통해 자연에서 발견되거나 구성된 그대로 누적되어 발달한다고 봄에 비하여, 실증주의는 그것들이 반드시 검증 과정을 거쳐 진리로 확증(verification)되거나 입증(confirmation)된 것만이 더해진다고 본다.

2) 진화적 모형

과학의 발달을 설명하는 형식이 진화적(進化的, evolutionary)이라고 설명하는 모형은 포퍼와 라카토스 그리고 툴민(Toulmin)의 인식론을 바탕으로 제시된 설명 체계이다. 이 모형은 과학 사회에 가장 잘 적응된 과학적 이론만이 선택되어 기존의 과학 지식에 더해져 새로운 과학 지식을 이루며, 이러한 과학 지식의 변화에 따라 과학이 발달함을 설명한다. 과학 사회가 변하면 여러 경쟁 이론이 나타나고 그 경쟁이론들 중에서 변화된 과학 사회에 가장 잘 적응한, 즉 검증을 잘 견디어 낸 이론만이 선택되어 새로운 과학 지식 체계를 이룬다는 설명이다. 이 설명 형식은 현대 생물학의 진화론적 설명 형식과 동일하다.

과학 이론의 비합리적인 요소를 제거하면 보호대가 수정되어 부분적으로 변화되는 새로운 과학 지식으로 발전하거나 또는 기존의 이론이 퇴행적일 경우는 경쟁이론으로 교체되어 새로운 과학 지식으로 발전한다(그림 1.7).

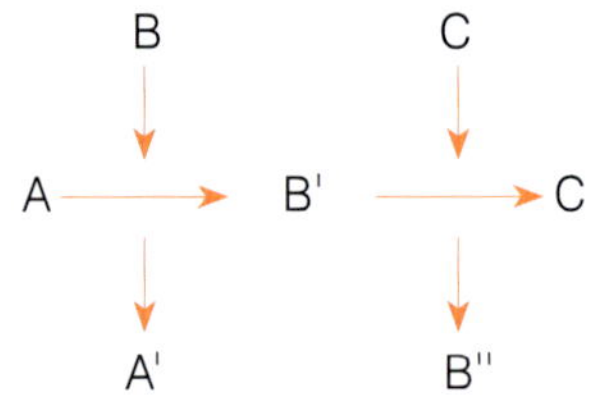

그림 1.7. 진화적 모형에 의한 과학 지식의 발달

3) 격변적 모형

격변적(激變的, revolutionary) 모형은 쿤과 파이어아벤트가 제시한 과학의 발달에 관한 설명 체계를 바탕으로 구성된 것이다. 격변적 모형은 과학이 누가적 모형이나 진화적 모형이 설명하는 그대로 발달하지 않고, 새 이론이 기존의 이론을 교체함으로써 발달한다는 것을 설명한다(그림 1.8).

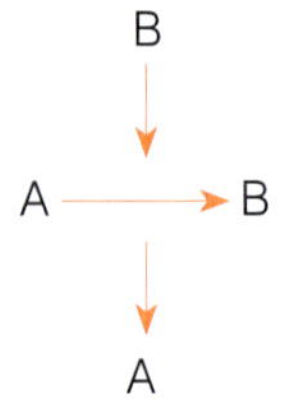

그림 1.8. 격변적 모형에 의한 과학 지식의 발달

격변적 모형은 과학자들이 새로운 이론을 받아들임으로써 새로운 과학적 방법을 이용하게 되고, 새로운 목적에 따라 자연을 탐구하게 되며, 과학은 이러한 과정이 반복적으로 진행됨에 따라 발달한다고 설명한다. 즉, 기존의 이론에 변칙적 사례가 많이 발견되고 이를 설명하는 경쟁이론이 대두되게 되면 과학 지식에 위기가 오게 된다. 이 때 과학의 목적, 방법, 가치관 등이 변화되어 패러다임(paradigm)이 변화되면 기존 이론이 변화되어 발전된다는 모형이다.

격변적 모형에 따르면, 한 이론이 교체될 경우 과학자들의 세계관, 과학적 방법, 과학의 목적, 그리고 과학적 탐구의 결과와 그 해석 등이 모두 한꺼번에 변한다. 격변적 모형은 과학이 과학혁명의 연속, 즉 이론의 혁명적 변화의 연속과 이에 수반되는 과학적 사실, 과학적 방법, 그 목적의 동시적 변화를 통해서 발달함을 보인다. 격변적 모형은 과학이 자연 세계에 대한 일련의 절대적 진리나 이상적으로 완전한 설명 체계를 향하여 점진적으로 발달하지는 않는다는 것도 설명한다.

4) 점진적 모형

점진적(漸進的, gradual) 모형은 라우든(Laudon, 1984)이 주창한 설명 체계이다. 이 모형은 격변적 모형을 변형한 것으로서, 과학이 절대적인 진리나 완벽한 설명 체계를 향하여 발달한다고는 보지 않는다. 그러나 점진적 모형은 과학 지식의 발달에 영향을 미치는 요인들의 부분적 교체를 통해서 과학이 발달한다고 주장함으로써 이론·방법·목적이 동시에 교체되어 과학이 발달한다고 주장하는 격변적 모형과의 차이점을 보인다. 점진적 모형은 또한 과학 지식이 결국에는 교체된다고 설명함으로써 그것의 부분적 변화만을 강조하는 진화적 모형과의 차이점도 드러낸다.

1.2. 오개념에 관한 용어와 연구의 목적

1.2.1. 과학에서 오개념의 형태와 분류

실험 과학의 아버지라 불리는 베이컨은 1620년 그의 저서에서 "서툴고 불완전한 단어의 선택은 이상하게도 우리가 이해하는 것을 방해한다."라고 하였다. 하지만 대안적 개념의 뜻을 잘 아는 사람들은 이것에 동의하지 않을 것이다. 그것은 비교적 새롭고 빠르게 진화하는 과학교육의 한 분야이기 때문이며 더욱 새롭고 많은 형태의 용어들이 제안되고 있기 때문이다. 결과적으로 "끊임없는 함정들" (Mayer, 1978), "무의식적 이론" (Viennot, 1979), "생소한 증거들" (Caramazza et al., 1980), "잘못된 생각들" (Fischer, 1983), "과학의 여러 가지 개인적 견해들" (McClelland, 1984), "현실의 개인적 모델들" (Champagne & Klopfer, 1985), "오류의 기초가 되는 정보들" (Fischer & Lipson, 1986), 그리고 "편견들" (Hashweh, 1988) 등과 같은 복잡한 형태의 용어들을 접하게 된다. 이들 용어는 제각기 조금 다른 의미를 가진 형태로 존재한다.

이 책에서 "과학적 개념" (scientific concept)은 당대의 과학적 사회에서 합의된 개념이고, "오개념" (misconception)은 과학적 개념에 위배된다는 의미로서 용어를 통일하여 사용한다. 그리고 지금까지의 과학교육 연구에서 사용된 개념과 관련된 수식어를 정리하면 표 1.2와 같다.

그리고, 오개념과 관련된 용어를 정리하면 다음의 표 1.3과 같다.

가. 개념

개념을 간단하게 정의하면 다양한 사물에서 공통적인 속성을 나타내는 정신적 표상이라고 할 수 있다. 예를 들어 '개'라는 말은 여러 가지 사물 중에서 다리가 넷이고 집에서 기르며,

표 1.2. 과학에서 개념과 관련된 수식어

수식어	기본 표현	한글	연구자
intuitive(직관적인)	beliefs commitments	믿음 책임	McClosky, 1983
children's(학생의) teacher's(교사의) scientist's(과학자의)	science	과학	Gilbert et al., 1982
mini-(작은) naive(순진한)	theories	이론	Claxton, 1993

표 1.3. 과학에서 오개념과 관련된 용어(한국과학교육학회, 1998에서 변형)

English		한글	연구자
misunderstanding		오해	Hashweh, 1988
spontaneous reasoning		자발적 추리	Viennot, 1979
naive belief		순진한 믿음	Caramazza, 1981
personal construct		개인적 구성 개념	McClelland, 1984
prior knowledge		선지식	
common sense		생각	
idea	idea	상식	
	erroneous ideas	그릇된 생각	Fischer, 1983
	children's ideas	학생의 생각	Gilbert, 1982
conception	conception	개인개념(주관적 개념)	
	preconception	선개념	Clement, 1981
	misconception	오개념	Strike et al., 1983
	intuitive conception	직관적 개념	McClosky, 1983
	alternative conception	대안적 개념	Minstrell, 1982
	prescientific conception	과학 이전의 개념	
	naive conception	순진한 개념	
	existing conception	현존하는 개념	Champagne, 1985
concept	concept	개념(객관적 개념)	
	scientific concept	과학적 개념	

주인을 잘 따르는 일군의 동물들을 지칭한다. 물론 '개란 이런 것이다' 고 분명하게 정의하기는 어렵다. 그러나, 개는 소나 닭과는 구별이 된다. 그렇다고 모든 개가 동일한 모양과 특성을 가지고 있는 것은 아니다. 개 중에도 몸에 점이 있는 것도 있고 없는 것도 있다. 꼬리가 긴 것이 있는가 하면 짧은 것도 있다. 비록 모든 개가 서로 다른 특징을 가지고 있지만 이들 모든 개를 하나의 유형으로 분류하는 것이 가능하기 때문에 '개' 라는 개념이 있을 수 있는 것이다(권재술 등, 1998).

개념(概念)이라는 말의 영어 표현에는 두 가지가 있다(권재술 등, 1998). 그 하나는 'concept' 이고 다른 하나는 'conception' 이다. 우리말로는 모두 '개념' 으로 번역되지만 그 의미에는 상당한 차이가 있다.

'concept' 는 다양한 사물의 공통적인(공인된) 속성을 종합하여 나타낸 것으로(권재술 등, 1998), 관찰한 사실 또는 이론적 사실을 바탕으로 형성된다. 즉 개념이란 공통적인 속성을 가진 물체, 사건, 사물, 상황 혹은 인지구조 내에 형성된 관련개념들의 속성과 연결하는 과정을 통하여 새롭게 형성된 심리적 현상을 문자, 언어, 기호 혹은 부호로 나타낸 것이라 할 수 있다.

한편, 'conception' 은 인지구조 속에 있는 정신적인 표상을 의미한다. 엄밀히 따지자면 'concept' 도 정신적인 표상임에는 틀림없으나 'conception' 이 개인적인 것이라면 'concept' 는 많은 사람들에 의해서 합의에 도달하여 객관화된 것이라고 할 수 있다.

그리하여 'concept' 은 사회적이고 객관적인 개념이므로 '객관개념' 또는 '과학적 개념' 으로 사용하고, 'conception' 은 개인적이고 주관적인 개념이므로 '개인개념(個人概念)' 또는 '주관개념' 으로 구별하여 사용하는 것이 좋을 것 같다.

따라서, 개념에는 과학적 개념(concept)과 개인개념(conception)이 있으며(그림 1.3), 개인

개념은 개인적인 의미를 가지고 시간이 지남에 따라 변하거나 개인에 따라 그 의미가 달라지며, 사물이나 현상에 대한 분화·세련되지 않은 초보적인 수준의 생각을 개인개념이라고 한다. 개인개념은 대체적 개념틀, 아동의 생각, 직관적 관념, 선행개념 등으로 일컬어진다. 개념이 공공적인 의미를 담고 있음에 비해 개인개념은 주관적인 의미를 내포한다. 개인개념은 몇 개가 집합체로 분화·발달하여 포괄적인 개념이 된다.

개인개념은 다시 **선개념**(先概念, preconception)과 **오개념**(誤概念, misconception)으로 나눌 수 있다.

나. 선개념

선개념(先概念, preconception)은 학습 전에 이미 학생들이 학습내용과 관련된 개념들을 각자의 경험을 통하여 선입관 형태로 능동적으로 구성해 놓은 개념이다. 형식적인 수업에서 제시되는 지식과 상호작용한다. 이에 따라 종종 의도하지 않았던 학습의 결과를 낳을 수도 있다. 선개념은 과학적 개념일 수도 있고 비과학적 개념일 수도 있다.

선개념은 일반적으로 다음과 같은 특성을 가지고 있다(권재술 등, 1998).

첫째, 학생들의 선입개념은 상당한 경우 과학자들에 의해서 밝혀진 과학개념과는 매우 다르다는 것이다.

둘째, 학생들의 선입개념은 그들의 관점에서 보면 매우 의미 있고 그럴듯한 생각이기 때문에, 설사 잘못된 선입개념, 즉 오개념이라 하더라도 과학학습에 의해서 쉽게 고쳐지지 않는다는 것이다.

다음의 연구결과들은 권재술 등(1998)에 소개된 것으로 학생들의 선개념이 얼마나 다양하며, 계속되는 학습에도 오개념이 바뀌지 않고 지속되는지를 잘 보여준다.

1) '전류' 에 관한 예

전류에 관하여 학생들이 얼마나 다양한 생각을 가지고 있는지 알아보기 위하여, 뉴질랜드 의학생을 대상으로 다음과 같은 질문을 하였다(Osborne & Freyber, 1985).

다음 그림과 같이 도선을 이용하여 전구에 건전지를 연결하니 전구에 불이 들어왔다. 여러분의 생각에 다음 그림 중에서 도선에 흐르는 전류를 가장 잘 나타낸 그림은 A-D 중 어느 것인가?

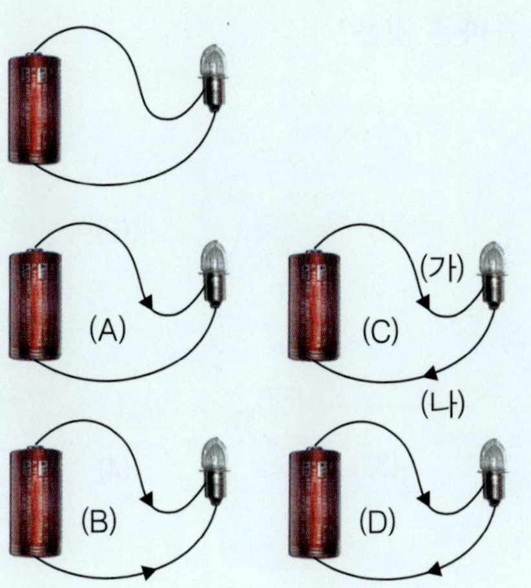

A : 건전지의 아래쪽에 연결된 도선에는 전류가 흐르지 않을 것이다.
B : 그림처럼 전류는 양쪽 도선에서 모두 전구 쪽으로 흐를 것이다.
C : 양쪽 도선에서 전류가 흐르는 방향은 그림에 나타낸 것과 같을 것이다. 그리고, 전류는 도선 (가) 보다는 도선 (나)에서 적게 흐를 것이다.
D : 양쪽 도선에서 전류가 흐르는 방향은 그림에 나타낸 것과 같을 것이다. 그리고, 양쪽 도선에서 같은 양의 전류가 흐를 것이다.

다음 그림은 이 문제에 대한 학생들의 응답결과를 그림으로 나타낸 것이다.

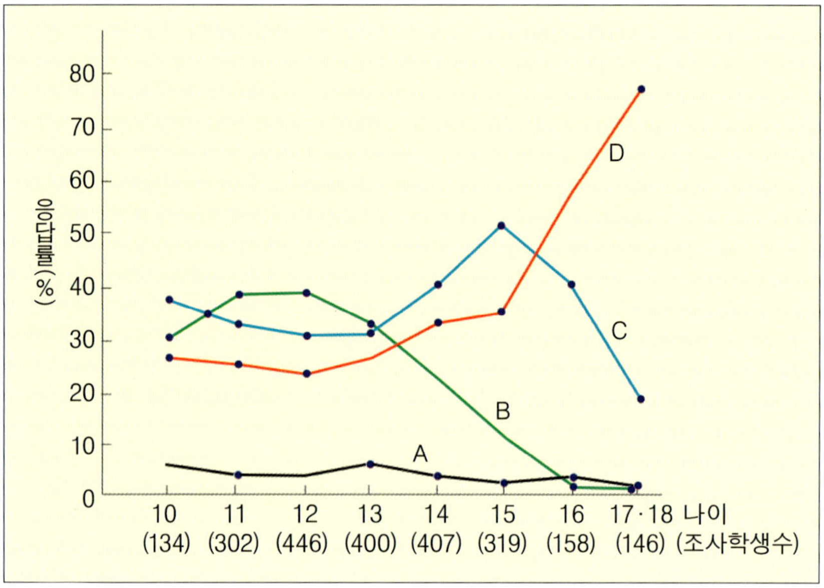

이 연구결과를 보면, 학생들은 전류에 대하여 매우 다양한 생각을 갖고 있음을 알 수 있다. 특히 문제에 제시된 회로의 각 부분을 흐르는 전류의 세기는 모두 같다는 것이다. 학습량이 증가함에도 불구하고 효과적으로 학습되지 않고 있음을 알 수 있다. 그리고 15세가 되기까지는 이와 같은 생각을 가진 학생들이 증가하고 있는 것은, 학습내용이 학생들에 의해서 올바르게 해석되지 못하고 있음을 알 수 있다.

2) '분자'와 '분자운동'에 관한 예

분자와 분자운동에 관한 연구결과에서도 많은 학생들이 잘못된 선개념을 갖고 있음을 알 수 있다. 배와 최(1991)가 분자운동에 관한 학생들의 생각을 조사하기 위하여 제시한 물음과 응답결과 중의 하나를 제시한다.

고무풍선을 끼운 플라스크에 들어있는 공기 입자의 모형을 보기와 같이 나타내었다. 이 플라스크를 얼음물 속에 넣었더니 고무풍선이 오므라들었다. 이 때의 공기입자를 모형으로 나타내었을 때, 다음 보기 중에서 올바른 것은?

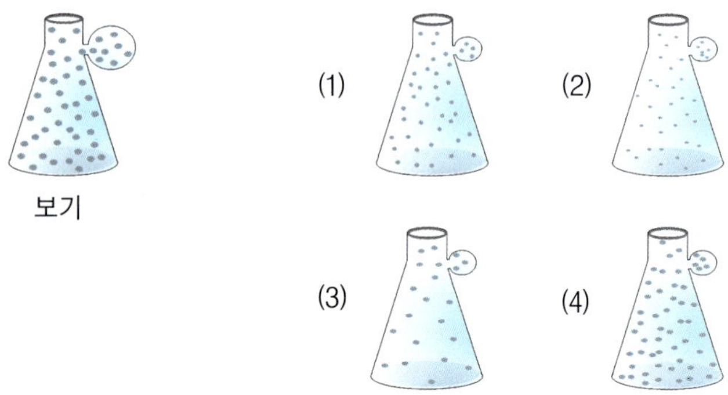

표 1.4. 공기입자의 운동에 관한 학생들의 응답

보기번호	중 1	중 2	고 1	고 2
(1)	20.0	26.9	31.8	31.5
(2)	42.0	41.3	28.2	31.0
(3)	6.5	11.5	19.5	16.8
(4)	28.5	18.8	17.4	19.3

이 문제에 대한 응답결과는 다음 표 1.4와 같다.

일부학생들은 온도가 내려갈 때 기체의 부피가 줄어드는 이유는 기체입자의 크기가 작아지기 때문이거나 기체입자의 수가 줄어들기 때문이라고 생각하고 있으며, 가장 많은 학생들은 두 요인이 함께 작용하기 때문이라고 생각하고 있음을 알 수 있다(표 1.4). 다시 말하면, 대부분의 학생들이 기체의 부피변화를 분자운동에 의해서 설명하지 못하고, 직관적으로 혹은 경험적으로 형성된 자신의 생각에 바탕을 두고 물에 응답하는 경향성을 보이고 있다. 더구나 놀라운 것은 분자와 분자운동에 관해서 반복적으로 학습한 고학년 학생들에서도 이러한 잘못된 생각이 지배적으로 작용한다는 사실이다.

다. 오개념

선개념이 보통의 학습 후에는 올바른 개념으로 형성되는 것도 있으나, 그렇지 못하여 형식적인 학습을 마친 후에도 자신의 인지 구조 속에 비과학적 개념으로 남아 있는 것을 오개념(誤概念, misconception)이라 정의한다. 오개념은 대체적으로 학습자의 독특한 개인적 문화적 경험의 결과로 개념적 구조에 의해 형성된 것으로서, 수업에 의해서도 쉽게 변하지 않고 오히려 강화되거나, 학습한 과학적 개념과 병존하기도 하며, 완전히 사라지지 않고 인지 구조 속에 독립된 형태로 남아서(Osborne & Freyberg, 1985; Gilbert et al., 1982), 다른 개념 학습을 하는데 방해 요소가 된다.

오스본과 위트록(Osborne & Wittrock, 1985)은 오개념의 특징을 다음과 제시하였다.

- 학생들은 아주 어렸을 때부터 학교에서 과학교육을 받기 전까지 갖가지의 주제에 대하여 자신들의 관념을 갖는다.
- 직관적 관념은 때로는 과학자의 개념과 다르며, 과학교사들은 잘 인식하지 못하지만 학생들은 직관적 관념이 그들 자신에게는 이해될만하고 유용한 견해이다.
- 학생들의 직관적 관념은 과학학습의 영향을 받거나 받지 않을 수도 있다. 그러므로 때로는 과학교사들이 기대하지 못했던 또 다른 직관적 관념으로 바꾸어질 수도 있다.

오개념에 관한 이해를 도우기 위하여 일상생활 속에서의 오개념을 소개한다. 에너지, 물질, 생명, 지구 분야의 대표적인 오개념은 송진웅 등(2003)에 소개되어 있고, 물리학적인 오개념과 그 해설에 관해서는 송진웅 등(2004)에서 자세히 알 수 있다.

1) 비행기에서 떨어지면 계속 속도가 증가하면서 떨어진다.

속도가 어느 정도 까지만 증가하다가 그 다음부터는 증가하지 않는다. 그 이유는, 공기의 저항이 있기 때문에 물체가 떨어지면서 공기와의 마찰이 생기는데 이것이 공기의 저항이다. 그래서 물체는 떨어지면서 이 공기의 저항에 방해를 받는데, 처음에는 적게 받다가 나중에는 크

게 영향을 받아서 지구가 물체를 당기는 힘과 공기와 물체와의 마찰의 크기가 똑같아지게 되고, 이때부터는 속도가 증가하지 않고 그대로 유지되면서 떨어진다.

2) 책상을 때리면 내 손이 아픈 이유는, 책상은 딱딱하기 때문이다.

책상을 때리면 내 손이 아픈 이유는 작용과 반작용의 법칙으로 설명할 수 있다. 작용-반작용 법칙이란 간단하게 모든 물체에 힘을 주면 그 물체 역시 같은 힘으로 나에게 힘을 되돌려 준다는 그런 법칙이다. 즉, 내 손으로 책상을 탁 때리면 그 힘만큼 책상도 때린 손에게 힘을 되돌려 주기 때문에 손이 아픈 것이지, 책상이 딱딱해서 내 손이 아픈 것이 아니라는 것이다.

3) 공기는 가볍기 때문에 우리가 자유롭게 돌아다닐 수 있는 것이다.

공기는 엄청난 크기의 힘으로 물체를 항상 누르고 있다. 그 힘을 우리는 압력이라고 하는데 우리가 그 큰 공기의 힘을 못 느끼고 자유롭게 돌아다닐 수 있는 이유는, 사실 공기가 누르는 힘만큼 우리 인간도 몸 내부에서 공기의 힘을 떠받히는 힘을 내보지만 그것을 못 느낄 뿐이다. 사람이 물속으로 들어가면 찌그러지고, 우주로 나가면 터진다고 한다. 물속으로 들어가면 공기의 누르는 힘과 물이 누르는 힘이 함께 작용해서 아무리 우리 몸에서 힘을 내보낸다 해도 턱없이 부족하게 된다. 그래서 깊은 물속으로 들어가면 우리 몸이 찌그러든다. 반대로 우주로 나가면 공기가 존재하질 않으므로 공기가 누르는 힘이 존재하질 않는다. 하지만 우리 몸에서는 공기를 떠받힐 만큼의 힘을 내보내고 있다. 그러면 당연히 우리 몸은 몸 내부에서 나오는 힘을 감당 못해서 터지는 것이다.

4) 생물의 몸이 크면 세포도 크다.

생물의 세포는 대부분 크기가 비슷하므로 생물의 몸의 크기는 세포의 크기에 의하여 달라지는 것이 아니라 세포의 수가 많고 적음에 따라 달라진다.

5) 식물은 탄수화물이 많고 동물은 단백질이 많다.

동물이나 식물이나 그 구성 성분 중 가장 많은 것은 물이며 나머지 성분 중 많은 것은 세포를 만드는 기본 재료인 단백질이다. 식물의 죽은 조직의 세포는 원형질이 빠져나가고 대부분세포벽 성분인 셀룰로오스 등의 탄수화물이 남아 있어 탄수화물이 많다고 생각하게 되는 것이다.

6) 식물은 호흡할 때 이산화탄소를 사용하고 산소를 내놓는다.

식물 세포도 동물 세포와 같이 미토콘드리아에서 유기호흡으로 에너지를 얻으므로 산소를 이용하여 유기물을 태워 에너지를 얻기 때문에 산소를 소모하고 이산화탄소를 내놓는다. 그러나 식물은 체온의 유지나 운동 등에 에너지를 소모하는 일이 거의 없어 호흡량이 동물에 비하여 매우 적고 광합성으로 이산화탄소를 소모하고 산소를 내놓는 양이 훨씬 많으므로 식물은 이산화탄소로 호흡한다고 생각하기 쉽다. 그러나 씨앗이 싹틀 때와 같이 광합성을 하지 않고 호흡이 왕성하게 일어날 때는 많은 양의 산소를 소모하고 이산화탄소를 방출하며 열을 내는 것을 관찰할 수 있다.

7) 모든 식물세포에는 엽록체가 있다.

식물의 세포 중 녹색을 띤 부분의 세포에 엽록체가 있으나 공변세포를 제외한 표피조직세포나 줄기의 관다발을 만드는 세포, 저장조직의 세포 등 많은 부분의 세포에는 엽록체가 없다.

8) 닭의 똥집은 창자의 일부이다.

모래주머니는 닭이 이가 없이 부리로 먹은 먹이를 모래와 같은 단단한 물질로 잘게 부수는 일을 하는 곳으로 항문 쪽에 있는 것이 아니라 식도에 이어 모이를 불리는 모이주머니가 있고 바로 이어 모래주머니가 있으며 이어서 창자가 있다. 그러므로 닭의 똥집은 창자의 일부가 아니라 일종의 위가 되는 것이다.

9) 쓸개즙은 쓸개에서 만든다.

쓸개즙은 쓸개에서 생산되는 것이 아니고 간에서 만들어져 십이지장으로 분비되며 그 일부가 쓸개에 저장되었다가 분비되는 것이다.

10) 대변을 보는 것이 배설이다.

생물학에서의 배설이란 세포에서 단백질을 이용한 호흡 결과 에너지를 얻을 때 생기는 질소 노폐물을 몸 밖으로 배출하는 것으로 땀과 오줌을 배설물이라고 부르며, 변은 음식물이 소화관을 거치는 동안 작은창자의 벽에서 흡수될 수 있는 크기로 분해되지 않아서 흡수되지 않고 나온 음식물의 찌꺼기로서 소화과정의 산물이다.

라. 대안적 개념

대안적 개념(代案的概念, alternative conception)은 어떤 개념을 대신하여 다른 개념으로 대체되는 것으로, 각 개인들의 경험, 직접 관찰, 감지, 동료 간의 문화, 사용하는 언어 뿐 아니라 수업자료, 교사의 설명에 의해 각자 형성되어진다.

마. 직관적 개념

과학적이거나 이성적으로 생각을 하는 것이 아니라 추리나 판단은 배제되고, 감각적 또는 직접적으로 사물을 파악하여 개인이 그냥 순간적으로 떠오르는 사실적 현상에 대해 정의를 내리는 것을 직관적 개념(直觀的概念, intuitive conception)이라 한다.

예) 벤젠의 구조, 뉴턴의 사과로 만유인력을 발견 등.

1.2.2. 오개념 연구의 목적과 필요성

가. 오개념 연구의 목적

오개념 연구의 목적에 대해서는 정완호(1993)에 잘 나타나 있으며, 이를 요약하면 다음과 같다.

물리학이나 화학 분야의 개념들이 원리나 법칙 위주로 되어 있는 것과는 달리, 생물학 분야의 개념들은 주로 용어에 대한 개념 중심으로 이루어져 있으므로 생물학적 개념 형성 과정은 아예 선개념이 없는 상태에서 형성된다(Lawson, 1988)는 입장까지 대두되어 현재까지도 논란이 계속되고 있다. 그러나 아직까지는 생물학 분야에도 분명히 선개념이 형성되어 있다는 견해가 지배적이다.

오개념에 대한 연구의 가장 큰 매력 중의 하나는 수업과 직결된다는 데 있다. 흔히, 학술지를 통해서 소개되는 다른 분야의 연구 결과들은 학교에서 실제 교수-학습에 이용되기에는 거리감이 있고 이론에 치우치는 경우가 많은 반면에, 오개념에 관한 연구 결과들은 모두 수업 현장에 즉시 적용시킬 수 있는 장점이 있다(정완호, 1993). 현장에서 교수-학습에 애로가 많은 내용들의 대부분은 학생들의 선입관 때문이다. 그러므로 수업에 임하기 전에 학습자가 그 학습 주제와 관련하여 이미 가지고 있는 선입관에는 어떤 것이 있는지, 오개념들은 어떻게 해서 형성되었으며 학습에 의해 어떻게 변화되는지, 또 이와 같은 요인들을 고려한 가장 효과적인 수업 방법은 무엇인지 등에 관한 연구의 축적은 효과적인 학습 성과를 기대하는 교사와 학생들에게는 그 무엇보다도 절실한 것일 수 있다.

나. 오개념 연구의 필요성

학생들을 교수-학습의 능동적 주체로서 인정하고 학습에서 오개념의 역할을 중요하게 생각한다면 오개념에 관한 연구의 필요성은 다음과 같이 요약해 볼 수 있다(정완호, 1993).

1) 종래의 과학교육에 관한 연구는 너무 이론적이고 사변적이었기 때문에 교육 현장에 주는 실질적인 기여도가 미흡하다.

2) 종래의 연구는 소위 "범내용적(content free)"이었던 반면 오개념에 관한 연구는 내용 의존적(content specific)이다.

3) 오개념에 관한 연구는 학습자가 가지고 있는 또는 가지고 있을 것으로 예상되는 개념의 유형을 제공해 준다.

4) 모든 학습 이론이 그러하지만 이 오개념에 관한 연구도 인간 사고의 본질을 밝히는데 중요한 열쇠를 쥐고 있다는 기대이다.

5) 오개념에 관한 연구는 타 연구에 비해서 그 연구방법이 비교적 단순하다. 그러나 그 교육적 가치는 매우 크다.

1.3. 오개념 연구의 역사적 배경

영국의 경험주의 교육 철학자인 베이컨(Bacon)의 이론에 바탕을 두고 행동주의자들에 의해 주도되었던 전통적인 견해에 의하면, 학습이란 개인적인 경험의 결과로써 일어나는 행동의 변화라고 보는 관념 연합론이었다(Bower & Hilgard, 1981). 이러한 관점에서 볼 때 지식을 수동적으로 받아들이는 학생들은 수업 이전에는 거의 백지상태(tabula rasa)와 같고, 학습에 의해 새로 형성되는 관념들은 이미 형성된 관념들을 쉽게 지워 버리고 새로운 개념으로 대체되므로 기존의 지식들은 그와 관련된 주제의 학습에 거의 영향을 끼치지 않는다(Strike, 1982).

그러나 경험주의 교육철학적 관점에서 해결하지 못하는 수많은 난제들이 거론되는 가운데(Novak, 1977), 1950년대 이후 등장하기 시작한 구성주의자들은 교수-학습 과정에서 교사가 학생들에게 학습 내용을 제시할 때, 학생들은 이미 학습 내용과 관련된 개념들을 각자의 경험을 통해서 선개념의 형태로 구성되어 있으며(Ausubel, 1968), 학습이란 학생들이 이미 가지고 있는 지식과 앞으로 배울 지식 사이의 상호 작용으로 기존의 개념이 바뀌거나 수정되는 과정이라고 주장하였다(Pines & West, 1986). 구성주의자들은 선입관 중에서도 당대의 과학적 지식과는 다른 개념들을 특히 오개념이라고 하였으며, 이는 전통적인 수업 방법에 의해서는 쉽사리 바뀌지 않는다(Ausubel, 1968)고 한다.

1.3.1. 과학사적 오개념의 예

과학사는 오늘날 학생들이 견지하고 있는 오개념의 전례를 많이 보여주고 있으며, 그러한 오개념이 새로운 발견에 의해 어떻게 수정되고 발전되었는지를 잘 보여주고 있다. 과학적 개념들에 대한 학생들의 오개념들은 과학사에서 보이는 전례들과 일치하는 경우가 많이 있으나 학생들이 과학사에서의 사건들을 항상 그대로 답습하는 것이 아니라 과학사에서 나타나는 것과 동일한 개념적 변화를 보여주는 경우가 종종 있는 것이다. 이러한 문제에 대한 여러 다양한 이론의 발전 과정이 바로 과학사의 큰 줄기를 형성하는 것이다.

드라이버는 학생들이 공통적으로 많이 형성된 오개념을 "대체적 개념틀"이라 하였고, 날씨, 우주, 힘과 운동, 지구관, 광합성, 유전, 식물의 먹이 등에서 많이 나타난다고 하였다. 과학의 영역별 이러한 오개념 유형을 정리하면 다음과 같다.

표 1.5. 물리 영역에서 과학사적 오개념의 예

연구자	개략적 연도	힘과 운동에 관한 사고관점
아리스토텔레스 (Aristoteles)	B.C. 384~322	- 모든 물질은 제각기 고유한 장소로 되돌아가려는 성질을 가지고 있어서 자기 고유의 장소를 벗어나면 자연의 힘에 의해 본래의 장소로 되돌아온다.
장 뷔르당 (Jean Buridan)	1295~1358	- 기동력(impetus)이란 운동하는 물체가 처음의 운동적인 원인 때문에 얻게 되는 양으로 물체에 남아 있어서 계속 운동을 하도록 작용한다.
갈릴레오 (Galilei, G)	1564~1642	- 모든 물체의 낙하 속도는 종류에 상관없이 같으며, 물체의 낙하운동에서 낙하거리는 시간의 제곱에 비례한다.

가. 물리 영역에서 과학사적 오개념의 예

물리 영역에서 보이는 과학사적 오개념의 예는 표 1.5와 같다.

1) 물체의 낙하

걸어가면서 공을 떨어뜨리면 그 공은 떨어뜨린 순간부터 앞 방향으로 일정한 속도로 나아가면서 동시에 일정한 가속도로 땅에 떨어짐으로 A와 같은 포물선 궤적을 그린다(그림 1.9). 이때 학생들은 이 공의 움직임에 대한 (대학생 대상) 오개념은 B가 49%, C가 6% 정도로 나타났다.

2) 물체의 자유낙하 궤적

물체의 자유낙하 궤적에 관하여 (그림 1.10) 다음과 같이 생각하였다.

- A 경우 : 아리스토텔레스의 기동력설(impetus theory)과 일치하는 오개념 → 5%
- B 경우 : 스콜라 철학자 삭소니(Saxony)가 제시한 투사체의 삼차원설과 같은 생각의 오개념 → 35%
- C 경우 : 물체가 포물선을 그리면서 떨어진다는 옳은 생각 → 28%

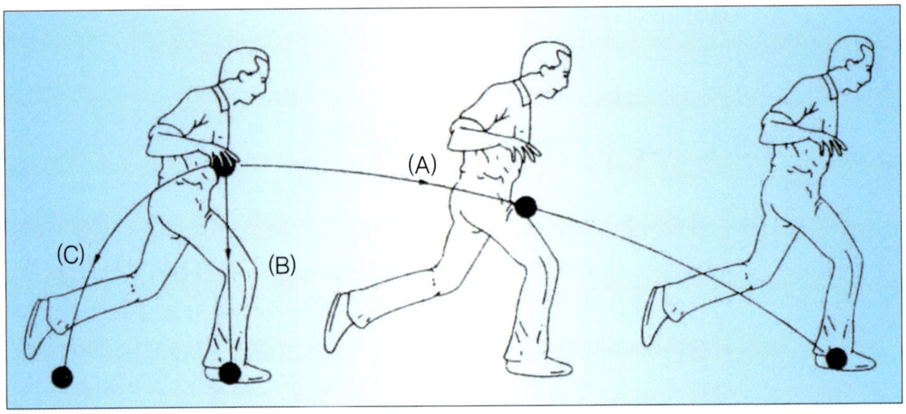

그림 1.9. 물체의 낙하 실험(McCloskey, 1983).

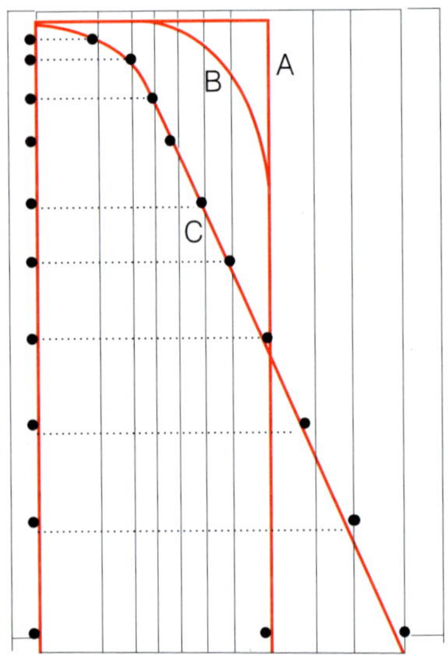

그림 1.10. 물체의 자유낙하 궤적에 관한 직관적 관념(McCloskey, 1983).

3) 위로 던진 동전에 작용하는 힘

동전에 작용하는 힘에 관한 물음에 대해서 일반 물리를 선택한 대학생들 중에서 단지 12% 정도의 학생들만이 과학자들의 지식과 같은 답을 제시했다(그림 1.11). 틀린 답을 제시한 학생들은 대부분 스스로의 경험을 통해서 획득한 기동력설을 파지하고 있었으며, 그 생각을 바탕으로 위로 올라가는 동전은 던지는 순간에 가해진 힘이 중력보다 더 크다고 대답했다. 그들은 이러한 생각에 따라 C의 위치에서는 동전에 가해진 힘이 모두 소모되고 중력만이 남아 있기 때문에 그 이후에는 동전이 중력에 의해서 수직 아래로 떨어진다고 설명했다.

4) 물리 영역에서 학생들의 오개념 고찰

물리 영역에서 학생들의 오개념은 힘과 운동, 전기, 빛, 소리, 에너지 등 넓은 범위에 걸쳐

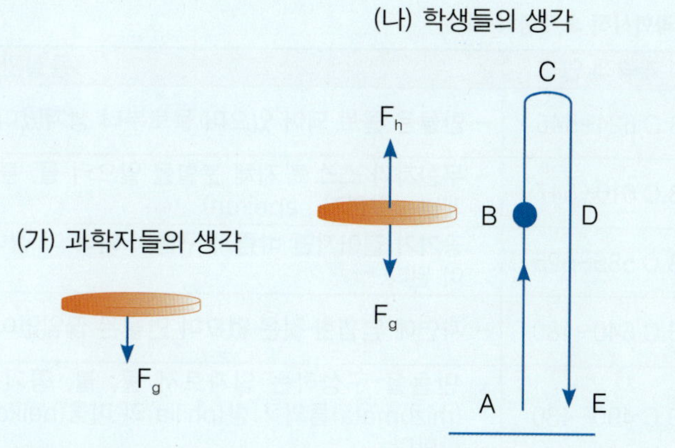

그림 1.11. 위로 던진 동전에 작용하는 힘에 관한 물음(Clement, 1982).

분포하고 있으나 주요 연구 사례들을 정리하여 요약하면 표 1.6과 같다.

표 1.6. 물리 영역에서 학생들의 오개념(조희형, 1999)

개념	오개념	참고문헌
전기	– 전기는 힘이다. – 전기는 모든 물체에 힘을 준다.	Solomon, 1987
	– 전기는 에너지로 전환된다. – 전기는 사용하면 없어진다. – 전기는 탄다.	Tasker & Osborne, 1985
빛	– 빛은 입사하거나 반사하지 않는다. – 그늘지거나 조금 어두운 곳에는 빛이 없다.	Guesne, 1985
열과 온도	– 뜨거운 물질은 연기를 포함한다. – 열은 뜨거운 물체로부터 찬 물체로 전달된다. – 열이라는 물질은 연기를 포함한다. – 열은 뜨거운 물체로부터 나온다. – 어떤 물체로부터 연기가 나가면 차가워진다. – 온도는 물체에 포함된 양에 의해서 결정된다. – 찬 물체와 뜨거운 물체를 맞대면 찬 물체는 더 따뜻해지고 뜨거운 물체는 더 차가워져 결국에는 같은 온도가 된다.	Erickson, 1979
에너지	– 에너지는 물질이다. – 에너지는 과학자들이 만들어낸 추상적 개념이다.	Warren, 1982

나. 화학 영역에서 과학사적 오개념의 예

화학 영역에서 보이는 과학사적 오개념의 예는 표 1.7와 같다.

화학에서 학생들의 오개념이 비교적 자세하게 밝혀진 분야는 물질의 입자성(particular nature)이다. 오늘날 학생들이 물질과 공간의 관계, 더 나아가서 물질의 특성에 대해 가지고 있는 오개념을 요약하면 표 1.8과 같다(Doran, 1972).

표 1.8에 제시한 바와 같은 진술들은 주로 저학년의 학생들이 궁극적인 물질의 의미와 특성에 대해서 가지고 있는 관념들이다. 이러한 관념들의 일부는 고등학교 때까지 이어져 그들이 공간과 물질의 관계를 그릇되게 해석하는 원인이 된다.

표 1.7. 화학 영역에서 과학사적 오개념의 예

연구자	개략적 연도	물질관
탈레스 (Thales)	B.C 624~546	– 만물은 물로 되어 있으며 물로부터 생겨났다. (만물의 구성 요소: 아르케, arche)
아낙시만드로 (Anaximandros)	B.C 610~547	– 무한자가 스스로 자체 분할을 일으켜 물, 불, 공기, 흙 등 만물이 생성된다. (추상적 개념 : 무한자 , apeiron)
아낙시메네스 (Anaximenes)	B.C 585~525	– 공기가 짙어지면 바람과 구름이 되며 더 짙어지면 물이 되고 더욱 짙어지면 흙과 돌이 된다.
헤라클레이토스 (Herakleitos)	B.C 540~480	– 자연에 영원한 것은 없으며 만물은 끊임없이 변한다.
엠페도클레스 (Empedokles)	B.C 490~430	– 만물을 구성하는 입자로서 물, 불, 공기, 흙의 네 뿌리로 되어 있다. 즉 뿌리(rhizomata)들의 사랑(philia)과 미움(neikos)이라는 작용에 의해서 삼라만상이 변화한다.
데모크리토스 (Demokritos)	B.C 460~370	– 만물이 근원은 눈에 보이지 않는 무수한 분할(tom) 불가능한(a) 입자(atom)이다.
플라톤 (Platon)	B.C 428~347	– 창조주가 4원소(물, 불, 공기, 흙)를 만들고 이를 기초로 모든 물질들을 만들었다.
아리스토텔레스 (Aristoteles)	B.C 384~322	– 4원소는 성질을 변화시키면서 상호 변환될 수 있다.

표 1.8. 물질의 개념에 대한 학생들의 오개념

–물질은 연속적이다. 즉, 물질은 기본 단위적 구성요소가 없다.
–물질을 이루는 입자들 사이에 간격이 없다.
–자연현상은 입자 크기의 변화에 의해서 설명될 수 있다.
–자연현상은 입자 수의 변화에 의해서 설명될 수 있다.
–물질입자는 스스로는 움직이지 않는다.
–자연현상은 막(membrane)에 의해서 설명될 수 있다.
–물질입자의 속도와 간격은 물질의 온도와 상태에 관계가 없다.
–자연현상은 물질입자의 운동에 의해서 설명될 수 있다.

1) 고등학생들이 가지는 오개념의 근본적 관점 (Nussbaum, 1985)

① 모든 물질은 자연적 장소가 있다.

② 진공상태는 있을 수 없다.

③ 물질은 연속적이다.

2) 물질과 공간

물질과 공간의 관계를 이해하고 설명하기 위한 고대인들의 노력은 진공이란 있을 수 없으며 자연은 진공을 싫어한다고 보는 기본 관점 즉 고대의 세계관 또는 자연관을 낳았다. 아리스토텔레스는 이 우주는 인간이 지각할 수 없는 무엇인가에 의해서 또는 에테르(ether)라고 하는 보이지 않는 물질로 가득 채워져 있기 때문에 진공이란 있을 수 없다고 생각했다. 오늘날의 대다수의 어린 학생들도 이와 동일한 오개념을 가지고 있는데, 이런 관념은 그들이 화학 수업에서 빈 공간의 개념을 내면화하고 공간과 물질의 관계로 나타나는 물질의 상태, 입자의 운동(그림 1.12, 1.13), 기체의 압력 등과 같은 관련 현상을 이해하는 데 커다란 걸림돌이 되고 있다.

그림 1.12. 공기의 연속성에 따른 학생들의 관념. 전: 공가가 꽉 찬 상태, 후: 절반의 공기를 빼 낸 상태.

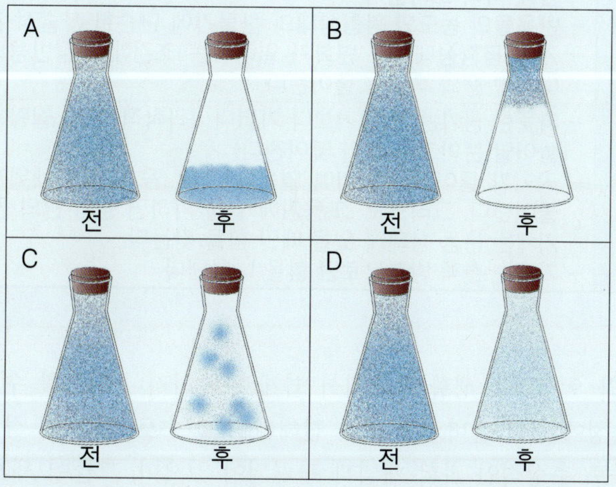

그림 1.13. 공기의 입자성에 따른 학생들의 관념. 전: 공가가 꽉 찬 상태, 후: 절반의 공기를 빼 낸 상태.

3) 물질의 보존 개념 (Driver, 1985)

어떤 학생들은 물이 수증기로 될 때는 물 입자의 크기가 작아지고, 얼음이 되면 더 커진다고 생각한다는 것이다. 이는 곧 일부의 학생들이 물질의 상태를 나타내고는 고체, 액체, 기체 등 거시적인 현상은 충분히 지각하고 말할 수 있으나 그 현상들을 물질의 본성, 질량, 무게 등 미시적 성질에 의해서 인식하고 이해하는 데는 어려움을 느끼고 있음을 시사한다.

4) 화학 개념에 대한 학생들의 오개념 고찰

대부분 학생들의 오개념은 자연에 대한 지각적 경험이나 피상적인 인식을 통해서 형성되므로 이러한 관념은 학생들이 자연을 관찰하고 해석하는 바탕이 된다. 그렇기 때문에 특히 추상적인 화학 개념을 이해하는데 방해물이 될 뿐만 아니라 그것이 더욱 분화되고 발달되어 또 다른 형태의 관념이 형성되는 바탕이 된다. 이러한 사실들을 바탕으로 현재의 과학교육 전문가와 담당자들은 과학 학습 지도의 가장 중요한 관건은 학생들이 학습에 들어가기 전에 이미 가지고 있는 그들의 관념에 있음을 강조한다. 화학 개념에 대한 대표적인 오개념을 요약하면 표 1.9와 같다.

다. 생물 영역에서 과학사적 오개념의 예

아낙시메네스는 '식물이 사는 데는 공기가 필요하다.' 또한 세잘피노는 '잎은 태양열을 흡수하는 기능이 있다.' 라고 하였다. 그러나 이것은 오개념이다. 식물이 외부로부터 에너지원인 유기물을 직접 얻는 것이 아니라 토양으로부터 물과 무기물을 얻어 광합성을 통하여 유기물을 합성하는 것이다.

생물 영역에서 보이는 과학사적 오개념의 예는 표 1.10과 같다.

표 1.9. 화학 영역에서 대표적인 오개념(조희형, 1999)

개념	오개념	참고문헌
화학적 평형	– 반응물을 섞은 다음 평형이 이루어 질 때까지 정반응의 속도는 시간이 지남에 따라 느려진다. – 반응물의 농도와 평형상태의 산물간에 단순한 산술적 관계가 있다. – 계가 평형상태이고 변화가 일어나는 조건에서 정반응의 속도는 늘어나고 다른 반응의 속도는 줄어든다.	Hackling & Garnett, 1985
기체 상태	– 따뜻한 공기는 찬 공기보다 가볍다. (과학적 개념: 질량은 불변이다. 부피가 늘어날 뿐이고 밀도가 낮아진다) – 공기가 들어있는 용기에 열을 가하면 공기가 더 채워지기 때문에 압력이 늘어난다. 그러므로 그 용기에 열을 가하면 용기 안의 공기 양이 늘어난다. – 기체는 운동 상태에 있을 때만 힘을 갖는다. – 기체는 한쪽 방향으로만 힘을 나타낸다.	Sere, 1985

학생들의 오개념은 생활 주변에서 쉽게 관찰하거나 경험할 수 있는 현상 및 사물의 추상적이고 본질적인 속성에 관한 올바르지 못한 견해라고 할 수도 있다. 이 정의에 따르면 학생들이 가지고 있는 오개념은 주로 추상적인 과학 개념과 관련되어 있으며, 그들이 세계를 보는 기본적 관점을 이룬다고 볼 수 있다. 또한 학생들의 오개념이 이와 같은 속성을 갖는다고 할 때, 유전은 학생들이 그들 나름의 오

표 1.10. 생물영역에서 과학사적 오개념의 예

연구자	연대	사고관점
아낙시메네스(Anaximenes)	B.C 546	– 식물의 먹이로서 공기가 필요하다.
아리스토텔레스(Aristotle)	B.C 335	– 잎은 식물의 줄기와 기관에 그늘이 지게 한다.
세잘피노(Cesalpino)	1583	– 잎은 태양열을 흡수하는 기능이 있다. – 토양에는 먹이를 만드는 원료 물질이 포함되어 있다.
반 헬몬트(Van Helmont)	1648	– 물이 먹이를 만드는 데 유일한 요구물이다.
말피기(Malpigi)	1671	– 먹이는 토양으로부터 오지 않는다.
레이(Ray)	1717	– 잎이 먹이를 만든다.
헤일즈(Hales)	1727	– 잎이 물을 흡수한다.
프리스틀리(Priestley)	1772	– 물과 공기는 먹이를 만들기 위한 재료의 중요한 원천이다.
잉겐하우즈(Ingenhousz)	1779	– 식물은 산소를 내보낸다. – CO_2가 식물 먹이의 중요한 원료 물질이다

개념을 가질 가능성이 높은 생물학 분야 중의 하나로 볼 수 있다. 또한 생물이 생식, 번식, 성장, 발달하는 현상은 주변에서 쉽게 관찰할 수 있으나 그 현상을 통제하는 유전자와 유전법칙은 추상적 개념으로서 지각적 경험이 불가능하다. 따라서 이러한 개념들은 과학적 개념으로 발달되기 전에 학생들의 관념으로 형성되기 쉽다. 유전 개념과 생물학의 주요한 추상적 개념에 대한 학생들의 오개념들을 요약하면 표 1.11과 표 1.12와 같다.

표 1.11. 유전에 대한 대표적인 오개념 (Hackling & Treagust, 1984)

오개념 유형	중 3 학생의 비율(%)
– 한 형질은 하나/서넛/많은/23/46개의 유전자에 의해서 통제된다.	40
– 배우자는 양친의 체세포에 있는 염색체와 유전자 짝의 두 가지 염색체와 유전자 모두를 갖는다.	48
– 정자는 자손 대에 형질의 반을 통제하는 유전자를 갖는다.	48
– 두 잡종 사이에 태어난 자손은 반드시 우성형질을 갖는다.	54
– 어떤 특정한 형질에 관한 잡종의 양친으로부터 태어난 자손 중 1/4는 반드시 우성형질을 나타낸다.	27
– 잡종의 양친으로부터 태어난 자손들은 모두 우성형질을 나타낸다.	25
– 우성유전자가 열성유전자에 비해 더 강하다.	38
– 유전의 혼합 형태는 유전자의 혼합에 기인한다.	57
– 신체의 다른 부위에 있는 세포는 서로 다른 유전자를 갖는다.	65

표 1.12. 생물 영역의 주요한 추상적 개념에 대한 학생들의 오개념

개념	오개념	참고문헌
돌연변이	– 돌연변이는 드물고, 뜻밖에 나타나며, 보통 열성이다.	Mahadeva & Randerson, 1984
진화	– 진화는 생물의 필요에 따라 일어나는 변화의 결과이다.	Brumby, 1984
단백질 합성	– mRNA 번역의 산물은 아미노산이다.	Fisher, 1985
광합성	– 식물은 밤에만 호흡하고, 낮에는 광합성이 일어난다. – 식물은 낮에는 탄산가스를 흡수하고 산소를 내보낸다. – 광합성은 호흡의 반대과정이다.	Stavy, et al., 1987
심장	– 심장은 피를 만들거나 저장하고 피의 불순물을 제거한다.	Mintzes, 1984
혈액	– 혈액은 단순한 빨간 액체이다. – 피는 사람을 계속 살게 하고 움직이게 하는 기능이 있다.	Arnaudin & Mintzes, 1985
세포	– 에너지가 세포에서 세포로 전달된다. – 에너지는 소화기관 내에서 음식물이 분해됨으로써 얻어지고 세포는 그 에너지를 이용한다. – 휴지기의 세포는 에너지가 필요 없다.	Drefus & Jungwirth, 1988
먹이	– 식물은 동물과 마찬가지로 먹이를 환경으로부터 획득한다. – 식물은 뿌리를 통해서 먹이를 흡수한다. – 식물의 먹이는 공기, 물, 비료, 햇빛 등이다.	CLISP, 1987

라. 지구과학 영역에서 과학사적 오개념의 예

지구과학 영역에서 보이는 과학사적 오개념의 예는 표 1.13과 같다.

1) 학생들의 지구에 관한 기본 개념 (Nussbaum, 1979)

학생들의 지구에 관한 개념에는 그림 1.14와 같이 여러 가지가 있다.

표 1.13. 지구과학 영역에서 과학사적 오개념의 예

연구자	연대	우주관
데카르트 (R. Decartes)	1596~1650	– 지구가 냉각하면서 부피가 수축되어 지구 표면에 사과 주름처럼 기복이 생겼다(지구 수축설).
허셜 (W. Herschel)	1738~1822	– 우주 중심에 태양이 있다. 따라서 밝은 별은 가까이 있고 어두운 별은 멀리 있다.
칸트 (I. Kant) & 라플라스(M. Laplace)	1755, 1796	– 거대한 가스체로부터 태양계가 형성되었다(성운설).
캅테인 (J. C. Lapteyn)	1851~1922	– 우주 중심에 태양이 있으며 우리 은하의 모양은 납작한 회전 타원체이다.
챔버린(A. T. Chamberlin) & 몰턴(F. R. Moulton)	1901, 1905	– 가스가 응축하여 먼저 소행성이 된 후, 이것이 주위의 물질을 끌어들여 큰 행성으로 형성된다(조석설).
진스(J. H. Jeans) & 제프리(H. Jeffreys)	1920	– 강한 조석력에 의해 태양으로부터 물질이 끌려나와 이것이 뭉쳐져서 행성이나 위성으로 형성되었다(조우설).
바이츠제커 (C. F. Weizsacker)	1944	– 원시 태양의 주위를 돌고 있던 원반형의 성간물질이 중심으로부터 일정한 거리에 여러 개의 난류 와동이 존재한다(와동설).
시미트 (O. J. Schmidt)	1944	– 태양이 성간운을 지날 때 주위의 물질을 포획하고 행성은 이 성간(星間) 물질로부터 형성되었다(응집설).

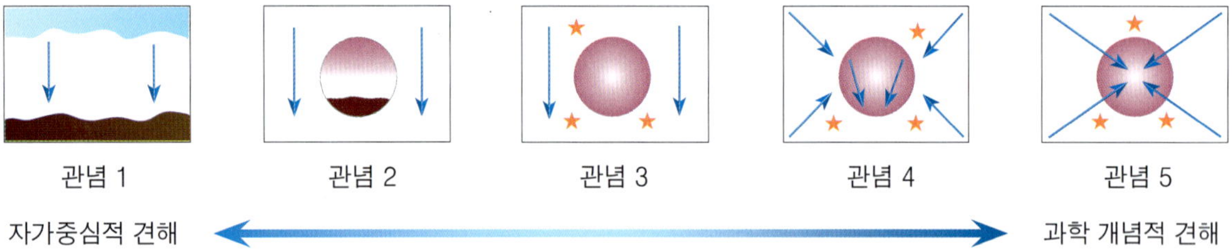

그림 1.14. 학생들의 지구에 관한 기본 개념(Nussbaum, 1979).

• **관념 1** : 지구의 표면이 평평하다는 생각으로 지구가 둥글다는 관점을 토대로 지구가 원반이나 접시와 같이 둥글다는 관념을 갖는다. 이것은 다음과 같은 가정을 근거로 나타난다.

> – 지구가 둥글다 = 길이 구부러져 있다.
> – 지구가 둥글다 = 산의 모습을 말한다.
> – 지구가 둥글다 = 하늘에 있는 어떤 행성을 나타낸다.
> – 둥근 지구가 대양에 둘러싸여 있다.

• **관념 2** : 지구가 공과 같이 둥글다는 생각이다. 학생들은 무한한 우주에 관한 관념을 가지고 있지 않기 때문에 하늘은 위 쪽 우주의 끝이며, 지구 반대편 아래에는 땅과 대양이 있고 그것이 우주의 밑바닥이라 생각한다.

• **관념 3** : 지구가 구형이며, 인간은 지구의 위쪽에만 살 수 있다는 생각이다. 하늘이 지구를 둘러싸고 있으며, 지구 아래쪽이나 우주의 아래쪽에는 어떤 구체적 바탕이 없다고 보는 아직 자기중심적 지구관 또는 인간 중심적 세계관을 벗어나

지 못하고 있음을 보여준다. 관념 3에서는 모든 물체는 한 쪽으로 떨어지거나 힘이 가해진 방향으로만 움직인다고 생각한다.

- 관념 4 : 지구라는 개념의 구성 요소를 비교적 잘 보여주는 개념으로 우리가 지구의 어디에서나 살 수 있다는 생각을 반영한다. 이 관념은 지구를 기준계로 삼아 상·하의 방향을 인식하며, 모든 물체가 어디에서나 지구 표면으로 떨어진다는 생각이다. 그러나 이 관념은 지구의 중심에 대한 상·하의 방향을 생각하지 못하기 때문에 이 관념을 파지한 학생들은 물체가 자신을 중심으로 볼 때 아래로 떨어진다고 생각한다.
- 관념 5 : 현대적 의미의 지구 개념으로서 지구의 중심에 따라 상·하의 방향을 판단하고 결정할 수 있는 관념을 나타낸다. 따라서 이 관념을 가진 학생들은 문제의 상황에 상관없이 지구에 관한 어떤 문제에도 일관성 있게 이 관념을 적용할 수 있다. 관념 5를 가지고 있는 학생들은 또 어느 상황에서나 현대의 지구관을 글대로 표현할 수 있으며, 이에 따라 지구와 우주의 관계도 이해할 수 있게 된다.

2) 지구과학에서 학생들의 오개념 고찰

지구관은 학습자가 학교 밖의 비형식적인 교육이나 자연에 대한 직접적인 경험을 통해서 나이가 들어감에 따라 자연스럽게 발달되는 개념들 중의 하나이다. 이런 개념들은 학교의 형식적 교육만을 통해서는 즉각적으로 내면화되지 않고 학년별로 독특한 관념의 형태 그대로 유지되는 경향이 짙다. 따라서 이러한 개념들은 한두 시간의 전통적 교수 전략과 교수법에 의해서는 효과적으로 가르칠 수 없다. 이러한 지구관과 같은 추상적인 이론과 개념은 학생들의 관련 관념을 먼저 확인한 다음, 대체할 수 있는 과학적 개념을 제시함과 동시에 학생들의 기존 관념을 바꾸거나 교체할 수 있도록 체계적으로 조직된 교수법에 의해서 그 교수가 가능해진다.

어떤 과학 개념은 전통적인 교수법에 의해서는 의미 있게 가르칠 수 없는데, 이상에서 살펴본 지구관이 그런 개념들 중의 하나이다. 이러한 개념은 어떤 결정적인 증거에 의해서 예를 들어, 지구가 둥글다는 것을 보여주는 인공위성 사진을 보여준다고 해서, 아동들의 지구관이 곧바로 현대적 의미의 지구관이나 우주의 개념으로 내면화되지 않는다. 지구관과 같은 개념은 그 개념과 관련된 인지적 구조를 이루는 지구에 대한 학생들의 오개념을 직접적이고 분명하게 처리함으로써 그 변화를 야기할 수 있다. 보다 구체적으로 말하자면 이러한 개념은 인지적 모순을 야기한 다음 이미 파지하고 있는 직관적 관념에 상충되는 현상과 사실을 보여주고 그것을 이해시키는 교수법을 통해서만 유의미하게 학습시킬 수 있다.

1.3.2. 생명과학에서 오개념의 연구 동향

세계적으로 볼 때, 오개념에 관한 연구는 이미 1970년대부터 활발하게 진행되었고(Duit & Pfundt, 1988), 연구결과들이 상당히 축적되어 있는 상태이다. 생물학적 개념에 관한 조사들도 생물학 전 영역에 걸쳐서 광범위하게 이루어져 있으며, 연구대상도 초중등 학생뿐만 아니라, 대학생과 교사들에 이르기까지 다양하게 이루어지고 있다(정호완, 1993). 그러나 우리나라에서는 1980년대 후반에 와서야 연구가 이루어지 시작했다. 우리나라에서 생명과학에서 오개념에 관한 연구 목록은 단원 8.3에 나열하였다.

과학에서 오개념에 관한 검증되지 않은 이론들은 변화와 수정에 매우 강한 저항을 하는 것처럼 보인다. 따라서 이러한 검증되지 않은 이론들을 학생들은 무비판적으로 수용하기 때문에 검증되지 않은 이론들의 여러 요인들을 교육 방법이나 내용에서 학생들의 과학 학습에 미치는 영향을 최소화하면서 연구·발전시킬 필요가 있다.

1.4. 오개념 형성의 기원

1.4.1. 구성주의와 오개념 형성

과학교육에서 이루어지고 있는 많은 오개념에 관한 연구들은 학생들이 가지고 있는 선개념들의 잠재적 가능성에 관점이 일치된다. 예를 들어, 오개념은 왜 생기는가에 대한 해답은 구성주의 입장을 택한 피아제와 오슈벨의 주장에서 찾아 볼 수 있다.

피아제는 아동의 인지발달 과정을 환경과 인지구조와의 상호작용으로 설명하고 있다. 즉 아동 자신의 지식이나 개념 구조는 외부로부터의 사실을 그대로 투영하여 형성되는 것이 아니라 극히 자발적인 상호작용의 과정을 통하여 형성되는 것이므로 각 아동들은 자신들의 고유한 인지구조를 갖게 된다. 그들이 지니고 있는 인지구조는 현재의 과학 개념과 비교하였을 때 올바른 것일 수도 있고 그릇된 것일 수도 있다.

오슈벨은 특히 교수-학습 이론에서 학생들이 지니고 있는 기존의 인지구조가 교수-학습 과정에 가장 중요한 역할을 한다는 것을 강조하였다. 즉 학생들이 가지고 있는 이러한 선개념은 후속 학습의 저해 요인이 되거나 잘못된 개념으로 강화 또는 확장시키기도 한다는 것이다. 선개념들이 학습에 끼치는 영향을 오슈벨이 지적한 이래, 특히 1970년대 말부터 과학 교육자들에 의해 학생들의 과학적 개념에 대한 많은 실증적 연구가 이루어졌다. 이러한 연구 결과에 의하면 학생들은 학습에 들어가기 전에 어떤 주제이든 그와 관련된 개념을 이미 가지고 있으며 그 개념이 후속 학습에 영향을 끼치며 전통적인 교수법에 의하여 좀처럼 영향을 받지 않는다는 것이다. 따라서 이러한 학생의 개념들에 대한 연구와 그러한 개념변화의 중요성을 강조하고 있다.

구성주의자들은 과학적 오개념이 형성되는 요인으로 자연계의 일상적인 경험, 효과 없는 교육, 서툴게 구성된 교과서, 일상적인 언어사용 등으로 제안하였다. 특히 아론(Arons, 1990)은 논리적인 추론 능력의 부족이 한 요인이라고 하였고, 또 다른 연구자들은 일상적인 경험, 교사, 교육용 텔레비전과 일반적인 프로그램들, 동료들, 여러 교과서 및 다른 책들이라고 제안하였다.

한편, 드라이버와 에릭슨(Drive & Erickson, 1983)은 오개념이 형성되는 출처를 지각적 또는 감각적 경험, 언어의 은유법, 그리고 언어적이면서도 물리적인 유추법 및 비유법 등에 두며, 헤드(Head, 1986)는 그 출처를 일상적 경험과 관찰, 유추법에 대한 혼돈, 은유법의 사용, 동료문화, 그리고 생득적 관념으로 분류한다. 한편 피셔(Fisher, 1985)와 조 등(1985)은 과학의 학습지도 상황에서 흔하게 사용되고 있는 언어들의 연합과 학생들이 이용하는 교과서 그리고 교사를 오개념의 중요한 출처로 제시하였다.

1.4.2. 오개념 형성의 기원

오개념 형성의 기원에 대해서는 정완호(1993)에 자세하게 설명되어 있으며 이를 정리하면 다음과 같다.

학습은 개념의 변화 과정이며 일련의 개념 체계인 선입관이 주관적이라는 점에서 교육적 문제점이 대두된다. 학생들은 언어, 문화, 사회 속에서 생활해 나가면서 상식을 얻게 되며, 학교에서는 형식적인 수업에 의하여 지식을 얻게 되므로 지식의 근원은 두 가지이다(Pines & West, 1983). 누구나 각자에게 독특한 지각적 경험의 역사를 갖게 되므로 한 개인의 인지적 구조의 구성 원소는 그 개인에게만 독특한 특수성을 띠게 된다. 따라서 학생들은 자신의 개념 구조를 통하여 사물을 관찰하기 때문에 당연히 같은 사물도 개인에 따라 다르게 보게 되며, 그 개념 구조가 과학적 개념과 다를 경우 진상을 왜곡하기도 한다. 특히 학생들이 인식하고 있는 그 선입관이 당대의 과학적 개념과 다른 오개념일 때에 문제점은 심각해진다.

오개념은 개념 간에 상호 연결과의 중복이 적고, 매우 가변적이며 국부적이다(Champagne at al., 1980). 형식적인 수업에서 과학적 지식은 오개념의 가변적인 구조 속에 연결될 수 있으므로 학생들은 과제 상황(task context)에 따라 서로 다른 개념을 사용하게 되며, 시간이 경과해도 안정성을 갖는다. 오개념은 단순히 격리된 개념도 아니며, 아동 자신의 일련의 개념 체계 중 일부로 자리 잡고 있으므로 그 개념 체계와 모순되는 개념이 도입됨에도 불구하고, 잘못된 관점으로 자연현상을 설명하고 이해하는데 안락함을 느끼기 때문에(Gowin, 1981) 오랫동안 지속될 수 있다.

그리하여 학생들이 오개념들을 갖게 되는 원인은 학습자 요인과 환경 요인으로 나눌 수가 있으며, 다음과 같이 요약될 수 있다(정완호, 1993).

가. 학습자 요인

어느 과목이라도 학생들에게 가르치기 쉬운 과목은 없을 것이다. 그 중에서도 특히 과학은 자신의 경험을 통해 만든 원리를 바탕으로 수업을 받아들이게 되므로 각양각색의 개념을 형성하게 된다. 학습자 요인은 학습자의 내적 요인이고도 한다.

1) 감각적 경험의 차이

감각기관을 통해 자연현상을 경험한 것이 언어로 그 의미가 명확해지기 전에 학생들은 자기 나름대로의 직관적인 체계를 형성시킨다. 이렇게 지각적 경험으로부터 형성된 개념들은 대부분의 학생들에게 보편적인 체계를 구성하지만, 개인마다 다르게 형성될 수도 있다(McCloskey, 1983). 예를 들어 무거운 것은 가라앉고 가벼운 것은 뜬다. 또는 공기가 가열되면 가벼워진다는 것은 그 의미가 명확해지기 전에 자연의 감각적 경험으로부터 무게나 공기의 질량 개념이 나름대로의 직관적인 체계로 형성된다. 개인이 소유하고 있는 개념들은 경험과 상호작용을 하기 때문에 이런 과정에서 오개념이 형성될 수도 있다.

2) 언어의 의미적 차이

일상적인 생활을 통해서 비유적으로 사용하여 왔던 단어(은유)가 수업 시간에 등장을 했는데, 그 단어의 과학적인 의미가 그 학생의 일상적인 생활에서 사용하는 단어의 의미와 달랐다면, 그 학생의 인지구조에서는 의미를 명확하게 구분 짓지 못하여 의미가 불분명해지거나, 자신이 흔히 사용하던 단어의 의미로 동화해 버리기 쉽다. 이 과정에서 오개념이 형성될 수가 있다. 특히 이러한 경향은 일상생활에서 친숙하게 사용되는 언어에 대한 과학적인 의미가 특별할 때 자주 나타난다(Gilbert et al., 1982). 예를 들어 원자의 핵과 세포의 핵은 핵물리학과 세포학에 전문적인 용어지만 일상생활 과정에서도 자주 쓰고 있다. 따라서 학생들은 일상생활 과정을 통해 획득한 의미로 원자의 핵과 세포의 핵을 해석함으로써 각각 원자와 세포에 가장 중요한 부분으로 생각한다. 물리학에서 '일' 과 '에너지' 그리고 생활 속에서의 '일' 과 '에너지' 는 다르다.

3) 유추의 차이

사람은 자신의 신념을 적용할 수 없는 상황에 처하게 되면, 자신이 경험했던 익숙한 상황에서 이루어진 지적 체계로 그 새로운 상황을 조절하여 문제를 해결하려고 한다. 이 때 개개인이 적용하는 유추법이 다를 것이므로 그 문제와 관련된 개념 구조가 다르게 형성될 것이다(Driver, 1983). 요컨대 유추는 복수 성질의 상관관계에 관한 추리로 그 범위가 미리 정해진 직유에 가깝다. 제너가 우두 독을 이용하여 종두(예방접종)를 발견한 것도 유추를 이용한 좋은 본보기이다. 또한 케플러의 법칙을 배운 후, 여름은 지구가 태양에 가까이 다가와서 생기는 것이라고 착각하는 것은 계절의 변화 원인을 자신이 경험한 익숙한 지적 체계로 유추한 결과이다.

4) 논리적 조작 능력의 미숙

피아제(Piaget)는 지식의 발달을 논리적 조작 능력과 결부시켜 생각하고, 인간이 태어나서 성인이 되기까지 거치는 주요 발달 단계를 크게 4가지 단계로 나누어서 설명하고 있다. 그에 따르면, 학생들의 인지구조가 학습에 필요한 일정한 인지 수준에 도달되어 있어야 학습이 가능하다는 것이다. 형식적 조작기에 도달하지 못한 학생들에게 변인 통제와 같은 고차적 논리가 필요한 과제가 주어진다면, 그 학생은 단순한 논리적 조작을 함으로써 오개념이 형성될 수 있다(Nussbaum, 1985). 예를 들면 전조작기의 아동들은 한 변인에 집중하는 경향과 단일 변인만의 조절이 가능하기 때문에 복합변인인 밀도개념을 이해하지 못하는 경우이다.

5) 잘못된 관찰이나 논리의 오용

해가 움직이는 것을 보고 지구가 중심이고 하늘이 움직인다고 이해하는 경우는 변인 통제가 되지 않은 실험을 통해서 관찰을 부정확하게 했거나, 관찰 결과를 논리적으로 생각하지 않음으로써 오개념이 형성될 수 있다(Driver, 1983; Nussbaum, 1985).

6) 감각되지 않는 존재의 부정

학생들은 관찰에 의해 지각되는 현상이 아닐 때는 관심이 없다. 예를 들어, 식물이 호흡을 한다고 아무리 설명을 해도 식물이 호흡을 하지 않는다고 생각하는 것은 식물이 동물들처럼 겉으로 드러나 보이는 숨쉬기 운동을 하지 않기 때문이다(Gilbert et al., 1982). 또한 그늘지거나 어두운 곳에서는 빛이 약하거나 없다고 판단한다. 이런 사실들은 그들이 관찰 가능한 속성에 추리의 바탕을 둔다는 것을 알 수 있다.

7) 특수한 경험의 과도한 일반화

제한된 범위에서의 경험을 너무 쉽게 전체로 일반화시켜 이해할 때 오개념이 형성된다(Carrascosa, 1987). 빨간 사과를 맛있게 먹은 후(자신의 경험), 모든 사과는 빨간색이라고 생각한다.

8) 인과관계를 시간적 순차성으로 보는 경향

동시에 인과적으로 일어나는 현상을 시간적으로 순차를 두고 일어난다고 생각하여, 가역적인 상호작용을 시간적인 방향성에 입각하여 받아들이는데서 오개념이 형성될 수 있다. 예를 들어 뉴턴(Newton)의 제3법칙에서 작용의 개념은 쉽게 이해하나 반작용이 있음을 쉽게 이해하지 못하는 것은 이와 같은 원인에 기인된다(Driver et al., 1985).

9) 근접성에 의한 사고

어떤 사건들이 시간적 또는 공간적으로 근접하여 발생했을 때 서로 근접하여 발생한 관념들은 서로 연합된다. 예를 들어, 우주선 안에서 진공인 상태로 무중력의 효과를 나타내는 장면을 보고는 진공과 무중력을 아주 유사한 개념으로 밀착시켜 놓고 있다(안수영, 1989).

10) 변화하는 상태에 관심 집중

안정된 상태보다는 변화하는 상태에 관심을 집중시킨다. 예를 들어, 평형 상태에서 작용하는 압력은 무시하고 비평형 상태에서 작용하는 압력만을 생각하는 경우가 있다(Driver, 1985).

나. 환경 요인

환경 요인은 학습자의 외적 요인이라고도 하며 다음과 같은 여러 가지 요인이 있다.

1) 교과서

(1) 단원의 구성

교수 활동의 중심적인 자원으로써 정보를 제공하는 교과서가 오개념 형성의 원천이 되기도 한다. 상호 관련이 있는 개념들이 서로 분리되어 독립적인 단원으로 구성되어 있을 때 학생들은 배운 개념을 전체적인 개념 구조 속에서 서로 연관을 짓지 못하므로 오개념을 갖게 되는 경우가 있다. 예를 들어 생식세포가 형성되고 수정 발생되는 과정은 일련의 연속된 과정인데. 교과서에 단원을 따로 설정하거나, 학년을 달리하여 구성한다면, 학생들은 그 일련의 과정을 연관시키는데 어려움을 겪으면서 오개념이 형성될 수 있다(박과 조, 1986).

(2) 개념 설명의 오류 및 생략

개념에 관한 설명이 불명확하게 기술되어 있거나 잘못되어 있는 경우, 설명 없이 도식만 되어 있을 경우, 또는 각 단계별로 연관된 설명이 부족할 경우, 학생들은 그 개념들을 인지구조 내로 동화시키기 위해 나름대로 자신의 기존 인지구조 속의 개념들을 조절하는 과정에서 오개념이 형성될 수 있다(박과 조, 1986).

(3) 용어의 잘못된 선택

교과서에 사용되는 용어를 부적절한 것으로 선택하였을 경우에 오개념이 형성될 수 있다. 한 가지 예로 교과서에서 돌연변이를 진술하는데 있어서 '희귀한', '해로운', 또는 '열성 형질의' 등의 형용사를 진술한다면 학생들이 돌연변이는 해로운 것으로 인식할 수가 있다(박과 조, 1986).

(4) 문장의 표현 방법

의미 이론에서 보면 문장의 표현 방법에 따라서 학생들이 이해하게 되는데 큰 차이를 보이고 있다. 문장의 문법적인 구조는 의미를 형성하는데 중요한 역할을 한다. 과학 교과서에서 개념 설명을 하면서 학생들이 그 문장으로 의미들을 어떻게 받아들일 것인가를 고려하지 않고 일상적인 문법 구조로 기술할 때, 오개념이 형성될 수가 있다(Kenealy, 1987). 또한, 학생들은 현상 세계의 지식과 상징 세계의 지식을 서로 관련시키는 데에 어려움을 보이므로(Solomon et al., 1987), 관찰 가능한 현상의 세계와 이론의 세계가 서로 구별될 수 있도록 문장이 구성되어야 학생들이 현상 세계와 이론 세계를 구별하여 생각할 수 있다.

2) 교사

(1) 교사의 잘못된 개념

교사는 형식적 지식의 전달자이므로 그 무엇보다도 영향이 크다. 교사가 학습 내용에 대해서 오개념을 가지고 있고, 그의 오개념이 학생들에게 전달된다면 그의 수업에 임했던 학생들은 올바른 과학적 지식을 전달받을 기회조차 갖지를 못하게 된다. 여러 연구를 통해서 교사들이 가지고 있는 오개념도 조사가 된 바 있다(Mibil, 1983; 배태수, 1990).

(2) 수업내용의 재구성

교사가 학습내용을 예로 들어 설명(재구성)할 때 오개념이 생기기 쉽다.

(3) 교사의 학습지도력

학생의 학습준비도를 확인하지 않고 수업을 하여도 오개념이 형성될 수 있다.

3) 비유적 언어사용

말로써 사물을 객관적이고 직접적으로 묘사하기가 대단히 어려운 것은 비유적 표현을 많이 쓰기 때문에 오개념이 형성될 수 있다(Driver, 1985). 뿐만 아니라, 말을 한 사람은 동일한 청각 신호로 상대에게 전달을 할지라도, 듣는 이에 따라서는 그 의미가 다양하므로 항상 새로운 비유를 낳게 되는데(이홍우, 1986), 이러한 말의 특성으로 인하여 오개념이 형성될 수 있다. 교사에게 유의미한 언어가 학생의 관점에 따라서는 전혀 관련 없는 다른 의미로 받아들여 질 수가 있다. 또한, 추상적인 개념들에 대한 언어적 표현이 일상생활에서는 습관적이고 구체적인 언어로 표현된다. 예를 들어, '한기가 들어온다. 문 닫아라.' 는 표현은 흔히 일상생활 속에서 쓰는 표현인데, 이로 인해 '열' 이란 개념을 물질로 파악하게 되고, 움직이는 형태로 생각할 수 있게 된다.

4) 자연현상의 경험

인간은 감각기관을 통해 들어온 자연현상에 관한 정보를 인지구조에 적응시킨다. 과학의 세계는 자연현상을 보다 잘 이해하기 위하여 과학자들에 의하여 창출된 이론, 법칙, 개념 등으로 구성된 관념의 세계이므로 자연 현상과 과학의 이론적 세계는 다르게 나타날 경우가 있다. 예를 들어, 천동설은 감각기관을 통하여 본 그대로 자연현상을 설명한 것이었고, 지동설은 과학자들의 정신 활동의 결과에서 비롯된 것이었다. 종종 과학적 개념들은 학생들이 자연현상을 단순히 경험한 것과는 상당히 거리가 있을 수 있으므로 오개념이 형성될 수 있다.

5) 문화적 요인

선입관은 학생들이 자기 주위의 환경을 이해하려고 노력한 결과로 형성되며 부모, 친구, TV 등의 영향을 받는다(Pines & West, 1986). 최근 들어 대중매체가 학생들의 개념 체계에 주는 영향은 막대한 것이 되고 있다. 그 중에서도 TV의 영향은 학교에서 수업을 받는 것보다 더욱 크다고 보고 있다(Alkenhead, 1988). 이러한 매체에서 전달되는 내용 중에는 일반적인 과학적 지식과는 다른 매우 특수한 경우가 많으므로 학생들이 그러한 경우를 과도하게 일반화할 경우에 오개념을 형성시킬 수가 있다. 예를 들어, TV를 통해 새끼를 낳는 뱀의 모습을 인상 깊게 본 학생은 모든 뱀은 알을 낳지 않고, 새끼를 낳는다고 생각할 수 있다.

인간의 일반적인 성향 중의 하나가 자신의 이론적 신념에 잘 맞는 사례나 증거는 잘 받아들이지만, 이에 어긋날 시에는 무시해 버린다. 그러나 두 사례가 동시에 제시되면 인간은 자신의 이론에 어긋나는 사례들을 특별한 현상으로 제쳐 두고 자신의 이론적 신념에 맞는 쪽을 선택하게 된다(Hashweh, 1986). 교육으로 학생들의 잘못된 개념 구조를 변화시키기는 매우 어렵다(Gilbert et al., 1982; Pines et al., 1986). 왜냐하면 학생들의 선입관은 교육에도 불구하고 지속되려는 경향이 있기 때문이다(Ausubel et al., 1978).

연습문제

1. 경험주의와 실증주의가 가정하는 과학의 발달 모형을 쓰시오. (김창만, 2004)

2. 다음의 설명은 과학발달에 관한 것이다. 물음에 답하세요. (김창만, 2004)

> 과학사를 분석해 보면, 과학이 누가적 모형이 설명하는 절차와 과정에 따라서만 발달했던 것이 아님을 알 수 있다. 뉴턴의 고전역학이 반드시 아리스토텔레스의 법칙에 새로운 사실·법칙·이론 등이 더해져 확립되었다고 볼 수 없다. 아리스토텔레스의 운동법칙은 속력이 힘에 비례한다는 것이지만, 뉴턴의 운동법칙은 물체의 가속도가 가해진 힘에 비례한다는 것이다. 이것은 뉴턴의 역학이 아리스토텔레스 역학의 오류를 지적할 수는 있으나, 아리스토텔레스의 법칙만을 바탕으로 형성된 것으로는 볼 수 없음을 드러낸다. 또한, 뉴턴의 고전역학은 물체의 질량이 일정하다고 설명하지만, 아인슈타인의 상대성 이론은 물체의 질량이 속도에 따라 달라질 수 있다는 것을 보여준다. 이것은 아인슈타인의 상대성 이론이 뉴턴의 고전역학을 포괄할 수는 있으나, 그렇다고 상대성 이론이 고전역학을 일반화한 것이 아니며 반드시 뉴턴 역학을 기초로 하여 확립된 것도 아니라는 것을 입증한다.

2-1 과학을 다음과 같이 설명하는 형식을 (   ) 모형이라고 한다.

2-2 이러한 모형의 과학발달 설명체계를 세줄 이내로 쓰시오.

3. 다음의 오개념에 대한 물음에 답하세요. (김창만, 2004)

1) 오개념의 출처를 네 가지로 제시하세요.
2) 네 가지 중에서 가장 보편적인 출처는 어느 것인지를 쓰시오.

4. 학생들이 오개념을 갖게 되는 원인으로 학습자의 요인과 환경적인 요인으로 나눌 수가 있으며 보기와 같이 더 구체적으로 요약될 수 있다. 다음의 실례들을 다음의 보기에서 관련 있는 항목을 찾아 기호를 쓰시오. (김창만, 2004)

보기

학습자의 요인	환경 요인
a) 감각적 경험의 차이 b) 언어의 은유 c) 유추 d) 논리적 조작 능력의 미숙 e) 잘못된 관찰이나 논리의 오용 f) 감각되지 않은 존재의 부정 g) 특수한 경험의 과도한 일반화 h) 인과관계를 시간적 순차성으로 보는 경향 i) 근접성에 의한 사고 j) 변화하는 상태에 집중하는 경향	1) 교과서 단원의 구성, 개념 설명의 오류 및 생략, 용어의 잘못 선택, 문장의 문법적 구조에 따른 의미차 2) 교사 3) 언어(비유적 표현) 4) 자연 현상의 경험 5) 문화적 요인

4-1 TV를 통해 새끼를 낳는 뱀의 모습을 인상 깊게 본 학생은 모든 뱀은 알을 낳지 않고 새끼를 낳는다고 생각한다.

4-2 흔히 일상생활에서 '찬바람 들어온다. 문 닫아라.'는 표현을 자주 쓴다.

4-3 과학자들의 정신 활동의 결과로 비롯된 지동설을 감각 기관을 통해 본 자연현상을 천동설에 두고 설명한다.

4-4 오개념이 형성되는 환경 요인 중 가장 영향력이 크다.

4-5 교과서에서 돌연변이를 진술하는데 있어서 희귀한 열성 형질 등의 형용사를 진술하여 돌연변이는 가끔씩 나타나는 열성 형질로 인식한다.

4-6 평형 상태에서 작용하는 압력은 무시하고 비평형 상태에서 작용하는 압력만 생각하는 경우가 많다.

4-7 우주선 안에서 진공인 상태로 무중력의 효과를 나타내는 장면을 보고 진공과 무중력을 아주 유사한 개념으로 밀착시켜 놓고 있다.

4-8 일상생활을 통해서 사용하여 왔던 단어가 수업 시간에 등장했을 때 과학적인 의미가 특별할 때 자주 나타난다.

4-9 식물의 호흡을 학습한 후에도 식물이 동물처럼 겉으로 드러나 보이는 숨쉬기 운동을 하지 않기 때문에 식물은 호흡하지 않는다고 생각한다.

4-10 Newton의 제3법칙에서 작용은 쉽게 이해하나 반작용이 있음을 쉽게 이해하지 못한다.

5. '피아제'와 '오슈벨'의 이론이 오개념 연구의 이론적 배경이 되는 것은 어떤 점인가?

6. 흔히 물리학에서는 직관적 개념(오개념, 선개념)이 광범위하게 나타난다. 그러나 생물학에서는 물리학에 비해 직관적 개념이 적게 나타나는데 그 이유를 다음 보기와 관련하여 설명하시오.

> A. 용액 x는 수소이온을 가지고 있으므로 산성이다.
> ↓
> 조작적 정의
> ↓
> B. 용액 x는 맛을 보면 신맛을 내므로 산성이다.

7. 교과서에 있는 개념을 객관 개념(concept)이라고 한다. 그러나 관성이라는 개념을 예로 든다면 교과서에 있는 관성 개념은 뉴턴의 주관 개념(conception)이 아닌가? 그렇다면 객관 개념이란 정말로 존재한다고 할 수 있는가? (권 등, 1998)

8. 빛의 속력 299,792,458m/s는 관찰 '사실'이 아니고 '정의'라고 한다. 그 이유는 무엇인가? (권 등, 1998)

9. 전자는 간접 관찰 개념이다. 그러나, 마하(Mach)와 같은 실증주의자는 이것을 구성 개념으로 보았다고 한다. 그의 생각을 변호하라. (권 등, 1998)

10. 간접 관찰 개념이 과학의 발달로 인하여 직접 관찰 개념으로 바뀔 수 있는가? 있다면 그 예를 2가지 이상 들어보시오. (권 등, 1998)

제2장 과학철학과 오개념

과학철학은 지식의 인식, 형성, 검증, 변화에 대한 학문이다. 과학철학은 관찰의 이론 의존성으로 인하여 전통과 현대가 나뉜다고 볼 수 있다. 전통적 과학철학은 대부분이 객관적으로 관찰이 가능한 사실들을 과학지식의 전부로 보았기 때문에 매번 관찰의 이론 의존성이 문제점으로 제시되어 왔다. 반면에, 현대의 과학철학은 관찰을 과학지식을 증명할 수 있는 수단으로 보기 때문에 전통적 과학철학과는 다르다고 볼 수 있다.

전통적 과학철학은 17세기 이후 근대과학 형성과 산업혁명 등을 거쳐 발달하였으며, 20세기 초반 후실증주의가 등장하기 전까지 과학에 대한 기본적인 철학적 배경이 되었다(조와 최, 2006). 경험주의, 이성주의, 실증주의를 전통적 과학철학이라고 말하며, 그 이후의 과학철학을 후실증주의 또는 현대의 과학철학이라고 한다. 반증주의는 전통적 과학철학과 현대 과학철학의 과도기적 특성을 지닌다(조와 최, 2001).

여기서는 전통적 과학철학 부분은 생략하고, 반증주의부터 현대의 과학철학에 이르기까지의 관점과 오개념을 연관시켜 살펴보겠다.

2.1. 반증주의

반증주의(反證主義, falsificationism)는 과학의 이론이 옳다는 것을 완벽하게 증명할 수는 없지만 그것이 옳지 않다는 것은 완벽하게 증명할 수 있다고 한다. 즉, 반증만이 가능하다고 본다. 과학의 발달은 반증을 통해서 이루어진다고 주장한다. 포퍼(Popper, 1968)의 저서 「The Logic of Scientific Discovery」에서 그 정확한 의미와 특성을 기술하고 있다.

2.1.1. 반증주의의 과학적 방법

과학 지식은 객관적 준거에 의해서, 그리고 보편적 방법에 따라, 어떤 경우라도 반증이 가능한 이론으로 구성되어 있다고 주장한다(Popper, 1968). 포퍼는 세 가지 세계가 있다고 한다. 객관적 과학 지식은 제3세계의 지식으로서 제2세계인 정신적·주관적 세계의 사고 과정을 통하여 제1세계 지식인 물리적 세계로부터 구성된다고 주장한다. 과학 지식은 인간의 과학적 활동을 통해서 생겨난 산물로서 일단 형성된 다음에는 그 바탕인 물리적 세계와는 물론이고 그것을 생성한 주체와도 독립적이라는 생각이다.

포퍼의 주장에 의하면, 과학 발전의 첫째 단계는 어떤 문제의 인식에서 시작된다는 것이다. 문제를 인식하고 발견한다는 것은 그 자체가 훌륭한 활동이지만 누구나 눈만 크게 뜨고 자연현상을 본다고 과학적 문제를 찾아 내지 못한다. 둘째 단계는 문제의 잠정적인 해(解), 즉 일종의 이론을 형성하는 것인데 이것은 창의적 과정으로 그 자신도 어떤 단계를 거쳐 그러한 과학적 이론을 세우게 되었는지 많은 경우 명확하지 않다는 것이다. 셋째 단계는 내세운 이론으로 남의 이론이나 학설을 깨뜨리기(論破, falsification) 위해서 예언을 하고 예언 결과를 실험적으로 엄격한 검증 과정을 거친다는 것이다. 검증 결과가 이론에 의한 예언과 전혀 맞지 않는 경우에는 그 이론이 근본적으로 잘못된 것으로 여기거나 대폭 수정하고, 실험 결과가 대체로 이론과 합치하는 수치 값이나 어떤 부분이 좀 다를 때에는 이론을 일부 수정하며, 실험과 이론이 합치하면 그 이론은 다른 실험 결과에 의하여 부정될 때까지 가설로 받아들여진다는 것이다.

반증주의는 과학지식이 객관적이고 절대적인 근거를 바탕으로 형성된다는 전통적 견해를 부정한다. 반증주의에 따르면, 과학적 이론은 자연을 설명하기 위해 또는 기존의 이론이 해결하지 못했던 문제를 해결하기 위해 구성된 잠정적 가설로서, 그 참가치를 절대적으로 입증하거나 개연적으로 확증할 수 없고, 오로지 반증을 통하여 발전이 가능하다. 그리하여 과학적 이론이나 가설은 반드시 수밖에 없으며, 관찰이나 실험의 결과에 의해서 지지되지 않으면 그 즉시 폐기되거나 다른 이론이나 새로운 가설에 의해서 대체된다(조와 최, 2006). 과학적 이론의 거짓은 단 한 번의 실험을 통해서도 입증할 수 있으나, 그 진리는 결코 입증하거나 확증할 수 없다.

엄밀한 의미에서 보면, 과학적 방법에 관한 반증주의의 견해와 실증주의의 견해가 다르지 않다. 과학 철학자들은 반증주의의 과학적 방법을 극단적 형식의 입증법(입증설의 한 방법)이라 부른다(Hess, 1997). 따라서, 방법론에서는 반증주의에서 과학적 방법으로 제시한 반증법과 논리경험주의가 입증법의 일환으로 제시한 가설-연역적 방법을 동일시한다. 논리경험주의와 반증주의가 제시한 가설-연역적 방법의 목적은 좋은 가설을 귀납적으로 일반화하려 함에 있는 것이 아니라 나쁜 가설을 반증하여 기각하는 데 있다.

따라서 반증주의가 사용한 과학적 방법으로는 전통적 견해를 보이고 있으나 과학지식의 속성을 정의함에 있어서는 현대적 관점을 나타낸다고 볼 수 있다.

2.1.2. 반증의 가능성과 과학 이론의 발달

포퍼의 반증주의는 반증의 가능성을 주장함으로써 경험주의와 실증주의의 인식론적 입장을 견지하지만 이론의 가설적 특성과 과학 지식의 잠정적 속성을 주장함으로써 현대 과학철학적 입장을 밝히기도 하는 과도기적 과학철학이라 할 수 있다. 반증주의는 원래 과학과 비과학의 문제를 해결하려는 과정에서 제시되었는데 특히 포퍼는 이론과 가설이 반증될 수 있는 가능성을 과학과 비과학으로 구분하는 준거로 이용할 것을 강조했다(김창만, 2003).

가. 반증의 가능성과 좋은 이론의 조건

반증 가능성이 없는 가설의 경우는 애매한 표현으로 진술된 경우와 경험에 의해서가 아니라 정의에 의해서 필연적으로 참인 경우, 동의어 반복으로 반증 불가한 경우, 반증이 불가능한 형태의 진술 등이 있다.

반증될 가능성이 높은 이론일수록 과학적이며 좋은 이론이다. "모든 행성은 타원 모양의 궤도를 따라 태양 주위를 공전한다."는 이론이 "금성은 타원 모양의 궤도를 따라 태양 주위를 공전한다."는 이론보다 더 좋고 과학적이다(Chalmers, 1999). 앞의 이론이 뒤의 이론보다 더 일반적이고 반증가능성도 더 높다. 후자의 이론이 반증되면 전자의 이론은 당연히 반증되지만, 그 역은 성립되지 않는다. 금성·수성·목성 등의 관찰 결과가 전자의 이론을 부정한다고 해서 금성의 공전설을 반드시 기각해야 할 이유는 없다(Brown, 1977). 결국 과학적 이론은 포괄적이고 명확할수록 반증 가능성이 높고 반증 가능성이 높은 이론이 더 좋은 이론이라고 할 수 있다.

나. 반증주의와 과학 이론의 발달

반증주의와 가설-연역적 방법의 핵심적 구성 요소는 가설이다. 많은 내용을 포함하여 그만큼 일반성이 넓고 반증 가능성이 높은 가설을 대담한(bold) 가설, 비교적 적은 내용을 포함함으로써 일반성이 좁고 반증 가능성이 낮은 가설을 조심스런(cautious) 가설이라고 한다. '기체의 압력과 부피' 에 관한 가설과 '공기의 압력과 부피' 에 관한 가설 가운데에서 전자를 대담한 가설, 후자를 조심스런 가설이라고 한다. 반증주의에 따르면, 과학은 대담한 가설을 제시하고 관찰을 통해 그 가설을 반증하는 과정을 거치면서 발달한다. '기체' 는 분자 사이의 거리가 멀어서 각 분자가 자유로이 이동하므로 일정한 형상과 모양을 갖지 못하는 물질을 말하고, '공기' 는 지구를 둘러싸고 있는 무색투명하고 무취의 기체를 말한다.

반증주의에 따르면 아무리 넓은 영역에 걸쳐 여러 번의 검증을 견디어 낸 가설일지라도 반증되면 본래의 문제와 관계가 먼 새로운 문제가 제기되고, 그에 따라 새로운 경쟁가설이 제시되며, 이러한 과정이 되풀이됨으로써 과학 지식이 발달한다. 즉 반증주의는 과학적 가설을 반드시 반증될 수 있는 것으로 보고 반증가능성이 낮은 이론은 반증가능성이 높은 이론으로 이행하는 과정이 반증을 통해 이루어지며, 과학 이론은 반증 가능성이 낮은 이론에서 높은 이론으로 시행착오의 과정을 통해서 과학은 점진적으로 발전한다.

다. 반증주의의 문제점

반증주의는 시행착오를 통해 발달한다고 본다. 가설이 제기되고 테스트를 거치고 반증되면 가설은 기각되며 새로운 경쟁 가설이 제시되는 순서로 이루어진다. 하지만 이러한 반증주의도 다음과 같은 문제점이 있다.

1) 반증주의는 가설이 검증을 거쳐서 과학 지식 체계의 일부가 되는 과정에 보조 가설이 영향을 미칠 수도 있다는 점을 간과한다. 반증주의는 보조 가설도 참 또는 진리라고 가정하지만, 보조 가설의 진위를 확인할 방법이 없다.

2) 이론이 임시 변통적(ad hoc) 가설 때문에, 반증되지 않을 수도 있다. 임시 변통적 가설은 그 정의대로 반증할 수 없는 가설이다.

3) 논리적 문제로서(Chalmers, 1999) 관찰이 지니는 이론 의존적 특성에서 비롯한다. 현대의 인식론에 따르면, 관찰은 관찰자의 기대감이나 그가 관찰할 당시에 가지고 있는 이론적 지식에 의존한다. 따라서, 관찰을 통해서 이론을 검증할 때 반증되는 것이 이론인지, 아니면 관찰 언명이 틀린 것인지 확인할 방법이 없다.

2.2. 현대 과학 철학

실증주의와 반증주의 이후의 과학 철학을 현대 과학 철학이라고 한다. 현대의 과학철학은 새로운 과학 철학(new philosophy of science) 또는 후실증주의(post-positivism)로 불린다. 흔히 현대의 과학 철학자로 쿤, 라카토스, 파이어아벤트, 툴민, 라우든 등을 들 수 있다. 이들은 과학의 분석 도구로 과학사의 연구를 이용하여 과학적 연구와 발견의 대상으로 이미 수용된 결과가 아니라 부단히 진보하는 연구 프로그램을 제시하며, 과학적 변화와 그 발달의 역사적 측면을 중요시함으로써 당대 교육과정의 목적과 내용을 선정하고 조직하는 원리가 된다.

2.2.1. 쿤의 패러다임과 과학 혁명

쿤(Kuhn, 1996)은 과학의 발전은 기존 이론의 개량에 의해서 발달한다기보다 오히려 기존 이론을 부정하고 근본적으로 새로운 아이디어로부터 발전한다는 주장한다. 그는 한 이론이 사라지고 새로운 이론이 대두되는 이유는 사라지는 이론을 부정하는 증거가 축적되거나 그 타당성이 확증되지 않았기 때문이 아니라 새로운 이론이 문제를 해결하는 범위가 더 넓고 더 쉽게 해결하기 때문이라고 하였다. 그는 이런 생각을 바탕으로 과학이 격변적 과정을 통해 발전한다는 이론을 제시하였다. 그의 이론은 패러다임(paradigm)의 변화와 패러다임 사이의 비교 불가능성(incommensurability)이 핵심을 이룬다. 패러다임은 어떤 한 시대 사람들의 견해나 사고를 근본적으로 규정하고 있는 인식의 체계 또는 사물에 대한 이론적인 틀이나 체계를 말한다.

가. 과학의 발달 단계

쿤은 과학이 발달되어 온 과학사를 분석하여 과학이 과학자들의 개인적 특성보다는 그가 속해 있는 과학 사회의 속성에 의해서 특징지어지는 사실을 확인하였다(조와 최, 2005). 쿤에 따르면, 과학은 사회에서 이루어지며, 그럼으로써 사회의 특성을 지니게 된다. 그는 이러한 사회학적 이론을 제시하면서 과학이 "전과학(pre-science) → 정상과학(normal science) → 과학위기 → 과학혁명 → 새로운 정상과학 → 새로운 과학위기…" 와 같이 끝이 열린 과정에 따라 계속 발달한다고 설명한다(그림 2.1).

이와 같은 과학 지식의 발달은 순환적이며, 더 자세하게 나타내면 그림 2.2와 같다(조와 최, 2005).

1) 패러다임

패러다임은 연구와 관련이 있는 이론·가정·방법 등의 체계(Riggs, 1992), 즉 특정 과학 사회가 받아들이는 실체론적·방법론적·개념적 체계이다. 패러다임은 연구의 전통을 이루며, 과학적 사고와 그 활동의 총체적 방법과 방향을 제시한다. 뉴턴의 역학, 화학의 원자 개념, 생물학의 진화론, 지동설 등이 과학의 대표적 패러다임이다. 역학의 경우 뉴턴의 운동법칙, 이 운동법칙을 행성의 운동과 진자의 운동 등에 적용하는 방법, 그리고 자료를 수집하기 위해 사용할 망원경과 그것을 이용할 기술 등이 모두 그 패러다임을 구성한다. 따라서 패러다임은 과학자

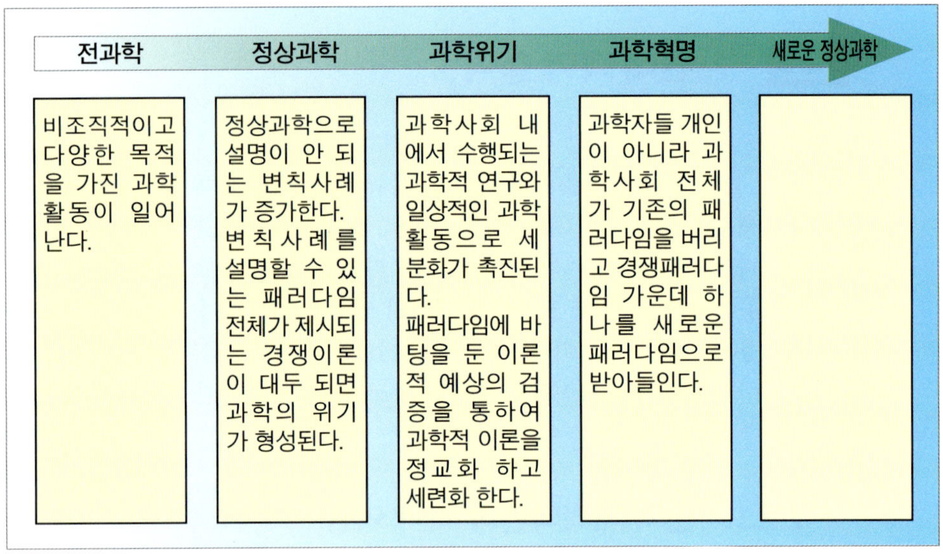

그림 2.1. 쿤(1996)의 주장에 따른 과학의 발달 단계.

그림 2.2. 쿤(1996)이 설명하는 과학의 발달 과정(조희형, 2003).

의 개념적 안경이자 자연현상의 해석에 필요한 인지적 틀로써 과학의 구조의 총체이자 과학적 연구의 지침이 된다.

2) 전과학 단계

첫 단계인 전과학 단계란 전패러다임(pre-paradigm)으로 일컬어지기도 하며, 과학적 이론이 체계를 갖추지 못한 단계로서 학자들 사이에 합의되지 않은 여러 경쟁이론들이 공존하는 단계라고 할 수 있다. 전과학 단계에서는 비조직적이고 다양한 목적을 지닌 과학활동이 일어나기 때문에 마구잡이 사실들의 집합(random fact collection) 단계이며, 경쟁이론들 중에서 한 이론 또는 이론들의 집합체가 출현하여 이것이 다른 것보다 성공적인 패러다임이 되어 더 많은 사실을 설명할 수 있고 보다 단순한 성질을 띠면서 성공적 이론으로 확립되어 정상과학 단계로 발전한다. 다윈(Darwin, C.)의 진화론이 나오기 전에 창조설과 아울러 다양한 진화설이 주장되었는데, 그런 이론들이 다윈의 진화론으로 통합되기 전까지를 전과학 단계라고 한다.

3) 정상과학 단계

이 단계에서는 소속집단의 모두가 같은 패러다임에 의해서 관찰, 과학적 조사, 실험 등을 수행하면서 자연현상을 설명·이해·통제하면서 패러다임을 정교화하고 발달시키는 과학활동, 이른바 "수수께끼 풀이(puzzle solving)" 활동이 주로 일어난다. 수수께끼 풀이에 의한 과학활동은 정상과학 단계가 누적적 과정임을 보여준다.

과학적 수수께끼에는, ① 진공에서 빛의 속도와 같은 물리적 상수의 정확도를 증가시키기 위한 실험 등 중요한 사실을 확인, ② 패러다임을 바탕으로 추론한 예상과 실험을 통해 수집한 사실을 직접 비교하는 활동 등의 사실과 이론의 짝짓기(matching), ③ 뉴턴의 물리학이 무엇인지 밝히는 모호함의 해결과 그것을 생리학에 적용하는 패러다임을 확장시키는 일 등이 있다. 또한 과학적 수수께끼는 이론적 수수께끼와 실험적 수수께끼로 나누어 볼 수 있다.

(1) 이론적 수수께끼 예

- 여러 가지 인력의 영향을 받는 행성 운동을 다룰 수학적 방법을 고안하는 일
- 뉴턴의 운동법칙을 유체의 운동에 응용할 때 전제하는 적절한 기본 가정을 설정하는 일

(2) 실험적 수수께끼의 예

- 망원경의 성능을 개선하는 일
- 타당한 중력 상수를 측정할 실험의 방법과 과정을 설계하는 일
- 그와 관련이 있는 기술을 개발하는 활동 등

쿤은 정상과학의 가장 두드러진 특징으로 "마무리(mopping-up)" 작업을 든다. 마무리 작업은 과학 사회 내에서 수행되는 과학적 연구와 일상적인 과학활동의 세분화를 촉진하며, 패러다임에 바탕을 둔 이론적 예상의 검증을 통해서 과학적 이론을 정교화하고 세련화 하는 활동에 의해서 그 특징이 나타난다. 이론의 예상은 패러다임에 근거한 유의미한 과학적 추리를 통해서 검증할 수 있다. 정상과학 단계의 과학자들은 이론의 반증에는 관심이 없고, 그 이론을 확장하여 그 범위를 확장하거나 연장하는 일에만 관심을 갖는다. 따라서, 정상 과학의 단계의 결과로 정교화 된 이론이 나타난다. 이 때에는 패러다임에 의한 일정한 기준이 있기 때문에 여러 관계 분야를 깊이 탐구하는 장점이 있으나 한 이론 체계에 국한되는 단점을 지니게 된다.

4) 과학위기 단계

그 후 기존의 이론으로 설명할 수 없는 사례 즉, 기존 패러다임에 부합되지 않는 예외적인 사실이 나타나면서 이것이 축적되면 과학의 위기를 맞게 되는데, 이 때를 과학의 위기 단계라고 한다. 과학의 위기 단계에서는 패러다임에 대한 의심이 증가하고 문제 해결을 위해 패러다임이 제시한 여러 가지 규칙이 느슨해진다. 한 패러다임에 대한 위기는 경쟁 패러다임들의 등장으로 더욱 심각해진다. 새로운 경쟁 패러다임은 당시의 패러다임이 위기 상태에 처할 때 나

타나며, 기존의 패러다임과 양립될 수 없는 경우가 보통이다.

5) 과학혁명 단계

과학의 위기 단계는 경쟁 패러다임들 중에서 유용성이 높은 이론을 선택하게 되면서 과학의 혁명 단계로 이어진다.

나. 과학 혁명의 조건

완전한 패러다임은 존재하지 않기 때문에 과학혁명이 일어날 수 있으며, 과학혁명이 일어날 수 있는 조건으로는 다음과 같은 것이 있다.

① 과학의 위기가 와야 한다. 기존의 패러다임(정상과학)으로 설명이 불가능한 변칙사례의 증가로 기존 이론의 신뢰도가 실추되어야 한다. 예, 천동설 → 지동설

② 기존 패러다임에 대한 반대와 비판적인 주장이 발생해야 한다. 변칙사례가 믿을만하다는 과학 구성원들의 인식도 증가해야 한다.

③ 다양한 가설이 등장해야 한다.

④ 변칙사례를 설명할 수 있는 경쟁이론이 제시되고, 패러다임 전체가 제시되어야 한다.

위기는 혁명이 일어나기 위한 필요조건임에는 틀림이 없으나 위기의 조성만으로 과학의 혁명이 일어나는 것은 아니다. 그의 하나의 예로 천동설로는 설명할 수 없는 많은 사례가 아무리 많이 나타났다고 하더라도 또, 이로 인하여 천동설에 대한 불만이 아무리 고조되었다고 하더라도 지동설이 출현하지 않았다면 천동설은 없어지지 않았을 것이다. 따라서, 위기 상황으로부터 진정한 혁명이 일어나기 위해서는 대안이 되는 새로운 이론이 등장해야 한다. 물론 이 대안적인 새 이론은 기존 이론과 전혀 다른 패러다임을 가지고 있어야 하며, 기존 이론이 설명하지 못하던 사실들을 성공적으로 설명할 수 있는 것이어야 한다.

* 안개상자에 우주선 비적(飛跡, track)이 생기는 현상과 과학혁명 및 위기와의 관계 비유

안개상자 안에는 과포화 상태인 기체가 들어 있다. 초보적인 이론에서 기체는 포화량보다 더 많이 포함되었을 때 그 여분은 물방울로 변해야 한다. 그러나, 실제로는 100%가 넘어도 물방울이 형성되지 않는 과포화 상태를 맞게 되는 수가 있다. 이 과포화 상태의 기체가 있는 수분이 물방울이 되기 위해서는 수분이 응결할 수 있는 핵이 필요하다. 전기를 띤 소립자가 이 응결핵의 역할을 하여 지나가는 길에 응결된 비적을 남기게 되는 것이 안개상자의 원리이다. 과포화 상태는 응결의 필요조건이지만 충분조건은 되지 못한다. 응결핵이 존재해야 응결이 실제로 일어나는 것이다.

· 과학 연구자들 사회에서의 위기: 과포화 상태
· 과학 혁명의 발생의 의미: 응결
· 과학 혁명이 일어나기 위한 조건: 과포화 상태와 병행하여 응결핵이 존재
· 새로운 이론의 출현: 응결핵의 역할

기존 이론과 새 이론을 비교할 수 있는 평가 준거는 다음과 같다.

① 예측의 정확성

② 전문적인 문제와 일상적인 주제 간의 균형, 즉, 패러다임과 자연의 일치.

③ 해결된 문제들의 수

다. 패러다임의 교체와 과학의 비합리성

과학 혁명 이론은 과학의 발달이 기존 이론의 점진적인 개량에 의해서 이루어지는 것이 아니라 새로운 패러다임의 출현에 의한 혁명적인 방식으로 이루어진다는 것을 주장한다. 신구 두 이론 중 어느 것이 더 우월하다는 실증적이거나 논리적인 근거가 있기 때문이 아니라 기존 이론에 대한 위기의식의 고조로 인하여 새로운 이론이 받아들어진다는 것을 강조한다.

쿤은 새 이론을 기존 이론과 비교 평가하는 준거로서 예측의 정확성, 전문적인 문제와 일상적인 주제 간의 균형, 해결된 문제들의 수 등을 제시하였다. 그러나 새 이론이 받아들여지는 구체적인 과정을 명확하게 제시하지 못하였고 이론의 선택을 위한 논리적인 기준은 존재하지 않는다고 주장하였다.

아무튼 지금까지 과학이 발달해 온 과정을 분석해 보면, 과학이 퇴보하거나 정체되지 않고 항상 변화되거나 진보해 왔음을 알 수 있다. 쿤은 이를 과학이 정상과학 단계의 수수께끼 풀이 과정을 통해서 뿐만 아니라 패러다임이 전환되는 과학혁명을 통해서도 발달하기 때문이라고 설명한다. 즉 과학은 정상과학 단계에서 패러다임이 정교화 됨으로써 진보할 뿐만 아니라, 과학혁명 과정을 통해서 수용된 패러다임이 새로운 의문과 실험 또는 실험에 따르는 문제를 해결하기 위하여 새로운 기술과 방법을 제시함으로서 발달한다는 것이다. 따라서 과학사는 일부의 과학 영역이 패러다임의 변화와 교체를 통해서 발달해 왔음을 잘 보여주고 있다.

2.2.2. 라카토스의 연구프로그램

라카토스(Lakatos, 1970)는 경쟁적 관계에 있는 이론들을 비교할 공통적 기준이 없다는 쿤의 이론을 부정하고, 최소한 그 내용을 서로 비교할 수 있다는 입장을 취한다. 따라서, 라카토스는 합리주의자로 불린다(Chalmers, 1982). 그는 과학 지식이 끊임없이 성장함을 인식하고, 그 원인을 과학 지식의 외적 조건이나 상황과 아울러 내적 특성을 분석하여 설명한다. 그가 말하는 과학 지식이 성장하는 과정과 그 방향을 분석하는 기본 단위는 연구프로그램(research programme)이다. 그는 정적인 의미가 강한 '이론' 이란 말 대신 보다 역동적인 의미가 있는 '연구 프로그램' 이라는 개념을 사용하였다(권재술 등, 1998).

가. 라카토스 이론의 형성과 발달

라카토스(Lakatos, 1970)는 과학적 방법론으로 연구프로그램(research programme)을 제시하여 과학의 본성 및 그 방법과 과학이 발달하는 과정에 관해 포퍼뿐만 아니라 쿤과도 견해를 달리한다.

1) 이론의 반증성에 관한 견해

포퍼는 아무리 여러 번 실험을 실시하더라도 과학적 이론을 확증하거나 입증하기는 어렵지만, 단 한번의 결정적 실험으로 반증할 수는 있다고 주장한다(조와 최, 2005). 그러나 라카토스는 몇 번의 실험으로 이론의 보조 가설을 수정하거나 보완할 수는 있지만, 이론의 견고한 핵을 새로운 것으로 교체하거나 이론 그 자체를 반증할 수는 없다고 본다. 결론적으로 말하자면 포퍼는 과학적 이론의 반증가능성에 관심을 가진 반면에, 라카토스는 이론의 확증 또는 입증 방법에 흥미를 나타낸다.

2) 인식론적 견해

라카토스와 쿤은 인식론적 견해에 있어서 큰 차이를 보인다. 라카토스가 합리적 견해를 나타냄에 비해, 쿤은 상대주의와 그에 바탕을 둔 사회학적 입장을 견지한다(조와 최, 2005). 라카토스는 연구프로그램이 그 진보성 또는 퇴행성에 따라 선택된다는 사실을 근거로 과학이 합리적으로 발달한다고 주장하지만, 쿤은 과학의 진보에 영향을 미치는 사회적 요인을 강조함으로서 상대주의 입장을 취한다. 또한, 라카토스가 진화적 변화 과정으로 이루어진 발달모형을 제시함에 비하여, 쿤은 격변적 단계로 구성된 모형을 제시한다.

나. 연구프로그램의 특성

연구프로그램은 개념적 구조와 방법론적 규칙으로 구성되어 있다. 개념적 구조는 견고한 핵(hard core)과 보호대(protective belt)로 구성되어 있으며, 방법론적 규칙은 긍정적(positive) 발견법과 부정적(negative) 발견법으로 그 구조적 특징을 나타낸다(그림 2.3). 라카토스가 제시한 연구프로그램은 쿤이 말하는 패러다임과 비슷한 의미와 특징을 가지며, 연구프로그램의 전진성과 퇴행성을 과학적 이론의 선택 기준으로 삼음으로써 과학 지식의 형성과 발달에 관하여 합리주의적 입장을 취한다.

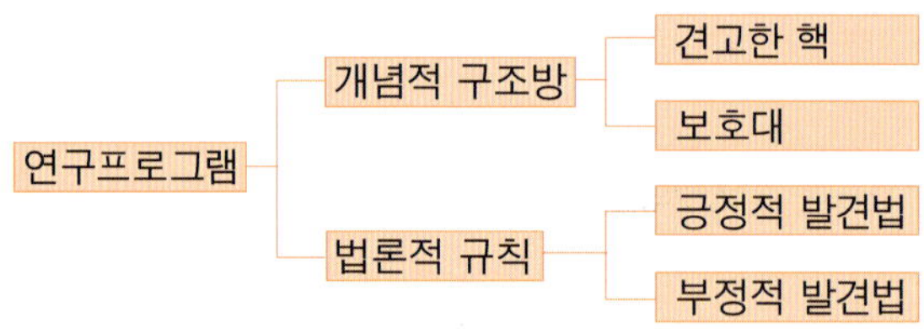

그림 2.3. 연구프로그램의 구조와 모형(박승재, 1999).

1) 핵

견고한 핵은 보호대라는 장치에 의해 보호되고 있다. 핵은 연구프로그램의 바탕이 되는 기본적 가정들로 이루어진 개념 체계로서 거부되거나 수정될 수 없는 정의적인 성질을 갖는다. 또한 매우 일반적이며 이론적인 가설의 형태를 취하고 있어서 한 연구프로그램이 전개되어 갈 때 기본 원리의 역할을 한다. 지동설에서 "지구를 포함한 모든 행성들이 중심에 위치한 태양 주위를 공전하며 지구는 지축을 중심으로 하루에 한 번씩 자전한다."는 가정이 견고한 핵의 예이다.

2) 보호대

보호대는 견고한 핵을 보충하는 보조 가설과 이론의 특성을 구체화하는 초기 조건 및 관찰자료에 대한 가정들로 구성되어 있다. 따라서 관찰의 결과에 따라 수정·보완됨으로써 견고한 핵이 반증될 가능성을 줄이거나 반증되지 않게 해준다.

보호대는 핵이 가지고 있는 본질적인 구조가 관찰되는 사실들에 의해 반증되지 않고 보호되도록 다양한 보조적 가설과 초기 조건들을 포함한다(권 등, 1998). 예컨대, 힘을 받지 않는 모든 물체는 등속 직선 운동을 해야 한다. 그러나 현실적으로 물체를 가만히 두면 결국 정지하게 된다. 이러한 현상은 마찰력이라는 개념을 도입하여 설명한다. 즉, 접촉하는 두 물체 사이에 마찰이 있다고 함으로써 뉴턴의 운동법칙은 새로운 관찰 사실로부터 반증되지 않고 보호

된다. 이 마찰력 가설이 보호대 역할을 하는 것이다. 또, 행성이 원운동을 하는 현상은 중력이라는 개념을 도입함으로써 뉴턴의 운동 법칙을 보호한다. 조석 현상은 복잡한 초기 조건을 설정함으로써 뉴턴의 운동법칙으로 설명이 된다.

3) 발견법

연구프로그램의 방법론적 규칙으로서 발견법(heuristic)이 있다. 과학적 문제를 해결하기 위한 검증 방법과 과정을 발견법이라 하고 그것을 긍정적 발견법과 부정적 발견법으로 나눈다(그림 2.4).

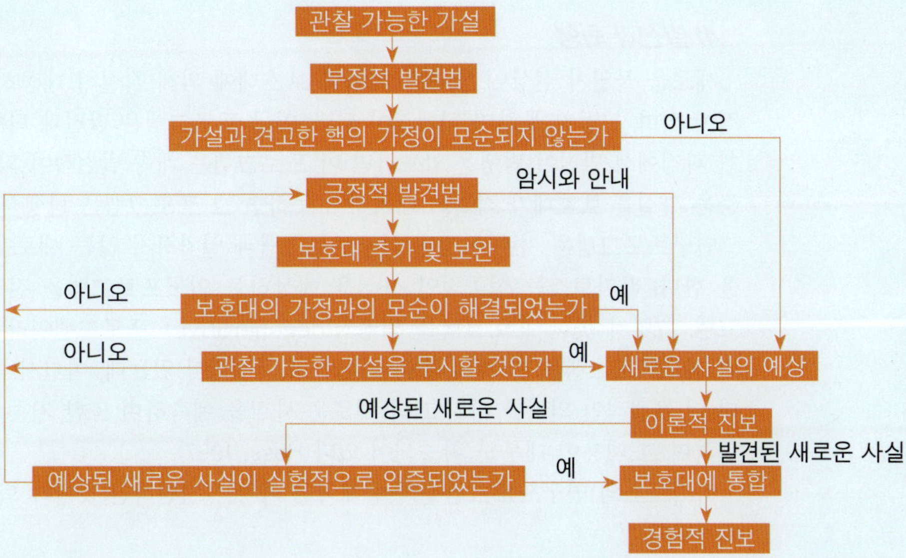

그림 2.4. 발견법의 작용원리(조와 최, 2005)

(1) 긍정적 발견법

긍정적 발견법(positive heuristic)은 과학자들이 선택해야 할 연구의 정책과 방법에 대한 규정을 의미하는 것으로 견고한 핵이 자연현상을 설명하고 예측할 수 있도록 보강해야할 방법을 제시한다. 즉 기존 이론을 좀 더 넓은 범위까지 설명할 수 있도록 보호대를 변화·발달시키며 수정하는 방법에 대한 제안과 암시로 구성되어 있다.

코페르니쿠스의 우주관이 처음 제시되었을 때, 이심원의 운동을 계산하기 위한 수학적 기술과 우주의 관측을 위한 제반 기술에 대한 제안, 관찰하거나 측정하는 과정에 사용되는 도구의 이론적 배경에 대한 규정 등이 긍정적 발견법을 이룬다(조와 최, 2001). 보호대를 수정하는 방법을 제안하거나 암시함으로써 코페르니쿠스의 우주관으로 좀 더 넓은 범위까지 자연현상을 설명할 수 있었다.

(2) 부정적 발견법

부정적 발견법(negative heuristic)은 과학자가 연구하는 과정에서 반드시 피해야 할 사항을 규정하는 것으로, 견고한 핵이 수정되지 않고 그대로 있어야 한다는 요구를 만족시키는 노력이다. 즉, "연구프로그램의 견고한 핵은 언제나 수정하지 말고 원래의 상태로 유지해야한다." 는 규정이 부정적 발견법의 한 예이다(조와 최, 2005). 만일 연구프로그램을 수정·보완하려면 보조 가설을 수정·보완하거나 보조 가설에 정보를 추가하는 것이고, 견고한 핵을 수정한다는 것은 당대의 과학자들이 지지하는 연구프로그램을 새로운 연구 프로그램으로 교체하는 것을 의미한다.

힘이 작용하지 않을 때 등속도 운동을 해야 하는 것과 가속도가 정확히 힘에 비례한다는 것은 관찰 결과와 일치하지 않는다. 이때 대부분의 경우는 마찰력이라는 개념을 보호대로 도입함으로서 해소를 하지만 이러한 변명으로 설명되지 않는 현상이 나타난다고 해도 그 현상에 관계되는 미지의 초기 조건을 제시함으로써 뉴턴의 운동법칙에 반하는 사례로 인정하지 않는 것이다.

4) 발전과 퇴행

새로운 불일치 현상이 발견될 때마다 보호대에 의해 적절히 대응하게 되면 그 이론은 발전적이 되며, 그렇지 못하면 퇴행적이 된다. 연구 프로그램은 발전과 퇴행을 거듭하게 된다. 이러한 과정에서 발전이 퇴행을 압도하면 이 프로그램은 계속 발전적이 되는 것이고, 그 반대로 새로운 사실을 보호대가 적절히 대처하지 못하면 그 프로그램은 퇴행적이 되는 것이다.

연구프로그램은 기존의 경쟁 연구프로그램과 일치하지 않는 새로운 사실을 예상하는 기능을 한다. 라카토스는 성공적인 사실을 예상하는 연구프로그램을 전진적(progressive) 프로그램, 그렇지 못한 프로그램을 퇴행적(degenerative) 프로그램이라 부른다(그림 2.5). 전진적 연구프로그램은 몇 개의 좋은 이론들로 구성되어 있는데, 여기서 좋은 이론은 기존의 것보다 더 포괄적인 의미를 지니고 더 새로운 사실을 예측하며 또한 기존의 이론을 포섭하거나 설명하며 그 내용이 대부분 확증되어 있다(Hess, 1997).

라카토스의 연구프로그램들의 상대적인 가치는 전진적인 것이냐 퇴행적인 것이냐에 의해서 결정된다.

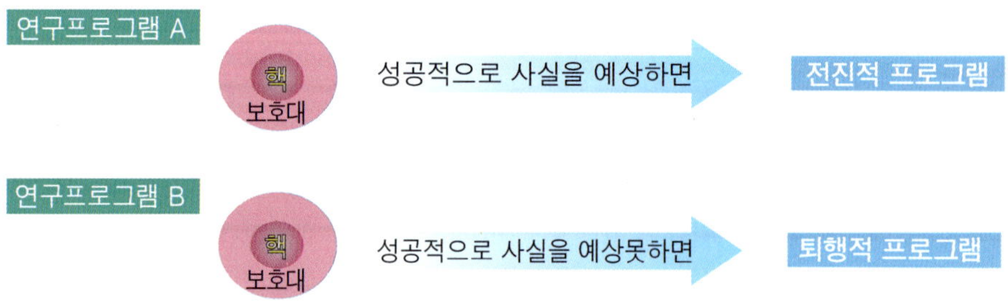

그림 2.5. 연구프로그램들의 경쟁과 선택(김찬종, 1999)

5) 연구 프로그램들 간의 경쟁

라카토스(Lakatos, 1971)는 경쟁관계에 있는 둘 이상의 연구 프로그램을 가정하고 이 연구프로그램들 간의 경쟁에 의해 과학이 발전한다고 주장한다. 연구 프로그램들은 동일한 새로운 사실들을 설명하는 데 어느 것이 더 효과적이냐에 따라 발전적인지 퇴행적인지가 결정된다. 두 연구 프로그램 중 어느 것이 옳은 지에 대한 결론은 관찰된 몇 개의 사실들에 의해 단정적으로 결정되지 않는다는 점에서 포퍼의 반증주의 입장과는 다르다. 또한 쿤의 과학혁명이론에 있는 것처럼 급격한 변화와도 다르다.

다. 연구프로그램의 비판

라카토스의 연구프로그램은 포퍼의 반증법과 쿤의 패러다임 변화를 통합한 것이지만, 과학 지식의 발달을 설명하기에는 몇 가지의 문제를 안고 있다. 가장 심각한 문제는 첫째로 경쟁이론을 비교 분석 할 수 있는 보편적이고 합리적인 기준이 없다는 것이다. 즉, 현재로선 퇴행적인 연구프로그램이 영원히 퇴행적일 것이냐를 결정하는 문제이다. 이를 연구프로그램으로는 설명할 수 없다. 따라서 어느 이론이 더 발전적이고 퇴행적인지는 오랜 시간이 지난 후에야 알 수 있다. 경쟁이론이 공존하면서 과학 지식이 발전하는 예가 많다. 과학사에는 퇴행적 이론이 전진적 이론으로 돌아온 예가 비일비재하다. 지동설이 발달되어 온 과정과 천동설이 퇴보한 과정이 그 좋은 예이다. 또한 연구프로그램뿐만 아니라 그것을 구성하는 요소들도 적용상의 문제를 안고 있다(Hung, 1997). 그 문제점은 첫째, 의미가 불분명한 견고한 핵에 기인한다(Chalmers, 1999). 라카토스는 몇 개의 가설을 견고한 핵으로 명명하였지만 그 가설을 선정한 방법은 제시하지 못하였다. 둘째, 뉴턴의 이론이 보여주듯이, 긍정적 발견법이 그 모형을 점점 더 정확하고 완전하게 구성하는 계획에 지나지 않는 특성에서 비롯한다. 셋째, 경쟁 가설의 선택을 깊이 고려하지 않기 때문에 생겨난다.

2.2.3. 라우든의 연구전통

라우든(Laudon, 1996)은 쿤의 격변적 변화 모형과 라카토스의 연구프로그램 이론의 장점을 통합하고, 또는 그들이 이론이 안고 있는 문제를 해결하기 위한 일환으로 그들의 것과 다른 연구전통(research traditions)이라는 이론을 제시하였다. 라우든에 따르면, 새로운 이론은 과학자가 조사할 새로운 세계를 제시한다. 그러나 역사적 사실에 비추어 볼 때, 새로운 이론이 언제나 새로운 세계를 조사할 방법과 목적을 제시하지는 않는다. 즉, 과학적 이론과 방법 그리고 그 목적은 상호간에 독립적으로 변하고 발달한다. 그러므로 라우든의 점진적 모형(단원 1.1.4)은 과학이 그 이론·방법·목적이 독립적으로 변함으로써 발달함을 설명한다.

라우든의 연구전통은 쿤의 패러다임, 라카토스의 연구프로그램들과 그 구조 및 설명적 기능이 비슷한 것으로 서로 다른 시점에서 서로 다른 문제를 해결하는 이론들로 이루어져 있으며 본체론적이고 방법론적 관점으로 이루어져 있다. 따라서, 연구전통은 그것을 받아들이는 연구자에게 연구의 대상, 그에 대한 탐구의 기술, 평가 방법, 검증의 원리 등을 제공한다(Hung, 1997). 연구전통은 또한 라카토스의 연구프로그램이 가지고 있는 긍정적 발견법의 역할을 하며, 이론을 구성하는 요소들의 속성을 정의함으로써 연구전통과 어긋나는 속성은 배제한다. 연구전통은 서로 다른 경로를 통해서 진화하기 때문에, 그것은 진화되어 온 상황에 비추어서 이해하는 것이 바람직하다. 연구전통은 또한 그것을 구성하는 이론이 수정·대체됨으로서 처음의 것과 아주 다른 형태로 진화할 수 있다.

한편, 연구전통이 직면한 문제는 이론을 수정하거나 대체함으로서 해결되는데, 이 때의 이론은 연구전통을 규정하는 형이상학과 방법론을 벗어나지 않는 범위 안에서 수정·보완된다. 코페르니쿠스는 완전한 원운동과 이심원에 따라서, 케플러는 타원을 이용하여, 그리고 뉴턴은 섭동(攝動, perturbation)을 가정하여 태양을 중심으로 한 행성의 공전 운동을 설명했지만 이들 모두 '모든 행성은 태양을 중심으로 공전한다.' 는 지동설을 유지하고 있다. 섭동이란 태양계의 천체가 다른 행성의 인력으로 타원궤도에 변화를 일으키는 일을 말한다.

2.2.4. 파이어아벤트의 반과학적 방법

파이어아벤트(Feyerabend, 1975)는 경쟁이론을 논리적으로나 탈상황적(context-free)으로 비교·평가할 수 없고, 단지 역사적으로 분석할 수밖에 없으며, 과학이란 규칙이 지배하는 활동이라는 쿤과 라카토스의 견해에 비판적인 입장을 나타낸다. 따라서 실증주의, 포퍼의 반증주의, 쿤의 패러다임, 라카토스의 연구프로그램 등이 안고 있는 이와 같은 문제와 한계를 극복할 수 있는 설명체계로 반(反)과학적 방법을 제시하였다.

파이어아벤트는 객관적이고 보편적인 과학적 방법의 존재를 부정함과 아울러 과학은 인식될 만한 합리적 규칙을 벗어남으로써 진보한다고 주장한다(조희형, 2003). 과학사를 분석해 보아도, 과학은 현재 일반적으로 인식되고 있는 보편적 원리나 과학적 방법, 또는 실증주의가 주장하는 과학의 합리적 과정과 객관적 방법이 아니라 그 보다 훨씬 복잡하고 더 다양한 과정을 통해 발달한다는 것을 알 수 있다.

과학이 임시변통적 가설, 선전이나 선동, 우월감이나 권위위식, 착오나 실수 등 비합리적 요소들의 영향을 받아 변한다고 주장한다. 이를테면, 갈릴레이는 코페르니쿠스의 지동설을 설득하기 위해 두 가지 합리적 원칙에서 벗어났다. 그는 낙하법칙에 관한 실험결과를 잘못 해석함으로써 실험의 결과와 일치하지 않는 이론은 버려야 한다는 원칙을 위배했고, 지구는 움직이지 않는다는 가정을 전제로 실험하여 현재의 이론에 모순되는 이론은 버려야 한다는 원칙을 지키지 못했다.

2.2.5. 툴민의 개념 생태학

툴민(Toulmin, 1967)은 절대적인 진리와 과학적 방법에 의한 개념 변화를 부정한다. 즉 개념이란 하나의 독립된 실체로서 존재하는 것이 아니라 생태계 구조와 같이 다른 개념들과 유기적인 상호 관계를 지닌 총체적인 형태를 이룬다. 달리 말하면 개념들끼리는 서로 유기적으로 관련되어 하나의 전체적인 개념 체계라는 구조를 이루고 있다. 따라서 총체적인 개념 체계가 한꺼번에 혁명적으로 변화된다 하기보다는 구성 요소인 특정 개념들이 변화함에 따라 전체적인 개념 체계가 한꺼번에 점진적으로 변화된다는 입장을 취한다. 따라서 개개인의 지식은 지적 환경과 역학적 상호작용을 취하며 개념은 생태학적 변화처럼 점진적으로 진화한다고 보고 있다.

또한 개념들은 이성적 활동의 구성 요소가 되며 문화적 지위를 차지하고 있어 관련된 주제에 대한 사고 활동에 영향을 끼친다. 그러므로 개념 변화를 사회 및 심리적 요인을 포함하여 이성에 의해 점진적으로 변화하며 과학 개념의 진화적 변화를 진보로 규정한다(Posner, et al., 1982; Hewson, 1981; Hashweh, 1986).

2.2.6. 현대 과학철학이 과학 수업에 주는 시사점

현대 과학 철학자들의 주장을 비교하면 다음과 같다. 쿤(Kuhn), 라카토스(Lakatos), 툴민(Toulmin) 등은 관찰의 이론 의존성을 근거로 과학 개념의 절대성과 보편적 방법을 부정하며 과학 지식을 개별적이라기보다는 보다 포괄적인 구조로 파악한다. 또한 과학 지식의 형성을 경험에 대한 논리적 작용으로 설명하고 있지 않다.

그러나 과학 지식의 선택과 변화에 대한 설명에서 쿤은 사회·심리적 요인에 의해 혁명적으로 발전하고, 라카토스와 툴민은 경험과 논리 그리고 심리적 측면을 모두 관련지어 점진적으로 변한다고 보고 있다. 쿤의 '위기'는 패러다임에 대한 설명의 한계를 인식하여 즉 지적 불만족에서 비롯되며 패러다임간의 경쟁을 통하여 새로운 패러다임이 형성된다는 점이다. 라카토스는 합리적 판단에 의한 과학 지식의 점진적 발달을 주장한다. 새로운 개념이 수용되려면 기존의 지식보다 설명할 수 있는 범위가 더 광범위해야 한다는 것이다. 또한 툴민은 과학 지식들이 서로 관련된 구조를 형성하며 이성적 판단의 요소로 작용한다고 주장한다. 그러한 점에서 포퍼 및 파이어아벤트까지의 과학 발달에 관한 견해를 간략히 도식화하여 보면 그림 2.6과 같다.

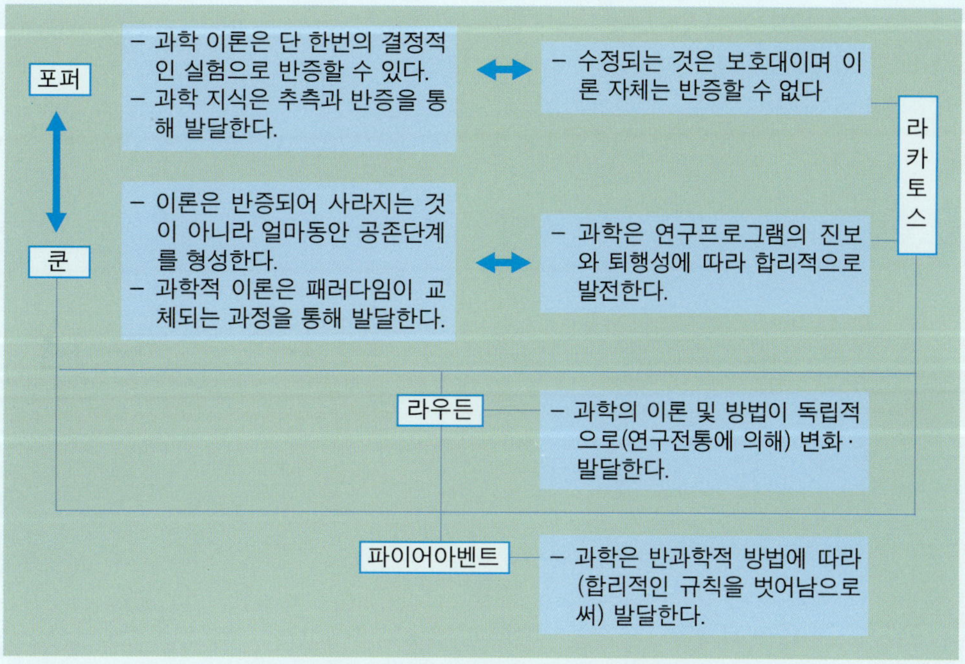

그림 2.6. 포퍼에서 파이어아벤트까지 과학발달에 관한 견해 비교.

위의 모든 사실들을 종합하여 현대의 과학철학이 과학수업에 주는 시사점들을 정리하여 보면 다음과 같다.

① 학생들의 선개념은 쉽게 변화되지 않으며 학생들의 선개념 변화를 위하여 새로운 교수 방법이 모색되어야 한다.

② 패러다임의 변화를 학생들의 개념 변화와 관련지어 보면 개념 변화는 지적 불만족

의 증폭이라는 심리적 요인에서 시작된다. 즉 학생 스스로 자신이 가지고 있는 개념이 변화되어야 할 필요성을 충분히 인식하도록 수업에서 학생들의 선개념으로 설명이 안 되는 다양한 변칙 사례가 제공되어야 한다. 또한 개념 변화는 학생들이 가지고 있는 선개념과 교사가 가르친 과학 개념 또는 분화된 개념간의 경쟁을 통하여 격변적 또는 점진적으로 변화됨을 암시한다.

③ 교사가 가르친 과학 개념은 학생들의 선개념보다 자연 현상을 설명할 수 있는 범위가 더 커야한다는 것이 라카토스 이론에서 도출된다. 또한 과학 수업에서 강조되고 있는 탐구 방법에 대한 비판과 함께 관찰의 이론 의존성에 기인하여 학생들의 학습 결과는 개인적 의미를 지니게 된다는 점이다. 이러한 현대 과학철학은 과학교육 연구에 새로운 패러다임을 형성시켰는데 1970년대 중반부터 활발히 수행된 오개념 연구는 현대의 과학 철학에 기반을 두고 있다.

연습문제

1. 과학의 방법 혹은 과학의 발달에 대한 다양한 학설이 있다. 대표적으로 귀납주의와 반증주의 과학 이론 등이 있다. 이러한 이론들은 나름대로 과학적 방법이나 과학 발달의 원리를 설명할 수 있지만 일정한 부분에서 한계점도 갖고 있다. 이러한 관점에서 다음 물음에 대하여 간단하게 기술하시오. (1999학년도 2차 임용고사 기출문제)

1) 귀납주의의 문제점을 쓰시오.
2) 포퍼의 반증주의에서 관찰과 실험의 역할은 무엇인가?
3) 토마스 쿤이 제시한 과학 혁명 단계에서는 어떤 일이 일어나는가?

2. 좋은 이론은 반증 가능성이 높다고 한다. 이론이 반증되지 않아야 할 텐데 이것은 자기모순 아닌가? (권재술 등, 1998)

3. "모든 행성은 태양을 중심으로 타원 궤도 운동을 한다."라는 진술보다 반증 가능성이 높은 진술을 만들어 보시오. (권재술 등, 1998)

4. "전자 질량이 9×10^{-31}kg이다."라는 진술과 "전자의 질량이 9.1×10^{-31}kg이다."라는 진술 중 더 반증 가능성이 높은 진술은 무엇인가? 또 그 까닭은 무엇인가? (권재술 등, 1998)

5. 다음 글을 읽고 물음에 답하시오. (2004학년도 임용고사 기출문제)

> 17세기와 18세기 화학자들의 관심 중 하나는 연소 현상이었다. 당시 화학자들은 연소 현상에 대한 설명으로 플로지스톤설을 보편적으로 받아들였다. 플로지스톤설이란 그림과 같이 물질이 연소할 때, 물질로부터 플로지스톤이 빠져나가고 재가 남는다는 견해이다.
>
> 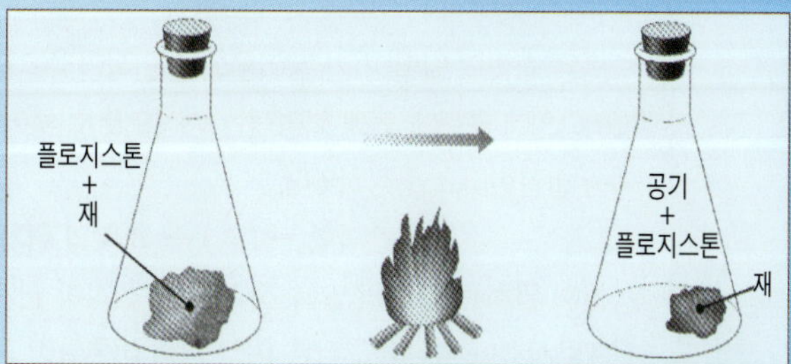
>
>
> 플로지스톤설은 ① 금속의 연소 결과에 의해 반증되었으나, 독일의 화학자 슈탈은 플로지스톤이 '음의 무게'를 가질 수도 있다고 주장하여 플로지스톤설을 옹호하였다.

5-1. ①의 내용을 구체적으로 쓰시오.

5-2. 위 글에서 드러난 반증주의의 문제점을 쓰시오.

6. 다음은 과학 이론 변화의 과정을 보여준 사례이다.

* 니담은 고기스프를 병에 넣고 강한 불로 충분히 가열한 후 코르크마개로 막아서 한동안 두었다가, 현미경으로 관찰하여 작은 생물들이 많음을 발견함 → 자연발생설 주장
* 스팔란짜니는 니담이 모두 멸균될 만큼 고기스프를 충분히 끓이지 않았거나 완전히 밀봉하지 못해서 미생물이 생겼다고 주장하면서, 고기스프를 충분히 끓여서 밀봉한 병에서는 미생물이 관찰되지 않음을 보여줌 → 자연 발생설 반박
* 니담은 생명력이 작용하기 위해서는 생명의 기(氣)가 있는 공기가 필요한데 밀봉된 병을 가열할 때 이것이 다 빠져 나갔기 때문이라고 스팔란짜니의 실험을 공격함 → 자연발생설을 다시 주장
* 파스퇴르는 S자형 플라스크에 고기스프를 넣고 밀봉하지 않은 채 충분히 끓였다가 냉각시켜 오랫동안 두었지만, 미생물이 발견되지 않음 → 자연발생설 재반박

니담의 자연발생설 주장에서 라카토스 연구 프로그램의 '핵'과 '보호대'에 해당하는 것을 윗글에서 찾아 쓰고, 윗글에서 포퍼의 반증주의의 문제점을 나타내는 사례를 2가지만 그 이유와 함께 제시하시오. (2006학년도 임용고사 기출문제)

- 핵 :
- 보호대 :
- 반증주의 문제점 사례와 이유 :

7. 과학 혁명 이론에서 혁명이 일어나기 전 단계를 무엇이라고 부르는가? (권재술 등, 1998)

8. 위기 상황의 특성을 설명하시오. (권재술 등, 1998)

9. 다음 글을 읽고 물음에 답하시오. (2000학년도 임용고사 기출문제)

쿤은 과학의 발달이 기존 이론의 점진적인 수정에 의해서 발달하기 보다는 오히려 새로운 패러다임에 출현에 의해 혁명적인 방식으로 이루어지며, 다음과 같이 끝이 열린 과정을 따라 계속 발달한다고 주장하였다.

전과학 → (A) → 과학의 위기 → (B)

쿤이 말하는 과학의 발달 첫 단계인 전과학 단계란 과학적인 이론의 체계를 갖추지 못한 단계로서 비조직적이고 다른 여러 경쟁 이론들이 공존하는 단계라고 할 수 있다.

전과학 단계에서 한 이론 또는 이론들의 집합체가 출현하여 다른 것보다 성공적인 패러다임이 되어 더 많은 사실을 설명할 수 있고 다양한 용인을 포함하면서도 보다 단순한 성질을 띠면서 경쟁이론들 중에서 성공적 이론으로 확립되어 (A) 단계로 발전한다. 이 단계에서는 소속집단의 모두가 같은 패러다임에 의해서 관찰, 과학적 조사, 실험 등을 수행하면서 자연현상을 설명하고 통제 조절하여 패러다임을 정교화하고 발달시키는 과학활동 소위 "수수께끼 풀이" 활동이 주로 일어난다. 그 후 기존의 이론으로 설명할 수 없는 사례 즉 기존 패러다임에 부합되지 않는 예외적인 사실이 나타나서 축적되면 과학의 위기를 맞게 되고 이 위기를 극복하기 위하여 (B)가 일어나는 과정을 반복한다.

1) (A)과 (B)에 들어갈 알맞은 용어를 쓰시오
2) 패러다임의 의미를 설명하고 과학의 혁명단계에서 일어나는 현상을 쓰시오.
3) 과학의 위기 현상이 일어날 수 있는 조건을 쓰시오.

10. 다음의 글은 과학 지식에 대한 인식론적 견해의 일부이다.

> 과학의 발달은 기존의 이론이 점진적인 수정에 의하여 발달하기 보다는 기존의 이론이 설명할 수 없는 현상을 설명할 수 있는 경쟁 이론이 제시 되었을 때 유용성에 의해 과학자 사회가 선택함으로써 패러다임의 변화에 의해 발전한다는 주장이 있다.
> 정상과학 시기에 과학자들은 모두 정상 과학자이고, 그들이 수용한 하나의 패러다임에 비판적 입장을 갖지 않고 오직 정상과학을 정교화시키고 확장시키는 역할만 한다면 과학의 각 분야는 하나의 패러다임의 덜미에 잡혀 진보가 일어나지 않을 것이다.

10-1. 이 주장을 한 대표적인 학자와, 패러다임의 변화를 의미하는 과학지식의 발달을 설명하는 모델의 이름을 쓰시오.

10-2. 완전한 패러다임은 존재하기 때문에 과학 이론은 발전한다. 패러다임의 변화가 일어나기 위한 조건을 쓰시오.

10-3. 다음과 같은 주장을 하는 학자가 갖고 있는 이론 형성의 관점은 무엇이고 이러한 관점을 갖는데도 불구하고 과학의 이론이 변화되고 정당화 되는 이유를 쓰시오.

> 한 이론이 다른 이론에 비해 우월하다는 것을 판단할 수 있는 합리성에 대한 보편적인 기준은 존재하지 않는다.

11. 라카토스의 연구 프로그램에서 이론이 퇴행적이 되는 경우와 발전적이 되는 경우는 어떻게 생기는가? (권재술 등, 1998)

12. 라카토스의 연구 프로그램에서 핵 자체가 변질되는 것은 가능한가? (권재술 등, 1998)

13. 다음의 글을 읽고 물음에 답하시오. (2001학년도 임용고사 기출문제)

> 고대로부터 천동설을 주장하던 천문학자들은 행성의 역행과 순행을 관찰하였다. 이러한 관찰 현상은 천동설을 버리고, 지동설을 받아들이면 간단하게 설명할 수 있는 것이었다. 그럼에도 불구하고 그들은 주전원 개념을 도입하면서 천동설을 보다 정교하게 만들어 행성의 운동을 설명하려고 노력하였다. 행성의 위상변화, 연주시차 등과 같은 지구 공전의 증거를 육안으로 관찰할 수 없었기 때문에 망원경이 발견되기 까지 그들은 천동설을 계속 주장하였다.

위의 글에서 묘사된 천동설을 주장한 천문학자들의 태도를 라카토스의 연구프로그램 이론으로 해석할 때, 다음의 항목에 해당하는 내용을 본문에서 찾아 쓰시오.

13-1. 핵에 해당하는 내용 :

13-2. 보호대에 해당하는 내용 :

13-3. 보호대로 핵을 보호할 수 있었던 내용 :

13-4. 보호대로 핵을 보호할 수 없었던 내용 :

14. 뉴턴의 역학 체계가 형성되는 과정을 사례로 하여 귀납주의, 반증주의, 쿤의 과학혁명, 라카토스의 연구 프로그램 이론을 논하라. (권재술 등, 1998)

15. 연구 프로그램의 핵과 쿤의 과학혁명이론에서 정상과학은 어떻게 확립되는가?

제3장 학습이론과 오개념

학습이론은 철학과 심리학을 바탕으로 어떻게 학습이 이루어지는지를 설명해주는 이론의 체계를 말한다. 과학교육에 많이 적용되고 있는 학습이론은 크게 행동주의, 인지론, 구성주의의 세 부류로 나눈다. 행동주의에서의 학습은 '바람직하고 지속적인 행동의 변화 과정' 이다. 또한 인지론에서는 학습을 '인지구조의 변화' 로서 학습자의 의식 속에 조직적으로 정리된 일련의 아이디어 혹은 개념을 의미한다. 구성주의는 인지론의 한 부류로 간주되기도 하며 과학의 본질, 학습지도, 학습평가에서 학습자의 역할을 매우 중요시한다.

이 단원에서는 행동주의, 환원주의, 인지론, 기능주의적 견해를 살펴보고, 모든 오개념 연구는 구성주의적 관점에서 살펴보도록 하겠다.

3.1. 학습이론의 역사적 배경

3.1.1. 행동주의

행동주의(行動主義, behaviorism) 학습이론은 수많은 연구자들에 의하여 발전되어 왔기 때문에 하나의 통합된 이론체계로 설명하기는 어렵다(Hilgard & Bower, 1966). 그러나 이러한 다양성과 복잡성에도 불구하고 모든 이론들은 행동의 변화와 치료에 관한 아주 실용적이며 강력한 전략을 시사하고 있다(서울대학교 교육연구소, 1998).

행동주의 이론들은, 비록 추상적 개념과 가설적 구조를 사용하는 이론들까지도, 관찰 가능한 행동에 연구의 초점을 두고 있으며, 행동에 대한 기능적 분석의 틀을 명확히 제시한다. 따라서, 이론들은 비교적 쉽게 이해하고, 측정 기록하고, 조작할 수 있게 한다. 더욱이 많은 이론들은 부정적 행동을 수정할 수 있는 치료기법을 함께 제시하고 있어서 교육현장에서 응용성이 대단히 높다.

파블로프(Pavlov, Ivan P. 1849~1949)의 조건 반사설과 쏜다이크(Thorndike, Edward L. 1874~1949)의 결합설 또는 시행착오 학습설에 직접적인 바탕을 두었다(Gredler, 2001). 특히, 고전적 조건화는 행동주의가 추구하는 가장 이상적인 방법으로서 정신적 상태를 철저하게 배제하였으며, 심리학자들은 그것을 행동으로 나타나는 반응을 조절하기 위한 수단으로 이용하였고, 다음과 같은 세 가지 가정을 전제한다(Gredler, 2001).

- 연구의 주안점을 정신적 상태나 내적 과정의 언어적 재구성보다 관찰이 가능한 행동에 둔다.
- 행동은 구체적인 자극 및 반응과 같은 단순한 요소로 나누어서 연구해야 한다.
- 학습의 과정은 행동의 변화이다.

가. 행동주의 특성

행동주의는 심리학을 합리적이고 객관적인 자연과학의 한 분야로 만들기 위해 정신과 의식을 대상으로 하는 내성적 방법을 배척하고(Bynum, et al., 1981), 자극과 반응의 관계로부터 발견되는 행동을 연구의 주된 대상으로 삼는다. 행동주의는 자연 세계에 인과관계의 원리가 작용한다고 가정하는 결정론 또는 기계론을 받아들임으로써 심리학을 자연과학과 동일시한다. 따라서, 행동주의는 그 연구 방법으로 실험적·물리주의적·조작적 접근법으로 이루어지는 이른바 과학적 방법을 중요시하며, 그 목적으로는 설명이나 이해보다 통제와 예상을 강조한다(Lacey, 1996).

나. 과학교육에서 행동주의

행동주의가 조작적 기술 및 지적 기능의 학습에는 얼마간의 효과가 있으나 언어적 지식의 교수와 학습에는 효과가 거의 없다. 따라서 행동주의가 각급 학교의 과학 교육 현장에서는 괄목할 만한 효과를 거두지는 못했다. 특히, 1950년대 이후에는 실험실의 연구를 통해서 학습이론을 구성했지만 그것을 실제의 교수–학습에 적용할 경우 여러 가지의 문제점과 한계를 드러냈다. 현재는 행동주의 심리학의 영향이 더욱 크게 줄어들어 단지 몇몇의 행동주의 학습 이론만이 한정된 분야에 적용되고 있다. 예를 들면, 스키너(Skinner)의 서술적 행동주의가 분야에 따라 제한적으로 적용되고 있다. 그의 실험심리학적 연구에 바탕을 둔 조건화의 기술은 임상심리학과 교육심리학의 연구방법으로 이용되기도 한다.

3.1.2. 환원주의

환원주의(reductionism)는 카르납(Carnap, R.)과 내이글(Nagel, R.)의 극단적 실증주의에서 유래되었다. 환원주의에 따르면, 물리적 대상과 같은 일상적인 개념이나 전자와 같은 이론적이고 추상적인 특성을 지닌 과학적 이론은 더 단순하고 기본적인 개념이나 상대적으로 더 경험적인 이론으로 환원시킬 수 있다는 것이다(조와 최, 2001). 여기서, 한 이론을 다른 이론으로 환원시킬 수 있다는 말은 전자의 이론을 후자로 설명할 수 있다는 의미를 함축한다.

몇 단계의 구성요소로 이루어진 체계는 그것을 이루는 구성요소로, 그리고 한 구성요소는 그것을 이루는 더 하위적인 구정요소로 분석하여 이해할 수 있다. 과학에서 관찰할 수 없는 법칙이나 이론을 직접 관찰할 수 있는 경험적 명제로 치환할 수 있다. 예를 들면, 생물학적 이론을 물리화학적 이론으로 바꾸어 설명할 수 있다는 것이다. 화학은 물리학적 법칙과 이론으로, 열역학은 통계역학적으로, 멘델의 유전학은 분자유전학으로 환원된다.

그러나 그와는 반대로 한 분야를 다른 분야로 환원시키려 시도했으나 성공하지 못한 사례도 없지 않다. 사회 생물학에서는 사회학과 윤리학을 진화 생물학으로 환원시키려 노력했으나 성공하지 못했다. 과학 철학에서도 모든 과학을 하나의 과학으로 통일하려 했으나 성공하지 못했다. 그 예로, 통일과학 운동은 환원주의의 사고 형태와 동일한 과학운동으로 극도로 세분화된 과학 분야를 하나의 통일된 과학으로 파악하려는 운동으로 1930년대를 전후한 논리 실증주의의 대두와 함께 시작되었다. 과학의 모든 분야가 하나의 공통된 언어로 표현될 수 있다는 '물리주의'에 바탕을 두고 있으나, 오늘날은 환원론적 접근법이 합리적이고 실질적인 접근법이 되지 못한다고 보고, 통일과학 대신 통합과학의 구성을 시도하고 있다.

환원주의는 실체론적·인식론적·방법론적 환원주의로 분류된다(Ayala & Dobzhansky,

1974). 마이어(Mayr, 1982)는 각 환원주의를 각각 구성·이론·설명 환원주의로, 헝(Hung, 1997)은 실체론적·법칙적·서술적 환원주의로 부른다. 실체론적 환원주의와 인식론적 환원주의는 각각 속성 환원주의와 법칙 환원주의로 불리기도 한다(Trout, 1991). 환원주의의 종류별 특성을 요약하여 제시하면 표 3.1과 같다.

표 3.1. 환원주의의 종류와 특성(박승재, 1999)

철학자			특성
Ayala & Dobzhanskey(1974)	Mayr(1982)	Hung(1997)	
실체론적 환원주의	구성 환원주의	실체론적 환원주의	생물과 비생물의 구성 요소가 동일하다.
인식론적 환원주의	이론 환원주의	법칙적 환원주의	생물학 법칙은 물리·화학 법칙의 한 예이다. 세포호흡과 생화학.
방법론적 환원주의	설명 환원주의	서술적 환원주의	전체는 구성 요소를 분석하여 설명할 수 있다.

3.1.3. 인지론

지식·신념·사고·지능 등이 형성되는 과정을 인지 과정이라고 한다. 심리학에서는 이러한 인지 과정을 설명하는 이론과 그에 관한 연구를 인지론(認知論, cognitivism)이라 하며, 그런 과정을 연구의 대상으로 하는 분야를 인지 심리학이라 부른다(Lacey, 1996). 인지심리학에 따르면, 행동은 가시적 요소로 구체화할 수 있는 속성이 아니라 내적인 정신적 표상화·신념·의도 등에 의한 설명이 필요한 것이다(조희형, 2003). 이런 심리학적 가정을 수용한 인지론은 모두 학습을 인지구조의 변화로 정의하고, 학습의 인지적 본성을 설명하기 위해 학습이 일어나는 과정에 영향을 미치는 매개변인의 규명에 관심을 가진다.

인지주의 학습이론은 행동주의 학습이론과는 달리, 외적 행동을 불러일으키는 내적 과정에서 학습의 의미를 찾으려고 한다(서울대학교 교육연구소, 1998). 외적 행동을 인간의 정신 속에서 일어나고 있는 것을 추론하기 위한 단서가 되므로 외적 행동을 통해 학습현상을 추론할 수 있으나 그 외적 행동은 학습 자체가 아니라고 주장한다. 오히려 그러한 외적 행동을 가져오는 내적 과정의 측면에서 학습의 의미와 과정을 규명하려고 노력한다.

인지심리학은 형태심리학에서 시작되어 발달심리학, 톨만의 목적행동주의, 정보처리설 등을 거쳐 발달하였다(Chaplin, 1985).

가. 형태심리학

형태심리학(gestalt psychology)에 의하면, 형태는 조직된 전체이며, 인간은 개별적 자극을 보는 것이 아니라 자극들의 통합된 전체적 구조를 지각한다. 차·꽃·나무 등을 볼 때, 한꺼번에 그것들의 통합적 전체를 보고 지각하는 것이지, 그것들을 이루는 선·면·색 등 모든 구성 요인들을 분석하고 그 결과를 모아 최종적으로 전체의 모습을 인식하지는 않는다. 이를 근거로 형태심리학자들은 지각과 문제해결 과정에 주된 관심을 가지고 학습되는 것은 지각적 조직의 산물로서 지각적 조직에 의해 결정된다고 주장함으로써 학습을 이차적 현상, 즉 파생적 현상으로 본다(조와 최, 2001).

나. 발달심리학

발달심리학(developmental psychology)은 평생 변하는 심리적 과정에 관심을 가지는 심리학의 한 분야로서(Reber, 1995), 개인의 지적·정서적·사회적 발달과정에 관심을 두고 지적 발달과정의 심리적 현상을 설명하기 위한 연구를 한다. 평생 변하는 과정은 기는 행동에서 걷는 행동으로, 비논리적 추리에서 논리적 추리로, 아동에서 어른으로 바뀌는 것과 같이 심리적 구조와 기능의 양적·질적 수정을 의미한다. 과거의 발달 심리학자들이 대부분 아동에게만 많은 관심을 보였으며 피아제의 지능 발달 이론이 그 예이다. 그러나 현대의 발달심리학은 유아기에서 성인기까지 모두 포함된다.

다. 목적 행동주의

목적 행동주의는 사고를 목적과 정신적 기능으로 설명하려는 행동주의 및 인지론이다. 톨맨(Tolman, E. C.)의 학습 이론이 합목적적 특성 즉 목적 지향적인 행동을 설명하기 때문에 목적 행동주의(目的行動主義, purposive behaviorism)라 불린다. 이들은 원자론적·기계론적 사고를 거부하고, 목적의 추구나 인지 등 정신적 기능을 개입시켜야 사고를 설명할 수 있다고 주장한다(서울대학교 교육연구소, 1994). 또한 형태 심리학을 부분적으로 수용함으로써 학습 이론은 형태 심리학과 행동주의 이론이 혼합된 형태를 띤다(Hergenhahn & Olson, 1997).

행동의 목적-수단 준비도(menas-end readiness)와 중개변인(intervening variables)이라는 개념을 심리학적 연구에 처음 도입하였다. 학습과 관련이 있는 자극·욕구·유전 등을 독립변수로, 그에 의해 나타나는 행동을 종속변수로, 독립변수 이외의 행동에 의해 영향을 미치는 변인을 중개변인이라 부른다.

라. 정보처리설

정보처리설(情報處理說, theory of information-processing)은 컴퓨터의 발달로 더욱 큰 관심을 불러일으키고 있다. 정보처리설은 인지구조에서 정보가 처리되는 과정을 인지론과 다르게 설명한다. 정보처리설에 따르면, 마음은 지식이 기호(symbol)의 형태로 표상화 되는 처리 체계이며, 이 때의 처리는 기호의 조절을 뜻한다(Hergenhahn & Olson, 1997; McInerney & McInerney, 1994).

학습은, ① 자극에 주의를 기울이기(attending), ② 자극을 기호화하기, ③ 정보의 저장과 검색(retrieval)의 세 단계를 거쳐 일어난다(Gredler, 2001). 즉 첫째 단계에서는 환경에서 오는 자극이 눈·귀·피부에 있는 감각 등록기에 수용되고 단기간 보관되어 처리된다. 둘째 단계에서는 자극에 이름을 붙여 저장에 대비하며 셋째 단계에서는 정보를 기억하여 보관하거나 회상한다(조와 최, 2001).

3.1.4. 기능주의

기능주의(機能主義)는 다윈(Darwin, C. 1809~1882)의 진화설을 수용하여 생물의 진화에 있어서 의식(consciousness)의 기능을 중요시하였다. 따라서, 기능주의는 정신 및 행동의 과정과 환경에 대한 적응 사이의 관계에 관심을 가진다.

기능주의는 마음과 행동을 그 기능과 용도로 분석해야 한다고 강조하는 일반적인 견해이며(Reber, 1995), 마음과 행동은 환경에 적응하는 과정에 대한 유용성에 따라 판단해야 한다는 주장이다. 특히 의식과 마음에 대한 연구의 방법으로 과학적 방법을 중요시하며, 그 과정에서 생물학적 이해가 필요하다고 주장한다(조희형, 2003).

기능주의는 의식을 그 요소로 환원시킬 수 없다고 보고, 그것을 생물이 환경에 적응하는 단위로 가정하였다(Hergenhahn & Olson, 1997). 의식은 전체적 경험이 변함에 따라 함께 변하며, 인간의 의식 과정은 전체적으로 환경에 대한 적응과 관련되어 있기 때문에 그 과정을 그 구성요소로 환원시킬 수 없다는 가정이다. 쏜다이크. 스키너. 헐(C. L. Hull, 1884-1952)의 학습 이론이 그 예이다.

또한 기능주의는 자동장치 이론을 실제의 내적 구조보다 그 기능으로 나타내는 인공지능(AI)에 관한 연구와 그 이용에 가장 큰 영향을 미쳤다. 인공지능은 인간이 창조한 지적 실체를 총칭하는 용어로서 인지심리학과 인간의 사고 및 지능을 나타내는 인공체제의 개발에 관심을 가진 컴퓨터과학 분야의 연구와 이론이 통합된 간학문적 분야를 지칭한다(조희형, 2003).

3.1.5. 구성주의

학습지도에서 이루어지는 모든 행위는 교사들 나름대로 학생들의 학습과정에 대한 어떤 가정에 바탕을 두고 이루어진다. 예를 들어, 가르쳐야 할 내용을 자세하게 설명해 주는 식으로 수업을 전개하는 교사는 일반적으로 자세하게만 설명해 준다면 학생들은 무리 없이 이해할 수 있으며, 만약 잘 이해가 되지 않았다면 그것은 선생님의 설명이 충분하지 않았기 때문이라고 가정하고 있다고 볼 수 있다. 그러나 지난 10여년에 걸쳐 수행된 많은 연구에 의하면, 학습과정에 대한 교사들의 가정은 잘못된 것임이 밝혀지고 있다(권재술 등, 1998).

학생들은 수업시간에 과학개념을 학습하기 이전에 이미 경험적으로 자연현상에 대한 자기자신의 생각을 갖고 있는데, 이를 '선개념' 혹은 '직관적 관념' 등으로 부른다. 이와 같이 인간이 자연과의 상호작용을 통하여 자신의 개념을 형성해 간다는 주장을 구성주의(構成主義, constructivism)라고 한다(권재술 등, 1998).

가. 구성주의의 형성

구성주의는 전통적 과학 철학에 대한 불만에 생겨난 새로운 과학 철학이다. 관념론과 상대주의를 근거로 과학적 문제가 사회적 상황에서 사회적 과정을 통해서 해결된다고 주장하고, 과학 지식이 사회적 합의의 산물임을 강조한다. 즉 구성주의는 과학 지식을 인식의 주체에 의한 능동적 구성으로 보고, 인식을 적응 기능과 경험 세계의 조직화로 본다(Wheatley, 1991).

구성주의는 과학 지식을 자연에서 발견할 수 있는 것이 아니라 구성한 것으로 보는 견해(Chiappetta, et al., 1998)이며, 심리학의 실험적 접근법을 거부하고 그 대신에 사회적 인식론을 지지하는 견해이다(O'Donohue & Kitchener, 1996). 그리하여 구성주의는 세계가 인간에 의해 창조되었으며, 그 본질이 인간에 달려있다고 주장하는 관념주의와 모든 것을 상대적으로 보는 상대주의에 그 이론적 배경을 두고 있다(Hess, 1997; Matthews, 1994).

구성주의 기원을 피아제·오슈벨·브루너의 인지론, 비고츠키의 사회심리학, 형태심리학, 듀이의 진보주의(Martin, st al., 1997) 등에 둔다. 구성주의의 기원은 심리학과 사회학에도 있으며, 심리학과 사회학에서 형성된 구성주의는 각각 심리적 구성주의와 사회적 구성주의로 불리기도 한다(Matthews, 1994). 심리학자(Gredler, 2001)에 따라서는 피아제의 지능 발달 이론에 바탕을 둔 구성주의를 급진적(radical) 구성주의로, 비고츠키의 사회-역사-심리학 또는 문화-

역사설에 근거를 둔 구성주의를 사회적(social) 구성주의로 불린다.

현대의 과학 철학에서는 구성주의의 기원을 쿤(Kuhn, 1996)에도 두고 있는데, 피아제·쿤·비고츠키의 이론에 바탕은 둔 구성주의의 구성요소를 비교하면 표 3.2와 같다(Baker & Piburn, 1997).

표 3.2. 학자에 따른 구성주의의 구성요소(조희형, 2001)

	피아제	쿤	비고츠키
대상	개인	과학자	문화
관점	도식 또는 인지구조	패러다임	규범과 가치
의미구성 요인	비평형화	변칙 사례	대화
구성결과	대체적 틀	과학적 이론	세계관

나. 구성주의에서의 지식

구성주의에서 지식은 학습자에 의해 구성되는 것으로 본다. 즉 개인은 어느 특정 사회에 속하여 살아가면서 그 사회의 사회적·문화적·역사적 배경에 영향을 받게 된다. 그러면 그 개인은 본인의 특정한 사회적 경험과 배경을 바탕으로 그 위에 자신의 개인적인 인지적 작용을 가하면서, 주어진 사회현상의 이해를 지속적으로 구성해 간다. 그리고 그 결과로 생성되는 것이 지식이라고 보았다. 구성주의에서 구하고자 하는 최종목표는 객관주의에서의 절대적 진리나 지식이 아니다. 대신 개인이 현실을 살아가고 이해하는데 본인에게 의미 있고 적합하고 타당한 것이면 그것을 진리요, 지식이라고 보면, 이러한 지식과 진리를 구성해 나가는 것과 그 과정이 최종목표가 된다. 지식의 타당성은 개인의 경험세계의 맥락에서 작용하는 적합성 내지 실용성에서 찾는다. 구성주의는 '지식은 발견되기보다 구성되는 것' 이란 명제로 특징지을 수 있다. 지식이나 가치는 우리의 시공적 삶을 초월해 존재하는 실재를 객관적으로 정확하게 표상해 낸 것이 아니라, 특수한 시공적 맥락에 비추어 해석하고 구성해 낸 것이라는 주장이다. 구성주의적 지식은 '맥락에서의 특수한 구성' 인 반면 객관주의적 지식은 '맥락을 초월하는 발견' 이 된다.

다. 구성주의의 기능

과학교육학에서는 구성주의가 적어도 세 가지의 기능과 특성을 지니고 있음을 주장한다(Cole, 1992).

첫째, 구성주의는 과학을 매우 합리적인 활동으로 보는 전통적인 인식론적·방법론적 견해를 부정한다.

둘째, 대다수의 구성주의자는 과학적 문제를 해결하는 방법과 과정의 불완전성을 강조하고, 과학 지식이 발달하는 바탕으로서는 경험적 세계의 중요성을 부정하거나 깎아 내리는 상대주의의 인식론적 입장을 수용한다.

셋째, 모든 구성주의자들은 인간이 실제로 인식하고 있는 자연과학 지식을 사회적 과정의 결과로 이해하며, 사회적 변인의 영향을 받아 형성된다고 주장한다.

심리학자에 따라서는 구성주의가 인식갈등(epistemic conflict), 자기반성(self-reflection), 자기조절(self-regulation)의 세 가지 속성으로 이루어져 있다고 주장한다(Rieber, 1993). 인식갈등은 피아제가 말하는 동화 과정으로서 학습이란 학습자가 해결하고자 하는 마음이 있는 문제가 주어졌을 때 일어난다고 설명한다. 자기반성은 갈등에 대한 반응이며, 자기조절은 그 용어가 암시하듯이 피아제의 동화와 조절에 버금가는 특성을 의미하며 사고의 자연발생적 재구성을 뜻한다. 자기조절에는 인식갈등과 자기반성이 필수적이다.

라. 학습에 대한 구성주의 관점

학습을 구성주의적 관점에서 보는 사람들은, 학습이 이루어지기 전에 교사가 가르칠 내용과 관련된 학생들의 선개념을 파악하는 것이 매우 중요하다고 보고 있다. 왜냐하면 학생들은 이미 형성된 개념 체계에 바탕을 두고 다른 개념을 형성하는 것이므로, 선개념이 학습과정에 큰 영향을 미치리라고 보기 때문이다(권재술 등, 1998). 그러므로 그들은 마치 학생들이 백지에 그림을 그리듯이 새로운 개념을 획득하는 것이 아니라, 자신의 머리 속에 이미 형성된 개념과 새로 배우게 될 개념과의 상호작용에 의해서 이루어지며, 학습과정은 학습자 스스로가 의미를 구성해 나가는 능동적 과정이고 생각한다.

구성주의는 실체가 존재하지만 경험의 한계 때문에 그것을 진리로 밝힐 수 없다는 가정을 전제로 하는 지식에 관한 신념을 말한다(von Glasersfeld, 1993). 한편, 지식에 관한 신념으로서의 구성주의는 지식이란 능동적으로 구성되며 인식은 적응성이 있어서 경험 세계를 조직하는 기능을 한다는 두 가지의 원리에 기초한 인식론을 지칭하기도 한다(Check, 1992). 특히, 과학교육학자들은 구성주의를 교육학적 관점으로 보는데, 이런 의미의 구성주의는 '듣기만 하면 쉽게 잊지만, 보는 것은 기억할 수 있고, 직접 하면 이해할 수 있다.' 는 중국의 격언과도 일치한다(Martin st al., 1997).

오개념은 수업에 의해서도 쉽게 변하지 않고 인지 구조 속에 독립된 형태로 남아서(Osborne & Freyberg, 1985; Gilbert et al., 1982), 다른 개념을 학습하는데 방해 요소가 되므로 구성주의적 입장에서 과학학습을 보는 사람들은 수업과정에서 오개념을 어떻게 과학개념으로 변화시킬 수 있겠는가가 매우 중요한 과제이다(권재술 등, 1998).

과학교육 현장에서는 구성주의의 학습모형과 학습의 정의에 따라 개념변화 모형, 순환학습 모형 등 다양한 학습지도 모형을 개발하여 적용한다. 개념변화 모형은 개념형성·개념분화·개념교환의 세 가지 학습지도 모형을 총칭하기도 한다. 특히 BSCS(1997)에서 개발하여 인간중심 교과서를 개발할 때 적용한 5E모형은 이와 같은 원리에 바탕을 두고 있다(Trowbridge et. al, 2004). 구성주의는 또한 과학의 학습지도 과정에 학습자의 능동적인 참여와 그 결과에 대한 책임을 강조하고, 그 과정에 적절한 학습지도 전략으로 협동학습, 토의, 역할놀이 등을 제시한다.

마. 과학철학 및 심리학으로서의 구성주의

과학철학으로서의 구성주의는 누가적·진화적·격변적 모형의 세 가지 과학지식의 발달모형을 제시하였으며(Radder, 1996), 심리학으로서의 구성주의는 이 세 가지 과학지식의 발달모형에 대응하여 각각 개념형성·개념분화·개념교환의 학습모형을 제시한다(Cromer, 1997).

심리학으로서의 구성주의는 학습자를 능동적 주체로 보고, 학습을 인지구조의 변화와 의미의 구성으로 정의한다.

과학교육에서는 이러한 학습모형과 학습의 정의에 따라 개념변화 모형, 순환학습 모형 등 다양한 학습지도 모형을 개발하여 적용한다(조희형, 2003). 구성주의는 또한 과학의 학습 과정에서 학습자의 능동적인 참여와 그 결과에 대한 책임을 강조하고, 그 과정에 적절한 학습지도 전략으로 협동학습, 토의. 역할놀이 등을 제시한다.

과학철학 및 심리학으로서의 구성주의에 따르면, 과학의 학습지도에는 다음과 같은 절차 및 전략이 효과적이다(Trowbridge et al., 2004).

① 사물·사건·현상에 관한 학생의 개념을 인식한다.
② 학생의 개념적 이해를 약간 초월하는 상황이나 문제를 제시한다.
③ 도전적이지만 해결하거나 도달할 수 있는 상황이나 문제를 선정한다.
④ 설명 또는 개념을 다른 학생 및 교사에게 발표하게 한다.
⑤ 적절하지 않은 설명이나 개념을 제시할 때 다음과 같이 도와준다.
 -설명을 그대로 받아들인다.
 -다른 설명을 제안하여 새로운 통찰력을 갖게 한다.
 -다시 설명하도록 시간을 준다.

바. 구성주의의 종류

과학 교육학에서는 구성주의를 심리학적 이론과 인식론적 이론으로 대별하기도 한다. 과학 철학자에 따라서 두 이론을 급진적 구성주의로 부르며, 구성주의를 사회학적 견해로 받아들이기도 한다(Treagust et al., 1996). 심리학적 이론으로서의 구성주의는, 사고하는 주체와 독립적인 지식이 존재할 수 없다는 가정을 근거로, 인간은 관념과 경험을 이해하려는 과정에서 스스로 의미를 구성한다고 본다(Novak & Gowin, 1984). 특히 비고츠키(Vygotsky, L.)의 사회-역사-심리학을 수용한 심리학에서는 학습이 되는 과정에서 사회적 특성을 특별히 강조한다.

인식론적 관점으로 볼 때 구성주의는 후기 인식론(post-epistemology)으로 일컬어지기도 하며(von Glasersfeld, 1993), 자연의 질서가 발견되는 것이 아니라 발명되거나 구성된다고 주장한다. 즉, 과학자는 자연의 현상과 사건을 바탕으로 질서를 상상하여 구성하고 그에 따라 예상한다고 주장한다. 또한 과학교육학에서는 구성주의의 기원을 피아제(Piaget, J.)·오슈벨(Ausubel, D. P.)·브루너(Bruner, J.)의 인지론, 비고츠키(Vygotsky, L.)의 사회-역사-심리학, 툴민(Toulmin)의 형태 심리학, 듀이의 진보주의(Martin et al, 1997) 등에 둔다.

교육 철학자와 심리 철학자들은 학습에 관한 철학적 신조를 급진적 구성주의와 사회적 구성주의로 나눈다(Noddings, 1995). 학습에 있어서 피아제는 아동과 사물 사이의 개인적·개별적 상호작용을 지나치게 강조한다고 주장하고, 맥락론(contextualism)·기계론(mechanism)·유기체론(organicism)의 세 가지 세계관에 따라 학습을 설명한다. 그 이론적 배경으로 급진적 구성주의는 유기체론에, 사회적 구성주의는 맥락론에, 그리고 전통적 정보처리 이론은 기계론에 둔다. 이런 이론적 배경에 비추어 볼 때, 과학 교육학자들이 흔히 말하는 구성주의는 사회적 구성주의임을 알 수 있다(김창만 등, 2003).

사. 문제점

구성주의는 지난 10여년 동안 과학교육학과 수학교육학의 학습지도와 연구에 핵심적인 개념적 틀로 이용되었지만, 비판의 대상이 되기도 하였다(Hodson, 1998). 특히 급진적 구성주의는 학습의 개인적 과정을 강조하며, 절대적으로 객관적인 실체의 존재를 부정함으로써 합리주의로부터 비판을 받는다(Wellington, 2000). 현대의 과학철학에서는 구성주의가 물리적 세계의 존재를 부정하고, 개인에게 지나치게 초점을 맞춤으로써 학습지도와 연구에 있어서 사회적 문제를 경시한다는 점을 들어 비판한다(Treagust et al., 1996). 이러한 비판에도 불구하고, 구성주의는 학습을 의미의 구성으로 정의함으로써 1980~90년대의 과학 학습지도안의 기본적 틀로 활용되었으며, 과학의 오개념에 관한 연구의 이론적 배경이 되었다.

3.2. 학습이론과 과학교육학적 의미

학습이론은 학습의 과정과 학습에 영향을 주는 요인들에 대한 합리적인 설명 체계이기 때문에 교사가 교육의 목적, 내용의 성격 그리고 교수 방법 등을 선택하거나 고안하는데 안내자의 역할을 한다.

현대 인지론은 인지심리학·인식론·인공지능 등에 관심을 가지며 정신 과정의 성질과 그 작용 방식의 규명에 목표를 둔 심리학이다. 인지론에서는 피아제의 지능 발달 이론, 오슈벨의 유의미 학습 이론, 브루너의 수업 이론, 형태 심리학, 비고츠키의 사회·문화적 이론, 노만의 정보처리설 등이 포함된다.

오개념 연구를 위하여 여기서는, 학습자의 인지과정으로 설명하고 있는 피아제의 이론, 학습자의 선행관련 인지구조를 강조하는 오슈벨의 이론, 비고츠키의 사회–문화적 이론, 그리고 선행관련 개념이 오개념으로 형성되어 있는 경우를 강조하는 드라이버의 대체적 개념틀을 중심으로 살펴보도록 한다.

3.2.1. 피아제의 지능 발달 이론

피아제(Piaget, Jean 1896~1980)는 인식론자이자 발달 심리학자이다. 피아제는 자신의 이론을 발생론적 인식론으로 정의함으로써 그의 이론에 발달심리학과 인식론을 포괄한다. 이러한 발생론적 인식론에 기초한 그의 지능 발달 이론은 인지구조 혹은 도식, 인지 기능, 인지 내용, 지능 발달 단계, 그리고 지능 발달에 영향을 미치는 요인 등에 의해서 핵심적 골격을 이룬다.

가. 지능발달 이론

피아제는 발생론적 인식론을 바탕으로 지능 발달 이론을 구성하였다. 피아제가 제시한 지능 발달 이론의 핵심적 골격은 지능·인지구조·도식·인지내용·인지기능·조직화·적응·동화·조절·평형화·조작 등이다. 이런 골격은 피아제 이론의 구성 요소가 되는데, 그 구성 요소들 사이의 관계를 나타내면 그림 3.1과 같다.

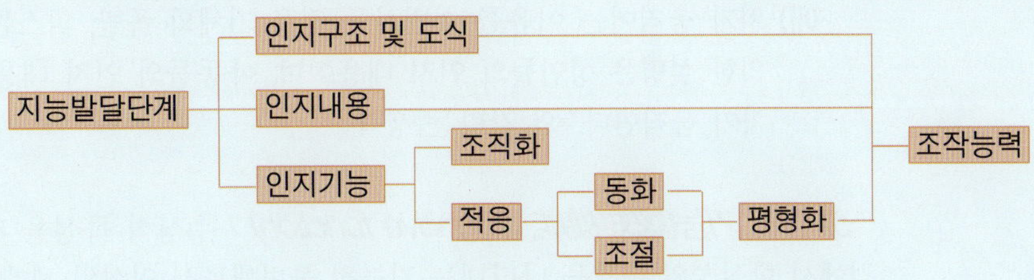

그림 3.1. 지능 발달 이론의 구조와 구성 요소(박승재, 1999).

1) 지능(知能, intelligence) : 생존에 적절한 지적 행동, 즉 생물학적 적응의 한 과정으로서 환경과의 상호작용을 통해 발달하는 논리적 사고 과정이다(Gredler, 2001). 그것은 또한 생

물과 환경 사이에 나타나는 평형화의 한 형태이다(Ginsberg & Opper, 1979). 지능은 양적으로 측정할 수 있으며 부단히 변하는 역동적 과정이자 특정한 시간에 특정 환경과 상호 작용하는 기구(mechanism)이다(Gredler, 2001).

2) 인지구조(認知構造, cognitive structure) : 지능 발달 단계의 조작과 인지적 사고 과정을 통제한다고 생각되는 추상적 구조이다. 그것은 기본적으로 논리적이고 수학적인 특성을 지니며, 아동들의 자연관 또는 세계관의 역할을 한다. 어린 아동일수록 목적론적이고 주관적인 자연관을 바탕으로 피상적인 현상을 표현할 수 있지만, 고학년 학생들은 기계론적이고 객관적인 세계관과 그에 기초한 이론적인 지식을 이용하여 추상적인 속성도 표현할 수 있다.

예) **저학년** : 자동차의 움직임이나 물이 흐르는 원인 등을 물활론적 관점에 따라 설명.
고학년 : 각 현상을 에너지나 역학 등의 개념과 기계론적 관점으로 설명.
여기서, 목적론은 기계론에 대립되며 모든 사물은 어떠한 목적을 실행하기 위해 존재한다는 입장을 말하고, 물활론은 세상 만물은 본래 생명·영혼·마음이 있다고 주장하는 이론이고, 기계론은 생명현상을 물리·화학적 법칙으로 환원하여 설명하려는 입장을 말한다.

3) 도식(圖式, schemata) : 인지구조의 발달상 초보적인 형태로서 인지구조의 기본적 단위이다. 도식은 소화기관과 같이 생물학적인 구조에 비유될 수 있는 것으로서, 인간으로 하여금 사고를 조직하게 하고 환경에 적응하게 하는 심리적 구조이다. 소화기관의 기능이 연령에 따라 달라지듯이, 인간이 행동 및 사고를 조직하고 환경에 적응하는 성향도 연령에 따라 달라진다. 이것은 아동의 심리적 구조가 아동 자신의 경험적 활동에 의해 후천적으로 학습된다는 것을 의미한다. 따라서 도식이란 한마디로 아동 자신의 경험적 활동에 의해 조직화한 행동양식이라 말할 수 있다.

예) 유아의 유의미 시기에서 "잡기" 의 행동

4) 인지 내용(認知内容, cognitive content) : 특정 단계의 아동들이 인지구조에 따라 자연현상을 설명하기 위해 수행하는 활동, 말하는 것과 그 양식, 적용하는 지식 등을 의미한다. 인지 내용은 사고 활동을 표현하는 내용으로서 개인이 생각하고 있거나 흥미를 갖고 있는 것을 개념과 용어를 빌어 진술하는 언어적 행동, 그리고 주어진 문제를 해결하는 과정에서 드러나는 감각적·개념적 사고 활동 등을 뜻하기도 한다.

예) 차가 움직이는 이유를 설명하는 경우 기체의 폭발, 피스톤의 움직임, 힘의 전달 등에 의한 설명은 성인들의 인지 내용이며, 아동들의 인지 내용을 "말이 들어있기 때문에 차가 움직인다." 와 같다는 생각

5) 인지 기능(認知機能, cognitive function) : 추상적 특성을 지니며 아동의 지능 발달 과정에서 항상성의 특징을 나타내는 기능적 불변체로서 인식의 체계적인 변화이다.

예) 자연현상을 물활론적 목적론적 자연관으로 설명 → 기계론적 관점으로 설명한다.
- 자동차가 자체의 힘을 가지고 있다. → 휘발유의 연소에 의한 기계적 운동으로 설명

6) 조직화(組織化, organization) : 두 가지 이상의 서로 분리된 체제나 구조를 좀 더 고차

원적인 체제나 구조로 통합시키려는 경향성으로 개인이 비교적 오랜 기간 동안 인지발달의 계속성을 유지하는 것은 조직화의 원리에 기인한다. 또한 사물과 자연현상에 대한 아동의 설명 체계는 일정한 과정에 따라 점차적으로 복잡한 수준의 구조로 계속 발달하는데 그 원인도 조직화의 기능에서 비롯한다.

7) 적응(適應, adaptation) : 생물체가 자연의 변화에 순응하여 조화를 이루는 원리로 아동이 현재 가지고 있는 인지구조를 통해 주변 환경의 사건을 다루고 그럼으로써 외부 세계의 현상들을 내적 인지구조에 통합하여 조화된 평형 상태를 형성하는 과정을 말한다. 피아제는 적응을 여러 가지 수준의 인지구조가 형성·발달되어 환경과의 갈등 관계를 해소하는 경향과 그 원리로 표현하고, 적응을 동화(assimilation)와 조절(accommodation)의 두 가지 상보적 과정으로 나누어 설명한다.

8) 동화(同化, assimilation) : 인지구조의 통제에 따라 환경에 반응하는 과정, 즉 인지구조와 물리적 환경 사이의 조화이다(Hergenhahn & Olson, 1997). 학습자는 그가 가지고 있는 인지구조에 따라 주어진 정보의 의미를 해석하거나 그 인지구조의 수준에 맞게 정보를 조정한다. 동화는 이미 학습된 지식과 기능을 이용하여 주어진 환경에 순응하거나 그것을 조절하는 과정이다(그림 3.2).

예) 표로 정리된 자료에 담겨진 의미를 해석하는 것, 어떤 그래프가 나타내는 의미를 말하는 것, 에너지의 본질을 아는 학생이 여러 가지 형태의 에너지를 제시하는 것, 혈액의 기능을 이해하고 있는 학생이 혈구의 응집반응 실험을 통해서 혈액형을 알아내는 것 등

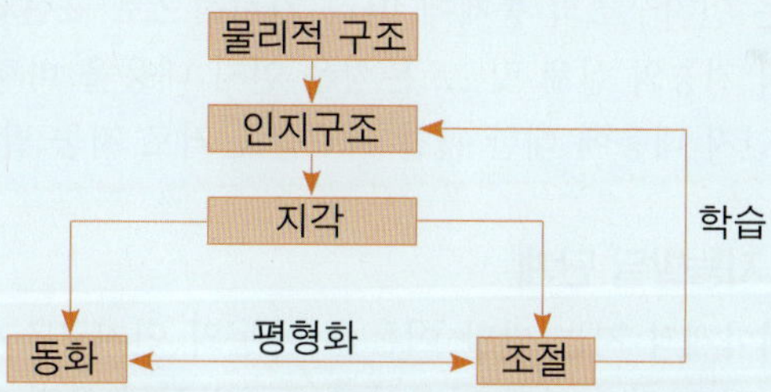

그림 3.2. 동화와 조절의 관계 및 평형화(조희형, 2003).

9) 조절(調節, accommodation) : 조절은 정보를 통합하기 위해 그 정보에 맞추어 기존의 인지구조를 구조적으로 변화시키는 과정을 의미하며(Hergenhahn & Olson, 1997), 주어진 정보를 이해하기 위해 인지구조의 수준에 맞추어 그 정보를 변화시키거나 조정하는 과정인 동화와는 대조적이다.

예)
- 편평한 지구를 믿던 학생이 위성사진을 보고 지구가 둥글다는 것을 깨닫는다.
- 멘델의 법칙만을 알고 있었던 학생이 돌연변이나 유전 현상을 이해할 때.
- 보어의 원자모형을 배웠던 학생이 소립자론을 공부할 때.

10) 평형화(平衡化, equilibration) : 동화와 조절 사이의 계속적인 재조정이며, 인지구조의 항상성과 안정성을 유지하면서 그것을 계속 변화·발달·성장시키는 원동력이다(Gredler, 2001). 평형화는 생물과 환경 사이의 조화를 이루려는 내적 욕구, 또는 인지적 갈등을 해소하

려는 타고난 성향이며, 물리학에서 평형이 힘의 균형을 의미함에 비해, 인지구조의 평형은 행동을 부단히 조절하는 역동적 과정을 뜻한다.

또한 평형화는 현실적 상황에 순응하는 계속적이고 자기 통제적 과정으로서 대개 다음과 같이 네 단계를 거쳐 이루어진다.

- 지능이 발달된 수준과 그 수준을 통제하는 인지구조가 설정된다.
- 인지구조의 수준과 범위를 벗어나기 때문에, 통제할 수 없는 지적 행동을 요구하는 새로운 정보를 접한다.
- 새로운 정보에 직면하여 인지적 갈등을 겪게 되고, 그에 따라서 인지구조에 비평형(disequilibrium) 상태가 유발된다.
- 인지구조가 조절·동화된다.

11) 조작(操作, operation) : 인지적 활동 또는 논리적 규칙을 따르며 내적으로 표상화 된 활동을 의미한다(Brainerd, 1978). 조작은 암묵적 행동이나 사고를 통제·조절하므로 조작을 내적 활동으로 규정할 수도 있다(Hergenhahn & Olson, 1997).

예) • 피아제의 가장 고차원적인 조작 : 가설을 설정할 수 있는 형식적 조작

인지 구조와 인지 기능이 추상적임에 비해, 인지 내용은 시각적 영상, 청각적 진동, 수학적 개념, 추상적 부호 등과 같이 관찰이 가능한 구체적 특징을 띤다. 피아제의 지능 발달 이론을 구성하는 핵심적 개념들 중에서도 직접 관찰할 수 있고 측정할 수 있는 것은 인지 내용뿐이며, 인지구조와 인지 기능은 인지 내용을 바탕으로 추론된 추상적 개념에 불과하다. 즉, 인지 내용은 인지구조의 통제에 따라 가시적으로 표현되고 인지 기능을 통해 발달하며, 인지구조와 인지 기능의 실체 및 그 본성은 인지 내용을 바탕으로 추론할 수 있다. 피아제는 관찰이 가능한 인지 내용에 대한 관찰 자료를 근거로 지능 발달 이론을 확립하였다.

나. 지능발달 단계

피아제의 지능 발달 이론은 아동의 인지구조가 질적으로 다른 네 단계(stages)로 구성된 보편적 과정에 따라 발달한다고 주장하며 특정 행동이 나타나는 발달상의 기간을 발달 단계로 부르고, 일군(一群)의 인지구조들이 모여서 하나의 지능 발달 단계를 이룬다고 설명한다. 즉 인간이 태어나서 성인이 되기까지 거치는 주요 발달 단계를 감각동작기(0~2세), 전조작기(2~7세), 구체적 조작기(7~12세), 형식적 조작기(12~성인)의 4단계로 구분하였다(표 3.3).

그러나 몇 개의 인지구조가 통합되었다고 해서 그대로 발달 단계가 되지는 않는다. 인지구조로 형성된 발달 단계는 다음과 같은 특성을 띤다(Brainerd, 1978).

- 각 단계는 질적으로 다른 인지구조로 구성되어 있다.
- 아동은 누구나 문화·사회·국가를 초월하여 반드시 감각 운동 단계, 전 조작 단계, 구체적 조작 단계, 형식적 조작 단계와 그 순서에 따라 발달한다.
- 상위 단계의 인지구조는 하위 단계의 인지구조를 바탕으로 형성된다.
- 특정 발달 단계를 이루는 여러 개의 도식과 다양한 인지구조가 하나의 전체적 총화를 구성한다.

인지구조는 결국 반복되는 평형화 과정을 통해서 보다 상위의 심리적 구조로 발달되며, 개인이 어떤 특정한 상황 하에서 보여주는 행동은 인지구조의 특성에 의해서 결정된다고 볼 수 있다. 인지구조의 특성은 어린이로부터 성인에 이르기까지 매우 천천히 발달되므로, 생의 일

표 3.3. 피아제의 인지발달 단계

발달단계	연령	특징	대표적 행동특성
감각적 동작기	0–2세	지능이 행동으로 표현되는 시기 ·감각과 운동을 사용하여 지각한 활동에 의해서 세상을 이해 ·생득적으로 가지고 있는 반사적 행동을 기초 ·점차 복잡하고 새로운 협조된 감각동작적 적응행동으로 발달해 가는 시기	·대상영속성 획득 ·행동을 통한 일차적 사고 ·어떤 물체를 다른 각도에서 보아도 동일하다는 것을 인식 못함 ·자연모방
전 조작기	2–7세	구체화, 비가역성, 자기중심성 ·전체적인 파악보다는 특수한 부분적 상황에 관심을 가지는 경향 ·편협적인 사고 등이 특징	·자기중심적 언어발달 ·자아중심성 ·물활론적 사고 ·중심화
구체적 조작기	7–12세	집단화를 알게 되므로 사회성이 발달 ·논리적인 사고가 가능 ·논리적인 행동을 수행 ·요인과 요인간의 관계를 인지하는 능력이 발달	·탈중심화된 사고, 사고의 사회화 ·가역적 사고 가능 ·보존개념 형성 ·분류 및 서열 조작 능력 형성 ·상대적 비교가능 ·언어의 복잡화, 완전학습 가능
형식적 조작기	12세 이상	성인수준의 사고 ·문제해결을 위해 하나의 접근 방법을 시도 ·가설을 설정할 수 있고, 그것을 연역적으로 풀기도 한다.	·조합적 사고 ·연역적 사고 가능 ·추상적인 대상을 포함한 논리적 사고 가능 ·가설검증능력, 추리력과 적용력 발달 ·사물의 인과 관계 터득

정 기간 동안에 보여주는 개인의 행동은 다양한 과제와 상황에 대하여 일관성을 보여주며, 이러한 일관성이 발달 단계(그림 3.3)를 형성한다고 주장하였다.

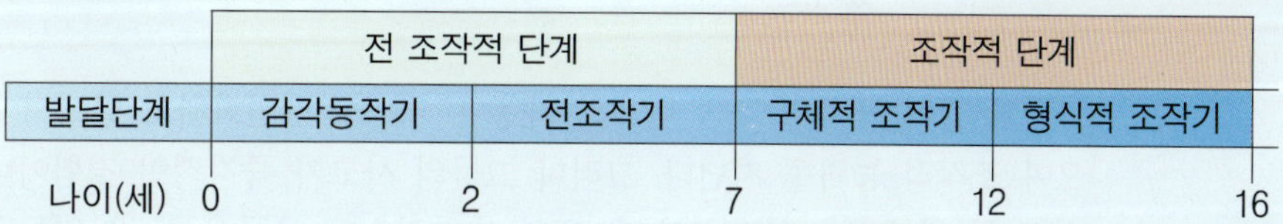

그림 3.3. 인지구조의 발달단계(박승재, 1999).

1) 감각 동작(sensory-motor) 단계 : 이 단계의 아동은 사물에 대한 언어가 없고 내면화된 인지구조를 통한 사고도 할 수 없기 때문에, 정신적 활동을 수행하지 못하고 오로지 가시적 행동으로 나타나는 신체적 운동만 한다. 그들에게 딸랑이를 보여주면 좋아하는 반응을 나타내나 감추면 아무런 반응을 나타내지 않는데, 이는 그것이 표상화 되어 있지 않아서 그들 눈에 보이지 않는 것은 세상에 존재하지 않기 때문이다. 따라서 그들은 반사적 행동만을 보이며 그들의 인지구조는 그 반사적 행동에 수반되는 감각적 반응과 신체적 운동을 통해서 발달한다. 또한 감각 운동 단계에서는 타고난 행동이 지적 활동으로 변한다. 이 단계에서는 특히 도식의 통제에 따라 인지 내용이 나타나며, 지각적 운동 도식이 종합적이고 융통성이 있는 인지 도식으로 발달한다.

2) 전조작(前操作, pre-operational) 단계 : 이 단계에서는 언어를 획득하며 그에 따라 기호적 사고를 수행하거나 문제를 해결한다. 전 조작 단계의 아동들은 대부분의 신체적 활동이 정신적 표상화로 내면화되어 있기 때문에, 장난감을 가지고 놀이를 하든가 남의 흉내를 내는 등 어떤 목적에 따른 행동을 할 수 있다. 이 단계의 아동들의 사고와 행동은, 특히 가역적 사고가 결핍되어 있기 때문에, 진정한 의미의 조작적 활동으로 볼 수는 없다. 이들의 사고는 자기중심적(남도 나와 같은 생각을 가졌다고 여김)이며, 전개념적(preconceptual) 사고 단계와 직관적 사고 단계로 구분된다(Hergenhahn & Olson, 1997). 아동들이 2~4세가 되면 전개념적 사고 단계에 이르러 표상화 된 사고를 할 수 있으며, 4~7세가 되면 직관적 사고 단계에 도달하여 전 논리적 방법으로 주어진 문제를 해석하고 설명한다.

3) 구체적 조작(concrete operational) 단계 : 구체적 조작 단계는 아동의 지능이 조작적 특성을 나타내는 첫 단계이다. 7~11세의 초등학생들은 직관적 사고를 벗어나 논리적 사고 형태인 가역적 사고나 조합적 사고와 같은 조작적 지능을 보이기 시작한다. 그들은 사물을 여러 가지 방법으로 분류하고, 현상과 현상 또는 현상과 개념을 일 대 일로 대응시킬 수 있으며, 수학적 조작을 할 수 있는 등 논리적으로 추론할 수 있는 능력을 갖는다. 그러나 그들은 무게·색·재질 등과 같이 당장 관찰하고 있는 사물의 성질에 관해서만 생각하므로 그들의 논리적 사고도 구체적 대상에 한정된다. 또한 그들은 수·길이·면적·부피·무게 등의 개념도 보존되며 다음과 같은 특징을 지닌다.

- 구체적 문제에 대해 논리적 추론을 적용한다.
- 부분과 전체의 관계를 이해한다.
- 수의 본질적 속성을 이해한다.
- 사건·사물·상황을 공간과 시간에 따라 조직할 수 있다.
- 사물과 사건의 변화를 정당화하기 위한 가역적(역반응이 가능한) 사고를 한다.
- 가역적 사고를 요구하는 수학적 조작 능력을 갖는다.
- 서로 같지는 않으나 공통적인 속성에 따라 사물·사건·상황 등을 서열화 할 수 있다.

이와 같이, 구체적 조작 단계의 아동은 개념을 내면화하고 있어서 논리적으로 사고할 수 있으며 조작적 능력을 지닌다. 그러나 그들의 사고가 즉각적인 경험이나 구체적인 사물을 대상으로 할 때만 가능하다. 이들은 또한 객관적으로 사물을 볼 수 있는 능력도 갖고 있으며 가시적 사물이나 현상을 대상으로 할 경우에 추상적인 속성도 인식한다.

4) 형식적 조작(formal operational) 단계 : 형식적 조작 단계의 아동들은 자신들의 사고 내용과 과정을 생각할 수 있으며, 추상적인 사고와 논리적인 추리 능력도 갖는다. 이들의 사고에는 특별한 외적 자극이 필요하지 않으며, 오로지 내적 정신 상태만이 그 자극원이 된다. 형식적 조작 단계의 학생들이 가지는 조작 능력은 가설-연역적 사고, 명제적 사고, 비율과 비례에 관한 사고, 논리적 사고, 반성적 추상화, 조합적 사고 등으로 특징지어진다. 그들은 내용과 관계없이 사고할 수 있고, 가설적 상황을 대상으로 한 사고 활동도 수행할 수 있다. 따라서, 그들은 유추와 모형으로 이루어진 추상적인 과학적 이론 및 법칙과 논리적 규칙을 이용하여 철학자나 과학자들처럼 추리하고 예상할 수 있다.

(1) **가설-연역적 사고 :** 어떤 문제에 직면하여 가설을 설정하고 그 가설로부터 그 문제의

잠정적 해답이 되는 결론을 유도해 낼 수 있다. 이러한 가설-연역적 사고는 단순히 지각·기억·가능성에 국한되지 않으며, 전체를 인정하고 그 전체로부터 결론을 연역하는 순수한 사고의 한 형태로서 주로 추상적이고 상징적인 수준에 일어난다.

(2) **반성적 추상화** : 사전에 가능한 해결책을 제시하거나 가설을 설정하는 것과 같은 논리적 사고 형태를 의미한다.

(3) **명제적 사고** : 과학 법칙을 여러 상황에 일반화 할 수 있는 능력이다.

(4) **조합적 사고** : 순열과 조합에 관한 문제의 해결에 필수적인 추리 형태로 일련의 변인이나 인자가 가능한 모든 조합을 구성할 수 있는 능력이다.

(5) **형식적-조작적 도식** : 명제적 조작의 결과에서 파생된 사고 구조로서 명제적 보다 훨씬 구체적인 속성을 지니며 실제의 과학적 사고와 밀접한 관련이 있다.

예) 비례성 도식, 기계적 평형 도식, 확률 도식 등.

다. 지능발달 요인

피아제의 지능 발달 이론에 따르면, 아동의 지능은 성숙, 물리적 환경 또는 그에 대한 경험, 사회적 전달, 그리고 평형화의 네 가지 요인의 영향을 받아 발달한다. 이 요인들은 지능 발달에 필수적이지만 충분조건은 아니다(Gredler, 2001). 그러나 이 요인들은 피아제의 이론에 따라 과학 학습지도 전략 및 방법, 학습지도 자료, 교육과정 등을 개발할 때 중요한 준거가 된다.

1) 신체의 구조는 자율적 행동을 나타내는 행동이나 반응, 예컨대 입술을 자극하면 빨고, 손을 만지면 쥐는 등의 신체적 반응을 유발한다. 이와 같은 행동과 반응은 반사 기구가 갖추어져 있어야 가능하며 반사 기구를 포함한 신체 구조는 성장한다. 따라서 성숙되지 않은 신체 구조는 지능의 발달을 정지시키거나 지연시킨다.

2) 경험은 신체적 경험과 논리-수학적 경험으로 나뉜다. 신체적 경험은 단순 추상화라고도 하며, 사물을 직접 관찰하여 그 사물의 신체에 대한 지식을 얻는 활동이다. 아동들은 신체적 경험을 통해서 사물이나 사건의 속성을 추상화하여 그것에 대한 지식을 얻는다. 논리-수학적 경험은 행동을 통제하는 내적 기구의 조정으로 반성적 추상화로 일컬어지기도 한다. 사물과 현상의 실체는 궁극적 논리-수학적인 사유를 통해서 획득된다.

3) 사회적 전달 과정은 자기중심적 사고 구조를 객관적 지식으로 변화시키는 과정에도 영향을 미치며, 아이들에게 문제를 제시하고 설명하는 부모와 그 자식들과의 대화, 책을 읽고 스스로 정보와 지식을 획득하는 학습자 자신의 행위, 어떤 주제에 관하여 다른 학생들과 토의하는 학습 활동 등에 잘 나타난다. 학교 교육이 지능의 발달에는 결정적인 조건은 아니지만, 지능의 발달에는 큰 영향을 미친다.

4) 평형화 요인은 위의 논의한 세 가지 요인들의 영향을 통합함으로써 인지 발달에 영향을 미친다. 평형화는 지능 발달 단계, 주요한 개념 및 이론이 형성되는 지적 발달 과정, 구체적인 학습 상황의 세 가지 수준에서 일어난다. 그러므로 각 발달 단계의 기존 인지구조는 이러한 평형화 과정을 통해서 점점 더 안정된 평형 상태에 이르러 나중에는 고차원적이고 포괄적인 인지구조가 형성된다.

라. 피아제 이론의 과학교육학적 의미

피아제의 이론은 과학 교육과정에 새로운 관점을 시사한다. 피아제 이론이 시사하는 것은 지난 수십 년 동안 과학교육에 지대한 영향을 미쳤던 행동주의의 심리학적 관점과 여러 면에서 차이를 보인다. 행동주의 심리학은 학습에 있어서 환경의 역할을 강조함으로써 어떤 내용을 어떤 나이의 아동에게 가르쳐야 할 것인지를 결정할 때 적용할 기준을 제시하지 못했다. 그러나 피아제의 이론은 과학 교육과정 내용을 선정하고 조직하는 준거로서 그 내용의 계열성을 비교적 분명하게 제시한다.

계열성은 어떤 주제와 학습 과제를 언제 또는 어느 학년에 제시해야 할 것인지에 관한 문제로서 이 문제를 결정하는 과정에서 가장 기본적인 준거는 학습준비도이다. 학습준비도는 교육과정 개발에 관해 다음과 같이 네 가지의 처방적 기준을 제시한다(Brainerd, 1978).

- 학습지도 자료는 현재의 지능 발달 수준을 넘지 않아야 한다. 즉 학습지도 자료는 학습자의 인지구조와 관련된 내용을 개발해야 한다.
- 어떤 특정 주제를 통해서 인지구조의 변화를 촉진하기 위한 시도를 하지 말아야 한다. 한 주제보다는 여러 상황을 동시에 이해할 수 있는 주제 및 소주제로 구성된 자료가 인지구조를 변화시키기에 더 바람직하다.
- 교육과정 내용의 주제와 개념이 인지 발달 과정에 나타나는 주제와 개념의 순서에 일치해야 한다. 인지발달 순서와 과정에 바탕을 두어 개발된 교육과정을 "인지발달에 기초한 교육과정"으로 부른다.
- 교육과정은 인지발달 과정을 진단하고, 그에 맞추어 수업이 진행되도록 구성해야 한다. 이상적으로는 개별화 수업이 이루어지도록 해야 한다.

피아제의 지능 발달 이론은 학습 이론이나 과학 교육과정보다는 과학 학습지도 방법과 그 자료에 관해서는 더 엄격하고 분명한 준거를 제시한다. ① 학습자 자신이 학습의 주체로서 학습 경험을 능동적으로 조작하고, 그에 따라 학습하게 하는 '활동 중심의 교수-학습' 방법, ② 학생들이 인지적 모순이나 갈등을 느낄 수 있게 하는 '갈등 유발 학습지도' 전략 ③ 아동 중심의 교육과정과 그에 따른 '아동 중심 학습지도' 방법 및 자료, ④ 개인을 중심으로 이루어지는 '개별화 교수-학습' 전략 ⑤ 교사·학부모나 다른 학생들과의 자유롭고 긴밀한 의사소통을 통해서 학습이 일어나게 하는 '사회적 경험 중심 학습지도' 전략을 제시한다(Brainerd, 1978). 또한 피아제의 지능 발달 이론은 또한 탐색·설명·확장·평가의 네 단계로 구성된 순환 학습 모형을 표 3.4와 같이 제시한다(Bybee & Sund, 1982).

피아제는 그의 연구 결과뿐만이 아니라 연구방법을 통해서도 과학교육에 적지 않은 영향을 미치고 있다. 특히, 그가 개발·적용한 임상적 면담법은 오늘날의 과학교육에 관한 연구, 과학 교수-학습, 과학교육 평가 등에서 다방면으로 활용되고 있다. 과학교육에서는 그의 임상적 면담법을 인지구조의 속성과 그것이 변화·발달하는 과정에 관한 연구, 즉 오개념 또는 선행 개념에 관한 연구에서 자주 적용하고 있다. 그의 면담법은 학생들이 과학 개념을 이해하고 획득한 것을 확인하는 과정에서는 물론이고 과학 교수-학습의 평가 수단으로도 적용되고 있다. 임상적 면담법은 오늘날 우리나라 과학교육 현장에서 중요시하는 몇 가지의 수행 평가 방법 가운데 하나이다.

표 3.4. 피아제의 지능발달 이론에 의한 순환학습 모형의 단계별 특징

개념 탐색
- 학생들이 자신들의 활동을 통해서 학습한다.
- 학습이 사물·사건·상황에 의해서 이루어지도록 한다.
- 교사의 지도와 안내는 최소한으로 줄인다.
- 학습활동을 위한 질문의 답을 미리 주지 않는다.

개념 설명
- 개념 혹은 법칙을 제시하고 설명한다.
- 개념은 반드시 탐색활동과 관련되어 있게 제시·설명한다.
- 다양한 수업 자료와 방법을 이용한다.
- 수업을 교사위주로 진행한다.
- 교사는 학생들이 주어진 문제의 해답을 찾는 활동을 돕는다.

개념 확장
- 학생들이 새로운 개념과 추리형태를 적용할 수 있도록 다양한 학습활동을 제시한다.
- 학생들의 이해 정도를 확장할 수 있는 부가적 시간과 경험을 제시한다.
- 다양한 수업방법이 적용될 수 있다.

개념 평가
- 학생들의 학습결과를 다양한 방법으로 평가한다.
- 학생들이 적절한 교수–학습을 통해서 학습과정을 순환할 수 있도록 피드백을 이용한다.

3.2.2. 오슈벨의 유의미 학습이론

오슈벨(Ausubel, D. P.)은 행동주의 심리학을 가장 신랄하게 비판하고 있는 현대 심리학자들 중의 한 사람으로서 피아제를 포함한 발달 심리학자들과 마찬가지로 인지론에서 제시한 학습 이론을 지지한다. 그러나 그는 아동의 지능이 갖는 특성과 그 발달보다는 학습과 인지적 구조가 발달하는 방법 및 과정의 본성에 관심을 갖고 있다는 점에서 발달 심리학자들과 심리학적 견해를 달리한다. 학습의 본성을 다음과 같이 단 몇 마디로 일목요연하게 표현하는 그의 유의미 학습(有意味學習, meaningful learning) 이론이 이를 단적으로 보여준다(Ausubel, et al., 1978).

"만약, 교육심리학을 단 하나의 원리로 환원해야 한다면, 다음과 같이 말할 수 있다. 학습에 영향을 미치는 가장 중요한 요인은 학습자가 이미 알고 있는 것이다. 그러므로 그것을 확인하고 그에 적절하게 가르쳐야 한다."

이 진술로부터 알 수 있듯이, 오슈벨의 학습 이론은 다른 심리학자들이 제시하는 학습 이론과는 판이하게 학습의 의미와 본성을 진단적인(diagnostic) 용어로 서술하고 교수의 방법과 전략을 비교적 구체적으로 제시함으로써 처방적인(prescriptive) 이론의 일면을 드러낸다.

가. 학습의 종류

오슈벨은 일반적인 의미의 학습을 "변화의 본질"로 정의하고 그 유형을 지식이 획득되는 방식에 따라 수용 학습과 발견 학습으로 지식이 인지구조에 통합되는 방식에 따라 암기 학습과 유의미 학습으로 대별한다. 학습의 종류를 이와 같이 분류하고 구분한 것은 오슈벨이 제시한 학습 이론의 독특성을 나타낼 뿐만 아니라 전통적으로 애매하게 인식되어 왔던 학습의 형태와 각 형태들 사이의 관계를 분명하게 했다는 점에서 그 의의가 크다.

전통적 심리학자들은 학습을 그 대상이나 방법에 상관없이 대개 하나의 포괄적인 설명 체계로 정의한다. 그러나 오슈벨은 그 이론이 질적으로 다른 여러 학습의 방법과 과정을 도외시 하였기 때문이라고 보고, 학습의 과정 및 그 방법에 따라 네 가지의 상호 유기적인 관계가 있는 학습 형태를 제시한다. 그가 제시한 네 가지의 학습 형태는 그림 3.4와 같이 이차원적 관계를 갖는다.

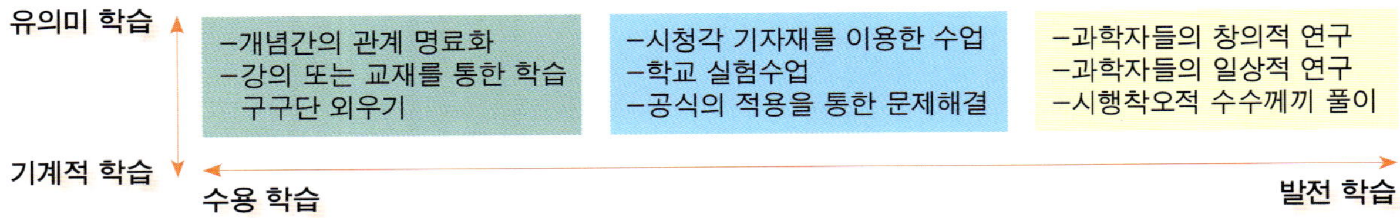

그림 3.4. 학습 형태의 종류와 관계(조희형, 2001).

1) 수용 학습 : 학습할 내용의 전부가 제시되는 학습의 형태를 뜻하며 학습자가 학습 과제를 발견할 필요가 없고 나중에 재생할 수 있을 정도로 학습자료를 구체적으로 내면화하여 일어나는 학습이다.

(1) **유의미수용 학습 :** 내면화 과정을 통해서 잠재적 유의미를 가진 학습 과제를 이해하거나 교사가 제시한 학습 과제의 자료를 학습자가 그의 인지구조에 의미 있게 연결할 때 일어나는 수용 학습이다. 예) 애매하게 알고 있었던 개념들 사이의 관계를 교사의 설명을 통해서 분명한 의미로 이해한다.

(2) **기계적 수용 학습 :** 기계적 수용 학습은 주어진 학습 과제와 학습자료가 잠재적 유의미가를 갖고 있지 않거나 설사 그것이 학습자에게 내면화될지라도 그와 관련이 있는 개념이 없기 때문에 학습자의 인지구조와 연결되는 것이 아니라 단순히 자의적 암기에 불과할 때의 수용학습을 뜻한다.

예) 새로운 동·식물의 이름 외우기, 구구단 외우기.

2) 발견 학습 : 학습자 스스로 학습할 내용을 발견함으로써 일어나는 학습으로 처음 단계에서 학습자가 학습할 내용에 관한 정보를 재정리하여 현재의 인지구조와 통합하고 다음 단계에서는 새로운 관계와 결과를 발견할 수 있도록 인지구조를 새롭게 조직하는 활동으로 이루어진다.

(1) **유의미 발견 학습 :** 과학적 연구에서와 같이 과학자들의 독창적인 과학활동에서 주로 일어난다.

(2) **기계적 발견 학습 :** 과학자들의 논리적 추론이 아닌 직관을 통해서 문제를 해결하거나 과학적 법칙을 발견할 때의 학습을 말한다.

3) 수용 학습과 발견 학습의 역할과 기능

(1) 상급학교 학생들은 대부분의 과학 지식을 수용 학습을 통해서 획득하는 반면에, 그들이 일상생활에서 직면하는 문제는 발견 학습 과정을 통해서 해결한다.

(2) 수용 학습을 통해서 획득한 지식을 일상생활에서 일어나는 문제의 해결에 이용할 수

도 있으며, 발견 학습은 수용 학습을 통해서 획득한 지식을 적용하거나 통합하며 평가하기 위한 수업에 자주 이용된다.

(3) 학교의 과학 실험실에서는 이미 알려진 명제적 지식을 재발견하고 과학적 방법에 관한 이해를 증진시키기 위한 발견 학습의 교수법을 자주 이용한다.

(4) 인지적으로 성숙된 다음에야 주요한 지적 기능에 의한 수용 학습이 일어난다. 따라서 고학년의 학생은 주로 수용 학습을 통해서 개념을 조절하거나 동화함으로써 대체로 추상적인 과학 지식을 획득하고, 저학년의 학생은 주로 귀납적으로 개념을 형성하는 발견 학습 과정을 통해서 비교적 구체적인 개념들을 습득한다.

4) 유의미 학습과 기계적 학습의 구분

(1) 유의미 학습은 의미와 체계를 갖춘 학습 과제에 대한 학습의 한 형태로서 학습 과제가 논리적 유의미가를 지니고 있고 학습자가 학습 태세를 갖추고 있어서 심리적 유의미가를 지닌 학습자가 현재 파지하고 있는 인지구조에 의미 있게 관련 지움으로써 일어난다. 따라서 비교적 포괄적이고 이론적인 지식 체계를 얻기 위한 학습에 효과적이다.

(2) 기계적 학습은 기계적 암기 학습으로도 불리며, 무의미한 철자를 학습하는 경우와 같이, 학습 과제를 충분히 이해하지 않은 채 학습자의 인지구조에 자의적으로 관련짓거나 단지 기계적인 반복을 통하여 암기할 때 일어난다. 따라서 단편적이고 사실적인 지식을 획득하기 위한 학습의 수단으로 효율적이다.

(3) 기계적 학습의 결과가 이미 파지하고 있는 인지구조와 독립적인 단편적 지식으로서 후속 학습에 뚜렷한 영향을 미치지 않는 반면에, 유의미 학습 과정을 통해서 획득한 지식을 조직적이고 종합적인 지식 체계를 이루어 그와 관련이 있는 후속 학습의 내용을 유의미하게 연결하는 고정 개념(anchoring ideas)이 된다.

(4) 기계적 암기 과정을 통해서 얻은 학습 결과는 비슷한 학습 과제의 영향은 받지만 인지구조의 영향은 받지 않는다. 이에 비하여, 유의미 학습 과정을 통해서 학습한 결과는 그와 관련이 있는 인지구조에 자리 잡고 있는 고정 개념의 영향을 받아 파지되거나 기억된다.

나. 유의미 학습의 의미와 조건

유의미 학습은 오슈벨이 주창한 학습 이론의 핵심적 개념으로서 학습 내용이 학습자가 파지하고 있는 관련 인지구조에 의미 있게 연결됨으로써 일어나는 학습을 뜻하는 것으로 학습할 내용과 학습자가 가지고 있는 인지구조 사이의 상호작용을 통해서 학습자가 가지고 있는 기존의 인지구조가 변하고, 그에 따라 새로운 의미가 구성됨으로써 일어나는 학습을 말한다.

오슈벨은 대부분의 교실수업이 유의미 수용학습으로 이루어지고 있다고 가정하고, 그에 따라 유의미 수용학습의 중요성을 강조할 뿐만 아니라 그 특성을 어느 학습 형태보다 더 자세하게 설명한다. 유의미 학습이 일어날 수 있는 조건과 그들 사이의 관계를 요약하면 그림 3.5와 같다.

1) 실사성 : 비축어적(非逐語的) 특성(non-verbatimness)으로서 그 구조와 내용을 어떻게 표현하더라도 그 의미와 본성이 변하지 않는 불변적이고 절대적인 특성을 의미한다. 즉, 어떤 부호나 기호를 사용하더라도 그 의미가 변하지 않는 개념·법칙·이론·명제 등에 내재된 본질적인 속성을 뜻한다.

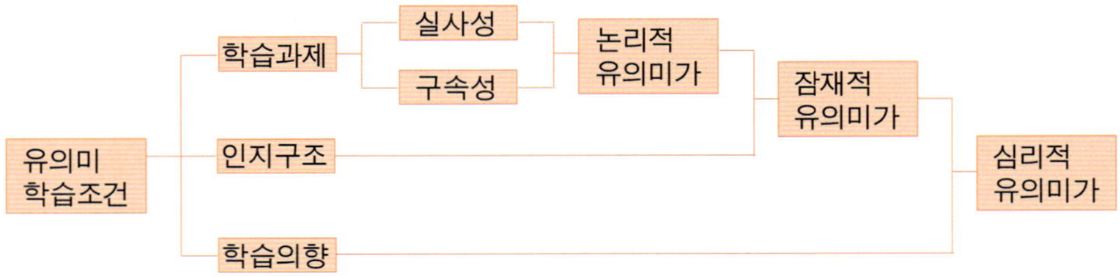

그림 3.5. 유의미 학습이 일어날 수 있는 조건과 관계(조희형, 2001).

예) 전류·전압·저항 등의 개념과 그 관계는 어떤 부호나 문장 및 언어로 표현하더라도 그것의 본질적 속성을 변하지 않고 동일한 의미로 인식할 수 있다.

2) 구속성 : 비임의성(no-randomness)의 특성으로 학습자가 자신의 의미를 통하여 어느 정도 깨달을 수 있는 추상적 용어로 인지구조에 연결시킬 수 있는 가능성과 잠재력을 말한다.

예) 춘천시의 6월 한 달 동안의 일일 평균 온도에 관한 자료는 기후, 태양, 열, 지구 궤도상의 위치 등과 같은 정보를 통해서 내재된 본질적 속성을 인식 할 수 있으므로 실사성을 갖추었고, 일일 평균 온도가 평균, 온도, 기온 등으로 이루어진 인지구조와 일관성 있게 관련시킬 수 있는 특징을 가지므로 구속성도 갖는다. 따라서 이 과제는 실사성과 구속성을 동시에 갖고 있으므로 논리적 유의미가(logical meaningfulness)를 갖는다.

3) 인지구조 : 학습자가 그 과제와 연결시킬 수 있는 관련 지식 체계로서 어떤 학습 과제가 논리적으로 유의미가를 지니고 있으며 학습자가 그 학습 과제와 관련된 개념적 내용을 파지하고 있을 때, 그 과제는 그 학습자에 대하여 잠재적 유의미가(potential meaningfulness)를 갖는다고 말한다.

4) 학습의향 : 특정 방법을 통해서 학습 과제를 인지구조에 연결하려는 학습자의 성향(disposition) 또는 그런 열의이다. 학습 과제가 잠재적 유의미가를 지니고 있을 때, 그 학습 과제는 그 학습자에 대하여 심리적 유의미가(psychological meaningfulness)를 갖는다고 말한다.

다. 동화설과 파지

오슈벨은 현대의 인식론적·심리학적 입장을 받아들여 동화설(同化說)을 주창하고, 그에 따라 유의미 학습의 인지적 과정을 설명한다. 동화설은 학습이 학습될 내용과 학생들이 파지하고 있는 기존의 관련 인지구조가 상호작용에 의해 서로 연결되어 새로운 의미가 구성되고 그 의미에 의해서 학습될 정보는 물론이고 기존의 인지구조도 새로운 체제로 변하여 일어난다고 설명한다. 관련 인지구조는 학습될 내용과 관련이 있는 개념 또는 명제와 그 체계를 선행 개념(preconceptions) 또는 선행 관념(prior ideas)으로 통칭하고, 유의미 학습은 학습될 내용이 인지구조상의 관련 선행 개념 또는 선행 관념에 연결됨으로써 일어난다고 주장한다.

오슈벨은 유의미 학습의 본성을 설명하는 과정에서 학습될 내용이 인지구조에 자리 잡고 있는 관련 선행 개념에 연결되는 과정을 고정(anchor)으로 정의하고, 그러한 고정 과정을 통해서 일어나는 유의미 학습의 하위적 학습 또는 포섭(subsumption), 상위적 학습, 그리고 병위적 학습의 세 종류로 나누어 설명한다. 그가 동화설을 통해서 설명하는 유의미 학습의 각 형태별 내적 인지 과정 및 그 결과를 요약하면 그림 3.6과 같다.

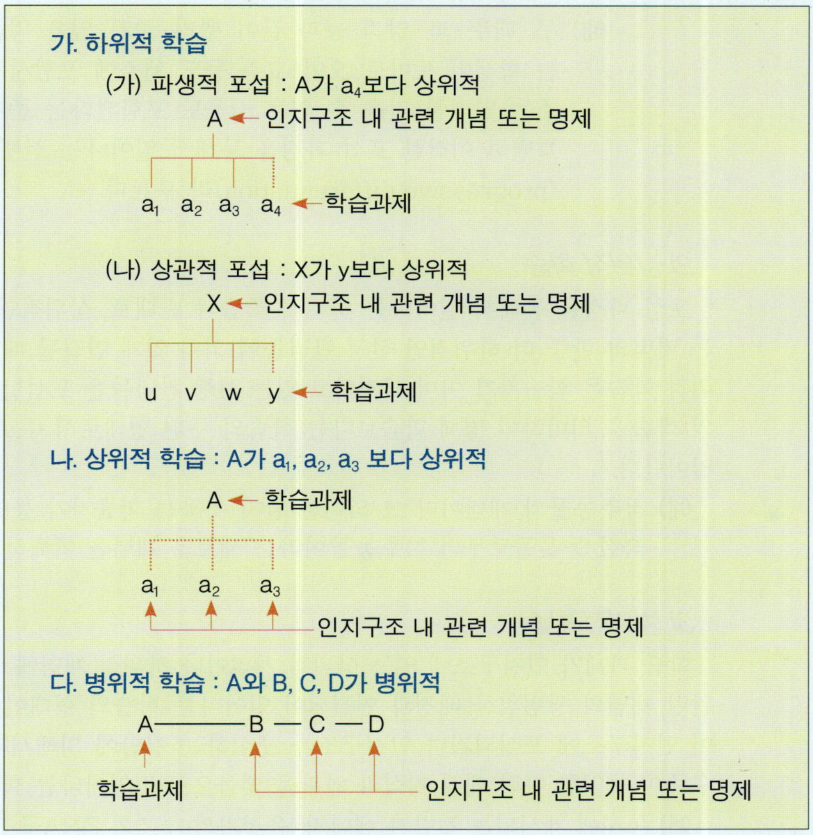

그림 3.6. 동화설에 따른 유의미 학습의 형태와 과정(조희형, 2001). 실선과 점선을 구분하여 이해하여야 한다.

1) 하위적 학습

인지구조에 있는 선행 관련 개념보다 하위적인 학습 과제가 포섭되어 새로운 인지구조로 변하는 학습으로 인지구조가 변화되는 형태 및 정도에 따라 다시 파생적(derivative) 포섭과 상관적(correlative) 포섭으로 나뉜다.

(1) **파생적 포섭 :** 학습 과제가 인지구조에 현존하고 있는 관련 선행 개념의 특수한 예가 되거나 그것을 예증할 때의 포섭을 뜻한다. 이러한 파생적 포섭을 학습자료가 현재 학습자가 파지하고 있는 관련 선행 개념을 예시하거나 지지할 때 쉽게 관찰된다. 이때, 관련 선행 관념이 개념일 경우, 새로운 정보가 인지구조에 동화될지라도 그 개념의 준거속성은 변하지 않는다.

예) 일상적으로 먹는 뿌리·줄기·잎을 채소로 알고 있는 학생이 고구마도 채소라는 것을 알 때가 그 실례이지만 채소라는 준거속성은 변하지 않는다.

(2) **상관적 포섭 :** 학습자료가 인지구조상의 관련 선행 개념을 확장하거나 수정하며 정교화 함으로써 일어나는 학습으로 학습자료가 그것보다 더 포괄적인 관련 인지구조에 통합되어 포섭자(subsumer)로 불리는 관련 선행 개념의 준거속성이 확장되거나 수정되어 일어나는 유의미 학습을 뜻한다.

예) 무·배추·파·양파 등과 같이 뿌리·줄기·잎을 먹는 식물만을 채소로 알고 있는 학생이 토마토·오이·고추 등도 채소에 포함시킨다는 것을 학습할 경우 채소는 열매를 먹을 수 있는 식물도 포함된다는 준거속성으로 변한다. 오슈벨은 특별히 이러한 포섭 과정을 통해서 일어나는 선행 개념의 변화를 전진적 분화(progressive differentiation)라 부른다.

2) 상위적 학습

포섭 과정을 통해서 일어나는 하위적 학습과 반대로, 상위적인 학습 과제가 인지구조에 있는 몇몇의 한층 더 하위적인 선행 관념들에 의미 있게 연결될 때 일어나는 학습을 말한다. 상위적 학습은 학습자가 이미 파지하고 있는 선행 관념들을 포섭할 수 있을 만큼 포괄적인 개념의 학습을 의미하며 명제 학습보다는 학습의 주된 형태로서 주로 귀납적 추론 과정을 통해서 일어난다.

예) 척추동물의 개념이나 그 의미를 알지 못하는 학습자가 붕어, 개구리, 닭, 고양이들의 친숙한 동물들로부터 척추동물이라는 새로운 개념을 이해하거나 획득할 때

3) 병위적 학습

학습 과제가 인지구조에 있는 상위적 개념이나 하위적 개념에 연결되는 것이 아니라 단순히 관련 개념의 광범위한 배경과 연결되어 일어나는 학습의 형태이다. 병위적 학습은 학습 내용이 인지구조에 포섭되거나 인지구조를 포섭하는 결합에 의해서가 아니라 일반성과 포괄성의 수준이 동일한 관련 배경 지식과 연관을 맺음으로써 일어나는 학습을 의미한다.

예) 동시에 제시되는 질량과 에너지, 유전자의 구조와 DNA구조의 관계에 대한 학습

4) 통합적 화합

하위적 개념이 포섭되는 전진적 분화에 대응하여 상위적 학습과 병위적 학습을 통한 인지구조의 변화 및 재구성을 통합적 화합(integrative reconciliation)이라 한다. 학생들은 서로 의미가 연결되지 않는 개념들에 직면하면 인지적 부조화(cognitive dissonance)를 느끼게 되는데, 그 인지적 부조화는 그 두 개념들 사이의 관계가 분명하게 밝혀지는 통합적 화합의 과정을 통해서 갈등이 해소된다.

예) 학생들은 당근·무·고구마는 채소이자 뿌리이며, 완두·오이·토마토는 채소이자 과일이라는 것을 통해 채소와 과일의 의미 관계를 학습하고 나서 영양 분류와 자연 분류가 다르다는 것을 인식함으로써 채소와 과일에 대한 혼동을 피할 수 있다.

라. 유의미 학습이론의 과학교육학적 의미와 지도

오슈벨의 유의미 학습 이론은 그 나름대로 심리학적 견해와 인식론적 가정을 바탕으로 확립되었기 때문에, 그에 따른 독특한 학습의 의미를 함축하고 있다. 그의 이론은 학습자가 학습할 내용과 관련이 있는 선행 지식을 가지고 있지 않은 경우, 학습할 내용보다 포괄적인 선행

지식을 가지고 있는 경우, 하위적인 선행 지식을 인식하고 있는 경우, 병위적인 선행 지식을 파지하고 있는 경우의 네 가지 상황에서 일어날 수 있는 학습의 의미를 제공하기 때문에 어느 학습 이론보다도 실제적인 특성을 지닌다. 유의미 학습이론이 과학교육현장에 주는 시사점을 요약하면 다음과 같다.

- 일부의 과학적 개념들은 유아기의 초기 때부터 획득된다. 개념은 사물과 사건의 지각된 규칙성에 대한 부호 또는 기호로 정의되며, 유아들이 태어난 지 30개월이 되기 이전에 그들은 벌써 몇 백 개의 개념들을 파지한다. 이 기간에는 개념이 형식적 교육이 아니라 일상적인 생활 과정에서 아동들 스스로의 능동적인 활동을 통해서 형성된다.
- 어떤 과학 개념은 어린 유아기 때부터 오개념으로 형성되어 쉽게 수정되지 않는 특성을 지닌다.
- 학습자가 파지하고 있는 선행 지식은 그와 관련된 새로운 내용의 학습에 결정적인 영향을 미친다. 선행 지식은 관련 학습의 근거지가 될 뿐만 아니라 저해 요인이 될 수도 있다는 의미이다.
- 학습지도 자료는 인간이 지니는 한정된 정보처리 능력을 고려하여 개발되어야 한다.
- 대부분의 과학 지식이 인지구조에서 위계적으로 조직되어 있다. 새로운 개념이 인지구조에 이미 자리 잡고 있는 개념의 의미에 포섭됨으로써 그 인지구조의 개념 체계는 더욱 분화·발달한다.
- 학습자는 자신의 인지 과정을 거의 의식하지 못한다. 학습자는 세 가지의 기억 체계와 각 체계 사이의 상호작용을 인식하지 못한다는 의미이다.
- 학습자들의 인식론적 몰입(commitments)이 그들의 학습에 영향을 미친다. commitment는 범행이나 위임이라는 뜻이고, 심리학적으로는 구속이라는 뜻이다. 여기서 인식론적 몰입이란 자기 생각에 구속되어 빠져 나오지 못하는 현상을 말한다.
- 학생들의 생각 및 사고, 느낌, 그리고 행동이 서로 통합되어 있다. 느낌은 언제나 사고와 행동에 연관되어 있다는 의미의 다른 표현이다.

특히, 과학교육 현장에서는 오슈벨의 유의미 학습 이론이 갖는 이런 진단적·처방적 특성 때문에, 여러 측면에서 실용적인 준거로 활용되고 있다. 또한 유의학습 이론은 과학 학습지도에 효과적 전략으로서 선행조직자, 개념도, 인식론적 V를 제시하고 있는데 이 방법들은 개념뿐만 아니라 명제 학습지도에도 효과적이다. 여기에서는 이 세 가지 학습지도 전략의 특성과 이용 방법을 살펴본다.

1) 선행조직자와 과학 학습지도

오슈벨은 유의미 학습을 촉진하기 위한 과학 교수–학습 방법과 전략의 일환으로 이른바 선행조직자(先行組織者, advance organizer)를 이용하는 교수법을 제안한다. 선행조직자는 학습 과제보다 추상적이고, 일반적이며, 포괄적인 소개 및 안내 자료로서 반드시 학습 내용보다 먼저 제시해야 그 효과를 낸다. 이러한 점에서 선행조직자는 실제 과학 수업의 전이나 후에 일상적으로 제시되는 대요(outline)나 요약(summary)과 구분된다. 선행조직자는 학습 과제보다 더 추상적이고 일반적이며 포괄적인 핵심적 개념으로 구성되는 기본적 구조임에 비하여, 대요나 요약은 학습 과제와 비슷한 수준의 추상성·일반성·포괄성을 가지는 개념들을 개략적으로 나열하는 학습지도 자료에 불과하다. 또한 선행조직자는 산문체의 문장 또는 지도나 도표와 같은 시각적 자료, 용어와 개념들 사이의 논리적 관계를 나타내는 개념도, 체계적인 순서에 따라 나열된 질문서 등 다양한 형식으로 제시할 수 있다(Hartley & Davies, 1976).

따라서 선행조직자는 학습지도의 내용에 관한 개략적인 요지가 아니라 학습 과제보다 더 포괄적이고 일반적이며 추상적인 핵심적인 내용을 일상적인 용어와 언어로 기술하는 학습지도 자료이다. 그러나 이러한 선행조직자가 언제나 효과를 내는 것은 아니다. 선행조직자의 효과는 학습의 주제 및 과제가 논리적 유의미가를 가지고 있으며, 동시에 학습자가 그 주제 및 과제와 관련이 있는 인지구조를 인식하고 있을 경우에 나타난다. 선행조직자의 효과는 그 자체가 학습이 가능하고 학생들에게 친숙하고 이해될 만한 용어와 언어로 진술될 때 더욱 커진다(Novak, 1977).

(1) 선행조직자의 종류와 기능

오슈벨과 그의 이론을 지지하는 과학 교육학자들은 선행조직자를 과학 학습지도에 효과적으로 적용할 수 있다는 이론적 근거로 과학자들이 현재 가지고 있는 지식 체계의 개념적 안경의 역할을 강조하는 쿤(Kuhn)과 툴민(Toulmin)의 인식론에 둔다. 그들은 또한 선행조직자의 효과에 대한 가설을 동화설에 관한 기본 가정과 유의미 학습설에 두어 설정하며 과학 교육 현장에서 반드시 선행조직자를 적용해야 하는 이유로 다음과 같은 세 가지 기능으로 제시한다(Ausubel, et al., 1978).

- 유의미 학습: 인지구조에 논리적으로 유의미한 새로운 학습 과제를 잠재적으로 유의미하게 함으로써 안정된 고정 개념의 기능을 하는 관련 개념이 이미 확립되어 있는 경우가 보통이다.
- 동화설: 일반적이고 포괄적인 개념이 그렇지 않은 것보다 고정 개념 또는 포섭자로서 더 유리하다.
- 선행조직자의 효과: 선행조직자는 인지구조의 기존 관련 내용을 확인하여 그 내용에 연결되거나 학습 과제와 인지구조의 관계는 물론 선행조직자와 학습 과제의 관련성을 분명하게 밝혀준다.

이와 같은 기능들은 선행조직자를 학습 과제뿐만 아니라 그와 관련이 있는 인지구조에도 연결시킬 수 있음을 나타낸다. 선행조직자는 연결되는 방법과 절차에 따라 인지적 다리의 역할과 고정 개념의 두 가지 기능을 한다. 오슈벨은 선행조직자의 종류를 표 3.5과 같이 그 기능에 따라 각각 비교 선행조직자(comparative organizer)와 설명 선행조직자(expository organizer)로 나눈다.

표 3.5. 선행조직자의 종류와 기능 및 적용의 원리

선행조직자의 종류	주요 기능	적용 범위와 원리
비교 선행조직자	인지적 다리 또는 변별	비교적 친숙한 내용 : 통합적 화합의 원리
설명 선행조직자	고정개념 또는 포섭	비교적 생소한 내용 : 전진적 분화의 원리

비교 선행조직자와 설명 선행조직자의 구분은 학습지도 자료와 학습자가 이미 가지고 있는 인지구조 사이의 유사성과 관련지어 적용하는가에 따라 비교 선행조직자와 설명 선행조직자로 구분할 수 있다.

① 비교 선행조직자

비교 선행조직자는 인지적 다리(cognitive bridge)의 역할을 한다. 비교 선행조직자의 인지적 다리 역할(그림 3.7)은 학습 과제에 포함된 개념들과 인지구조를 구성하는 개념들 사이의 변별도를 증가시키는 기능을 통해서 가능하다. 또한 비교 선행조직자는 학습 과제를 인지구조에 직접 연결시키는 것이 아니라 인지구조를 이루는 하위개념들 사이의 변별도를 증가시켜 그것들 사이의 관계를 명료화한 다음 상위 개념들로 구성된 학습 과제와 연결시킨다. 이러한 기능 때문에 비교 선행조직자는 주로 학생들에게 비교적 친숙한 학습 과제에 적용한다. 비교 선행조직자는 학습 과제와 인지구조 사이의 특성상 차이와 인지구조를 구성하는 개념들의 같은 점이나 다른 점을 밝힘으로써 학습될 내용과 인지구조의 관련 개념들을 의미있게 연결시킬 뿐만 아니라 그런 학습 과제들을 다시 인지적으로 연결시켜 관련 개념들 사이를 통합하는 다리의 역할을 한다.

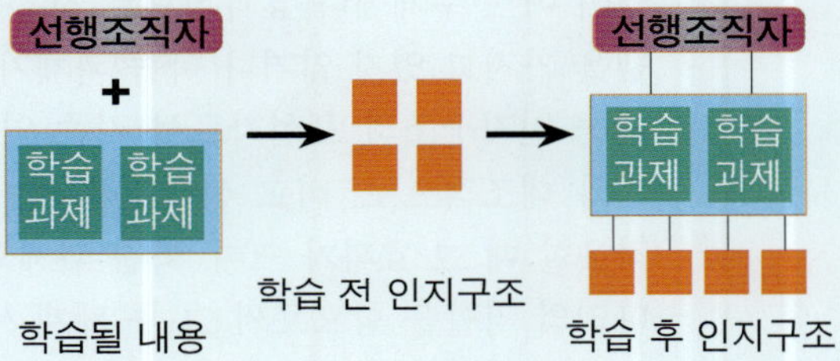

그림 3.7. 비교선행조직자의 인지적 다리 역할(조희형, 2001).

이와 같이, 학습 과제는 물론이고 그와 관련이 있는 선행 개념의 변별도를 증가시킴으로써 인지적 다리 역할을 하는 비교 선행조직자는 학생들이 학습 과제에 비하여 덜 포괄적인 선행 개념들을 가지고는 있으나 학습 과제가 선행 개념들과 서로 혼동되거나 상충되는 상황에 적용할 때 그 효과가 크다. 따라서 비교 선행조직자는 오슈벨의 학습 이론을 구성하는 요소의 한 가지인 통합적 화합의 원리를 응용할 수 있는 학습 상황에서 특히 효과적으로 적용할 수 있다. 한편, 학습 과제와 그보다 하위적인 선행 개념들 사이에 나타나는 상충성과 모순은 학습 과제를 통해서 선행 개념을 명료화하여 즉 학습 과제와 선행 개념의 같은 점 및 다른 점을 밝힘으로써 해결될 수 있다. 이것은 비교 선행조직자가 학습 과제와 선행 개념들의 같은 점과 다른 점을 분명하게 밝힐 수 있는 자료로 구성해야 한다는 것을 나타낸다.

② 설명 선행조직자

학생들에게 비교적 친숙한 학습 과제에는 비교 선행조직자를 적용하지만, 생소하거나 그들이 선행 개념을 가지고 있지 않은 것에는 설명 선행조직자가 더 효과적이다. 설명 선행조직자는 분화된 학습 과제의 내용이 통합되고 파지될 수 있는 관념적 근거지(ideational scaffolding)나 관련 개념이 부착되는 고정 개념이 된다. 학생들이 학습 과제에 대하여 잘 알고 있지 않은 경우, 학습 과제보다 먼저 제시되는 설명 선행조직자는 포괄적이고 추상적이며 일반적인 포섭자가 되어 학생들이 그보다 하위개념들로 선정·조직된 학습 과제를 한층 더 친숙하게 인식할 수 있는 근거를 제공함과 동시에 그 학습 과제는 물론이고 선행 관념들이 더욱 분화·발달할 수 있는 계기도 제공한다.

예) 학생들이 항상성의 개념을 생소하게 느끼거나 그것과 학생의 인지구조가 모순 될 때 설명 선행조직자로서 항상성에 대한 자료를 체온조절, 배설, 삼투압 들에 관한 학습 과제보다 먼저 제시하면, 학생들은 새로 획득된 항상성의 개념을 통해서 여러 가지 항상성의 조절 기구를 인식하고, 그에 따라 각 조절 개념을 더욱 분화·발달시킬 수 있다. 즉, 포괄적인 항상성의 개념을 교수-학습의 선행조직자로 제시하면, 학생들은 그 항상성의 개념에 새로운 통합적 의미의 하위개념들은 연결시킴으로써 항상성의 개념을 더욱 포괄적으로 이해할 수 있게 된다.

(2) 선행조직자와 학습지도에의 적용

선행조직자는 유의미 학습을 촉진하거나 가속화하는 기능을 갖고 있음을 알 수 있다. 이런 기능 때문에, 선행조직자는 학생들이 선행 개념을 갖고 있는지의 여부에 상관없이 어느 주제에나 효과적으로 적용할 수 있다. 설명 선행조직자는 학생들이 선행 개념을 가지고 있지 않거나 학습 과제가 학생들에게 비교적 생소한 경우에 적용하며, 이때는 인지구조의 포섭자로서 기존 인지구조의 전진적 분화를 촉진하는 기능을 한다. 이와 대조적으로, 비교 선행조직자는 학습 과제가 학생들에게 대체로 친숙한 경우에 적용할 때 그 효과가 크며, 학습 과제와 관련 선행 관념들의 변별도를 증가시켜 인지적 다리의 역할을 함으로써 그 두 체계 사이의 통합적 화합을 가능하게 한다.

2) 개념도와 과학 학습지도

개념도는 유의미한 개념 학습은 구체적인 하위개념들이 그보다 일반적인 상위 개념에 통합되거나 포섭됨으로써 효과적으로 일어난다는 오슈벨의 유의미 학습 이론에도 그 이론적 배경을 두고 있으며, 과학의 학습지도에 매우 효과적인 수단이자 방법이다. 특히 각급 학교의 과학 교사용 지도서에서는 개념도를 이용하여 교과서의 전체 내용이나 그 안의 장 또는 단원의 내용을 정리하는 것을 흔히 볼 수 있다.

(1) 개념도의 이용

흔히 개념도(概念圖, concept map)는 교육 현장에서 교과의 장, 단원 내용을 소개하거나 내용을 정리할 때 쓰이고 있다. 과학교육 현장에서는 개념도를 인지도(cognitive map), 순서도 또는 흐름도(flow chart), 모형도 등과 혼동되어 사용된다.

과학 교사가 작성한 개념도를 표준 개념도라고 한다면, 학생들이 작성한 개념도는 대개 인지도(Diekhoff & Diekhoff, 1982)이다. 인지도는 사고 과정을 종이에 그리는 형식을 말하며, 흐름도는 일이나 작업을 진행하는 순서를 말한다. 인지도도 개념도와 마찬가지로 개념간의 관계를 나타낸다. 그러므로 과학교육 현장에서는 개념도보다 인지도가 더 실용적일 수 있다. 개념도와 인지도는 특히 다음과 같은 기능적 특성 또는 장점을 지니고 있어서 어느 주제에 대한 학습지도에도 실용적이다(Mintzes & Wandersee, 1997).

- 면접을 통해 구성한 개념도는 인지구조의 변화를 쉽고 정확하게 조사할 수 있으며, 과학 개념의 오개념에 대한 조사·확인에는 특히 효과적이다.
- 지식의 조직과 학습 및 회상에 유용한 도구이다.
- 개념도는 평가에 유용한 도구이다.

- 수업계획의 청사진으로 이용할 수 있다.
- 상담하는 상황에서 인지적–정의적 관계의 확인에 유용하다.
- 목적·목표 달성에 관한 합의 과정에서 유용하게 이용할 수 있다.
- 창의력의 함양에 효과적이다.

(2) 개념도의 구성

개념도는 그림 3.8에 나타낸 바와 같이 획득된 개념체계 또는 이미 파지하고 있는 지식체계로 구성된 복합명제들의 인지구조를 요약적으로 나타낸 그림으로 주요한 개념들과 그것들 사이의 위계적인 관계에 따라 구성할 수 있다. 그것은 가장 일반적이고 포괄적인 개념을 가장 위에 두고 단편적이고 구체적인 개념일수록 아래에 두어 작성한다.

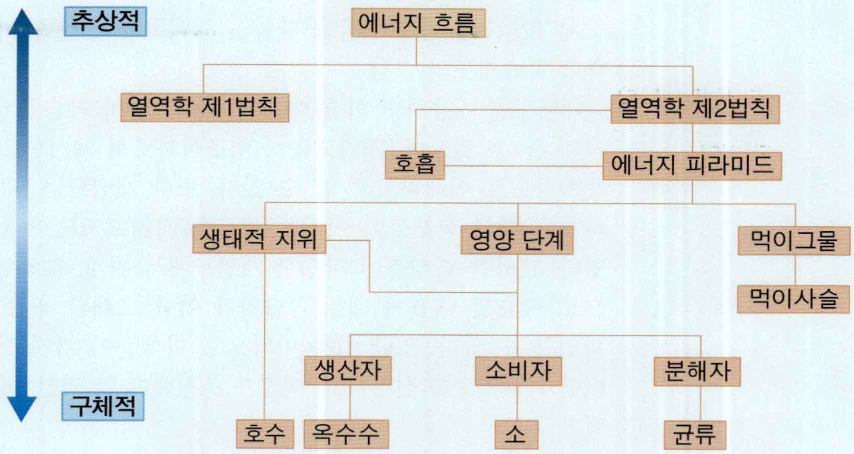

그림 3.8. 생태계 내 에너지 흐름의 개념도(조희형, 2001).

(3) 개념도 그리는 법

1. 주제를 선택한다.
2. 주요 개념을 골라내고 주요 개념이나 주제와 관련된 일련의 개념을 뽑는다.
3. 개념들을 가장 일반적(가장 포괄적)인 것에서 가장 구체적(덜 포괄적)인 것까지 위계적으로 서열을 매기고 관련된 개념들을 묶는다.
4. 개념을 타원형으로 표시하면서 개념도를 그린다.
   - 맨 위에 가장 일반적 개념들
   - 그 아래에 중간 개념들
   - 맨 아래에 가장 구체적인 개념들
   - 보통 일반적인 개념은 구체적인 개념과 두 개 이상 연결된다.
5. 개념을 연결시키는 선을 그린다.
6. (그 관계들을 기술하는 단어를 기입한다.)
7. 연결선을 그린다.
8. (연결 단어를 기입한다.)
9. 수정하고, 또 수정한다!

(4) 개념도와 과학 학습지도에의 적용

개념도는 과학 지식 체계를 구성하는 개념들의 조직적 관계를 보여줄 뿐만 아니라 그것들이 발달하는 과정 및 분화된 정도와 그 지식 체계를 이루는 핵심적 개념들을 일목요연하게 보여줄 수 있기 때문에 과학교육의 현장에서 다방면으로 활용할 수 있다. 다음은 개념도가 과학 학습지도에 적용될 수 있는 대영역 세 가지를 보여주고 있다.

① 교육과정 계획과 수업의 설계

개념도는 인지구조를 이루고 있는 개념들의 수평적 관계뿐만 아니라 수직적인 관계도 나타낼 수 있다. 그러므로 학생들이 작성한 개념도는 교육과정 내용의 논리적인 구조와 서열을 학생들이 가지고 있는 심리적인 구조와 학습 과정에 맞추어 조직하는 준거로 이용될 수 있다. 교육과정을 설계할 때에 포괄적이고 통합적인 개념들은 교육과정 설계의 기초가 되고, 반면에 좀 더 구체적이고 특정한 개념들은 구체적인 수업 자료와 학습 활동을 선택하는 준거로서 이용된다.

② 과학 학습지도의 수단

개념도를 이용하면 학습 이전에 학습자들이 학습해야 할 주요 개념과 명제를 제시해 줄 수 있으며, 개념도를 선행조직자로서 제시함으로서 학습자에게 개념들을 통합적으로 이해하도록 할 수 있다. 또한 개념도는 수업이 시작되기 전에 학습할 내용에 대해 학생들이 어떠한 생각을 가지고 있는지를 알아보기 위해 이용될 수 있다. 교사는 학생들이 작성한 개념도에서 위계, 교차연결, 그리고 연관 등을 바탕으로 학습할 내용에 대해 학습자가 어떤 오개념 혹은 선개념을 가지고 있는지를 확인할 수 있다. 또한 이를 바탕으로 학생들이 가지고는 오개념을 수정하기 위해 어떤 학습자료를 선정하고, 어떻게 조직해야 할 것인지를 계획할 수 있게 된다.

③ 평가의 도구

개념도는 수업 전, 수업 중간, 수업 후 등 학습의 다양한 단계에서 작성할 수 있다. 수업 전에 작성한 개념도는 학습할 내용에 대한 학생들의 선개념이나 오개념을 파악할 수 있도록 해주기 때문에 진단 평가의 도구로 이용될 수 있고, 수업의 중간에 작성한 개념도는 학습이 이루어지는 과정에서 작성한 것이므로 학습자 스스로 자신이 어느 정도 개념을 이해하고 있는지에 대해 점검할 수 있는 기회를 제공해 줄 수 있다. 또한 동료들의 개념도와 비교해 봄으로써 자신의 학습 정도에 대해 이해를 높일 수 있다. 수업 후에 작성하는 개념도는 학습의 결과를 보여주기 때문에 학습에 따라 개념이 어떻게 분화되었는지를 보여주며, 이해의 정도를 평가할 수 있는 수단으로서 이용될 수 있다.

3) 인식론적 V와 과학 학습지도

개념도가 오슈벨이 제시한 유의미 학습 이론을 과학교육 현장에서 적용하기 위해 개발된 학습지도 수단이라고 한다면, 인식론적 브이(epistemological Vee)는 오슈벨의 유의미 학습 이론과 고윈(Gowin, 1981)의 인식론을 적용하기 위해 구성된 학습지도 전략과 그 방법이라고 할 수 있다. 그리하여 V도는 개념도와 함께 학습 전략의 일종으로서 유의미 학습 이론과 구성주의 철학을 배경으로 한다. 유의미하게 개념과 명제를 배운다는 것은 새로운 지식을 이미 알고 있는 개념과 명제에 적절하게 연결시키는 과정이라고 볼 수 있기 때문이다.

노박과 고윈(Novak & Gowin, 1984)은 인식론적 브이를 일컬어 브이 발견법(Vee heuristic)이라고도 한다. 지식의 발견법으로서의 인식론적 브이는 지식의 본성을 이해하기 위한 하나의

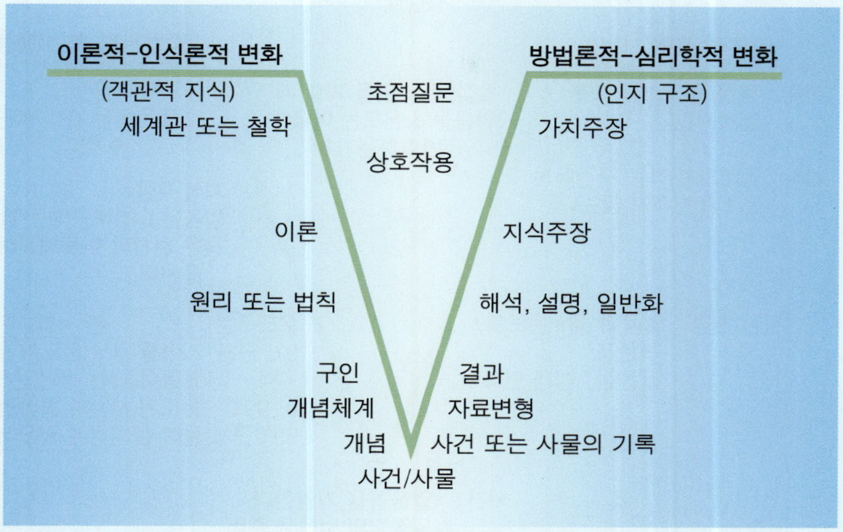

그림 3.9. 인식론적 V도의 구성(조희형, 2001)

수단이 되며 과학 지식이 형성되는 절차와 그 과정으로 구성된다(그림 3.9).

이 방법은 원래 고윈(Gowin, 1981)이 과학 실험 활동의 본성과 그 목적을 학생들에게 명확히 알려주어 과학 지식의 구조와 지식의 생성 과정을 이해시키기 위해 만들어졌다. 원래 V모형의 형태 이전에는 다섯 가지 질문을 통해서 지식의 구조와 지식 생성 과정을 이해시키려고 했다. 즉 "주요 질문이 무엇인가, 주요 개념이 무엇인가, 어떤 방법이 쓰이는가, 어떤 주요한 지식이 주장되는가, 어떤 가치가 주장되는가." 라는 질문이었으며, 이러한 것이 V도에 포함되어 있다.

V도는 크게 이론적 측면과 방법론적 측면으로 나누어진다. V도의 가운데에 있는 '초점질문' 을 중심으로 왼쪽은 이론적 측면에 대한 것으로, 오른쪽은 방법론적 측면에 대한 것으로 나누어진다. 방법론적 측면은 학생들이 자연현상에 대한 자료를 수집하고 해석함으로써 그와 관련된 개인적 지식을 획득하는 단계로 이루어지며, 이론적 측면은 수집된 자료와 그것의 해석된 결과를 바탕으로 공공적인 의미의 과학 지식이 일반화되는 절차로 구성된다. 그러므로 이론적인 측면은 다시 개념적 사고 단계에 따라 더욱 세분화되며, 방법론적 측면은 더 구체적인 활동 절차로 나누어진다. 이러한 V발견법은 과학활동이 사고 측면과 활동 측면을 가지고 있음을 보여줄 뿐만 아니라 과학 지식이란 이러한 두 가지 측면의 상호작용을 통해서 이루어진다는 것을 보여준다(그림 3.10).

우리나라 초등학교에서 V도를 자연과 학습에 적용해 보니 전통적인 방법에 비하여 성취도, 과학적 태도, 탐구능력 면에서 효과가 높았다는 연구가 있다(김경호, 1998).

마. 오슈벨 이론에 따른 학습지도 모형과 절차

오슈벨에 따르면, 교과가 형성·조직되는 방법과 인간의 마음에 지식을 구성·조직하는 방법 사이에는 평형 관계가 있다. 각 교과는 위계적으로 구성된 개념 체계이며, 마음과 그 안에서 일어나는 학습은 정보의 처리·저장 체계이다. 점진적 분화와 통합적 화합의 원리에 따르면, 과학의 교육과정은 포괄적이고 일반적인 것일수록 제일 위에 오도록 구성해야 하며, 그러한 개

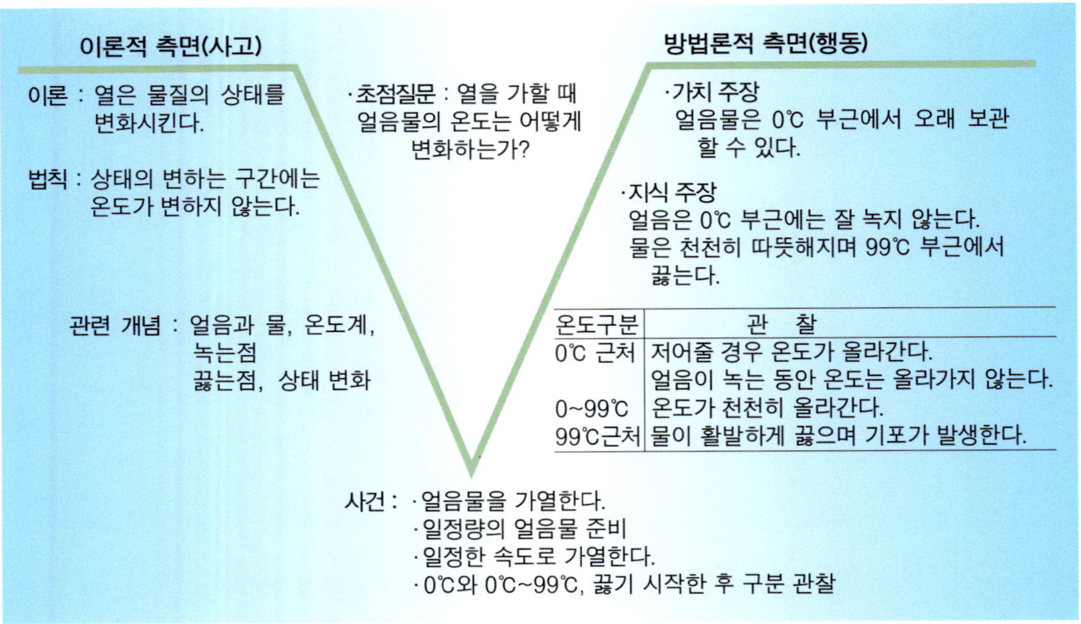

그림. 3.10. 얼음물의 가열 효과에 대한 V도(Vee- diagram)

념·원리·명제일수록 먼저 학습해야 한다. 그의 이론은 다양한 학습지도 모형과 절차를 제시하며, 교과, 인지구조, 능동적 수용 학습, 선행조직자를 이용한 과학 학습지도의 모형과 절차를 예시하면 표 3.6과 같다(Joyce & Weil, 1996).

오슈벨의 유의미 학습 이론은 과학의 학습지도가 선행조직자를 제시하고, 학습 과제 및 자료를 제시하며, 인지구조의 조직을 강화하는 세 단계로 이루어진 학습지도 모형 및 절차를 제시한다. 이 모형은 가능한 한 가장 적은 수의 개념을 이용하여 새로운 학습지도 내용을 명료화하고 그 안전성을 증진할 목적으로 수업을 진행하도록 구성되어 있다.

- 제1단계는 수업의 목표를 제시하여 학생들의 주의를 집중시키며, 선행조직자를 제시한 다음 교수-학습 과제 및 자료와 관련이 있는 선행지식과 사전 경험을 생각해 보게 한다.
- 제2단계는 학습 과제와 자료를 강의·토의·시청각 자료·실험·읽기 등으로 제시한다. 학습지도 자료와 과제는 학생들이 학습해야 할 전반적인 방향을 지각하고

표 3.6. 유의미 학습 이론에 따른 학습지도 모형과 절차(조희형, 2001)

제1단계: 선행조직자 제시	제2단계: 학습 과제/자료 제시	제3단계: 인지구조 조직 강화
-수업 목표 명료화 -선행조직자 제시 -정의적 속성 확인 -실례 제시 -상황 제공 반복 -학습자가 파지하고 있는 관련 지식과 선행 개념의 인식 격려	-자료 제시 -주의 집중 유지 -조직의 명료화 -학습자료의 논리적 순서 명료화	-통합적 화합의 원리 이용 -능동적 수용 학습 독려 -교과에 대한 비판적 접근법 유도 명료화

논리적인 구조와 순서를 인식하며 선행조직자와의 관련성을 이해할 수 있도록 그 구조를 분명하게 밝혀주는 것이 필요하다.

- 제3단계의 목적은 학습지도 내용과 인지구조의 연결에 있다. 이를 위해 교과에 대한 비판적 접근법을 제시하며, 학생들의 생각을 더욱 명료화하게 하는 활동들을 수행할 수 있다.

3.2.3. 비고츠키의 사회-문화적 학습이론

비고츠키의 사회-문화적 학습이론은 발달 심리학과 집단과 개인의 원시적 기능에서 고차원적 기능으로 변하는 과정과 그 과정에 문화가 미치는 영향을 설명한다. 비고츠키는 쾰러(W. Kohler)의 실험법을 수정하여 학생에게 과제와 도구를 주고 그 스스로 해결 방안을 찾게 하는 실험-생성적 방법을 고안하였다. 그는 피아제와 마찬가지로 과학지식을 환경에서 발견하는 것이 아니라 사고·행동·언어사용 등의 결과로 본다. 그러나 피아제는 그 과정을 학습자의 내적 인지과정으로 설명함에 비해 비고츠키는 교수-학습, 사회적 상호작용, 언어의 역할 등으로 설명하고 있다.

사회-문화적 학습이론은 사회-역사적 이론 또는 문화-역사적 이론이라고도 하며, 과학지식은 자연적·생물학적 요인과 사회적·문화적 요인의 영향을 받아 발달한다고 보는 견해이다. 자연적·생물학적 요인은 기억, 주의집중, 인식, 자극-반응 학습과 같은 기본적 정신 기능의 습득에 영향을 미치며 사회적·문화적 요인은 개념발달, 논리적 추리, 판단 등과 같은 고차원적 정신 기능의 획득에 영향을 미친다. 또한 학생들은 사회적 상호작용을 통해서 그런 정신 기능을 획득한다.

가. 사회-문화적 이론의 특성

비고츠키의 이론은 마르크스(K. Marx)의 변증법적 철학사상을 심리학에 적용한 발달이론의 한 유형으로 구성주의 심리학의 한 근원이 되었으며 피아제의 지능발달 이론과도 대비된다. 그의 이론은 지식이 구성된다는 점에서 구성주의의 이론적 배경이 되며, 정신에 있어서 사회-문화적 영향을 강조함으로써 자연이나 물리적 대상과의 상호작용을 강조한 피아제와는 다른 입장의 차이를 보인다.

사회-문화적 이론이 정신기능 발달에 관하여 발달심리학 및 행동주의와 다르게 기술하는 특성을 보면, 사회-문화적 맥락, 도구와 언어, 사회-문화적 구성주의, 고등정신의 내면화와 근접 발달대(Zone of Proximal Development, ZPD), 학습과 발달의 상호작용의 다섯 가지 개념을 나타내며 그 이론의 특성을 요약하면 다음과 같다.

- 정신기능은 사회-문화적 맥락에서 발달한다.
- 정신기능은 자연이나 다른 사람들과의 상호작용을 통해 발달한다.
- 근접발달대 안에 드는 과제는 정신기능의 발달을 촉진시킨다.
- 정신기능은 기호나 부호, 특히 언어를 매개로 발달한다.
- 학습은 정신 기능의 발달을 유도한다.

한편 근접발달대(ZPD)는 실제 수준과 잠재발달 수준 사이의 영역을 나타내며 잠재발달 수준은 교사나 다른 학생의 도움을 받으면 과제를 수행할 수 있는 능력이다.

나. 사회-문화적 이론의 시사점

사회-문화적 이론을 평가와 학습지도 과정에서 적용하면, 역동적 평가의 필요성과 그 방법을 제시할 수 있다. 역동적 평가는 근접영역대 개념을 바탕으로 구성된 학습 잠재력의 평가로서 학습과정에 주안점을 두며, 중재된 평가 또는 상호작용 평가로도 부른다. 역동적 검사는 그 종류에 따라 사전검사-훈련-사후검사, 사전검사-학습-유지-전이, 사전검사-집중적인 중재-사후검사 등의 절차에 따라 실시된다.

학습지도에서는 언제나 사전 경험, 사전지식, 일상생활 등의 과정에서 생긴 개인차를 고려해야 한다. 과학의 학습지도에는 학생들의 현재 수준을 약간 상회하는, 그러나 교사나 학생들의 도움으로 해결할 수 있는 과제가 효과적이다. 복잡한 과제일수록 개인차가 크기 때문에 반드시 학습자의 지식이나 인지적 발달 수준을 확인하고 그에 적절한 것으로 제시하여야 한다.

다. 사회-문화적 이론의 핵심 요약

- 과학지식은 환경에서 발견되는 것이 아니라 사고, 행동, 언어 사용의 결과이다.
- 과학지식은 생물학적 및 사회학적 요인의 영향을 받아 발달한다.
- 과학-교수 학습에는 학생들의 수준을 약간 상회하면서 교사의 도움을 받아 수행 할 수 있는 과제가 적절하다.

3.2.4. 드라이버의 대체적 개념틀

드라이버(R. Driver)와 이즐리(J. Easley)는 1970년대에 피아제의 지능발달 이론과 오슈벨의 유의미학습 이론이 안고 있는 문제와 한계를 지적하고, 두 이론이 설명하지 못하는 학습의 과정을 설명하기 위해 대체적 개념틀(alternative framework)을 제시하였다. 그들은 아동이 물리적 세계에 대한 경험을 개념화하는 인지적 구조를 대체적 개념틀로 정의한다. 그들에 따르면, 피아제의 지능발달 이론의 구성요소인 인지구조는 논리적·수학적 특성을 지닌 인지적 과정이며, 오슈벨의 유의미학습 이론은 학습에 있어서 선행지식의 중요성을 강조하지만 그 선행지식이 오개념일 수 있는 경우는 고려하지 않는다.

대체적 개념틀은 피아제 이론의 인지구조와 오슈벨 이론의 선행지식을 포괄한다. 그것은 생활 경험을 통해 형성된 직관적 관념으로서 교수-학습을 통해서 쉽게 바뀌지 않는다. 드라이버와 이즐리는 관념주의와 상대주의 인식론을 근거로 대체적 개념틀의 잠정적 특성을 강조하고, 구성주의 심리학을 받아들여 그것이 변하는 과정의 사회성을 주장한다. 대체적 개념틀은 대부분 과학자의 생각이나 교과서에 기술된 과학적 개념과 어긋나지만, 그것을 갖고 있는 아동에게는 정합적이고 논리적이다. 대체적 개념틀은 현재 오인, 오개념, 아동과학, 순진한 과학, 선개념, 선행지식 등의 용어로 쓰이고 있다.

가. 대체적 개념틀의 잠정적 특성

1920년대 피아제의 연구가 시작되었고 현재도 계속되고 있다. 이러한 노력은 주로 학습자들의 자연관을 이해하는 방법에 집중되었다. 지난 20년 이상 과학 교육 연구에서 나타난 오개념들에 대한 몇몇 중요한 연구들을 근거로 논제들을 분석하여 궁극적으로 가장 빈번하게 되풀이 된 주장 8가지를 제시하였다(Driver, 1985). 여기서 '잠정적'이라는 용어를 사용하는 이유는 대체적 개념틀은 고정된 것이 아니고 가변적이기 때문이다.

주장 1 : 학습자들은 자연 현상에 관한 오개념 형태의 다양한 배경을 가지고 있어서 형식적인 과학 교육의 결과를 지연시킨다.

주장 2 : 형식적 교육의 결과를 지연시키는 학습자들의 오개념들은 나이, 능력, 성, 그리고 문화적 한계들을 포함하고 있다.

주장 3 : 학생들이 가지고 있는 오개념들은 형식적인 과학 교육 방법을 저해하는 완강한 저항자이다.

주장 4 : 과학적 오개념들은 이전 세대의 과학자들과 철학자들이 제시한 자연현상에 대한 설명 간에 명백한 유사점이 있다.

주장 5 : 오개념들은 교사들의 설명과 교육 기자재들뿐만 아니라 직접적인 관찰과 지각, 친숙한 문화와 언어를 포함한 개인적 경험 등의 다양한 모습에서 그 원인을 찾을 수 있다.

주장 6 : 과학 교사들은 종종 그들의 학생들처럼 똑같은 오개념들을 보여주기도 한다.

주장 7 : 학습자들의 이전 지식은 형식적 과학교육의 예상으로부터 예측할 수 없는 길로 가기도 하며 계획되지 않은 수업의 결과는 과학 교사들의 원래 교육적인 의도와는 종종 일치하지 않는다.

주장 8 : 개념 변화를 용이하게 하는 과학교육적 접근은 아주 효과적인 교육 도구일 수 있다.

또한, 오스본과 위트록(Osborne & Wittrock, 1985)은 대체적 개념틀의 잠정적 특성을 다음과 같이 요약하고 있다.

1) 학생들은 아주 어렸을 때부터 또는 학교에서 과학교육을 받기 전까지 갖가지의 주제에 관하여 자신들의 관념을 갖는다.

2) 학생들의 직관적 관념은 때로는 과학자의 개념과 다르며, 과학 교사들은 잘 인식하지 못하지만 아동들의 직관적 관념이 그들 자신에게는 이해될 만하고 유용한 견해이다.

3) 학생들의 직관적 관념은 과학 교수의 영향을 받거나 받지 않을 수도 있다. 그러므로 때로는 과학 교사들이 기대하지 못했던 또 다른 직관적 관념으로 바꾸어질 수도 있다.

나. 학습지도 방법 및 교육과정과 관련된 특징

학생들이 가지고 있는 과학의 선개념은 대개 학교교육의 개념 학습에 영향을 미치기 때문에 과학 학습 지도의 준거로 이용될 수 있으며 그 바탕이 되기도 한다. 그런데 그들의 선개념은 학교에서 가르치는 과학적 개념, 이론, 법칙 등에 모순되거나 어긋나는 경우가 드물지 않다. 그러므로 그러한 선개념은 그와 관련된 개념들을 가르치는데 어려움을 가져오고, 또한 학생들이 주어진 개념을 이해하는 데 어려움을 느끼는 원인이 된다.

과학 교사들이라고 하여 그 학습자들을 모두 만족하는 과학자로 만들 수는 없다. 그러나 학생들이 자연현상에 대한 과학적 설명과 어떻게 과학자들의 견해에 이르렀는지에 대한 흐름뿐만 아니라 과학 수업 및 실생활에서도 과학적 소양을 갖추도록 기대한다. 따라서 과학을 가장 효과적인 방법으로 가르치기 위하여 교사들은 학생들이 교수-학습 주제들에 대하여 일반적으로 알고 있는 것이 무엇인지를 이해하고 있어야 할 뿐만 아니라 학생들의 개념 발달을 위한 가장 적절한 교수 전략들을 이해하여야만 한다.

1) 드라이버의 오개념 특징

드라이버와 이즐리가 제시한 대체적 개념틀 이론은 오개념에 관한 연구가 본격적으로 수행되는 계기가 되었다. 1980년대에는 오개념에 관한 연구가 전 세계적으로 활발하게 진행되었는데, 지금은 모든 과학 분야의 오개념들이 거의 밝혀졌다. 학생들은 이론적이고 추상적인 개념에 대해서 특히 많은 오개념을 갖는다. 직관적 관념으로 불리기도 하는 오개념, 즉 대체적 개념틀은 학생들이 자연을 보고 해석하며, 학습의 내용을 받아들이는 기본 관점이 된다. 오개념의 대부분 학습자의 일상적인 경험과 잘 일치하는 특성도 지닌다.

직관적 관념이 형성되는 출처는 지각적·감각적 경험, 언어와 은유법, 언어적·물리적 유추법 및 비유법 등으로, 또는 일상적 경험과 관찰, 유추법에 대한 혼동, 은유법의 사용, 동료 문화, 생득적 관념 등으로 분류된다. 오개념의 근원은 이외에도 과학의 교수-학습 상황에서 사용하는 언어들의 연합, 학생들이 사용하는 과학 교과서, 과학교사의 교수-학습 지도 등으로 구분되기도 한다. 즉 과학개념의 오개념은 자연에 대한 경험, 일상적 생활, 사회적 경험, 언어, 학교의 과학교수-학습 등에서 생긴다.

자연현상에 대한 지각적 경험이 처음에는 언어를 사용해서는 분명하게 설명할 수 없는 지각체계를 이루었다가 경험과 지식이 늘어남에 따라 차츰 기대감이나 인지구조로 형성된다. 예를 들면 어린 학생들은 투수가 던진 공이 떨어지는 위치에서 서서 그 공을 잡을 수 있다고 생각한다. 그들은 공이 날아오고 떨어지는 현상과 관련된 법칙이나 이론에 관해서는 말할 수 없으나 과거의 경험을 바탕으로 그런 행동을 할 수 있다. 학생들이 되풀이 겪는 이와 같은 경험들은 그들의 관념으로 형성되어 기존의 지식체계에 통합된다.

어떤 과학적 개념은 일상생활을 통해서 직관적 관념으로 형성된다. 식물의 먹이에 대한 개념이 그 한 예이다. 일상적으로 먹이는 동물의 사료와 사람의 음식과 같이 입으로 먹는 먹거리를 의미한다. 학생들은 이와 같은 동물의 먹이에 대한 의미를 식물의 먹이에까지 일반화하여 식물이 흡수하는 비료·탄산가스·물·햇빛 등과 같은 양분을 식물의 먹이로 생각한다. 그러나 생물학자들은 먹이를 생물체에 필요한 에너지를 공급하는 물질로 정의한다. 이 정의에 따르면, 식물의 먹이는 식물이 외부에서 흡수한 물질이 아니라 내부에서 광합성을 통해 무기물로 합성한 탄수화물이다.

추상적인 과학적 이론과 개념은 관찰이나 경험을 통해서 이해되지만, 그 본질적 의미는 반드시 유추법이나 모형을 통해서 획득된다. 그러나 모형과 유추법은 과학지식의 형성에 있어서 심각한 문제점을 수반한다. 모형과 유추법에 의해 표현된 과학개념은 무엇보다도 그것들이 개념의 실체가 아니라는 문제가 뒤따른다. 각 급 학교의 과학교재에 기술된 원자의 모형은 원자의 속성을 기술하는 모형일 뿐이지 원자 그 자체가 아니다. 그러나 학생들은 흔히 모형으로 기술된 과학개념을 그것의 실체로 인식한다.

과학 학습지도에서 생기는 오개념의 출처는 다시 교사의 개념, 언어연합, 교재로 세분된다. 과학교사가 가지고 있는 오개념은 학생들에게 그대로 전달된다. mRNA의 번역에 의해서 생성되는 산물에 관한 질문에 많은 수의 학생들은 활성화 효소보다는 아미노산을 그 문제에 대한 답으로 제시하는데, 이는 언어 연합에 의한 오개념이다. 생물 교과서에서는 대립인자·유전자·DNA 등의 용어를 명확하게 구분하지 않는데, 이 때문에 적지 않은 수의 학생들은 한 유전자에 두개의 대립인자가 있다는 오개념을 갖는다.

따라서 드라이버(Driver, 1985)가 제시한 학생들이 공통적으로 가지고 있는 오개념 즉 대체적 개념들의 특징은 다음과 같다.

① 학생들은 문제 상황을 관찰 가능한 속성에 추리의 바탕을 둔다. 예를 들면 그들은 빛이 지각적 효과를 일으킬 만큼 밝아야 그 빛이 존재한다고 생각한다.

② 학생들은 자신이 파지한 개념 체계를 통해서 물질세계를 보기 때문에 한정된 측면만을 지각하고 그 중에서도 현저하게 돌출되는 특징에만 그들의 관심을 집중한다.

③ 학생들은 안정적이고 고정된 상황보다는 변화되는 현상에만 관심을 집중한다. 즉 그들은 계의 평형 상태보다는 변화에 집중하는 경향이 있다.

④ 학생들이 변화를 설명할 때 그들의 추리는 선형의 인과율적 순서를 따른다.

⑤ 학생들이 가지고 있는 관념들 중에서 어떤 것은 과학자들이 이해하고 있는 개념에 비하여 덜 분화되어 있지만 그 의미는 훨씬 광범위하다.

⑥ 학생들의 관념은 상황에 따라 다르게 적용되는 경우도 드물지 않다. 그러므로 그들의 기본적 관념은 과학자의 개념과 다르지만 주어진 현상을 과학자들과 마찬가지로 해석하는 경우도 나타난다.

⑦ 어떤 대체적 개념들은 다른 것에 비하여 더 많은 수의 학생들이 파지하고 있다.

2) 대체적 개념들의 시사점

취학 전의 아동들은 누구나 자연현상에 대해 나름의 기대감과 신념을 가지고 있으며, 그것들은 학습에 기본적인 사고 구조인 직관적 관념, 즉 선행 지식을 이룬다. 그들이 가지고 있는 오개념은 학교의 개념 학습에 영향을 미치기 때문에, 과학 교수-학습의 준거로 이용할 수 있으며 그 바탕이 되기도 한다. 그런데 그들의 직관적 관념이 학교에서 가르치는 과학적 개념·이론·법칙 등과 모순되거나 그에 어긋나는 경우가 드물지 않다. 특히, 그런 직관적 관념은 그와 관련이 있는 개념의 교수에 어려움을 가져오고, 또한 학생들이 주어진 개념을 이해하는 과정에서 어려움을 느끼는 원인이 된다.

오개념은 학생들이 자연을 보고 해석하는 세계관이 되기도 한다. 오개념으로 구성된 세계관은 학습자 자신의 인지 구조상의 지식 체계와 정합적이고 논리적으로 강하게 통합되어 있기 때문에, 과학 교수-학습의 영향을 그다지 받지 않고 그대로 존속되거나 교사들이 전혀 기대하지 못했던 엉뚱한 관념을 가지는 바탕이 되기도 한다(Osborne & Freberg, 1985). 따라서 오개념들이 지니는 이러한 특성은 과학교육 목적의 설정, 과학의 교수-학습 전략 및 방법의 개발, 교육과정의 개발, 과학교육 평가 방법 및 도구의 개발 등을 위한 새로운 의미와 준거를 제시한다. 과학에서 오개념에 대한 연구는 학습자와 학습에 대해 다음과 같은 특징을 가졌다고 한다(Driver & Oldham, 1986).

① 학습자는 소극적 수용자가 아니라 목적의식을 가지고 있다.

② 과학 지식은 학습자와 환경 사이의 상호작용 경험을 통해서, 그리고 학습자의 사회적 상호작용을 통해서 구성된다.

③ 개인의 과학 지식과 신념은 주어진 상황에서 의미를 구성할 때 영향을 미친다.

④ 학습자에 의한 의미의 구성은 능동적 과정이다.

⑤ 이해와 믿음이 같지 않다.

⑥ 과학 지식의 학습은 개념 변화이다.

연습문제

1. 선행지식에 대한 일반적인 특성으로, 오개념의 다양한 특성 중 네 가지만 쓰시오.

2. 구성주의가 정의하는 학습의 의미는 직관적 관념을 조사·분석하고 그 결과를 바탕으로 학습의 의미를 구성해 내거나 개념의 변화로 정의한다. 오개념에 대한 연구 결과가 학습자와 학습에 주는 시사점을 각각 세 가지 제시하시오.

3. "식물은 어떻게 먹이를 얻는가?" 란 단원을 가르치기 위하여 한 교사는 학생 활동 중심의 수업을 수행하였다. 같은 종류의 씨앗을 심어 싹이 나온 여러 개의 화분을 나누어 몇 개는 빛이 잘 드는 창가에 두고, 나머지는 바람이 잘 통하는 암실에 두었다. 학생들은 3주 동안 규칙적으로 식물의 성장을 관찰하고 기록하였다. 3주 후 교사는 학생들에게 창가와 암실에서 자란 식물들을 비교하고 그 차이를 해석해 보게 함으로써 관찰된 내용으로부터 일반화를 이끌어내고자 했다. 그러나 교사의 기대와는 달리 학생들의 해석은 하나같이 교사가 원하는 해석과는 달랐다. (1998학년도 임용고사 기출문제)

> **[관찰된 사실]**
> 빛에 노출되어 자란 식물은 푸르고 싱싱했으나, 암실에서 자란 식물은 노랗고 허약했다.
> **[교사가 원했던 해석]**
> 암실에 있던 식물은 먹이를 얻지 못해 굶어 죽어가고 있다.
> **[학생들의 해석]**
> 암실에 있던 식물은 빛을 받지 못해 병들었거나 허약한 상태에 있다.

3-1. 똑같은 관찰 내용에 대해 교사의 해석과 학생의 해석이 다른 점을 구성주의적 관점에서 설명하시오.

3-2. 수업에 대한 위의 묘사에서 나타난 바, 이 교사가 견지하고 있는 과학 지식 형성에 관한 관점을 기술하시오.

4. 행동주의 학습이론을 적용하여 밀도 개념을 가르칠 때에는 학생들에게 밀도 공식을 외우게 한 다음, 다양한 물질의 부피와 질량 값을 주고, 밀도 값을 반복하여 구하게 한다. 한편, 구성주의 학습이론을 적용한다면 이와 다른 방법으로 교수·학습할 수 있다. 구성주의 학습이론을 적용한 밀도 개념의 교수·학습 절차를 3줄 이내로 쓰고, 그것이 구성주의 학습이론에 따른 교수·학습 절차인 이유를 2줄 이내로 설명하시오. (2005학년도 임용고사 기출문제)

- 교수·학습 절차 :
- 이유 :

5. 다음에서 피아제의 인지 발달이론과 일치하는 설명을 모두 고르세요. (2003학년도 초등교육학 기출문제에서 변형)

① 인지발달은 질적으로 차이가 있다는 단계를 거쳐 이루어진다.
② 어떤 인지적 행동 과제는 특정한 단계에 도달해야만 수행할 수 있다.
③ 발달 단계의 순서에는 개인차가 있다.
④ 정의적 발달이 이루어지지 않으면 인지적 발달은 이루어질 수 없다.
⑤ 진정한 의미의 학습은 학생의 능동적이고, 적극적인 활동에서 이루어진다.

6. 오슈벨(Ausubel)은 학습될 내용이 인지구조의 선행개념에 연결되는 과정을 정착(anchoring)이라 하고, 이 과정을 통해 일어나는 유의미학습의 유형을 3가지로 나누었다. 다음의 유의미학습 사례를 보고, 각 사례별로 적절한 유의미 학습의 유형을 ( )안에 쓰시오. (2005학년도 임용고사 기출출제)

학습사례	학습 유형
식물의 줄기, 잎, 뿌리의 구조와 기능을 차례대로 학습한다.	(　　)
뼈, 혈액, 근육, 신경을 학습한 다음, 기관의 정의와 특성을 학습한다.	(　　)
간, 위 소장, 대장만을 소화기관으로 학습한 학생이 이외에 항문도 소화기관임을 학습한다.	(　　)

7. 다음은 탄소 화합물의 작용기를 학습한 고등학생의 개념도이다. 노박(Novak)이 제시한 방법으로 이 개념도를 채점할 때, 고려해야 할 채점 요소와 각 요소의 개수를 아래 표에 제시하시오. (2002학년도 화학임용고사 기출문제)

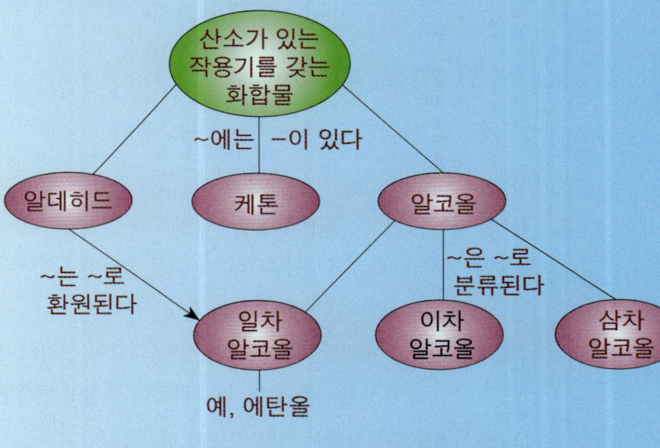

채점요소	개수
관계(연관)	6

8. **다음은 과학 교사가 광합성 내용을 지도하는데 활용하기 위해 브이 다이어그램(V-diagram)을 작성하고 있는 중간 단계를 나타낸 것이다. 물음에 답하시오.** (2003학년도 임용고사 기출문제)

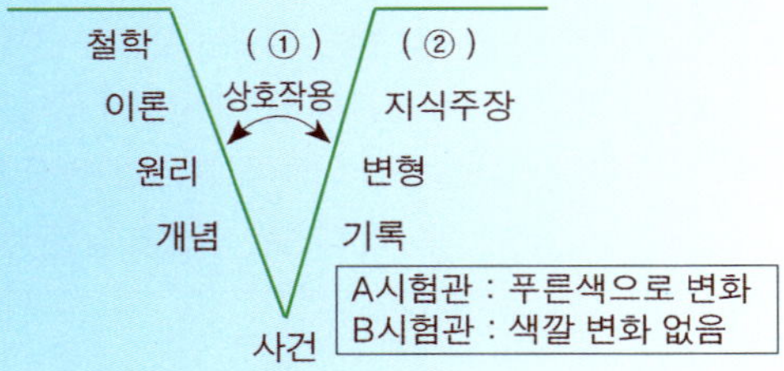

1. 이산화탄소의 농도가 높으면 노란색, 낮으면 푸른색으로 변하는 어떤 용액을 준비한다.
2. 노란색으로 된 위의 용액을 2개의 시험관에 넣은 후 A시험관에는 물풀을 넣고, B시험관에는 물풀을 넣지 않는다.
3. 위의 두 시험관에 전등 빛을 비추어 준다.
4. 2시간 정도 지난 후 두 시험관에서 용액의 색깔이 어떻게 변화했는지 관찰한다.

8-1. (①)에 해당되는 요소 이름을 쓰고, '사건'의 내용을 근거로 하여 이에 적합한 내용을 한 문장으로 쓰시오.

8-2. 위 그림의 (②)에 들어갈 요소 이름을 쓰시오.

8-3. 다음은 위의 브이 다이어그램에 포함시킬 내용과 요소를 나타낸 것이다. 각각의 내용과 관계있는 요소를 하나씩 선택하여 선으로 연결하시오.

내용			요소
식물은 다양한 생명 활동을 한다.	•	•	이론
이산화탄소, 물풀, 빛	•	•	원리
물풀이 자라기 위해서는 빛이 필요하다.	•	•	개념

9. **다음은 중학교 과학 '물질의 성질' 단원의 수업 상황이다. 이 단원을 통해 학생들은 물질의 고유한 성질과 그 변화를 학습한다. 다음 대화를 읽고 물음에 답하시오.** (2003학년도 화학임용고사 기출문제)

교사 : 물질의 성질에는 물리적 성질과 화학적 성질이 있단다. 물질이 변할 때, 화학적 성질이 변하지 않으면 물리변화, 화학적 성질이 변하면 화학 변화라고 한다.

학생 : 화학적 성질에는 어떤 것들이 있나요?

교사 : 예를 들면, 이산화탄소가 석회수를 뿌옇게 흐리는 성질, 산이 푸른색 리트머스 종이를 붉게 변화시키는 성질 등이 있단다.

학생 : 소금이 물에 녹는 변화는 화학 변화인가요? 소금은 부도체이지만 물에 녹으면 전기가 통하니까 성질이 변하잖아요.

교사 : 전기 전도도는 물리적 성질이지. 그래서 소금이 물에 녹는 것은 화학적 변화가 아니란다. 끓는점, 밀도 등도 물리적 성질에 속하지.

학생 : 진한 황산과 묽은 황산은 화학적 성질이 다르잖아요. 그렇다면 황산을 물로 묽히는 것도 화학 변화인가요?

교사 : 화학 변화이지. 황산이 물을 만나서 변화가 일어나는 예와 같이 산·염기 반응은 화학 변화에 속하는 개념이란다.

9-1. 교사가 물질의 성질을 지도하기 전에 수업의 도입부에서 이보다 포괄적 개념인 '분자'를 먼저 설명하였다면, 이처럼 구체적인 수업 내용보다 먼저 도입된 '분자' 개념을 오슈벨(Ausubel)의 유의미학습 이론에서는 무엇이라고 하는지 쓰시오.

9-2. 위의 대화 내용을 근거로 아래와 같이 개념도를 만들었을 때, ①과 ②에 각각 적합한 것을 쓰시오.

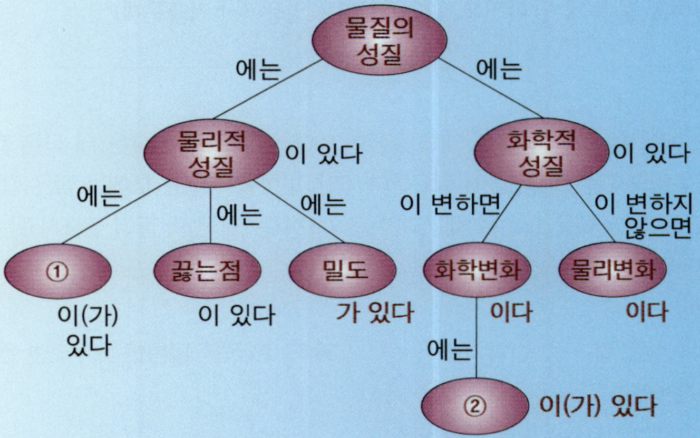

① ______________________

② ______________________

10. 다음에 제시한 수업 단계 중 비고츠키(Vygotsky)의 근접발달대(Zone of Proximal Development: ZPD)를 적용한 수업 단계를 고르고, 그렇게 판단한 근거를 쓰시오. (2006학년도 임용고사 기출문제)

단계 1. 수업에 사용되는 어휘, 실험기구, 실험 상황 등을 학생들이 친숙하게 느낄 수 있도록 설명한다.

단계 2. 인지갈등 상황을 제공하고, 교사나 인지 수준이 높은 동료 학생들과의 상호작용을 통하여 해결하게 한다.

단계 3. 실험실 활동 중 교사는 학생들 가까이 머물면서 학생들이 스스로 활동을 수행할 수 있도록 한다.

단계 4. 주어진 문제를 어떻게 해결하였는지 질문하여 학생들 스스로 사고 과정을 되돌아보게 한다.

단계 5. 문제 해결에 도움을 준 성공적인 전략들을 새로운 상황에 적용해 볼 기회를 제공한다.

단계 :

근거 :

11. 다음 〈보기〉에서 제시하는 내용을 설명한 것으로 옳지 않은 것은? (한민석, 2002)

> 보기
>
> 스키너 상자 안의 배고픈 비둘기가 여러 가지 방법을 시도해 보다 우연히 지렛대를 쪼게 되고 지렛대를 쪼면 음식물이 나와서 비둘기의 지렛대를 쪼는 행동이 더 강화되었다.
>
> ① 먼저 반응을 하고 다음에 강화가 주어지는 R형 조건형성이다.
>
> ② 유기체의 능동적 반응이 강화를 가져오는 효과의 법칙으로 학습된다.
>
> ③ 〈보기〉에서 지렛대는 반응이고, 음식물은 자극이다.
>
> ④ 직선형 프로그램 학습의 이론적 근거가 되었다.

12. 다음은 피아제의 인지 발달 단계를 알아보는 검사에 있는 문항과 이에 대한 교사와 학생의 대화이다. 물음에 답하시오. (2002학년도 임용고사 기출문제)

> **(문항)**
>
> 크고 작은 두 개의 컵과 두 개의 물통이 있다. 큰 물통을 채우는 데 작은 컵으로는 15컵의 물이, 큰 컵으로는 9컵의 물이 필요하다. 작은 물통을 채우는 데에는 작은 컵으로 10컵의 물이 필요하다. 이 작은 물통을 채우려면 큰 컵으로는 몇 컵의 물이 필요하겠는가? 그 이유는 무엇인가?
>
> **(대화)**
>
> 학생 : 작은 컵과 큰 컵의 비는 항상 5 : 3이므로, 작은 물통을 채우려면 큰 컵으로는 6컵이 필요한데요.
>
> 교사 : 관계식으로 나타낼 수 있겠니?
>
> 학생 : 관계식은 15 : 9 = 10 : x 이므로, 6컵이 필요합니다.

12-1. 이 문항은 학생의 어떤 사고능력을 평가하기 위한 것인가?

12-2. 교사와 학생의 대화에서 볼 때, 이 사고 능력에서 학생은 피아제의 인지 발달 안계 중 어떤 단계인지 쓰시오. 그리고 그 판단 근거를 2가지만 제시하시오.

제 2 부

오개념 극복을 위한 학습지도

제4장 오개념 진단 방법

Driver & Oldham(1986)은 학생들이 가지고 있는 오개념을 조사·분석한 결과를 바탕으로, 학습이란 의미의 구성 또는 개념의 변화라고 정의하였다. 학습은 학생들이 자료를 이해하고 해석하며 필요에 따라서는 인지구조를 수정·보완하여 일어난다는 것이다. 그들이 말하는 개념의 변화는 기존 개념의 분화·발달과 아울러 새로운 개념에 의한 기존 개념의 대체를 뜻하는데 바로 이런 점에서 그들이 정의한 학습의 의미와 구성주의가 정의하는 학습 의미가 동일하다고 할 수 있다.

과학에서 오개념에 관한 연구는 교사가 올바른 개념을 가르쳤을 때 학생들은 그 개념을 올바르게 이해하는 것이 아니라 학생들이 이미 가지고 있는 선행 지식과 앞으로 배울 지식 사이의 상호작용에 의해 학습이 이루어진다는 생각에서 출발한다. 그러므로 학생들이 가지고 있는 생각을 알아내는 것은 대단히 중요하다.

그러나 학생들이 가지고 있는 사실 그대로의 생각은 단순히 말로 표현된 것과 항상 일치하지 않는다. 인지구조를 이루고 있는 것을 표현한다기보다 순간순간의 느낌이나 감정에 따라 응답하는 경우가 많으므로 오개념 조사를 올바르게 하기 위해서는 아주 면밀하고 정밀한 방법을 사용하여야 한다.

4.1. 지필 검사

종이에 쓰는 형태의 모든 검사를 지필검사라 한다. 지필 검사는 오개념 연구나 다른 연구에서도 가장 많이 이용되는 연구방법이며, 가장 전통적인 진단방법이다. 오개념 연구에서 가장 많이 이용되는 지필 검사 형태로는 여러 보기 중에서 요구되는 답을 선택하게 한 후, 그것을 선택한 이유를 진술하게 하는 형태이다(선택 후 설명식). 그리고 예측·관찰·설명법(P.O.E. 검사법)이나 사례제시 면담법(I.A.I. 검사법), 개념도, V도(Vee diagram) 등도 지필검사의 형태를 취할 수 있다.

자료를 정량화하고 통계적으로 산뜻한 결과를 얻을 수 있으며 짧은 시간에 많은 대상을 상대로 하여 자료를 얻을 수 있는 이점 때문에 전통적으로 가장 많이 이용되고 있다.

그러나, 선택형에 의한 오개념 조사는 학생들이 가진 생각을 찾는다기보다 오답(distractor)을 선택하게 하여 학생의 진실 된 생각과는 다른 결과를 얻게 되는 단점이 있으므로 그 선택의 이유를 진술하는 형태를 취하게 된다. 그리고 보다 미시적인 접근 즉, 학생들의 어떤 현상을 해석하는 논리 체계를 이해하기 위해서 매우 유용하다고 할 수 있다. 그러나 응답 범위가 제한적인 상황에서 이유를 진술케 하므로 학생들의 응답 내용은 자신들의 생각을 그대로 표현할 수는 없다. 예를 들면, 출제자의 의도를 넘어서는 예외 등에 대하여 의사표시를 할 수 없고, 때로는 추측을 하거나 자신의 생각을 감추고 그 이유를 즉흥적이고 감정적으로 진술하게 되는 경우도 있다. 그러므로 이유만 진술하게 한다든지, 면담법과 병행하여 실시하는 방법을 사용하는 것이 바람직하다.

4.1.1. 선택형

지필검사에 의한 오개념 진단에서 선택형은 크게 두 가지로 나눌 수 있다. 여러가지 보기 중에서 한 개의 정답을 고르는 택1형과 여러 개의 정답을 고르는 선다형이 있다. 선택형은 문항에 대하여 정답을 선택하게 한 후, 선택한 이유에 대해서는 묻지 않는다. 전체 학생들에 대한 집단진단일 경우에는 질문과 거수의 방법으로 할 수 있고, 학생 개인별 집단일 경우에는 유인물을 사용하여 진단하는 것이 더 좋다. 이 진단 후 정답을 가르쳐 주지 않고, 단원 학습이 모두 끝난 후에 재진단하여 수업효과를 알아 볼 수도 있다.

선택형 작성의 유의사항은 다음과 같다(조와 최, 2005).

① 정답은 분명하고 명확하게, 오답은 정답처럼 그럴듯하게 제작한다.
② 가능한 한 교과서나 수업에서 사용한 단어나 어휘를 사용하지 않는다.
③ 각 답지에는 반복되는 어구는 문항에 포함시키지 않는다.
④ 한 문제에는 한 가지 지식만 측정할 수 있도록 제작한다.
⑤ 답지에는 '절대로' 나 '반드시' 와 같이 정답에 대한 단서가 되는 단어는 사용하지 않는다.
⑥ 답지의 길이가 모두 비슷하도록 제작한다.
⑦ 답지 사이의 중첩은 피하고, 만약 답지에 논리적인 순서가 있다면 그 순서대로 배열한다.
⑧ 정답을 모두 고르게 하거나, '정답없음' 과 같은 답지를 사용하는 것도 효과적이다.

선택형의 예를 아래와 같이 김찬종 등(2001)에서 볼 수 있다.

가. 문항

1) 호흡을 하는 이유는 무엇인가?

① 이산화탄소를 방출하기 위해서
② 에너지를 얻기 위해서
③ 산소와 이산화탄소를 교환하기 위해서
④ 호흡을 하지 않으면 죽으니까

2) 우리 몸에서 에너지를 얻기 위한 호흡이 일어나는 곳은?

① 폐
② 코와 입
③ 근육
④ 모든 세포

3) 다음 중 호흡에 대한 설명으로 옳은 것은?

① 호흡은 폐에서만 일어난다.
② 사람이 호흡을 할 때 공기가 들어가므로 배가 부푼다.
③ 호흡은 영양소를 산화시키는 과정이다.
④ 호흡에서 호기의 성분은 대부분 이산화탄소이다.

나. 응답 결과

대상: 고교 1학년 44명

문항	보기에 대한 응답자 수					정답
	①	②	③	④	계	
1번	3	7	20	14	44	②
2번	11	1	2	30	44	④
3번	1	3	7	33	44	③

다. 오개념을 가지는 유형 및 원인

1) 호흡을 하는 이유 : 학생들에게 호흡에 대한 개념이 제대로 형성되어 있는 경우가 드물다. 이것은 9학년 이전의 수업에서 주로 '호흡'을 가스교환에 초점을 맞추어 수업을 한 결과이고, 학생들의 개념구조가 '호흡'을 '우리 몸에 산소를 공급하는 것'으로만 생각하는 것에 머물고 있음을 알 수 있다. 또, '이산화탄소의 배출', '산소와 이산화탄소의 교환', '살기 위해서', '호흡을 하지 않으면 죽으니까' 등으로 설명하는 경우가 많고 '에너지를 얻기 위한 과정'이라고 대답하는 학생은 드물다. 이것은 학생들이 우리가 섭취한 영양분과 외호흡으로 얻은 산소가 결합하여 영양분에 포함되어 있던 에너지를 방출하는 것이라는 종합적인 측면을 고려하지 못하기 때문이다. 즉, 호흡과 소화를 통한 영양분의 섭취를 개별적으로 생각하는 것이다. 물질대사 단원이 끝날 때 다시 한 번 호흡에 대한 개념을 조사하여 수업 후에 학생들의 개념구조 변화가 있는지 조사할 필요가 있다(정완호, 1993).

2) 호흡이 일어나는 장소 : 학생들이 호흡에 대해 가지는 또 하나의 오개념은 '호흡'은 호흡기관에서만 일어난다고 생각하는 것이다. 이것 역시 가스교환만을 호흡이라고 생각하기 때문이다. 호흡이 우리 몸의 모든 세포에서 일어난다는 개념을 가지기에는 세포호흡의 개념을 알아야만 가능하다.

3) 호흡의 개념 : 호흡에 대한 전반적인 오개념을 알아보면 여러 가지 답을 얻을 수 있다. 호흡운동 중 '우리가 숨을 들이쉬기 때문에 배가 부풀게 된다.', '호흡으로 배출되는 공기에는 산소가 거의 포함되어 있지 않다', '식물은 낮에는 광합성을 하고 밤에는 호흡만 한다.'는 생각을 가지고 있다. 이러한 개념들을 모두 정확한 개념으로 전환시키기 위한 수업을 전개하기는 힘들겠지만, 학생들이 가지고 있는 오개념을 알고 있으면 학생들에게 정확한 개념을 형성시키기 위한 방법을 찾는 것이 훨씬 쉬워질 것이다.

4.1.2. 선택 후 설명식

학생의 개념을 조사하는 방법으로 가장 많이 사용되는 방법 중의 하나이다. 먼저 선택형에서 선택을 하게 한 후에 그러한 선택을 하게 된 이유를 주관식으로 서술하도록 되어 있다. 이 방법을 사용하기 위해서는 사전 검사가 필요하다. 사전 검사를 통해 나타난 학생의 응답 유형이 되도록 선택형에서 충분히 제시되어 있어야 한다. 이 방식은 상대적으로 많은 수의 응답자를 대상으로 짧은 시간 내에 실시할 수 있어서 과학 교육자들에 의해 자주 사용되는 방법 중 하나이다.

이 책에서 사용한 오개념 조사도 기본적으로 이와 같은 방식을 채택하였다. 그 문항의 예는 아래와 같으며 분석과 오개념 극복을 위한 학습지도 방법 등은 **제3부**에서 다룬다.

1) 다음 중 유전자를 가지고 있는 세포는?

① 토끼의 간세포 ② 사과 씨를 구성하는 세포
③ 사람의 정자 ④ 양파의 뿌리 세포
⑤ 위 네 가지 세포에 모두

2) 위의 답을 선택한 이유는 무엇인가?

4.2. 면담법

스위스의 심리학자 피아제에 의해 시작된 면담법은 대화 그 자체보다는 특정한 목적을 가진 전문가적 대화라고 정의된다. 의도된 목적에 따라 면담자가 피험자로부터 특정한 영역의 정보를 얻으려는 노력에 의해 개인이 가진 지식의 본질과 정도를 밝히는 것이다. 이렇게 얻어진 정보는 어의적 망 분석(semantic network)에 의해 개인에 대한 인지구조의 공간적인 표현으로 나타낼 수 있다(Posner & Gertzog, 1982).

면담법은 행동주의 학파의 통계적 방법과는 달리 면담자와 피험자 사이에 연속적인 상호작용으로 이끌어지는 개방성을 띤 실험인 것이다. 이러한 과정은 **그림 4.1**과 같이 표시할 수 있다. 질문 Q0에 주어지는 반응들 (R01, R02, ...)에 의해 다시 다음 질문 (Q11, Q12, ...)을 구성하며, 또 다시 이 질문에 대한 반응을 근거로 새로운 질문을 꾸려가는 과정이 계속된다(Paul et al., 1977).

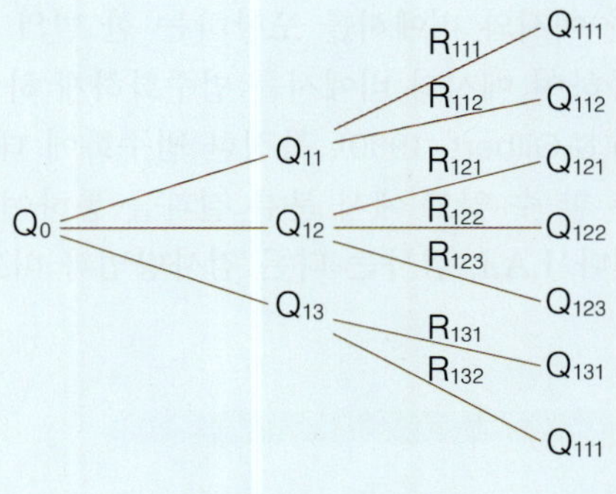

그림 4.1. 면담법(송진웅, 2004).

질문의 내용에 있어서도 면담자는 피험자로 하여금 제시되는 구체적 상황인 사물이나 환경에 대해 물리적 또는 공간적 변화를 조작하게 하여, 이 변화 결과를 예상하고 설명하게 하는 일련의 대화를 하게 된다. 이러한 질문에 대한 반응인 결론 및 행동 관찰은 피험자의 지적인 사고 과정을 추리하는데 중요한 정보원인 것이다. 그러므로 면담자는 피험자의 반응을 최대한으로 추적 질문하여 피험자는 내적 사고의 추리에 필요한 정보를 얻어내야 한다.

4.2.1. 진단 기술의 특징

가. 부담 없는 대화로부터 시작
나. 비지시적(non directive question) 질문이어야 한다.
다. 자신의 언어를 피험자의 수준에 맞는 언어로 해야 한다.
라. 피험자의 대화 반응속도에 맞추어야 한다.
마. 피험자의 입장에 대하여 자세히 관찰하는 방법과 듣는 방법을 알아야한다.
바. 피험자의 반응이 모호할 경우 개념을 파악했는지를 상반되는 문제나 논의를 제시하여 알 수 있다.

4.2.2. 장단점

가. 일대일의 유동적이고 자유로운 대화를 통하여 개인의 인지구조에 대한 심층 분석이 가능하다.
나. 면담 기술의 습득과 얻어진 결과를 해석하는데 중요한 어려움이 있다.
다. 시간적인 제약과 소수의 대상만을 이용하기 때문에 일반화하는데 신중을 기해야 한다.
라. 면담자와 피험자 사이에 상호작용 효과가 크다는 단점이 있다.

4.3. 사례제시 면담법

사례제시 면담법(Interview-About-Instance, I.A.I. 검사법)은 면담법의 발전된 형태로, 한 개념에 대한 예시와 비예시를 포함하는 한 벌의 카드를 이용하여 각 상황이 그려진 카드들을 면담을 통하여 예시와 비예시를 범주화하게 하여 그 범주화에 대한 이유를 물어보는 형태이다(Osborn & Gilbert, 1980). 특정한 범주화에 대한 이유를 설명하지 못하더라도 그 이유에 대하여 토론 할 수 있고 예시 분류 결과를 통하여 학생들이 가지고 있는 사고를 알아볼 수 있는 특징이 있다. I.A.I. 검사는 다른 검사방법과 비교할 때 다음과 같은 장·단점이 있다.

4.3.1. 장점

가. 학생들이 면담자의 의도를 명확하게 알 수 있다.

나. 학생의 단일 개념에 대한 일련의 개념 체계를 다양하고 깊이 알 수 있다.
다. 학생이 파지하고 있는 부분적인 비과학적 사고를 파악할 수 있다.
라. 학생이 사용하는 용어에 대한 정확한 의미를 파악할 수 있다.
마. 면담자나 피면담자가 즐겁게 진행할 수 있다.
바. 융통성이 있고 언어의 사용과 조사의 깊이에서 필답 검사보다 유리하다.

4.3.2. 단점

가. 일련의 적당한 예를 선택하는데 문제가 있다.
나. 예의 순서가 학생들의 대답에 영향을 미칠 수 있다.
다. 면담을 녹음하고 면담 내용을 글로 옮기고 원고를 분석하는데 많은 시간이 소모된다.
라. 면담 내용이 다양하여 데이터 분석을 하거나 간결하게 정리하는데 어려움이 있다.

4.4. 예측 · 관찰 · 설명법(P.O.E. 검사법)

P.O.E.(Predication, Observation, Explanation) 검사법은 어떤 단순한 물리적 장치나 그것의 조작을 보여주고 그 결과를 예측하게 한 후 시범실험을 통하여 관찰하게 하고, 그 관찰된 사실을 설명하게 하거나 예측한 것과 관찰한 것 사이에 갈등을 논의하여 설명하게 하는 형태이다(Champagne, et al., 1985).

P.O.E. 검사는 어떤 현상을 예측하여 설명하게 할 때 자신의 생각을 적용하게 되고, 예측과 다른 현상을 관찰하게 되어도 자신의 생각을 고수하려는 경향을 확인할 수 있어서 오개념의 견고성을 확인하는 연구에 유용하게 적용될 수 있다(김영민, 1990). 그리고 개념 변화의 형태를 이해하거나 그 변화의 인지 심리학적 메커니즘을 이해하는데 있어서도 중요한 방법으로 사용될 수 있다. 또한 장시간의 변화를 확인하는 연구와 병행하여 실시한다면 단시간의 변화가 과연 지속될 수 있는지 만약 지속된다면 어떤 변인의 영향을 받을 것인가에 대한 연구를 수행할 수가 있다(문충식, 1991).

그러나 P.O.E. 검사법은 예측을 직관적이고 감성적으로 하여 이에 대한 설명을 하게 될 때, 다른 시점이나 조건이 다른 상황에서는 다른 반응을 보임으로서 학생이 갖고 있는 개념을 제대로 파악하지 못할 수 있는 단점을 가지고 있으며, 자신이 가지고 있는 생각을 표현하기보다는 나타난 현상에 알맞은 설명을 억지로 갖다 붙이는 식으로 응답하게 될 때 학생이 파지하고 있는 개념을 올바르게 파악하지 못할 수가 있다. 그러므로 문항 개발이나 문항 투입에 있어서 이 점을 충분히 고려하여야 한다.

4.5. 종단적 연구

시간에 따른 어떤 변화를 연구하기 위해 나이 단계가 다른 피험자 집단에 동시에 검사를 실시하는 횡단적 연구(cross-sectional study)를 많이 하고 있으나 변인들에 대한 고려 없이 수집을 하게 되어 자료가 왜곡될 수 있는 단점이 있다. 그러므로 같은 집단에 서로 다른 시점에서 자료를 수집하여 개인별 추적을 하는 종단적 연구(longitudinal study)는 개인의 발달 정도나 그 형태에 관한 것일 때 유용하다.

또한 예측·관찰·설명법(P.O.E. 검사법)에 의한 개념 변화의 연구는 그 변화가 일정 시간이 지난 후 다시 원래의 상태로 되돌아오는 경우가 많고, 횡단적 연구에 의한 전체 평균의 변화를 개인의 변화 경향으로 볼 수 없는 경우가 많으므로(Guild, 1988; 문충식, 1991) 종단적 연구는 이러한 점에서 매우 중요한 연구방법이다. 그러나 종단적 연구에는 피험자의 중도 탈락의 문제가 심각하여 연구 대상의 선정 및 관리가 용이하지 않고 반복적인 검사 실시와 측정으로 생길 문제를 생각할 수 있다(이종승, 1988).

4.6. 계통도를 이용한 그물망 분석법

계통도란 정성적 자료들의 개별적인 특성이 잘 반영될 수 있도록 자료들을 엄밀하게 범주화하여 그것들의 상호관계를 몇 가지 간단한 기호를 사용하여 나타낸 범주 체계이다(그림 4.2). 계통도 분석은 언어학으로부터 시사를 받아 정성적인 분석 방법으로 제시한 체계적인 그물망 분석법(systematic network analysis)이다.

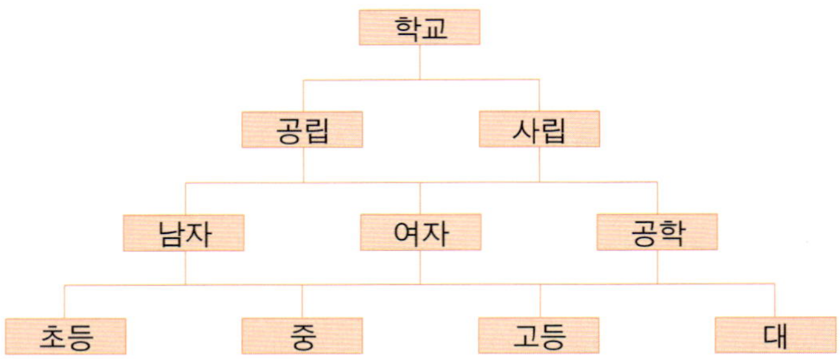

그림 4.2. 학교의 계통도

계통도 분석은 가장 먼저 정성적인 자료들을 범주화(category)하는 일부터 시작된다. 여기서 범주화란 자료들이 갖고 있는 정성적인 특성(차별성)을 바탕으로 영역별, 내용별 또는 기타의 유형별로 자료를 분류하여 자료 군으로 나누는 일이다. 이때 범주화된 자료 군을 범주(category)라 부른다. 또한 한 범주에 포함되어 있는 자료들을 다시 보다 세밀한 특성을 이용하여 하위 범주(sub-category)로 나누는 과정을 하위 범주화(sub-categorising)라고 한다.

이러한 하위 범주화 과정은 횟수에 상관없이 주어진 자료들의 특성과 연구자의 의도에 따라 결정된다(Bliss & Monk, 1983; 박승재 등, 1988).

계통도를 이용한 자료의 분석은 지필 검사의 선택 응답 자료의 분석보다 더욱 정밀하고 정확한 정보를 얻을 수 있다. 더군다나 계통도란 인공 언어를 통하여 정성적 자료 전체의 구조를 제시할 수 있는 장점을 가지고 있다. 그러나 학생들의 개념 체계와 사고 유형에 대하여 미시적으로 접근하기 위해서는 면담 또는 서술적 형태의 정성적 자료에 의존할 수밖에 없다.

4.7. 개념도 작성법

개념도(概念圖, concept map) 작성법은 근본적으로 정성적인 평가 방법으로서 교수 방법이나 평가의 수단으로 이용될 수 있다(Novak & Gowin, 1984). 이들에 의하면 "개념도는 한 사람이 소유하고 있는 명백한 개념이나 전제이기 때문에 교사나 학생이 그릇된 연결을 확인하고 생각을 바꾸어 주는 것을 도와줄 수 있다." 고 하여 오개념을 확인하고 그 개념을 지도할 수 있는 가능성을 시사하고 있다. 또한 개념도는 과학 주제 영역의 지식 구조를 기술하고 개념들에 대한 학생들의 내적 표상을 나타내기 때문에 개념도의 중요성이 더욱 강조되고 있다. 개념도를 작성하기 위해서 다음과 같은 사항들을 학생들에게 제시할 수 있다(Moreira, 1987).

가. 배운 단원에 대한 중요한 개념을 표로 만든다.
나. 중요하다고 느껴지는 개념의 순서도를 작성한다.
다. 관련되어 있다고 느껴지는 개념들을 선으로 연결한다.
라. 개념 사이의 관계를 명백하게 연결해주는 간단한 말을 연결선 위에 쓴다.
마. 개념들을 조직하고 관련되는 자기 자신의 생각이 충실히 반영되도록 한다.
바. 개념도 작성에 필요한 사항을 수시로 질문하도록 한다.

개념도 작성 후, 학생의 설명이 연결되고 구조화될 수 있도록 빠진 관련 개념을 제시하여 추가할 수 있는 기회를 주고 자신이 그린 개념도를 설명할 수 있도록 면담을 할 수가 있다. 이런 과정은 학생들에게 생각의 실마리를 제공할 수 있고, 산만한 생각을 평가하고자 하는 범위로 이끌어 낼 수 있다.

그리고 개념도 작성에서 개념들이 위계적으로 정돈되도록 안내해야 한다. 즉, 가장 일반적이고 포괄적인 개념일수록 위쪽에 위치할 수 있도록 하는 것이다. 그러나 일반적이고 포괄적인 개념과 그렇지 않은 개념간의 구별이 모호해질 때 개념도 작성에 어려움이 있을 수 있다. 특히 과학의 추상적 개념들에서 상위개념과 하위개념의 구별에 많은 어려움이 따를 수 있다.

4.8. 거윈의 V도 분석법

V도(V-diagram)는 지식의 구조와 지식의 생성 과정을 이해시키기 위한 도구이다(Novak & Gowin, 1984). 그리하여 지식의 본성과 지식이 획득되거나 구성되는 과정 또는 어떻게 그 지식이 검증되고 적용되는지를 이해할 수 있는 도구로 이용할 수 있다.

과학의 연구와 탐구는 기본적으로 사고의 측면과 활동의 측면으로 이루어진다. 과학활동은 반드시 이러한 두 가지 측면의 상호작용을 통해 형성된다. 따라서 V도를 평가할 때는 각 초점 질문과 사건, 이론·법칙·개념, 기록, 지식 주장 등이 탐구한 내용을 충실히 반영하고 있는지 등에 중점을 두어 평가할 수 있다.

V도는 실험과 과학 이론과의 연관성을 보고자 할 때 즉, 실험실 수업 또는 실험 평가 등에 적절한 평가 방법이라고 할 수 있다. 예컨대, 실험 후 실험 보고서의 작성이나 견학 후 탐방 보고서의 작성에 사용될 수 있으며, 학생들이 탐방 내용이나 실험 내용에 대한 이해와 방법에 대한 이해 등을 평가하는데 적절하다.

4.9. 벤 다이어그램에 의한 개념 평가

벤 다이어그램(Venn diagrams)은 영국의 논리학자 존 벤(Jonh Venn)에 의해 처음 개발되었다. 그 이후 명제 논리의 일반적 도구가 되었으며 수학의 한 부분이 되었다. 벤 다이어그램은 "집합자들 사이의 관계를 그림으로 표현하는 것"으로 간단하게 정의될 수 있는데, Leisten(1969)에 의해 벤 다이어그램에 대한 평가의 잠재력이 소개되었지만 Gunstone(1986)의 연구 전에는 거의 나타나지 않았다.

벤 다이어그램에 의한 평가 방법은 개념 사이의 관계를 알아볼 수 있는 강력한 도구가 되며 특히 평가 시간이 짧아서 많은 학생에게도 적용할 수 있는 장점이 있다. 그리고 반성적 사고를 진작시킬 수 있고 영상에 기초한 종합적인 상황을 기억하게 할 수도 있기 때문에 교수 전략으로도 매우 유용하다.

군스톤과 화이트(Gunstone & White, 1986)가 사용한 벤다이어그램 평가문항을 소개하면 다음과 같다.

> 집합 V={변화하는 속도의 운동}
> C={가속도가 0이 아닌 등가속도 운동}, D={가속도가 변화는 운동}
> ※ 이 벤다이어그램 위에 다음 사실을 표시하시오.
> 1) 2m 높이에서 떨어진 공의 운동을 A로 표시하시오.
> 2) 5000m 높이에서 비행하는 비행기에서 떨어진 사람의 운동을 B로 표시하시오.

예를 들어 식물의 분류군별 특징을 나타낸 표(표 4.1)를 벤 다이어그램으로 나타내면 그림

4.3과 같다.

표 4.1. 식물의 분류군별 특징

특징	식물명			
	선태식물	양치식물	겉씨식물	속씨식물
엽록체	○	○	○	○
관다발	×	○	○	○
번식방법	포자	포자	종자	종자
씨방	−	−	×	○

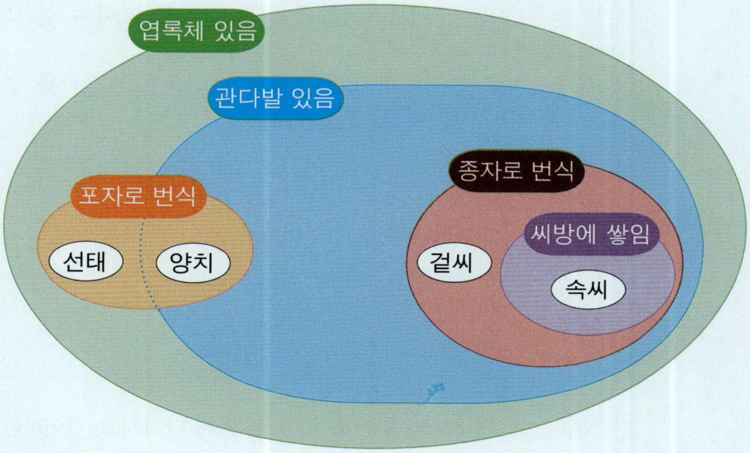

그림 4.3. 식물 계통수에 관한 벤 다이어그램.

4.10. 단어 연상 검사

단어 연상이란, 자극 단어(예를 들면, 힘, 질량, 속력, 관성, 운동의 변화 등)를 30초에서 1분 정도 제시하고 연상되는 다른 단어(반응 단어)들을 순서대로 쓰게 하는 것이다. 반응 단어의 회수나 특징적인 종류의 반응 단어 등을 분석한다.

다음과 같은 질문은 단에 연상 검사에 활용될 수 있을 것이다.

① 다음 단어를 보고 연상되는 단어를 쓰시오 : 에너지, 전기, 힘

좀 더 발전된 것이 자극 단어와 반응 단어를 문장으로 연결하게 하는 것이다. 예를 들어, 다음과 같다.

② 다음 단어를 보고, 연상되는 단어를 쓰고, 그 단어와 연상되는 단어를 이용하여 문장으로 완성하시오 : 에너지, 전기, 힘, 운동

(**예** : 단어가 에너지인 경우 → 에너지는 보존된다.)

연습문제

1. 다음에 제시되는 방법과 오개념 조사 목적이 적합한 것을 보기에서 골라 번호를 적으세요.

1-1. 오개념으로 나타나는 많은 사례 중에서 공통적인 요인이 얼마나 되는지를 조사한다.

1-2. 오개념의 형성과정과 구성되는 과정 및 적용되는지를 이해할 수 있는 도구로 사용된다.

1-3. 오개념의 견고성을 확인하는 연구에 유용하게 적용될 수 있다.

1-4. 개인이 가진 지식의 본질과 정도를 밝히는 것으로 개인의 인지구조에 대한 심층 분석이 가능하다.

1-5. 자료를 정량화하고 통계적으로 산뜻한 결과를 얻을 수 있으며 짧은 시간에 많을 상대로 자료를 얻을 수 있다.

> 보기
> ① 지필검사
> ② 면담법
> ③ 예측, 관찰, 설명법(P.O.E.)
> ④ Vee-diagram ⑤ Venn-diagram

2. Novak의 개념도와 관련된 다음 물음에 답하시오. (1999학년도 2차 임용고사 기출문제)

2-1. 과학 교육에서 개념도를 활용할 수 있는 대영역을 3가지 기술하시오.

①

②

③

2-2. 다음의 개념들을 모두 포함하는 하나의 개념도를 그리시오.

> 절지동물, 포유류, 두족류, 어류, 동물, 곤충류, 척추 동물, 거미류, 파충류, 무척추동물, 갑각류, 연체동물

3. 어느 생물교사가 개구리와 관련된 내용을 지도하기 위해 개념도를 이용하고자 한다. 다음 물음에 답하시오. (2003학년도 임용고사 기출문제)

3-1. 생물교사는 개구리에 관한 구체적인 내용을 지도하기 전에 수업의 도입부에서 양서류의 일반적인 특징을 먼저 설명하였다. 이렇게 구체적인 수업 내용보다 먼저 도입되는 포괄적인 개념을 오수벨(Ausubel)의 유의미 학습이론에서는 무엇이라고 하는지 쓰시오.

3-2. 다음은 개구리의 특징을 설명하기 위해서 생물교사가 그리고 있는 개념도이다. 개념도에 나타난 물갈퀴 , 체외수정을 다른 상위개념과 추가로 연결하고자 한다. 굵은 글씨로 나타낸 개념(개념도의 세 번째 줄) 중 적합한 것과 선으로 연결(crosslink)하여 나타내시오.

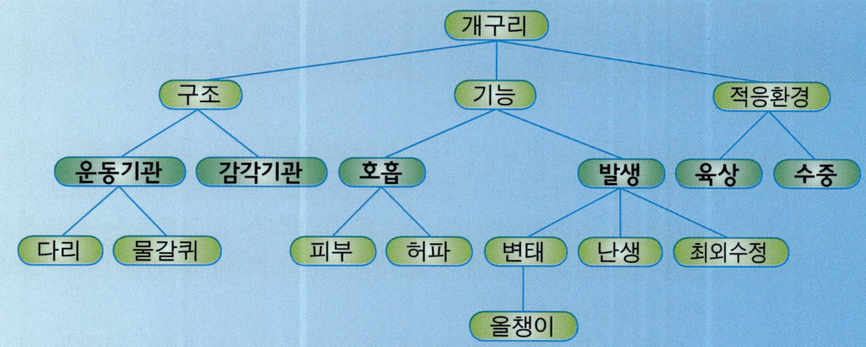

3-3. 위 개념도에서 굵은 글씨로 나타낸 개념(개념도의 세 번째 줄) 중 점진적 분화가 가장 많이 일어난 것을 쓰시오.

제5장 오개념 극복을 위한 학습지도 전략

오개념은 대개 짧은 기간의 또는 한두 번의 과학 학습 과정을 통해서는 쉽사리 과학적 개념으로 대체되거나 변화되지 않는다. 학생들이 인식하고 있는 오개념을 대체 또는 변화시키기 위해서 인지적 모순을 야기하는 것만으로는 충분하지 않고 반드시 인지적 모순을 일으킴과 동시에 그들이 충분히 이해할 수 있을 만한 과학적 개념을 제시해야만 가능하다(Driver, 1983).

오늘날의 과학 교육학자들은 학생들의 오개념을 과학적 지식으로 대체시키거나 변화시키기 위한 과학 교육과정과 학습지도 방법에 관하여 활발히 연구하고 있다. 그들은 그 일환으로 생활 주변으로부터 교육과정 내용을 선정하여 학생들과 관계있는 형식으로 조직하고, 학생들이 학습에 직접 참여하는 이른바 학생 중심의 과학 학습 지도법을 개발하여 실험적으로 적용하고 있다. 그들이 개발한 학습지도 방법은 특별히 인지적 갈등을 해소시키기 위한 교수법을 적용함으로써 과학 학습지도 현장에서의 효과가 기대되고 있다.

5.1. 학습지도 전략의 이론적 배경

현대 과학 학습론의 직접적인 이론적 배경은 구성주의 심리학에 있다고 볼 수 있다. 구성주의 심리학은 특히 관념주의의 실체론과 상대주의의 인식론에 바탕을 둔 인지론(cognitivism)의 한 전통으로서 학습자의 능동적인 의미의 구성을 학습으로 정의한다. 구성주의 심리학은 단순히 구성주의(constructivism)라고도 불리어지며, Carey(1985)와 같은 발달 심리학자와 오슈벨을 포함한 인지 심리학자들의 학습론을 포괄한다. 이들은 공통적으로 학생들이 이미 가지고 있는 개념 체계의 변화를 학습으로 정의한다. 물론 이들이 개념 체계가 변화되어 그 의미가 새로이 구성되는 구체적인 과정과 방법을 설명하는 데 있어서는 서로 견해를 표명하기도 한다. 현행 각급 학교와 과학 교육 현장에서는 행동주의와 발달심리학 그리고 구성주의 심리학이 정의하는 학습을 주로 적용한다. 전통적 행동주의는 학습을 행동의 변화로, 피아제의 지능 발달 이론을 수용하는 발달심리학은 학습을 지능 발달로, 그리고 구성주의 심리학에 바탕을 둔 인지론은 학습을 인지구조의 변화로 정의한다.

특히 피아제의 지능 발달 이론과 오슈벨의 유의미 학습 이론은 학습 결과를 학습자가 파지한 개념들의 통합적 전체(integrated whole)로 가정한다. 학습 결과는 학습 내용이 인지구조에 있는 기존의 개념에 연결됨으로써 학습 내용과 선행 개념이 그 본체성(identities)을 잃고 단순한 화합체 이상의 의미를 갖는 통합적 체계라는 것이다. 그러나 이런 특성을 지닌 학습 결과는 학습 내용과 관련된 개념이 학습자의 인지구조에 자리 잡고 있으며 그것들 사이에 이상적인 상호작용이 일어났을 때의 것이고, 실제로는 선행 개념이 분화된 정도, 그 기능 및 역할, 학습 지도의 전략 및 방법 등에 따라 다양한 형태로 나타난다.

5.1.1. 개념학습의 모형

가. 개념형성 모형

학습자의 선행 지식과 상관없이 형식적 지식이 주어지는 그대로 획득되는 과정이 있을 수 있다. 이러한 형태의 학습이 일어나는 과정은 흔히 개념형성 또는 개념발달(conceptual development) 과정으로 일컬어지고 있으며, 형식적 지식이 학습자가 이미 가지고 있는 인지 구조의 한 부분에 축적되어 학습이 일어나는 과정을 뜻한다. 과학교육 현장에서는 이러한 형태의 학습 과정이 대개 형식적이고 추상적인 속성을 지닌 상징적 지식이 획득될 때, 또는 학습자들에게는 전혀 새로운 개념이 형성되는 과정에서 일어난다.

이 개념 형성 모형은 학습한 내용 또는 그것과 이미 파지하고 있는 지식을 바탕으로 귀납적 추론을 통해서 일반화를 획득하게 하거나 어떤 포괄적 개념의 준거속성을 발견함으로써 새로운 개념을 형성하게 하는 교수법을 제시한다.

나. 개념조절 모형

학생들이 가지고 있는 개념이 비교적 초보적인 수준에 있거나 과학자들의 지식에 비하여 미분화된 상태일 때, 또는 학습자의 자연발생적 지식에 어느 정도 상충되는 학습 과제를 제시할 때 일어날 수 있는 학습 과정을 생각할 수 있다. 파인즈와 웨스트(Pines & West, 1986)는 이와 같이 자연발생적 지식과 형식적 지식 사이에 상호작용이 일어나고 그 결과 자연발생적 지식이 수정·보완되어 분화되거나 그 의미가 더욱 분명해지는 과정을 일컬어 개념 해결(conceptual resolution) 과정이라고 한다. 이러한 학습 과정은 대체로 개념과 그 체계로 이루어진 내용이나 주제를 학습 지도할 때 효과적으로 적용될 수 있다.

이 개념 조절 모형은 선행 지식이 학습되는 개념과의 상호작용을 통해서 수정·보완되어 과학적 지식으로 발달하게 하는 학습 지도법을 제시한다.

다. 개념대체 모형

자연발생적 지식이 형식적 지식으로 대치되는 학습 형태를 들 수 있겠다. 파인즈와 웨스트는 학생들이 가지고 있는 인지 구조상의 자연발생적 지식이 과학 교사가 제시하는 형식적 지식에 의해서 대치되는 과정을 개념 교환(conceptual exchange)과정이라고 부른다. 개념 교환을 위한 학습 지도는 학습자의 선행 지식과 과학 수업에서 제시되는 과학 교사의 지식 및 과학자의 지식이 전적으로 상충되는 상황에서 주로 적용될 수 있다. 따라서 학습자의 선행 지식이 과학적 개념에 의해서 완전히 대치되는 학습 형태를 의미하며, 개념 대체 모형에 따른 학습 지도법을 제공한다.

5.1.2. 개념변화를 유발하기 위한 학습지도 전략과 형태

학생들은 자신의 생각을 쉽사리 바꾸지 않기 때문에 학생들이 생각을 바꾸기 위해서는 특정한 조건이 만족되어야 한다. 포스너 등(Posner et al., 1982)이 제시한 개념변화를 위한 조건은 다음과 같다(조희형, 2003).

- 현재의 개념에 불만족스러워야 한다(dissatisfaction) : 학생들의 기존 개념과

일치하지 않는 많은 모순 된 상황을 제시해 주어야 한다.

- 새 개념이 지적으로 이해할 수 있어야 한다(intelligent) : 기계적 암기로는 개념 변화가 일어날 수 없으며, 학습 과제가 논리적이고 학습자의 언어로 이해할 수 있어야 한다.
- 새 개념이 그럴 듯해야 한다(plausible) : 자신이 가진 믿음, 경험, 생각과 연관된 것일수록 좋다.
- 새 개념이 유용해야 한다(fruitful) : 더 많은 것을 설명하고, 예측할 수 있고, 변칙 사례들을 해결할 수 있어야 한다.

여러 가지 개념변화 학습모형들은 다음과 같은 많은 공통점을 가지고 있다. 우선 학생들이 자신의 생각을 충분히 인식할 수 있도록 하기 위하여 자신의 생각을 표현할 수 있는 기회를 초기에 제공하고, 인지적 갈등을 일으켜서 자신의 생각에 불만을 갖도록 한 다음, 학생들의 생각을 변화시킬 수 있도록 과학 개념을 이해가능하게 하고, 그럴 듯하고, 활용 가능성이 많음을 보여주도록 제시하는 과정을 포함하고 있다는 점이 바로 그것이다.

길버트 등(Gilbert et al., 1982)은 현대의 인식론과 구성주의 심리학을 수용하고 학습자가 학습에 임하기 전에 이미 인식하고 있는 선행 개념을 아동과학(children's science, Sch)으로, 과학 교사가 가지고 있는 지식 체계를 교사과학(teacher's science, St)으로 정의한 다음, 그에 따른 학습 모형을 학습자와 과학 교사 사이의 상호작용에 의해서 나타날 수 있는 학습 결과와 선행 개념의 존재 및 그 특성에 대한 가정에 따라서 세 가지로 나누어 제시한다.

첫째의 모형은 그림 5.1과 같이 백지상태(tabula rasa)의 가정에 따라 생각할 수 있는 학습 형태이다. 행동주의자들은 오로지 이 형태의 학습만을 이상적인 학습 형태로 생각하지만, 구성주의자들은 이런 형태의 학습을 여러 가지 학습 형태 중의 한 가지로만 간주한다.

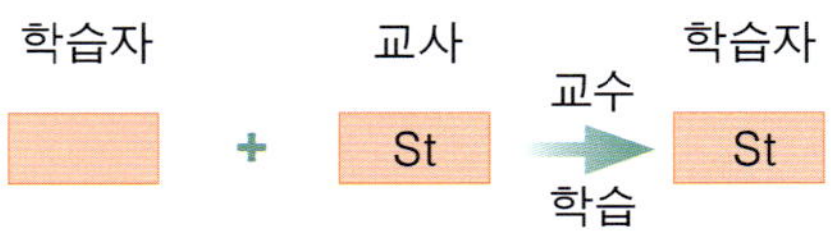

그림 5.1. 선행 지식을 파지하고 있지 않을 때의 학습 모형(박승재, 1999).

둘째의 모형은 그림 5.2와 같이 학습자가 학습할 내용과 관련된 선행 지식을 파지하고는 있으나 학습에 의미 있는 어떠한 역할도 하지 않는 학습 형태를 나타낸다. 예컨대 과학 교사의 과학 지식과 학생이 파지하고 있는 과학 지식 사이에 실질적인 상호작용이 일어나지 않는 학습 형태이다. 이런 학습에서는 선행 개념이 학습자의 인지구조에 강하게 연결되어 있지 않아서 과학 교사의 지식에 의해서 쉽게 교체되는 경우가 일반적이다.

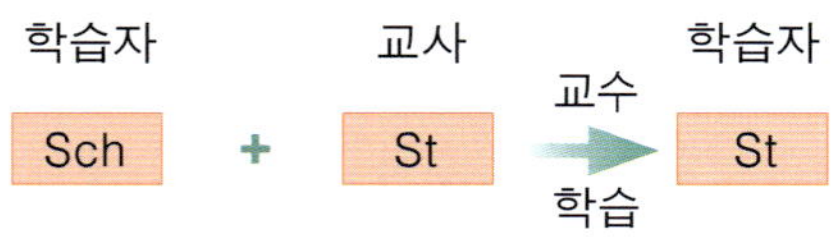

그림 5.2. 선행 지식이 인지구조에 강하게 연결되어 있지 않을 때의 학습 모형(박승재, 1999).

셋째의 모형은 학습자가 가지고 있는 관련 선행 지식이 그의 인지구조에 어느 정도 강하게 연결되어 있는 상태에서 일어날 수 있는 학습 형태이다(그림 5.3). 이 형태의 학습에서는 과학 교사의 과학과 학습자 과학 사이에 상호작용이 일어나기 때문에 다른 어느 학습 상황에서도 관찰할 수 없는 다양한 학습 결과가 나타난다.

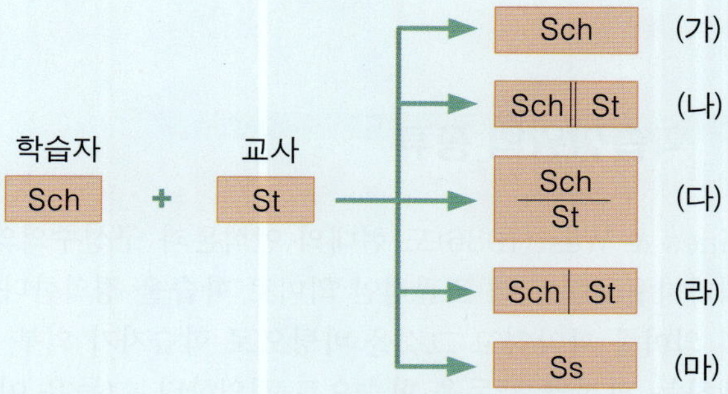

그림 5.3. 학습자의 선행 지식이 변화되는 학습 모형(박승재, 1999). Sch : 아동과학(Children's Science), St : 교사과학 (Teacher's Science), Ss : 과학자의 과학(Scientist's Science).

위 그림의 (가)는 과학 학습 지도의 영향을 전혀 받지 않았거나 교사의 과학을 받아들이지 않은 채 학습자가 자신의 선행 지식을 그대로 유지함으로써 생기는 결과이다. 이런 결과는 학습자가 학습할 의욕을 전혀 갖지 않았거나 교수 내용을 수용하길 전적으로 거부한 경우에 생겨난다. 물질관에 관한 학습 후에도 물질의 연속성 개념을 그대로 가지고 있는 경우이다. 이것은 그 개념이 어려워서가 아니라 학생들이 그 개념의 학습에 집중하지 않았기 때문에 나타난다.

그림의 (나)는 교사의 과학을 배워야 할 필요성이 있는 지식으로 인정은 하지만 근본적으로는 그것을 동화하길 거부함으로써 얻어진다. 따라서 학생들은 두 가지의 과학 지식을 본래대로 함께 갖고 있으면서 자신의 선행 지식은 일상생활용으로, 과학 교사의 지식은 학교의 시험용으로 이용한다. 따라서 학생은 상황에 맞게 자신의 인지구조에서 공존하고 있는 두 개념을 혼용하여 쓴다. 멘델의 유전법칙을 이해하지 못한 경우, 완두콩의 모양이나 색깔에 관한 문제는 멘델의 법칙을 이용하여 잘 풀지만 일상생활 문제는 혼합설 개념으로 해석한다. 흰 개와 검은 개 사이에 바둑이나 회색 강아지가 나오고, 흰 소와 검은 소가 교배하면 얼룩소가 나오고, 큰 키의 완두콩과 작은 키의 완두콩이 교배하면 중간 특성을 지닌 완두콩이 나온다고 생각한다.

그림의 (다)는 (나)의 결과와 비슷하나 학습 지도를 통해서 선행 지식이 더욱 보강되고 세련된 상태이다. 이러한 결과를 학습한 학생들은 더욱 분화·발달된 선행 지식을 학습하기 전의 원래 선행 지식과 약간 다른 방식으로 활용한다. 물과 공기에서 확산에 관한 개념을 학습한 후 빛이 확산되어 유리를 통과한다고 설명한다.

그림의 (라)는 학생의 선행 지식과 과학 교사의 과학이 혼합되어 학생이 교사의 과학과 자신의 과학을 구분하지 못하고, 오히려 학습 내용을 혼동하거나 교사의 과학과 선행 지식을 경우에 따라서는 혼용하는 경우이다. 물의 보존 개념을 이해하였지만 얼음은 물 분자가 언 결과라고 생각한다.

그림의 (마)는 학습 지도를 통해서 학생들의 선행 지식이 과학 교사의 지식에 의해서 통합되거나 교체되어 과학자들의 과학(scientist's science, Ss)이 형성된 결과를 의미한다. 특히 이런 결과는 대다수 과학자들이 가지고 있는 지식과 관점으로서 자연을 올바로 이해하는데 이용되는 과학적 지식 체계를 뜻한다. 과학교육의 목표는 대개 이런 형태의 결과를 얻는 데 있다고 하겠다.

5.1.3. 학습상황의 종류

Pines & West(1986)도 현대의 인식론과 구성주의의 심리학을 받아들이되 어느 구성주의 심리학자들보다도 더 포괄적인 의미로 학습을 정의한다. 그들은 특별히 학습자의 입장에서 학습의 의미를 파악하고 그것을 바탕으로 학습자가 외부 환경으로부터 주어진 정보를 획득하고 이해하는 과정과 활동을 학습으로 정의한다. 그들은 이러한 가정에 따라서 과학 지식을 학습자와 환경의 상호작용을 통해서 무의식적으로 획득하는 자연발생적(spontaneous) 지식과 학교의 형식 교육을 통해서 얻어지는 형식적 지식으로 구분하고, 학습 상황을 이 두 가지의 지식이 상호작용하는 형태에 따라서 네 가지로 나누어 제시한다(그림 5.4).

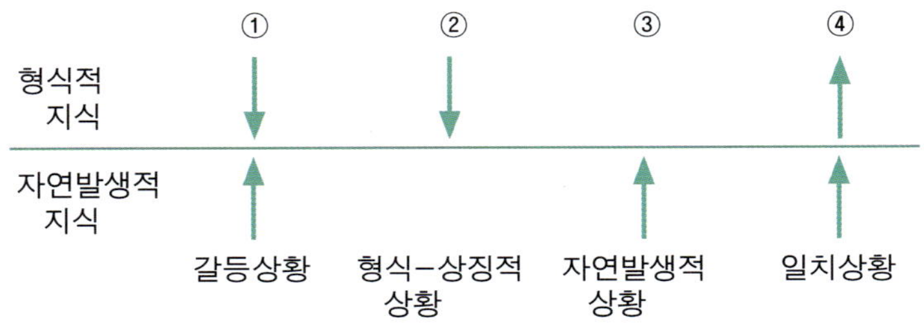

그림 5.4. 학습 상황의 종류(정완호, 1999).

가. 갈등(conflict) 상황

학습자가 자신의 경험을 통해서 이미 파지 한 자연발생적 지식과 과학 수업에서 제시되는 형식적 지식이 일치되지 않고 서로 상충되거나 모순되는 경우이다(그림 5.4의 ①). 자연의 선험적 경험을 통해서 물체는 힘을 가하지 않으면 반드시 멈춘다는 것을 알고 있는 학생들에게 등속운동 하는 물체에 힘을 가하지 않았을 경우를 제시할 때 나타난다.

나. 형식–상징적 상황(학교학습 상황)

학교에서 학습한 지식과 상호작용을 하게 될 선개념이 없는 경우이다(그림 5.4의 ②). 학습자가 학습할 내용과 관련된 자연발생적 지식을 파지하고 있지 않은 상태에서 형식적 지식을 배우는 경우이다. 예를 들면 유기 화학을 처음으로 배우는 학생들은 벤젠 구조와 그 유도체들에 관한 지식이 거의 없다. 이런 상황에서는 학습이 학습자의 직관적이고 경험적인 선행 지식과 학습 내용의 상호작용이 없이 순수한 기호로 표현된 형식적 지식을 그대로 수용함으로써 일어난다. 원소기호나 주기율표, 뇌의 구조, DNA의 구조, 광합성에 관한 화학식 등을 학습활 때 일어난다.

다. 자연발생적 상황(자발적 학습 상황)

학교에서 학습한 지식은 없고 선개념만이 존재하는 경우이다(그림 5.4의 ③). 자연발생적 지식을 인식하고 있는 학생에게 형식적 지식이 제시되지 않는 경우이다. 이를테면 학생들이 학교에서는 다루지 않지만 일상생활 과정을 거치면서, 또는 자연에 대한 경험, 문화, 종교, 사회적 관습 등을 통해서 얻어진 여러 가지의 과학 관련 지식을 갖고 있을 때 일어나는 학습 상황이다.

라. 일치상황(조화상황)

두 종류의 지식이 갈등 없이 일치(조화)되는 경우이다(그림 5.4의 ④). 학생들이 인식한 선행 지식이 형식적 지식과 일치하는 상황에서 나타난다. 학생들이 생물을 공부할 때 그들은 대개의 경우 학습 내용과 관련된 선행 지식을 갖고 있는데, 이 상황에서는 학생들의 선행 지식 즉 그들의 자연발생적 지식이 형식적 지식에 통합됨으로써 의미 있는 학습이 일어난다. 따라서 상승효과가 있다.

5.1.4 과학교육에서 비유와 모형

자연의 사물이나 현상을 설명하는 이론은 추상적 속성으로서 반드시 비유나 은유 또는 모형(model)으로 표현된다.

가. 비유의 정의와 종류

과학에서 비유(analogy)를 사용할 때는 과학 개념 중에 매우 추상적이어서 구체적인 사물이나 사건을 통한 비유를 사용하여 그 개념을 이해하는데 도움을 줄 수 있는 경우에 사용한다.

1) 비유의 정의

- 어떠한 사물을 끌어내어 그와 비슷한 다른 사물을 가리켜 하는 말(서울대학교 교육연구소, 1998)
- 어떤 사물에 대하여 그와 비슷한 성질, 모양 따위를 가진 다른 사물을 끌어내어 나타냄(이희승, 1994)
- 한 물체의 어떤 속성이나 상황에 의해 관련된 관계가 다른 물체와 그에 관한 어떤 속성이나 상황 사이에 존재하는 관계에 대응된다는 사실을 나타내는 명칭
- 비유는 관계적 술어들이 출처 영역으로부터 목표 영역으로 투영될 수 있지만 물체의 속성들은 그럴 수 없거나 거의 그럴 수 없는 비교를 말한다(Genter, 1983).

2) 비유의 속성

(1) 구조 대응 이론

구조 대응 이론은 한 영역에서 정상적으로 적용되는 관계적 구조는 다른 영역에 적

용될 수 있다는 생각에서 출발하며 현대적인 비유를 특정 짓는 내재적인 구속성을 기술하는 것을 목적으로 한다. 기본적인 직관은 비유가 한 영역으로부터 다른 영역으로 지식을 대응시킨다는 것이다. 그래서 비유물과 목표물과의 관계를 지어 주는 것이다.

(2) 체계성의 원리

비유를 이해하는데 있어 중심이 되는 것은 단순히 독립된 사실들의 구색을 갖춘 분류가 아니라 연결된 지식들의 체계를 전달한다는 것이다. 이 원리는 비유에서의 일치성(coherence)과 연역 능력(deductive power)을 위한 암묵적인 선호성을 형식화하는 것이 포함되며 비유 관계의 공통적 체계를 찾기 위한 선택 법칙(selection rule)이 내재되어 있음을 말한다.

(3) 구속성의 법칙

① 일관성 : 비유물 영역과 목표물 영역은 일대일 대응 관계에 있다.
② 관계 초점 : 관계의 틀을 유지되지만 외형적인 기술을 버려진다.
③ 체계성 : 몇 개의 공통 관계를 선택하는데 있어서 그 공통 관계의 체계가 우선적으로 고려된다.
④ 영역들 사이의 관계는 비유의 효과를 증진시키지 못한다.
⑤ 혼합 비유는 피해야한다.
⑥ 비유는 인과관계가 아니다.

3) 비유의 종류

① 실체적 비유

그 체계에 대한 일련의 법칙들을 기술하는 방법과 관련하여 이미 우리에게 친숙한 어떤 성질들을 가지고 있는 요소들의 체계가 다른 제2체계의 이론들을 구성하는 모형으로 채택되었을 때의 비유를 말한다(표 5.1a, b).

표 5.1a. 전기회로에서 비유의 예(송진웅 등, 2003)

비유물 (R_1) : 물회로	목표물 (R_2) : 전기회로
물	전기
흐르는 물	전류
파이프	전선
펌프	전지
수압	전압
필터	부도체
줄어든 유속	저항

표 5.1b. 눈에서 비유의 예(송진웅 등, 2003)

비유물 (R_1) : 카메라	목표물 (R_2) : 눈
렌즈	수정체
도립상	도립상
필름	망막
셔터	눈꺼풀
조리게	홍채

② 형식적 비유

한 이론을 구성하는데 사용되는 모형의 체계가 추상화된 관계의 친숙한 구조로 수학자들이 새로운 분야를 개발할 때 사용하는 모형이다.

4) 비유의 분류

비유를 분류하여 보면 표 5.2와 같다.

표 5.2. 비유의 분류(김과 박, 2001)

표현방식	비유 분류
비유 표현 형태	– 그림 비유(pictorial analogy) – 언어 비유(verbal analogy) – 애니메이션 비유(animation analogy)
비유물 및 목표물의 대응 관계에 대한 설명 정도	– 단순 비유(simple analogy) – 무연 비유(enriched analogy) – 확장 비유(extended analogy)
비유물에 대한 설명 여부	– 비유물 설명 제시 비유 – 비유물 설명 부재 비유
비유 한계 언급 여부	– 비유의 한계 언급 비유 – 비유의 한계 비 언급 비유
비유 상황의 작위성 정도	– 일상적 비유 – 작위적 비유
비유 언급 여부	– 비유라는 용어 사용 – 비유라는 용어 미사용

5) 비유의 역할

비유의 역할은 다음과 같다(김영민, 2001).

- 친숙한 것을 이용하여 친숙하지 않는 것을 이해한다.
- 새로운 개념 구조의 생성을 돕는다.
- 개념의 재구조화를 돕는다.
- 개념을 가시화 할 수 있다.

6) 과학교육에서의 비유의 예

(1) 전압

전압에 대한 비유의 예는 표 5.3과 같다.

표 5.3. 미국의 중등과학 학습자료에 나타난 전압에 대한 비유

교과서	목표개념	비유물
Tracy et al. (1983)	전압 전류 세기 도선	수압 분수 세기 파이프
Fisk et al. (1974)	전지 전류 도선 스위치 전압	펌프 물의 흐름 파이프 밸브 수위 차
Williams et al. (1983)	두 전압 전하량	두 폭포의 높이 떨어지는 물

(2) 전기 저항

전기저항에 대한 비유의 예는 표 5.4와 같다.

표 5.4. 미국의 중등과학 학습자료에 나타난 전기 저항에 대한 비유

학습자료	목표개념	비유물
Tracy et al. (1983)	도선 저항 도선 굵기 도선 길이	파이프 파이프 속 장애물 파이프 굵기 파이프 길이
Fisk et al. (1974)	도선 저항 전류 전지	파이프 파이프 굵기 물의 흐름 펌프

(3) 빛의 진행

빛의 진행에 대한 비유의 예는 표 5.5와 같다.

표 5.5. 빛의 진행에 대한 비유(김영민, 2001)

목표 개념 (빛의 진행)	비유물 (병사들의 진행)
직선으로 그어진 경계선	빛의 경계면
소한 매질	매끈하고 편편한 곳
밀한 매질	울퉁불퉁 한 곳
파면에서 직각 진행	새로운 가로줄에서 직각 진행
밀한 매질에서 속도가 느려짐	울퉁불퉁 한 곳에서 속도가 느려짐
경계면에서 빛의 진행 속도비가 일정	경계면 통과 시 진행 속도비가 일정

(4) 인간이 만든 도구와 생물체 기관

인간이 만든 도구에 대한 비유의 예는 표 5.6과 같다.

표 5.6. 인간이 만든 도구와 생물체 기관의 비유(조희형, 1994)

목표 개념 (생물체 기관)	비유물 (인간이 만든 도구)
독수리 부리 – 딱따구리	절단기 – 망치와 끌
오징어의 혀 – 바닷가재의 턱	줄 – 펜치
따오기의 부리 – 조개	족집게 – 쇠지레
딱따구리의 혀 – 거머리	작살 – 톱
비버의 이빨 – 고래수염	손도끼 – 여과기

(5) 지각과 맨틀 구조

지각과 맨틀에 대한 비유의 예는 표 5.7과 같다.

표 5.7. 지각과 맨틀 구조에 대한 비유

학습내용	목표개념	비유물
유동질의 맨틀 위의 지각	지각과 맨틀	물 위의 나무도막
움직이는 지각	지각	나무토막
열대류 운동을 하는 고체의 맨틀	맨틀	물

7) 비유를 이용한 과학 수업

(1) 자이툰의 비유수업 일반모형

자이툰(Zeitoun, 1984)의 비유수업 일반모형(General Model of Analogy Teaching)은 루멜하트와 노만(Rumelhart & Norman, 1981)에 의해 제시된 도식 이론에 기반을 두고 그림 5.5와 같은 7단계로 되어있다(김과 박, 2001).

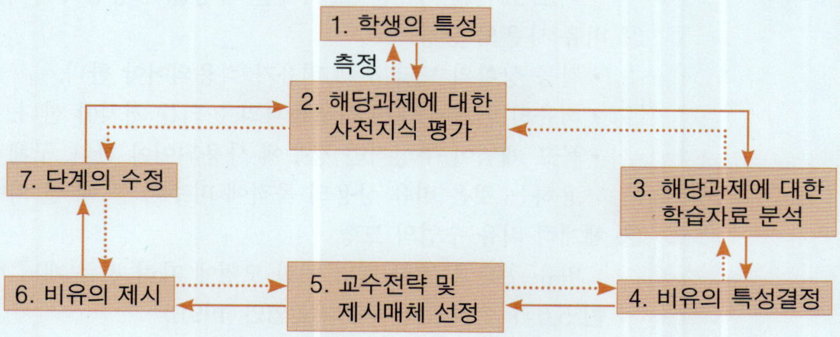

그림 5.5. 자이툰(Zeitoun, 1984)의 비유수업 일반모형.

(2) 조지아대학의 비유 수업

조지아대학의 비유수업 모형(Teaching-With-Analogy model)은 다음과 같은 여섯 단계의 구조를 가지고 과학수업에서 비유 사용에 대한 가치 있고 통찰력 있는 틀을 개발하였다.

- 목표 개념 도입(introduce target concept)
- 비유물 개념 상기(recall analogy concept)
- 개념간의 유사 특징 확인(identify similar features of concept)
- 유사 특징 투영(map similar features)
- 개념에 관한 결론 도출(draw conclusions about concepts)
- 비유 한계 지적(indicate where analogy breaks down)

(3) 체계적 비유 수업

김영민(1991)은 비유에 있어 비유물 조건과 비유 사용 상황에 따라 학생의 전류 개념에 대한 이해가 달라질 것으로 생각하고 두 측면의 조건을 고려한 비유를 체계적 비유로 정의하였다. 즉, 비유물로서의 조건과 비유 사용의 상황을 고려한 비유를 체계적 비유로 정의하였다. 이러한 체계적 비유는 인간의 지식을 확장시키는 도구로서 한 개념 구조를 다른 개념 구조로 모형 화하는 과정으로 과학사적 관점에서는 지식의 발견적 역할을 해왔다(박승재, 1995).

① 비유물의 조건(김영민, 1991)

- 비유물과 목표 모형이 가급적 유사한 대응 관계를 가져야 한다.
- 비유물은 학생의 사전 개념이 고려되어 그것을 변화시킬 수 있어야 한다.
- 비유물은 목표 모형보다 학생들에게 친숙해야 한다. 비유를 사용하는 중요한 목적 중의 하나는 친숙한 것을 친숙하지 않은 것에 관련지음으로써 학습에 도움

을 주고자 하는 것이기 때문이다.

- 비유물의 구조와 속성이 목표 모형에 비해 학생들이 이해하기 쉬워야 한다. 비유물의 속성과 구조 자체가 학생들이 이해하기 어려운 것이라면 학생들로서는 목표 모형을 학습하기 이전에 비유물에 대한 학습이 선행되어야 하기 때문이다.
- 비유물은 그림이나 모형으로 나타내질 수 있어야 하고 실제 학습에서도 그림 비유(pictorial analogy) 또는 모형 비유(model analogy)가 이루어져야 한다. 언어로 표현된 비유는 그 자체를 학생들이 상상하는데 어려움이 있다.

② 비유 사용의 상황

- 갈등 상황의 도달 후에 비유가 적용되어야 한다.
- 비유의 한계에 대해 학생들과의 논의를 거쳐야 한다.
- 목표 개념이 추상적인 경우에 사용되어야 한다. 구체적인 개념에 다른 비유를 사용하는 것은 비유 상용의 목적에 비추어 볼 때 별 의미가 없다.

③ 체계적 비유 수업의 모형

비유 추론을 통한 개념 변화 모형에 따라 전류 개념 변화를 위한 수업 절차를 그림 5.6과 같이 고안하였다(김영민, 1991).

선개념 확인 → 갈등상황 제시 → 토의 → 비유제시와 토의 → 개념적용

그림 5.6. 비유추론을 통한 개념변화 모형에 따른 수업절차.

나. 모형

1) 모형의 개념적 정의

모형은 이론을 표상화한 정신적 영상이자 구인으로 잘 알려져 있고(Chiappetta, et al., 1998) 비교적 친숙한 사물이나 과정 등을 말한다. 태양계를 빌려 원자의 구조를 설명한 러더포드(Rutherford, E. 1871~1937)의 원자설과 사다리 모양을 빌려 유전자의 구조를 나타내는 DNA가 이론을 기술한 것이 모형의 좋은 예이다.

실제 사물이나 사건 및 그것의 모형적 표현 사이의 관계는 모든 경우에 수학적 의미를 지닌 지도(map)로 이해될 수 있다.

이론은 추상적 속성이기 때문에, 구체적인 사물이나 현상 또는 가시적인 용어 어느 것으로도 나타낼 수 없고, 반드시 모형(model)이나 비유로 표현된다. 모형은 일반적으로 잘 알려져 있고 친숙한 사물·기제·과정 등을 말한다. 아래의 표에서 보여주듯이, 모형을 이용하면 새롭고 아직 알려져 있지 않은 복잡한 과학적 이론도 친밀하고, 단순하게 기술할 수 있다(조와 최, 2005).

2) 모형의 분류

학자에 따라 분류기준이 다르지만 과학교육에 적용되는 일반적인 모형의 예를 정리하면 표 5.8과 같다.

표현방식의 차이에 따라 분류하면 다음과 같다.

(1) **척도 모형(scale or iconic model)**

표 5.8. 모형의 특징과 실례

모형의 분류	특징	실례
척도(scale) 모형	모양과 구조는 같으나 그 크기만 다르다.	비행기, 자동차 모형
상사(analog) 모형	서로 비슷한 모양을 나타낸다.	DNA 구조, 원자 모형
이론(theoretical) 모형	과학자의 머리 속에 있는 구조나 추상적인 설명을 말한다.	DNA나 원자의 이론적 서술

원래 대상물과의 상대적 비율이 유지되도록 닮은꼴로 만들어진 물체 또는 과정이다.

예) 자동차, 비행기, 해부 모형

(2) 비유물 모형(analogue model)

관계 구조를 새로운 매체로 가급적 충실하게 생성하기 위해 고안된 물체 또는 과정이다.

예) 공-막대 모형

(3) 수학적 모형(mathematical model)

언어적이거나 다이어그램적 모형으로 이야기되는 경향으로 과학자들의 추상적인 설명 체계를 말한다.

(4) 원형적 모형(archetypal model)

주어진 생각자(given thinker)가 묘사하는 방식에 의해 아이디어들이 체계적으로 목록화 된 것이다.

예) 레빈의 장 모형(Lewin field model) : 이론적 모형으로서 형태심리학에서 의도와 행동으로 관계를 나타나는 설명체계를 장 모형이라 하며 그림으로 나타낼 수 없다.

3) 학생들의 전류에 대한 모형

학생들이 전류 보존 개념을 가지기 위해서는 확장형 개념 변화가 일어나든지 혁명형 개념 변화가 일어나야 한다. 사전에 과학자적 개념을 가진 학생들에게는 확장형 개념 변화가 일어나도록 지도되어야 하고, 사전 개념이 전류 소모 생각이나 전류 불변 생각을 가진 학생들에게는 혁명형 개념 변화가 일어나도록 지도되어야 한다(김영민, 1991).

(1) 전류의 흐름 : 전류라는 것이 어떤 물질이거나 에너지여서 회로를 흐르면서 전구와 같은 저항을 만나면 일부가 없어지거나 다른 것으로 바뀌면서 빛을 낸다고 생각하는 학생이 있다(그림 5.7).

(2) 전류의 저항 : 오로지 (+)쪽의 전선만 활동적이고 (−)쪽 전선에는 전류가 흐르지 않는다고 생각하는 학생이 있다(그림 5.7a).

(3) 전류의 충돌 : 전지의 (+)극과 (−)극에서 각각 (+)전류와 (−)전류가 흘러나와서 전구에서 충돌하면서 불이 켜지는 것으로 생각하는 학생이 있다(그림 5.7b).

(4) 전류의 소모 : 전류가 전지로부터 나와서 순차적으로 저항들을 지나가면서 저항의 영향을 받는다고 생각하는 학생이 있다(그림 5.7c).

(5) 전류의 분배 : 전지에 있는 전류가 회로의 여러 전구에 골고루 분배된다고 생각하는 학생이 있다(그림 5.7d).

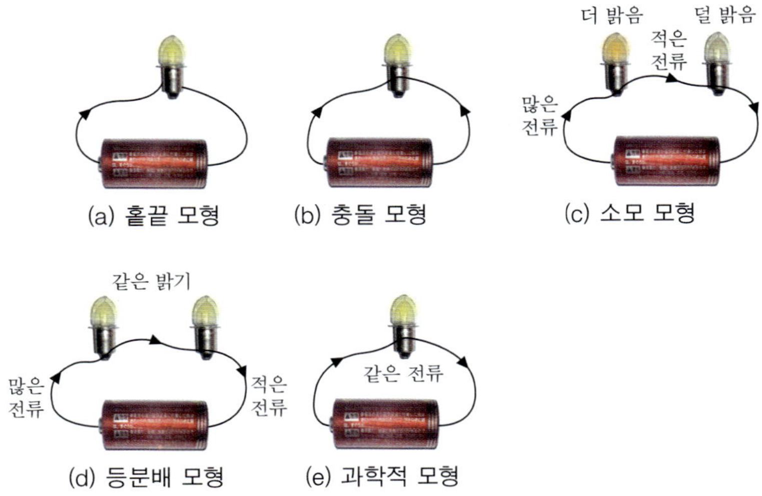

그림 5.7. 학생들의 전류에 대한 모형(개념틀) (김영민, 1991).

5.2. 학습지도 모형

학생의 학습을 고려한 교육활동에 대한 이론 및 모형을 지칭할 때, 우리는 일반적으로 학습모형, 교수-학습모형, 수업모형, 교수모형 등의 용어를 혼용하여 사용하고 있다. 여기에서는 송 등(2003)이 제시한 것과 같이 '학습지도 모형'이라는 용어를 사용하고자 한다. 이는 교사의 교수활동이 학생의 학습활동과 본질적으로 구분될 수 없으며 교육 행위의 중심에는 교수가 아닌 학습이 위치해야한다는 인식에 기초하고 있다. 따라서 교수활동은 기본적으로 학습지도를 위한 활동에 해당한다.

5.2.1. 학습지도 모형의 정의와 종류

가. 학습지도 모형의 정의

학습지도 모형이란 특정한 상황에서 이루어지고 있는 복잡한 수업 현상을 간단하게 체계화해 놓은 조직체라고 할 수 있다. 따라서 교사의 입장에서 보면 학습지도 모형은 곧 자기가 그 지식을 알게 된 경로를 밟아 가르친다는 것을 의미한다. 이런 점에서 학습지도 모형에 대해 충분히 이해하고, 특정 지식을 가르칠 때 따라야 할 과정은 그 지식의 처리 과정과 연결 지어 관계 지울 수 있다는 것은 교사가 갖추어야 할 제일의 요건이라고 본다.

이처럼 학습지도 모형은 가르칠 내용과 대상에 따라 여러 가지 형태로 나타날 수 있고 또 특정 수업 시간의 상황에 따라서도 변형될 수 있다. 과학교육에 필요한 학습지도 모형에 한정하여 그들의 특성을 알아보면, 과학의 특징은 다음과 같이 몇 가지로 생각할 수 있다.

1) 과학은 자연 현상의 규칙을 탐구하는 활동이다.

2) 과학은 활동은 일상생활에서 늘 행해지고 있다.

3) 과학은 관찰한 자료에 기초를 두고 있다.

4) 과학은 정보 처리 과정을 중요시하고 있다.

이와 같은 특징에 비추어 볼 때 과학교육에서 강조해야할 교육 내용은 과학의 과정 즉 탐구 과정과 그 결과로 생성된 지식 즉 과학 개념임을 알 수 있다. 과학의 이러한 특성에 근거해 과학과 학습지도 모형도 탐구 과정 중심의 수업 모형과 개념 중심 수업 모형으로 크게 분류해 볼 수 있다. 그러나 탐구 과정과 지식은 동전의 앞뒷면처럼 절대 상호 보완의 관계에 있다고 할 수 있다. 그것은 지식이 없는 과정은 존재 자체가 불가능하며 과정이 없는 지식은 공허하기 때문에 결국 탐구나 개념의 어느 한쪽에 비중을 더 둔 모형은 있을 수 있겠으나 전적으로 탐구 교육만을 혹은 개념 교육만을 위한 학습지도 모형은 존재하지 않는다.

나. 과학과 학습지도 모형의 종류

학습 지도모형은 관점에 따라 매우 다르게 구분할 수 있다. 김찬종 등(1999)은 과학 학습모형이라는 명칭 아래 '일반 교수·학습 모형', '경험 학습모형', '발견 학습모형', '탐구 학습모형', '순환 학습모형', '개념변화 학습모형', '과학-기술-사회 교수 학습모형' 의 7가지를 구분하였다. 정완호 등(1997)은 과학과 수업모형이라는 명칭 아래 '인지갈등 수업모형', '발생학습 수업모형', '순환학습 수업모형', '가설검증 수업모형', '발견학습 수업모형', 'STS 모형' 의 6가지를 제안하고 있다. 한편 조와 박(1999)은 과학 수업모형이라는 명칭 아래 '과학개념 수업모형', '과학적 사고 수업모형', '과학적 태도 수업모형' 의 세 범주를 두고, 처음 두 범주를 각각 '개념형성 모형·개념분화 모형·개념교환 모형' 과 '논리적 사고 수업모형·창의적 사고 수업모형·사고 실험 수업모형' 으로 세분화하고 있다.

현재 과학 교육계에서 자주 인용되는 대표적인 학습지도 모형 6가지의 배경과 특징은 **표 5.9**와 같다.

표 5.9. 학습지도 모형의 배경과 특징(송진웅 등, 2003).

학습지도 모형	이론적 배경	특징
일반	글래저의 수업이론	- 특정 학습이론에 근거하기보다는 체계적이고 효과적인 학습지도를 위해 바람직한 수업과정의 흐름을 제시하고 있다.
발견	경험주의적 과학철학	- 암스트롱의 발견법(heuristics)이나 Schwab의 과학탐구이론의 정신을 브루너의 학습이론과 결합시켜 제시하고 있다.
가설검증	포퍼의 반증이론	- 귀납적 방법과 연역적 방법을 부정하며 과학의 본질을 현상에 대한 가설의 설정과 이에 대한 검증이라는 입장을 취한다.
순환	피아제의 인지발달론	- 피아제의 인지발달론에 기초한 1970년대 SCIS 프로그램 이후 다양한 이론을 수용하면서 학생 스스로 구체적 경험을 통해서 개념을 획득하고 사고력 신장을 돕기 위한 탐구 지향적 학습 모형이다.
개념변화	구성주의 인식론	- 오슈벨의 유의미학습론과 하슈웨의 개념변화 이론 등 개념 변화를 위한 인지갈등과 관련된 구성주의적 관점으로 구성된다.
STS	STS 교육사상	- 특정 인식론적 심리학적 관점을 반영한다기보다 과학교육의 내용에 실생활의 문제를 중심으로 가르치고 학생의 의사결정능력과 문제해결력을 향상시켜야 한다고 주장한다.

5.2.2. 개념변화 학습지도 모형

1980년대 이후 활발하게 연구된 학생들의 선개념에 대한 연구는 여러 측면에서 매우 충격적인 결과를 보여주었다. 그것은 학생들은 과학을 배운 후에도 여전히 많은 오개념을 가지고 있으며, 이러한 오개념은 과학 학습에 심각한 장애요인으로 나타나는데 자연현상의 선험적 경험에 의해 획득된 오개념들은 한두 시간의 전통적 교수 전략과 교수법에 의해서는 효과적으로 가르칠 수 없다. 따라서 이러한 개념은 인지적 모순을 야기한 다음 이미 파지하고 있는 직관적 관념에 상충되는 현상과 사실을 보여주고 그것을 이해시키는 교수법을 통해서만이 유의미하게 학습시킬 수 있다. 이러한 수업 모형을 가리켜 개념변화 학습(Conceptual Change Learning)이라고 부른다.

개념변화 학습을 위해서는 학생들 스스로가 자신의 오개념을 과학적 개념으로 바꾸어야 한다. 그러나 학생들은 자신의 생각을 쉽사리 바꾸지 않는다. 따라서 학생들의 생각을 바꾸기 위해서는 다음과 같은 특정한 조건이 만족되어야 한다.

① 자신의 생각에 불만을 가진다(dissatisfaction).

② 새로운 개념을 이해할 수 있다(intelligent).

③ 새로운 개념이 옳은 것 같다(plausible).

④ 새로운 개념이 활용 가능성이 많다(fruitful).

개념변화를 촉진하기 위하여 인지갈등(cognitive conflict) 전략을 중심으로 사용하는 모형을 특별히 인지갈등 학습지도 모형이라고 할 수 있다(송 등, 2003).

가. 개념변화의 인지발달 모형

인지적 갈등 전략은 학생들이 자신의 선입 개념에 의해서 설명할 수 없는 현상에 직면했을 때, 자신의 생각이 잘못된 것임을 명료하게 인식시켜 주는 교수 전략이다.

피아제는 학습자가 가지고 있는 인지 구조의 변화를 지적인 평형화(equilibration) 과정으로 설명하고 있다(정완호 등, 1997). 이것을 도식화하면 다음 그림 5.8과 같다.

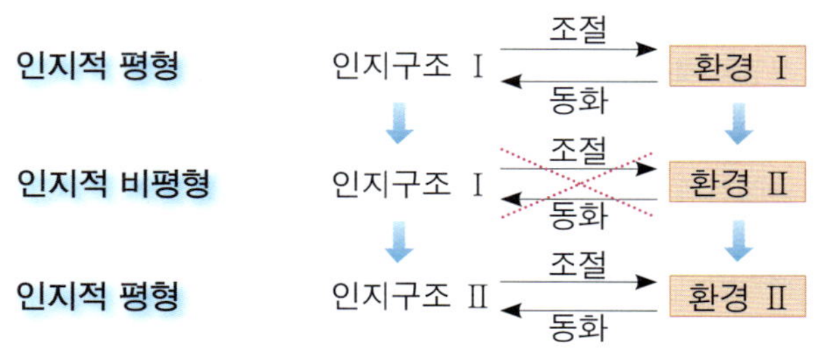

그림 5.8. 피아제의 인지발달 모형(정완호, 1997).

이 모형에 의하면 인지구조와 자연 환경(학습 내용) 사이의 인지적 상호작용을 조절(accommodation)과 동화(assimilation)로 설명된다. 이 조절과 동화는 한 개의 인지 과정에서 적응의 두 가지 측면이다. 조절과 동화가 원만히 일어나는 상태를 인지적 평형(cognitive equilibrium) 상태라고 한다.

만약 어떤 학습 내용이 학습자가 이미 가지고 있는 인지 구조로서는 도저히 설명되지 않는 새로운 내용이면, 인지 구조와 그 내용 사이에 의미 있는 상호작용 즉, 조절과 동화가 이루어지지 않는다. 이러한 상태를 인지적인 비평형(cognitive disequilibrium) 또는 갈등(conflict) 상태라고 부른다. 이 갈등상태는 피아제의 이론에서 매우 큰 비중을 차지한다. 이 비평형 상태는 내적인 동기 유발에 필수적인 것이고 새로운 인지 구조의 형성에 필수적으로 선행되어야 할 과정이다. 그러나 피아제의 인지 발달 모형의 문제점을 살펴보면 다음과 같다.

1) 비평형 상태에서 평형 상태로 이행하는 과정이 불분명하다.

2) 인지 변화 과정이 (평형–비평형–평형) 너무 단순한 도식이다.

3) 피아제의 모형은 인지 구조와 학습 내용과의 갈등 관계는 강조하지만 인지 구조 자체의 갈등 관계는 고려하지 않고 있다.

나. 하슈웨의 인지갈등 학습지도 모형

하슈웨(Hashweh)는 피아제의 인지구조 변화 모형을 대체적으로 사용하면서 그림 5.9와 같이 수정을 가하였다.

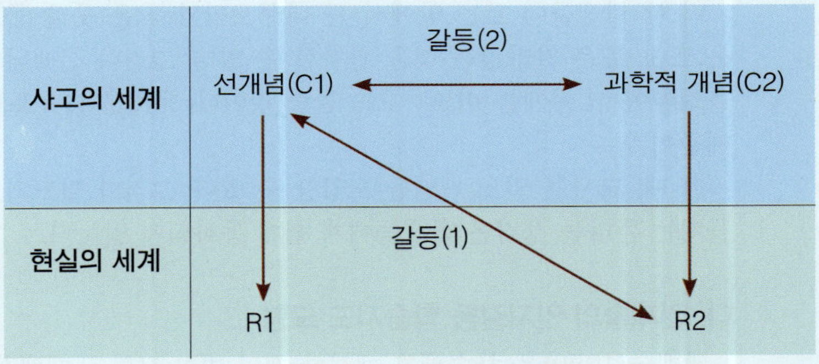

그림 5.9. 하슈웨의 인지갈등 학습지도 모형(정완호, 1997에서 변형).

이 모형에 의하면 선개념(C1)으로는 설명되지 않는 현상 R2가 나타났을 때, C1과 R2 사이에 갈등이 생긴다. 이 갈등의 해소를 위해서 새로운 개념 C2가 도입된다. 이 C2에 의해서 R2를 설명할 수 있다. 그러나 C2를 학습자의 인지 구조 속에서 받아들여지기 위해서는 C1과 R2 사이에는 갈등 관계가 아니라 C1과 C2 사이의 갈등 관계가 해소되지 않으면 안 된다. 다시 말해서 C1과 C2 사이의 갈등 관계의 설정이 이 모형의 특징이라고 할 수 있다.

그 예를 다음과 같이 들 수 있다.

C1 : 모든 나무는 나이테를 갖고 있다.
R1 : 주변에서 흔히 보는 나이테를 갖고 있는 나무
R2 : 대나무는 나이테를 갖고 있지 않다.
C2 : 외떡잎식물은 나이테를 갖고 있지 않다.
갈등 1 : C1 ↔ R2 모든 나무가 갖고 있다는 나이테가 대나무에는 적용되지 않음
갈등 2 : C1↔C2 모든 나무에 속하지 않는 외떡잎식물 등장

새로운 개념 C2가 수용될 수 있는 조건으로서 포스너 등(Posner et al., 1982)은 다음 네 가지 조건을 제시하고 있다.

- 갈등 관계의 존재 : 기존 개념으로 설명하지 못하는 현상이나 내용이 제시되어야 한다.
- 명료성 : 새로운 개념은 학습자가 이해할 수 있을 정도로 명확해야 한다.
- 개연성 : 새로운 개념은 학습자가 심도 있는 분석 이전에 그럴듯하게 보여야 한다.
- 효과성 : 새로운 개념을 도입하여 사용해 봄으로써 기존 개념의 사용으로는 얻을 수 없는 효과를 얻거나 지적인 만족이 있어야 한다.

하슈웨의 인지갈등 학습지도의 예를 하나 더 보면 다음과 같다.

중학교 1학년 학생들에게 물체가 물에 뜨거나 가라앉는 것을 결정하는 요인이 무엇인지 물으면, 대부분의 학생들은 '무게' 라고 답한다.

이 때 학생들이 보는 앞에서 큰 나무토막과 작은 못을 물에 넣는다. 그들은 쉽게 나무토막은 뜨고 못은 가라앉는 것을 관찰할 수 있다. 그러나 선생님의 지시에 따라 양손에 두 물질을 올려놓아 그 무게를 비교하고는 놀랄 것이다. 무거운 나무토막은 뜨고, 가벼운 못은 가라앉기 때문이다.

이 때, 교사는 밀도 개념을 도입할 수 있다. 그러나 밀도가 물보다 큰 물체는 가라앉고 작은 물체는 뜬다는 생각은 학생들에게 쉽게 동화되지 않는다.

다. 권재술의 인지갈등 학습지도 모형

권재술(1989)은 하슈웨가 제시한 개념 변화 모형을 대체적 수용하면서 그림 5.10에서 보는 바와 같이 C2와 R1 사이의 갈등을 하나 더 추가하여 설정했다는데 그 의미가 있다. 여기서 인지구조 C1은 학습자가 현재 가지고 있는 개념이다. 그 개념이 경우에 따라서는 오개념일 수도

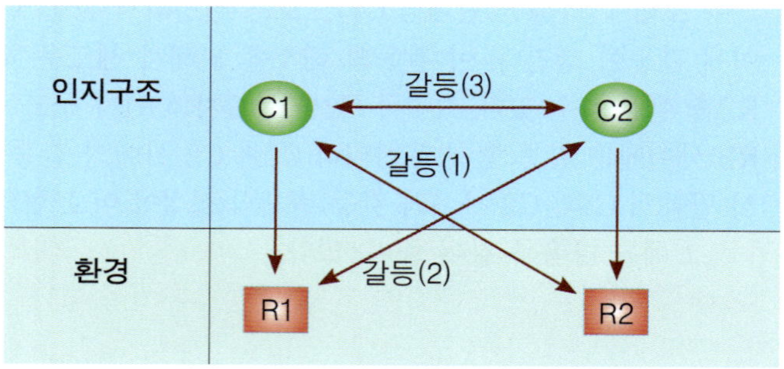

그림 5.10. 개념변화의 인지적 모형(권재술, 1989).

있고, 또한 오개념은 아니지만 좀 낮은 수준의 개념일 수도 있다. 인지 구조 C2는 새로 학습해야 할 개념이다. 이 개념은 일반적으로 과학자나 교사가 가지고 있는 개념이라고 할 수 있다.

그러나 교사가 가지고 있는 인지 구조와 동일하지만 엄격히 말하여 교사의 인지 구조를 말하는 것이 아니고, 학습자의 머리 속에 들어있는 학습자의 인지 구조가 C2이다.

자연현상이라 함은 실제의 자연 현상일 수도 있고 실제 자연 현상의 인위적인 표현일 수 있다. 인위적인 표현이라 함은 교과서에 있는 내용이나 교사가 강의하고 있는 내용 등 학습자가 배워야 할 내용이다. 이 내용은 C2와는 다르다. 왜냐하면 C2는 학습자가 가지고 있는 개념 즉, 학습자의 인지 구조이나 학습 내용은 자연, 교과서, 교사가 가지고 있는 개념을 의미한다. 따라서 교사가 가지고 있는 인지구조는 C2가 아니라 R2가 된다.

권재술은 개념 변화의 유형에 따라 나타나는 갈등 유형도 다르다고 주장한다. 그는 개념 유형을 세 가지로 나누고 각각의 경우 나타날 수 있는 갈등의 종류를 다음과 같이 설명한다(**그림 5.11**).

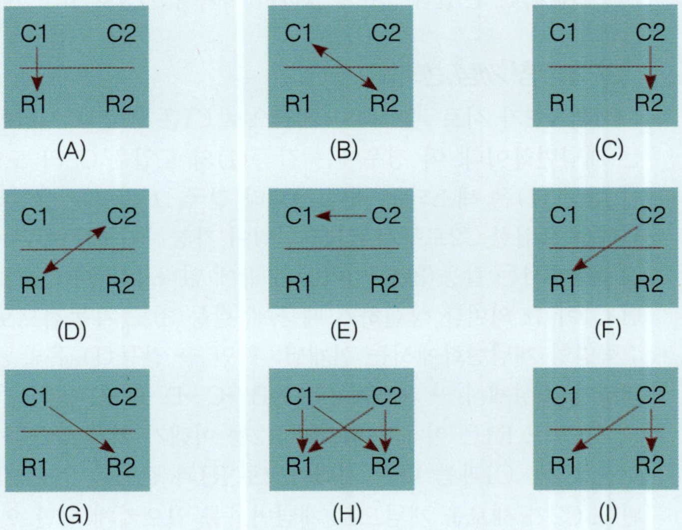

그림 5.11. **개념변화의 인지적 과정 요소(정완호 등, 1997). ↔ : 갈등을 일으키고 있는 것을 의미함. → : 갈등이 해소되고 이해되는 것을 의미함.**

1) 확장형 개념 변화($C1 < C2$)

이 경우는 새로 학습해야 할 개념이 기존의 인지구조에 가지고 있는 개념에 비하여 상위 수준이며, 기존 개념을 포함하고 있는 경우다. 즉, C2는 C1에 비하여 보다 일반화된 개념 혹은 인지구조로서 C2만이 인지구조에 남게 된다. 갈등(1)의 해소가 중요하며 갈등(2)은 거의 존재하지 않는다.

이 유형에서는 선개념 확인 → 갈등(1) 유발 → 개념도입 → 개념간의 관계 제시 → 개념의 적용 (A→B→C→F→I) 순서로 나타난다. C1으로 R1은 이해가 되지만 R2는 이해가 되지 않는다. R2를 설명하기 위한 확장된 개념인 C2가 도입되게 되고 확장된 개념인 C2는 R1까지도 설명할 수 있는 새로운 개념이 된다.

예) 천칭의 원리에서 무거운 쪽으로 기운다(C1) ⇒ 무게×거리가 큰 쪽으로 기운다(C2).
연직 상방 또는 연직 하방 운동(C1) ⇒ 포물선 운동의 특수 한 경우(C2)

2) 상호 전환형 개념 변화(C1 ↔ C2)

상호 전환형은 C1과 C2가 같은 개념이면서 표현형태가 다를 때, 그 두 개념사이의 관련성을 밝힘으로써 일어나는 개념변화이다. 이 경우에는 C1과 C2가 비교적 대등한 관계에 있기 때문에 갈등(1)과 갈등(2)이 다 같이 중요한 문제로 대두되며, C1과 C2는 상호 보완적인 관계에 있게 된다.

이 유형에서는 선개념 확인 → 갈등(1) 유발 → 개념도입 → 갈등(2, 3) 유발 → 개념간의 관계제시 → 개념적용(A→B→C→D→E→F→G→H) 순서로 나타난다.

C1으로 R1은 이해가 되지만 R2는 이해가 되지 않는다. R2를 설명하기 위한 C2가 도입되지만, C2는 C1과는 서로 다른 개념이므로 R1과 갈등을 일으키고 C1과 C2 또한 갈등을 일으키게 된다. 그러나 C1과 C2는 표현형태만 다른 같은 개념이므로 두 개념사이의 관련성을 밝히게 되면 C2는 R1과 R2를 서로 설명할 수 있게 된다.

예) Coulomb의 법칙(두 입자 사이에 작용하는 힘)과 Gauss의 법칙(도체 내부의 전기장 계산)은 본질적으로 동일하며 수학적인 상호 유도 가능하다.

3) 혁명형 개념 변화(C1 → C2)

C1과 C2가 서로 배타적인 개념으로 C1은 주로 오개념이므로 C2로 대체되면 C1이 소멸되는 개념변화이다. 이 경우에는 갈등(1)의 도입은 C2의 도입을 위해서 필수적인 것이다. 그러나 갈등 (1)은 해소되는 것이 아니라 결국 그 의미를 상실하게 된다. 왜냐하면 R2를 설명하기 위해서 도입한 C2로부터 R1도 설명이 가능하기 때문이다. 학습의 초기 단계에서 학습자의 인지구조에서는 갈등(3)도 일어날 수밖에 없다. 그러나 C2가 인지구조 내에 완전히 정착하게 되면 C1이 그 의미를 상실하기 때문에, 갈등(3)도 자동적으로 소멸하게 된다.

혁명형 개념변화에서는 선개념 확인 → 갈등(1) 유발 → 개념도입 → 갈등(2, 3) 유발 → 개념의 특성제시 → 개념적용(A→B→C→D→E→F→I) 순서로 나타난다.

C1으로 R1은 이해가 되지만 R2는 이해가 되지 않는다. R2를 설명하기 위한 C2가 도입되지만, C2는 C1과는 다른 개념이므로 R1과 갈등을 일으키고 C1과 C2 또한 갈등을 일으키게 된다. C2가 새로운 개념으로 개념변화를 일으키게 되면 오개념이었던 C1이 소멸되면서 R2는 물론 R1까지 이해가 가능하다.

예 1) 지구과학 (천동설과 지동설)

C1 : 천동설–지구를 중심으로 다른 천체들이 운동을 함.
R1 : 해(달)가 뜨고 지는 현상. 별의 일주 운동.
C2 : 지동설 도입. -> R1, R2 모두 설명이 가능함.
R2 : 금성의 위상변화. -> C1으로는 설명이 안 됨.

예 2) 생물 (줄기와 뿌리 구분)

C1 : 뿌리는 땅 속에서 자라고 줄기는 땅위에서 자람.
R1 : 보통의 줄기와 뿌리.
C2 : 전체적인 모양이 뾰족하고 잔털이 많으면 뿌리이고 그렇지 않으면 줄기.
R2 : 줄기의 변형: 지하경, 다육질 줄기, 감는 줄기, 비늘줄기 등.

라. 드라이버의 개념변화 학습지도 모형

드라이버(Driver, 1987)의 개념 변화 학습지도 모형은 학생들이 자신들의 생각을 표현하고, 재구성하며, 재구성한 생각의 타당성을 평가하며, 재구성된 생각을 응용하고 검토하는 단계로 이루어져 있다(그림 5.12).

그러나 개념 변화 학습 모형은 과학의 모든 내용에 적용 가능한 것이 아니며, 비교적 많은 학생들이 오개념을 가지고 있는 내용을 가르칠 때 사용해야 한다. 일상생활에서 자주 접하는 자연현상과 관련된 내용에 대해서 학생들은 오개념을 가지고 있는 경우가 많다. 예를 들면, 날씨, 우주, 연소, 힘과 운동, 유전, 지구관 등에 대한 내용 등이 그것이다.

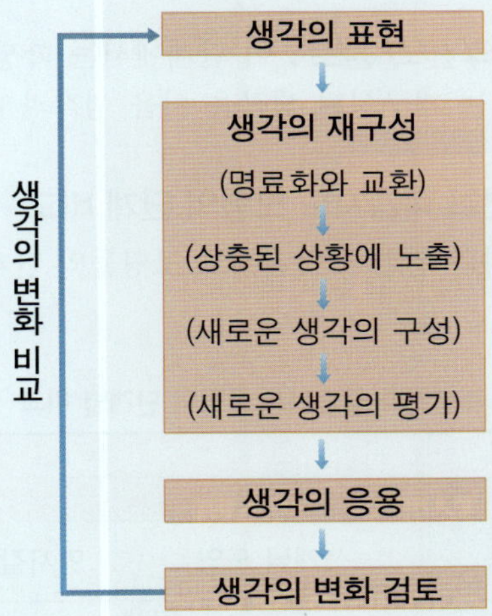

그림 5.12. 드라이버의 개념변화 학습지도 모형의 단계(송진웅 등, 2003).

1) 생각의 표현 : 이 단계에서는 학생들이 학습할 내용과 관련된 각자의 생각(오개념)을 표현한다. 교사는 학습 내용과 관련된 현상이나 예를 제시하고, 학생들은 이를 관찰하고, 자신의 언어로 설명하도록 한다. 학생들은 자신의 생각을 정리하여 기록장에 적도록 한다.

2) 생각의 재구성 : 이 단계는 다시 여러 가지 하위 단계로 세분되는데, 첫 번째 하위 단계인 '명료화와 교환' 에서는 학생들이 자신의 생각을 서로 발표하도록 한다. 학생들은 다른 학생들의 생각에 비추어 자신들이 가지고 있는 생각의 의미를 명료화하여 서로의 생각이 가지고 있는 장점과 단점을 생각해 볼 기회를 가질 수 있다.

이어지는 '상충된 상황에 노출' 단계에서는 학생들의 생각과 상충되는 현상이나 사건을 제시한다. 그러므로 학생들은 자신의 생각으로 부족하다는 것을 인식하게 되고, 자신의 생각을 바꾸려는 동기가 나타나게 된다.

'새로운 생각의 구성' 단계에서는 자신의 부족한 생각을 대체할 수 있는 새로운 생각을 구성한다. 학생들이 스스로 새로운 과학적 생각을 구성할 수 있는 경우는 그다지 많지 않다. 따라서 학생들 스스로 구성하기 어려운 과학 개념은 교사가 제시해 주어야 하며, 이 때 제시되는 과학 개념은 학생들이 쉽게 이해할 수 있어야 하고, 학생들의 생각과 비교할 때 어떤 장점이 있는지를 잘 드러나게 계획을 세워서 제시해야 한다. 새로운 생각의 구성이나 도입이 이루어지면 그 다음에는 새로운 생각이 얼마나 타당한지를 평가하게 된다. 새로운 생각의 평가에서 유의해야 할 점은 학생이 얼마나 성취하였는지를 알아보는 것이 아니라, 새로운 생각이 얼마나 적절한지를 평가하는 것이다. 평가를 위해서는 특정한 상황을 이용하게 되며, 새로운 생각이 이 상황을 설명하는 데 얼마나 적절한지를 느껴볼 수 있는 기회를 제공하여야 한다. 즉, 새로운 생각의 평가 단계를 통해서 학생들은 새로운 생각이 옳다는 것을 충분히 인식하게 된다.

3) 생각의 응용 : 이 단계는 학생들에게 새로운 소재나 상황을 제시하여 재구성한 생각을 적용하게 한다. 이 과정은 새로운 생각이 얼마나 활용 가능성이 많은지를 인식하게 된다.

4) 생각의 변화 검토 : 이 단계에서는 학생들의 생각이 어떻게 어느 정도 변화되었는지를 검토한다. 이는 재구성된 생각을 처음 생각과 비교하여 알 수 있다.

마. 개념변화 학습지도 모형의 단계 비교

개념변화와 관련된 학습지도 모형들의 단계를 비교하면 표 5.10과 같다.

표 5.10. 개념변화 학습지도 모형의 단계별 비교

<table>
<tr><th rowspan="2">학습지도 모형의 종류</th><th colspan="7">단계</th></tr>
<tr><th colspan="2">1</th><th>2</th><th colspan="2">3</th><th colspan="2">4</th></tr>
<tr><td>인지갈등</td><td colspan="2">선개념 도입</td><td>인지갈등 유발</td><td colspan="2">과학적 현상 제시 및 개념 도입</td><td colspan="2">개념 적용</td></tr>
<tr><td>순환</td><td colspan="3">탐색</td><td colspan="2">개념 도입</td><td colspan="2">개념 적용</td></tr>
<tr><td rowspan="2">드라이버의 개념변화</td><td rowspan="2">생각의 표현</td><td colspan="4">생각의 재구성</td><td rowspan="2">생각의 응용</td><td rowspan="2">생각의 변화 검토</td></tr>
<tr><td>명료화와 교환</td><td>상충된 상황에 노출</td><td>새로운 생각의 재구성</td><td>새로운 생각의 평가</td></tr>
<tr><td>초인지</td><td colspan="2">학습자의 사전개념</td><td>정보제시에 의한 갈등상황</td><td colspan="2">갈등해소를 위한 학습활동</td><td colspan="2">학습자의 새로운 개념</td></tr>
</table>

5.2.3. 순환 학습지도 모형

순환 학습지도 모형은 원래 카플러스(Karplus, 1977)가 주도한 과학 교육과정 개선 연구(Science Curriculum Improvement Study : SCIS)에서 초등 과학 프로그램의 교수 학습 모형으로 제시하였으며, 레너(Renner, 1982)가 그것을 중등학교 과학 지식의 교수 학습 모형으로 수정하였고, 이것을 다시 로손(Lawson, 1995)이 학생들의 오개념(misconception)을 과학자의 지식으로 바꾸어주기 위해 구성주의적 아이디어를 도입하여 수정·발전시켰다.

순환 학습지도 모형은 학생 스스로 구체적인 경험을 통해서 과학의 기본 개념 학습을 촉진시키고 사고 기능 개발을 촉진하기 위해 도입된 탐구 지향적 학습지도 모형으로 처음에는 탐색(exploration), 발명(invention), 발견(discovery)의 3단계로 구성되었으나, 나중에 탐색(exploration), 개념 도입(concept introduction), 개념 적용(concept application)으로 이름이 바뀌었으며(김찬종 등, 1999), 피아제의 발달 심리학과 오슈벨의 유의미 학습 이론과도 일

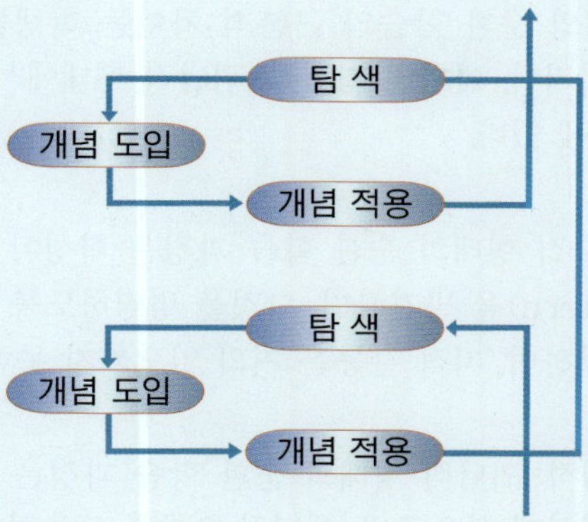

그림 5.13. 순환 학습 모식도(김찬종 등, 1999).

치한다(그림 5.13).

가. 순환 학습의 조건

순환 학습은 학생들이 가지고 있는 선개념(preconceptions)을 노출시키고 그것을 검증할 수 있는 생각들을 자유롭게 토론하는 상황을 지향하며, 학습 과정에 대하여 다음과 같은 가정을 전제로 하고 있다(Lawson et al., 1989).

1) 인간은 개인적으로 자연현상에 대한 신념들을 형성해 가는데 그 일부는 과학적 이론과 다른 경우가 있다.

2) 오개념은 학습에 의해서 과학적 개념을 형성하는 데 방해가 될 수 있다.

3) 오개념의 제거는 학생들이 바로 자신의 오인이 과학적 개념과 차이가 있다는 것을 인식할 때만이 가능하다.

4) 사고력의 발달은 지적 갈등을 경험하고, 그 갈등 해소를 위한 노력을 할 때 비로소 이루어진다.

5) 논쟁을 통하여 특수한 사고의 내면화가 이루어진다.

6) 순환 학습은 탐구, 용어 도입, 개념 도입, 개념 응용이라는 3단계로 이루어진 수업의 한 방식이다.

7) 순환 학습은 학생들이 가지고 있는 선개념, 개념적 오류 등을 표현하는 기회를 제공한다. 지적 비평형을 경험케 하여 새로운 타당한 개념 형성과 사고 발달을 촉진하는 기회가 된다.

8) 순환 학습에는 3가지 형태(서술적, 경험-귀납적, 가설-연역적)가 있는데, 이들 3형태는 지적 갈등을 일으키거나 사고력의 변화를 촉진시키는 효과가 다르다.

9) 형태의 순환 학습의 근본적 차이는 학생들로 하여금 순전히 서술적 형태에서 데이터만 수집케 하거나, 아니면 경험적·귀납적 형태에서 대안 개념을 검증(가설 검증)하는 경향을 제공하느냐에 있다.

10) 서술적 형태의 순환 학습 과정은 학생이 자연 일부분을 관찰케 하고, 그곳에서 간단한 규칙(pattern)을 발견하며, 그것을 명명하도록 고안되어 있다. 이 형태는 단지 서술적 사고 기능을 요구하며, 지적 갈등은 거의 일으키지 못한다.

11) 경험적·귀납적 형태의 순환 학습 과정은 학생들로 하여금 자연현상(또는 사물)을 서술하고 설명하게 함으로써, 개념적 오류를 표출하게 하고, 논쟁 혹은 갈등이 발생하게 되며, 형식적 사고 유형의 발달을 자극한다.

12) 가설-연역적 형태는 자연현상을 설명하는 즉각적이고도 명료한 대안 개념 또는 가설을 제안하도록 자극한다. 또한 그 대안 개념 또한 가설 검증 과정에서 형식적 사고 유형을 요구한다.

나. 순환 학습지도 모형의 특징

순환 학습지도의 3단계는 서로 단절적인 것이 아니라 순환적이며, 반복적으로 이루어진다. 이러한 순환 학습지도의 특징을 간단히 정리하면 다음과 같다

1) 피아제의 인지 발달 이론에 바탕을 두고 탐구적 학습 활동을 통해 인지 구조의 변화를 촉진시킬 수 있도록 학습 내용을 조직한다.

2) 이미 알려진 개념에 대한 확인, 검증 실험의 전통적 학습 방법과는 달리 새로운 개념의 형성 또는 개념 변화를 목표로 한다.

3) 구체적 경험을 제공하여 구체적 조작기 또는 과도기에 있는 학생들 모두에게 효과적 학습이 가능하다.

다. 순환 학습지도 모형의 단계

순환 학습지도 모형은 그림 5.14와 같이 세 단계, 즉 탐색(exploration), 개념도입(concept introduction), 그리고 개념적용(concept application)으로 구성되어 있다. 순환학습에서 '순환' 이라는 말을 쓴 것은 탐색, 개념도입, 개념적용의 3단계가 하나의 고리를 이루어져 이어지고, 이러한 고리가 다시 다음 과정으로 되풀이되기 때문이다.

1) 탐색 단계(exploration phase) : 학생들에게 직접적인 경험을 충분히 주는 단계이다. 학생들은 교사의 안내를 최소한으로 받으면서 자유롭게 제시된 학습자료를 탐색한다. 이 학생 활동을 통하여 자료와 친숙해지면 자료와의 구체적인 상호작용과 경험을 하게 된다. 이 경험은 다음 단계 학습을 위한 중요한 기반이 된다.

탐색 단계에서 학생들에게 인지적 갈등을 일으키는 것이 매우 중요하다. 인지적 갈등을 통하여 인지적 비평형 상태에 빠지게 되면 학생들은 이 비평형 상태를 해소하기 위한 노력을 하

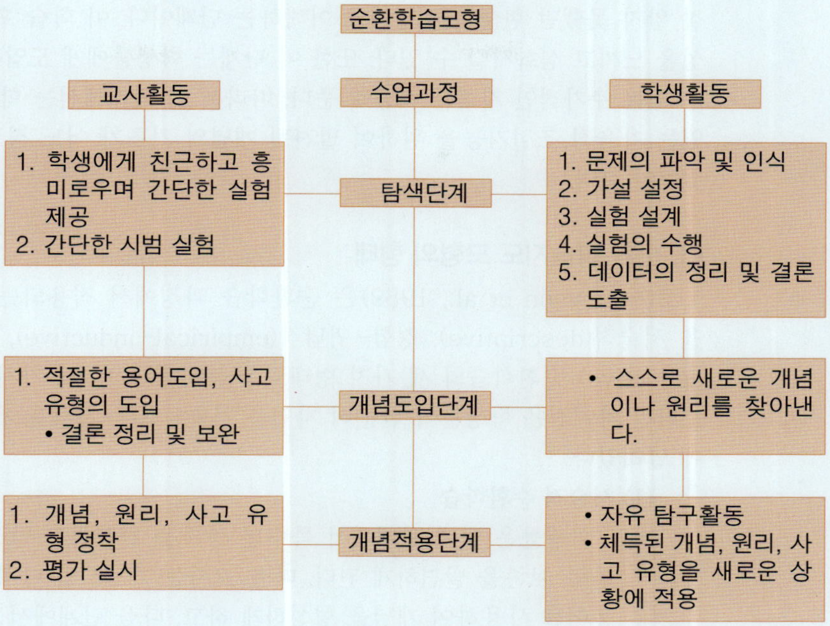

그림 5.14. 순환 학습지도에서 교사와 학생의 단계별 활동(정완호, 1997).

게 된다. 따라서 탐색 단계에서 제시되는 학습자료는 학생들에게 너무 익숙하거나 또는 지나치게 생소한 것이어서는 안 되며, 탐색 활동을 통해서 학생들이 의문을 가지고 문제를 해결하려 하고, 경향성을 발견하는 경험을 가지도록 해야 한다. 또한 학생들의 표현과 서술은 다음 단계에서 교사가 도입하는 과학 개념과 연결되어야 하기 때문에 탐색 활동을 통해서 나름대로 관찰하고 발견한 것을 자신의 언어로 기술하고 표현하는 과정을 거쳐야 한다. 이는 학생들이 자료를 탐색하고 탐색을 바탕으로 사고하며, 사고결과를 언어로 표현하는 과정이다. 따라서 이 단계의 학습 활동은 학생 스스로에 의해 이루어지고 교사는 학습의 안내자 역할만을 수행한다.

2) 개념도입 단계(concept introduction phase) : 탐색 단계에서 느끼었던 인지적 갈등이 새로운 개념과 원리의 도입을 통해서 해소됨에 따라 인지구조와 외부 자극 사이의 새로운 평형 상태가 형성되는 단계이다. 따라서 학생들이 경험한 일들을 설명하거나 기술하기 위해 과학적 개념을 도입하는 단계로서 학생들이 사용하고 표현한 언어나 명칭을 발표하게 하고, 이를 과학 개념과 연결해 주어야 한다. 또한 학생들의 표현과 과학 개념 사이의 공통점과 차이점도 명확하게 해주어야 한다. 그러나, 개념은 간단한 말에 의한 정의로서 도입하는 것이 아니라 분류나 계열화라는 조작을 통해 구성되고 이해되어야 하므로 아동들은 이 단계에서 자신이 행한 논리 조작을 통하여 과학 개념을 찾아내는 것이다. 그러므로 이 단계에서는 도입된 과학 개념으로부터 학생들이 인지적 갈등이나 비평형 상태에서 벗어날 수 있도록 지도해야 한다.

3) 개념적용 단계(concept application phase) : 개념 적용 단계는 도입된 개념을 사용하여 새로운 상황이나 현상을 이해하고 설명하는 것으로 학습한 개념이 잘 적용됨을 발견하고

잘 알지 못했던 현상을 설명하고 이해하는 단계이다. 이 학습 활동을 통하여 그 개념의 유효성을 느끼고 심화시킬 수 있다. 또한 이 단계는 학생들에게 도입된 개념을 심화시키고, 활용할 수 있는 추가적인 기회를 제공해 준다. 따라서 이 단계에서는 학생들이 무엇인가를 발견할 수 있는 자율적 조절기능을 위하여 발견될 개념의 기초가 어느 정도 학생의 두뇌 속에 형성되어 있어야 한다.

라. 순환 학습지도 모형의 형태

로슨(Lawson et al., 1989)은 순환학습 과정에서 적용되는 사고 유형에 따라 순환학습을 서술적(descriptive), 경험-귀납적(empirical-inductive), 가설-연역적(hypothetical-deductive) 순환학습의 세 가지 형태로 구분하였다. 이 세 가지 형태의 순환 학습에 대한 두드러진 차이점은 학생들이 단순히 자연을 기술하느냐, 가설을 제안하느냐, 가설을 검증하느냐에 달려있다.

(1) 서술적 순환학습

학생들은 탐색 단계에서 특수한 상황을 관찰하고 탐구함으로써 경험적 규칙, 배열, 분류, 보존을 발견하게 된다. 다음 교사는 개념도입 단계에서 관찰한 규칙성을 과학적 용어를 사용하여 개념을 형성하게 하고, 다음 단계에서는 다른 상황에서도 이 개념을 적용할 수 있도록 개념을 일반화하여 정착시킨다. 이 형태의 순환학습을 '서술적'이라고 부르는데, 이는 교사나 학생이 관찰 사실을 설명하는 과정 없이 단지 서술만 하기 때문이다. 서술적 순환학습에서는 "무엇인가?"라는 질문에 대해 답하는 것이지, "왜?"라는 인과적 질문을 하지 않는다(정완호, 1997).

따라서 서술적 순환학습에서는 단지 구체적 사고력만 요구하고 지적 갈등은 거의 일어나지 못하며, 학생들은 선입관이 왜 잘못되었는지를 거의 깨닫지 못한다.

(2) 경험-귀납적 순환학습

귀납(歸納)이란 개별적인 특수한 사실이나 원리로부터 일반적이고 보편적인 명제 및 법칙을 유도해 내는 일이라고 정의되며, 추리 및 사고방식의 하나로, 개연적인 확실성만을 가진다. 그러므로 경험-귀납적 순환학습은 학생들로 하여금 현상을 기술하고 설명하게 함으로써 개념적 오류를 나타나게 하고 논증적 갈등을 발생하게 하며, 형식적 사고 유형의 발달을 자극한다.

탐색 단계에서 관찰을 통한 경험적 규칙성을 발견하고 그러한 현상이 나타난 원인에 대하여 귀납적 과정을 통하여 가설을 만들어 예측 결과와 실험 결과를 비교하여 결론을 도출한다. 이어 용어도입 단계에서 교사의 과학적 용어의 소개로 올바른 개념을 형성하도록 도와주며 개념 적용 단계에서 새로운 상황에 적용해보면서 개념을 일반화한다. 귀납은 관찰한 현상의 원인을 찾는 과정에서 이전의 경험과의 유사성을 바탕으로 인과적 질문에 대한 가설을 제안하는 추론이다.

(3) 가설-연역적 순환학습

연역(演繹)이란 어떤 명제로부터 추론 규칙에 따라 결론을 이끌어 내는 것을 말한다. 일반적인 사실이나 원리를 전제로 하여 개별적인 사실이나 보다 특수한 다른 원리를 이끌어 내는 추리를 말하며, 경험을 필요로 하지 않는 순수한 사유에 의하여 이루어진다.

탐색 단계에서 현상을 설명하는 명료한 대안개념 또는 가설을 설정하여 실험 결과를 토대로 가설의 기각과 수용 여부를 결정한다(그림 5.15). 개념도입 단계에서 과학

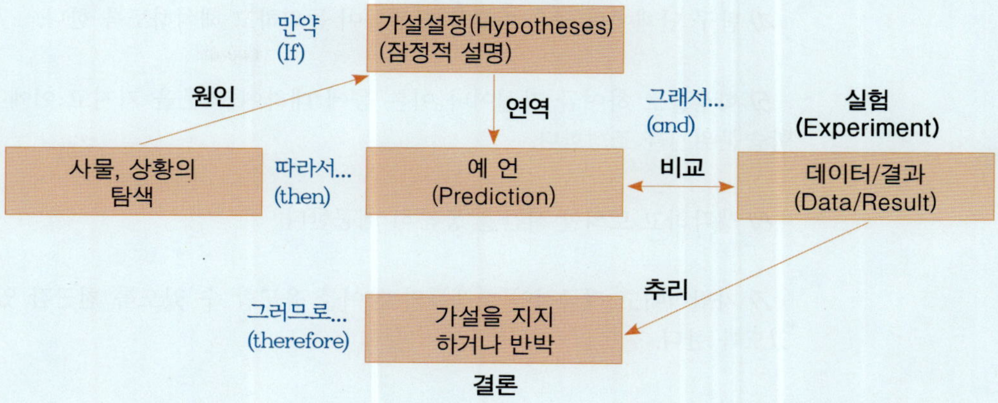

그림 5.15. 루손의 가설-연역적 순환 학습지도에서의 사고 과정(정완호, 1997).

적 용어 도입 설명하고, 개념 적용단계에서 새로운 상황에 적용하여 개념을 일반화한다. 즉 가설을 제안하고 가설이 옳다고 가정했을 때의 예측과 실제 실험 결과를 비교하여 대안적 가설을 검증하는 것이다.

마. 순환 학습지도 모형의 적용 후 기대 효과

순환학습 지도모형을 적용하여 오개념을 처치한 연구 예는 정완호(1997)에서 볼 수 있다.

1) 과학에 대한 긍정적인 태도 배양

2) 지적인 성취도 향상

3) 효과적인 오개념 해소와 과학적 개념 획득

4) 형식적 사고의 발달

5) 탐구력 신장

바. 순환 학습지도 모형의 적용 상 유의점

1) 학생 중심으로 학습 지도를 함으로써 과학적 사고력을 신장시키고 과학적 태도를 기를 수 있도록 한다.

2) 자료를 모으는 탐구 기간 동안에는 질문을 적게 하고 용어 도입 시에는 질문을 많이 하도록 한다.

3) 학생들로 하여금 지적 호기심과 학습 동기를 유발할 수 있도록 발문(발산적이고 면밀한 질문)에 유의한다.

4) 탐구 단계에서 얻은 자료를 학생들이 논의하고 해석하도록 한다.

5) 학생들로 하여금 가설이나 이론 등에 대하여 의문을 가지고 이에 대해 비판할 수 있는 학습분위기를 조성한다.

6) 생각하고 토의할 시간을 충분히 제공한다.

7) 자발적이고 적극적인 학생들의 참여를 유도할 수 있도록 친근감 있는 경험을 제공할 수 있도록 한다.

5.2.4. 발생 학습지도 모형

발생학습은 오스본과 위톡(Osborn & Wittock, 1985)에 의해 제안되었는데 발생학습(정과 정, 1992) 또는 생성학습(권과 김, 1992)으로 부르기도 한다. 이 이론의 핵심은 인간의 인지 과정에서의 정보처리적 접근에 근거를 두고 이루어진 이론으로서 인간은 능동적 조직체로서 이미 가지고 있는 경험과 지식을 토대로 적극적 활동을 통하여 새로운 개념 구조를 발생시킨다는데 그 초점을 두고 있다. 개념변화와 유사한 모형이다.

가. 발생학습의 특징 (Osborn & Wittock, 1985)

1) 학습자의 기억 저장과 능동적 선택을 통한 환경으로부터 투입되는 유용한 감각과의 상호과정 전략
(**예** : 학생이 능동적으로 어떤 시야나 소리를 선택하고 집중하면 다른 것은 무시된다)

2) 투입되어 학습자에 의해 선택되고 주의된 것들은 스스로 본래 의미를 가지고 있지 않다.

3) 학습자는 투입 그리고 기억 장소와 학습자에 의해 숙고되어 기억된 부분과의 사이에 결합이 발생한다. 가끔 결합은 교사가 의도하지 않은 기억 저장 국면이 만들어진다.

4) 학습자는 기억 저장으로부터 정보를 찾고 어떤 정보는 감각기로부터 들어와 능동적으로 구성된 의미이다.

5) 학습자는 기억과 감지된 경험에 대한 구성된 의미들을 시험해 볼 것이다.

6) 학습자는 기억 속으로 구성을 포함시킬 것이다. 가끔 새로운 생각을 이미 저장된 생각 곁에 쉽게 수용될 것이다.

7) 학습자는 비로 잠재적이라 하더라도 새로운 구성에 어느 정도 자격을 줄 것이다

나. 발생학습에 대한 가정

1) 지식은 수동적으로 습득되지 않는다.

2) 하나의 경험으로부터 발생되는 것(내용)은 매우 다양할 것이다.

3) 새로운 생각의 발생은 사소한 동기화라 하더라도 학습자 쪽에서 이루겠다는 가정에서 발생된 생각에 기초된다.

4) 학습자는 투입 그리고 기억 장소와 학습자에 의해 숙고되어 기억된 부분과의 사이에 결합이 발생한다.

5) 학습자의 기억 저장으로부터 정보를 찾고 어떤 정보는 감각기로부터 들어와 능동적으로 구성된 의미이다.

6) 학습자는 들어오는 감각 중 그에게 유용한 새 의미와 개념을 생성할 것이다.

다. 발생학습의 조건

1) 발생 학습이 되기 위해서는 토의를 통해 자기의 생각을 잘 표현할 수 있도록 보다 허용적인 분위기이어야 한다.

2) 능동적 학습참여가 되도록 학생을 고무시켜야 한다.

라. 발생학습 지도의 단계와 전략

발생 학습지도의 단계별 목적과 관련 요소는 표 5.11과 같다.

표 5.11. 발생학습의 단계별 목적과 관련 요소(송진웅 등, 2003)

단계	수업 목적	관련 요소
예비	• 학생 개념 조사 • 교사 개념 점검 • 수업 전략 고안 • 수업 계획 준비	경험적 지식
초점	• 학생들의 개념을 명료화	의사소통 능력
도전	• 개념 비교 및 타당성 검증 • 과학적 개념에 도전	분석 비판적 사고
적용	• 개념의 정교화 및 공고화	반성적 평가적 사고

그리고, 발생학습의 단계별 전략은 표 5.12와 같다.

표 5.12. 발생학습 단계별 전략(정완호 등, 1997)

단계	교사의 행동 전략	교사의 전략에 따른 학생 행동
예비단계 (preliminary phase)	– 학생들의 견해를 확인하기 – 학생들의 개념 확인 및 분류 – 과학 개념의 조사 – 교사의 개념 이해 점검 – 과학사 및 사례와 문헌 조사 – 개념 변화를 위한 수업 전략 조사 – 수업 계획 및 준비	– 학습 할 개념에 대한 조사에 참여와 응답
초점단계 (focus phase)	– 수업 상황 및 소재 설정 – 동기 유발 경험 제공 – 개방적 질문 – 학생들의 발표 장려 – 학생들의 응답 해석 – 학생들의 개념을 해석, 명료화	– 상황에 대한 이해 및 탐구 – 경험에 비춰 무엇을 아는지를 결정하고 기술 – 스스로개념을 인식 – 스스로 개념을 다양하게 표현함으로서 명료화
도전단계 (challenge phase)	– 생각의 발표 및 교환의 촉진 – 모든 가능한 개념을 학보 – 개방적 토론을 유지 – 필요에 따라 논증 절차 제시 – 과학적 개념에 대한 증거 제시 – 새로운 개념에 대한 학생의 반응을 잠정적 인정	– 다른 학생의 생각을 고려 장. 단점을 찾기 – 증거를 찾아서 개념의 타당성 검증 – 학생들의 개념과 과학자들의 개념 비교 – 과학적 개념을 지지하는 다양한 증거 탐색
적용단계 (application phase)	– 과학적 개념을 사용하여 해결 될 수 있는 간단한 문제 상황 고안 – 과학적 개념의 명료화 및 적용 – 문제해결에 과학적 개념 사용 장려 – 문제해결에 대한 토의 촉진 – 발전적인 문제해결 돕기, 도움의 출처 제시	– 과학적 개념을 사용하여 문제를 풀기 – 문제해결 방안 제시하기 – 해결방안에 대한 장·단점을 토론 – 문제해결과정에서의 문제점 제시 – 다른 문제 상황 찾기

마. 발생학습 지도의 문제점

1) 적용상

(1) 토의 중시의 학습으로 진행하다 보면 자칫 실험을 등한시하기 쉽다.

(2) 발표 및 토의, 문제 해결 중심의 학습이 생활화된 외국 학생들에게 적용된 이 모형을 우리 학생들에게 바로 적용시키기에는 무리가 뒤따를 수 있다.

2) 과정상

(1) 제공된 감각으로부터 교사가 의도한 학습자 발생의 문제

(2) 교사의 의도에 의해 일어나고 있는 기억 조절 정보의 포섭 문제

(3) 개방적 토론을 진행시키기 위한 다양한 자료 확보 문제

3) 학생들의 사고 변화에 대한 대안 전략

(1) 학생들의 다양한 견해 속에서 과학적 관점을 찾도록 한다.

(2) 자료는 실험에 관계된 것 이외에 개념 변화를 시킬 수 있는 자료를 모두 사용한다.

(3) 학생들의 사고 도입 후 과학자의 견해와 교육과정 소개를 모델 학습 비디오와 학습결과에서 발췌한 것을 교사의 학습 전략에 연합시킨다.

5.2.5. 기타 특정 전략에 따른 학습지도 모형

가. 인지가속 학습지도 모형

피아제의 이론에서 인지발달과 인지가속의 의미는 큰 차이가 있다. 인지발달이란 인지수준이 자연적 성숙에 의해 발달하거나 일반적 과학수업에 의해 향상되는 것을 말한다. 그러나 인지가속이란 서로 다른 인지수준에 있는 학생들이 추상적, 논리적, 다변적으로 사고할 수 있는 형식적 수준을 가속화하는 과정을 의미한다.

1) 인지가속 학습지도 모형의 등장 배경

1983년 영국의 첼시(Chelsea) 대학의 샤이어(Shayer)는 아동의 인지발달을 촉진시킴으로써 이론과 실제의 간격을 좁힐 수 있다고 보고 과학교육을 통한 인지발달가속(CASE) 프로젝트 수행을 위한 '생각하는 과학(Thinking Science)' 프로그램을 개발하여 킹대학(King's College)의 아디(Adey)와 함께 연구를 수행하였다. CASE 프로젝트의 '생각하는 과학 프로그램' 은 학생들의 인지발달을 가속시키기 위한 목적으로 고안된 처치 프로그램으로 피아제의 인지발달 이론과 비고츠키(Lev Vygotsky)의 사회-문화적 인지이론을 배경으로 개발되었다. 이 프로그램은 만11세에서 14세 정도의 학생들을 대상으로 과학교육과정 내에서 이루어지는 전략적 과학교육 프로그램으로 아동의 선입개념이나 현재의 사고방식으로는 해결할 수 없는 문제 상황을 제시하여 인지갈등을 유발하고 또 학생들에게 자기 자신의 생각을 되돌아보게 하는 반성적 사고를 함으로써 과학적 사고력을 향상시키고자 하는 것이다.

2) 인지가속 학습지도 모형의 단계와 전략

인지가속 프로그램에서 강조하는 것은 교수 방법으로 학생들이 활발한 사고 활동이 일어날 수 있도록 하여 과학적 사고력을 향상시키는데 있다. 이러한 활발한 사고활동을 일으키기 위한 교수전략은 구체적 준비, 인지갈등, 구성 영역 활동, 메타인지, 연계의 5단계로 이루어져 있다.

우리가 흔히 사용하는 교수법을 교과 지향적인 지도(instruction)라고 한다면 인지 가속을 위한 교수법은 중재(intervention)라고 할 수 있다. 학습지도의 주요 목적은 교과목표로 정해진 지식이나 개념을 이해시키는데 있지만 중재의 주목적은 교사가 학생과의 상호작용을 통하여 학생의 과학적 사고력을 향상시켜 인지발달을 가속시킴으로써 학습의 효과를 증대시키는데 있다.

(1) 구체적 준비(concrete preparation) 단계

이 단계에서는 수업활동에서 사용되는 용어나 어휘, 사용할 실험 기구, 실험 상황 등이 학생들에게 친숙하게 느낄 수 있도록 설명해 주고 제시한다. 또한 새로운 용어나 개념, 그 밖의 해석상의 수단 등의 관계를 알게 함으로써 학생들의 학습 동기가 높아진다고 보기 때문에 학생들에게 인지적 어려움 이외의 다른 문제에 부딪히지 않도록 한다.

(2) 인지 갈등(cognitive conflict) 단계

학생들은 이미 가지고 있는 경험이나 지식으로 설명 할 수 없는 상황에 접하게 될 때 인지갈등을 일으키게 되고 이 갈등은 곧 새로운 사고유형으로 적용하고자 하는 구조적인 정신작용을 일으키게 된다. 그러므로 갈등상황은 학생들의 수준에 맞추어 적절히 유지해야 한다.

(3) **구성 영역 활동(construction zone activity) 단계**

이 단계는 자신들의 현재의 능력을 넘어선 문제를 해결할 수 있도록 상호작용과 협동적인 활동이 이루어지는 중요한 단계로 학생들이 인지갈등을 해결할 때까지 스스로 추론 능력을 형성할 수 있도록 도와주어야 한다. 이 구성영역 활동과정에서 학생들은 교사와의 상호작용뿐만 아니라 인지 수준이 높은 동료 학생 사이의 상호작용을 통하여 현재 자신의 수준 이상의 고차원적 사고를 하게 되고 이러한 사고의 발달을 통해 평형에 다시 도달하고자하는 정신적 활동이 일어나게 된다.

(4) **메타인지(meta cognition) 단계**

메타인지란 '반성적 사고' 혹은 '자신의 사고 과정을 자각하는 것'으로 메타인지를 촉진시키는데 가장 효과적인 역할을 교사가 수행한다. 즉 교사가 학생들에게 주어진 문제를 어떻게 해결하였는지, 어려움은 무엇이었는지, 그들이 이용한 논리는 무엇이었는지를 질문하고 토론하게하면 학생들은 문제와 관련된 사고방식에 대해 숙고하고 자각하여 새로운 상황에서 응용할 수 있는 확실한 인지적 도구를 만들게 된다.

(5) **연계(mental bridging) 단계**

연계란 문제해결에 도움을 준 성공적인 전략들을 인지한 후 그것을 다른 상황에 연결시켜 적용해 보는 일반화의 과정이라고 할 수 있다. 이 과정은 통합된 구체적인 사고를 촉진하게 되는데 관련짓는 상황이 다양할수록 일반화 능력은 더욱 촉진되며 전이 효과를 기대 할 수도 있다. 그러므로 새로운 상황을 제시하여 이미 접한 논리적 사고 유형을 연습하게 하거나 이미 개발되어 있는 논리적 사고 유형의 응용 가능성을 생각해 내도록 하는 것이 이 단계의 주요 활동이다.

나. 상호작용 학습지도 모형

상호작용 학습지도 모형은 수업과정에서의 교사와 학생, 학생과 학생의 상호작용을 강조하는 전략으로 사회적 구성주의에 그 바탕을 두고 있다(최병순 등, 2004). 비고츠키(Vygotsky)의 사회-문화적 인지발달이론에 의하면 교사나 자신보다 능력 있는 사회적 상호작용을 통하여 인지발달이 이루어지며 근접 발달 영역(ZPD) 내에서의 사회적 상호작용을 통하여 타인과 공유했던 지식을 내면화하는 과정을 곧 인지발달과정으로 본다. 비고츠키는 정형화된 인지발달의 단계를 상정하고 단계에 맞추어 인지과정을 설명한 종래의 발달론자들과는 달리 학습자의 성장과정에서 변화되는 실제적인 상황에서의 동적인 인지과정의 중요성을 강조하였다.

그는 발달 개념을 교육과의 상호작용 관계 속에서 설명하는데 인간의 정신과정이 사회적 상호작용을 통해서 형성된다고 주장하였다. 즉 발달이란 교육을 앞서는 것이 아니라 교육에 힘입어 교사, 부모 등 교육자와의 지속적인 상호작용을 통해 이루어진다는 것이다. 이 과정에서 교사는 적절한 조절작용, 즉 수업전략으로 학생들의 인지발달을 매개하는 역할을 하며 이런 도움으로 학생들은 학습의 향상을 도모하게 된다.

1) 상호작용 학습지도에서 교사의 역할

사회적 구성주의 관점에서 볼 때, 학습의 과정에서 교사와 학생의 상호작용은 중요한 영향을 미친다. 또한 이러한 상호작용 관점에서 교사의 질문은 매우 중요한 의미를 갖는다. 즉 교사의 질문으로부터 일반적인 상호작용은 시작되며 질문의 형태에 따라 상호작용의 질이 달라진다. 이러한 점에서 볼 때도 교사는 수업에서 일어나는 교사-학생 상호작용을 결정하는 가장 중요한 요인이라고 할 수 있다.

학습지도 과정에서의 상호 작용은 주로 교사의 질문에 대한 학생들의 응답과 이에 대한 교사의 피드백의 순서로 이루어지므로, 교사로부터 학생에게 주어지는 피드백은 이 과정의 최우선적인 충족 조건이 된다. 교사는 학생들의 인지구성과 발달의 가능성을 위해 의미 있고 적절한 안내를 제공해야하며 교사의 체계적인 상호작용 전략이 학생들을 동기화시키고 학습기회를 확장시킬 수 있다.

2) 상호작용 학습지도의 활동

교사와 학생, 학생과 학생 사이의 상호작용이 활발히 일어나도록 하기 위한 상호작용 수업전략은 학생들의 학습 동기를 유발하는 활동, 학습내용과 관련하여 갈등상황을 제시한 후 이와 관련하여 학생들이 자신의 생각을 이끌어내는 활동, 학생 자신의 관점에 대하여 생각하게 하는 초인지적 사고의 유도 등 수업과정에서의 다양한 교사-학생 상호작용이 필요하다.

3) 상호작용 학습지도 모형의 단계

상호작용 학습지도 모형은 이끌어내기(engaging) – 탐구하기(explore) – 설명하기(explain) – 동화하기(elaborate)의 네 단계로 구성되어 있다. 단계별 내용은 표 5.13과 같다.

표 5.13. 상호작용 학습지도 모형의 단계별 전략(최병순 등, 2004에서 변형)

단계	교사-학생 상호작용	형성평가 및 피드백 전략	목적 및 유의점
이끌어내기	– 학습가치를 인식할 수 있는 실생활 내용을 도입하여 학습 동기 유발 – 토론을 유도하고 질문을 자극하여 학습주제에 대한 선개념 파악	– 계획된 형성 평가 – 즉각적인 전체 피드백	– 형성평가를 이용하여 학생들로 하여금 학습주제와 관련지어 생각하게 하고 학습동기를 유발하도록 한다.
탐구하기	– 학생들로 하여금 자신이 해야 할 것을 확실히 인지 할 수 있도록 개념 습득의 순서를 체계적으로 명시하고, 구성한 활동지를 통하여 조별 토론을 진행함으로써 자신의 생각을 다른 학생들의 생각과 비교	– 상호작용 형성평가(모둠 내, 교사-모둠 상호작용) – 다른 질문으로서 재고해 볼 것을 요구하는 지연 피드백	– 교사의 적극적인 상호작용이 필요하다. – 피드백이 생략되면 학습을 중도포기 하게 된다.
설명하기	– 문제해결은 집단 전체에서 논의 될 때 더욱 명확해지고 의미 있게 조직되므로 조별토론 결과물을 가지고 학급 전체 집단에 설명 – 교사는 과학자들의 생각을 학생의 적합한 언어 수준으로 제시하며 과학자들의 견해에 대한 증거를 제시	– 상호작용 형성평가(토론, 동료 평가) – 지연 전체 피드백	– 다른 모둠이 발표할 때 주의 깊게 듣고 생각하여 동료평가가 활발하게 일어날 수 있도록 한다.
동화하기	– 개념의 확장과 연결이 일어날 수 있도록 개념적 내용을 더 상세하게 다룸	– 개인차에 대한 피드백(재생, 전체) – 계획된 상호작용 형성 평가	– 자기 평가를 통하여 교사는 학생의 학습내용 이해 정도를 평가하며 학생 스스로 자신의 성취 정도를 평가하게 한다.

다. 초인지 학습지도 모형

초인지(超認知, meta cognition)는 플라벨(Flavell, 1979)에 의해 처음 도입된 개념으로 '안다는 것을 안다는 것' 또는 '사고에 대한 사고'로서 자신의 인지과정에 관한 지식이다.

초인지는 인지과정에서 스스로 무엇을 얼마나 알고 있는지를 인식하는 것으로써 좀 더 구체적으로 자기 자신의 수행을 점검하고 평가하는 행동과 그 평가에 따라 이루어지는 전략의 선택 및 사용에 관한 인지적 능력이라고 정의를 내릴 수 있다. 이 모형의 가장 큰 특징은 개념변화를 위하여 외적인 조건을 만족시키는데 그치지 않고 학습자의 내적 조건을 만족하도록 한 점이다.

1) 초인지적 지식

초인지적 지식은 본질적으로 과제수행 자체보다는 과제에 적절한 전략을 선택하고, 유지하고, 일반화하는데 관련된 지식으로 학습의 과정과 본성에 대한 지식을 포함하며 자기 자신의 인지과정에 대하여 스스로 알고 있는 지식을 말한다. 플라벨(Flavell, 1979)은 초인지적 지식은 사람(person), 과제(task), 전략(strategy)의 세 부분으로 구성된다고 하였다.

예) 나는 암기력이 부족함으로(사람 변인) 단순한 정보를(과제 변인) 기억해야 할 때는 반복해서 읽어야(전략 변인) 한다.

(1) 사람 변인

학습 목표 수행에 영향을 미치는 모든 개인적인 특성을 일컫는 것으로 사람 내에서 초인지적 지식과 사람간의 초인지적 지식으로 나눌 수 있다.

예) 사람 내 : '나는 화학보다 심리학에서 더 좋은 성적을 낼 수 있다.' 등의 개인에 대한 지식이나 믿음

사람 간 : '우리 부모님은 다른 사람보다 이웃에 더 큰 관심이 있다.' 등의 사람 간의 비교를 통한 믿음이나 신념

(2) 과제 변인

학습 수행에 영향을 미치는 준거에 관련된 변인들로 정보의 특성과 과제 요구의 특성에 대한 지식으로 나눈다.

예) 정보의 특성 : 복잡하고 생소한 정보는 외우기가 어렵고 이해하는데 시간이 많이 걸릴 것이라고 생각하는 것.

과제 요구의 특성: 옛날이야기를 기억할 때 정확한 단어보다 이야기의 줄거리가 기억하기 쉽다.

(3) 전략 변인

주어진 학습 목표를 수행하는데 어떤 것이 효과적인지를 생각해 보는 지식으로 암기할 사항을 몇 번 소리 내어 읽는다거나 과학개념을 이해하기 위해서는 실험하는 것이 좋다고 생각하는 믿음 등이 이에 속한다.

2) 초인지적 자기-조정

초인지적 지식을 가지고 있는 사람은 학습 과제를 수행 할 때 그 과제에 적절한 전략이 무엇인지를 이해하고 전략을 선택한다. 또 그 전략을 실제로 시행하고 그 전략이 과제 수행을 잘하고 있는지 점검하게 되는데 이것이 바로 초인지적 자기-조정이다. 즉 초인지적 자기-조정 능력은 학습 활동을 스스로 조정하고 통제하면서 학습을 수행하는 능력으로 과제 수행 과정에서 스스로 점검하는 것을 강조하는 초인지 영역이다.

예) 내 생각과 다른 실험 결과를 이해하려면 어떤 점을 고려해야 하는가?
갈등 상황을 극복하기 위하여 고려한 것은 무엇인가?

3) 초인지적 인식

초인지적 인식은 학습자가 무엇을 어떻게 이해하고 있는가에 대한 반성적 사고와 관련이 있다. 즉 현재의 학습 활동의 목적에 대한 지각과 학습 활동을 통해서 얼마나 향상되었는가를 지각할 수 있는 것을 말한다.

예) 내가 알고 있는 것은 무엇인가?
내가 수업으로 새롭게 알게 된 것은 무엇인가?
생각이 바뀐 것은 무엇인가?

4) 초인지를 통한 개념변화 모형의 특징

학생의 과학 개념 형성에 상당히 효과적인 것으로 밝혀지고 있는 초인지 활동을 통한 개념변화 모형은 다음과 같은 특성이 있는 것으로 나타났다.

(1) 자신의 개념을 탐색하기 위해 스스로 질문하는 자기질문법을 많이 사용한다.
(2) 자신이 학습한 성취결과를 반성한다.
(3) 자신이 개념이 앞으로 어떻게 사용될 것인지에 대해 고려한다.

또한 초인지 활동을 통한 개념 변화 모형에서의 개념 변화 단계 및 초인지 요소와 일어나는 활동은 표 5.14와 같다(송진웅 등, 2004).

표 5.14. 초인지 활동을 통한 개념 변화 모형에서 단계별 요소와 활동(송진웅 등, 2004).

개념변화 단계	초인지 요소와 초인지 활동
학습자의 사전 개념	인지 상태에 대한 인식: – 내가 알고 있는 것은 뭐지? – 내가 뭘 모르고 있지? – 알기는 하겠는데 정말 믿을 수 있을까?
정보 제시에 의한 갈등 상황	갈등의 인식: – 원래 내 생각하고 다른 것은 무엇인가? – 원래 내 생각하고 어디가 어떻게 다른가? – 무엇이 옳은지 어떻게 알 수 있지?
갈등 해소를 위한 학습 활동	개념을 이해하는 방법의 선택과 사용 및 점검: – 새로운 개념을 이해하려면 어떤 방법이 좋지? – 그 방법을 사용하려면 어떻게 해야 하지? – 내가 그 방법을 제대로 사용한 것인가?
학습자의 새로운 개념	변화된 인지 상태의 인식: – 원래 내 생각 중에서 바뀐 것은 무엇인가? – 전에 몰랐었는데 새로 알게 된 것은 무엇인가?

라. 예측 · 관찰 · 설명(P.O.E.) 학습지도 모형

최근 과학교육에서는 개념 이해에 효과적인 과학수업의 한 방안으로 예상·관찰·설명(P.O.E.) 활동에 대한 관심이 높아지고 있다. P.O.E. 활동은 실제 상황에서 과학개념에 대한 학생들의 이해 정도를 탐색하기 위해 Champagne et al.(1980)에 의해 개발되었다. 예측(predication), 관찰(observation), 설명(explanation)의 3단계 활동으로 이루어지므로 약자로 P.O.E.라 한다(White & Gunstone, 1992).

전형적인 P.O.E. 학습지도는 학습내용에 관련된 익숙한 상황을 학생들에게 제공하여 학생들이 특정한 현상의 결과를 예측하고 관찰한 내용을 기술한 후 예측과 관찰사실 사이의 갈등을 해결하는 과정으로 이루어진다.

P.O.E. 학습지도의 예측과정에서 예측한 사실과 반대의 결과가 나타나게 되면, 이러한 불일치 사례는 개념적 갈등(conceptual conflict)을 유발하게 된다. 그런 후에 "예측한 것과 실제로 관찰한 것 사이의 불일치"에 대하여 설명하게 하여봄으로써 단순히 지식을 암기하여 회상하는 것보다도 과학적 개념이나 법칙, 그리고 나아가 자연 현상에 대하여 깊이 있는 이해를 할 수 있다.

1) P.O.E. 학습지도의 장점

(1) P.O.E. 학습지도는 학생의 생각을 탐색하기 위해서 혹은 개인의 독특한 신념을 밝혀내기 위해서 사용할 수 있다. 예측과정에서 학생들은 어떠한 사고과정을 적용할 것인지를 스스로 결정하기 때문에 자신의 생각을 계속 유지하려는 경향을 보인다. 따라서 P.O.E. 학습지도는 학생들이 지니고 있는 개념의 실체를 파악하기 위한 다른 어떤 방법보다도 강력한 방법이 될 수 있다.

(2) 수업에의 활용 측면에서 P.O.E. 학습지도는 그 형식이 비교적 간단하여 수업시간에 활용하기가 용이하다. 학습자들은 다른 학습지도 방법에 비해 P.O.E. 활동을 통한 학습지도에 더욱 친근감을 느끼며 자신의 생각과 모순되는 관찰결과를 설명하기 위해 적극적으로 참여하는 경향을 보인다.

(3) 학생들이 과학 수업에서 배운 지식을 일반적인 질문에 비하여 직접적이면서도 실제 상황에 어떻게 적용되는지를 점검하여 볼 수 있다.

2) P.O.E. 학습지도의 단계

P.O.E. 학습지도의 단계와 활동 과정은 표 5.15와 같다.

표 5.15. P.O.E. 학습지도의 단계별 활동 과정

단계	활동과정	비고
예측	– 모든 학생들이 특정한 구체적 현상의 결과를 예측하고 자신의 예측을 정당화하기 위한 이유를 제시한다. – 활동지를 사용하여 간단한 객관식 혹은 주관식 문항을 사용하여 어떤 현상이 일어날 것인가에 대한 학생 자신의 생각을 쓰도록 한다.	– 학생은 자신의 생각을 글로 옮기는 과정에서 학생들의 사고가 정교해진다. – 교사는 학생들의 선개념을 확인할 수 있다.
관찰	– 교사는 실험 활동을 안내하고 학생들은 실험 결과를 관찰한다. – 각자 자신의 관찰 결과를 가능하면 분명하게 쓰도록 한다.	– 관찰 결과를 기록할 때, 기존 생각의 증거를 왜곡하지 못하게 즉시 기록하도록 지도한다.
설명	– 학생들은 예측한 것과 관찰한 것 사이에 존재하는 갈등이나 모순을 해결하기 위하여 활발하게 사고하고 적극적으로 노력한다. – 교사는 학생들이 가능한 한 모든 가능성을 고려하여 도와주도록 한다.	– 적극적으로 토의에 임할 수 있도록 학급 분위기를 유도한다. – 학생들 간의 토론으로 진행하도록 하여 반성적 사고를 유도한다.

마. 가교 학습지도 모형

클레멘트(Clement, 1987)는 물리학에서 학생들의 오개념을 수정하는 한 방법으로 가교 전략(架橋戰略, bridging analogy)을 고안하였다. 가교 전략이란 가르치고자 하는 개념과 제시된 비유 사이에 비약이 너무 커서 그 비유로 이해하기 어려운 경우, 두 개념 사이를 연결해줄 수 있는 비유를 제시하여 이해를 돕는 것을 말한다. 역학의 세 가지 개념 영역(정지 상태의 힘, 마찰력, 운동하는 물체에 대한 뉴턴의 제3법칙)에서 정성적인 오개념들을 극복하기 위해 고안된 수업 기술이다.

1) 가교 학습지도의 실례

- 학생들의 물리적 직관들에 의해 이해될 수 있는 자료를 만들기 위한 정착 예(anchoring example)들을 찾고 사용한다.
- 사고 상황(thought situation)이나 사고 실험에서 정착 예들 사이에 비유를 사용한다.
- 특별한 방법으로서 가교 전략을 사용한다. 즉 스프링을 비유로 써서 책상 위의 책에 작용하는 힘을 설명하고자 할 때 클레멘트는 원래의 경우(original)와 비유 경우(analogy case) 사이의 중간 매개체를 찾는 시도를 고안하였고 이를 가교 전략이라고 불렀다.

2) 가교 학습지도의 결과

가교 학습지도를 하면 다음과 같은 결과가 나타난다(Clement, 1987).

- 학생들이 정착 예들을 쉽게 이해하는 것처럼 보인다.
- 많은 학생들이 처음에는 정착 예와 목표 문제가 비유되는 것으로 확신하지 않는다.
- 학습 논의에서 연결 비유와 수많은 논의나 건설적인 사고를 촉진시킨다.
- 가교 전략을 이용한 수업이 어느 정도 그들 마음의 신념을 변화시킨다.
- 학생들은 논의하면서 여러 형태의 재미있는 주장들을 만들어내는 경우가 많았다.

5.3. 과학과 학습지도안

수업 계획은 그 수행에 걸리는 시간과 그에 포함된 내용의 일반성에 따라 단계별로 수립·설계할 수 있는데 수업 계획의 한 가지인 학습 지도안은 한 시간의 수업을 위한 절차와 내용을 구체적으로 상세하게 설계한 자료이다. 또한 학습 지도안은 일관성이 있고 조직적인 학습 지도에 필수적인 계획이자 수단이다. 그러나 그것은 수업 또는 교수와 학습의 본질에 대한 생각에 따라 여러 가지 방법과 절차를 거쳐 작성할 수 있다.

5.3.1. 학습지도안의 의미와 기능

학습지도안은 학생의 학습 활동을 구상한 교사의 계획 또는 수업 계획안을 말한다. 교수(教

授)는 학생들에게 지식이나 기예를 가르치는 것을 말하고, 학습(學習)은 배워서 익힘을 말하고, 수업(授業)은 학업이나 기술의 가르침을 받는 것을 말한다. 따라서 교수-학습은 가르치고 배우는 것을 총칭하는 포괄적인 의미를 함축하는 용어이다. 과학교육 현장에서는 교수·학습·수업의 용어를 혼용함으로써 '수업지도안,' '수업안,' '교수-학습안', '교수-학습 지도안', '교수안,' '교안,' '학습보도안,' '학습과정안' 등 다양한 이름으로 부른다. 때로는 실제적 기능에 따라 '교수-학습자료'로 부르기도 한다(박완희, 1993). 여기서는 송 등(2003)에 따라 '학습지도안'(lesson plan)이라 부르기로 한다. 학습지도안은 여러 가지 기능을 가지고 있는데 요약하면 다음과 같다(박완희, 1993).

가. 그때그때의 상황에서 제기된 교수-학습 목표와 그것을 달성하기 위한 구체적인 절차·방법·수단을 제시한다.
나. 교재에 바탕을 둔 교수-학습 내용을 명료하게 조직하여 제시한다.
다. 교수-학습의 효율성을 높여주고 교육의 성과를 극대화시킨다.
라. 계획적이고 체계적인 교수-학습을 가능하게 하며, 그것을 용이하게 한다.
마. 잘 짜인 교수-학습 지도안은 학습의 내용을 풍부하게 해주며, 학습을 용이하게 한다.

5.3.2. 학습지도안의 작성계획

학습지도안의 내용과 작성 방법에 관해 교육학자나 교사들 사이에 합의된 견해는 없다. 학습지도안은 교과의 목적, 교수-학습 목표, 학생의 조직, 교수-학습자료 및 매체, 교사가 선호하는 교수-학습 전략 등에 따라 다르게 작성할 수 있다.

학습 지도안에서 전체 계획을 수립할 때에는 대체로 다음 다섯 가지를 고려하는 것이 바람직하다고 할 수 있다(송진웅 등, 2003).

가. 지도내용의 분석(학습시킬 개념이나 발달시킬 기능 또는 능력이 무엇인지를 분명히 함)
나. 학습자의 능력과 흥미를 고려함(학습자에 대한 진단검사 또는 상의)
다. 이상의 내용을 바탕으로 한 일반계획 수립(학습목표, 학습의 범위와 계열 선정)
라. 학습활동 계획의 수립(수업 방법 또는 수업모형의 선택, 교과의 내용에 적합한 절차적 원리 탐색)
마. 수업활동의 수정 보완 및 계열화(수업활동의 균형 고려, 수업의 진행 단계 명시)

5.3.3. 학습지도안의 단계

가. 계획 단계

한 시간의 수업일지라도 그것을 성공적으로 수행하기 위해서는 세밀하고 체계적으로 준비하는 절차를 거쳐야 한다. 수업을 준비하고 계획하는 절차를 수업의 계획 단계 또는 설계 단계라고 하며, 이 단계에서는 엄밀한 의미의 수업 활동이 일어나지 않는다. 이 단계에서는 주로 수업에 영향을 미치는 여러 변인들을 사전에 확인하여 통제·조절하기 위한 조처를 취한다. 구체적으로 말하자면, 이 단계에서는 단원 목표의 선정과 진술, 과제 분석, 출발점 행동의 진단,

본시 수업 목표의 설정, 평가 문항의 개발, 수업 전략의 개발, 수업 자료의 개발, 형성 평가의 설계 등에 관한 계획을 수립한다(박완희, 1993).

나. 도입 단계

도입 단계는 특정 수업의 첫 단계를 일컫기도 한다. 도입 단계는 보통 수업의 입문 단계로서 교사의 수업 기술 중에서도 가장 중요시하는 부분이며, 모든 수업을 시작할 때는 반드시 거쳐야 할 필수적 단계이다. 그 내용과 방법은 학습 활동의 형태에 따라 다양하게 꾸밀 수 있다. 수업을 시작하는 도입 단계는 학생들을 수업에 집중시켜 단시간 내에 과제에 몰입하게 하여 학급경영의 문제를 감소시킬 수 있다. 또한 학생들은 도입 단계를 거치면서 수업을 통해 무엇을 학습해야 할 것인지를 알게 된다. 전체 수업 시간의 약 10% 정도를 도입 단계에 할애하는 것이 합리적이며(박완희, 1993), 지금까지 수행된 연구의 결과를 요약하면 대체로 다음과 같다.

1) 수업 목표를 설명·게시·판서 등 여러 가지 방법으로 제시하면서, 그 중요성과 가치를 강조한다.

2) 학습자의 흥미·요구·관심 등의 실태를 정확하게 분석하고 이해하여 학습 활동을 가능한 한 이것들과 관련시킨다.

3) 학습자의 생활 경험이나 실태를 정확하게 파악하여 학습 활동과 연관시킨다.

4) 교육적 중요성과 그 가치를 강조하거나 상급학교 입학시험과의 관련성을 들어 본시 학습 과제의 중요성을 알게 한다.

5) 발문이나 발표 등을 통해 전시 학습을 본시 학습 내용과 관련시켜 재생시킨다

6) 본시 학습 내용을 요약하거나 전체를 개관한다.

7) 선행조직자를 제시한다.

8) 학습 과제와 관련이 있는 성공감·사명감 등을 강조한다.

9) 수업 내용에 적절한 학습 환경을 조성한다.

10) 학습 과제의 특성에 맞게 창안된 독창적인 방법을 활용한다.

다. 전개 단계

전개 단계는 수업을 진행하는 전체의 과정 중에서 가장 중심적이고 본론적인 단계이다. 이 단계에서는 도입 단계에서 유발시킨 학습 동기를 활용하여 이미 설정한 수업 목표를 효과적으로 달성하기 위한 교사의 교수 활동과 학생의 학습 활동을 전개한다. 전체 수업 시간의 약 80%를 소비하는 이 단계에서는 교수 활동과 학습 활동 사이의 상호작용이 일어난다. 교수 활동은 교사의 교수–학습 방법이나 전략에 따라 다양하게 수행하며, 일반적으로 수업 과제를

제시하고, 설명하며, 판서하고, 학생의 질의에 응답하는 절차에 따라 진행한다. 또한, 수업 전략으로서의 설명에는 여러 가지 기법을 적용할 수 있는데, 효과적인 설명법, 순서, 기법은 다음과 같다.

1) 효과적인 설명법

(1) 쉬운 설명: 학습자들 모두가 알아듣기 쉽게 설명한다.
(2) 논리적 설명 : 설명하는 내용의 전후가 논리적으로 일관성 있게 설명한다.
(3) 적합한 설명 : 설명의 내용과 용어가 학습자들의 수준이나 경험에 알맞다.
(4) 구체적 사실의 제시: 보기나 증거를 제시한다.
(5) 상호 비교에 의한 설명 : 특징을 대조·비교한다.
(6) 통계치 제시 : 정확한 이해를 위하여 측정치를 보여준다.
(7) 시청각 매체 이용 : 직관이나 감각을 이용하는 수업에서는 시청각 매체를 사용해 설명한다.
(8) 질의응답 시간 허용 : 교사의 발문, 학생들의 질문, 토론 등을 통해 설명에 대한 학생들의 반응을 정확히 파악한다.
(9) 기타 : 일람표·도표·회화·사진 등을 이용하여 사실을 정확하게 보여준다.

2) 설명의 순서

(1) 특별한 경우를 제외하고는 두 가지 이상을 동시에 설명하지 않는다.
(2) 쉬운 것을 먼저 설명하고, 어려운 것일수록 나중에 설명한다.
(3) 구체적인 것을 먼저, 추상적인 것을 나중에 설명한다.
(4) 단순한 것을 먼저, 복잡한 것을 나중에 설명한다.
(5) 내용의 특성에 따라 귀납적으로 또는 연역적으로 설명한다.
(6) 결론이나 요점은 설명을 시작할 때와 마칠 때 두 번 제시한다.

3) 설명의 기법

(1) 음성의 높낮이에 융통성과 변화가 있어야 한다. 또한 맑은 음질이 좋다.
(2) 발음이 정확하고 또렷해야하며, 표준말을 쓰는 것이 이상적이다.
(3) 말은 재치가 넘치고 말솜씨가 좋아야하며, 그 내용은 장황하지 않고 간단명료해야 한다.
(4) 말하는 태도가 늠름하고 씩씩해야 하며, 겸손하고 예절바르게 말해야 한다. 또한, 성심성의껏 설명하는 태도가 요구된다.
(5) 가능한 밝은 표정으로 설명해야 하며, 설명에 따라 바꾸는 것도 효과적이다. 표정을 바꿀 때는 유머를 사용하는 것이 좋다.

교실에서 이루어지는 수업에는 언제나 판서가 있기 마련이다. 따라서 판서는 가장 일반적인 교수–학습 수단으로서 그 내용에 따라 문장형·낱말 나열형·도표형·수식형·사진 또는 그림·관계 도형 등으로, 표시 형태에 따라 병렬형·대조형·구조형·귀납형 및 연역형 등으로, 그 용도에 따라 제목 제시형·활동형·내용형·정리형 등으로 나눌 수 있다. 판서는 다음과 같이 몇 가지 조건을 만족시켜야 하며, 다음과 같은 사항에 유념할 필요가 있다.

4) 좋은 판서의 요건

(1) 학습의 방향, 목적, 주요 문제 등을 제시하는 것
(2) 수업 내용을 요약·정리해 주는 것
(3) 중요한 내용을 구조화하거나 추상적인 내용을 구체화하는 것
(4) 명료하고 정확하게 요약하는 것
(5) 체계적이고 계획적인 것
(6) 적절한 분량의 것
(7) 학습장 모두에게 잘 보이고 누구나 잘 알아볼 수 있는 것

5) 판서의 방법 및 유의 사항

(1) 판서하기 전에 일체의 도구를 준비한다.
(2) 글자의 크기를 학습자의 수준에 맞게, 그리고 잘 알아볼 수 있게 한다.
(3) 칠판이 어둡거나 반사되지 않게 한다.
(4) 사전에 계획된 내용을 적는다.
(5) 그림, 사진, 도표 등을 보여주면서 판서한다.
(6) 내용의 요점만 간단명료하게 구조화하여 판서한다.
(7) 설명과 동시에 판서하는 것이 좋다.
(8) 여러 가지 색 분필을 사용한다.
(9) 판서 후 학습자 모두가 볼 수 있는 곳에서 부연 설명한다.

라. 정리 · 발전 · 평가 단계

전개 단계의 마지막 순서인 질의응답 시간이 끝나면 곧바로 정리 단계가 이어진다. 통상적으로, 전체 수업 시간의 약 10% 정도를 차지하는 정리 단계에서는 색 분필로 판서한 내용에 밑줄을 긋거나 미리 제작한 괘도 및 빔프로젝트(software는 일반적으로 파워포인터) 또는 OHP를 이용하여 학습한 내용의 요점을 골라 정리한다. 이 단계의 핵심적인 활동은 학습한 내용을 인격화·내면화시켜 기존의 지식 체계에 통합시키는 것이며, 학생들이 본시 학습 과정에서 학습한 내용을 일상적인 생활에서 겪은 경험이나 전시 학습 과정을 통해 습득한 내용에 결합시키는 활동이 주로 일어난다. 또한 이 단계는 학습한 내용을 새로운 상황이나 사태에 적용하여 일반화시키는 활동으로 특징지어지기도 한다.

발전 단계에서는 학습 목표에 도달한 정도를 확인하고, 사전에 정해진 기준에 도달한 학생에게는 학습을 심화시켜주고 그렇지 못한 학생에게는 재학습이나 보충 학습을 시켜 수업의 효과를 높이기 위한 활동을 수행한다. 한편, 학습 목표에 도달한 정도는 형성 평가를 통해 확인한다. 형성 평가는 학생들이 수행한 수업의 질 평가에도 활용할 수 있다.

평가 단계는 수업이 끝난 다음 그 결과를 종합적으로 평가하는 총합적 평가나 총괄적 평가의 과정을 말한다. 총괄 평가는 학업 성취도 검사를 통하여 수업의 효과를 판정함과 동시에 수업 과정의 질적 관리에 필요한 자료를 얻을 목적으로 수행한다.

5.3.4 학습지도안의 실례

가. 인지갈등 학습지도안

과학 교육과정 7학년의 '소화와 순환' 단원 '심장의 구조와 기능' 을 지도하는 인지갈등 학습지도안의 예를 송진웅 등(2003)에서 볼 수 있다. 그 학습지도안의 일부를 요약하면 다음과 같다.

1) 내용체계

'소화와 순환' 단원은 '영양과 소화' 와 '순환' 의 두 하위단원으로 되어 있다. 본시학습의 앞 시간에는 '영양과 소화' 단원의 마지막인 '영양소의 흡수' 를 배웠다. 본시에는 '혈액의 순환' 을 학습하고, 다음 시간에는 '혈액의 기능' 을 학습하게 된다. 내용체계를 도시하면 다음과 같다(그림 5.16).

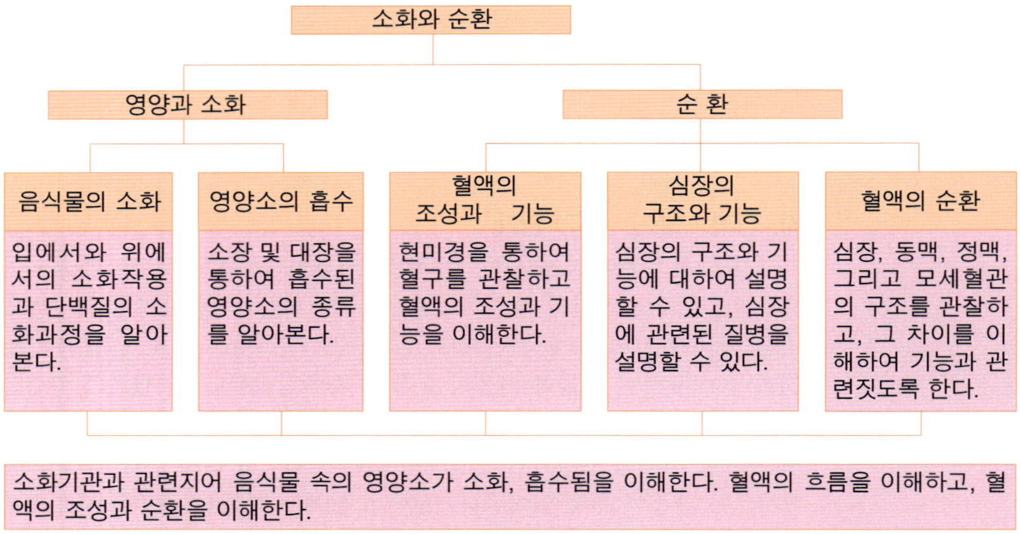

그림 5.16. 과학과 7학년 소화와 순환 단원의 내용체계

2) 교재연구

'순환' 에서는 하위단원으로 혈액의 조성과 기능과, 심장의 구조와 기능, 혈액의 순환으로 나눌 수 있다.

혈액의 조성과 기능에서는 모든 생물의 피가 붉다는 오개념이 생기지 않도록 한다. 연체동물, 환형동물, 절지동물 중 갑각류와 같은 무척추동물은 혈장 속에 헤모시아닌이라는 호흡색소를 가지고 있는데 이것은 구리(Cu)를 포함한 물질로 산소와 결합하면 청색이 되고 산소와 분리하면 무색이 된다. 그러나 피조개는 사람 혈액과 마찬가지로 헤모글로빈을 가지고 있기 때문에 붉게 보인다.

본시학습인 심장의 구조와 기능에서는, 도입에서는 모둠실험·관찰을 통하여 심장의 박동소리와 맥박을 느끼게 하여 심장에 대한 흥미유발을 시킨다. 실생활에서 쉽게 구할 수 있는 자바라를 가지고 심장모양을 만들도록 개발한다. 심장의 박동원과 조절, 심전도, 심장에 대한 질병, 인공심장, 유산소운동(aerobics) 등에 대해 교재 연구해 둔다. 그리고 학생들의 흥미를 유발할 수 있는 다른 예인 식물인간에 대해서도 교재 연구해 둔다. 뇌가 손상되어 의식은 전혀 없지만 심장은 뛰고 있으므로 사망에 이르지는 않아 식물인간이라고 한다. 그러나 심장이 멈춘다면 혈액이 순환되지 않아 세포가 사망하게 되므로 신체가 사망에 이른다는 것을 설명하면서 흥미를 가지게 한다.

혈액의 순환에서는 동맥, 정맥, 모세혈관으로 이루어진 혈관망을 고속도로, 국도, 지방도, 골목길 등과 같은 도로망과 비교하여 설명한다. 2시간으로 나누어 학습한다면 첫째 시간에는 물고기의 모세혈관을 지나는 혈액을 관찰하여 흥미를 돋우고, 혈관의 종류와 특징을 이해한다. 둘째 시간에는 물고기 모세혈관에서의 혈액 흐름을 상기하고 심장박동과 혈액의 순환을 학습한다.

본시학습의 전개과정은 **전시학습 확인 → 선개념 확인(모둠실험: R1 제시, C1 확인) → 인지갈등유발(R2 제시) → 시범실험(확인) → 개념도입 → 개념적용 → 차시예고** 순으로 언급하고 경험을 발표한다.

3) 인지갈등 학습지도안의 예

대상	중학교 1학년	일시	년 월 일		장소	과학실
소단원	심장의 구조와 기능		차시	2/3	지도교사	
학습주제	심장은 어떻게 생겼을까?					
학습목표	1. 심장의 구조와 기능을 연관 지어 설명할 수 있다. 2. 심장질환에 대하여 설명할 수 있다.					
	교 사		학 습			
준비물	교과서, 학습지도안, 교수용 멀티미디어 자료, CD, 학습용 퍼즐, PPT 학습자료, 청진기, 자바라 4개로 만든 심장모형, 자바라 1개 시범실험 : 고무막이 있는 용기, 빨간 잉크, 파란 잉크, 비커		교과서, 노트, 필기구, 프린트물			

수업과정 (분)	교수 – 학습활동		유의점
	교사	학생	
학습분위기 조성 (1)	* 인사, 출석, 학습태도점검 * 학습분위기 전환 (주위를 환기시키고 날씨 이야기 등으로 학습분위기를 유도한다.)	* 인사 * 학습준비	
전시학습 확인 (3)	* 지난 시간에 우리는 무엇을 배웠죠?	* (대답없음)	교과서, 질문법
	* 우리 전 시간에 배운 부분을 다시 볼까요?	* 네.(교과서를 살펴본다)	
	* 자... 다시 대답해볼까요?		
	(학생들이 잊어버린 부분은 교과서를 같이 살피면서 상기시킨다.)	* 혈액의 조성과 기능에 대해 배웠어요.	
	* 혈액은 무엇으로 구성되어 있었죠?	* 적혈구, 백혈구, 혈소판, 혈장으로 구성되어 있어요.	
	* 그럼 혈액에서 그것들이 각각 어떠한 기능을 했나요? (적혈구, 백혈구, 혈소판, 혈장을 한사람씩 지적하여 말하게 한다.)	* 적혈구 – 산소이동 * 백혈구 – 살균작용 * 혈소판 – 혈액응고 * 혈장 – 노폐물수송	
	* 대답 참 잘했어요.		
학습목표 제시 (1)	* 자! 이번시간에는 무엇을 배울 것인지에 대해 알아볼까요? * 적어온 학습목표를 칠판 왼편 상단에 붙인다. * 학습목표를 같이 크게 읽어 볼까요? 시작!	* 학습목표를 크게 읽는다.	
선개념 확인 (R1제시) (6)	* 자! 이제 옆 사람과 2명씩 짝을 지어볼까요? (모둠 실험을 할 수 있도록 학생들을 배치시킨다. 약간의 소란은 허용한다.)	* 네(2명씩 짝짓는다.)	교과서, 모둠실험·관찰, 토의학습
	* R1제시 : 짝이 정해졌으면 상대방의 등에 귀를 대봐요(등 쪽에서 소리가 더 잘 들린다. R1을 실생활과 관련된 것을 제시한다.).	* (선생님의 지시대로 소리를 들으려고 한다.)	
	* 심장 뛰는 소리가 들리나요?	* 잘 안 들리는 데요.	
	* 너무 소란하면 잘 안들 리니까 조금만 조용히 하고... 귀 기울여 봐요. 그리고, 장난치면 실험·관찰이 잘 안되니깐 조용히 하고 하세요.(주의사항 제시) * 잘 들리지 않는 학생에게는 청진기를 준비하여 심장박동을 듣게 해준다.	* 네 들려요. * 잘 안 들려요.	
	* 이번엔 두 번째 손가락과 세 번째 손가락을 모아 옆 친구의 손목이나 목에 짚어볼까요?	* (선생님의 지시대로 맥박을 느끼려고 한다)	
	* 자 어때요?	* 맥박이 뛰어요.	
	* 이제 제자리에 앉고 선생님 질문에 답해 봐요.	* 자리 정돈하여 앉는다.	
	* 조금 전에 친구의 심장박동소리와 맥박을 느껴 보았죠?	* 네	
	* 그럼 심장이 하는 일을 박동소리와 맥박을 가지고 생각해볼까요? (의도하는 답이 나오지 않을 경우 : 심장박동소리를 왜 나죠? 맥박은 어떤 물질이 이동하면서 느껴지는 거죠? 등의 질문을 이용하여 답을 유도한다.)	* 살아갈 수 있게 해줍니다. * 숨을 쉴 수 있게 해줍니다. C1확인: 심장이 혈액을 밀어내어서 맥박이 생기게 합니다.(수준 높은 학생)	
	* 그래요, 심장이 살아갈 수도, 숨을 쉴 수도 있게 하지만, 선생님이 질문한 의도는 심장이 혈액을 밀어내어서 맥박이 생기게 된다는 학생의 답이었어요		

<table>
<tr><th rowspan="2">수업과정
(분)</th><th colspan="2">교수 – 학습활동</th><th rowspan="2">유의점</th></tr>
<tr><th>교사</th><th>학생</th></tr>
<tr><td rowspan="16">인지 갈등
유발
(R2 제시)
(15)</td><td>* 자! 이제 선생님이 준비한 물건을 보고 오늘 배우는 심장과의 관계를 알아볼까요?</td><td>* – 네</td><td rowspan="7">교과서,
모둠실험·
관찰,
토의학습</td></tr>
<tr><td>* 이건 어떤 관계가 있을까요?
(R2제시 : 과학적 개념의 관계가 추상적인 것을 먼저 제시하여 학생들이 사고를 많이 하게 하다가, 점차 구체적인 것을 제시하여 과학적인 개념이 도입되도록 유도한다.)
* 자바라1개(추상적인 R2)를 제시한다.(심장은 혈액은 받아들여서 밖으로 내보낸다는 답이 나오도록 중간 중간에 질문을 한다. 자바라가 어디에 사용되죠? 등)</td><td>* (학생들이 생각할 수 있는 시간을 준다.)
* 심장의 모양이 자바라와 같은 모양입니다.
* 심장에는 혈관이 연결되어 있어요.
* 심장은 자바라와 같이 혈액을 한쪽에서는 받아들여서 다른 쪽으로 내보냅니다.</td></tr>
<tr><td>* 자! 이건 무엇을 나타낸 것일까요?
* 4개의 자바라로 만든 심장의 모형을 제시해준다.(2심방 2심실이란 것을 알 수 있도록 하고, 그들의 기능에 대해서도 나올 수 있도록 유도한다.)</td><td>* 심장을 나타낸 것입니다.
* 사람의 심장인 2심방 2심실을 나타내고 있어요.</td></tr>
<tr><td>* 그럼 이들 각각의 심방과 심실의 기능을 이 심장의 모형을 관찰하면서 생각해 볼까요?</td><td>* 우심방은 우심실로, 우심실은 폐동맥으로 혈액을 보내고, 좌심방은 폐에서 혈액을 받아들이고, 좌심방은 좌심실로 혈액을 보내고, 좌심실은 온몸으로 보냅니다.</td></tr>
<tr><td>* 모두 대답을 잘했어요. 그럼 친구들이 대답한 것을 누가 정리해볼까요?</td><td>* 심장은 자바라와 같이 혈액을 받아들여서 다시 온몸으로 내보냅니다.</td></tr>
<tr><td>* 아주 잘했어요. 우리가 토의하기 전에 생각한 것과는 어떻게 다르죠?</td><td>* 더 구체적으로 심장의 구조와 기능을 알게 되었어요.</td></tr>
<tr><td>* 네. 그럼 선생님이 한번 이 모형을 가지고 심장이 하는 일을 천천히 제시해 보겠어요. 잘 관찰해보세요.
* 우심방 → 우심실 → 좌심방 → 좌심실 순으로 눌러가면서 보여준다.</td><td>* 네.</td></tr>
<tr><td>* 자 이러한 일을 하는 심장의 모습을 여러분들은 본 적이 있나요?</td><td>* TV에서 봤어요.
* 책에서 봤어요.
* 아니요, 못 봤어요.</td><td rowspan="9">CD를 이용,
질의응답</td></tr>
<tr><td>* 선생님이 심장의 모습을 못 봤거나 잊어버린 학생들을 위해서 준비해 온 심장그림을 볼까요?
(CD 자료를 미리 준비해 두어야한다, 구체적인 R2)</td><td>* 네 (스크린을 주목한다.)</td></tr>
<tr><td>(그림 안에 CLICK라는 부분을 먼저 클릭한다)</td><td>(스피커에서 심장에 대한 설명이 나오는 것을 듣는다.)</td></tr>
<tr><td>(설명이 끝나면 '심장내부' 라는 부분을 클릭하여 심장의 단면을 보여준다.)</td><td></td></tr>
<tr><td>* 우리의 심장은 이렇게 복잡한 구조를 하고 있어요. (판서의 기본단어만을 설명하면서 칠판에 판서한다. 내용은 정리할 때 판서한다.)</td><td>(그림에 주목한다.)</td></tr>
<tr><td>* 이러한 사람의 심장 구조를 우리는 초등학교 때 무엇이라 배웠죠?</td><td>* 2심방 2심실이라고 합니다.</td></tr>
<tr><td>* 아주 잘 기억하고 있네요. 사람의 심장은 2심방 2심실입니다. 심방은 심장으로 들어오는 혈액을 받아들이는 곳으로 우심방과 좌심방으로 되어있어요.</td><td>* (교사가 그림을 보면서 설명하는 것에 집중한다.)</td></tr>
</table>

수업과정 (분)	교수 – 학습활동		유의점
	교사	학생	
인지갈등 유발 (R2제시)	* 우심방은 대정맥과 연결되어 온몸을 돌고 혈액이 들어오는 곳입니다. 좌심방은 폐정맥과 연결되어 폐에서 산소를 받은 혈액이 들어오는 곳입니다. * 심실은 심장에서 혈액을 내보내는 곳으로 우심실과 좌심실로 되어 있어요.	* (교사가 그림을 보면서 설명하는 것에 집중한다.)	질문법, CD 이용
	* 그런데 심방과 심실의 벽이 조금씩 다르네요? 여러분도 다르게 보이나요?	* 네. 심실의 벽이 심방의 벽보다 더 두꺼워요.	
	* 왜 그럴까요?	* 심실은 혈액을 밀어내는 곳이기 때문에 큰 압력을 줘야 하기 때문에 두꺼워요.	
	* 그리고 심실의 벽도 좌우가 틀리죠?	* 네 . 좌심실이 더 두꺼워요.	
	* 왜 그럴까요?	* 좌심실은 온몸으로 가기 때문에 우심실보다는 더 두꺼워요.	
	* 네. 아주 잘 알고 있네요. * 자.. 선생님이 심장에 구조와 기능에 대해 전체적으로 설명을 했어요.		
	* 아주 잘 대답했어요. 음.... TV에서 심장병어린이를 위한 성금모금프로그램을 본적이 있을 거예요.	* 네.	
	* 선생님은 그 프로에서 심장판막이상으로 아파하는 어린이를 본적이 있는데 여러분들도 봤어요?	* 네.	
	* 판막이라는 것은 심방과 심실, 심실과 동맥 사이에 있는 막을 말하는데 이것이 없다면 어떻게 될까요? 왜 꼭 필요한 거죠?	* 아파요. * 심장내부 혈액 흐름은 한 방향으로 흐르는데, 판막이 없다면 혈액이 역류할 거예요. * 혈액이 섞일 거예요	
개념도입 (6)	* 심실이란 무엇이죠? 8 어디와 연결되어 있나요? (CD를 이용하여, 스크린에 심장, 심실, 판막을 부분을 클릭한다. → 클릭한 부분은 하이라이트가 자동으로 비춰진다.)	* 심장에서 혈액이 나가는 곳입니다. * 동맥과 연결되어 있어요.	CD를 이용
	* 판막은 어디에 있나요?	* 심방과 심실, 심실과 동맥사이에 있어요.	
	* 판막은 어떤 역할을 할까요?	* 혈액의 역류를 방지해서 혈액순환을 한 방향으로 흘러가게 해줘요.	
	* 그럼, 심실은 혈액이 나가는 곳이죠? 혈액이 몸 구석구속까지 전달되려면?	* 혈압이 높아야 해요. * 밀어내는 힘이 강해야 해요.	
	* 그렇게 하려면 심실의 근육은 어떻게 되어 있어야 할까요?	* 두꺼운 근육으로 구성되어야 해요.	
	* 우리 몸에서 중요한 심장은 2심방 2심실의 구조의 두꺼운 근육으로 되어있어요.		
	* 심장의 박동은 어떻게 해서 생기는 거죠?	* 심방과 심실이 교대로 수축운동을 하여 생깁니다.	
	* 그럼, 혈압은 어떤 과정으로 생기죠?	* 심장의 박동으로 혈액이 혈관 밖으로 밀 때에 생기는 압력입니다.	

<table>
<tr><th rowspan="2">수업과정(분)</th><th colspan="2">교수 – 학습활동</th><th rowspan="2">유의점</th></tr>
<tr><th>교사</th><th>학생</th></tr>
<tr><td rowspan="8">개념작용(6)</td><td>* 그럼. 심장에 대한 질병은 무엇이 있는지 알고 있나요?(이론과 실생활 중에서 질병과 관련된 것을 하여 개념을 적용한다.)</td><td>– 심장병요.</td><td rowspan="3">PPT를 이용</td></tr>
<tr><td>* 심장병에도 여러 가지로 나누게 되요. 이 중에서도 오늘 배운 것과 관련 있는 질병을 스크린에서 봅시다(PPT로 제시).</td><td>* 스크린을 주목한다.</td></tr>
<tr><td>* 좌심실과 우심실사이에 구멍이 있는 질병이 있는데 심실간의 중간 벽에 구멍이 있으면 어떤 일이 일어날까요? (PPT 1)</td><td>* 혈액이 좌심실에서 우심실로 넘어가요.
* 혈액이 섞이게 되요.
* 혈액을 밀어내는 압력이 떨어져요.</td></tr>
<tr><td>* 네. 구멍이 있으면 한쪽으로 내보내는 것보다 압력이 떨어져서 순환이 잘 안되겠죠.</td><td>* 네</td><td rowspan="5">교과서
및
PPT를 이용</td></tr>
<tr><td>* 다음은 대동맥에 있는 판막이 좁아지는 병이 있는데 이런 현상은 어떤 현상을 일으키죠?(PPT 2)(수업시간을 보아가면서 언급을 하지 않을 수도 있다.)</td><td>* 혈액이 나오기가 힘들어요.
* 혈액이 나오질 않아요.
* 혈액이 나오기 위해서는 더 큰 힘이 있어야 해요.</td></tr>
<tr><td>* 네. 좁아지니깐 혈액이 잘 나오질 못하고, 더 큰 힘이 필요해서 심장에 무리가 가죠?</td><td>* 네</td></tr>
<tr><td>* 다음은 인공심장에 대해서 들어보았죠? 인공심장은 오늘 배운 것과 연관 지어서 어떤 원리인지를 이야기해볼까요?
* 그럼 인공심장은 어떻게 뛰게 할까요?
* 네 잘 알고 있네요. 선생님이 교과서와 PPT를 보면서 간단히 정리한다. (PPT 3)
* 교과서에 나온 사진을 보면서 간단하게 설명해준다.</td><td>* 네.
* 심장이 고장 났을 때 심장대신으로 넣어주는 것이에요.
* 전기충격을 주어서 뛰게 해요.</td></tr>
<tr><td colspan="2"></td></tr>
<tr><td rowspan="2">형성평가(6)</td><td>* 자 오늘 배운 내용으로 선생님이 나눠준 프린트에 형성평가(퍼즐)를 풀어 봐요.</td><td>* (학생들 서로 의논하면서 푼다.)</td><td rowspan="2">PPT를 이용</td></tr>
<tr><td>* (시간을 보아가면서 형성평가문제를 선택하여 풀이한다. (PPT 4 제시)
(형성평가문제를 푼다.)
* (다음 수업시간에 전시학습확인 시 이번 시간에 나눠준 형성평가(퍼즐)를 이용한다.)</td><td>* 네</td></tr>
<tr><td>차시예고(1)</td><td>* 오늘 시간에는 혈액순환의 펌프인 심장에 대해 배웠어요.
* 다음시간에는 혈액이 흐르는 길인 혈관의 구조와 기능에 대해 배우도록 하겠어요.
* 교과서를 읽어보고, 우리생활 중에서 혈관과 비슷한 역할을 하는 것(노란색 고무줄, 빨대, PVC, 쇠파이프 등)은 무엇이 있는지 찾아보고 각자가 1개 이상을 가져오도록 하세요. * * 준비물을 가져오지 않는 학생은 혈관 중에서 피부가까이에 있는 혈관이 무엇인지, 그리고 그 이유에 대하여 물어보겠어요.
* 여러분 수고했어요.</td><td>* 선생님 감사합니다.</td><td></td></tr>
</table>

판서계획

1. 심장의 구조 : 가슴 중앙의 약간 왼쪽에 위치. 2심방 2심실

(1) **심방 :** 심장으로 혈액을 받아들이는 곳, 정맥과 연결

(2) **심실 :** 심장에서 혈액이 나가는 곳, 동맥과 연결되며 벽이 두꺼운 근육주머니.

(3) **판막 :** 심방과 심실사이에 심실과 동맥사이에 존재해 혈액의 역류를 방지.

2. 심장의 박동

(1) **박동 :** 심장과 심실이 교대로 하는 수축운동과 이완운동을 박동이라 한다. 이를 통해 혈액은 온몸을 순환하게 된다.

(2) **혈압**

① 심장의 박동으로 혈액이 혈관 밖으로 밀려나올 때 혈관에 미치는 압력

② 동맥에서는 높고 정맥에서는 낮다.

형성평가

교사참고 : 문제의 해결 능력에 따라 심화학습팀과 보충학습팀으로 나눌 수 있다.

1. 우리 몸에서의 혈압은 어떤 과정으로 생기는가?

→ **답** :

2. 아래은 심장의 모형을 나타낸 것이다. 그림을 자세히 보면 심방보다는 심실벽이 두껍고, 심실 중에서도 우심실보다는 좌심실 벽이 두껍다. 이와 같은 구조를 가진 이유를 혈액 순환과 관련지어 설명해보자.

→**답** :

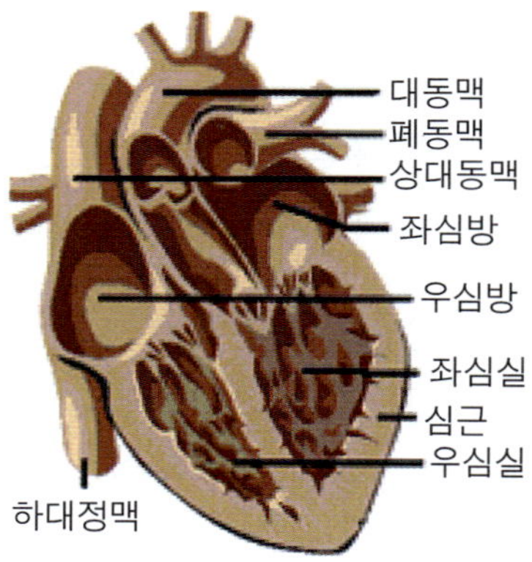

1. 심장과 연결된 4종류의 혈관이름이 아닌 것은? 그리고 그 이유는?

① 대동맥 ② 폐동맥 ③ 폐정맥

④ 신정맥 ⑤ 폐동맥

→**답** :

2. 심장에서 나와 폐로 가는 혈관은 어느 것인가? 그리고 그 이유는?

① 대동맥 ② 폐동맥

③ 폐정맥 ④ 대정맥 ⑤ 관상동맥

→답 :

형성평가퍼즐

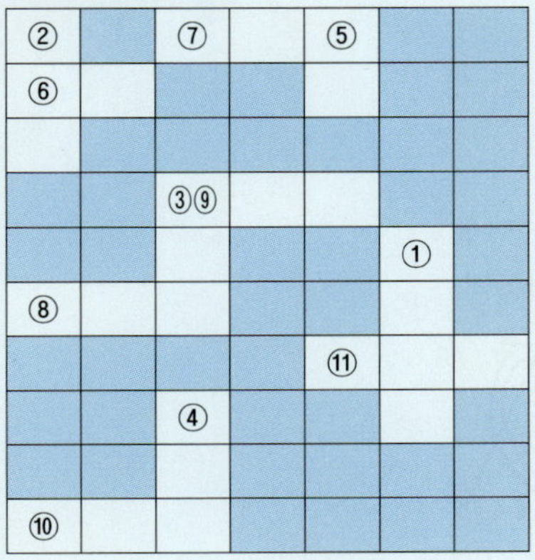

세로열쇠	가로열쇠
① 건강한 성인의 경우 각각 120/80 mmHg 정도 된다.	⑥ 혈액을 받는 곳으로 사람은 2심방 2심실로 되어있다.
② 폐정맥을 통해 들어오는 혈액을 받아들인다.	⑦ 혈구 중에서 혈액의 응고에 관여하는 세포.
③ 폐동맥과 연결되어 폐로 혈액을 보낸다.	⑧ 온몸에 혈액을 내보내야 하므로 심장에서 가장 두꺼운 벽을 가진다.
④ 좌심실 → 대동맥 → 온몸(세로⑤) → 우심방 → 우심실→ 폐동맥 → (가로⑤) → 좌심방 → 좌심실	⑨ 대정맥을 통해 온몸을 순환하고 들어오는 혈액을 받아들인다.
⑤ 정맥에 있고 혈액이 거꾸로 흐르는 것을 막아준다.	⑩ 좌심실 → 대동맥 → 온몸(세로⑤) → 우심방 → 우심실→ 폐동맥 → (가로⑤) → 좌심방 → 좌심실
	⑪ 혈구 중에서 산소운반을 하는 세포

보충자료

1. 심장병 진단에 필요한 검사의 종류

1) 심전도(ECG)

심장은 우심방 상부에 자가발전소가 있어서 일정한 간격으로 전류가 생겨 심장벽을 타고 심실 쪽으로 흐르며 이 전류의 자극에 의하여 심실이 수축하게 된다. 이 심장수축에 의한 전기의 흐름을 기록하는 것이 심전도이며 심장에 이상이 있으면 심전도에도 이상을 보이는 수가 많다(그림 5.17).

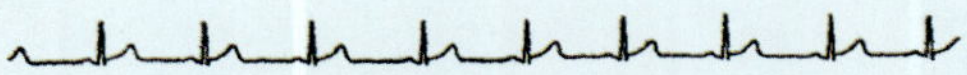

그림 5.17. 심전도의 기록 예.

2) 흉부 X-선 사진

심장의 크기와 모양, 폐로 가는 피가 많은지 적은지 등을 알 수 있다.

3) 심장 초음파 검사 (심에코도)

초음파를 이용하여 환자에게 고통을 주지 않고 심장의 크기, 구조 및 기능을 비교적 정확히 알아볼 수 있다(**그림 5.18**). 근래에는 혈류를 색채로 나타낸 색채 도플러 심초음파검사가 심장 수술 전후에 널리 사용되고 있으며, 이를 이용하여 태아의 심장병도 알 수 있는 필수적인 심장검사법이다.

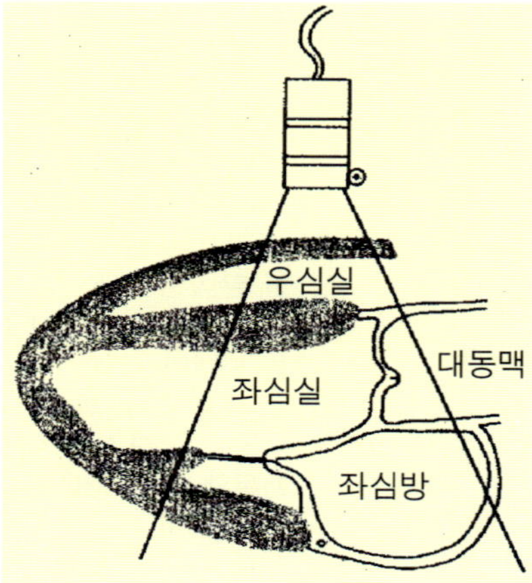

그림 5.18. **심장초음파 검사 (심에코도)** (http://www.heart.or.kr 020514).

4) 심도자 검사 및 심혈관 조영술

팔이나 다리의 정맥을 통해 심도자(특수 플라스틱으로 만든 가는 관)를 심장 속까지 넣어서 심장 각 부위의 압력을 재고, 혈액을 뽑아서 산소농도를 측정한다. 그 후에 조영제를 이 심도자를 통해 주사하면서 촬영을 하면 심장의 이상부위를 거의 정확히 진단할 수 있다. 특히 복잡한 심장기형을 가진 신생아일수록 합병증을 일으킬 가능성은 많다.

5) 자기 공명 영상 검사 (MRI)

자장을 이용하여 심장, 혈관 등 인체 각 부분의 단면 영상을 보여주는 검사로, 초음파 검사와 마찬가지로 환자에게 아무 고통이나 부담을 주지 않는다. 최근에는 조영제를 사용하지 않고도 심장이 움직임과 혈류 변화를 볼 수가 있어, 많은 복합 심장기형에서 심도자 검사를 대신하거나 보완하는 검사로 널리 이용되고 있다. 검사하는 동안은 가만히 누워있어야 하며, 시계, 쇠붙이, 신원 확인 카드, 전철표, 공중전화카드 등 자장에 영향을 받는 물건과 인공심장 박동기를 달고 있는 환자는 검사실에 들어가서는 안 된다.

2. 인공심장

인공심장에는 가슴내장형 인공심장과 복부내장형 인공심장으로 나눌 수 있다. 그 동안 국내외에서 개발된 인공심장은 모두 심장을 직접 대체하는 방식으로 심장을 떼어낸 뒤 그 자리에 인공심장을 붙이는 가슴내장형이었다. 가슴내장형 인공심장은 그러나 사람에 이식할 경우 성공률이 떨어질 뿐 아니라 기계가 고장 나는 등 수술에 실패하면 곧바로 사망으로 이어지는 치명적인 단점을 안고 있었다.

이번에 개발된 복부내장형 인공심장은 심장을 떼어 낼 필요가 없기 때문에 시술 후 인공심장 기계가 망가져도 자신의 심장으로 4~5주 가량 생명을 연장할 수 있는 장점이 있다. 직경 10㎝, 무게 600g의 이 복부이식형 인공심장은 심장으로 연결된 4개의 도관을 통해 혈액을 펌프질하는 새로운 방식이다.

나. 순환 학습지도안

구체적 경험과 사회적 환경을 결합하여 인지발달의 중추인 평형화 과정을 경험할 수 있도록 학습내용이 잘 조직화되어 있으며, 형식적 사고의 신장을 도와줄 수 있는 정 등(1997)의 순환학습지도안을 소개한다. 이 지도안은 과학 교육과정 8학년의 '식물의 구조와 기능' 단원 '잎의 기능' 을 지도하기 위하여 실험실 학습을 중요시 한 3차시 분량으로 되어 있다. 여기서는 극히 약간 변형한 것을 제시한다.

8학년의 '식물의 구조와 기능' 단원 '줄기의 구조와 기능' 을 지도하기 위한 서술적 순환 학습지도안의 예는 송진웅 등(2003)에서 볼 수 있다.

대상	중학교 2학년		일시	년 월 일		장소	과학실
소단원	잎의 구조와 기능			차시	1/3	지도교사	
학습주제	광합성에 필요한 조건						
학습목표	1. 광합성에 빛, 이산화탄소, 물이 필요함을 설명할 수 있다. 2. 광합성에 관한 즉시적 현상이 주어지고 적절한 정보가 주어지면 광합성에 필요한 조건을 알아내는 탐구 활동을 할 수 있다. 3. 빛의 세기와 광합성량이 표로 주어지면 그래프로 변환할 수 있다. 4. 이산화탄소의 양과 광합성량이 표로 주어지면 그래프로 변환할 수 있다.						
준비물	기구	알코올램프 1개, 비커(250㎖ 2개, 100㎖ 2개), 샬레 2개, 시험관 집게 1개, 삼발이 1개, 석면철망 1개					
	재료	요오드-요오드화칼륨 용액, 메탄올, 식물(봉선화), NaOH(10%) 수용액, 은박지, 클립, 거름종이 1장					

단계 (시간, 분)		교수 - 학습활동		유의점
		교사활동	학생활동	
탐색	즉시적 현장 제시 (3)	* 지난 시간까지 식물은 광합성을 하여 잎에서 스스로 녹말을 만들 수 있다는 것을 배웠습니다. * 또 식물들의 광합성이 지구의 생물들에게 얼마나 중요한지도 배웠습니다. * 식물의 광합성량이 지금의 절반으로 줄어든다면 아마도 대부분의 사람들이 굶주림에 시달리게 될 것이고 많은 사람들이 굶어서 죽게 될 것입니다. * 지금은 식물이 무성하게 자라 있고 많은 종류의 동물들이 살고 있는 정글이나 초원이 사막으로 변해 갈지도 모릅니다.		
	문제 발생 (2)	* 식물의 광합성량이 어떤 이유에서건 크게 감소하거나 식물들이 광합성을 하지 못하게 된다면 그런 일이 벌어질 것입니다. * 광합성을 하는데 필요한 조건이 갖추어지지 않는다면 광합성을 하지 못하게 됩니다.	* 정말로 정글이 갑자기 사막으로 변할 수 있나요? * 식물이 광합성을 하지 못하게 될 때는 언제입니까? * 그러면 광합성을 하는데 필요한 조건이 무엇입니까?	
	가설 설정 (2)	* 광합성을 하기 위해 필요한 조건이 무엇인지 예상해 보세요.	※ 생각하고 발표한다. (예) 1. 빛이 필요하다. 2. 이산화탄소가 필요하다.	

단계 (시간, 분)		교수 – 학습활동		유의점
		교사활동	학생활동	
탐색	실험 설계 (20)	* 여러분이 설정한 가설을 어떻게 하면 검증할 수 있을까요? * 1. 식물이 광합성을 하려면 빛이 필요하다는 것을 어떻게 하며 알아낼 수 있을까요? ★ 실험 5–1: 광합성의 조건 1 * 2. 식물이 광합성을 하는데 이산화탄소가 필요하다는 것을 어떻게 알 수 있을까요? ※ 시간을 충분히 주고 적절한 정보를 준다. 1. NaOH 수용액(10%)은 이산화탄소를 흡수한다. 2. 베이킹소다 수용액(5%)은 이산화탄소를 방출한다.	※ 실험을 설계하기 위해서 생각한다. ※ 초등학교에서 배운 실험을 쉽게 떠올려서 실험 설계를 할 수 있을 것이다. ※ 교사의 도움을 받아 실험을 설계한다. ※ 조별로 토론하여 기록한다.	* 조급히 실험을 하지 말고 학생들이 충분히 생각할 수 있는 시간을 준다. * 대략적인 내용은 전체 토론으로 알아내게 하고 구체적인 방법은 조별로 고안하게 한다.
		* 조별로 실험 설계한 내용을 보고서에 기록합시다. ★ 실험 5–2 : 광합성의 조건 2	※ 조별로 토론하여 기록한다.	
	실험 수행 (2)		※ 설계한 실험을 수행한다.	
종료		* 차시예고	* 실험 정리	

2/3 차시

단계 (분)		교수 – 학습활동		유의점
		교사활동	학생활동	
탐색	자료의 수집 정리 (25)	* 지난 시간에 설치해 놓은 실험 장치의 잎에서 녹말을 검출하자. * 어떤 잎에서 녹말이 검출되었는지 발표해 보자.	※ 녹말 검출 실험을 한다.	
	결과의 종합 (5)	* 실험을 하여 얻은 자료를 보고 식물이 광합성을 하기 위해 필요한 조건이 무엇인지 발표해 보자.	* 광합성을 하기 위해서는 빛과 이산화탄소가 필요합니다.	
개념 도입	개념의 통합 (15)	* 식물이 광합성을 하기 위해 빛과 이산화탄소가 필요합니다.		1. 물질의 구성 단원에서 배운 개념들(화합, 분해 분자식, 질량보존, 원자량 등)을 사용하여 개념들을 통합하여 이해하도록 돕는다.
		* 탄수화물은 어떤 원소로 이루어져 있다고 배웠습니까?	* 탄소, 산소, 수소입니다.	
		* 그렇다면 광합성의 결과 만들어진 녹말(탄수화물의 일종)의 수소는 어디에서 온 것이죠?	* 식물의 뿌리에서 흡수한 것입니다.	
		※ 탄수화물의 한 종류인 녹말에는 수소 원소가 포함되어 있음을 기억하게 하고 식물이 수소 원자를 물로부터 얻음을 설명한다.	* 녹말에 있는 수소 원자는 물에서부터 온 것입니다.	
		* 식물은 이산화탄소와 물을 원료로 빛을 이용하여 녹말을 만든다.	※ 광합성에는 물도 필요함을 알게 된다.	
종료		* 차시예고		

3/3 차시

단계 (분)		교수 – 학습활동: 교사활동	교수 – 학습활동: 학생활동	유의점
개념 도입	문제 발생 I (1)	* 아침에 해가 떠서 정오가 될 때까지 광합성량은 어떻게 변할까? * 공기 중의 이산화탄소의 농도가 일정할 때 빛의 세기가 계속 증가한다면 광합성량은 언제까지 증가할까요?		
	가설 설정 I (2)		* 1. 계속 증가할 것이다. * 2. 어느 정도 증가하다가 더 이상 증가하지 않을 것이다.	
	실험 설계 I (10)	* 어떻게 실험을 하면 여러분이 설정한 가설을 검증할 수 있을까? * 그 방법을 조별로 구상해서 보고서에 기록하고 발표해 봅시다.	※ 조별로 토의하고 발표한다.	
개념 응용	자료 정리 I (10)	* 여러분들이 설계한 실험과 비슷한 방법으로 과학자들이 실험하여 다음 표의 자료를 얻었습니다. * 표의 내용을 한눈에 알아볼 수 있도록 표현하는 방법은 무엇일까? * 표의 내용을 그래프로 그려보자.	* 그래프로 그려보면 됩니다. ※ 그래프를 그린다.	
	자료 정리 I (2)	* 그래프를 보고 어떤 결론을 내릴 수 있나요?	* 이산화탄소의 농도가 일정하고 빛의 세기가 계속 증가한다면 광합성량은 어느 정도 증가하다가 더 이상 증가하지 않는다.	
	문제 발생 II (1)	* 빛의 세기가 일정할 때는 …	* 빛의 세기가 일정하고 이산화탄소의 양이 계속 증가한다면 광합성량은 어떻게 될까요?	
	가설 설정 II (1)	* 어떻게 되리라고 예상합니까?	* 어느 정도 증가하다가 더 이상 증가하지 않을 것입니다.	
	실험 설계 II (8)	* 어떻게 하면 여러분이 설정한 가설을 검증할 수 있을까요? * 빛이 일정할 때 이산화탄소의 양이 증가함에 따라 광합성량이 어떻게 변하는지 알아내는 실험을 구상해보자. * 조별로 토의하여 안내서에 기록하고 발표해 봅시다. * 실험 설계가 잘못된 것은 교사가 발문을 하여 수정해준다.	※ 실험 방법을 구상한다. ※ 발표한다.	
	자료 정리 II (8)	* 여러분이 설계한 실험 방법과 비슷하게 과학자들이 실험을 하여 다음 표의 자료를 얻었습니다. * 표의 자료를 그래프로 그려보자.	※ 그래프를 그린다.	
	결과의 종합 II (2)	* 그래프를 보고 어떤 결론을 내릴 수 있나요?	* 빛의 세기가 일정할 때 이산화탄소의 양이 계속 증가한다면 광합성량은 어느 정도 증가하다가 더 이상 증가하지 않는다.	
종료		* 차시예고	* 실험정리	

다. 발생 학습지도안

발생학습지도안의 예로서 자신의 경험을 발표하고 자신과 다른 관점에서 비판하는 다양한 의견을 접하면서 새로운 개념을 습득하도록 지도하는 강 등(1999)의 내용을 변형하여 제시한다.

대상	중학교 1학년	일시	년 월 일	수업장소	과학실
소단원	심장	차시	2/2	지도교사	
학습주제	운동과 맥박				
학습목표	1. 운동과 심장박동과의 관계를 안다. 2. 항상성의 개념을 설명할 수 있다.				
준비물	교사			학생	
	교과서, 학습지도안, 교수용 멀티미디어 자료, CD, PPT 학습자료, 초시계			교과서, 노트, 필기구, 프린트물	

수업과정 (분)	교수 – 학습활동		수업매체 및 유의점
	교사활동	학생활동	
예비 (13)	* 출석확인	* 인사	
	* 전시 학습 확인: 심장 박동은 어떻게 측정할 수 있을까?	* 손목의 맥박을 잰다.	
	* 학습목표 제시	* 함께 읽으면서 인식한다.	
	* 100m 달리기를 하기 전과 하고 난 후에 맥박을 재면 언제 가장 빨리 뛸까요? * 누가 발표해 볼까? 왜 그렇게 생각하는지 말해봅시다. * 자, 그럼 누구의 생각이 맞는지 알아봅시다.	A: 달리기를 하고 난 직후 : 달리고 있을 때보다 뛰고 난 후에 훨씬 가슴이 두근거려요: 그러니까 맥박도 빨라질 거라고 생각해요. B: 달리고 나서 시간이 조금 지난 후 : 달리고 있을 때나 달리고 난 직후에는 원기를 회복하기 위한 영양분이 몸 전체로 공급이 안 된 상태이므로 조금 쉬는 동안 맥박이 빨라지면서 영양분을 점점 많이 공급해 주니까 C: 달리기 전: 달리기 전에 가장 긴장되기 때문에 가슴이 두근거려요. 그러니까 이 때 가장 맥박이 빨라요.	* 대표되는 생각을 칠판에 기록 * 누구의 의견에 동의하는지 손을 들도록 한다.
초점 (10)	* 달리기를 하는 대신에 다른 방법으로 알아보려면 어떻게 하면 좋을까?	* 가만히 있을 때 각자 자신의 1분 동안의 맥박수를 잰다. * 토끼뜀을 뛰거나 앉았다 일어났다를 50회 이상 한 직후에 맥박을 잰다. * 10분 휴식하며 2분 간격으로 맥박을 잰다. * 3가지 활동을 하면서 잰 맥박수를 기록한다. * 시간에 따른 맥박수의 변화를 그래프로 그린다.	* 손가락을 손목의 앞에 대어 맥박을 잰다는 것을 지도한다. * 3~4명 정도를 한 조로 하여 한 명이 대표로 실시한다.

수업과정 (분)	교수 – 학습활동		수업매체 및 유의점
	교사활동	학생활동	
도전 (15)	* 자, 이제 실험 결과에 대해서 조별로 토의한 후 발표해 봅시다. * 언제 맥박이 가장 빨리 뛰나요. 시간이 지남에 따라 맥박수는 어떻게 변하는가요?	* 조 별로 토의한 후 대표가 발표한다. * 달리고 난 직후에 가장 빨리 뛴다.	* 교사는 직접적으로 적극 관여할 필요는 없으며 토의가 원만히 이루어질 수 있도록 분위기를 조성해 준다.
	* 왜 이런 결과가 나왔을까요? * 다른 의견을 가진 사람이나 질문이 있으면 하세요.	* 영양과 건강 단원의 순환기 학습 시 배운 내용을 상기하며 발표한다.	
	* (교사는 학생들의 발표가 끝나면, 학생들의 의견을 정리한다.) * 여러분이 발표한 것처럼 원래의 상태로 빨리 돌아가려고 하는 작용을 '항상성'이라고 합니다. 즉, 생명체 내부를 일정한 상태로 유지하는 것을 의미합니다. 항상성에 의해 우리의 몸은 가장 적합한 상태를 유지하는 것입니다.	* 운동을 할 때 몸은 많은 양의 영양분과 공기가 필요하게 된다. 이 때 몸은 가능하면 빨리 원래의 상태로 돌아가려고 하므로 혈액의 흐름이 빨라지고 맥박도 빠르게 뛴다.	
응용 (6)	* 맥박수는 모든 사람이 똑같을까?	* 성별, 나이, 체중, 키 등에 따라 어떻게 달라지는지 직접 측정해 본다.	* 선생님의 맥박수도 학생이 직접 재도록 한다.
	* 운동을 하고 나면 우리의 몸에는 또 어떤 변화가 있는가?	* 땀이 난다. 목이 마르다. 호흡이 빨라진다. 체온이 올라간다.	
	* 형성평가	* 문제를 토의하면서 푼다.	* PPT 문제
차시 예고 (1)	* 하루 동안에 체온은 어떻게 변할까요? * 다음 시간까지 자신의 하루 동안의 체온을 잰 후 그 변화를 그래프로 그려오도록 한다. (운동한 후와 냉수욕을 한 후에 체온의 변화를 측정한다.)	* 어떻게 그래프로 그리는지 질문한다.	

연습문제

1. 과학교육의 목적을 설정하는데 있어서, 학생들이 자연을 보고 해석하는 세계관이 학습지도 전략 및 방법의 개발, 교육과정의 개발, 과학교육 평가 방법 및 도구의 개발 등을 위한 새로운 의미와 준거가 되는 이유를 쓰시오.

2. 다음은 중학교 1학년의 '호흡 운동의 원리'에 대한 수업과정이다. 물음에 답하시오. (2004학년도 임용고사 기출문제)

학생의 선개념 평가 : 학생들에게 다음 문항에 응답하게 하고, 그 응답을 검토한다.

〈 검사지 〉

(1) 우리가 숨을 들이쉴 때 몸 밖의 공기가 폐 안으로 이동해 들어간다. 이 때 몸 밖의 공기와 폐 안의 공기 사이에 압력 차이가 있을까?

① 압력 차이가 있다.

② 압력 차이가 없다.

③ 기타 ______________________

(2) (1)번에서 그렇게 답한 이유는?

〈수업과정〉

단계 1. 들숨과 날숨 때 흉강과 폐 안의 공기 압력에 관한 자료를 제시하고, 앞에서 평가한 자신의 생각과 비교하게 한다.

단계 2. 오른쪽 그림과 같은 모형을 이용한 활동을 통해 흉강과 폐 안의 공기 압력이 변화하는 이유를 설명할 수 있도록 한다.

단계 3. 스스로 숨을 쉴 수 없는 환자에게 인공호흡기로 숨을 쉬게 할 때, 공기 압력 차이가 어떻게 나타날지 생각해보게 한다.

2-1. 학생의 선개념 평가에서 약 30 %의 학생들이 (1)번 문항에 대해 '압력 차이가 없다'고 답하고, (2)번 문항에 대해 '생물은 스스로 숨을 쉬기 때문'이라고 답했다. 이러한 학생들의 개념과 대비되는 올바른 과학적 개념을 쓰시오.

2-2. 포스너(Posner) 등은 개념 변화를 위한 조건을 다음과 같이 제시하였다. 위 학생들의 개념 변화를 유발하는 수업을 하려고 할 때, ㉯~㉱의 조건을 충족시키기 위한 수업과정의 단계를 찾아 그 번호를 쓰시오.(3점)

포스너의 개념 변화 조건	수업과정의 단계
㉮ 현재의 개념에 불만족해야 한다.	
㉯ 새로운 개념은 이해될 수 있어야 한다.	
㉰ 새로운 개념은 그럴듯해야 한다.	
㉱ 새로운 개념은 유용성을 가져야 한다.	

3. 다음은 대기의 압력을 주제로 한 수업의 일부이다.

교사 : 여러분, 여기 풍선이 하나 있습니다.
학생 : 오늘은 풍선 실험이에요?
교사 : 네. 먼저 풍선의 무게를 측정해 보고, 그 다음 풍선에 펌프로 공기를 넣은 후 무게를 측정하여 변화가 있는지 알아봅시다.
학생 : 선생님, 차이가 없을 거 같은데요?
교사 : 그럼, 확인해봅시다. 어때요. 풍선에 공기를 넣으니 더 무거워졌지요?
학생 : 차이가 있기는 한데 너무 작아요, 선생님. 실험이 잘못된 것은 아닌가요? 저는 공기는 무게가 없다고 생각해요. 만일 공기가 무게가 있어서 우릴 누른다면 자유롭게 돌아다닐 수 없잖아요?

3-1. 교사는 학생들의 오개념이 쉽게 바뀌지 않는다는 것을 고려하여 학생들에게 인지갈등을 일으킬 수 있는 수업을 고안하려고 한다. '공기는 무게가 없다' 는 오개념과 상충되는 실생활 사례 2가지와 그것이 학생들의 인지 갈등을 유발할 것이라고 생각하는 근거를 쓰시오. (2006학년도 임용고사 기출문제)

- **사례와 근거 1 :**
  사례 :
  근거 :
- **사례와 근거 2 :**
  사례 :
  근거 :

4. 다음 그림은 학습자의 선행 지식이 변화되는 학습 모형이다. 어떤 경우에 ①-⑤의 모형이 나오는지 각각 설명하시오.

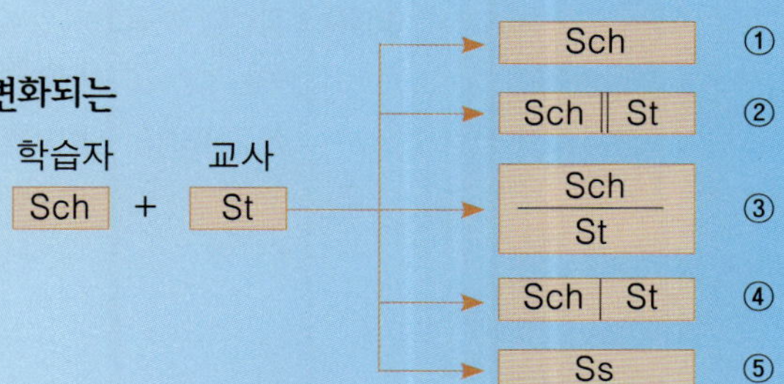

그림. 학습자의 선행 지식이 변화되는 학습 모형(박승재, 1999). Sch: 아동과학(Children's Science), St: 교사과학 (Teacher's Science), Ss: 과학자의 과학(Scientist's Science).

5. 다음은 단순 전기 회로에서 전류가 흐르는 것을 닫힌 수도관 안에서 물이 흐르는 것에 비유한 그림이다. 물음에 답하시오. (2004학년도 임용고사 기출문제)

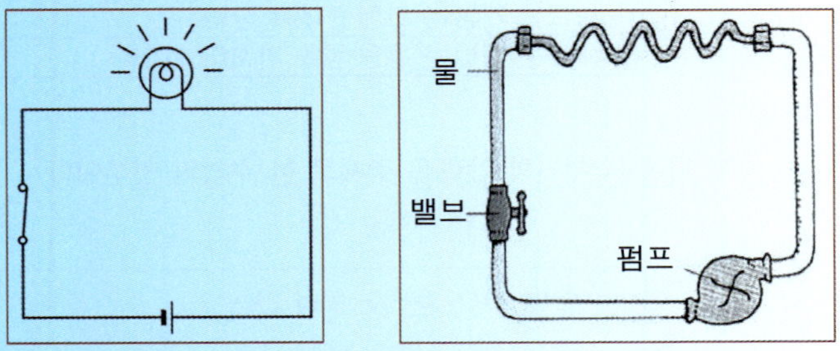

5-1. (가)을 (나)에 비유하면 다음과 같다. (가)의 '전구의 저항' 에 해당하는 것을 그림 (나)을 참조하여 빈 칸에 쓰시오.

(가)	(나)
전지	펌프
전선	수도관
스위치	밸브
전압	물의 압력
전구의 저항	( )

5-2. 어떤 학생들은 '전구에 불이 켜지면, 전류가 전구에서 소모된다.' 는 오개념을 갖고 있다. 이 오개념을 과학적 개념으로 변화시키려면, 그림 (나)의 비유에서 어떤 점을 활용해야 하는지 쓰시오.

6. 빛의 굴절을 잘 이해하지 못하는 학생들을 위하여 김 선생님은 이 개념을 보다 쉽게 이해시키기 위해서 다음과 같은 비유를 사용하였다.

(빛의 굴절) 빛이 공기에서 물로 비스듬히 진행되면 물에서의 빛의 속도가 공기에서 보다 느리기 때문에 빛의 진행 경로는 법선 쪽으로 꺾이게 된다.

(비유) 장난감 자동차가 보도에서 잔디밭으로 비스듬히 진행할 때 잔디밭에 먼저 도달한 바퀴는 더 느리게 움직이고, 보도에 있는 바퀴는 상대적으로 더 빠르게 움직이기 때문에 자동차의 진행방향은 꺾이게 된다.

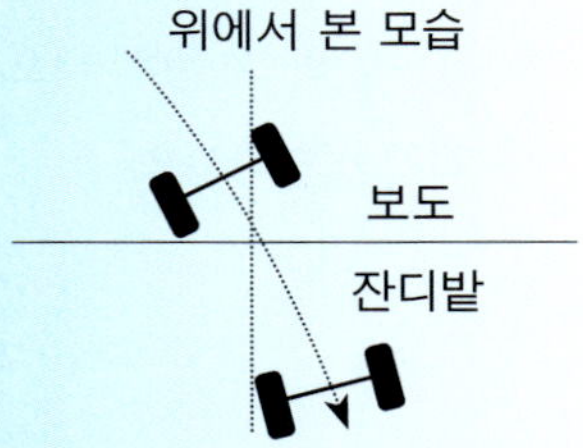

6–1. 이와 같이 비유를 활용한 수업을 함으로써 얻게 되는 수업의 효과를 인지발달 단계와 관련지어 하나만 쓰시오.

6–2. 이와 같이 비유를 활용하여 과학 개념을 가르칠 경우 학습자에게 유발될 수 있는 문제점을 하나만 쓰시오.

7. 다음은 로손(Lawson)의 순환 학습지도 모형을 이용하여 중학생을 대상으로 밀도 개념을 지도하는 과정의 일부이다. (1997학년도 임용고사 기출문제)

보기

(1) 교사 : 실험대에 놓인 A와 B세트 물체의 부피와 질량을 각각 측정하게 한다.
A세트–크기와 모양이 다른 알루미늄 조각 4개, B세트–크기와 모양이 다른 철 조각 4개

(2) 학생 : A와 B세트에 있는 모든 물체의 부피와 질량을 측정한다.

(3) 교사 : 학생들의 측정 활동이 모두 끝난 후, 학생들에게 단위 부피 당 질량을 '밀도' 라고 함을 지도한다. 학생들에게 측정 자료로부터 모든 물체의 밀도를 계산하게 한 후, 그 결과를 서로 비교하도록 한다.

(4) 학생 : 측정 자료로부터 물체의 밀도를 계산하여 비교한다. 같은 세트의 물체는 모두 밀도가 같고, 서로 다른 세트의 물체는 밀도가 다름을 발견한다.

(5) 교사 : 크기나 모양이 달라도 같은 물질이면 밀도가 동일하고, 물질이 다르면 밀도가 달라지기 때문에 밀도는 물질의 특성 중의 하나임을 이해시킨다.

7–1. 위에 제시된 (1)–(2)의 교수 학습 과정은 순환학습 과정의 어느 단계에 해당하는가?

7–2. 순환학습 과정에서 위의 (5)번 활동 이후에 일어나는 교수 학습 과정을 쓰시오.

8. 다음은 고래의 체온 유지를 주제로 한 3단계 순환학습을 적용한 수업과정이다. 과정 3에서 제시한 가설을 검증할 수 있는 실험을 고안해서 쓰고, 순환학습 과정에 적합한 수업이 되도록 과정 4의 ( )안에 들어갈 활동을 쓰시오. (단 실험 재료로 고래를 사용할 수 없다.) (2006학년도 임용고사 기출문제)

과정 1. 고래에 관련된 흥미 있는 질문으로 수업을 시작하고, '고래는 어떻게 차가운 바닷물에서 체온을 유지할까' 라는 의문을 이끌어낸다.
과정 2. 이 의문에서 '고래는 피하 지방층이 몸의 열 손실을 막아주어서 효율적으로 체온을 유지할 수 있다.' 라는 가설을 이끌어낸다.
과정 3. 가설을 검증하기 위한 구체적인 실험을 설계하고, 실험을 수행하고 검증한다.
과정 4. (   )
과정 5. 육상 포유류의 체온 유지 방법과 고래의 체온 유지 방법 간의 관련성을 생각하게 한다.

- **과정 3의 구체적인 실험방법 :**

- **과정 4의 (   ) 안 내용 :**

9. **피아제의 인지발달이론에 근거한 연구들에 의하면, 우리나라 중등학교 학생들의 인지발달 수준과 교과서에 나오는 개념이나 사고 과정의 수준 사이에는 괴리가 있다고 한다. 이러한 괴리를 줄이는 방안들은 학생, 교과서, 교사 측면에서 강구할 수 있다. 교사가 수업에서 괴리를 줄일 수 있는 방안 2가지와 그 방안이 적용된 예를 수업지도안에 있는 수업절차에서 찾아 그 번호를 아래 표의 빈칸에 쓰시오. (2001학년도 임용고사 기출문제)**

주제 : 전지의 직렬연결과 병렬연결
목표 : – 회로도를 보고 전지를 직렬과 병렬로 연결하여 불을 켤 수 있다.
– 전지를 직렬과 병렬로 연결하였을 때의 차이점을 비교할 수 있다.

수업절차

– 탐색 단계
① 각자의 방법대로 전지 두 개를 연결하여 전구에 불을 켜보게 한다.
② 어떻게 연결하였을 때 불이 더 밝은지를 생각해 보고, 연결해 보게 한다.
③ 관찰 사실을 기록하게 한다.
④ 발표와 토의를 통해 학생들의 생각을 서로 비교해 보게 한다.

– 개념도입 단계
⑤ 학생들이 만든 회로를 연결방법에 따라 구분해 보게 한다.
⑥ 직렬연결, 병렬연결이라는 용어를 학생들의 표현과 관련지어 도입한다.
⑦ 각 연결방법에 따른 불의 밝기와 전지의 수명을 정리한다.
⑧ 형성 평가를 실시하여 개념을 잘 이해하고 있는지 확인한다.

– 개념적용 단계
⑨ 그렇게 연결한 이유를 생각해 보게 한다.
⑩ 전구를 직렬 또는 병렬로 연결하면 어떻게 될지를 생각해 보게 한다.

교사의 수업 방안	적용된 예

10. 아래 그림은 선개념을 수정하기 위한 인지갈등 모형이다. 이 모형에서 양방향 화살표(⟷)는 인지적 갈등 상태를 의미하고, 한쪽 방향의 화살표(⟶)는 개념으로 현상을 무리 없이 설명할 수 있는 상태를 의미한다. 단, 개념 2는 과학자적 개념(뉴턴의 운동법칙)이다. (2002학년도 공통과학 임용고사 기출문제)

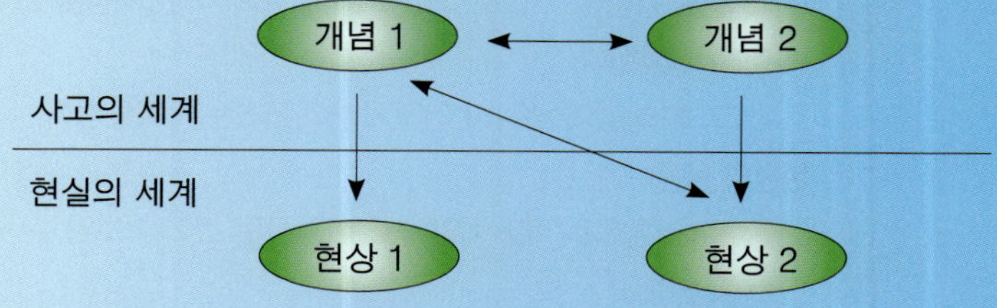

위 그림의 개념 1, 개념 2, 현상 1, 현상 2와 관련된 내용을 아래에 제시하였다.

(가) 일정한 힘이 작용하면 일정한 속력으로 운동한다.
(나) 마찰이 작용하는 도로에서 일정한 속력으로 운동하는 자동차
(다) 마찰이 없는 우주 공간에서 추진력에 의해 일정한 가속도로 움직이는 우주선
(라) 일정한 힘이 작용하면 일정한 가속도로 운동한다. (F=ma)

10-1. 위 그림의 개념 1, 개념 2, 현상 1, 현상 2의 예를 〈보기〉에서 골라 그 기호를 쓰시오.

10-2. 위 모형에서 개념 1과 현상 2 사이의 갈등상태 해소를 통하여 개념 1에서 개념 2로 변환되는 과정을 피아제는 무엇이라고 하였는가?

11. 김 선생님은 드라이버가 개발한 개념 변화 수업 모형에 따라 대기압을 지도하고자 학습 지도안을 작성하였다. 다음은 그 지도안을 요약한 것이다. (2002학년도 임용고사 기출문제)

〈요약된 수업 지도안〉

생각의 표현 : 기압과 관련하여 학생들의 생각을 표현해 보도록 한다.

생각의 재구성

- 명료화와 교환

  토의를 통해 기압에 관한 서로의 생각을 말해 보게 하고 비교해 보게 한다.

- 상충된 상황에 노출

  일반 음료수 병에 빨대를 꽂아 마셔보게 한다.

  빨대가 꽂힌 구멍 주변을 완전히 밀폐하여 공기가 들어가지 못하게 하고 빨대를 빨아 보게 한다.

- 새로운 생각의 구성과 평가

  활동 경험을 토대로 기압과 기압차에 대한 개념을 소개하고 오개념을 분명히 지적하여 설명한다.

  그 후 학생의 생각이 어떻게 변화하였는지 확인한다.

생각의 응용

  우리 주변에 기압, 기압차를 이용하는 것이나 보일 수 있는 현상을 가지고 토의하고 활동한다.

11-1. '명료화와 교환' 단계가 개념 변화 수업 모형에서 하는 주된 기능을 쓰시오.

11-2. '상층된 상황에 노출' 단계는 포스너 등이 제안한 개념 변화 이론의 4조건 중 어떤 조건과 관련이 있는가? 그 조건을 쓰시오.

11-3. 위의 수업 지도안을 순환 학습 수업 모형에 따라 다시 작성한다고 했을 때, '생각의 재구성' 단계는 순환학습의 어느 단계(들)에 해당하는지 그 단계(들)의 이름을 쓰시오.

12. 다음은 어느 학생이 지니고 있는 관성의 법칙에 대한 오개념이다. (2004학년도 임용고사 기출문제)

"책상 위에서 책을 밀면, 조금 가다가 곧 힘이 빠져서 멈춘다."

이러한 오개념을 변화시키기 위하여 교사는 책상 위에서 드라이아이스 토막을 밀었을 때, 드라이아이스가 책상 끝까지 가는 시범 실험을 보여주었다. 다음 물음에 답하시오.

12-1. 포스너(Posner) 등은 개념 변화를 위한 조건을 다음과 같이 제시하였다.

> 가. 현재의 개념에 불만족해야 한다.
> 나. 새로운 개념은 이해될 수 있어야 한다.
> 다. 새로운 개념은 그럴 듯해야 한다.
> 라. 새로운 개념은 유용성을 가져야 한다.

위에서 교사가 보여준 시범 실험은 개념 변화의 조건 가~라 중에서 어느 조건을 충족시키기 위한 것인가?

12-2 다음은 드라이아이스 실험을 한 뒤에 이루어진 교사와 학생의 대화 중 일부이다.

> **교사 :** "물체를 밀어서 움직이면 원래는 계속 운동해야 하는데, 방해하는 힘이 있어서 멈추게 됩니다. 만일 바닥이 아주 미끄럽다면 그 물체는 계속 운동할 것입니다.
> **학생 :** "그건 그렇지만, 정말 계속 가는 물체를 본 적이 있습니까? 어떤 물체도 가다가 결국은 멈추게 됩니다."

이 학생의 개념을 변화시키지 못한 이유는 위의 개념 변화 조건 가~라 중에서 어느 조건이 충족되지 않아서인가?

제 3 부

생명과학에서의 오개념

제6장 제7차 교육과정에서 생명 분야의 지식체계

6.1. 생명 분야의 교육과정

6.1.1. 국민공통교육과정에서의 생명 분야의 지식체계

1) 전 학년의 지식체계

과학과 제7차 교육과정의 '생명' 분야에서 전 학년의 지식체계를 표 6.1과 같이 나타낼 수 있다.

표 6.1. 생명 분야 전 학년의 지식체계(송진웅 등, 2003)

영역 \ 학년		1단계			2단계		3단계		
		3학년	4학년	5학년	6학년	7학년	8학년	9학년	10학년
		초3학년	초4학년	초5학년	초6학년	중1학년	중2학년	중3학년	고1학년
지식	생물의 구조와 기능	• 여러 가지 잎 조사하기 • 식물의 줄기 관찰하기	• 식물의 뿌리 • 여러 가지 동물의 생김새	• 꽃과 열매 • 식물의 잎이 하는 일	• 우리 몸의 생김새	• 생물의 구성 • 소화와 순환 • 호흡과 배설	• 식물의 구조와 기능 • 자극과 반응		• 물질대사 • 극과 반응
	생명의 연속성	• 초파리의 한살이	*(• 강낭콩 기르기) (• 동물의 생활 관찰하기)	(• 꽃과 열매)	(• 우리 몸의 생김새)		(• 식물의 구조와 기능)	• 생식과 발생 • 유전과 진화	• 생식
	생물의 다양성	(• 여러 가지 잎 조사하기) (• 식물의 줄기 관찰하기)	• 동물의 생활 관찰하기	• 작은 생물 관찰하기 (• 환경과 생물)	• 주변의 생물				
	환경과 생물	(• 여러 가지 잎 조사하기) (• 식물의 줄기 관찰하기) • 어항에 생물 기르기	(• 식물의 뿌리) (• 동물의 생활 관찰하기) • 강낭콩 기르기	(• 꽃과 열매) (• 작은 생물 관찰하기) • 환경과 생물	(• 주변의 생물) • 쾌적한 환경				• 환경

* ( )는 2개 이상의 영역과 관련된 주제

2) 각 학년의 지식체계

과학과 제7차 교육과정의 '생명' 분야에서 각 학년의 지식체계를 다음과 같이 나타낼 수 있다(그림 6.1-6.8).

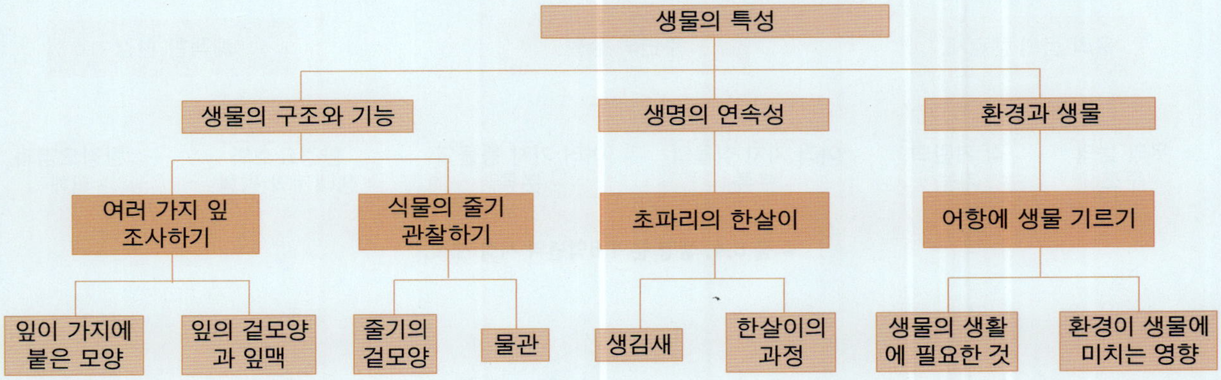

그림 6.1. 생명 분야 3학년의 지식 체계.

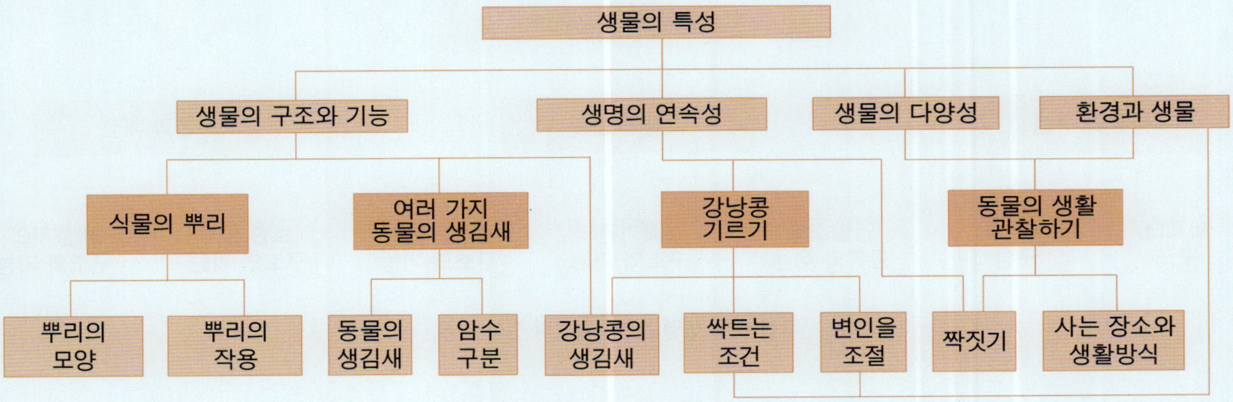

그림 6.2. 생명 분야 4학년의 지식 체계.

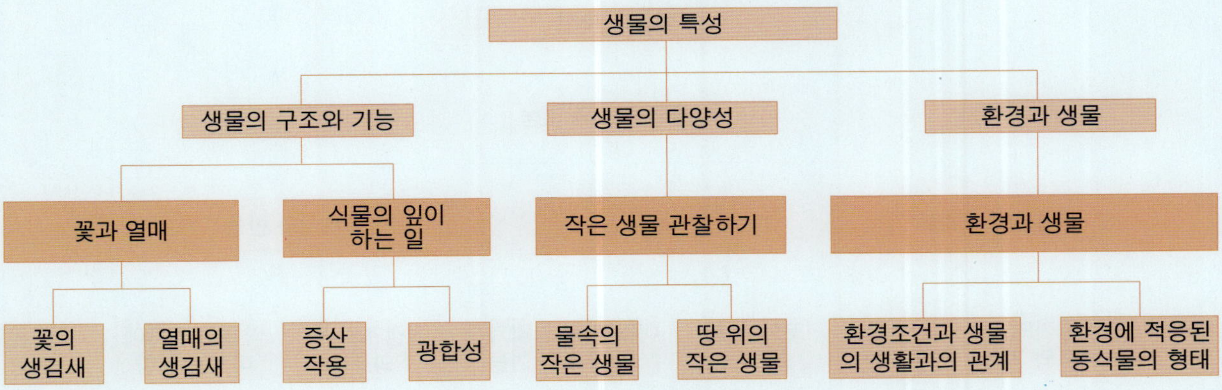

그림 6.3. 생명 분야 5학년의 지식 체계.

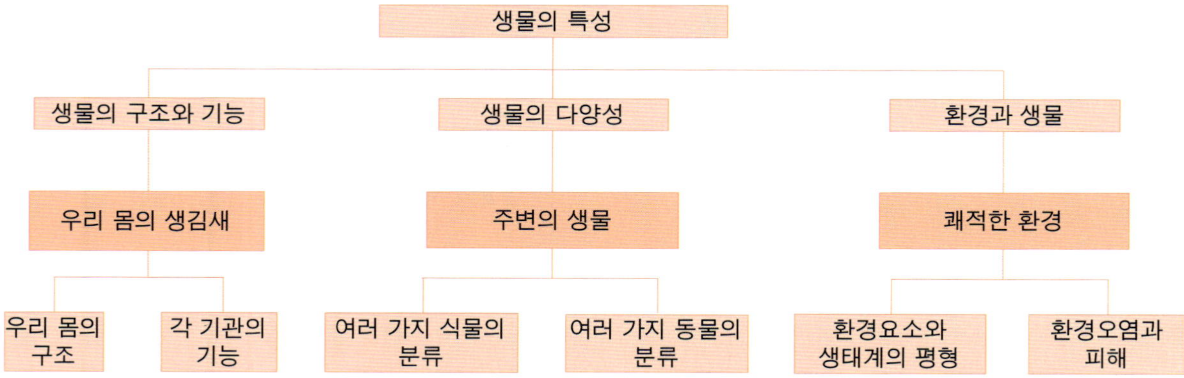

그림 6.4. 생명 분야 6학년의 지식 체계.

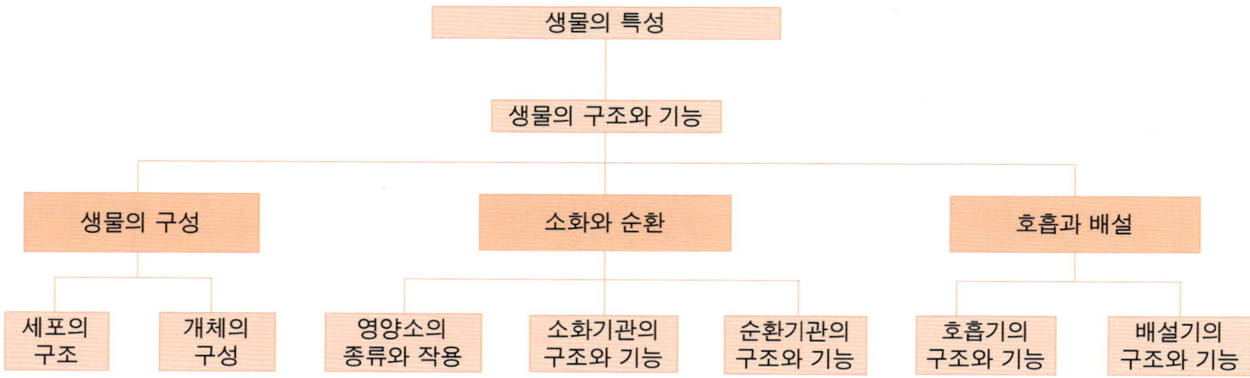

그림 6.5. 생명 분야 7학년의 지식 체계.

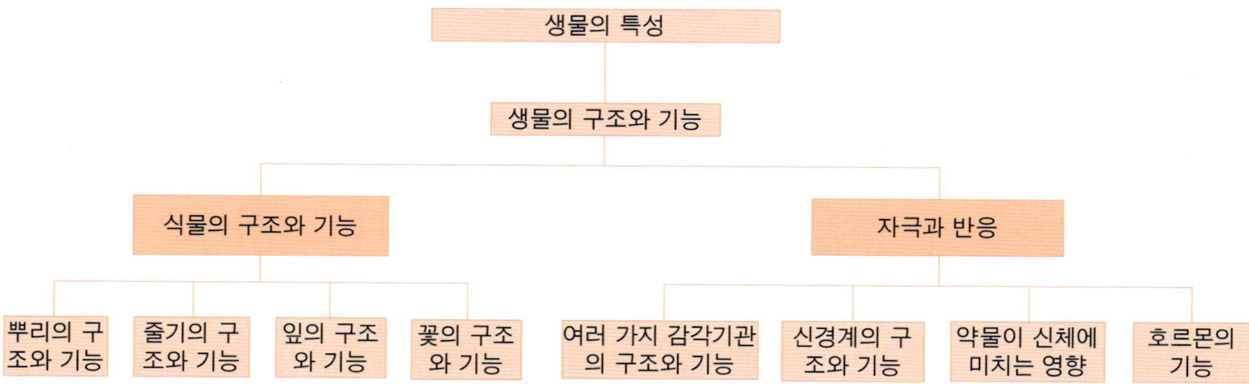

그림 6.6. 생명 분야 8학년의 지식 체계.

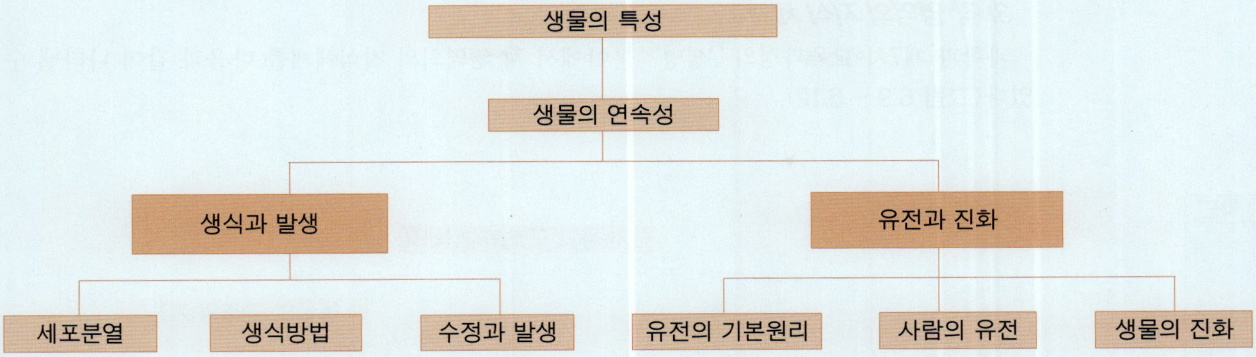

그림 6.7. 생명 분야 9학년의 지식 체계.

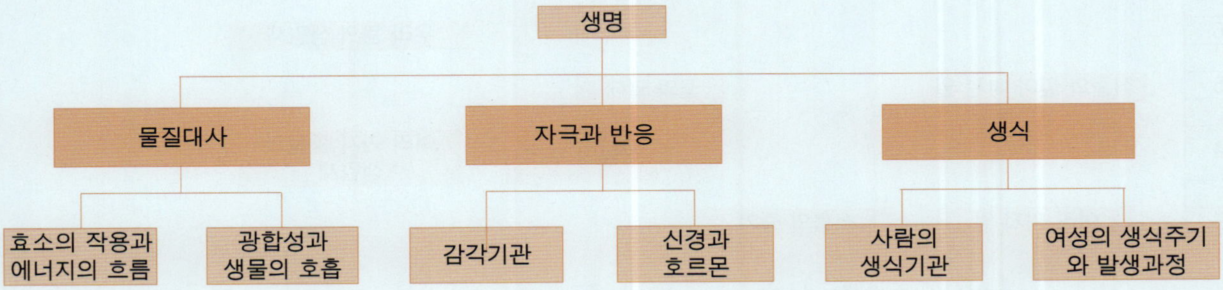

그림 6.8. 생명 분야 10학년의 지식 체계.

3) 각 영역의 지식 체계

과학과 제7차 교육과정의 '생명' 분야에서 각 영역의의 지식체계를 다음과 같이 나타낼 수 있다(그림 6.9 - 6.12).

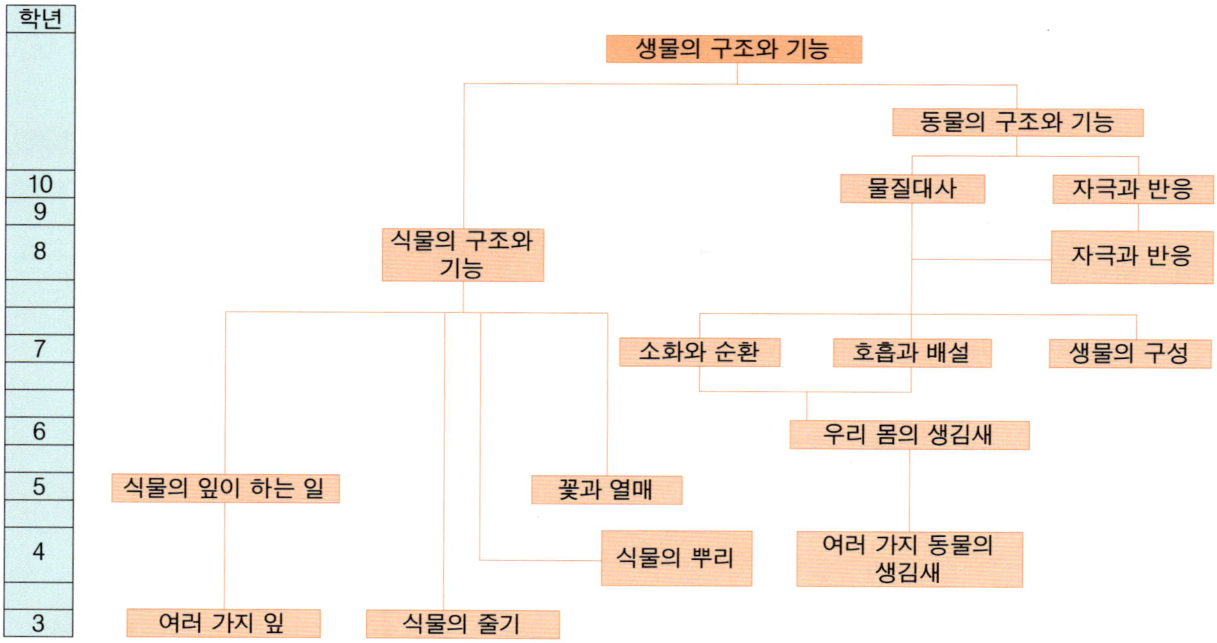

그림 6.9. 생명 분야 중 '생물의 구조와 기능' 영역에 관한 지식 체계.

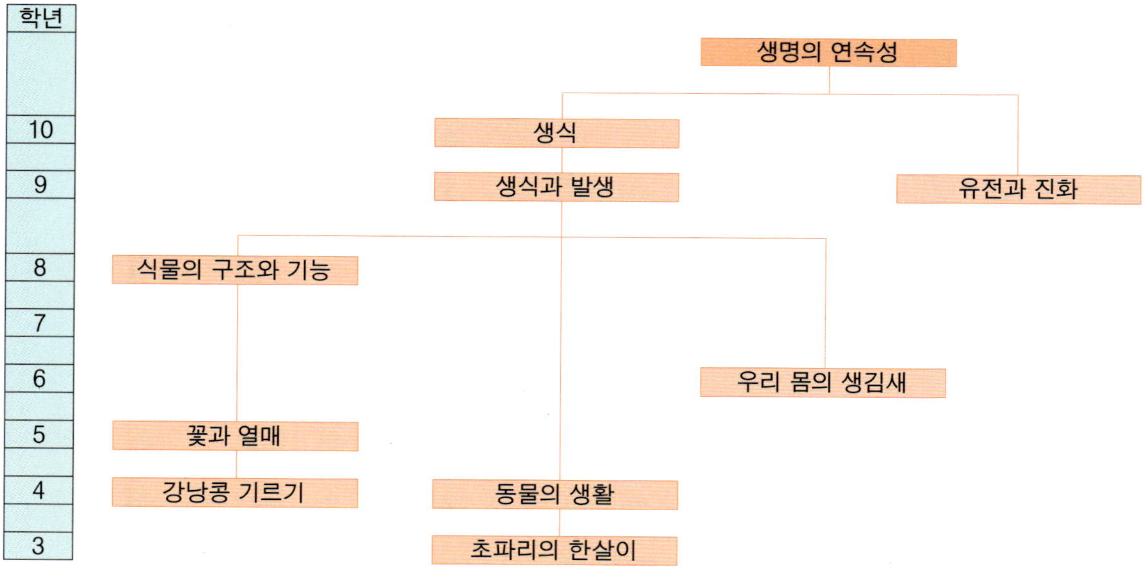

그림 6.10. 생명 분야 중 '생명의 연속성' 영역에 관한 지식 체계.

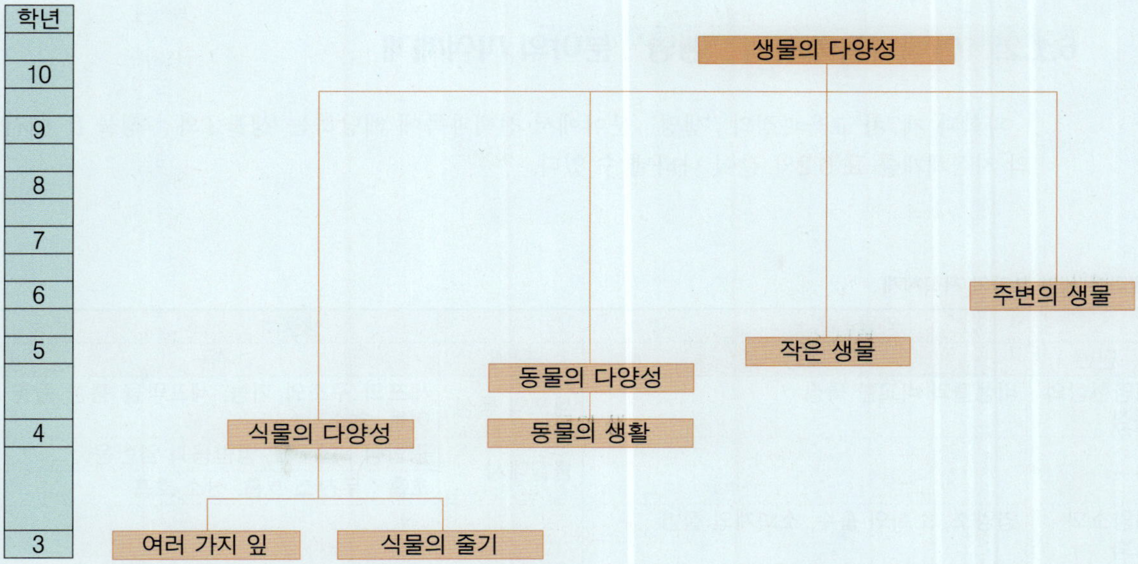

그림 6.11. 생명 분야 중 '생물의 다양성' 영역에 관한 지식 체계.

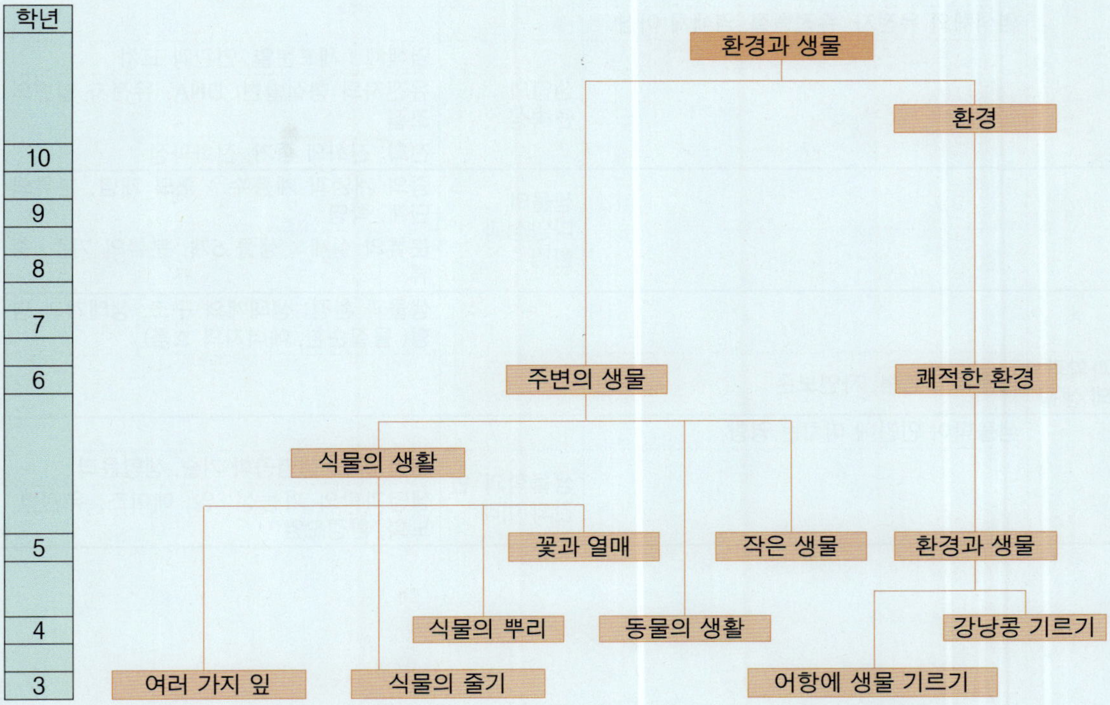

그림 6.12. 생물 분야 중 '환경과 생물' 영역에 관한 지식 체계.

6.1.2. 선택과목에서의 '생명' 분야의 지식체계

과학과 제7차 교육과정의 '생명' 분야에서 선택과목에 해당하는 '생물 I'와 '생물 II' 에서의 지식체계를 표 6.2와 같이 나타낼 수 있다.

표 6.2. 선택과목 생명 분야의 지식체계

과목 / 영역	생물 I		생물 II	
	단원	내용	단원	내용
생물의 구조와 기능	생명현상의 특징	비생물과 비교한 특징	세포의 특성	세포의 구조와 기능, 세포막을 통한 물질 이동, 효소
			물질대사	광합성 : 엽록체, 명반응과 암반응
				호흡 : 무산소 호흡, 산소 호흡
	영양소와 소화	영양소, 소화와 흡수, 소화계의 질병		
	순환	혈액과 림프, 심장과 혈관, 면역체계, 순환기 장애		
	호흡	호흡기관과 호흡운동, 가스교환, 세포호흡과 에너지, 흡연과 건강		
	배설	배설기관, 오줌의 생성과정, 인공신장과 신장이식		
	자극과 반응	감각기관과 뉴런, 중추신경계와 말초신경계, 호르몬, 삼투압과 혈당량		
생명의 연속성	생식과 발생	생식기관, 난자와 정자의 형성, 생식주기, 임신과 피임, 기형, 성병, 인공수정		
	유전	염색체와 유전자, 유전형질, 염색체 이상		
			생명의 연속성	염색체 : 세포분열, 연관과 교차
				유전자의 형질발현: DNA, 유전자 발현의 조절
				진화: 진화의 증거, 진화과정
생물의 다양성			생물의 다양성과 환경	종의 개념과 계통수 : 종의 개념, 분류의 단계, 학명
				분류의 실제 : 생물 5계, 분류의 기준, 종류
환경과 생물				생물과 환경: 생태계의 구조, 생태계의 평형(물질순환, 에너지의 흐름)
	생명과학과 인간의 생활	생태계의 평형, 자연보존		
인간의 미래		생물학이 인간에 미치는 영향		
			생물학과 인간의 미래	생명공학 : 생명공학 기술, 생명윤리
				생명과학의 가능성: 암, 에이즈, 유전병, 노화, 환경오염

6.2. 생명과학 분야의 지식체계

국민공통교육과정(초등학교 3학년)에서부터 선택교육과정(생물 I, II) 및 대학에서 다루는 생명과학 분야를 종합한 지식체계는 다음과 같이 구성된다고 할 수 있다(표 6.3).

표 6.3. 초등에서 대학 교육과정까지를 종합한 생명과학의 지식체계

영역	단원	내용
1. 생물의 특성	생명의 탐구	탐구과정 : 실험군, 대조군
	생물과 비생물	바이러스, 생물, 비생물
	생명체의 분자	탄수화물, 지질, 단백질, 핵산
	세포	원핵세포, 진핵세포, 표면구조, 내부 구조, 통합조절, 합성, 미소체, 에너지 생성, 운동
	유기적 구성	구성단계, 식물의 체제, 동물의 체제
	세포수송	유동모자이크, 세포연접, 수송 메커니즘
2. 물질대사	에너지	호흡효소, 산화, 환원, 산소호흡(세포호흡), 무산소호흡, 지방대사, 단백질대사
	광합성	물질, 조건, 과정, 광합성의 진화
	식물	물의 특성, 물질수송, 영양분 수송
	소화	영양소, 소화의 종류, 소화과정, 양분이동, 간의 작용
	호흡	호흡기관, 가스교환
	순환	기능, 종류, 심장, 혈관, 체액, 항원 항체
	배설	노폐물의 생성, 배설기관
3. 생물의 항상성	자극과 반응	적합자극, 실무율, 베버의 법칙
	자극의 전달	뉴런의 구조, 뉴런의 종류, 뉴런의 흥분전도, 흥분의 전달
	감각기관	시각, 미각, 청각, 후각, 평형감각, 피부감각
	신경계	중추신경계, 말초신경계
	호르몬	특성, 호르몬의 성분, 분비선, 사람의 호르몬, 식물의 호르몬
	항상성의 유지	조절원리, 분비의 조절, 신경의 내분비선(체온조절, 혈당량 조절, 수분조절, 무기염류 조절)
	운동	동물의 운동, 근육(종류와 구조), 근수축(원리와 곡선)
		식물의 운동
	행동	선천적 행동, 후천적 행동, 동물의 진화와 행동

다음 페이지에서 계속

표 6.3.의 계속

영역	단원	내용
4. 생명의 연속성	생식	생식의 방법, 사람의 생식(남성생식기, 여성생식기, 생식주기, 임신, 분만),
		세대교번과 핵상교번
	세포분열	염색체, 세포주기, 유사분열, 세포질 분열, 체세포 분열
		사람의 생식세포분열: 정자와 난자의 형성 과정
	수정	식물의 수정
		동물의 수정
	발생	식물의 발생
		동물의 발생: 난할, 배엽형성, 기관의 분화, 배막, 태반, 발생기작, 형태형성
	유전법칙	유전형질, 멘델의 법칙, 비멘델 법칙, 유전자와 염색체설, 성과 유전, 돌연변이
	유전자와 형질전환	유전자 본질, DNA, RNA, 단백질 합성,리보솜
	바이러스와 박테리아 유전	박테리오파지, 바이러스 변이, 박테리아
	돌연변이	DNA 안정성, 뉴클레오티드 변화
		점돌연변이 : 치환, 사슬종결 돌연변이, 첨가, 결실, 격자이동
		염색체 돌연변이 : 결실, 역위, 중복, 전좌, 전위
	DNA 회복	광재활성화, 절제수선
	유전학 응용	유전자재조합 : 조직배양, 세포융합, 핵치환
		유전공학 : DNA 잘라잇기와 클로닝: DNA재조합, 유전자도서관
	진화	기원과 진화, 진화의 증거, 진화설, 집단유전(유전자풀의 변화, 자연선택), 종의 분화, 인류의 출현 :
5. 생명의 다양성	종의 개념	개념, 아종, 변종, 품종
	학명	학명, 2명법, 3명법
	분류	분류의 방법, 분류의 단계, 계통수
	분류의 실제	생물 5계, 원핵생물계, 원생생물계, 식물계, 균계, 동물계
6. 생물과 환경	주변 환경	환경요소, 비생물적 요소, 생물적 요소
	개체군	특징, 밀도, 연령분포, 생존곡선, 개체군의 성장, 주기적 변동, 진화(r–선택, K–선택), 상호작용
	군집	구조, 종구성(우점종, 희소종, 상관, 지표종), 생태적 지위, 종다양도, 층상구조, 천이
	생물군계	생물군계의 종류 : 삼림, 초원: 사바나, 온대초원, 툰드라, 황원, 수계
	생태계	생태피라미드, 먹이피라미드, 먹이사슬, 먹이그물, 물질생산, 물질순환, 에너지흐름
		평형: 변화요인, 오염, 평형유지,
7. 생명과학과 인간의 미래	생명공학	생명공학 기술, 생명윤리
	생명과학의 가능성	암, 에이즈, 유전병, 노화, 환경오염

제3부의 '생명과학에서의 오개념' 에서의 주제는 표 6.3의 순서로 나열하였다.

제7장 오개념 분석의 실제와 학습지도 방법

7.1. 생물의 특성

7.1.1. 삼투압

가. 검사문항

1) 김치를 담글 때 배추를 진한 소금물에 담가 절인다. 이 때 배추와 소금물 사이에서 일어나는 현상을 잘 설명하고 있는 것은?

① 소금물의 소금성분이 배추 속으로 스며든다.
② 소금물이 배추 속으로 스며든다.
③ 배추의 물이 소금물 속으로 빠져 나오고, 소금물의 소금 성분이 배추 속으로 들어간다.
④ 배추의 물이 소금물 속으로 빠져 나온다.
⑤ 잘 모르겠다.

2) 위의 답을 선택한 이유는 무엇인가?

나. 응답 결과

2002년 7월 16일, 경북 S고등학교의 2학년 1개반, 32명.

보기	반응	
	명	%
① 소금물의 소금성분이 배추 속으로 스며든다.	15	47
② 소금물이 배추 속으로 스며든다.	0	0
③ 배추의 물이 소금물 속으로 빠져 나오고, 소금물의 소금 성분이 배추 속으로 들어간다.	13	41
④ 배추의 물이 소금물 속으로 빠져 나온다.	0	0
⑤ 잘 모르겠다.	4	12
계	32	100

다. 분석 및 오개념

1) 분석

'배추의 물이 소금물 속으로 빠져 나오고, 소금물의 소금 성분이 배추 속으로 들어간다.'는 정답을 선택한 학생은 41%였다. 한편, 배추를 소금물에 절이면 '소금물의 소금성분이 배추 속으로 스며든다.' 고 생각하는 학생이 47%였다. 이는 배추를 소금물에 절이면 배추가 짜진다고 여기기 때문에 단순히 소금성분이 배추 속으로 스며든다고 생각하고 있었다. 그렇다면 배추가 더 부풀어 올라야 하는데 여기까지는 생각하지 못하는 것 같다.

2) 오개념

고농도에서 저농도로만 물질이 이동한다. 즉 확산만 일어난다.

예) 소금물의 소금성분이 배추 속으로 스며든다.

라. 과학적 개념

고농도에서 저농도로 물질이 확산되고 삼투에 의하여 저농도에서 고농도로 용매가 이동한다.

예) 배추의 물이 소금물 속으로 빠져 나오고, 원형질 분리가 일어나 소금성분이 배추에 스며들어가게 된다.

마. 학습지도 안내

1) 용질과 용매를 구분할 수 있도록 하고, 확산과 삼투의 차이점을 설명한다.

2) 원형질 분리를 설명하고 배추가 짜지는 원리를 이해하도록 한다.

3) 배추의 물이 소금물 속으로 빠져 나오고, 원형질 분리가 일어나 원형질막의 삼투성이 없어지고 세포내외의 물질이 자유롭게 출입하게 되어, 소금성분이 배추에 스며들어가게 된다는 것을 설명한다.

4) 소금물과 배추의 관계는 농도가 낮은 용액에서 농도가 진한 용액으로 용매가 이동하는 삼투현상의 일종이라는 것을 지도한다.

바. 연계 또는 심화 학습

1) 용질과 용매

용매는 물질을 녹일 수 있는 물질이고, 용질은 용매에 의해 녹여진 물질이다.

2) 확산과 삼투(표 7.1)

표 7.1. 확산과 삼투의 차이

확산	삼투
• 용매와 용질 모두 이동하는 현	• 용매만 이동하는 현상(그림 7.1)
• 농도가 높은 곳에서 낮은 곳으로 이동	• 농도가 낮은 곳에서 높은 곳으로 이동
• 경계막이 없거나 전 투과성막	• 경계막은 반투과성 막

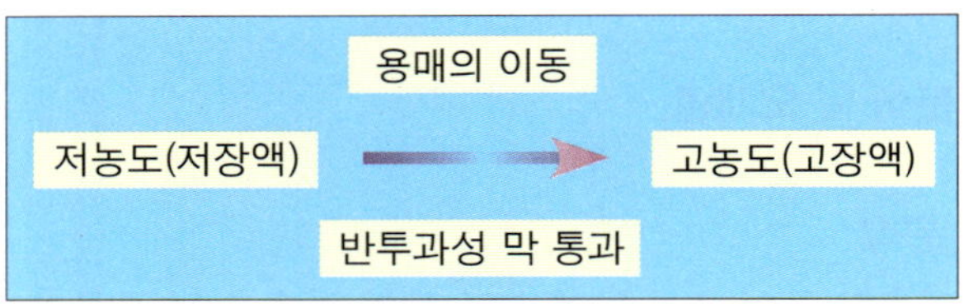

그림 7.1. 삼투

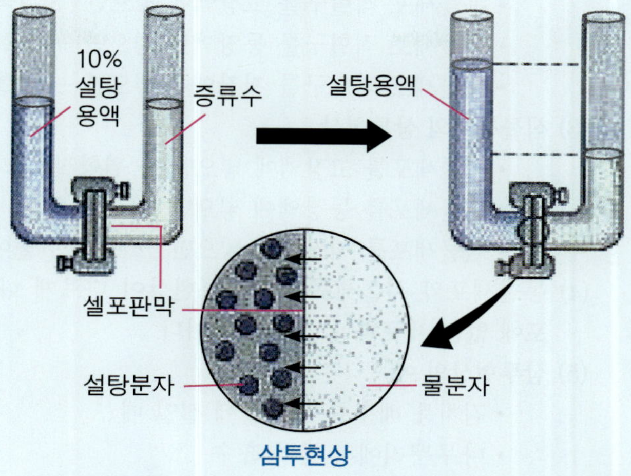

그림 7.2. 삼투현상(http://inepisode.com.ne.kr 020806)

3) 삼투현상 : 반투과성 막을 통해 용매가 용질이 높은 쪽으로 이동하는 현상(그림 7.2).

(1) **반투과성 막 :** 물과 같은 작은 입자는 통과시키고, 설탕과 같은 큰 입자는 통과시키지 못하는 막이다. 반투과성 막에 있는 구멍, 즉 막공의 크기에 따라 통과할 수 있는 물질의 종류가 정해지는 막이다. 예) 셀로판지, 원형질막 등.

(2) **동물세포 적혈구의 삼투현상**(그림 7.3)

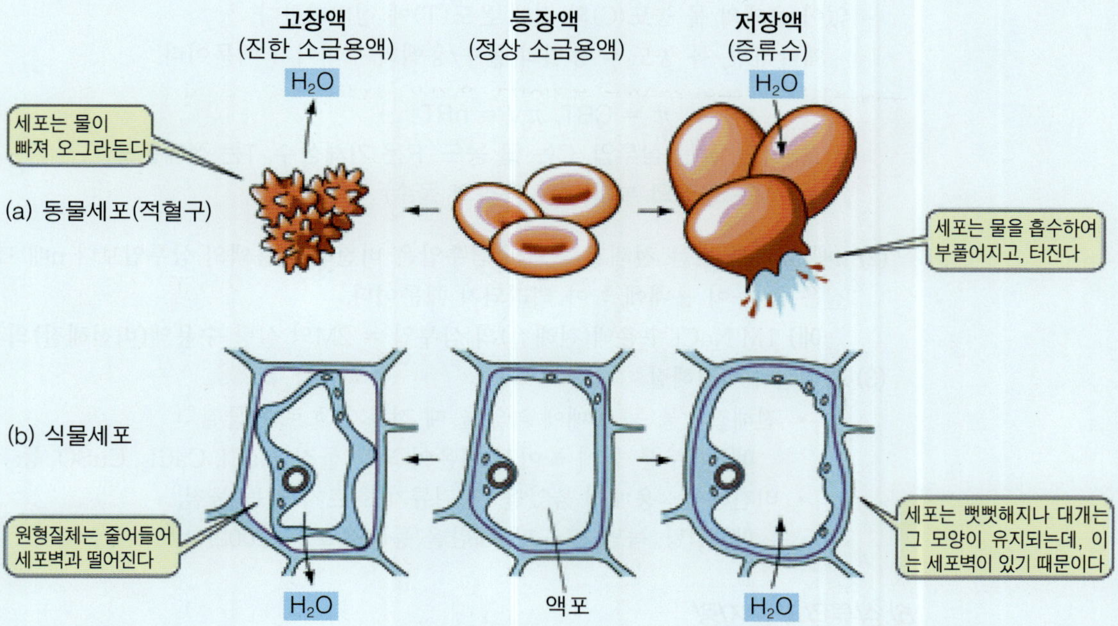

그림 7.3. 동물세포(적혈구)와 식물세포의 삼투현상(이광웅 등, 2004)

- 동물세포 적혈구를 고장액에 넣으면 → 위축
- 동물세포 적혈구를 등장액에 넣으면 → 변화 없음
- 동물세포 적혈구를 저장액에 넣으면 → 용혈현상

(3) 식물세포의 삼투현상

- 식물세포를 고장액에 넣으면 → 원형질 분리
- 식물세포를 등장액에 넣으면 → 변화 없음
- 식물세포를 저장액에 넣으면 → 팽윤(부풀어 오름)

(4) 동물세포와 식물세포에서 삼투현상이 다르게 나타나는 이유는 식물세포에는 동물세포에 없는 세포벽이 있기 때문이다.

(5) 삼투현상의 예

- 김치용 배추를 소금물에 절일 때
- 나무뿌리에서 물의 흡수

4) 원형질 분리

세포벽이 있는 세포를 고장액에 넣으면 주위 용액으로 물을 잃어버리기 때문에 원형질이 수축되어 세포벽으로부터 떨어진다. 이런 현상을 원형질 분리라고 한다. 원형질 분리는 식물이 염류나 비료의 농도가 높은 토양이나 용액 속에 있을 때만 일어난다.

5) 삼투압

반투성막을 사이에 두고 농도가 다른 두 용액이 있을 때, 농도가 낮은 용액의 용매가 농도가 높은 용액 쪽으로 이동하려는 힘이다.

(1) **반트 호프의 법칙 :** 비전해질인 묽은 용액의 삼투압(π)은 용매와 용질의 종류에 관계없이 용액의 몰 농도(C)와 절대 온도(T)에 정비례한다.
왜냐하면, 몰 농도 = 용질의 몰수/용액의 부피이기 때문이다.

$$\pi = CRT,\ \pi V = nRT$$

(단, π는 삼투압, C는 몰 농도, R은 기체상수, T는 절대온도, V는 용액의 부피, n은 용질의 몰수)

(2) n배 효과를 갖는 전해질 용액의 삼투압은 비전해질 용액의 삼투압보다 n배 크다. 전해질은 물 등이 용매에 녹아 해리되기 때문이다.
예) 1M NaCl 수용액(전해질)의 삼투압 = 2M의 설탕 수용액(비전해질)의 삼투압

(3) 전해질과 비전해질

- 전해질 : 물 등 용매에 녹았을 때 전류가 흐르는 물질.
  예) 대부분 물에 녹아서 이온이 되는 물질, NaCl, $CaCl_2$, $CuSO_4$ 등.
- 비전해질 : 용매에 녹았을 때 전류가 흐르지 않는 물질.
  예) 설탕, 녹말, 포도당, 에탄올 등(정완호 등, 2002)

6) 삼투압과 분자량

삼투압은 묽은 용액일수록, 반투막을 통과할 수 없는 고분자 물질일수록 정확하게 적용되므로 고분자 물질의 분자량 측정에 이용된다.

πV = (w/M)RT, 따라서 분자량 M = −(wRT/πV)
몰 농도 C는 n(mol)/V(L)이고, 몰수 n은 질량 w를 분자량 M으로 나눈 값이다.

7) 건조시킨 배추는 짜지 않지만 김치는 씻어도 짠 이유

건조시킨 배추는 단지 수분이 증발되었을 뿐이므로 짜지 않다. 그러나 배추를 소금물에 담그면 세포와의 삼투압 차이에 의해서 배추로부터 수분을 나오게 된다. 이로 인해서 세포는 원형질 분리가 일어나 배추의 숨이 죽게 되고, 이에 따라 원형질막의 반투과성이 없어지게 되어 여러 가지 성분이 세포막 내외로 자유롭게 출입할 수 있게 되어 소금물의 소금성분이 배추 내로 들어가서 소금에 절인 배추는 씻어도 소금성분이 남아있게 되어 짜게 된다.

8) 김치

배추를 소금물에 담그게 되면 원형질 분리가 일어나 세포내의 성분과 세포 밖의 효소가 자유롭게 접촉되어 이곳에서 효소작용이 이루어지고 미생물의 번식이 일어난다. 이때 소금물에 의해서 각종 미생물 중 젖산균이 남아 다른 잡균의 번식을 억제함과 동시에 세포 내의 효소작용에 의해서 채소의 성분에 화학적 변화를 일으켜 녹말을 당으로, 단백질을 아미노산으로 분해하며, 효모도 번식하여 에탄올과 에스테르를 생성하게 되어 김치 특유의 향과 맛을 내게 한다.

9) 삼투 작용과 원형질 분리실험(권용주 등, 2003)

(1) 준비물

- **기구** : 현미경, 슬라이드 글라스, 커버 글라스, 핀셋, 면도날, 비커, 거름종이, 스포이트, 스탠드, 유리관, 셀로판 튜브, 고무 밴드
- **재료** : 양파, 포도당 용액, 녹말 용액, 요오드-요오드화칼륨 용액

(2) 실험과정

① 삼투 현상 관찰(그림 7.4)

㉠ 셀로판 튜브를 물에 충분히 담가 둔 다음, 손가락으로 비벼서 입구를 연다.
㉡ 셀로판 튜브의 한쪽 끝을 비틀어 고무 밴드로 단단히 묶는다.
㉢ 그림 7.4와 같이 셀로판 튜브 주머니에 스포이트로 녹말 용액을 넣고, 셀로판 튜브를 유리관 아래쪽에 실로 단단히 묶어 용액이 새지 않도록 한다.
㉣ 녹말 용액이 든 셀로판 튜브를 묽은 요오드-요오드화칼륨 용액이 든 비커에 담

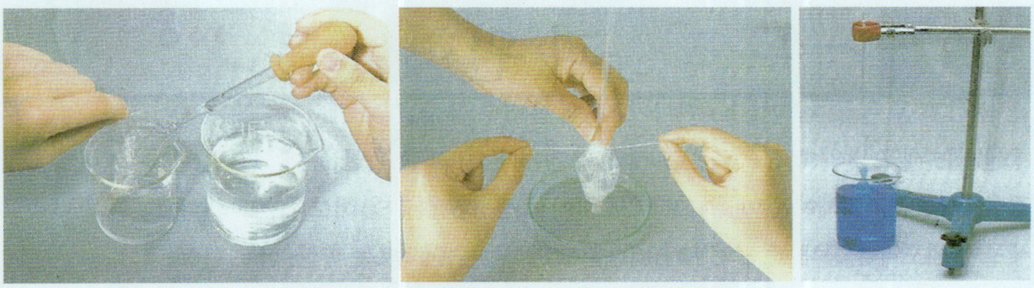

그림 7.4. 삼투현상의 관찰(권용주 등, 2003)

고, 그림 7.4와 같이 스탠드를 이용하여 유리관을 세워 놓는다.

ⓜ 유리관 속 용액의 높이 변화를 5분 간격으로 측정하여 그래프로 나타낸다.

ⓑ 셀로판 튜브 속의 녹말 용액과 비커 속의 요오드-요오드화칼륨 용액의 색깔변화를 관찰한다.

② 식물세포의 원형질 분리 관찰

㉠ 5%, 10%, 15%, 20%의 4가지 농도의 포도당 용액을 만들어 각각 비커에 넣는다.

㉡ 면도날로 양파 비늘잎에 가로와 세로 각각 5mm 간격으로 금을 긋고, 핀셋으로 표피 조각을 하나씩 떼어 내어 세포 본래의 길이와 모양을 기록하고 그 크기를 측정해 둔다.

㉢ 핀셋으로 떼어 낸 표피 조각을 농도가 다른 포도당 용액에 한 조각씩 담근다.

㉣ 15분이 지난 후 각각의 비커에서 표피 세포를 꺼내어 프레파라트를 만든다.

㉤ 현미경으로 관찰하고, 원형질 분리가 일어난 세포는 관찰 결과를 그림으로 그린다.

㉥ 원형질 분리가 일어난 세포에서 세포의 본래 길이와 수축한 원형질의 길이를 마이크로미터를 이용하여 측정하고, 이를 이용하여 원형질 분리도를 계산한다.

㉦ 원형질 분리가 일어난 양파 표피의 프레파라트에 그림 7.5와 같이 증류수를 가하여 포도당 용액을 씻어 낸 다음, 원형질의 변화 상태를 관찰한다.

(3) 결과 및 논의

① 셀로판 튜브의 안과 밖의 용액 중 어느 쪽의 색깔이 변했는가? 또, 그 이유는 무엇인가?

② 시간이 지남에 따라 유리관 속 용액의 높이는 어떻게 변하는가?

③ 원형질 분리가 일어난 양파 표피 세포의 모습을 그려 보자.

④ 원형질의 분리도를 구하여 다음 표 7.2에 적어 보자.

⑤ 원형질 분리가 일어난 이유에 대하여 토의해 보자.

⑥ 원형질 분리된 세포를 증류수로 씻어 내면 어떤 변화가 있는가?

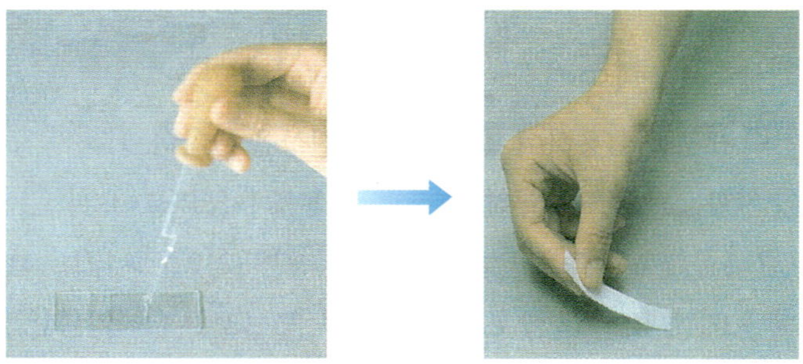

그림 7.5. 프레파라트 안의 용액 바꾸기(권용주 등, 2003).

표 7.2. 포도당 농도에 따른 원형질 분리도

포도당 농도(%)	5	10	15	20
원형질 분리도				

(4) **연구과제**

김치를 담글 때 배추를 소금물에 절이는 이유는 무엇인가?

7.1.2. 세포

가. 검사문항

1) 다음 중 유전자를 가지고 있는 세포는?

① 토끼의 간세포
② 사과 씨를 구성하는 세포
③ 사람의 정자
④ 양파의 뿌리 세포
⑤ 위 네 가지 세포에 모두

2) 위의 답을 선택한 이유는 무엇인가?

나. 응답 결과

2002년 7월 8일, 대구시 J입시학원의 고등학생 종합반 2학년 이상, 37명.

보기	반응	
	명	%
① 토끼의 간세포	1	3
② 사과 씨를 구성하는 세포	1	4
③ 사람의 정자	19	51
④ 양파의 뿌리 세포	1	3
⑤ 위 네 가지 세포에 모두	15	41
계	37	100

다. 분석 및 오개념

1) 분석

모든 세포에 유전자가 들어있다고 정답을 선택한 학생은 41%였다.

(1) '토끼의 간세포' 또는 '사과의 씨를 구성하는 세포' 중 어느 하나를 선택한 이유에 대해서는 응답하지 않아서 오개념의 원인을 알 수 없었다.

(2) 유전자를 가지고 있는 세포로서 '사람의 정자' 만을 선택한 학생이 51%였다. 그렇게 생각하는 이유는, 사람의 정자는 생식세포로서 분명히 유전물질이 있다는 것을 알고 있다고 하였다. 이것은 생식세포에 강한 인상이 남아있어서 체세포에도 유전물질이 있다는 사실을 미처 생각하지 못했기 때문이라고 생각된다.

(3) '양파의 뿌리 세포' 를 선택한 이유는 체세포분열의 관찰 재료로 사용되는 양파뿌리의 핵에 유전물질이 있다고 배웠기 때문이라고 하였다. 이렇게 생각하는 것은 학습한 양파뿌리에 강한 인상이 남았기 다른 것을 세심하게 생각하지 않기 때문이라고 생각된다.

이처럼 체세포에는 유전인자가 없고 정자와 같은 생식세포에만 유전자가 있다고 오개념을 가진 학생이 51%나 되었다.

2) 오개념

사람의 정자나 사과 씨 등 생식과 관련된 세포에만 유전물질이 있다.

라. 과학적 개념

모든 세포에는 유전자가 들어있다.

마. 학습지도 안내

세포에 대한 학습을 통해 체세포이건 생식세포이건 몸을 구성하는 모든 세포에는 유전자가 있다는 것을 인지시킨다. 특히 세포의 생활을 지배하는 핵에 대한 내용에서 이를 명확하게 설명한다.

바. 연계 또는 심화 학습

1) 핵

고등생물의 세포는 반드시 한 개의 핵을 가지고 있어서 진핵세포(眞核細胞, eukaryotic cell)라 하며, 핵은 세포의 생활을 지배한다(그림 7.6). 적혈구는 성숙단계에서 핵이 소실되기 때문에 수명이 다른 세포에 비하여 매우 짧다(3개월 정도). 핵은 대개 세포의 중앙에 자리 잡

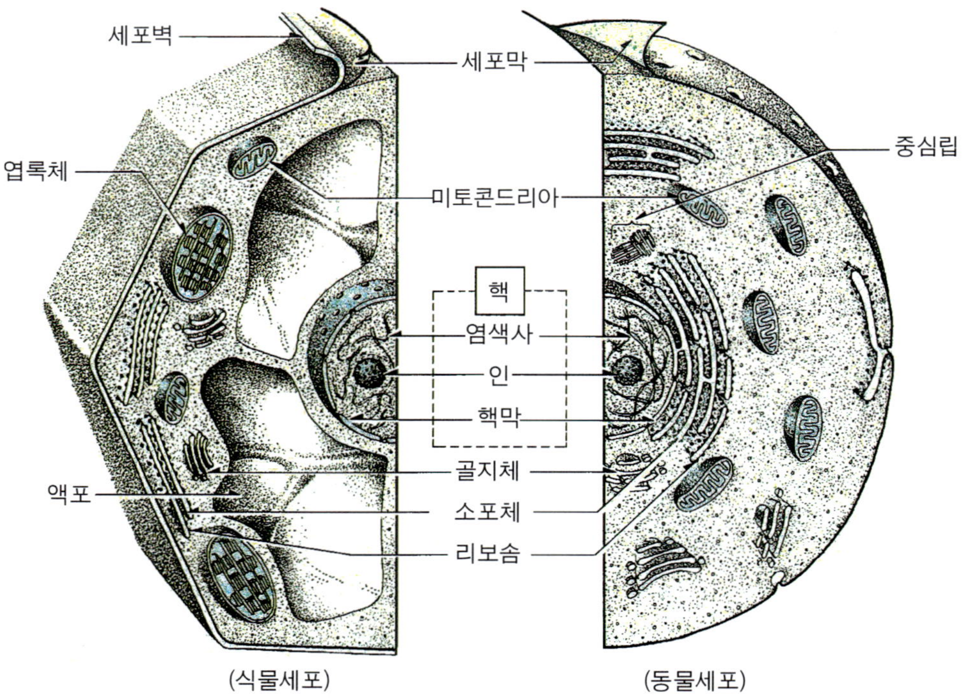

그림 7.6. 식물세포와 동물세포의 비교 (김명원, 2002에서 변형)

고 있으며, 두 겹의 막구조로 되어 있어 핵막(核膜, nuclear membrane) 안에는 용액이 들어 있다. 용액에는 유전자의 본체인 DNA가 염색사의 형태로 있으며 핵의 안쪽과 세포질은 핵공을 통하여 연락을 할 수 있다.

핵은 세포의 생활에 필요한 모든 정보를 유전자의 형태로 가지고 있다. 유전자의 특성은 반드시 단백질을 합성하고 합성된 단백질의 특성으로 나타나는 것이므로 세포의 생활이란 존재하는 단백질의 다양한 특성의 총화에 의하여 지배되는 것이라 할 수 있다(강신성 등, 1991a).

박테리아는 핵막이 없어 핵이 뚜렷하게 관찰되지 않으므로 원핵세포(原核細胞, prokaryotic cell)라 한다. 그렇지만 DNA는 반드시 들어 있어서 세포생활이 훌륭하게 조절되고 있다.

한편 바이러스는 핵산(DNA or RNA)이 단백질로 둘러싸여 있는 구조여서 세포막, 세포질, 세포소기관이 없이 유전자만을 가진다. 그래서 다른 세포에 침입하여 세포의 생활에 필요한 모든 장치를 자신의 핵산(유전자)을 복제하도록 작동하게 한다. 즉, 바이러스란 세포에서 유리된 핵산의 한 형태라 할 수 있다.

2) 세포의 구조 관찰(권용주 등, 2003)

(1) 준비물

- 기구 : 현미경, 슬라이드 글라스, 커버 글라스, 면봉, 면도날, 거름종이, 핀셋, 스포이트, 현미경용 마이크로미터
- 재료 : 양파, 구강 상피세포, 아세트올세인 용액, 메틸렌 블루 용액

(2) 실험과정

① 양파의 표피 세포관찰(그림 7.7)

㉠ 양파의 비늘잎 안 쪽 세포의 한 조각을 떼어내어 그림 7.7의 (가)와 같이 면도날로 비늘잎 안쪽에 가로 세로 각각 5mm 정도의 간격으로 선을 긋는다.

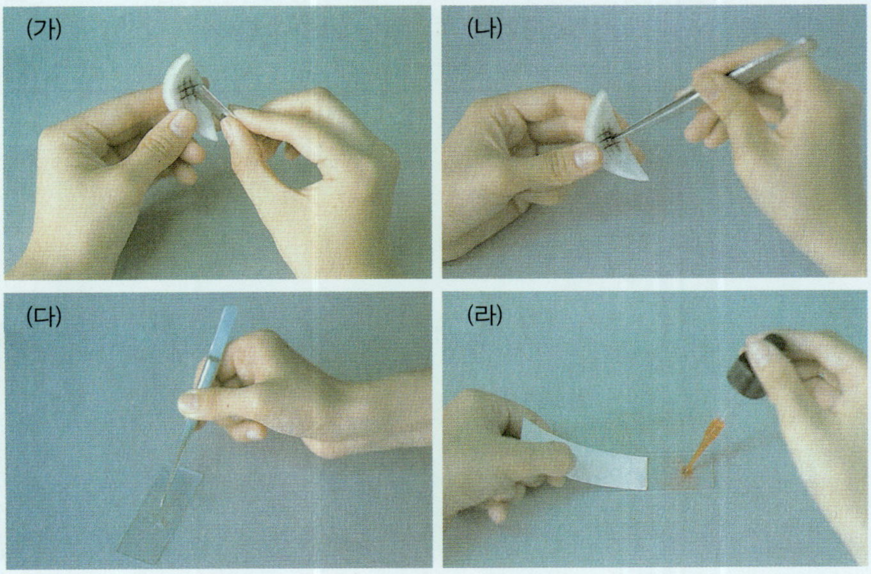

그림 7.7. 양파 표피세포의 프레파라트 만들기 (권용주 등, 2003).

㉡ 슬라이드 글라스 위에 물을 한 방울 떨어뜨리고, 핀셋으로 양파의 표피를 떼어 내어 겹쳐지지 않도록 물방울 위에 잘 펴 놓는다.
㉢ 기포가 생기지 않도록 커버 글라스를 천천히 덮는다.
㉣ 프레파라트를 현미경으로 관찰한다.
㉤ 관찰하던 프레파라트를 현미경에서 내려놓고 커버 글라스의 한쪽에 아세트올세인 용액을 한 방울 떨어뜨린 다음, 반대쪽에서 거름종이로 물을 흡수하여 표피 세포를 염색한다.
㉥ 5~6분 동안 염색시킨 후, 물을 이용하여 과정 ㉤과 같은 방법으로 여분의 염색액을 씻어 낸다.
㉦ 현미경으로 염색된 양파 표피 세포를 관찰한다.
㉧ 양파 비늘잎의 바깥쪽 표피 세포도 위와 같은 방법으로 관찰한다.
㉨ 현미경용 마이크로미터를 이용하여 세포의 크기를 측정한다.

② 사람의 구강 상피 세포 관찰(그림 7.8)
㉠ 입 안을 물로 깨끗이 헹구어 낸 다음, 소독된 면봉으로 그림 7.8과 같이 볼 안쪽 면을 가볍게 여러 번 긁어낸다.
㉡ 솜에 묻어 나온 흰 물질을 슬라이드 글라스 위에 고르게 묻힌다.
㉢ 메틸렌블루 용액을 한 방울 떨어뜨리고, 커버 글라스를 덮는다.
㉣ 거름종이로 커버 글라스 밖으로 흘러나온 용액을 제거한다.
㉤ 현미경의 낮은 배율에서 구강 상피 세포를 찾은 다음 높은 배율로 관찰한다.

(3) 결과 및 논의

① 세포 안의 어느 부분이 아세트올세인 용액이나 메틸렌블루 용액에 염색되었는가?
② 양파 비늘잎의 표피 세포 중 안쪽과 바깥쪽의 표피 세포는 어떻게 다른가?
③ 양파의 표피 세포와 사람의 구강 상피 세포 중에서 어느 세포의 표면이 더 단단할까? 또, 그렇게 생각한 이유는 무엇인가?
④ 핵은 각 세포 안의 어느 부분에 위치하는가? 양파의 표피 세포에서 핵이 세포의 중앙에 있지 않은 이유는 무엇이겠는가?
⑤ 양파의 표피 세포와 구강 상피 세포가 현미경 관찰 재료로 좋은 점은 무엇인가?

(4) 연구과제

① 양파의 표피나 구강 상피와는 달리 쉽게 세포층을 벗길 수 없는 다른 생물의 조직에서 세포를 관찰하려면 어떤 방법을 사용해야 하겠는가?

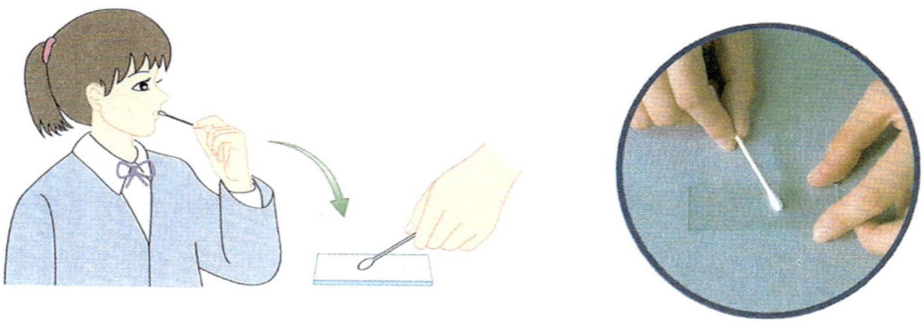

그림 7.8. 구강 상피 세포 프레파라트 만들기 (권용주 등, 2003).

② 진핵세포 안에는 핵 이외의 다른 소기관들이 많이 들어 있다. 광학현미경으로는 이 소기관들을 관찰하기가 어려운데, 그 이유는 무엇인가? 세포 안의 여러 가지 소기관들을 모두 관찰할 수 있는 방법을 알아보자.

7.2. 식물의 물질대사

7.2.1. 식물의 양분 흡수

가. 검사문항

1) 식물은 동물과 같은 소화기관이 없다. 그 이유는 무엇인가?

① 유기양분을 흡수하므로
② 무기양분을 흡수하므로
③ 고분자화합물을 흡수하므로
④ 침과 같은 물질을 만들지 않으므로

2) 위의 답을 선택한 이유는 무엇인가?

나. 응답 결과

2003년 4월 1일, D대학교의 H교육과 2학년, 25명.

보기	반응	
	명	%
① 유기양분을 흡수하므로	0	0
② 무기양분을 흡수하므로	19	76
③ 고분자화합물을 흡수하므로	4	16
④ 침과 같은 물질을 만들지 않으므로	2	8
계	25	100

다. 분석 및 오개념

1) 분석

식물은 동물과 같은 소화기관이 없는 것은 '무기양분을 흡수하기 때문'이라고 정답을 선택한 학생은 76%였다.

(1) 식물의 소화기관이 필요 없는 이유는 '고분자화합물을 흡수하므로' 라고 응답한 이유는, 고분자화합물과 같은 작은 물질은 삼투압을 통해 흡수되기 때문이라고 하였다. 그렇게 생각하는 것은 고분자화합물에 대하여 잘 모르고 있으며, 무기물은 유기물보다 크기가 작아 흡수하기 쉽다는 사실을 모르고 있기 때문이다.

(2) 식물은 '침과 같은 물질을 만들지 않으므로' 소화기관이 필요 없다고 생각하는 이유는 음식물을 섭취하지 않기 때문이라고 하였다.

이처럼 고분자화합물에 대한 정확한 개념을 잘 모르고 있거나, 식물은 동물처럼 침과 같은 물질을 만들지 못하기 때문에 소화기관이 없다고 생각하였다.

2) 오개념

(1) 식물은 뿌리에서 고분자화합물을 흡수하므로 소화기관이 필요 없다.
(2) 식물은 동물처럼 음식물을 섭취하지 않으므로 소화기관이 필요 없다.

라. 과학적 개념

식물의 소화기관이 필요 없는 것은 유기물보다 크기가 작은 무기양분을 흡수할 수 있기 때문이다.

마. 학습지도 안내

무기물, 유기물, 고분자화합물에 대한 정확한 이해를 하도록 하며, 뿌리에서는 유기물보다 크기가 작은 물질만 흡수되며, 그 물질의 종류와 식물에 의해 생성되는 물질의 종류를 알도록 지도한다.

바. 연계 또는 심화 학습

1) 식물체 내에서 물과 무기양분의 이동과정

뿌리털에서 물이 흡수될 때 뿌리털 세포의 원형질에는 많은 영양분이 녹아 있어 흙 속의 물보다 농도가 진하고, 세포막은 셀로판 막과 같은 반투과성 막이기 때문에 물은 농도가 진한 뿌리털 속으로 흡수된다.

물의 이동방향은 **<흙 속의 물과 무기양분 → 뿌리털 → 피층 → 내피 → 뿌리의 물관>**이다.

물과 함께 무기양분은 뿌리털로 흡수되고, 피층과 내피를 통과해 뿌리의 중심 가까운 곳에 있는 물관으로 들어간다. 뿌리의 물관은 줄기의 물관과 연결되어 있으므로 줄기로 물관을 따라 잎까지 운반된다(그림 7.9).

- 물은 항상 더욱 더 음의 수분포텐셜인 쪽으로 투과성막을 통해 이동한다(이광웅 등, 2003).
- 흙 속보다 뿌리털 속의 물질 농도가 크므로 흙에서 뿌리털 속으로 물의 이동
- 물 흡수 때 무기 양분도 같이 흡수
- 물관을 통해 줄기를 거쳐 잎으로 이동

2) 고분자화합물

고중합체(高重合體)라고도 하며, 분자량이 큰 분자를 고분자라고 한다(그림 7.10). 일상생활과 관계가 깊은 것이 많은데, 예를 들면 단백질을 비롯해서 녹말과 셀룰로오스(섬유소) 등은 자연적으로 존재하는 고분자화합물들이고, 나일론 ·테트론 등의 합성섬유나 베이클라이트·폴리염화비닐(PVC)·폴리에틸렌·스티로폼 등은 합성고분자화합물들이다.

3) 무기물

물, 공기, 광물 등과 같이 생활기능이 없는 물질이나 이들 물질로 만든 모든 물질을 통틀어 무기물(無機物, inorganic compound)이라 한다.

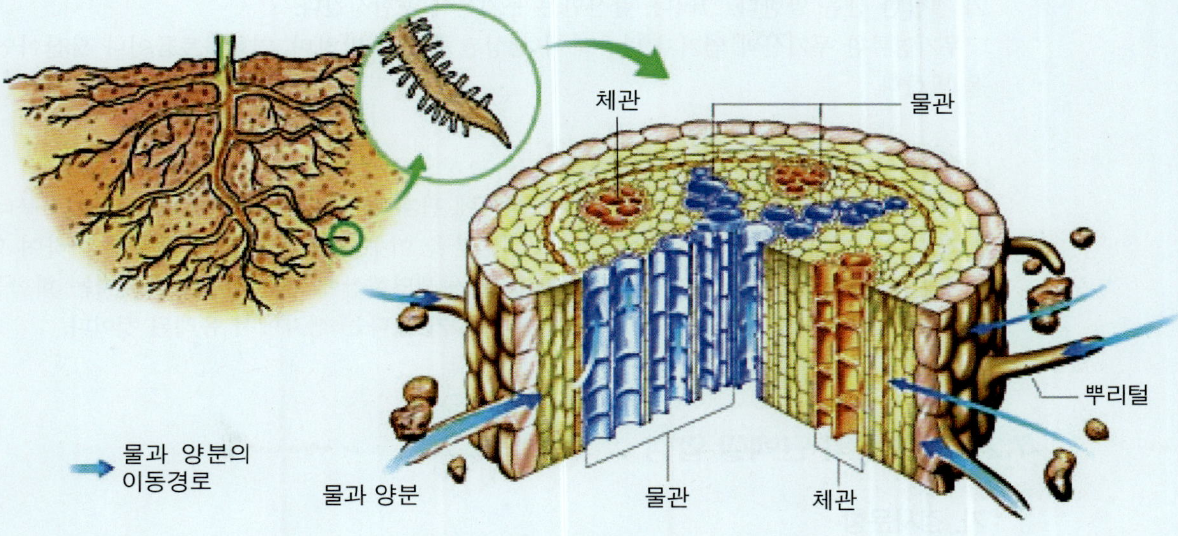

그림 7.9. 식물의 뿌리가 물과 무기양분을 흡수하는 과정 (http://www.kumsung.co.kr/middle_school/science2/04/h04.html 030403)

탄소 이외의 원소만으로 이루어지는 화합물 및 탄소를 함유하는 화합물 중에서도 비교적 간단한 것을 총칭한다. 탄소화합물 중에서 비교적 간단한 것으로는 산화물(일산화탄소 CO, 이산화탄소 CO_2 등)·시안화물(시안화칼륨 KCN 등)·탄산염(탄산나트륨 $Na_2CO_3 \cdot 10H_2O$ 등) 등이 이에 해당한다. 이 밖에 옥살산염(옥살산나트륨 $Na_2C_2O_4$ 등) ·아세트산염(아세트산나트륨 CH_3COONa 등) 등과 같이 무기화합물·유기화합물의 어느 쪽으로도 분류되는, 구별하기 어려운 것도 있고, 또 사염화탄소 CCl_4나 이황화탄소 CS_2와 같이 간단한 탄소화합물이지만 유기화합물로 분류되는 것도 있어, 그 구별이 반드시 엄밀한 것은 아니다. 무기화합물의 분자나 원자단은 작은 것이 많으나, 규산·인산을 주로 하는 다중산에서는 거대한 고분자를 형성하는 것도 있다.

무기산이란 황산, 질산, 염산 등과 같이 비금속 원소 또는 탄소를 가지지 않은 산기와 수소

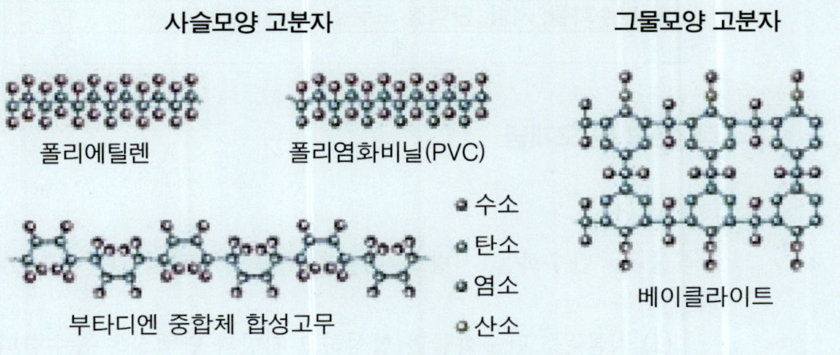

그림 7.10. 고분자화합물 (http://kr.encycl.yahoo.com/final.html 020804)

가 결합한 산을 말한다. 그러나, 탄산만은 무기산에 포함시킨다.

무기염류란 무기산과 염기가 반응하여 생성된 물질을 말하며, 염화나트륨이나 황산아연 등을 말한다.

4) 유기물(有機物, organic compound)

유기화합물이라고도 하며, 원래 유기란 생물에 관계되는 것을 의미하였고, 광물체로부터 얻어지는 무기화합물에 반하여 생물체의 구성성분을 이루는 화합물, 또는 생물에 의하여 만들어지는 화합물로 분류되었다. 이와 같은 분류는 생명현상에 관련되어 만들어지는 화합물은 모두 탄소화합물이므로, 무기물로부터는 만들 수가 없다는 생각에서 유래된 것이다.

7.2.2. 식물의 단백질 합성

가. 검사문항

1) 동물은 탄수화물, 지방, 단백질과 같은 유기물을 먹어야 살 수 있다. 식물도 동물과 같은 종류의 양분을 흡수하는가?

① 탄수화물만 합성하고 지방과 단백질은 흡수한다.
② 탄수화물과 지방만 섭취하고 단백질은 합성한다.
③ 탄수화물, 지방, 단백질 모두 외부에서 흡수한다.
④ 탄수화물, 지방, 단백질 모두 흡수하지 않는다.

2) 위의 답을 선택한 이유는 무엇인가?

나. 응답 결과

2003년 4월 1일, D대학교의 H교육과 2학년, 25명.

보기	반응	
	명	%
① 탄수화물만 합성하고 지방과 단백질은 흡수한다.	6	24
② 탄수화물과 지방만 섭취하고 단백질은 합성한다.	0	0
③ 탄수화물, 지방, 단백질 모두 외부에서 흡수한다.	2	8
④ 탄수화물, 지방, 단백질 모두 흡수하지 않는다.	17	68
계	25	100

다. 분석 및 오개념

1) 분석

식물은 '탄수화물, 지방, 단백질을 모두 흡수하지 않는다.' 고 정답을 선택한 학생은 68%였다.

(1) 식물은 '탄수화물만 합성하고 지방과 단백질은 흡수한다.' 를 선택한 학생이 24%였다. 그렇게 생각하는 이유는, 식물체내에서 광합성으로 포도당을 생성하므로 탄수화물만

스스로 합성하고 그 외의 영양분들은 외부에서 흡수하기 때문이라고 하였다.

(2) 식물은 '탄수화물, 지방, 단백질 모두 외부에서 흡수한다.'를 선택한 이유는 식물도 동물과 같이 살아있는 생명체이기 때문에 세 가지 영양소 모두 외부에서 흡수하기 때문이라고 하였다.

이처럼 식물도 동물처럼 3대 영양소를 모두 흡수하거나, 광합성으로 탄수화물을 생성하므로 그 외의 영양소는 모두 외부에서 흡수할 것이라는 오개념을 가지고 있었다.

2) 오개념

(1) 식물은 3대 영양소 중에서 탄수화물을 제외한 지방과 단백질을 외부에서 흡수한다.

(2) 식물은 3대 영양소 모두를 외부에서 흡수한다.

라. 과학적 개념

식물은 탄수화물, 지방, 단백질을 모두 흡수하지 않고, 무기양분과 물을 흡수한다.

마. 학습지도 안내

식물이 광합성을 통하여 탄수화물(포도당, 과장, 녹말 등)을 만들고, 광합성의 결과로 생성된 포도당과 뿌리에서 흡수한 무기화합물을 이용하여 식물체 내에서도 녹말, 지방, 단백질 등을 소량이지만 생성해 낸다는 것을 이해하도록 지도한다.

바. 연계 또는 심화 학습

1) 광합성 과정

식물세포의 엽록소가 햇빛을 받으면 기공을 통하여 잎 내부로 확산된 이산화탄소를 고정하여 포도당을 만들고, 포도당과 뿌리에서 빨아올린 물, 질소 및 다른 광물질들이 결합하여 여러 가지 필요한 유기물질을 만들고, 그 조직에서 쓰이고 남은 물질들은 다른 조직으로 이동되어 생장에 쓰이거나 열매나 뿌리에 저장하면서 살아가게 된다(그림 7.11).

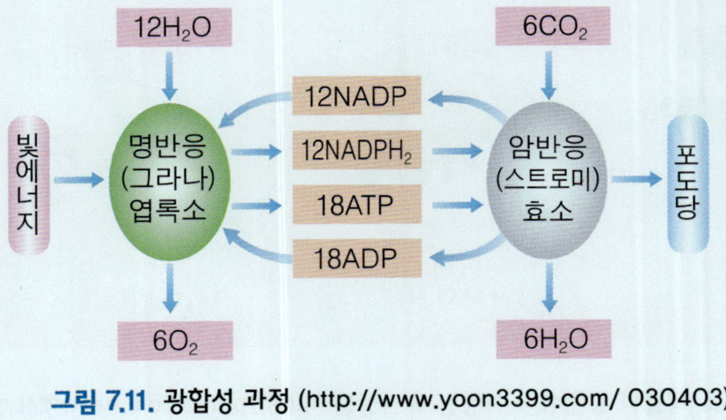

그림 7.11. 광합성 과정 (http://www.yoon3399.com/ 030403)

광합성 과정의 요약

$$12H_2O+12NADP+18ADP \xrightarrow{\text{빛에너지}} 12NADPH+H^++18ATP+6O_2 \text{ (명반응)}$$
$$+)\ 6CO_2+12NADPH+H^++18ATP \longrightarrow C_6H_{12}O_6+6H_2O+12NADP+18ADP \text{ (암반응)}$$

$$6CO_2+12H_2O \xrightarrow{\text{빛에너지}} C_6H_{12}O_6+6H_2O+6O_2 \text{ (전체반응식)}$$

2) 식물체 내에서 지방과 단백질이 만들어지는가?

결론부터 말하자면 식물체내에서도 자신에게 필요한 지방과 단백질을 만들어낸다(그림 7.12). 광합성의 결과로 생성된 포도당과 뿌리에서 흡수한 무기화합물을 통해 식물체 내에서도 녹말, 지방, 단백질 등을 소량이지만 생성해 낸다. 리보솜에서 아미노산이 합성되면, 이 아미노산이 활면소포체로 이동되어 여기서 지질로 생성된다.

3) 식물 단백질의 종류

식물체 내에서는 원형단백질과 저장단백질의 두 가지가 있다. 원형단백질은 대부분 생체내의 모든 생명현상을 나타내는데 관여하며 원형질의 주체가 되고, 저장단백질은 식물체의 저장

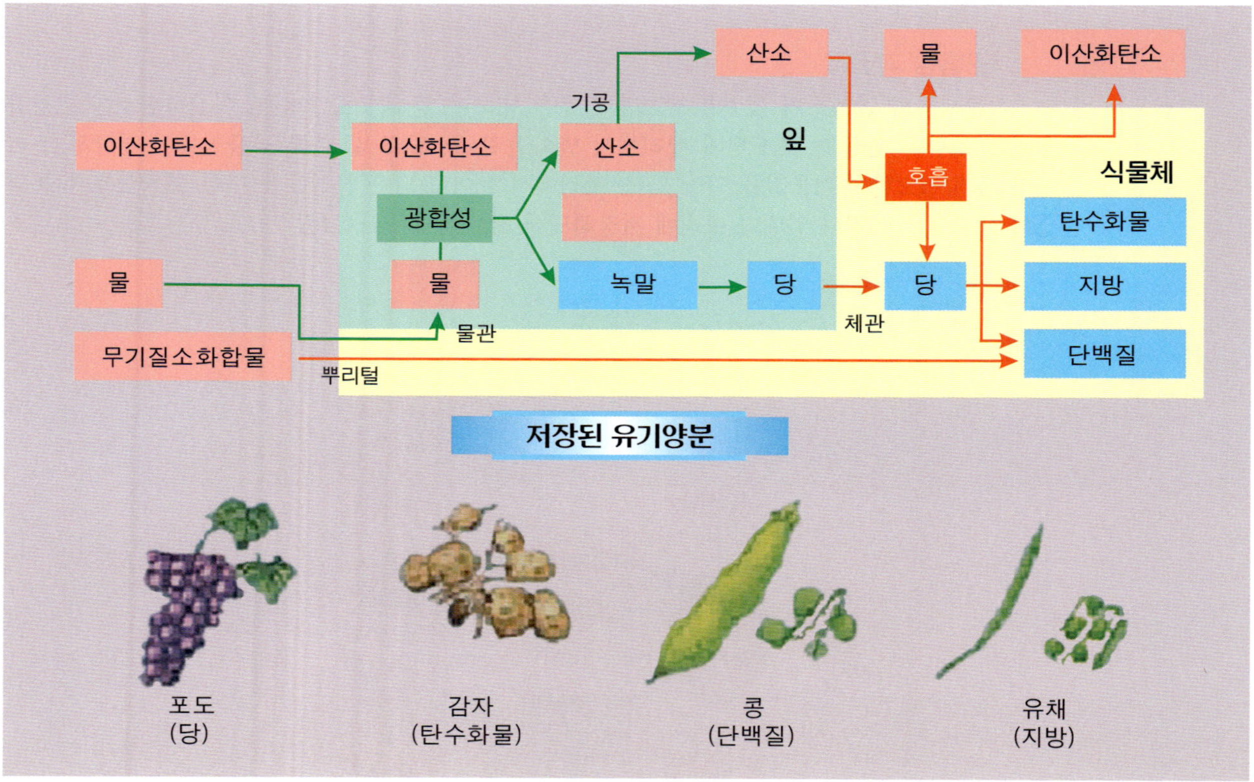

그림 7.12. 식물의 광합성과 저장된 유기양분 (http://putso.com.ne.kr에서 변형, 020804).

기관에 집적되어 있는 단백질이다. 이와 같은 단백질의 종류와 함량에 따라서 농작물의 품질이 좌우된다. 또 세포핵에 있는 염색체를 구성하는 특수한 단백질인 핵단백질은 핵산과 결합하여 생식 및 유전을 지배하면서 직접 또는 간접적으로 각 세포와 식물개체의 성장을 결정짓는다.

4) 동물에 있어서의 단백질 합성

단백질은 에너지원으로 사용되기도 하지만, 효소나 몸의 세포의 구성요소가 되기도 한다. 체내의 모든 단백질은 그 생물의 유전자(遺傳子)와 리보솜에 의하여 11가지의 아미노산으로 합성(간세포에서는 특히 왕성하게)된다. 모든 생물의 특이성(特異性) 또는 개체성(個體性)은 종간(種間)이건 개체간이건 모두 그 개체의 유전자에 의하여 결정되므로, 이 유전자에 의해서 만들어지는 수많은 종류의 단백질은 그 개체의 개체성을 반영한다.

따라서 어떤 두 개체의 형태적·기능적 차이는 그들의 체내에 있는 단백질의 종류의 차이라고 할 수 있다. 이와 같이, 단백질은 에너지원이 되기도 하지만 몸의 구성성분으로서 또한 효소로서 필수 불가결한 물질이므로 생물은 항상 이것을 필요로 한다.

식물이나 미생물은 그들이 필요로 하는 모든 단백질을 스스로 합성할 수 있으나, 동물은 그렇게 합성된 양이 모자라고, 단백질을 만들기 위한 20가지의 아미노산 중 11가지만 만들 수 있으므로 나머지는 음식물의 형태로 단백질 또는 아미노산을 섭취하여야 한다.

일반적으로 동물성 단백질은 식물성 단백질보다 영양가가 높다. 또, 생체 단위 중량당 단백질의 함유량도 동물이 식물보다 많다. 단백질은 그 종류에 따라 아미노산의 종류와 양이 다르므로 여러 가지 단백질을 고루 섭취하는 것이 영양학적으로 보아 바람직하다.

7.2.3. 광합성과 호흡

<조사 1>

가. 검사문항

1) 외부와 공기가 잘 통하지 않는 비닐하우스에서 딸기가 잘 자라고 있으며 밤에는 빛이 전혀 없다고 가정한다. 만약, 밤에 이 비닐하우스 속의 공기를 외부의 공기로 대체한 후, 새벽에 이 비닐하우스 속의 공기를 외부의 공기와 비교해 보면 어떤 상태일까?

① 광합성만 하므로 산소가 많다.
② 호흡만 하므로 이산화탄소가 많다.
③ 광합성이 호흡보다 왕성하므로 산소가 많다.
④ 호흡이 광합성보다 왕성하므로 이산화탄소가 많다.

2) 그렇게 생각하는 이유는 무엇인가?

나. 응답 결과

2002년 7월 15일, 경북 E여자고등학교의 2학년 2개반, 47명.

보기	반응	
	명	%
① 광합성만 하였으므로 산소가 더 많다.	2	4
② 호흡만 하였으므로 이산화탄소가 많다.	7	15
③ 광합성 활동이 호흡보다 더 왕성하였으므로 산소가 더 많다.	2	4
④ 호흡활동이 광합성보다 왕성하였으므로 이산화탄소가 더 많다.	36	17
계	47	100

다. 분석 및 오개념

1) 분석

'호흡만 하였으므로 이산화탄소가 많다' 라는 정답을 선택한 학생은 불과 15%였다.

(1) 밤에도 '광합성만 하므로 산소가 더 많다.' 를 선택하는 이유는 식물은 호흡을 하지 않기 때문이라고 하였다.

(2) 밤에 '광합성 활동이 호흡보다 더 왕성하였으므로 산소가 더 많다.' 를 선택하는 이유는, 딸기가 호흡을 하기는 하지만 광합성을 더 많이 하기 때문이라고 하였다. 그렇게 생각하는 것은 빛과 광합성량과의 관계에 대해 제대로 이해하지 못했거나, 빛이 없으면 광합성도 일어나지 못한다는 점도 이해하지 못했기 때문이다. 비닐하우스는 언제나 전등불이 켜져 있다고 생각했기 때문일 것이다.

(3) '호흡활동이 광합성보다 왕성하므로 이산화탄소가 더 많다.' 를 선택하는 이유는, 광합성과 호흡을 모두 하는데 밤엔 상대적으로 호흡을 더 많이 한다고 생각하기 때문이라고 하였다. 밤에도 어느 정도 빛이 있을 것이라고 생각해서 광합성도 조금은 할 것이라고 생각한다. 왜냐하면 전기시설의 발달로 밤에도 어둡지 않은 현실이 학생들의 오답에 상당한 영향을 미쳤다. 조건으로 주어진 밤에는 빛이 전혀 없다고 가정한다는 것을 주의 깊게 읽거나 기억하지 않는 것 같다.

따라서, 학생들은 빛과 광합성량의 관계 특히 빛이 없으면 광합성이 전혀 일어나지 않는다는 사실을 알지 못하였다. 그리고, 밤인데도 불구하고 식물들의 호흡활동이 광합성보다 왕성하였으므로 이산화탄소가 더 많다고 잘 못 생각하고 있는 학생이 77%나 되었다. 빛이 없으면 광합성이 일어나지 않는다는 사실을 알고 있음에도 불구하고, 문제에서 요구한 실험공간을 현실의 공간과 동일시하여 문제를 해결하려 했기 때문에 많은 오답을 선택하게 되었다. 설문을 하기 전에 현실과 실험공간의 차이에 대해 명확하게 강조하여 언급하지 않아 학생들은 '보통 밤에도 또는 비닐하우스에는 빛이 있으니까 광합성도 조금은 할 것이다.' 하는 오판을 하게 되었을 것이다.

단, 이 문제는 C3과 C4 식물에 해당되고 CAM 식물에는 해당되지 않는다(표 7.5).

2) 오개념

(1) 일반적인 식물은 낮에 호흡을 하지 않는다.

(2) 식물은 양에 차이는 있지만 빛이 없는 밤에도 광합성을 한다.

라. 과학적 개념

일반적인 식물은 항상 호흡을 하며, 빛이 없는 밤에는 광합성을 하지 않는다.

마. 학습지도 방법

식물도 동물과 마찬가지로 밤낮으로 호흡을 하며, 빛의 세기가 광합성에 영향을 주는 중요한 요인이라는 사실을 이해시키고, 밤과 낮 동안의 광합성과 호흡을 비교 제시하여, 그 차이점을 숙지하도록 한다.

<조사 2>

가. 검사문항

1) 외부와 공기가 통하지 않는 비닐하우스 안에서 딸기가 잘 자라고 있다. 낮에 이 비닐하우스 내부의 공기는 외부의 공기와 비교해 볼 때 어떤 상태일까?

① 광합성만 하므로 산소가 더 많다.
② 호흡만 하므로 이산화탄소가 더 많다.
③ 광합성이 호흡보다 왕성하므로 산소가 더 많다.
④ 호흡이 광합성보다 왕성하므로 이산화탄소가 더 많다.

2) 위의 답을 선택한 이유는 무엇인가?

나. 응답 결과

2002년 7월 16일, 경북 S고등학교의 2학년 1개반, 32명.

보기	반응	
	명	%
① 광합성만 하므로 산소가 더 많다.	10	31
② 호흡만 하므로 이산화탄소가 더 많다.	0	0
③ 광합성이 호흡보다 왕성하므로 산소가 더 많다.	16	5
④ 호흡이 광합성보다 왕성하므로 이산화탄소가 더 많다.	6	20
계	32	100

다. 분석 및 오개념

1) 분석

낮에는 '광합성이 호흡보다 왕성하므로 산소가 더 많다.' 라고 정답을 선택한 학생이 50%였다. 그러나 낮에는 딸기가 호흡을 하지 않는다고 생각하는 학생이 31%나 되었다.

(1) '광합성만 하므로 산소가 더 많다.' 라고 생각하는 것은, 낮에는 광합성만 한다고 생각하기 때문이다.

(2) '호흡이 광합성보다 왕성하므로 이산화탄소가 더 많다.' 라고 생각하는 것은, 낮 동안의 광합성과 호흡과의 관계를 제대로 모르고 있기 때문이다.

단, 이 문제는 C3과 C4 식물에 해당되며 CAM 식물에는 해당되지 않는다.

2) 오개념

(1) 낮에는 일반적인 식물들이 광합성만 하므로 산소가 더 많다.

(2) 낮에는 일반적인 식물들의 호흡이 광합성보다 왕성하므로 이산화탄소가 더 많다.

라. 과학적 개념

일반적으로 식물은 항상 호흡을 하며 낮에는 광합성이 호흡보다 더욱 활발히 일어나므로 산소가 더 많아진다.

마. 학습지도 방법

식물도 동물과 마찬가지로 항상 호흡을 한다는 것을 인식시킨다. 그리고, 식물에서 광합성과 호흡의 차이를 설명하고, 빛의 세기와 온도와 이산화탄소의 양이 광합성에 영향을 끼친다는 사실을 인식시킨다.

바. 연계 또는 심화 학습

1) 식물의 호흡

식물체도 다른 생물의 경우와 마찬가지로 생명활동을 하기 위해서는 탄수화물 등을 산화시키고, 이 때 얻는 화학 에너지를 이용하고 있다. 이것을 호흡작용이라고 한다. 식물에서 호흡작용의 기본적인 특성은 다른 생물과 같다고 할 수 있으나, 구체적인 부분에서는 다른 점도 있다. 동물의 경우 산소가 부족한 상태에서는 근육 등에서 포도당을 젖산으로 변화시키며(젖산발효) 에너지를 얻지만, 식물에서는 최종 산물로 에탄올을 만드는 경우(알코올 발효)도 있다. 그러나 생명 현상의 가장 기본이 되는 핵산이나 단백질의 합성, 각종 물질대사의 원리는 다른 생물과 공통되는 것이 많다.

한편, 식물에서만 볼 수 있는 고유한 생명 활동도 많은데, 녹색식물의 세포는 태양 에너지를 이용하여 이산화탄소와 물을 가지고 포도당과 같은 유기물을 합성하는 광합성을 한다. 식물체는 질산염을 환원하여 암모니아로 만드는 질산 환원작용과 암모니아를 유기산과 결합시켜 아미노산을 만드는 작용을 하여 자연계에서 이루어지는 질소순환의 주요 과정을 담당하고 있다. 식물이 생장하기 위해서는 빛, 물, 이산화탄소, 무기 영양물질 등의 주변 환경으로부터 섭취할 수 있는 물질이 필요하다.

2) 호흡률 측정(권용주 등, 2003)

(1) 준비물

- 기구 : 시험관, 모세 유리관, 고무마개, 비커, 거름종이, 고무관, 스포이트, 자, 시계
- 재료 : 싹트기 시작한 콩, 잉크, 10% 수산화칼륨(KOH) 용액, 모래, 바셀린

(2) 실험과정(그림 7.13)

① 3개의 시험관을 준비하여 시험관 A에는 모래를, 시험관 B와 C에는 싹튼 콩을 30개씩 넣고 물을 조금 뿌린다.

② 시험관 A, B, C,에 적당한 크기로 자른 거름종이를 넣고, 스포이트로 시험관 A와 B의 거름종이에는 10% KOH 용액을, 시험관 C의 거름종이에는 물을 묻힌다.

③ 고무마개에 모세 유리관을 끼운 다음, 시험관 A, B, C에 각각 끼워 넣는다.

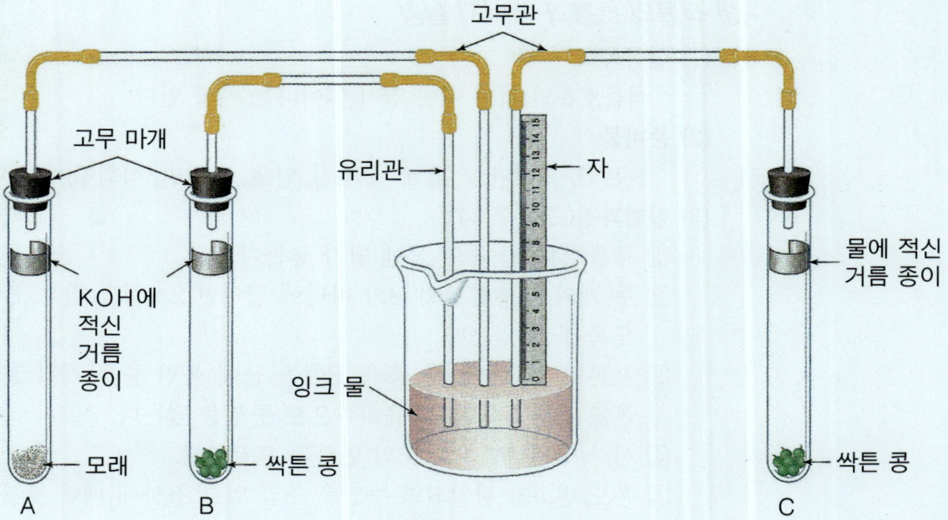

그림 7.13. 호흡률의 측정 (권용주 등, 2003).

④ 같은 굵기, 같은 길이의 모세 유리관 3개를 고무관으로 연결하여 그림 7.25와 같이 잉크 물이 들어 있는 비커에 담근다.

⑤ 시험관을 세워 고정하고 10분 정도 지난 후 5분 간격으로 5~6회 잉크 물이 올라간 높이의 눈금을 읽어 기록한다.

(3) 결과 및 논의

① 시험관 A, B, C에서 측정한 눈금자의 눈금을 다음 표 7.3에 기록해 보자.

표 7.3. 시간에 따른 잉크의 이동

시험관	시간(분)					
	5	10	15	20	25	30
A						
B						
C						

② 시험관 A, B의 거름종이에는 KOH 용액, 시험관 C에는 물을 적신 이유는 무엇인가?

③ 시험관 A, B, C에서 증가한 기체와 감소한 기체는 각각 무엇인가?

④ 싹튼 콩의 호흡으로 소비된 산소의 양과 방출된 이산화탄소의 양은 각각 얼마인가?

⑤ 실험 결과로 보아 실험에 사용한 콩의 호흡률은 얼마인가?

⑥ 위 호흡률로 콩이 사용한 호흡 기질을 추정할 수 있는가?

(4) 연구과제

① 호흡 기질에 따른 산화 반응식과 호흡률을 조사해 보자.

② 동물의 크기와 물질 대사율에 대해 조사해 보자.

③ 무기 호흡과 유기 호흡의 차이점에 대해 조사해 보자.

3) 식물의 호흡과 에너지 실험

(1) 실험목표

식물호흡의 결과 어떤 일이 일어나는 지를 안다

(2) 준비물

표본병, 유리판, 온도계, 주사기, 양초, 탈지면, 석회수, 콩

(3) 실험과정(그림 7.14)

① 콩을 24시간 동안 물에 담가 놓는다.

② 두 개의 표본병 A와 B의 바닥에 탈지면 2㎝정도 깔고, B에만 탈지면이 충분히 젖도록 물을 넣는다.

③ 표본병 A에는 마른 콩을, B에는 물에 불린 콩을 각각 10㎝ 높이로 넣고 콩 속의 온도계를 꽂은 다음 유리판으로 뚜껑을 덮는다.

④ 시간이 지나면서 온도의 변화를 관찰한다.

⑤ 온도 변화가 관찰되면 뚜껑을 조금 열고 철사에 매단 촛불을 넣어본다.

⑥ 주사기로 표본병 속의 기체를 뽑아내어 석회수에 넣어본다.

(4) 결과 정리 및 토의

① 어느 병의 온도가 올라가는가? <물에 불린 콩이 들어있는 표본병 B>

② 촛불이 꺼지는 이유는 무엇인가? <이것은 산소가 줄어들고 이산화탄소가 늘어났기 때문인데 실제로 불이 꺼지는 이유는 이산화탄소가 아니라 산소의 부족 때문에 나타나는 현상이다.>

③ 뿌옇게 흐려지는 것은 어느 병의 기체인가? <표본병 B>

④ 두 개의 표본병 속의 온도가 다르게 나타나는 까닭은 무엇인가? <표본병 A 에서는 별다른 변화가 없는 반면, 표본병 B에서는 물에 불린 콩이 싹이 트면서 세포 분열을 위한 에너지를 얻기 위해 저장 양분과 산소를 이용하여 호흡 작용이 일어난다. 그 결과 이산화탄소가 생성되고, 에너지의 일부가 열에너지로 변하기 때문에 표본병 B의 온도가 올라간다.>

⑤ 식물의 호흡결과 생기는 기체는 무엇인가? <이산화탄소>

⑥ 위의 실험결과 사람이 음식을 섭취하여 에너지를 내는 것과 어떤 점이 유사한가?<

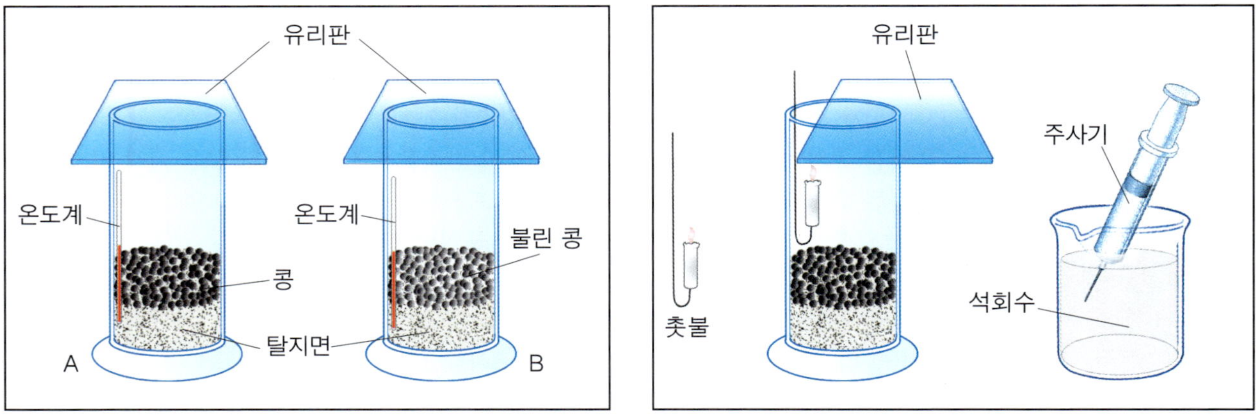

그림 7.14. 식물의 호흡 실험과정(권용주 등, 2003).

산소를 이용하여 영양소를 산화시킴으로서 생장활동에 필요한 에너지를 얻으며, 부산물로 물과 이산화탄소를 발생한다.>

⑦ 에너지 측면에서 광합성과 호흡과의 관계를 비교해 보면? <광합성은 빛 에너지의 일부를 화학에너지로 저장하는 과정이고, 호흡은 고분자 물질을 저분자 물질로 분해하면서 여분의 에너지를 여러 가지 생활에 필요한 에너지로 사용하는 과정이다.>

(5) 평가 자료

① 탐구 활동 태도 평가

㉮ 자료를 해석하는데 다양한 참고 자료를 이용하고 있는가? (3, 2, 1)

㉯ 정확한 실험이 이루어지는가? (3, 2, 1)

② 탐구 보고서 평가

㉮ 석회수의 색 변화를 옳게 진술하였는가? (3, 2, 1)

㉯ 콩의 발아에 영향을 미치는 요인을 정확하게 찾아내는가? (3, 2, 1)

4) 광합성

녹색식물이 빛 에너지를 이용하여 이산화탄소와 물로부터 포도당을 합성하는 작용. 즉, 빛에너지가 유기물 속의 화학 에너지로 저장되는 과정.

$$6CO_2 + 12H_2O + \text{빛에너지} \rightarrow C_6H_{12}O_6 + 6O_2 + 6H_2O$$

5) 광합성에 영향을 주는 요인

녹색식물이 광합성을 수행하는 데는 여러 가지 환경 요인들이 영향을 미치는데, 빛의 세기, 빛의 파장, 온도, 공기 중 이산화탄소의 농도 등이 그 요인이다.

(1) 빛의 세기

빛의 세기에 비례하여 광합성량이 증가하다가 광포화점에 이르면 그 이상 빛의 세기에서는 증가하지 않는다.

- 양지식물(sun plant) : 음지에 견디는 힘이 약하고, 양지를 주요 서식지로 하는 식물이다(그림 7.15).

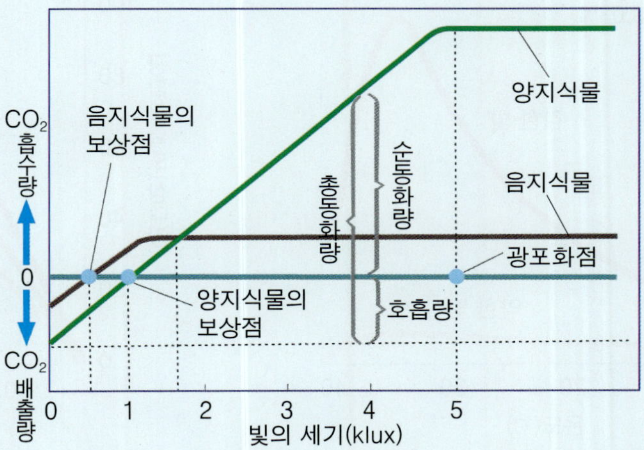

그림 7.15. 양지식물과 음지식물의 광포화점과 보상점

- 음지식물(shade plant) : 음지에 견디는 힘이 강하고, 음지에서 생육할 수 있는 식물이다. 한편 어릴 때에는 음지식물의 성질이 강하지만 성장 후에는 양지에서도 왕성한 성장을 하는 식물을 조건음지식물(facultative shade plant)이라 한다.

(2) 빛의 파장

녹색식물은 적색광과 청색광에서 광합성이 활발하게 일어난다.

(3) 온도

약한 빛에서 온도는 광합성 속도에 거의 영향을 주지 않지만, 강한 빛에서 광합성 속도는 영향을 받는다(그림 7.16). 온도가 5~35℃ 사이이면 10℃ 상승할 때마다 약 2배씩 증가하고, 35℃ 이상에서는 35℃이상에서 급격히 감소한다. 이는 광합성에 효소가 관여하는데 35℃이상에서 효소가 변형되어 파괴되기 때문이다.

(4) CO_2의 농도

적당한 조건 하에서 광합성 속도는 CO_2의 농도가 0.1%에 이르기까지 높아질수록 빨라지지만 그 이후에는 일정하게 유지된다(그림 7.17).

(5) 광합성 제한요인들의 복합 작용

① 빛의 세기가 강할 때 : 온도와 CO_2농도가 제한요인(→ 암반응의 제한요인)

② 빛의 세기가 약할 때 : 빛의 세기가 제한요인(→ 명반응의 제한요인)

6) 광합성에 필요한 물질 실험(권용주 등, 2003)

(1) 준비물

- 기구 : 비커, 시험관, 스탠드, 전기스탠드, pH미터(또는 pH시험지), 빨대, 고무마개
- 재료 : 검정말, 페놀레드 용액, 증류수

(2) 실험과정(그림 7.18)

① 400ml 비커를 깨끗하게 씻은 후, 증류수를 반 정도 채운다.

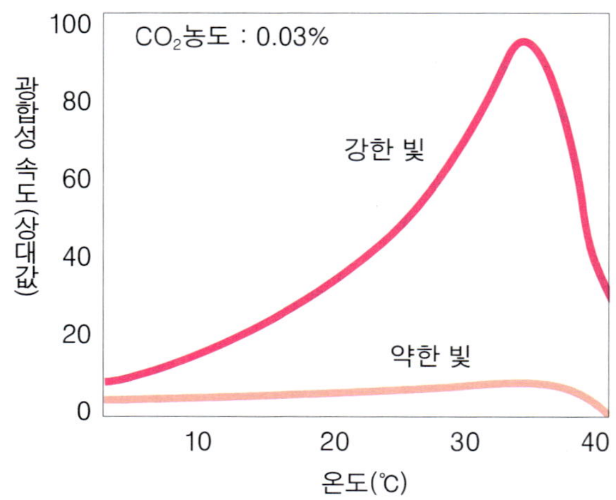

그림 7.16. 온도에 따른 광합성속도

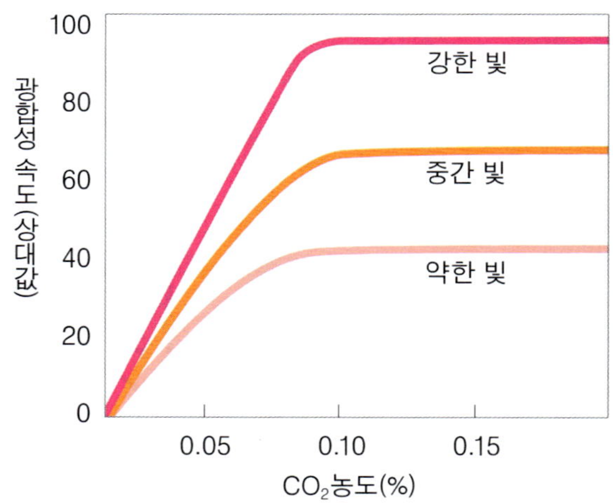

그림 7.17. CO_2 농도에 따른 광합성속도

증류수에 페놀레드 용액을 몇 방울 넣는다.

용액이 노란색이 될 때까지 입김을 불어넣는다.

두 시험관에 노랗게 변한 용액을 넣는다.

한쪽 시험관에 검정말을 넣고 빛을 비추며 용액의 색깔 변화를 관찰한다.

그림 7.18. 광합성에 필요한 물질 실험과정 (권용주 등, 2003).

② 비커에 몇 방울의 페놀레드 용액을 떨어뜨린다.

③ 빨대를 이용하여 비커에 숨을 불어 넣는다. 용액의 색이 노란색으로 변할 때까지 계속 숨을 불어 넣어야 하는데, 약 4~5분 정도가 소요된다.

④ 시험관 2개에 각각 노랗게 변한 용액을 넣는다.

⑤ 어리고 싱싱한 검정말을 골라 한쪽 시험관에 넣는다. 두 시험관의 입구를 모두 고무마개로 막는다.

⑥ 두 시험관을 물을 가득 채운 큰 비커에 넣고 고정시킨다.

⑦ 두 시험관에 전구를 이용하여 빛을 비춘다.

⑧ 시험관을 흔들어 주면서 용액의 색깔이 변하는 것을 확인해 보자. 어느 시험관에서 용액의 색깔이 변하는가?

⑨ 용액이 분홍색으로 변할 때 용액의 pH를 측정해 보자.

3) 결과 및 논의

① 빨대를 이용하여 숨을 불어넣었을 때 페놀레드가 든 증류수가 노란색으로 변한 이유는 무엇인가?

② 물풀이 들어 있는 시험관에서 용액의 색깔이 다시 분홍색으로 변한 이유는 무엇인가?

③ 검정말이 들어 있지 않은 시험관을 설치하는 이유는 무엇인가?

④ 검정말이 들어 있는 시험관에서는 기포가 발생하는 것을 관찰할 수 있다. 이 기체는 무엇인가?

(4) **연구과제**

① 많은 수중 식물과 조류들이 살고 있는 작은 연못의 pH는 하루를 주기로 어떻게 변하겠는가?

② 광합성과 호흡의 관계를 이용하여 동물과 식물이 함께 살 수 있는 조건을 조사해 보자.

7) 호흡과 광합성의 비교 (표 7.4)

표 7.4. **호흡과 광합성의 비교** (http:// bueb125.com.ne.kr, 020722)

항목	호흡	광합성
시기	항상	빛이 있는 동안만
장소	미토콘드리아	엽록체
기체교환	이산화탄소 방출, 산소 흡수	이산화탄소 흡수, 산소 방출
물질변화	유기물→무기물	무기물→유기물
에너지변화	에너지 방출	에너지 저장

8) C_3, C_4 및 CAM 식물의 비교(표 7.5)

표 7.5. C_3, C_4 **및 CAM 식물의 비교**

구분			C_3 식물	C_4 식물	CAM 식물
종류			장미, 밀, 벼 등 대부분의 식물	옥수수나 사탕수수 등의 열대초본	선인장이나 파인애플 등의 다육식물
서식환경			일반적 환경	일반적인 환경, 고온 건조한 지역	일반적 환경, 매우 건조한 기후
광합성 기작	기체교환	낮	주로 O_2 발생	주로 O_2 발생	×(기공을 닫는다)
		밤	주로 CO_2 발생	주로 CO_2 발생	O_2와 CO_2 흡수
	명·암반응		엽육세포 (낮에 명반응과 암반응 일어난다)	엽육세포, 유관속초세포(낮에 명반응과 암반응이 일어난다. 단지 공간적인 구분)	밤에는 CO_2를 말산으로 전환하여 액포에 저장 후 낮에 명반응과 암반응이 일어난다 (시간적 구분).

7.2.4. 보상점

가. 검사문항

1) 식물 잎의 기공에서는 하루 중 두 번(해가 뜰 때와 질 때)은 출입하는 기체의 이동이 없는 것으로 보인다. 그런 현상을 어떻게 설명할 수 있는가?

① 광합성량이 호흡량보다 적으므로
② 호흡량이 광합성량보다 적으므로
③ 광합성량과 호흡량이 같으므로
④ 호흡이나 광합성이 순간적으로 일어나지 않으므로

2) 위의 답을 선택한 이유는 무엇인가?

나. 응답 결과

2002년 7월 15일, 경북 E여자고등학교의 2학년 2개반, 47명.

보기	반응	
	명	%
① 광합성량이 호흡량보다 적으므로	2	4
② 호흡량이 광합성량보다 적으므로	4	9
③ 광합성량과 호흡량이 같으므로	39	83
④ 호흡이나 광합성이 순간적으로 일어나지 않으므로	2	4
계	47	100

다. 분석 및 오개념

1) 분석

보상점을 이해하면 쉽게 풀 수 있는 문제인데, 보상점은 수업시간에 누차 강조되는 부분이고, 보상점이라고 하는 구체적인 용어로 인지될 수 있었기 때문에 학생들의 정답률이 높았다고 생각된다. 기체의 출입이 없다고 하였음에도 불구하고 광합성량이나 호흡량 중 어느 한 쪽이 적다든지, 광합성이나 호흡이 순간적으로 일어나지 않기 때문이라고 답한 것은 보상점에 대한 이해가 부족했기 때문이다. 그리고, 문제에 의한 답의 도출이 아니라 답을 정한 다음 질문과의 연관성을 찾는 경우도 있었다.

(1) 기공을 출입하는 기체의 이동이 없는 것은 '광합성량이 호흡량보다 적기 때문' 또는 그 반대로 '호흡량이 광합성량보다 적기 때문' 인 이유에 대해서는 뚜렷하게 응답하지 않았다.

(2) 기공에서 기체의 출입이 없는 것은 '호흡이나 광합성이 순간적으로 일어나지 않기 때문' 이라고 생각하는 이유는, 밤에 호흡만 하다가 해 뜰 때 광합성을 하려면 준비가 필요하고 질 때도 마찬가지이므로 그 순간에는 호흡이나 광합성이 일어나지 못하기 때문이라고 하였다.

(3) 기공을 출입하는 기체의 이동이 없는 것은 '광합성량과 호흡량이 같기 때문' 이라는 정답을 선택한 학생은 83%(39명)이었다. 그러나 그 이유를 묻는 두 번째의 질문에 정답으로 인정할 정도의 답변을 한 학생은 25명이었고, 나머지는 정답으로 인정받지 못할 답변을 하거나 응답하지 않았다. 따라서 객관식과 주관식의 두 가지 질문을 종합하여 정답을 맞힌 학생은 53%(25명)이었다.

*1)*의 객관식 문제에서는 ③의 정답을 선택하였으나 *2)*의 그 이유에 대해서는 다음과 같이 정답으로 인정받지 못할 답변을 하였다.

• 광합성을 할 때 이산화탄소를 흡수하고 산소를 방출하는데, 그 시기에는 기공을

출입하는 이산화탄소와 산소의 양이 같아지기 때문이다. 이렇게 생각하는 것은 보상점의 기준이 이산화탄소인 것을 모르고 있기 때문이다.
- 기공에 틈이 생기지 않기 때문이다.
- 밤에는 상대적으로 광합성을 하지 않기 때문이다.
- 기체의 이동이 없기 때문이다.

2) 오개념

(1) 식물의 기공을 출입하는 기체의 이동이 없는 것은 광합성량이 호흡량보다 적기 때문이다.

(2) 식물의 기공을 출입하는 기체의 이동이 없는 것은 호흡량이 광합성량보다 적기 때문이다.

(3) 식물의 기공을 출입하는 기체의 이동이 없는 것은 호흡이나 광합성이 순간적으로 일어나지 않기 때문이다.

라. 과학적 개념

보상점은 광합성으로 흡수되는 CO_2의 양과 호흡으로 방출되는 CO_2의 양이 같을 때의 빛의 세기를 말하며, 광합성량과 호흡량이 같으므로 이 때는 외견상 기체의 출입이 없다.

마. 학습지도 방법

빛의 세기에 따른 광합성량과 호흡량의 비교를 통해 보상점을 이해하도록 지도한 빛의 세기와 광합성과의 관계에 대한 그래프를 숙지시키고, 광합성의 속도는 단위시간당의 CO_2흡수량 또는 O_2 발생량으로 측정할 수 있다는 사실을 들어 만약 광합성 준비기에 상태 변화가 있다면 그래프의 모양이 달라짐을 이해하도록 지도한다.

바. 연계 또는 심화 학습

1) 빛의 세기에 따른 광합성량과 호흡량의 비교

빛의 세기에 비례하여 광합성량이 증가하다가 광포화점에 이르면 더 이상 빛의 세기에서도 광합성량은 증가하지 않는다(그림 7.19).

(1) 광포화점(D) : CO_2의 농도와 온도가 일정할 때, 광합성량이 최대로 되어 더 이상 광합성량이 증가하지 않을 때의 빛의 세기

(2) 보상점(B) : 광합성으로 흡수되는 CO_2의 양과 호흡으로 방출되는 CO_2의 양이 같을 때의 빛의 세기(표 7.6). 호흡으로 발생하는 CO_2가 광합성에 이용. 따라서 식물은 보상점 이상의 빛의 세기에서만 생장할 수 있으며, 보상점 이하에서는 생존할 수 없다.

(3) 보상점보다 강한 빛(C) : 광합성량이 호흡량보다 많다. 따라서, 낮 동안 비닐하우스 속에서는 식물만 존재함으로 동식물이 존재하는 대기 중보다 산소의 양이 많음을 알 수 있다.

(4) 보상점보다 약한 빛(A) : 광합성량 < 호흡량

(5) 총광합성량 = 순광합성량 + 호흡량

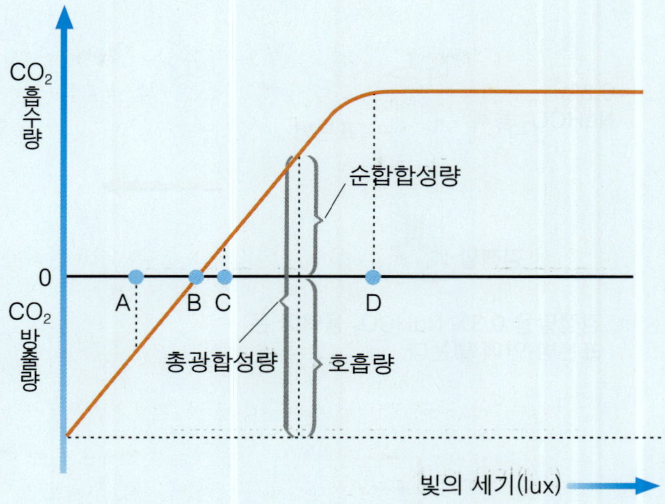

그림 7.19. 광합성과 빛의 관계

표 7.6. 빛의 세기에 따른 광합성량과 호흡량의 비교

빛의 세기	광합성량과 호흡량	가스출입	생육상태
보상점 이하	광합성량 〈 호흡량	CO_2방출, O_2흡수	시들어 죽는다
보상점	광합성량 = 호흡량	가스출입 없다. (외견상)	현상유지
보상점 이상	광합성량 〉 호흡량	CO_2흡수, O_2방출	생장

2) 빛의 세기와 광합성량의 관계 실험

(1) 목표

빛의 세기와 광합성과의 관계를 안다.

(2) 준비물

비커, 온도계, 시험관, 검정말, 탄산수소나트륨, 전기스탠드, 자

(3) 지도상의 유의점

① 온도, 이산화탄소의 농도 등에 유의하여 실험한다.

② 광합성은 빛의 세기뿐만 아니라 온도와 이산화탄소의 농도 등에 의해서도 영향을 받는다. 실험실을 어둡게 하여 다른 곳에서 오는 빛의 영향이 없도록 하며 전등으로부터 나오는 열에 의해 물의 온도가 올라가지 않도록 한다.

(4) 실험 과정(그림 7.20)

① 싱싱한 검정말의 줄기를 잘라 그림 7.20과 같이 장치한 시험관에 넣는다.

② 검정말로부터 10, 20, 30cm 거리에 100W의 전구를 장치하여 검정말에 빛을 비춘다.

③ 발생하는 기포의 수를 3분 동안 측정한 후 1분당 평균 기포 수를 구한다. 이때 비커 속의 물의 온도가 올라가지 않도록 물을 계속 공급한다.

④ 실험 결과를 빛의 세기와 광합성량의 관계그래프로 나타낸다.

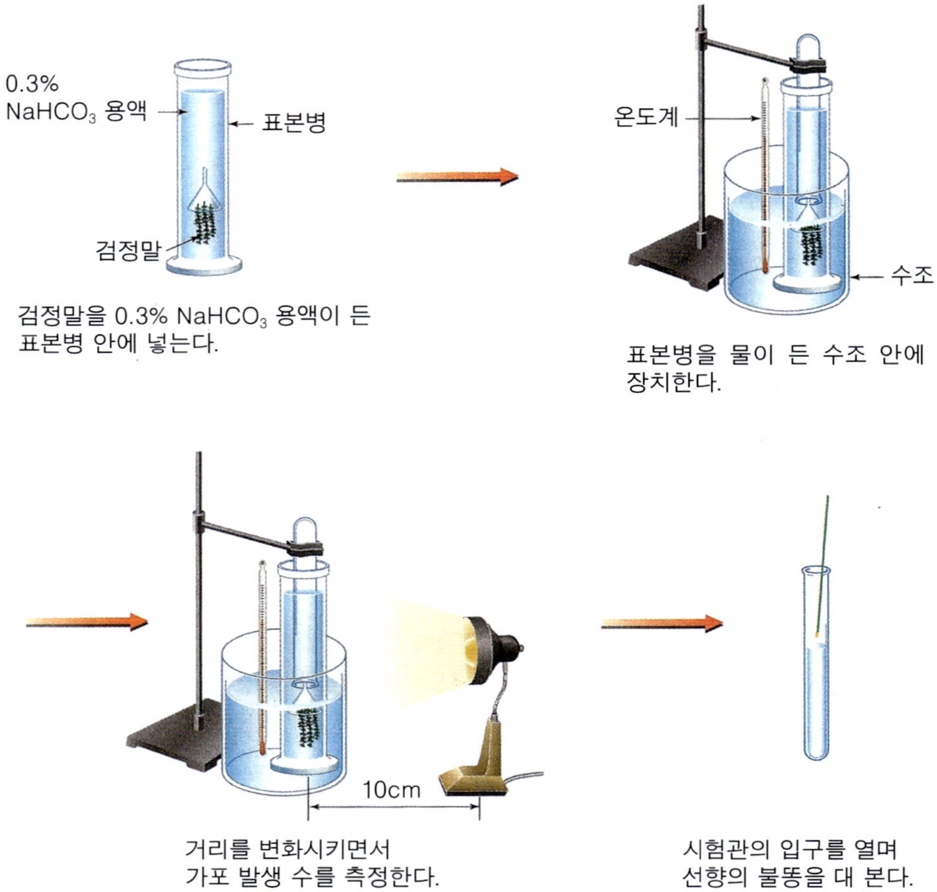

그림 7.20. **광합성 실험과정** (권용주 등, 2003).

(5) 결과 정리 및 토의

① 검정말이 들어 있는 시험관에 탄산수소나트륨 용액을 넣은 이유는 무엇인가? <합성에 필요한 이산화탄소를 공급하기 위하여>

② 빛의 세기와 광합성량 사이에는 어떤 관계가 있는가? <어느 정도까지는 빛의 세기가 강해질수록 광합성량은 증가하지만, 그 이상 강한 빛에서는 광합성량이 일정하다.>

③ 약한 빛에서 기포가 발생하지 않는 까닭은 무엇인가? <합성은 이루어지더라도 호흡량이 많아서 광합성에서 생성되는 산소는 모두 호흡에 쓰이므로 기포는 발생하지 않는다.>

(6) 평가 자료

① 탐구 활동 태도 평가

㉮ 자료를 해석하는데 다양한 참고 자료를 이용하고 있는가? (3, 2, 1)

㉯ 정확한 실험이 이루어지는가? (3, 2, 1)

② 탐구 보고서 평가

㉮ 빛의 세기와 기포와의 관계를 옳게 진술하였는가? (3, 2, 1)
㉯ 환경조건을 변화시킬 경우 나타날 수 있는 현상을 바르게 나열하였는가? (3, 2, 1)
㉰ 독립, 종속, 통제변인을 잘 진술하는가? (3, 2, 1)

7.2.5. 광합성 색소

가. 검사문항

1) 다음 그림은 녹조류, 갈조류 및 홍조류의 빛의 파장에 따른 흡수율을, 그림 II는 수심에 따른 조류의 분포를 조사한 것이다 (최우섭 등, 2000에서 변형).

위의 자료로부터 이끌어 낸 결론으로 타당한 것은?

① 녹색광은 주로 해수의 표층에서 흡수된다.
② 홍조류는 어느 파장의 빛에서도 광합성이 활발하다.
③ 해조류의 수직분포는 빛의 세기에 따라 다르게 나타난다.
④ 녹조류는 파장이 짧은 빛에서 광합성을 가장 활발하게 한다.
⑤ 해조류는 각각의 체색과 보색 관계에 있는 빛을 광합성에 가장 효율적으로 이용한다.

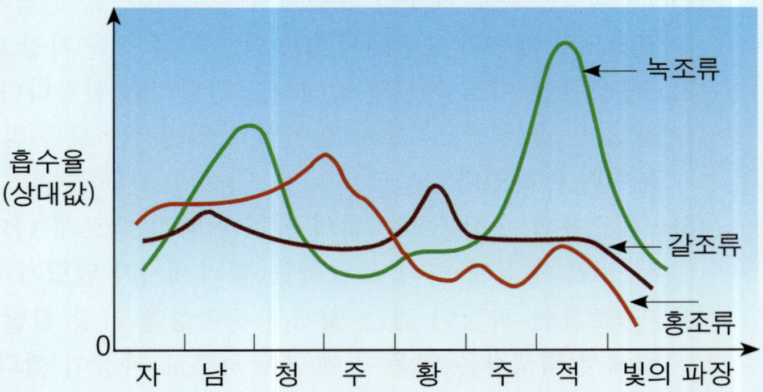

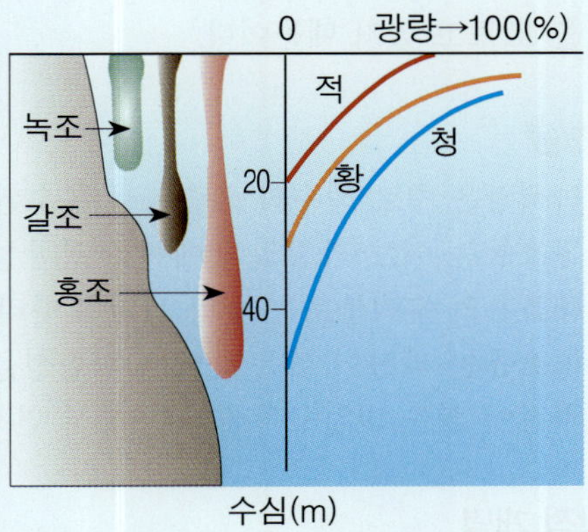

2) 위의 답을 선택한 이유는 무엇인가?

나. 응답 결과

2002년 7월 28일, 대구시 J입시학원의 고등학교 1~3학년, 54명.

보기	반응	
	명	%
① 녹색광은 주로 해수의 표층에서 흡수된다.	6	11
② 홍조류는 어느 파장의 빛에서도 광합성이 활발하다.	1	2
③ 해조류의 수직분포는 빛의 세기에 따라 다르게 나타난다.	10	19
④ 녹조류는 파장이 짧은 빛에서 광합성을 가장 활발하게 한다.	7	14
⑤ 해조류는 각각의 체색과 보색 관계에 있는 빛을 광합성에 가장 효율적으로 이용한다.	23	43
무응답	6	11
계	54	100

다. 분석 및 오개념

1) 분석

주어진 문제의 변인은 빛의 세기가 아니라 빛의 파장이었다. 해조류(바닷말)는 각각의 체색과 보색 관계에 있는 빛을 광합성에 가장 효율적으로 이용한다고 정답을 말한 학생은 43%였다. 식물은 보색관계에 있는 빛을 광합성에 가장 잘 이용한다는 것을 모르고 있었고, 파장과 도달 깊이의 관계에 대해서 잘 모르고 있었다. 파장이 짧으면 투과력이 약하여 얕은 곳에서 흡수된다고 생각하였다.

(1) '녹색광은 주로 해수의 표층에서 흡수된다.' 를 선택한 이유는, 녹조류는 얕은 곳에 분포하므로 해수의 표층에서 흡수되는 녹색 광을 가장 많이 이용하기 때문이라고 하였다.

(2) '홍조류는 어느 파장의 빛에서도 광합성이 활발하다.' 를 선택한 이유는, 홍조류는 가장 깊은 곳에 분포하므로 살아남기 위해서는 모든 빛을 다 광합성에 이용해야 하기 때문이라고 하였다.

(3) '해조류의 수직분포는 빛의 세기에 따라 다르게 나타난다.' 를 선택한 이유는, 그림에서 보면 수심에 따라 도달하는 빛의 세기가 달랐기 때문이라고 하였다.

(4) '녹조류는 파장이 짧은 빛에서 광합성을 가장 활발하게 한다.' 를 선택한 이유는, 그림에서 적색광은 얕은 곳에 도달하므로 파장이 짧다고 생각하기 때문이라고 하였다. 이렇게 생각하는 것은, 파장이 긴 적색 빛이 물 표면에서 가장 먼저 흡수된다는 사실을 모르고 있기 때문이다.

2) 오개념

(1) 녹색광은 주로 해수의 표층에서 흡수된다.

(2) 홍조류는 어느 파장의 빛에서도 광합성이 활발하다.

(3) 해조류의 수직분포는 빛의 세기에 따라 다르게 나타난다.

(4) 녹조류는 파장이 짧은 빛에서 광합성을 가장 활발하게 한다.

(5) 파장이 짧은 빛일수록 물 표면에서 먼저 흡수된다.

라. 과학적 개념

해조류는 각각의 체색과 보색 관계에 있는 빛을 광합성에 가장 효율적으로 이용한다. 즉, 녹조류는 적색 광에서, 갈조류는 황색 광에서, 홍조류는 청색광에서 광합성이 가장 활발하게 일어난다.

마. 학습지도 방법

우선, 파장과 도달수심과의 관계를 설명한다. 즉, 파장이 긴 빛일수록 투과력이 약해 얕은 곳에서 흡수되고, 초록빛이나 파란빛 등의 단파장은 깊은 곳까지 닿는다는 것을 설명한다. 그리고, 보색(補色)을 설명한다. 보색이란 두 가지 빛을 섞어 무채색(흰색, 흑색, 회색)이 될 때 이 두 가지 빛을 말한다. 예를 들면 적색과 녹색이다. 그런 다음 보색관계에 있는 파장의 빛을 흡수하는 것이 광합성 효율이 높다는 것을 설명한다. 즉, 녹색식물은 녹색을 흡수하지 않고 반사하므로 녹색으로 보이며 그 보색관계에 있는 적색 광을 잘 흡수한다. 홍조류는 붉은색을 반사하고 그 보색이 되는 청록색 빛을 가장 잘 흡수한다. 녹조류는 얕은 곳에 홍조류는 깊은 곳에, 갈조류는 그 중간에 분포하는 것은 각각의 체색과 보색의 관계에 있는 색의 빛을 흡수하여 가장 효율적으로 광합성을 하기 위한 것임을 이해시킨다.

마지막으로 보색적응을 설명한다. 보색적응이란 위에서 설명한 바와 같이 체색과 보색이 되는 빛으로 광합성을 함으로써 그 깊이에 적응하는 현상을 말한다.

바. 연계 또는 심화 학습

1) 광합성에 영향을 미치는 4가지 주요 요인

빛의 세기, 빛의 파장, 온도, CO_2 농도

2) 빛의 파장

적색과 청색광에서 광합성 효율이 높다.

(1) 엥겔만의 실험(그림 7.21)

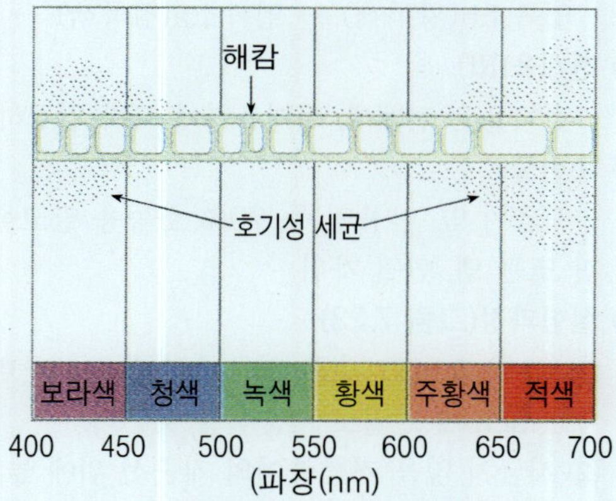

그림 7.21. 엥겔만의 실험(정완호 등, 2004).

① 방법 : 호기성 세균과 해캄을 암실에 두었다가 빛을 프리즘으로 분광시켜, 호기성 세균의 분포상태를 관찰. 해캄은 실 모양(사상체)의 조류.

② 결과 : 해캄이 광합성을 하여 산소가 발생하는 곳인 적색광과 청색광에 호기성 세

균이 많이 모인다.

(2) 파장에 따른 흡수와 작용 스펙트럼(그림 7.22)

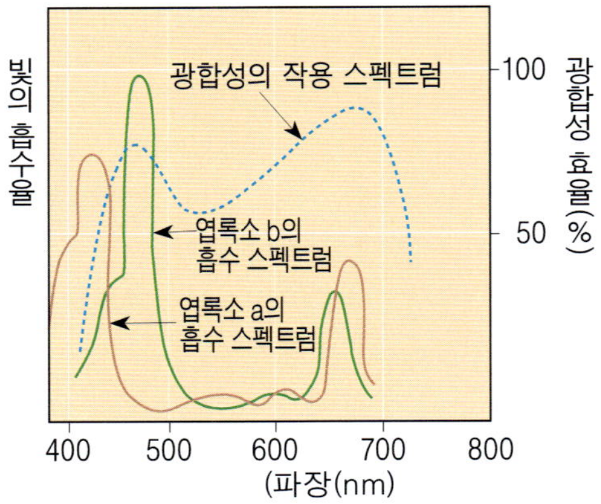

그림 7.22. **빛의 흡수와 작용 스펙트럼.**

① 흡수스펙트럼과 작용스펙트럼이 거의 일치 : 청색광과 적색광 영역

② 빛을 많이 흡수한 파장에서 광합성이 왕성 : 흡수스펙트럼과 작용스펙트럼의 일치성

③ 녹색 광에서 빛 흡수율이 낮은데 비하여 광합성률은 높은 이유? 엽록소 외에 카로티노이드 색소가 녹색·황색 광을 흡수하여 엽록소에게 전달해주기 때문이다 (카로티노이드 흡수파장 : 450~550nm).

3) 광합성 색소의 분리실험 (종이크로마토그래피) (이연우 등, 2001)

(1) 원점에서 멀어지는 순서 (원점 : 대상물질을 바른 장소)

엽록소b(황록색) → 엽록소a(청록색) → 크산토필(담황색) → 카로틴(적황색)

(2) 전개율(Rf)

전개율은 전개액, 전개용지에 따라 일정하므로, 각 색소의 종류를 파악할 수 있다.

(3) 준비물

시금치 잎, 단풍잎 등, 70% 소독용 알코올, 비커, 기름종이, 동전, 스테플러, 자, 유리판 또는 랩, 연필 가위

(4) 실험과정(그림 7.23)

① 8 × 7cm로 자른 거름종이를 2개 준비하여 (가)와 같이 각 거름종이 아래에서 1.5cm에 연필로 기준선을 긋는다.

② 시금치 잎을 거름종이의 기준선 위에 놓고 (나)와 같이 동전을 굴리면서 눌러 녹색선이 나타나도록 한다. 선이 진하게 나타날 때까지 여러 번 반복한다.

③ 다른 거름종이에 단풍잎을 이용하여 같은 방법으로 선을 그린다.

④ 각 거름종이 끝을 스테플러를 이용하여 원통 모양으로 만든 후 (라)와 같이 알코올이 들어 있는 비커 속에 넣는다.

⑤ 각 비커를 유리판이나 랩 등으로 덮는다. 약 15분 간 용매가 거름종이 끝 1cm 정도까지 올라가게 둔다.

그림 7.23. 색소분리 과정 (이연우 등, 2001).

⑥ 거름종이를 꺼내어 용매가 올라간 선을 연필로 표시한다.

⑦ 거름종이를 말린 후 각 색소가 위치하고 있는 부분을 연필로 표시하고 색깔을 기록한다(표 7.7).

표 7.7. 관찰된 색깔과 해당색소

식물 재료	선	관찰된 색깔	해당 색소
시금치	1(기준선)		
	2		
	3		
	4		
	5(용매전선)		
붉은 잎	1(기준선)		
	2		
	3		
	4		
	5(용매전선)		

(5) 결과 정리 및 토의

① 각 잎에서 분리된 색소는 몇 가지인가?

② 시금치 잎과 붉은 잎 색소의 차이점은?

③ 이 두 가지 잎 중 광합성을 할 수 있는 식물은 무엇인가? 또 그 이유는?

④ 광합성에는 녹색 엽록소가 필요하다 붉은 잎만 가지고 있는 단풍나무는 어떻게 광

합성을 하는지 알아보자.

⑤ 나뭇잎은 여름에는 녹색이나 가을에는 적색, 황색 또는 오렌지색이 된다. 여름에 녹색 이외의 색깔은 어디에 있다가 가을이 되면 갑자기 나타나는가?

⑥ 종이 크로마토그래피는 잎의 색소를 분리하는 것 외에 어떤 용도로 사용할 수 있는지 토의해 보자(이연우 등, 2001).

7.2.6. 질소동화작용

가. 검사문항

1) 질소동화작용에 대한 설명으로 알맞은 것은?

① 동물과 식물 모두 질소동화작용을 할 수 있다.
② 동물과 식물 모두 질소동화작용을 할 수 없다.
③ 동물은 질소동화작용을 할 수 있으나 식물은 할 수 없다.
④ 식물은 질소동화작용을 할 수 있으나 동물은 할 수 없다.
⑤ 잘 모르겠다.

2) 위의 답을 선택한 이유는 무엇인가?

나. 응답 결과

2002년 8월 1일, 경북 G여자고등학교의 3학년 2개반, 50명.

보기	반응	
	명	%
① 동물과 식물 모두 질소동화작용을 할 수 있다.	3	6
② 동물과 식물 모두 질소동화작용을 할 수 없다.	0	0
③ 동물은 질소동화작용을 할 수 있으나 식물은 할 수 없다.	6	12
④ 식물은 질소동화작용을 할 수 있으나 동물은 할 수 없다.	14	28
⑤ 잘 모르겠다.	27	54
계	50	100

다. 분석 및 오개념

1) 분석

'식물은 질소동화작용을 할 수 있으나 동물은 할 수 없다.' 라고 정답을 선택한 학생은 28%에 불과하였고 대부분은 '잘 모르겠다.' 고 하였다. 일부는 동물과 식물 모두 질소동화작용을 할 수 있거나 식물은 질소동화작용을 할 수 없다고 하였다.

(1) '동물과 식물 모두 질소동화작용을 할 수 있다.' 를 선택한 이유는 식물이 질소를 동화할 수 있으므로 더 고등하다고 생각되는 동물도 당연히 질소를 동화할 수 있으리라 생각하였기 때문이었다. 이렇게 생각하는 것은 질소동화에 대한 개념이 정립되지 않았기 때문이다.

(2) '동물은 질소동화작용을 할 수 있으나 식물은 할 수 없다.' 를 선택한 이유는, 식물은 질소를 동화하는 것이 아니라 뿌리혹박테리아로부터 흡수한다고 알고 있기 때문이라고 하였다. 또는 동화와 이화의 개념을 반대로 알고 있기 때문일 것이다.

(3) '잘 모르겠다.' 를 선택한 것은 질소동화, 탄소동화, 이화작용 등에서 뚜렷한 개념이 형성되어 있지 않아 혼돈스러웠기 때문일 것이다.

2) 오개념

(1) 동물과 식물 모두 질소동화작용을 할 수 있다.

(2) 동물은 질소동화작용을 할 수 있으나 식물은 할 수 없다.

라. 과학적 개념

질소동화작용은 식물만 할 수 있고 동물은 하지 못한다.

마. 학습지도 방법

먼저, 종속영양과 독립영양에 대해 이해시킨 후, 구체적인 그림을 제시하면서 탄소동화작용과 질소동화작용의 차이를 설명한다. 그리고, 동화작용과 이화작용의 차이를 구별할 수 있도록 지도한다.

바. 연계 또는 심화 학습

1) 독립영양생물과 종속영양생물

- 독립영양생물 : 동화작용이 가능하고 무기물을 유기물로 전환한다.
- 종속영양생물 : 독립영양생물을 섭취하여 유기물을 무기물로 전환하여 에너지를 얻는다.

2) 동화와 이화

- 동화 : 저분자 물질을 고분자 물질로 합성, 에너지 흡수, 흡열반응
- 이화 : 고분자 물질을 저분자 물질로 합성, 에너지 방출, 발열반응

3) 에너지의 전환과 이용

유기양분 분자를 산화하여 얻은 에너지를 인산의 특수한 결합에너지, 즉 고에너지의 인산결합의 형태로 바꾸어서 ATP라는 물질 속에 축적해 놓는다. 이 ATP는 세포 속에 들어 있다가 필요에 따라 고에너지인 인산기를 떼어내고 ADP로 되면서 에너지를 발생시키고, 이 에너지를 물질의 합성, 근수축, 발열, 발전, 발음, 능동수송 등 생물의 여러 가지 활동에 사용한다(그림 7.24).

동화작용이란 생물체가 외부로부터 섭취한 물질에 특정한 화학작용을 가하여 자신에게 유용한 물질로 만드는 것을 말하며(생명과학사전편찬위원회, 2003), 에너지가 필요하다.

식물뿐만 아니라 동물도 동화작용을 한다. 일반적으로 동물은 무기물로부터 유기물을 만드는 동화능력이 없지만, 체내에서 저분자물질에 ATP라는 에너지를 사용하여 고분자 물질로 만들어 생명활동을 하므로 동화작용을 할 수 있다.

동물에서 동화작용(同化作用, assimilation)의 예를 보면 다음과 같다. 포도당이 간에서

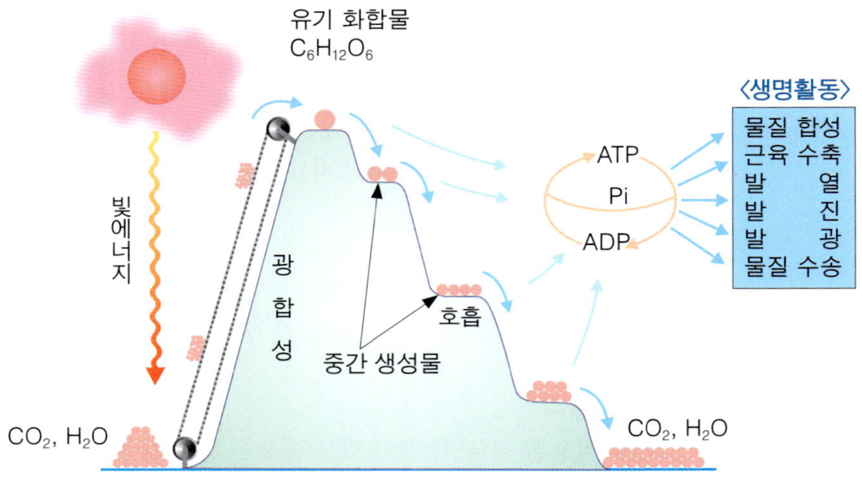

그림 7.24. 에너지전환과 ATP의 역할.

글리코겐으로 합성되어 저장되는 것, 아미노산이 단백질로 합성되어 세포의 주성분으로 이용되는 것, 암죽관에서는 저분자인 지방산과 글리세롤로 흡수되지만 나중에 고분자인 지방으로 재합성되어 일부는 에너지원으로 쓰이고 일부는 피부 및 장간막에 저장되는 것 등이다.

4) 질소동화

질소동화작용이란 질소이온 또는 무기질소화합물(NH_3)을 사용하여 각종 유기질소화합물(아미노산, 단백질, 핵산)을 만드는 작용이다. 그러나 질소동화작용은 식물만 할 수 있고 동물은 하지 못한다. 그리므로 동물은 다른 식물이나 동물을 통해 유기물을 섭취한다.

대기 중의 질소(N_2)는 3중결합으로 되어 있어 그 결합을 끊으려면 많은 에너지가 들므로 식물이 직접 이용하기 어렵다. 그리하여 세균의 도움을 받아 토양 속에 녹아 있는 이온형태의 질소를 이용하여 질소동화를 한다(이광웅 등, 2004). 질소세균에 있는 질소고정효소에 의해 토양 속의 질산이온은 아질산으로 그리고 질산으로 변한다. 그리고 암모니아는 질화세균에 의해 질산(NO_3^-)으로 변하여 뿌리로 흡수된다(그림 7.25).

3) 질소동화의 과정

식물의 뿌리에서 흡수된 암모늄(NH_4^+)은 직접 아미노산의 합성에 이용되지만 질산(NO_3^-)은 식물체내에서 암모니아(NH_3)로 환원되어야 하는데 NO_3^-가 NO_2^-로 변화되는 과정과 이 NO_2^-가 NH_3로 변화되는 두 단계 과정을 거친다(그림 7.26).

NO_3^-가 NO_2^-로 환원될 때에는 질산환원효소의 촉매작용으로 빨리 일어나며, 이 반응은 식물체의 세포질에서 일어나고, NO_2는 식물체의 엽록체에서 아질산환원효소에 의하여 NH_3로 환원되어 식물체 내에서의 여러 과정을 거치면서 유기화합물을 합성한다.

질산환원작용은 여러 가지 환경요인에 의하여 제약을 받는데 특히 빛의 강도와 몰리브덴(Mo)의 함량에 의하여 영향을 받으며 빛의 강도가 약할 때에는 식물체의 질산환원 효소의 합성이 제한되고 질산이 많이 축적된다.

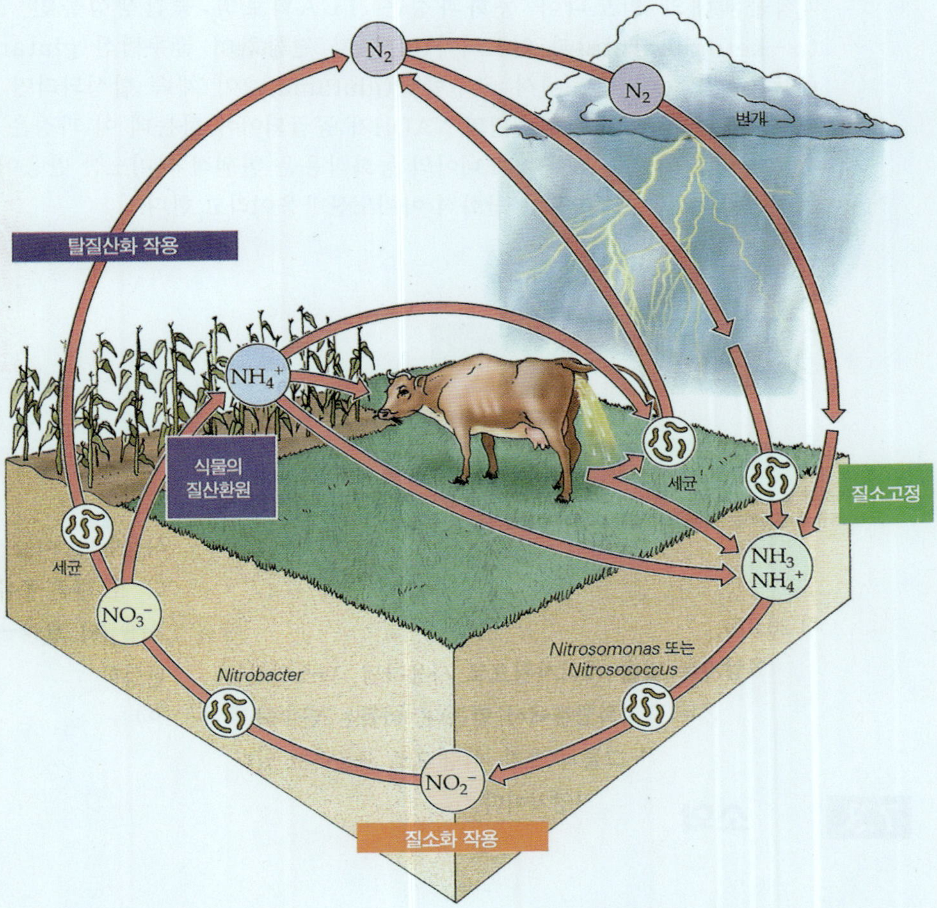

그림 7.25. 질소 순환. 질소의 고정, 질화작용, 질산환원, 탈질소화는 주요한 화학적 순환요소이다(이광웅 등, 2004).

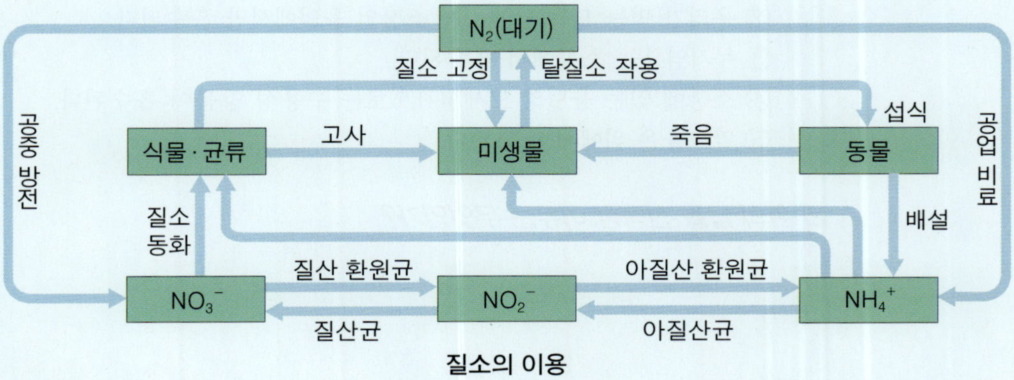

그림 7.26. 식물체 내에서 질소의 이용 (http://uniweb.unitel.co.kr, 030411)

식물체내의 암모니아 동화과정은 TCA회로의 중간생성물인 알파케토글루탐산(α-ketoglutarate)과 암모니아(NH_3)가 결합하여 글루탐산(glutamate)을 합성한다(그림 7.27). 이 반응에서 글루탐산(glutamate)이 계속 합성되려면 알파케토글루탐산(α-ketoglutarate)과 환원형의 NADH가 공급되어야 하는데 이 과정은 호기성 호흡과정에서 이루어진다. 이와 같은 암모니아의 동화작용은 환원적 아미노산 반응이라고 하고, 이에 대하여 그 반대방향의 작용을 산화적 아미노산반응이라고 한다.

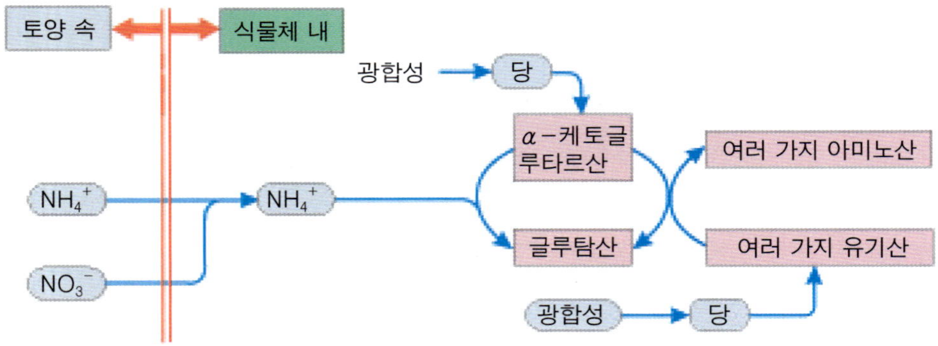

그림 7.27. 질소 동화의 경로(손과 배, 2005b.)

7.3. 소화

7.3.1. 소화와 흡수

가. 검사문항

1) 다음은 소화와 흡수에 관한 설명이다. 옳은 것을 모두 고르시오.

① 물은 대장에서 소화된다.
② 우리가 먹는 모든 영양소는 소장의 융털에서만 흡수된다.
③ 무기염류는 소장에서 흡수된다.
④ 소장에 있는 융털의 모세혈관으로는 수용성 양분이 흡수된다.
⑤ 알코올은 위에서 소화된다.

2) 위의 답을 선택한 이유는 무엇인가?

나. 응답 결과

2005년 4월 12일, D대학교의 S교육과 1학년, 31명.

경우	보기	반응	
		명	%
1	① 물은 대장에서 소화된다.	1	3
2	② 우리가 먹는 모든 영양소는 소장의 융털에서만 흡수된다.	0	0
3	③ 무기염류는 소장에서 흡수된다.	1	3
4	④ 소장에 있는 융털의 모세혈관으로는 수용성 양분이 흡수된다.	16	52
5	① 물은 대장에서 소화된다. ④ 소장에 있는 융털의 모세혈관으로는 수용성 양분이 흡수된다.	2	7
6	① 물은 대장에서 소화된다. ② 우리가 먹는 영양소는 소장의 융털에서만 흡수된다. ④ 소장에 있는 융털의 모세혈관으로는 수용성 양분이 흡수된다.	1	3
7	③ 무기염류는 소장에서 흡수된다. ④ 소장에 있는 융털의 모세혈관으로는 수용성 양분이 흡수된다.	10	32
계		31	100

다. 분석 및 오개념

1) 분석

택일이 아닌 여러 개를 고르는 것이었기 때문에 1가지, 혹은 2가지, 3가지를 고른 학생이 있었다. 정답인 ③과 ④를 모두 고른 학생은 32%로 낮게 나타났으며, 나머지 68%는 확실하게 답을 하지 못했다. 각 문항을 분석하면 다음과 같다.

(1) '물이 대장에서 소화된다.' 고 선택한 이유를 '흡수' 라는 용어 대신 '소화' 라고 쓰는 것으로 보아, '소화' 와 '흡수' 의 개념이 명확하지 않은 것으로 보인다.

(2) 정답인 '무기염류는 소장에서 흡수된다.' 를 선택하지 않은 학생들이 많았는데, 그 이유는 대부분 잘 모르기 때문이라고 하였다. 이는 고등학교 때 무기염류가 소장에서 흡수되는 것은 배웠겠지만 '무기염류' 라는 말이 한자어 인데다가, 일상생활에서는 거의 쓰지 않는 용어이기 때문에 '무기염류' 의 정확한 의미를 몰라서 답을 하지 않은 것으로 보인다.

(4) '알코올은 위에서 소화된다.' 를 틀렸다고 답한 학생들 중에서도 그 이유를 정확히 모르는 학생들이 많았다. '알코올은 간에서 분해된다.' '알코올은 간에서 소화된다.' 라고 답한 것으로 보아, 알코올은 무조건 간과 연관지어 생각하여 위에서 흡수된다는 개념을 모르는 학생들이 많았고, 분해와 소화의 개념 또한 명확하지 않은 것으로 보인다.

여러 개를 고르도록 하는 문항의 단점은 하나를 고르도록 하는 것보다 오개념 분석이 어렵다는 것이다. 하지만 각 문항에 대한 이유를 고르도록 한다면 한 번에 그 주제에 관한 전반적인 오개념을 분석하기에 좋을 듯하다.

2) 오개념

(1) 물은 대장에서 소화된다.

(2) 알코올은 위에서 소화된다.

라. 과학적 개념

(1) 물은 대장에서 흡수된다.
(2) 무기염류는 소장에서 흡수된다.
(3) 소장에 있는 융털의 모세혈관으로는 수용성 양분이 흡수된다.
(4) 알코올은 위와 소장에서 흡수되어 간에서 분해된다.

마. 학습지도 방법

'소화' 란 동물이 몸 밖에서 섭취한 먹이를 흡수할 수 있는 형태로 분해하는 과정을 말하며, 위 내벽세포이든지 융털세포내로 들어가야 비로소 '흡수' 된 것임을 가르친다. 또, 알코올은 간에서 분해되어 간에 가장 영향을 많이 미치지만, 많이 마실 경우에는 위 점막에도 손상을 입히는 것과 연관시켜, 위와 장에서 흡수되어 간에서 분해되는 과정을 이해시키도록 한다.

무기염류란 생체에서 뺄 수 없는 구성요소인 필수원소 중 C, H, O의 3원소를 제외한 생체의 무기적인 구성요소이며(한국생물과학협회, 1998), 칼슘(Ca)·인(P)·칼륨(K)·나트륨(Na)·염소(Cl)·마그네슘(Mg)·철(Fe)·요오드(I)·구리(Cu)·아연(Zn)·코발트(Co)·망간(Mn) 등이라는 것을 가르쳐 주고, 소장에서 흡수된다는 것을 가르치도록 한다.

바. 연계 또는 심화 학습

1) 영양소와 알코올

(1) **영양소 :** 생물체를 구성하며 생명 활동에 필요한 물질(김윤택 등, 2003)
　① 주영양소 : 특히 많은 양을 섭취해야 하는 탄수화물, 단백질, 지방을 주영양소라 하며, 체내에서 에너지원으로 이용.
　② 부영양소 : 직접 에너지원으로 쓰이지 않지만 없어서는 안 되는 비타민, 무기염류, 물.

(2) **알코올 :** C_2H_5OH 분자량 46.07, 비점 78.3℃. 음료에서는 알코올 발효법에 의해, 공업용에서는 에틸렌에 의해 생산. 무색투명의 휘발성 액체. 물에 쉽게 녹음. 음료수로 먹은 에탄올은 위·소장에서 흡수되고, 체내에서 아세트알데히드를 거쳐 최종적으로 탄산가스로 산화(한국생물과학협회, 1998)

2) 분해와 소화

(1) **분해 :** 물질대사에서 화학적으로 복잡한 물질을 보다 간단한 물질로 나누는 반응(한국생물과학협회, 1998)
(2) **소화 :** 동물이 섭취한 음식물을 흡수가 가능한 상태까지 변화시키는 생리작용, 즉 흡수영양소 처리의 전단계(한국생물과학협회, 1998)
(3) **분해와 소화의 차이점 :** 분해의 하위 개념에 소화가 포함되고, 동물이 섭취한 음식물을 분해시킬 때 소화라고 한다.

3) 소화된 영양소의 흡수(그림 7.28)

(1) **소장의 융털 구조**
　① 표피 : 융털의 표면은 한 층의 표피 세포로 되어 있다.
　② 모세 혈관 : 표피 안쪽에 모세 혈관이 그물처럼 분포한다.

③ 암죽관 : 융털의 중앙에 있는 림프관이다.

(2) 영양소의 최종 분해 산물

① 단백질 : 아미노산

② 지방 : 지방산과 글리세롤

③ 탄수화물 : 포도당과 같은 단당류

(3) 흡수 방법 : 확산과 에너지(ATP)를 이용한 능동 수송.

① 확산 : 반투성막을 통하여 물질의 농도가 높은 쪽에서 낮은 쪽으로 이동하는 현상.

② 능동 수송 : 우리 몸에 필요한 영양소는 농도 구배에 역행해서라도 흡수되어야 하는데 이때 에너지(ATP)가 소모된다. 이와 같이 영양소가 농도 구배에 역행해서 이동하는 것을 능동 수송이라 한다.

(4) 양분의 흡수 장소

① 소장
- 수용성 양분(단당류, 아미노산, 무기염류, 수용성 비타민) : 융털돌기의 모세 혈관 → 간문맥 → 간 → 대정맥 → 심장 → 대동맥 → 온몸
- 지용성 양분(지방산, 글리세롤, 지용성 비타민) : 융털돌기의 암죽관 → 림프관 → 가슴관 → 대정맥 → 심장 → 대동맥 → 온몸

② 대장 : 주로 수분을 흡수한다.

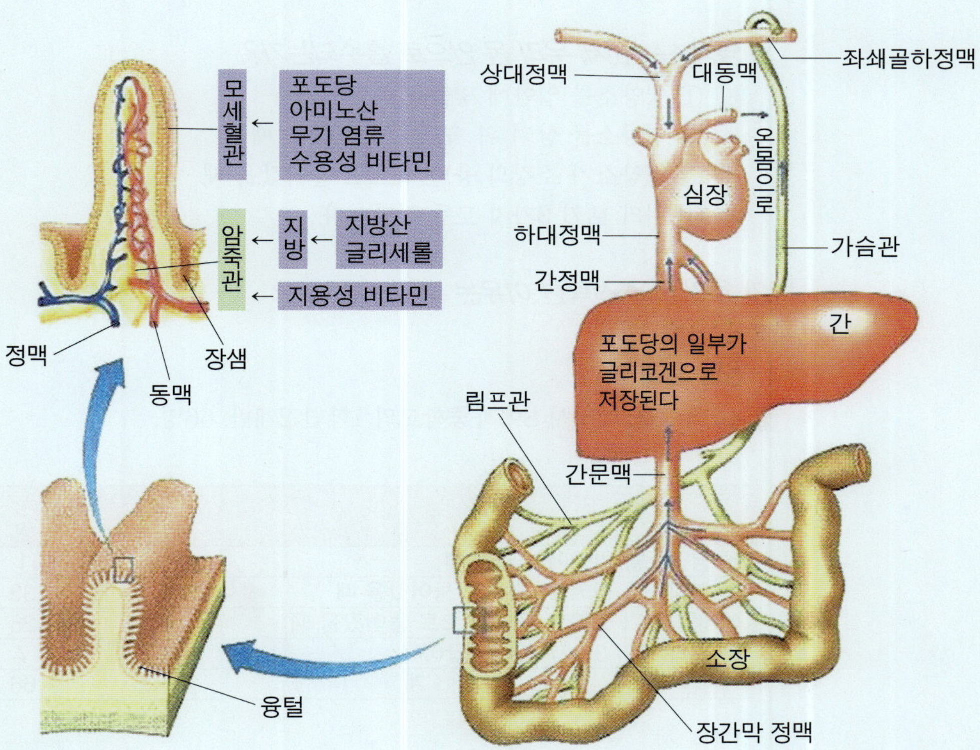

그림 7.28. 영양소의 흡수와 이동(김윤택 등, 2003)

4) 알코올의 흡수와 분해

(1) 술의 주성분 : 에틸알코올(CH_3CH_2OH) + 물

(2) 술의 흡수 : 위에서 20%, 소장에서 80%(김윤택 등, 2003), 위에서 혈액으로 흡수

(3) 분해과정 : 간에서 분해

① 알코올(CH_3CH_2OH)+조효소(NAD) —ADH(알코올 탈수소 효소)→ 아세트알데히드(CH_3CHO)+$NADH_2$

② 아세트알데히드(CH_3CHO)+조효소(NAD) —ALDH(알데히드 탈수소 효소)→ 아세트산(CH_3COOH)+NADH+H^+

③ 아세트산(CH_3COOH)+$2O_2$ → CO_2+H_2O : 90% 정도가 분해(김윤택 등, 2003)
→ 일부는 중성지방으로 합성, 축적된다.

7.3.2. 양분의 흡수

가. 검사문항

1) 영양소는 언제 우리 몸 안으로 흡수되는가?

① 영양소를 입안에 넣었을 때
② 영양소를 삼켜 위 속으로 들어갔을 때
③ 영양소가 소장의 융털 속으로 들어갔을 때
④ 위의 보기 3가지 모두 정답이다.

2) 위의 답을 선택한 이유는 무엇인가?

나. 응답 결과

2001년 9월, 대구시 S여자중학교의 1학년 2개반, 66명.

보기	반응	
	명	%
① 영양소를 입안에 넣었을 때	1	2
② 영양소를 삼켜 위 속으로 들어갔을 때	33	50
③ 영양소가 소장의 융털 속으로 들어갔을 때	25	38
④ 위의 보기 3가지 모두 정답이다.	7	11
계	66	100

다. 분석 및 오개념

1) 분석

'영양소가 소장의 융털 속으로 들어갔을 때' 라고 정답을 선택한 학생은 38%에 불과하였다. 상당수의 학생들이 음식물이 위 속으로 들어갔을 때를 우리 몸 안으로 영양소가 흡수된 상태라고 생각하고 있다. 이는 소화관의 내부를 세포내라고 생각하거나, '소화' 와 '흡수' 를 구분하지 못하였기 때문이다.

2) 오개념

영양소는 입안에 넣거나 위 속으로 들어갔을 때에도 흡수된다.

라. 과학적 개념

음식물이 소장의 융털 속으로 들어갔을 때 영양소가 흡수된다.

마. 학습지도 방법

소화와 흡수의 차이점을 인식시킨다. 소화관은 입과 항문을 통과하는 외부와 연결된 통로라는 점과, 영양소가 소화관 내에 머물고 있을 때에는 우리 몸에서 유용하게 이용될 수 없고, 이는 단지 '소화' 과정에 불과한 것이고, 위 내벽세포이든지 융털세포내로 들어가야 비로소 '흡수' 된 것임을 강조하여 가르쳐야 한다.

제안 : 대부분의 중등교과서 또는 대학교재에서 상위 단원명을 '소화' 라 하고 그 하위 단원명으로 '소화' 와 '흡수' 를 설정하고 있다. 이렇게 하면 '흡수' 의 개념이 축소되어 소화와 흡수에 대한 오개념이 생기기 쉬우니까 상위 단원명을 '소화' 가 아니라 '소화와 흡수' 라고 하면 두 가지 개념을 더 구분하여 이해할 것이다.

바. 연계 또는 심화 학습

1) 소화와 흡수

소화 : 물리적으로 잘게 부수어지거나 소화효소의 화학적 작용에 의하여 소화관 벽의 세포막 안으로 스며들어갈 수 있도록 만드는 과정을 말한다.

흡수 : 잘게 부수어진 영양소가 소화관 벽의 세포막으로 들어오는 과정을 말한다.

2) 소화된 영양분의 흡수

(1) 소장의 내부구조(그림 7.29)

① 안쪽은 융털돌기가 있어 표면적이 넓다.

② 융털의 구조 - 표피, 암죽관, 모세혈관

(2) 흡수된 영양분의 이동(그림 7.30)

① 포도당, 아미노산, 수용성 비타민(B, C) 무기염류의 경우: 융털의 모세혈관 → 간문맥 → 간 → 심장 → 온몸

② 지방산, 글리세롤, 지용성 비타민(A, D, E, K)의 경우: 융털의 림프관(암죽관) → 가슴관 → 목 밑 대정맥 → 심장 → 온몸

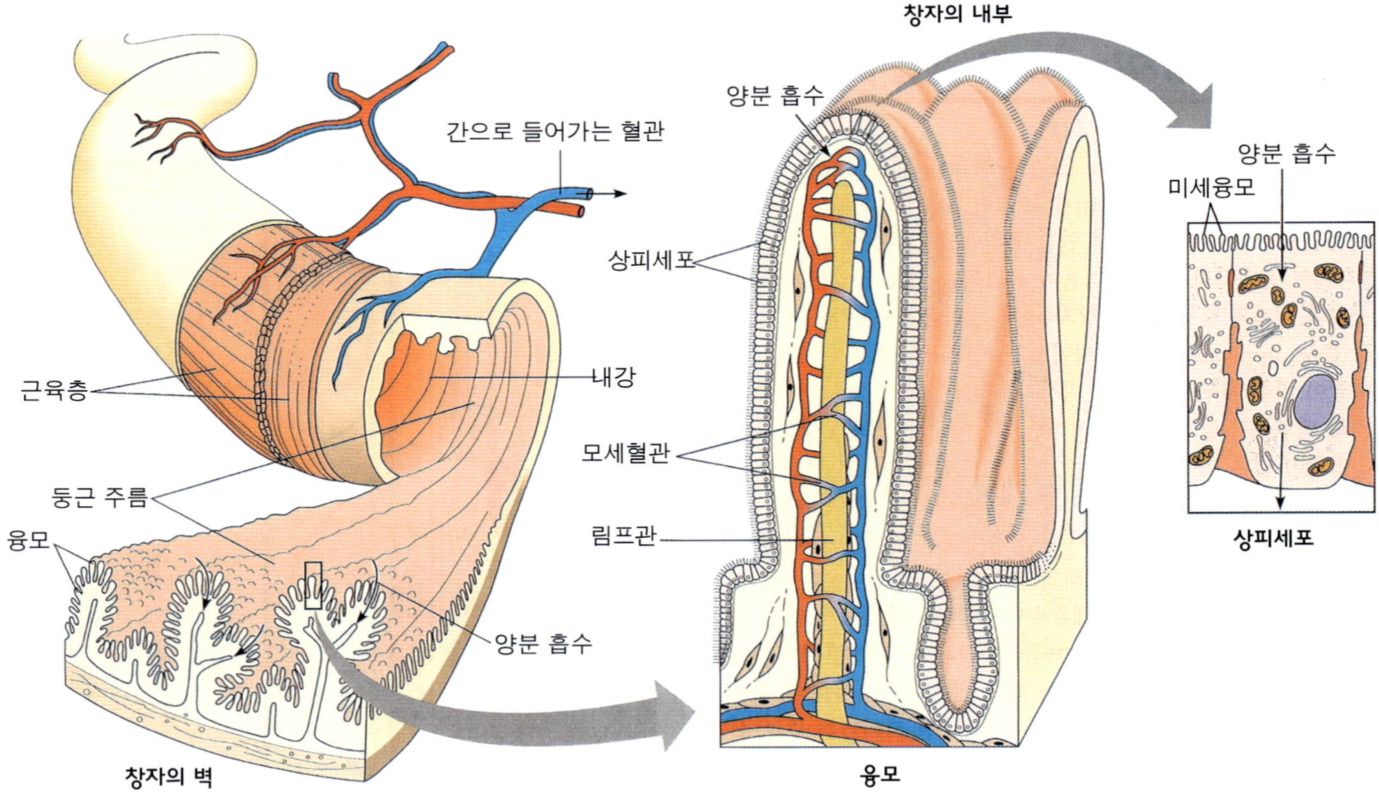

그림 7.29. 작은창자의 융털돌기(김명원 등, 2005).

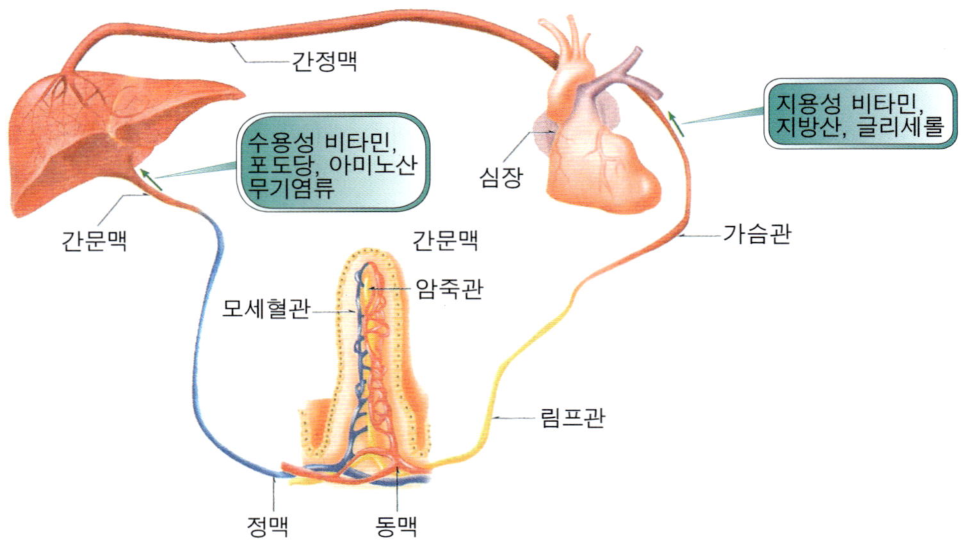

그림 7.30. 양분의 이동경로 (조희형 등, 2002a).

(3) 흡수된 영양분의 이용

① 포도당 : 주로 에너지원으로 이용되고 일부는 간에 글리코겐 형태로 저장됨.

② 아미노산 : 단백질로 다시 합성되어 세포의 원형질 주성분으로 이용되고 일부는 에너지원으로 쓰임.

③ 지방산과 글리세롤 : 암죽관에서 흡수하여 지방으로 재합성된 다음 운반되어 일부는 에너지원으로 쓰이고 일부는 피부 및 장간막에 저장됨.

7.3.3. 쓸개즙

1. 검사문항

1) 쓸개즙은 쓸개에서 만들어질까?

① 예 ② 아니오

2) 위의 답을 선택한 이유는 무엇인가?

2. 응답 결과

2001년 10월, 대구시 S여자중학교의 1학년 2개반, 66명.

보기	반응	
	명	%
① 예	39	59
② 아니오	27	41
	66	100

3. 분석 및 오개념

1) 분석

쓸개즙은 쓸개에서 만들어지는 것이 아니라고 정답을 선택한 학생은 41%였고, 과반수 이상은 쓸개즙이 쓸개에서 만들어진다고 응답하였다. 또, '아니오' 라고 정답을 맞힌 학생 중에서도 쓸개즙이 어디에서 만들어지는지를 정확하게 모르는 학생도 있었다. 이 내용은 학습한 것인데도 불구하고 이처럼 오개념을 가진 학생들이 많은 것은 용어의 유사성 때문인 것으로 보인다.

2) 오개념

쓸개즙은 쓸개에서 만들어진다.

4. 과학적 개념

쓸개즙은 간에서 만들어지고, 쓸개에 저장되었다가 십이지장으로 분비된다.

5. 학습지도 방법

한글용어와 한자용어를 병행하여 설명하며, 용어에서 오는 혼돈을 없애도록 한다.

제안 : '쓸개즙' 이라는 용어 때문에 쓸개에서 만들어지는 것으로 혼돈하기 쉬우므로 '쓸개즙' 대신에 '간즙' 또는 '담즙' (膽汁)으로 사용하는 것이 좋다.

6. 연계 또는 심화 학습

1) 쓸개즙(담즙, 膽汁)

간에서 만들어지며, 쓸개(담낭, 膽囊)에 저장되었다가 쓸개관(담관, 膽管)을 통하여 십이지장으로 분비된다(그림 7.31). 쓸개즙은 염기성을 띠고 있어서 위에서 넘어오는 음식물을 중화시킨다. 또한 쓸개즙 속에는 소화 효소는 들어 있지 않지만 지방을 유화시켜 리파아제의 작용을 돕는다.

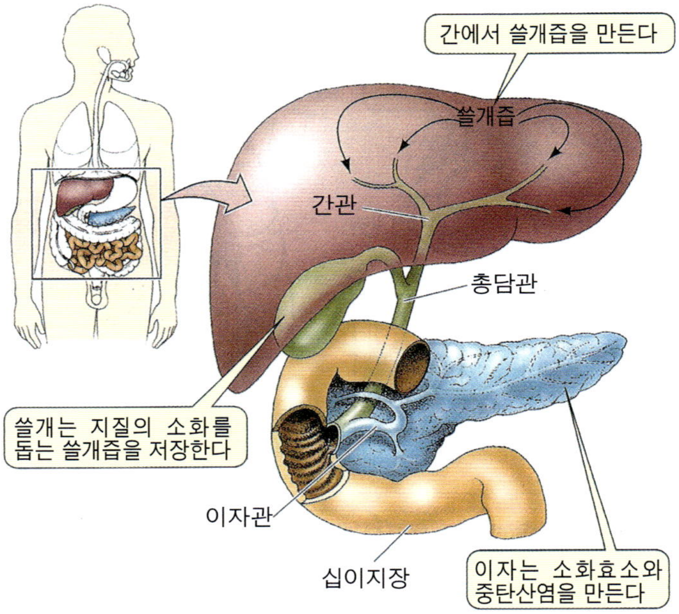

그림 7.31. 간과 이자(췌장) 주변의 소화기관 (이광웅 등, 2003).

2) 간의 기능

간의 기능은 해독작용, 쓸개즙 생성, 영양분의 저장과 분해, 혈액 응고물질 및 응고 방지물질을 생성한다.

7.4. 호흡

7.4.1. 호흡기관

가. 검사문항

1) 사람의 호흡기관이 아닌 것을 고르시오.

① 심장　② 기관　③ 기관지　④ 폐

2) 위의 답을 선택한 이유는 무엇인가?

나. 응답 결과

2001년 10월, 대구시 S여자중학교의 1학년 6개반, 120명.

보기	반응	
	명	%
① 심장	71	59
② 기관	34	28
③ 기관지	8	7
④ 폐	7	6
계	120	100

다. 분석 및 오개념

1) 분석

심장은 사람의 호흡기관이 아니라고 정답을 선택한 학생은 59%였다. 그러나 기관, 기관지, 폐를 호흡기관이 아니라고 대답한 것으로 보아 사람 호흡기관의 구조를 잘 알지 못하였다. 특히, 기관(氣管, trachea)을 호흡기관이 아니라고 한 것은 '세포-조직-기관-기관계'의 '기관'(器官, organ)으로 용어에서 혼돈하였을 수도 있다. 보기에서 '허파(lung)'라는 용어를 사용하지 않고 '폐(肺, lung)'라고 하였더니 '폐'를 선택하는 것으로 보아 아마 허파는 알아도 폐라는 용어를 모르는 경우도 있는 것 같다.

2) 오개념

기관, 기관지, 폐는 호흡기관이 아니다.

라. 과학적 개념

사람의 호흡기관은 코, 기관, 기관지, 폐 등이다.

마. 학습지도 방법

호흡기관의 구조와 그 용어를 한글과 한자를 병행하여 설명한다. 호흡기관의 구조는 공기가 통과하는 순서대로 기억하도록 한다.

바. 연계 또는 심화 학습

사람 호흡기관의 특징은 다음과 같다.

1) 호흡기관 (그림 7.32)

코, 기관, 기관지, 허파(폐)

2) 가스 교환

O_2를 받아들이고 CO_2를 내보내는 작용

3) 호흡운동의 조절

CO_2 농도를 연수가 감지하여 조절

- 운동 → 물질대사 증가 → CO_2 증가 → 연수 → 호흡 증가 → 심장 박동(맥박수) 증가

4) 호흡의 기능

활동 에너지의 생성

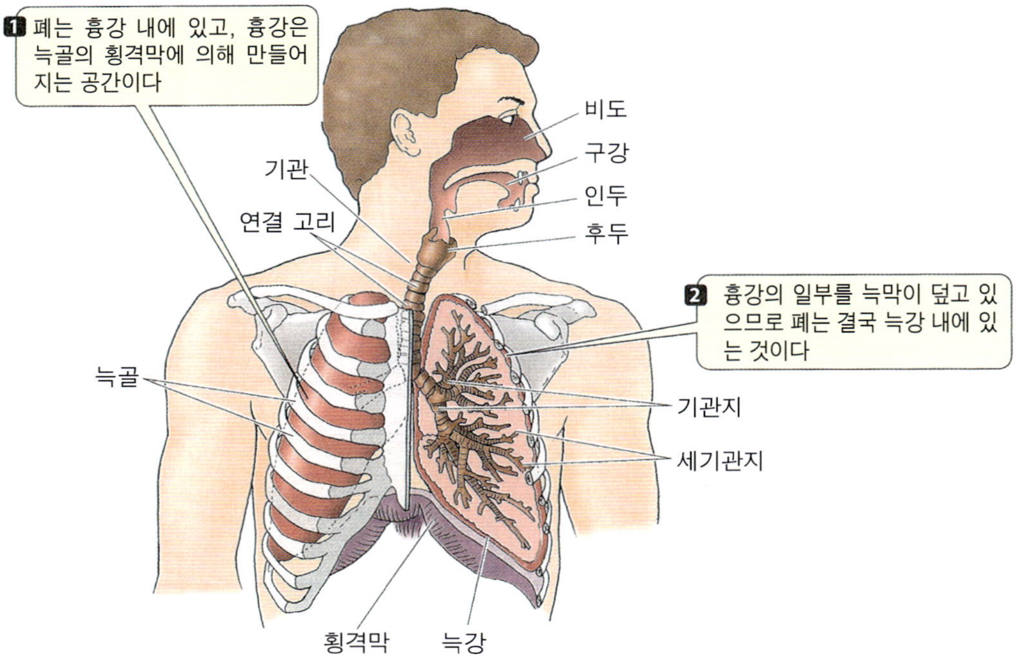

그림 7.32. 사람의 호흡기관 (이광웅 등, 2003).

7.4.2. 호흡운동

가. 검사문항

1) 다음 중 우리가 숨을 들이쉴 때에 나타나는 특징으로 올바른 것은?

① 갈비뼈(늑골)가 내려간다. ② 가로막(횡격막)이 내려간다.
③ 가슴통이 작아진다. ④ 공기가 심장으로 들어간다.
⑤ 허파(폐)의 모세혈관에서 이산화탄소를 흡수한다.

2) 위의 답을 선택한 이유는 무엇인가?

나. 응답 결과

2002년 7월 20일, 경북 J와 G초등학교의 6학년 3개반, 92명.

보기	반응	
	명	%
① 갈비뼈(늑골)가 내려간다.	10	11
② 가로막(횡격막)이 내려간다.	36	39
③ 가슴통이 작아진다.	12	13
④ 공기가 심장으로 들어간다.	23	25
⑤ 허파(폐)의 모세혈관에서 이산화탄소를 흡수한다.	11	12
계	92	100

다. 분석 및 오개념

1) 분석

숨을 들이쉴 때에는 가로막(횡격막)이 내려간다고 정답을 선택한 학생은 39% 밖에 되지 않았고, 많은 학생들이 호흡운동이 일어나는 과정에 대해 자세히 모르고 있었다. 갈비뼈(늑골)가 내려간다는 학생도 11%를 차지하는 것으로 보아 가로막(횡격막)과 갈비뼈의 구조에 대한 이해가 부족하고, 오개념을 가지고 있음을 알 수 있었다. 그리고, 들숨과 날숨 때의 가슴통 공간의 크기와 압력의 관계에 대한 이해가 부족하였다.

2) 오개념

숨을 들이쉴 때에는, ① 갈비뼈가 내려간다. ② 가슴통이 작아진다. ③ 공기가 심장으로 들어간다. ④ 허파의 모세혈관에서 이산화탄소를 흡수한다.

라. 과학적 개념

① 숨을 들이마실 때(들숨, 흡기) : 갈비뼈는 위로 올라가고 가로막(횡격막)은 아래로 내려가서 가슴통의 부피가 커지므로 공기가 기관을 통해 허파(폐)로 들어간다.
② 숨을 내쉴 때(날숨, 호기) : 갈비뼈는 아래로 내려가고 가로막은 위로 올라가서 가슴통의 부피가 줄어들게 되므로 허파 속의 공기가 밀려나온다.

마. 학습지도 방법

그림 자료를 통해 가로막과 갈비뼈의 위치와 기능을 설명하거나, 호흡기 모형을 통해 공기가 우리 몸에 들어 왔을 때 나타나는 변화를 확인시키고, 허파 내부의 압력과 연관 지어 설명한다. 아울러 호흡기 모형에서 가로막(횡격막)의 역할은 알 수 있으나 갈비뼈(늑골)의 역할은 알 수 없어서 불완전하다는 것을 인식시킨다. 표를 통해 들숨과 날숨 때의 몸의 변화를 비교설명 함으로써, 오개념을 바로 잡아준다.

바. 연계 또는 심화 학습

1) 호흡운동의 원리

들숨(흡기)은 횡격막의 수축에 의해 일어나는 능동적인 과정이며, 날숨(호기)은 횡격막이 이완되어 일어나는 수동적 과정이다(그림 7.33). 들숨 동안 늑강 내의 음압이 증가하여 신축

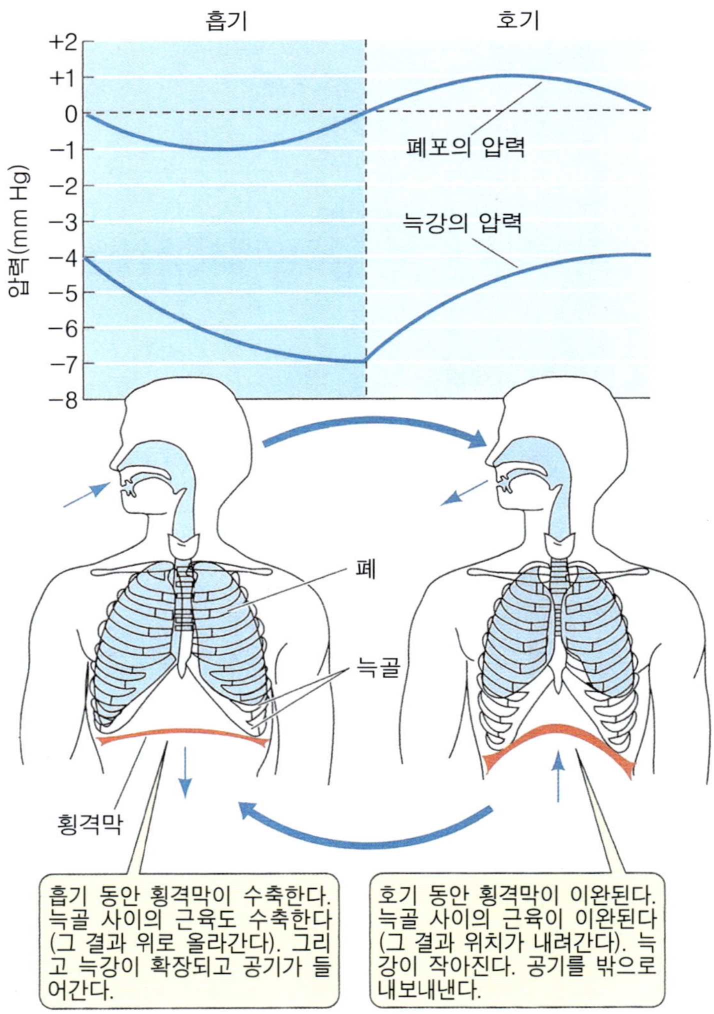

그림 7.33. 들숨과 날숨의 원리(이광웅 등, 2003).

성 있는 폐 조직이 확장되어 폐 속으로 공기가 들어간다. 날숨 동안 늑강의 음압은 감소하고 폐 조직은 다시 수축되어 폐 내부에 양압이 만들어지며 이에 따라 공기가 배출된다(표 7.8).

표 7.8. 들숨과 날숨 때의 변화 비교

호흡	늑골	가로막	흉강부피	흉강압력	허파	공기이동
들숨(흡기)	상승	하강	증가	감소	팽창	외부→허파
날숨(호기)	하강	상승	감소	증가	수축	허파→외부

2) 호흡기 모형 (그림 7.34)

- 탐구 : 호흡기 모형에서 인체의 호흡운동원리를 설명할 수 없는 점은 무엇인지 탐구하고 그 모형의 개선점을 찾는다(그림 7.35).

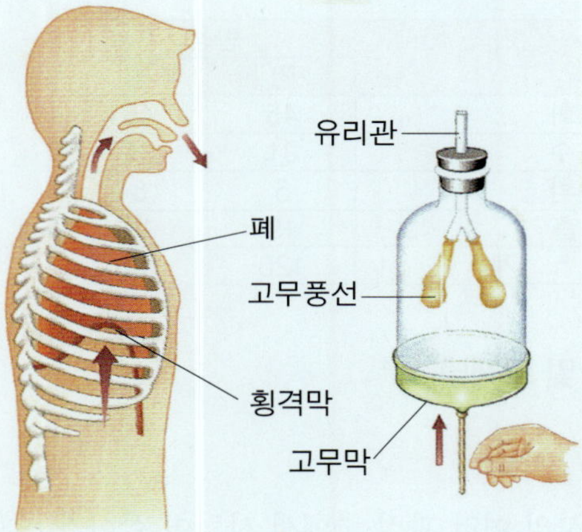

그림 7.34. 호흡기관의 구조와 모형 (http://w01.hompy.com, 030404)

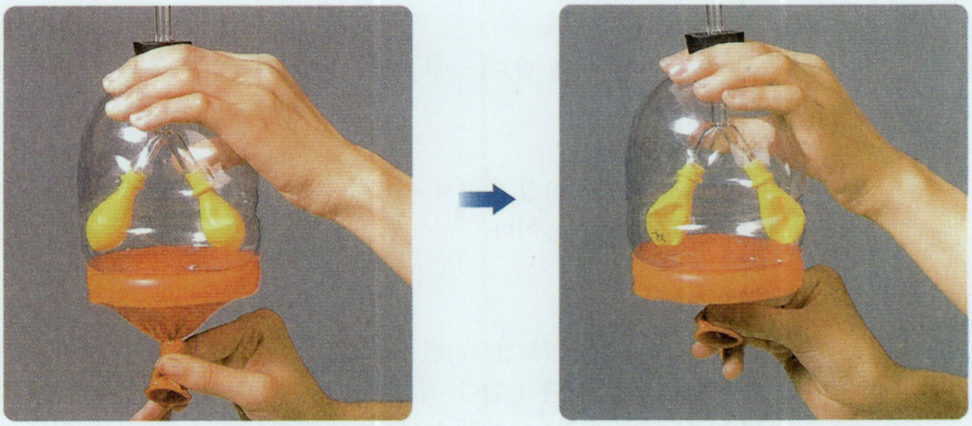

(가) 풍선 주둥이를 당겼을 때

(나) 풍선 주둥이를 놓았을 때

그림 7.35. 들숨과 날숨 때 허파의 모양을 알 수 있는 모형(이성묵 등, 2003)

7.4.3. 호흡과 에너지 발생

가. 검사문항

1) 물질대사의 여러 과정 중에서 사람이 살아가는데 필요한 에너지를 발생시키는 과정은?

① 소화 ② 흡수 ③ 순환 ④ 호흡

2) 위의 답을 선택한 이유는 무엇인가?

나. 응답 결과

2001년 9월, 대구시 S여자중학교의 1학년 6개반, 100명.

보기	반응	
	명	%
① 소화	45	45
② 흡수	31	21
③ 순환	5	5
④ 호흡	19	19
계	120	100

다. 분석 및 오개념

1) 분석

물질대사의 여러 과정 중에서 사람이 살아가는데 필요한 에너지를 발생시키는 과정은 호흡이라고 정답을 선택한 학생은 19%에 불과하였고 76%는 소화 또는 흡수가 에너지를 발생시키는 과정이라고 답하였다. '먹이-에너지', '소화와 흡수-에너지의 방출' 이라는 논리를 통해 소화와 에너지를 직접적으로 연관 짓기 때문이라고 설명된다.

2) 오개념

사람이 살아가는데 필요한 에너지를 발생시키는 과정은 소화, 흡수, 순환 등이다.

라. 과학적 개념

물질대사의 여러 과정 중에서 사람이 살아가는데 필요한 에너지를 발생시키는 과정은 유기물을 산화시키는 호흡이다.

마. 학습지도 방법

이러한 오개념을 바로잡으려면 에너지를 발생시키는 과정을 물질대사의 전 과정과 연결 지어 이해하도록 지도해야 한다. 특히 생체에너지가 저장된 형태인 ATP가 어떤 과정에서 만들어지며 산소가 왜 필요한가를 이해시켜야 한다.

바. 연계 또는 심화 학습

1) 세포호흡

대부분의 생물은 탄수화물, 지질, 단백질 등의 형태로 섭취한 유기물질이나, 합성한 유기물을 분해하여 에너지를 생성하거나 몸의 구성성분으로 재합성한다. 세포에서 효소를 이용하여 유기물질을 분해하여 에너지를 생산하는 과정을 세포호흡이라 하며, 산소가 필요한 세포호흡을 호기성호흡이라고 한다. 호기성호흡을 통한 유기물질은 물과 이산화탄소로 완전히 분해되며 일반적으로 세포호흡은 호기성호흡을 말한다. 그리고, 과격한 운동을 하여 산소가 충분히 공급되지 않는 사람의 근육도 일시적으로 젖산발효라는 일종의 세포호흡을 한다.

일반적으로 세포호흡은 6탄당인 포도당을 일련의 단계를 거쳐 3탄당인 피루브산으로 분해하는 해당과정, 피루브산이 산화되는 과정, 피루브산에서 전환된 아세틸 CoA를 이산화탄소

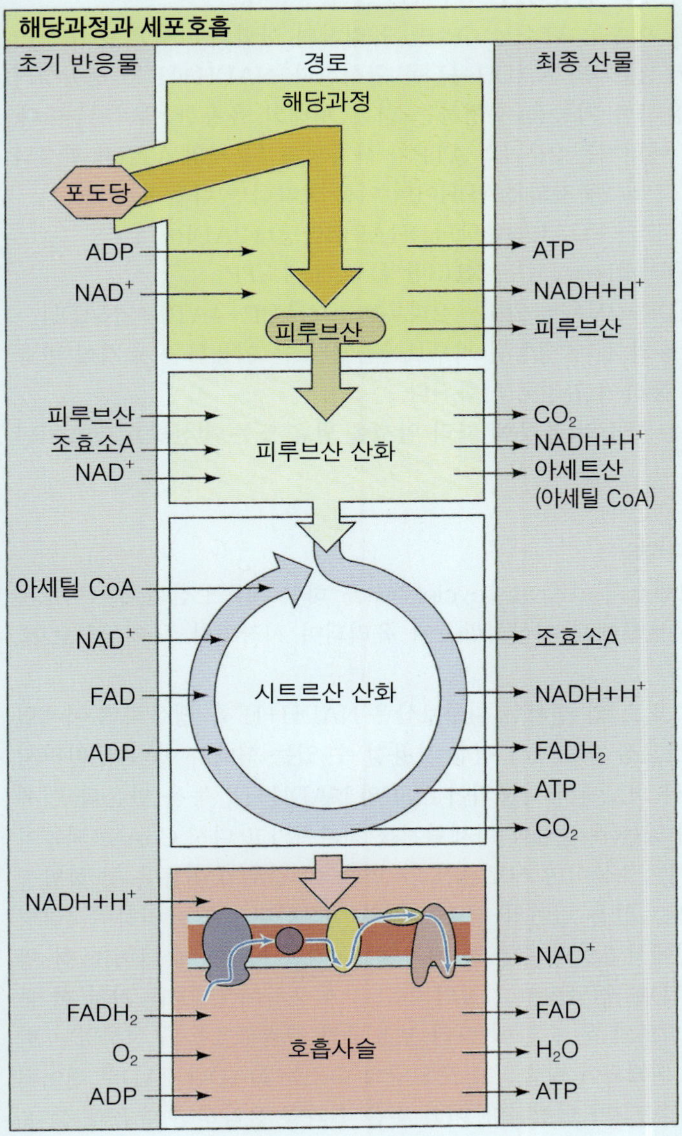

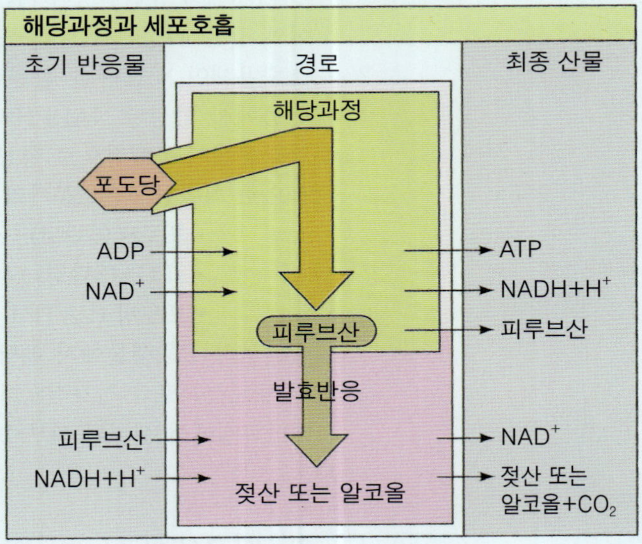

그림 7.36. 세포호흡의 4단계와 발효반응 (이광웅 등, 2003).

로 분해하며 수소와 전자를 유리하는 시트르산회로 과정, 유리된 수소와 전자를 일련의 전자수용복합체를 거쳐 산소에 전달하는 전자전달과정 등의 4단계로 나눌 수 있다(그림 7.36).

2) 해당과정 (glycolysis)

일반적으로 저장되거나 섭취된 탄수화물은 효소의 작용에 의하여 여러 가지 기작을 통하여 분해가 조절될 수 있는 포도당으로 전환되어 해당과정의 원료물질이 된다. 해당과정은 세포질에서 일어나며 인산화 효소에 의하여 포도당이 포도당 6인산으로 전환되며 시작된다. 인산화 반응은 ATP의 인산기가 포도당으로 전이되며 일어나는데 포도당 6인산은 다시 인산화 되어 과당1,6이인산을 거쳐 3탄당인 PGAL와 DHAP로 분해된다. PGAL과 DHAP는 이성화효소에 의하여 서로 변환될 수 있다. 인산화된 PGAL은 세포질의 인산과 반응하여 2개의 인산기를 부착하게 된 후 인산기의 위치를 바꾸어가며 인산기를 단계적으로 유리하여 피루브산으로 전환된다.

이 단계에서 유리된 인산기는 ADP와 반응하여 각기 ATP를 합성한다.

이와 같은 과정에서 골격구조를 이루는 탄소는 수소를 유리하며 산화되고 유리된 수소는 수소수용체인 NAD+를 환원시켜 2분자의 NADH+H^+를 합성한다. NADH+H^+는 광합성의 명반응에서 합성된 NADPH와 유사한 기능을 수행하는 다른 형태의 유용한 에너지원이다. 해당작용에서 총체적으로 형성된 에너지는 2분자의 ATP가 사용되고 4분자의 ATP가 합성되었음으로 최종산물은 2분자의 ATP와 2분자의 NADH이며 이를 요약하면 다음과 같다.

- 포도당(6탄당)+2ATP → PGAL(3탄당)+DHAP(3탄당)+2ADP+Pi
- 2PGA(3탄당)+4ADP+Pi → 2피루브산(3탄당)+4H+4ATP
- 포도당+2ATP+4ADP+2NAD+2Pi → 2피루브산+2ADP+4ATP+2NADH

대부분의 고등생물에서 해당작용의 결과 형성된 피루브산은 산소를 이용하는 호기성 반응인 시트르산회로와 전자전달계를 통하여 완전히 산화된다.

해당과정에서 생성된 피부르산은 산소의 유무에 따라 알코올 발효 또는 젖산발효가 일어난다.

3) 시트르산 회로 (citric acid cycle)

발견자의 이름에서 유래되어 크렙스회로(Krebs cycle)라고도 하는 시트르산회로는 미토콘드리아의 기질에서 일어나며 피루브산에서 이산화탄소가 유리되며 시작된다. 구연산회로 또는 TCA회로라고도 한다.

이산화탄소가 유리되며 CoA(조효소)와 결합한 피루브산은 NADH+H^+를 생산하며 아세틸 CoA로 전환된다. 피루브산은 시트르산 회로에서 직접 사용할 수 있는 형태가 아니다. 따라서 아세틸 CoA로 전환된 후 시트르산 회로에서 사용되어 ATP와 NADH+H^+ 등을 만든다. 아세틸 CoA는 미토콘드리아의 기질에 있는 옥살산에 아세틸기를 전환시키고 다시 CoA로 되돌아간다. 형성된 화합물은 6탄당인 시트르산이며 시트르산회로라는 이 경로의 이름은 첫 화합물인 시트르산에서 유래되었다. 시트르산은 일련의 경로를 거쳐 이산화탄소를 유리하며 4탄당인 옥살산으로 분해된다. 이 과정에서 5쌍의 수소가 제거되어 4쌍은 NAD^+에 나머지 한 쌍은 다른 종류의 수소수용체인 FAD로 전달되며 기질의 인산을 이용하여 GTP를 거쳐 한 분자의 ATP가 형성된다. 시트르산회로의 한 순환에 따라 포도당의 골격구조를 구성하였던 탄소는 모두 6분자의 이산화탄소로 분해되어 방출되고 포도당의 수소는 NAD나 FAD로 전이되며 포도당 한 분자로부터 2분자의 ATP가 형성된다. 이와 같은 결과를 요약하면 다음과 같다.

• 피루브산+NAD^+ → 이산화탄소+NADH+H^++아세틸 CoA
• 아세틸 CoA+FAD+3NAD^++ADP+Pi → 이산화탄소+$FADH_2$+3NADH+H^++ATP

해당작용의 원료 물질이었던 포도당을 구성한 수소는 모두 수소전달체에 전이된 후 전자전달계를 통하여 ATP를 생산한다.

4) 전자전달계

세포호흡의 마지막 단계인 전자전달계는 미토콘드리아의 내막에서 일어난다. 해당작용과 시트르산회로를 거치는 동안에 생성된 수소는 수소전달체 또는 조효소의 일종인 NAD^+와 FADH를 환원시켜 NADH+H^+와 $FADH_2$를 형성한다. NADH+H^+와 $FADH_2$는 미토콘드리아 내막에 있는 전자전달체에 전자를 전달하여 ATP를 생성한다. 전자전달계에서 일어나는 반응은 일련의 산화·환원반응이다. 수소원자로부터 유리된 전자는 철과 구리 등을 함유하는 한 분자로부터 다음의 분자로 전달된다.

전자는 최종으로 산소에 전달되고 산소는 수소와 결합하여 물 분자를 생성한다. 전자가 전달되어 가는 과정동안 특정한 단계에서 방출되는 에너지에 의하여 수소이온은 미토콘드리아의 기질로 이동하게 되어 미토콘드리아의 내막을 사이에 두고 수소이온 농도의 기울기(구배)가 형성된다.

농도가 높은 막간강의 수소이온은 미토콘드리아 기질로 유입되는데, 이때 미토콘드리아 내막에 존재하는 ATP 합성효소를 통해 이동하게 되며, 이동할 때 발생하는 에너지를 이용하여 ATP를 합성한다. 미토콘드리아에서 ADP와 Pi를 결합하여 ATP를 형성하는 과정은 전자를 수용하여 환원되는 산소의 강한 열역학적 경향에 의하여 간접적으로 유도되기 때문에 산화적 인산화라고도 한다.

NADH+H^+로부터 점차로 에너지의 준위가 낮아지며 전자를 산소에까지 전달되면 3분자의 ATP가 형성된다. NADH+H^+에 비하여 에너지의 준위가 낮은 $FADH_2$에서는 2분자의 ATP가 형성된다. 이와 같은 전자전달계를 통한 산화 과정을 요약하면 다음과 같다.

• 8NADH+H^++24ADP+24Pi → 8NAD^++24ATP+16H^+
• 4$FADH_2$+8ADP+8Pi → 4FAD+8ATP+8H^+
• 6O_2+24H → 12H_2O

한 분자의 포도당이 완전히 산화되어 물과 이산화탄소로 분해될 경우, 원핵생물의 경우 모두 38ATP를 생성한다(그림 7.37). 왜냐하면 미토콘드리아가 존재하지 않기 때문에 시트르산 회로가 세포질에서 일어나기 때문이다.

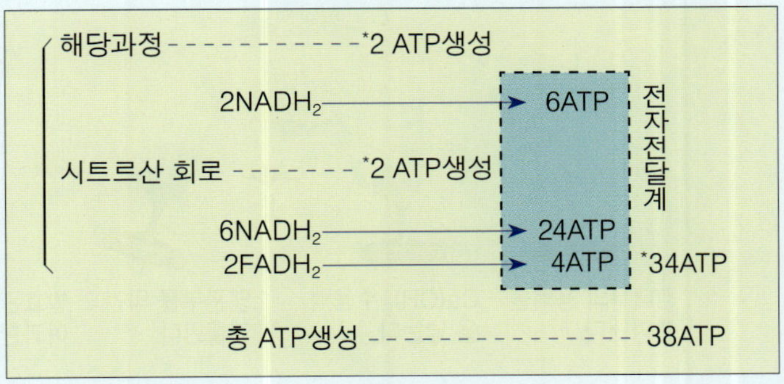

그림 7.37. 원핵생물의 세포호흡에서 생성되는 ATP의 양.

진핵생물의 경우, 미토콘드리아 기질에서 시트르산회로가 작용하며, 해당과정을 거친 후 생성된 산물인 피루브산은 세포질에서 미토콘드리아로 도입될 때 2분자의 ATP를 소모하게 되므로 36ATP가 생성되는 것이다. 미토콘드리아로 전달되는 다른 경로(malate-shuttle)를 거쳐 산화될 경우 38분자의 ATP가 형성되기도 하지만, 일반적으로 세포호흡을 통한 포도당 산화의 열효율은 40%정도이다. 나머지 60%는 체온유지를 위해 열로 소모된다. 에너지 효율은 다음과 같이 계산된다.

- 에너지 효율 = {(38ATP*7.3kcal)/(686kcal)}×100=40% (나머지 60%는 열(체온)로 소모됨)

5) 알코올 발효 실험(권용주 등, 2003)

(1) 준비물

- 기구 : 큐네 발효관, 비커, 깔때기, 항온기, 스포이트, 증류수, 솜, 거름종이, 시계
- 재료 : 건조 효모, 1M 설탕 용액, 1M 포도당 용액, 1M 갈락토오스 용액, 40% 수산화칼륨(KOH) 용액, 루골(I2KI) 용액

(2) 실험과정

① 6g의 건조 효모를 50ml의 증류수에 풀어 효모 액을 만든다(그림 7.38).

② 4개의 발효관에 각각 1M의 설탕, 포도당, 갈락토오스 용액과 증류수, 효모 액을 표 7.9와 같이 섞어서 잘 흔들어 준다.

③ 맹관부에 기체가 들어가지 않도록 발효관을 세우고 둥근 부분의 입구에 솜마개를 한 다음, 항온기에 넣어 40℃로 유지시킨다.

그림 7.38. 효모를 이용한 알코올발효 실험과정 (권용주 등, 2003).

표 7.9. 발효관 용액 만드는 방법

발효관	처리 방법
A	설탕 용액 20ml+증류수 15ml
B	설탕 용액 20ml+효모 액 15ml
C	포도당 용액 20ml+효모 액 15ml
D	갈락토오스 용액 20ml+효모 액 15ml

④ 맹관부의 눈금으로 발생하는 기체의 부피를 10분 간격으로 측정하고, 그 기체의 부피 증가량을 계산한다.

⑤ 맹관부에 기체가 모이면 스포이트를 사용하여 팽대부의 용액을 가능한 한 많이 뽑아내고, $Ca(OH)_2$수용액 15ml를 넣는다.

⑥ 맹관부를 약간 기울여 발생된 기체와 발효관 용액의 접촉면을 넓힌다.

⑦ 위의 용액을 여과하여 시험관에 넣고, 루골 용액을 가한 다음 70~80℃의 더운물에 1분 정도 담가 두었다가 꺼내어 냄새를 맡아 본다.

⑧ 다른 발효관의 실험도 같은 방법으로 실시한다.

(3) 결과 및 논의

① 기질의 종류 및 시간에 따른 기체 발생량의 변화를 아래의 표에 나타내어 보자.

시간에 따른 기체 발생량

발효관	경과시간(분)					
	0	10	20	30	40	50
A						
B						
C						
D						

② 어떤 발효관에서 기체가 가장 많이 발생하였는가? 그 이유는 무엇인가?

③ 설탕을 포도당과 같이 발효의 기질로 이용할 수 있는 것은 효모의 어떤 성분 때문인가?

④ 발효관에 $Ca(OH)_2$ 수용액을 넣은 이유와 맹관부 기체와 이 용액의 접촉면을 크게 하는 이유는 각각 무엇인가?

⑤ 발효가 진행된 용액에 루골 용액을 넣으면 어떤 냄새가 나며, 어떤 현상이 나타나는가?

(4) 연구과제

① 알코올 발효 과정은 유기 호흡의 경우와 무엇이 다른지 비교해 보자.

② 알코올 발효 과정에서 ATP의 수지 관계(생성량−소모량)를 조사해 보자.

7.4.4. 세포호흡

1. 검사문항

1) 호흡기질이란 세포호흡에 쓰이는 유기물을 말한다. 미토콘드리아에서 호흡기질로 사용할 수 있는 것은?

① 포도당　　② 포도당, 물
③ 탄수화물　　④ 탄수화물, 단백질, 지방

2) 위의 답을 선택한 이유는?

2. 응답 결과

2005년 5월 14일, 삼척시 D고등학교의 3학년 26명.
2005년 4월 12일, D대학교 S교육과의 1학년 34명.

보기	D고등학생		D대학생	
	명	%	명	%
① 포도당	8	31	12	35
② 포도당, 물	14	54	14	41
③ 탄수화물, 물	0	0	0	0
④ 탄수화물, 지방 단백질	4	15	8	24
계	26	100	34	100

3. 분석 및 오개념

1) 분석

(1) 미토콘드리아의 호흡기질로 사용될 수 있는 것이 포도당이라고 답한 학생이 31~35%였다. 이유는 고등학교 때 생물II에서 세포호흡에 관하여 배울 때 포도당을 분해하여 에너지를 생산한다는 것을 배웠기 때문이라고 답한 학생이 많았고, 그렇기 때문에 포도당만을 호흡기질로 사용한다는 개념을 가지고 있었다.

(2) 미토콘드리아의 호흡기질로 사용될 수 있는 것이 포도당과 물이라고 답한 학생은 54~41%로 가장 많았다. 세포호흡 전체 반응식을 정확하게 쓴 학생들이 많이 있었는데, 전체반응식에서 보면 포도당 한 분자와 물과 산소를 이용하여 에너지를 생산하기 때문에 포도당과 물이라고 생각하였고, 이것 또한 고등학교교과 과정에서 세포호흡을 배울 때 포도당을 예를 들어서 설명해주기 때문이다. 그래서 포도당과 물이 사용된다고 생각한 것이다. 만약 교사가 탄수화물, 지방, 단백질이 모두 사용되지만 그 중의 대표적인 예로 포도당으로 설명한다고 하였다면 이러한 오개념을 갖게 되지는 않았을 것이라고 사료된다.

(4) 미토콘드리아의 호흡기질로 사용될 수 있는 것이 탄수화물, 단백질, 지방이라고 답한 학생은 15~24%였다. 이 학생들은 탄수화물, 지방 단백질이 모두 ATP를 생성할 수 있기 때문이라고 답을 하였다.

2) 오개념

미토콘드리아는 호흡기질로 포도당 또는 포도당과 물만 사용한다.

4. 과학적 개념

미토콘드리아는 호흡기질로 탄수화물, 지방, 단백질을 모두 사용한다.

5. 학습지도 방법

세포호흡에 대한 학습을 할 때 우리가 먹는 3대 영양소(탄수화물, 지방, 단백질)가 모두 미토콘드리아에서 호흡기질로 쓰여 에너지를 생성해 낼 수 있다는 것을 인지시킨다. 그리고 이해를 돕기 위해서 탄수화물의 한 예인 포도당을 예로 들었다고 설명을 해준다. 또한 중학교 때 탄수화물, 단백질, 지방이 모두 에너지원으로 쓰여 각각 4kcal, 4kcal, 9kcal의 에너지를 생성한다는 것을 연상시키는 방법도 좋은 것 같다.

6. 연계 또는 심화학습

1) 세포는 세포호흡의 연료로 다양한 유기물을 사용

우리는 지금까지 세포호흡의 연료로 포도당만을 다루었다. 그러나 우리의 음식 속에 포도당은 그리 많지 않다. 우리는 대부분의 에너지를 탄수화물(포도당, 여러 가지 이탄당, 다당류인 녹말), 지방, 단백질 등을 통해서 섭취한다. 그림 7.39는 세포가 주된 세 가지의 음식을 이용하여 ATP를 만들어 내는 방법을 설명한 것이다. 예를 들어, 소화기관 속의 효소는 녹말을 가수분해하여 포도당을 만들고, 이것은 다시 해당과정과 크렙스회로로 들어가게 된다. 우리의 간과 근육에 저장된 다당류인 글리코겐은 식사를 하지 않는 동안 포도당으로 가수분해 되어 연료로 사용하게 된다.

단백질 또한 연료로 사용될 수 있으나, 우선 아미노산으로 소화되어야 한다. 일반적으로 세포는 아미노산을 단백질을 만드는데 사용하나 여분의 아미노산은 다른 유기물질로 전환될 수 있다. 전환되는 동안 몸에 해로운 아미노기는 따로 떼어 소변으로 배설한다. 아미노산의 다른

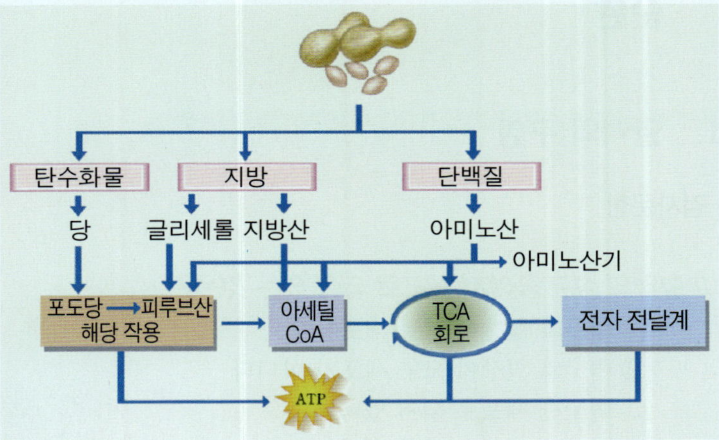

그림 7.39a. 영양소의 분해과정(조희형 등, 2002b).

부분은 일반적으로 피루브산, 아세틸CoA, 또는 크렙스회로의 유기산 중 하나로 전환되고, 세포호흡에 의해 에너지를 생성하여 이용하게 된다.

지방은 수소 원자를 많이 가지고 있으므로 매우 유용한 세포호흡 연료가 될 수 있다. 세포는 우선 지방산과 글리세롤로 분해한다. 글리세롤은 해당과정의 중간산물인 글리세르알데히드 3인산(G3P)으로 전환되고 지방산은 아세틸CoA로 변환되어 크렙스회로로 들어간다. 이러한 방법으로 전환된 지방은 그램(일정한 질량)당 ATP생산량이 녹말보다 두 배나 많다.

2) 3대 영양소 중 한 가지만 먹으면 영양실조에 걸리지 않을까?

3대 영양소와 같은 유기물들은 한 가지에 편중해서 섭취를 해도 살아갈 수는 있다. 그 이유는 만약, 지방 또는 단백질만을 섭취하게 된다면 간에서 포도당으로 전환이 되어 ATP를 생성할 수 있기 때문에 영야실조에 걸리지 않는다(그림 7.39b). 그러나 여기에는 조건이 필요하다. 사람의 몸에서 합성이 불가능한 필수아미노산과 필수지방산 등을 공급한다고 가정을 할 때만이 가능할 수 있는 일이다. 이들을 섭취하지 않으면 영양실조에 걸리게 된다.

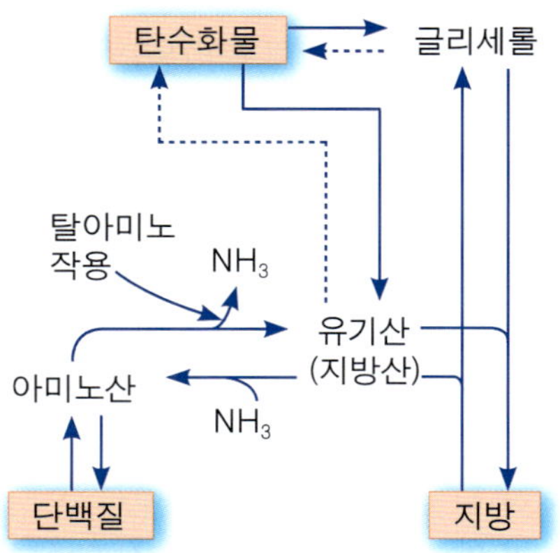

그림 7.39b. 영양소의 상호전환(박과 송, 2000).

7.5. 순환

7.5.1. 열액의 구성

1. 검사문항

1) 혈액의 성분 중에서 세포로 되어 있는 것은?

① 혈구와 혈장이 모두 세포이다.
② 혈구와 혈장이 모두 세포가 아니다
③ 혈구만 세포로 되어 있다.
④ 혈장만 세포로 되어 있다.
⑤ 잘 모르겠다.

2) 위의 답을 선택한 이유는 무엇인가?

2. 응답 결과

2002년 7월 28일, 대구시 J입시학원의 고등학교 1~3학년, 54명.

보기	D고등학생	
	명	%
① 혈구와 혈장이 모두 세포이다.	15	27
② 혈구와 혈장이 모두 세포가 아니다.	1	2
③ 혈구만 세포로 되어 있다.	21	39
④ 혈장만 세포로 되어 있다.	2	4
⑤ 잘 모르겠다.	13	24
무응답	2	4
계	54	100

3. 분석 및 오개념

1) 분석

혈액의 성분 중에서 세포로 되어 있는 것은 혈구이고 혈장은 세포가 아니라고 정답을 선택한 학생은 39%였다. 나머지 학생들은 혈액을 구성하는 성분의 세포성에 대한 정확한 개념을 가지고 있지 않았다. 또한 학생들이 주로 보는 책에 혈구의 기능에 대한 설명과 문제가 주를 이루고 있으나 세포성을 다루는 문제는 없었기 때문으로 생각된다.

(1) '혈구와 혈장이 모두 세포이다.' 를 선택한 이유는, '우리 몸은 모두 세포로 이루어져 있으므로, 혈구와 혈장 모두 자기가 일하므로, 움직이므로, 혈구와 혈장은 계속 새로 만들어지므로 '라고 하였다.

(2) '혈구와 혈장이 모두 세포가 아니다.' 를 선택한 이유는, '혈장은 액체라서 세포가 아니고, 혈구는 그냥 아닌 것 같다' 라고 하였다.

2) 오개념

(1) 혈구와 혈장이 모두 세포이다.
(2) 혈구와 혈장이 모두 세포가 아니다.
(3) 혈장만 세포로 되어 있다.

4. 과학적 개념

혈액성분 중에서 혈구만 세포이고 혈장은 세포가 아니다.

5. 학습지도 방법

혈액의 구성성분에 대해 정확하게 구분하여 설명하고, 우리 몸에는 조직을 구성하면서 이동할 수 없는 조직세포가 있고, 혈구나 정자 및 난자처럼 이동할 수 있는 세포도 있다는 것을 이해시킨다. 그리고 적혈구처럼 성숙하고 나면 핵이 없는 세포도 있다는 것을 이해하도록 지도한다.

6. 연계 또는 심화 학습

1) 혈액의 양과 순환

혈액은 자기 몸무게의 약 8%에 해당하므로 60kg인 성인의 경우 약 5리터(60×0.08=4.8) 정도가 된다. 좌심실이 한 번 박동할 때 약 60~70ml의 혈액을 대동맥을 통해 온몸으로 내보내는데, 1분에 약 5리터의 혈액을 내보내므로 한 시간에 300리터 이상, 하루에 약 8,000리터 이상의 혈액을 방출하고 있는 셈이다 심장은 한 번 박동할 때마다 똑같은 양의 혈액을 허파로 보낸다. 전체적으로 심장이 하루에 내보내는 혈액의 양은 위에서 계산한 것의 2배로 하루에 약 16,000리터가 되며, 무게로 환산하면 하루에 약 16톤 정도 되는 어마어마한 양의 혈액을 펌프질하고 있는 것이다.

혈액은 세포성분인 혈구(blood cell)와 세포간 물질인 혈장(blood plasma)으로 이루어져 있다(그림 7.40).

2) 혈액의 구성 (표 7.10)

3) 혈장

혈액에서 혈구를 제외한 연한 황색의 액체 성분으로 약 90%가 물이고, 여기서 단백질, 포도당, 아미노산, 지방, 무기 염류 등 여러 가지 물질이 들어 있다. 혈장단백질에는 알부민, 감마

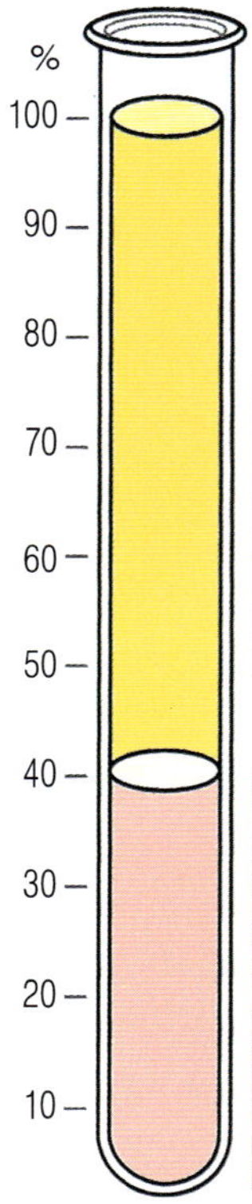

팔에서 혈액을 뽑아 시험관에 넣고 원심분리한다

혈장조성

조성	물	염 나트륨, 칼륨, 칼슘, 마그네슘 염화물, 중탄산렴	혈장단백질 알부민 피브리노겐 면역글로블린	**혈액에 의한 수송:** 영양소(포도당, 비타민 등) 대사물 노폐물, 호흡가스(산소, 탄산가스) 호르몬 열
기능	용매	삼투 평형, pH 완충, 막전압 조절	삼투 형형, pH 완충, 응고, 면역 반응	

세포조성(적혈구 용적률)

	적혈구	백혈구	혈소판
조성		호염기구, 호산구, 중성구, 림프구, 단핵구	
혈액 mm³당 개수	5~6백만	5,000~10,000	25~40만
기능	산소와 탄산가스 운반	외래세포 파괴, 항체 생산; 알레르기(과민반응)	혈액응고

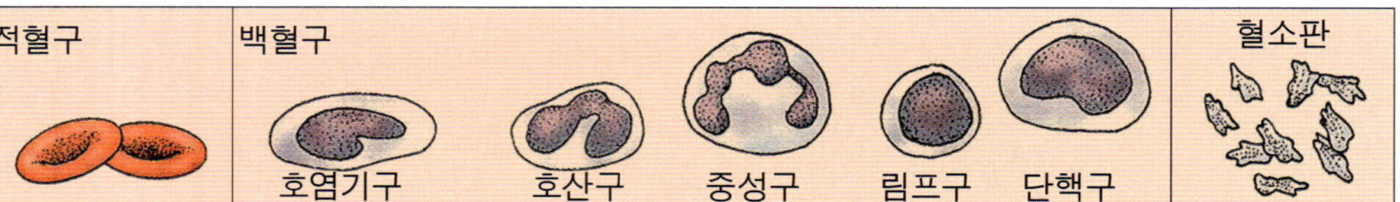

그림 7.40. 혈액의 구성 (이광웅 등, 2003).

표 7.10. 혈액의 구성성분과 특징

성분		상대량(수)	특징
혈장 성분 (55%)	물	혈장의 약 90%	용매
	혈장단백질(알부민, 감마 글로불린, 피브리노겐)	혈장의7~8%	방어작용, 혈액응고, 지질운반, 체액구성
	당, 아미노산, 호르몬, 비타민	혈장의 1~2%	세포외액을 구성
세포 성분 (45%)	적혈구	450~500만개	원반형, 헤모글로빈 포함, 산소와 이산화탄소 운반, 성장 후 핵이 없어짐
	백혈구	6000~8000개	식균작용, 면역
	혈소판	20~30만개	트롬보플라스틴, 혈액응고

글로불린, 피브리노겐 등이 있는데, 알부민은 무기 염류와 함께 혈액의 삼투압을 조절하고, 감마-글로불린은 항체의 주성분이며, 피브리노겐은 혈액응고에 관여한다.

4) 혈구

혈구에는 적혈구, 백혈구, 혈소판의 3가지가 있다(표 7.11). 적혈구에는 호흡 색소인 헤모글로빈이 있어서 산소를 운반한다. 적혈구는 성숙단계에서 핵이 소실되기 때문에 수명이 다른 세포에 비하여 매우 짧다(3개월 정도). 백혈구는 크게 과립의 유무에 따라 무과립백혈구와 과립백혈구로, 그리고 무과립백혈구는 다시 단핵구와 림프구, 과립백혈구는 호산성백혈구, 호염기성백혈구, 호중성백혈구로 나눈다. 이들은 몸 안에 침입한 세균이나 이물질을 식균작용으로 제거한다. 따라서 체내에 염증이 생기면 백혈구의 수가 급격히 증가하며, 림프구는 항체 형성에도 관여한다. 그리고 혈소판에는 트롬보플라스틴이라는 효소가 들어 있어 혈액응고에 관여한다.

5) 남녀 적혈구 숫자의 차이

혈구의 구성성분 중 적혈구는 남녀 그 수에 있어 차이가 있다. 우리 몸의 혈액량은 남자의 경우, 체중의 8%, 여자는 7% 정도이다. 체중이 60kg인 남자의 몸속에는 약 5리터의 혈액이 있고, 45kg인 여자는 3.2리터 정도의 혈액을 가지고 있다. 이 중 적혈구는 혈액 1mm당 남자는 500만개, 여자는 약 450만개가 들어 있지만 산소가 희박한 고지대에 사는 사람은 750만개 정도로 많이 가지고 있기도 하다.

이렇게 남자와 여자의 혈액과 적혈구 수에서 차이가 나는 것은 활동성의 문제이다. 남자의

표 7.11. 혈구의 특징 비교(박희송 등, 2001b)

특징	적혈구	백혈구	혈소판
형태	가운데가 오목한 원반형	아메바 형으로 변형	부정형
핵의 유무	성숙하면 소실됨	1~여러 개	무핵
지름	7~8㎛	10~15㎛	2~3㎛
수(mm^3당)	남자 500만개, 여자 450만개	6000~8000개	20~30만개
생성 장소	골수,	골수, 림프절, 지라	골수
파괴 장소	지라, 간	지라, 골수	지라
수명	100~120일	10~20일	2~3일

몸에는 여자보다 많은 근육이 있다. 즉, 산소를 필요로 하는 에너지 소비 활동을 여자보다 많이 한다. 적혈구의 주 기능이 산소 등의 기체물질 운반임을 고려해보면 쉽게 이해할 수 있을 것이다. 고산지대에 사는 사람의 적혈구 수가 일반인보다 많은 이유도 보다 효율적으로 산소를 운반하기 위한 것이므로 남자가 여자보다 많은 적혈구를 가지고 있는 이유도 이와 관련 있다.

6) 혈액형 판정과 혈구 관찰 실험 (권용주 등, 2003)

(1) 준비물

- 기구 : 현미경, 슬라이드 글라스, 커버 글라스, 유성 펜, 이쑤시개, 채혈침(lancet), 고무 밴드, 솜
- 재료 : 혈액, 소독용 알코올, 항A혈청, 항B혈청, 항Rh혈청, 라이트염색액(또는 김자염색액)

(2) 실험과정

① 혈구 관찰

㉠ 왼손 넷째 손가락을 고무 밴드로 묶고, 채혈할 부분인 손가락 끝을 소독용 알코올을 묻힌 솜으로 깨끗이 소독한다.

㉡ 옆 사람과 짝을 이루어 채혈침으로 소독한 부위를 수직으로 찔러서 혈액이 나오도록 한다.

㉢ 혈액 한 방울을 슬라이드 글라스 위에 떨어뜨린다.

㉣ 다른 슬라이드 글라스로 그림 7.41과 같이 30도 정도 기울여 혈액이 닿게 한 다음, 반대 방향으로 밀어서 혈액을 얇게 도말한다.

㉤ 얇게 펴진 혈액을 공기 중에서 말린다.

㉥ 완전히 마르면 알코올을 혈액에 한 방울 떨어뜨린 후, 다시 공기 중에서 건조 시킨다.

㉦ 라이트 염색액을 한 방울 떨어뜨리고 3분 동안 놓아 두어 염색한다.

㉧ 혈액이 도말된 면을 아래로 하고, 그 뒷면에 약한 물줄기를 흘려보내 염색액을 씻어 낸다.

㉨ 커버 글라스를 덮고 주변의 물기를 제거한 다음 현미경으로 관찰한다. 관찰된 혈구들의 그림을 그리고, 마이크로미터로 혈구의 크기를 측정한다.

② 혈액형 판정

㉠ 그림 7.42a와 같이 슬라이드 글라스 하나에는 유성 펜으로 왼쪽 위에 'A'자와

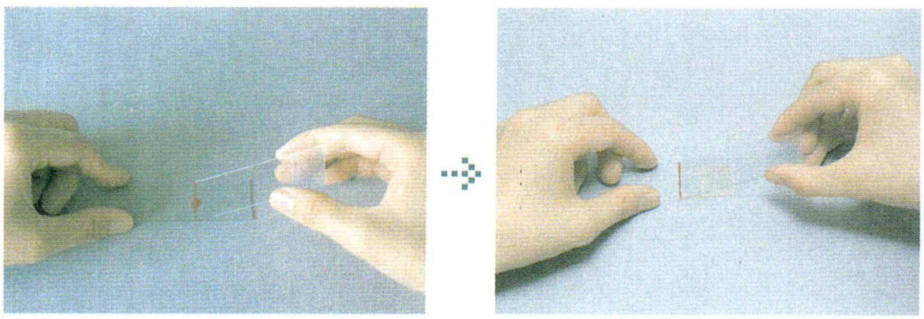

그림 7.41. 혈액도말법 (권용주 등, 2003)

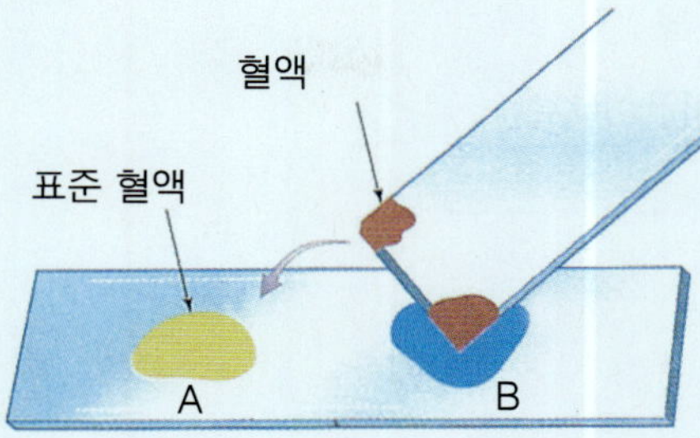

그림 7.42a. 표준혈청에 혈액섞기 (권용주 등, 2003).

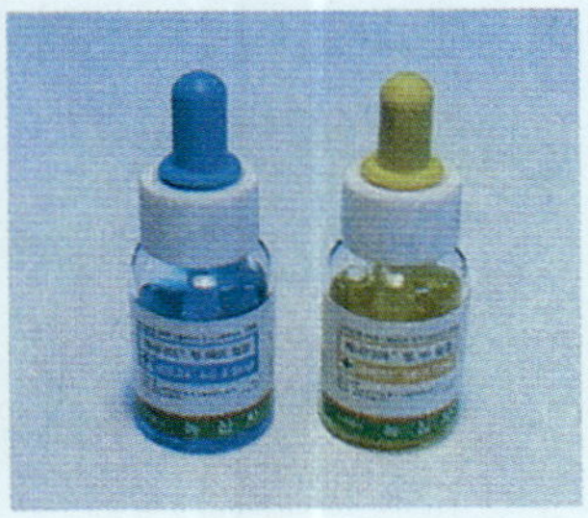

그림 7.42b. 항A혈청과 항B혈청(권용주 등, 2003).

오른쪽 위에 'B'자를 쓰고, 다른 하나에는 'Rh'를 쓴 뒤 모두 흰 종이 위에 올려 놓는다.

㉡ 각 슬라이드 글라스의 글자 아래에 항A혈청(Anti-A Serum), 항B혈청(Anti-B Serum), 그리고 항Rh혈청(Anti-D Serum)을 한 방울씩 떨어뜨린다.

㉢ 채혈침으로 찌른 부위를 눌러서 혈액이 스며 나오도록 한다.

㉣ 깨끗한 슬라이드 글라스의 양쪽 끝 모서리에 혈액을 묻힌 다음, 그림 7.42b와 같이 준비한 항A혈청, 항 B혈청에 각각 고루 섞는다.

㉤ 슬라이드 글라스의 다른 한쪽에 다시 혈액을 조금 묻혀 항Rh혈청에 섞는다.

㉥ 3~5분 후에 이쑤시개나 성냥개비로 저어 보면서 응집 여부를 판정한다. 이를 현미경으로 관찰하여 확인한다.

(3) 결과 및 논의

① 관찰한 혈구 중 가장 많은 것은 무엇인가?

② 염색액에 염색된 것은 어떤 혈구의 어느 부위인가?

③ 각 혈구의 크기는 얼마인가?

④ 혈액의 응집 결과를 통해 볼 때 나의 혈액형은 무엇인가? ( )형, Rh( )형

⑤ 학급 전체의 혈액형을 다음 표 7.12에 정리해 보자.

⑥ 자신의 혈액 속에는 어떤 항원과 항체가 있는가?

표 7.12. 학급 전체 혈액형

성별	혈액형					
	A형	B형	O형	AB형	Rh^+	Rh^-
여자						
남자						
전체						

(4) 연구과제

① 항A혈청과 항B혈청 및 항Rh혈청을 만드는 방법을 알아보자

② 이론상 O형의 혈액형을 가진 사람은 모든 사람에게 수혈이 가능하다. 그러나 병원에서 수술 환자에게 수혈할 때는 동일한 혈액형의 혈액만 수혈한다. 그 이유는 무

엇인지 알아보자.

7.5.2. 적혈구

가. 검사문항

1) 다음 중 조직이 아닌 것은?

① 뼈
② 근육
③ 혈액
④ 적혈구

2) 위의 답을 선택한 이유는 무엇인가?

나. 응답 결과

2001년 10월, 대구시 S여자중학교의 1학년 6개반, 66명.

보기	반응	
	명	%
① 뼈	21	32
② 근육	2	3
③ 혈액	27	41
④ 적혈구	16	24
계	66	100

다. 분석 및 오개념

1) 분석

적혈구는 조직이 아니라고 정답을 선택한 학생은 24%에 불과하였다. 순환 부분에서 학생들이 많이 가지고 있는 오개념은 혈액을 하나의 조직으로 인식하지 못하는 것이다. 혈액도 일정한 기능을 가지고 여러 종류의 세포로 구성되어 있고 있다는 사실을 인식하고 있지만, 혈액 역시 근육이나 뼈처럼 조직의 한 종류임을 명확히 알지 못하고 있는 것이다. 이는 생물의 구성 체계에서 공부한 세포→조직→기관→개체의 개념 체계를 구체적으로 적용하지 못하고 있기 때문이다.

2) 오개념

뼈, 근육, 혈액은 조직이 아니다.

라. 과학적 개념

뼈, 근육, 혈액은 조직이고, 적혈구는 세포이다.

마. 학습지도 방법

생물의 구성체계를 구체적으로 예를 들어 설명한다. 특히 세포와 조직을 비교하여 설명한다.

바. 연계 또는 심화 학습

1) 동물체제의 구성 : 세포 → 조직 → 기관 → 기관계 → 개체

2) 조직

생물체에서 비슷한 모양의 세포들이 모여서 공통된 일을 하게 되는데 이를 조직이라 한다.

(1) **상피조직** : 동물체의 표면이나 내장기관의 안쪽 벽을 덮고 있는 조직으로, 기능에 따라 피부와 같은 보호 상피, 망막과 같은 감각 상피, 침샘과 같은 샘상피, 소장 내벽과 같은 흡수 상피 등으로 구분한다.

(2) **결합조직** : 조직이나 기관 사이의 틈을 메우거나 이들을 결합시켜 몸을 지탱하게 하는 조직으로, 세포에서 분비된 기질이 발달됨으로써 고유의 특징을 나타낸다. 결합조직에는 기질이 섬유질인 진피, 힘줄 등의 섬유성 결합조직과 골질을 갖는 골조직 및 연골조직, 그리고 혈액이나 림프와 같이 액체 기질을 갖는 액상 결합조직 등이 있다.

(3) **근육 조직** : 수축성 단백질로 구성된 가늘고 긴 근섬유로 이루어진 조직으로, 근섬유를 구성하는 근원섬유의 가로무늬에 따라 가로무늬근과 민무늬근으로 나눈다. 골격에 부착된 골격근은 가로무늬근이며 의지대로 움직이고, 민무늬근인 내장근과 가로무늬근인 심장근은 의지대로 움직일 수 없다.

(4) **신경조직** : 자극에 의한 흥분을 전하는 신경 단위인 뉴런으로 구성된 조직이다. 뉴런은 본체인 신경세포체와 다른 곳에서 오는 자극을 받아들이는 여러 개의 짧은 수상돌기 및 다른 곳으로 자극을 보재는 1개의 긴 축색 돌기로 이루어져 있다.

7.5.3. 혈액순환

가. 검사문항

1) 다음 중 혈액의 순환과정이 바르게 연결된 것은?

① 허파→동맥→정맥→모세혈관→심장
② 허파→모세혈관→정맥→동맥→심장
③ 심장→동맥→정맥→모세혈관→심장
④ 심장→정맥→모세혈관→동맥→심장
⑤ 심장→동맥→모세혈관→정맥→심장

2) 위와 같은 답을 선택한 이유는 무엇인가?

나. 응답결과

2002년 7월 20일, 대구시 C중학교의 1학년 3개반, 92명

보기	반응	
	명	%
① 허파→동맥→정맥→모세혈관→심장	16	17
② 허파→모세혈관→정맥→동맥→심장	6	7
③ 심장→동맥→정맥→모세혈관→심장	27	29
④ 심장→정맥→모세혈관→동맥→심장	21	23
⑤ 심장→동맥→모세혈관→정맥→심장	22	24
계	92	100

다. 분석 및 오개념

1) 분석

혈액의 순환경로를 올바르게 답한 학생은 24%에 불과하였다. 대부분의 학생이 혈액이 흐르는 순서를 잘못 인식하고 있으며, 29%의 학생이 ③ 심장→동맥→정맥→모세혈관→심장이라고 답하고, 23%가 ④ 심장→정맥→모세혈관→동맥→심장이라고 답한 것으로 보아 학생들이 혈액의 순환에서 동맥과 정맥, 그리고 모세혈관에 대한 정확한 개념을 알지 못하고 있었다. 또한 체순환과 폐순환의 개념 인식이 부족하다.

2) 오개념

혈액은 ① 동맥 → 정맥 → 모세혈관 순으로 흐른다. ② 모세혈관 → 정맥 → 동맥 순으로 흐른다. ③ 정맥 → 모세혈관 → 동맥 순으로 흐른다.

라. 과학적 개념

좌심실 → 대동맥 → 온몸 → 대정맥 → 우심방 → 우심실 → 폐동맥 → 폐 → 폐정맥 →좌심방 → 좌심실 방향으로 순환한다. (어디에서 시작하든지 순서만 지키면 된다.)

마. 학습지도 방법

심장과 혈관사이의 관계부터 설명함으로써 혈관의 기능을 알 수 있도록 지도한다. 인체 순환계 모형이나 프레젠테이션(파워포인터)으로 사진이나 그림을 보여주면서 혈액이 흐르는 순서를 인식시킨다. 동맥과 정맥 사이에 모세혈관이 있다는 것을 인식시킨다.

바. 연계 또는 심화 학습

1) 심장 (그림 7.43)

① 심장은 혈액을 받아들이는 심방과 혈액을 내보내는 심실로 구분된다.
② 심방과 심실 사이에는 판막이 있어 혈액은 심방에서 심실로만 흐른다.
③ 좌심실과 대동맥 사이와 우심실과 폐동맥 사이에도 판막이 있어서 혈액은 심실에서 동맥으로만 흐른다.
④ 심방과 심실은 규칙적인 수축과 이완을 되풀이하여 혈액을 받아들이거나 내보내는 일을 한다.

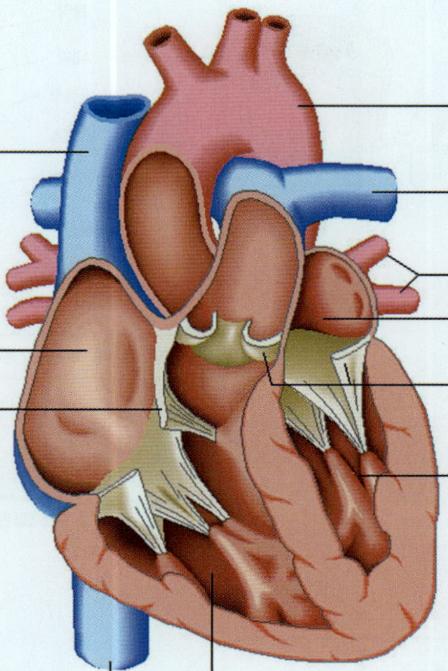

그림 7.43. 사람 심장의 모식도 (http://www.kumsung.co.kr, 030403)

2) 혈관

혈관의 해부학적 특성은 그 기능과 일치한다(표 7. 13).

표 7.13. 혈관의 종류와 특징

항목	동맥	모세혈관	정맥
방향성	심장에서 나가는 혈액이 흐르는 혈관	동맥과 정맥을 이어준다.	심장으로 들어가는 혈액이 흐르는 혈관
혈관벽	혈관벽이 두껍고 탄력성이 크다	하나의 세포층으로 이루어져 있다	동맥보다 혈관벽이 얇고 탄력성이 적다
판막	없다	없다	곳곳에 있다
분포	몸 속 깊은 곳에 있다	온 몸에 있다	몸의 표면 쪽에 있다
기타		주변의 조직세포에 산소와 영양을 공급해 주고, 노폐물과 이산화탄소를 받아들인다.	

① 동맥 : 심장에서 나가는 혈액이 흐르는 혈관, 혈관벽이 두껍고 탄력 있다(그림 7.44).

② 모세혈관 : 동맥과 정맥을 이어주는 혈관, 한 층의 세포이다(그림 7.45). 혈류의 속도가 느리므로 혈액과 조직세포 사이의 물질과 가스교환이 효과적이다. 모세혈관

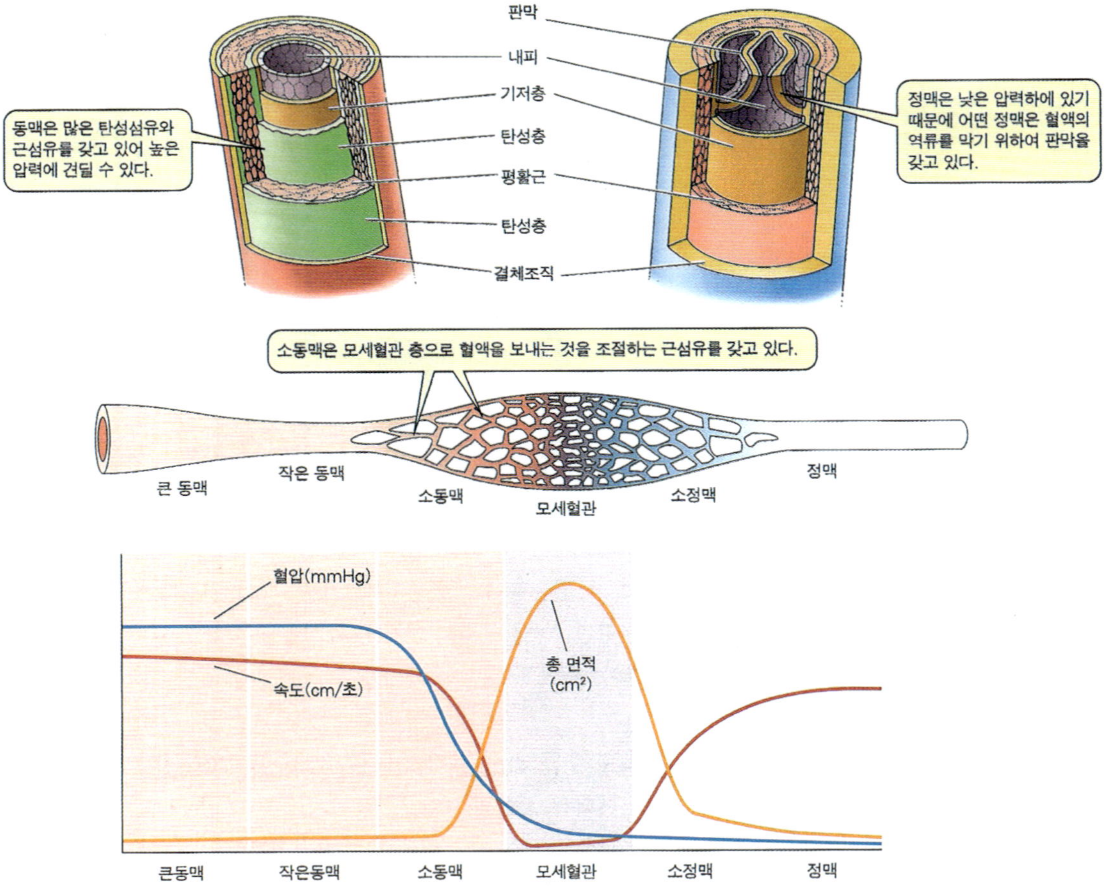

그림 7.44. 혈관의 해부도 (이광웅 등, 2003).

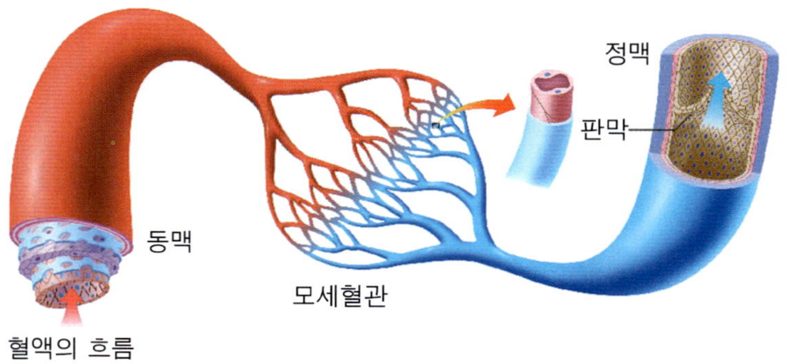

그림 7.45. 혈관 모식도 (http://www.kumsung.co.kr. 030403)

의 총 단면적은 다른 종류의 혈관의 총면적보다 크며 투과성도 커서 영양분과 노폐물을 체액과 교환하는 기능에 적합하게 되어 있다.

③ 정맥 : 심장으로 들어오는 혈액이 흐르는 혈관, 탄력성이 약한 얇은 근육층으로 되

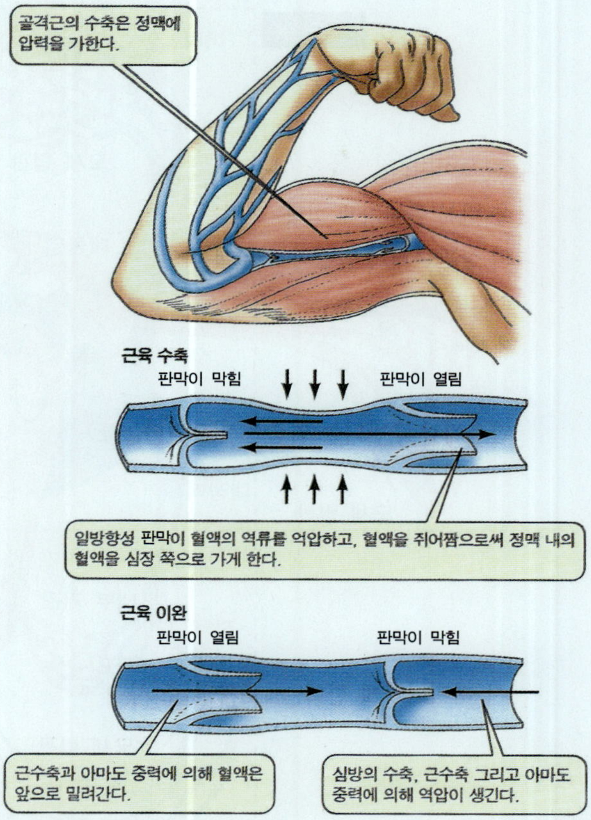

그림 7.46. 정맥의 흐름 (이광웅 등, 2003). 정맥은 혈액의 역류를 막기 위하여 판막을 가지고 있다.

어 있고, 판막이 존재한다(그림 7.46).

3) 혈압

심장에서 나간 혈액이 혈관벽에 미치는 압력이다. 혈액이 동맥을 지나 모세혈관과 정맥 쪽으로 갈수록 혈압은 점차 낮아진다.

4) 혈액의 순환경로(그림 7.47)

(1) 폐순환 (소순환)

우심실을 나간 혈액은 폐동맥을 통하여 혈액을 폐로 보낸다. 폐로 들어가는 혈액은 이산화탄소를 많이 지니고 있어 검붉은 색을 띤다. 이 혈액은 선명한 붉은 색으로 바뀌며, 폐정맥을 거쳐 좌심방으로 돌아온다.

우심실 → 폐동맥 → 폐포의 모세혈관 → 폐정맥 → 좌심방

(2) 체순환 (대순환)

좌심방으로 들어온 혈액은 좌심실로 들어가고, 좌심실의 수축으로 대동맥을 거쳐

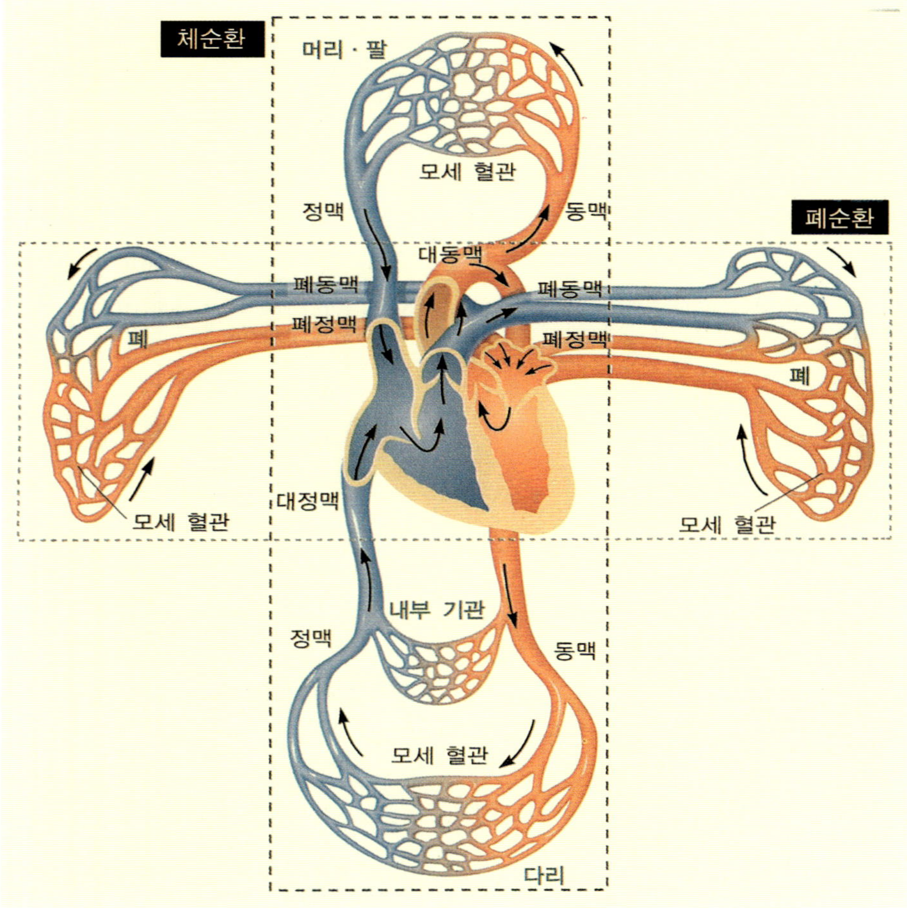

그림 7.47. 혈액의 순환경로 (http://www.kumsung.co.kr, 030403)

서 온몸의 모세 혈관으로 퍼져 나간다. 이 혈액은 모세 혈관에서 조직 세포로 산소와 영양소를 공급하고, 이산화탄소와 노폐물을 받아 정맥과 대정맥을 거쳐 우심방으로 들어온다.

좌심실 → 대동맥 → 온몸의 모세혈관 → 대정맥 → 우심방

(3) 혈액이 순환하는 경로

좌심실 → 대동맥 → 온몸 → 대정맥 → 우심방 → 우심실 →
폐동맥 → 폐 → 폐정맥 → 좌심방 → 좌심실

5) 혈관의 상호관계

① 혈류방향 : 동맥 → 모세혈관 → 정맥

② 혈압 : 동맥 >모세혈관 >정맥
③ 혈관의 굵기 : 정맥 >동맥 >모세혈관
④ 혈관벽의 두께 : 동맥 >정맥 >모세혈관
⑤ 혈관의 총 단면적 : 모세혈관 >정맥 >동맥
⑥ 혈류속도 : 동맥 >정맥 >모세혈관

7.5.4. 이산화탄소의 운반

가. 검사문항

1) 이산화탄소의 운반 형태 중 가장 많은 양이 운반되는 형태와 장소가 올바르게 연결된 것은?

	장소	형태
①	혈장	CO_2
②	혈장	HCO_3^-
③	적혈구	CO_2
④	적혈구	HCO_3^-
⑤	적혈구	CO_2
⑥	적혈구	HCO_3^-

2) 이 답을 선택한 이유는?

나. 응답결과

2006년 05월 26일 D대학교 S학부 1학년, 44명.

보기	반응	
	명	%
① 이산화탄소가 혈장을 통해서 CO_2형태로 운반된다.	6	14
② 이산화탄소가 혈장을 통해서 HCO_3^-형태로 운반된다.	20	46
③ 이산화탄소가 적혈구를 통해서 CO_2형태로 운반된다.	1	2
④ 이산화탄소가 적혈구를 통해서 HCO_3^-형태로 운반된다.	17	39
⑤ 이산화탄소가 백혈구를 통해서 CO_2형태로 운반된다.	0	0
⑥ 이산화탄소가 백혈구를 통해서 HCO_3^-형태로 운반된다.	0	0
계	44	100

다. 분석 및 오개념

1) 분석

이 문제를 출제한 의도는 교과서에서는 이산화탄소의 운반형태가 여러 가지가 있지만, 가장 많이 운반되는 형태를 강조하지 않았고, 학생들은 일반적으로 적혈구가 CO_2를 운반한다는 오개념을 가지고 있다고 생각하여 이 문제를 출제하였다.

'이산화탄소는 HCO_3^-형태로 혈장을 통해 운반된다.' 는 정답을 알고 있는 학생은 45.5%였다. 정확한 개념을 가지지 않은 학생은 54.5%였다. '이산화탄소는 CO_2의 형태로 혈장을 통해 운반한다.' 고 대답한 학생은 13.6%였고, CO_2형태로 적혈구를 통하여 이동한다는 학생은 2.3%였고, HCO_3^-형태로 적혈구를 통해 이동한다는 대답은 38.6%였다.

(1) '이산화탄소가 혈장에서 CO_2형태로 운반된다.' 고 답한 이유는 이산화탄소가 혈장을 통해 가장 많이 운반된다는 기본지식은 있으나 그 형태가 HCO_3^-가 아닌 CO_2형태로 운반된다고 생각하였으며, 학생들의 답변을 살펴보면, '혈장에 이산화탄소가 녹아 이동' 이라고 그 이유를 설명하였다.

(2) '이산화탄소가 적혈구를 통해서 CO_2형태로 운반된다.' 고 답한 이유는 이산화탄소가 CO_2형태로 적혈구를 통해서 운반된다고 생각했으며, 학생의 답변을 살펴보면 '혈액에서 이산화탄소의 운반은 적혈구를 통해 운반된다.' 고 그 이유를 설명하였다.

이는 저학년 때 혈액내의 이산화탄소의 운반은 적혈구를 통해 이동한다는 선개념이 그대로 오개념으로 굳어진 것으로 추측된다.

(3) '이산화탄소가 적혈구를 통해서 HCO_3^-형태로 운반된다.' 는 문항을 선택한 학생들의 답변을 살펴보면, '혈장으로 일부의 이산화탄소가 운반되고 가장 많은 양이 운반되는 장소는 적혈구로 HCO_3^-형태로 운반된다.' 'HCO_3^-형태로 운반된다는 것은 알겠지만 적혈구인지 혈장인지 헷갈린다. 아마도 적혈구라고 생각된다.' 고 그 이유를 설명하였다.

이는 이산화탄소의 운반이 HCO_3^-형태로 운반된다는 것은 배워서 모두 알고 있지만, 그 장소에 대하여 정확히 인식하지 못하여서 오개념이 생긴 것으로 분석이 된다.

2) 오개념

(1) 적혈구를 통해 가장 많은 양의 이산화탄소가 운반된다.
(2) 가장 많은 양의 운반형태는 CO_2이다.

라. 과학적 개념

이산화탄소의 운반은 적혈구와 혈장을 통해 여러 형태로 운반되지만 가장 많은 운반 장소와 형태는 혈장을 통해 HCO_3^-형태로 가장 많이 운반된다.

마. 학습지도 방법

(1) 이산화탄소의 3가지 운반 형태에 대하여 그림을 곁들여 설명하고, 이 운반과정을 그림으로 제시하여 이해시킨다.
(2) 각 경우에 따른 운반형태의 비율(%)을 제시한 후, 가장 많은 운반형태를 강조한다.
(3) 혈장 속에 CO_2가 아니고 HCO_3^-형태로 운반되는 유리한 점 두 가지도 설명한다.
(4) CO_2 운반에서 적혈구의 역할을 설명한다.

바. 연계 또는 심화학습

1) 이산화탄소의 운반 (그림 7.48)

(1) 탄산수소나트륨에 의한 운반

① 조직세포에서 호흡의 결과로 생긴 CO_2는 확산에 의하여 혈장으로 녹아들어가고,

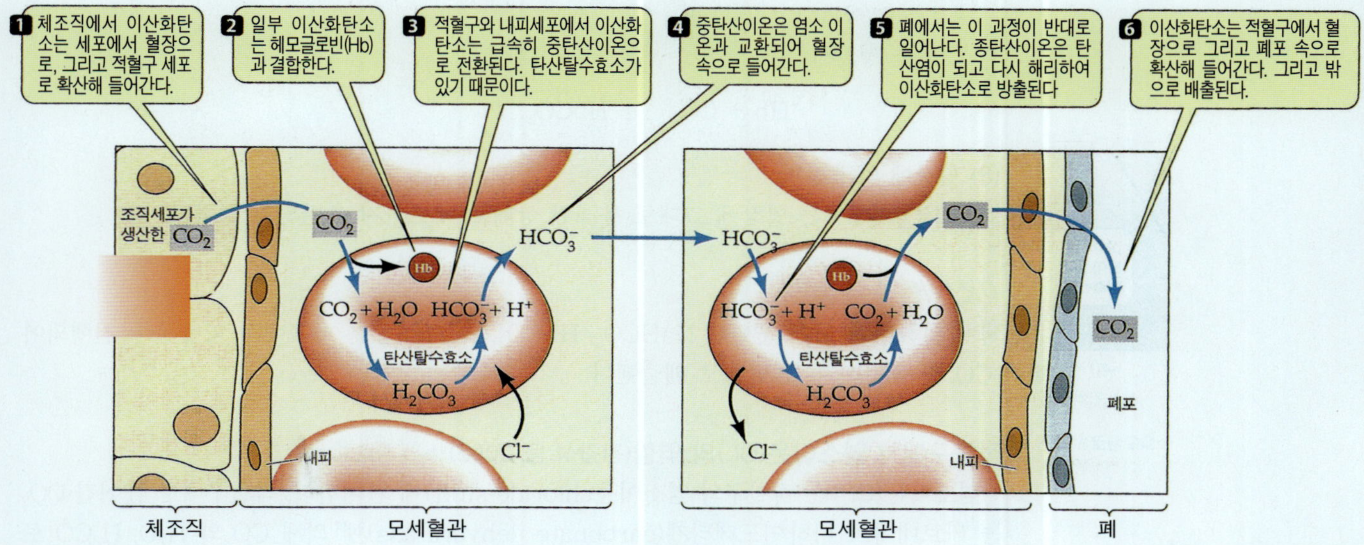

그림 117. 이산화탄소는 중탄산이온의 형태로 수송된다(이광웅 등, 2003).

혈장의 CO_2는 75% 이상은 적혈구 속에서 물 분자와 결합하여 탄산(H_2CO_3) 이 된다.

(CO_2는 물과 잘 결합하지 않지만 적혈구 내 효소작용으로 잘 결합한다.)

$$CO_2 + H_2O \xrightarrow{\text{탄산무수화 효소}} H_2CO_3$$

② 탄산(H_2CO_3)은 해리되어 수소 이온(H^+)과 탄산수소 이온(HCO_3^-)으로 되는데, HCO_3^-은 혈장 속으로 들어간다.

$$HCO_3 \longrightarrow H^+ + HCO_3^-$$

③ 탄산수소 이온(HCO_3^-)은 혈장내의 Na^+와 결합하여 탄산수소나트륨($NaHCO_3$)으로 전환되어 폐포 근처의 모세 혈관으로 운반된다.

$$HCO_3^- + Na^+ \longrightarrow NaHCO_3$$

④ 폐포의 모세 혈관에서는 앞에서의 역반응이 일어나, CO_2가 몸 밖으로 배출된다.

$$CO_2 + H_2O \underset{}{\overset{\text{탄산무수화 효소}}{\rightleftarrows}} H_2CO_3 \underset{\text{폐}}{\overset{\text{조직}}{\rightleftarrows}} H^+ + HCO_3^-$$

$$HCO_3^- + Na^+ \rightleftarrows NaHCO_3$$

(2) 헤모글로빈에 의한 운반

적혈구 속에 남아있는 CO_2의 약 20%는 Hb과 직접 결합하여 이산화탄소-헤모글로빈(카바미노헤모글로빈)으로 되어 폐포까지 운반되고, 폐포에서는 역반응에 의해

CO_2를 확산시킨다.

$$Hb + CO_2 \rightleftarrows HbCO_2$$

(3) 혈장에 의해 운반

CO_2의 5%는 혈장에 그대로 용해된 상태로 폐포까지 운반되기도 한다.

2) 이산화탄소의 배출

혈액에 의하여 폐까지 운반된 $NaHCO_3$, $HbCO_2$, HCO_3^- 등은 폐포에서 역반응이 진행되어 결국 CO_2를 유리시켜 몸 밖으로 배출된다.

※적혈구에서 염소이온(Cl^-)의 역할(강갑석 등, 2002)

염소이온(Cl^-)은 적혈구의 염소이동chloride shift)에 관여한다. 적혈구내로 들어간 CO_2는 카보네이트 디하이드레타제(carbonate dehydratase)에 의해 CO_2와 H_2O, H_2CO_3로 되고 생성된 탄산은 H와 HCO로 된다. 적혈구 내의 헤모글로빈(KHb)은 H KHb·HHb K와 같이 중화작용을 하여 HCO를 유리하며 HCO는 적혈구에서 혈장 속으로 확산한다. 이때 적혈구 내부를 전기적으로 중성을 유지하기 위해 Cl^-가 HCO과 교환되어 적혈구막을 통하여 적혈구내로 들어오게 된다. 이것을 염소이동이라 하며 정맥 적혈구 중의 Cl^- 농도는 동맥적혈구보다 높다. 또 Cl^-는 침 속의 α−아밀라제(α−amylase)를 활성화한다. 녹색식물에서 염소는 필수 미량원소로서 광합성에서 산소생산에 관여한다.

※HCO_3^-형태로 운반되는 이유(고진필 등, 2002)

① 대부분의 이산화탄소가 이런 식으로 운반되지 않고 혈장 속의 물에 몽땅 녹으면, 많은 양의 탄산이 생기게 된다. 그런데 이 탄산은 일종의 산이기 때문에, 탄산을 많이 가지고 있는 혈장의 pH는 낮아지게 된다. 이는 생물체에게 별로 좋은 형상이 아니다. 따라서 이산화탄소는 헤모글로빈과 결합되어 운반되거나, 탄산무수화효소의 도움을 받아 탄산수소이온 또는 탄산수소나트륨 형태로 운반되어야 한다.

② 조직과 혈관 사이의 CO_2 교환에서, 적혈구가 CO_2를 받아들이면 혈관 내의 CO_2농도가 줄어들어 조직 내에 있는 CO_2가 혈관으로 확산이 더 잘 일어난다.

7.5.5. 수혈

가. 검사문항

1) 혈액의 수혈에 대한 다음 설명 중 옳은 것은?

① 수혈의 가능 여부는 혈액응고와 관련이 없다.

② 수혈문제는 ABO식 혈액형의 경우에만 해당하며, Rh식 혈액형과는 무관하다.

③ 같은 혈액형 외에도 이론상 수혈이 가능하면 실제로도 얼마든지 대량으로 수혈이 가능하다.

④ O형이 모든 사람에게 혈액을 공급할 수 있는 이유는 $\alpha \cdot \beta$응집소 두 가지를 모두

가지고 있기 때문이다.

⑤ 수혈 가능 여부는 혈액 공급자의 응집소와 혈액을 받는 사람의 응집원이 반응하는지에 따라 결정된다.

2) 위의 답을 선택한 이유는?

나. 응답 결과

2005년 5월 19일, 경북 S여자고등학교의 자연계 2학년, 56명

보기	반응	
	명	%
① 수혈이 불가능한 이유는 혈액응고와는 관련이 없다.	3	5
② 수혈문제는 ABO식 혈액형의 경우에만 해당하며, Rh식 혈액형과는 무관하다.	0	0
③ 같은 혈액형 외에도 이론상 수혈이 가능하면 실제로도 얼마든지 수혈이 가능하다.	9	16
④ O형이 모든 사람에게 혈액을 공급할 수 있는 이유는 응집소를 모두 가지고 있기 때문이다.	19	34
⑤ 수혈 가능 여부는 혈액 공급자의 응집소와 혈액을 받는 사람의 응집원이 반응하는지에 따라 결정된다.	25	45
계	56	100

다. 분석 및 오개념

1) 분석

(1) '수혈이 불가능한 이유는 혈액응고와는 관련이 없다.' 라고 정답을 선택한 학생은 겨우 5%에 불과하였다. 그 이유를 살펴보면 대부분의 학생들이 혈액의 응고와 응집반응을 같은 개념으로 인식하여 아주 당연하다는 듯이 자신 있게 ①번 보기를 틀린 설명이라고 체크하였기 때문이다.

혈액의 응집반응에 대한 학습이 잘 이루어진 학생들도 이와 같은 오개념으로 인해 ①번이 답일 것이라고는 전혀 생각지 않아 '문제에 답이 없는 것 같다.' 고 이유를 적은 학생들이 있었고 '혈액이 응고되어', '혈액이 굳어서' 등 잘못된 표현을 사용하고 있는 학생들도 많았다.

(2) '수혈문제는 ABO식 혈액형의 경우에만 해당하며, Rh식 혈액형 등과는 무관하다.' 를 선택한 학생들이 없는 것으로 보아 ABO식 혈액형과 Rh식 혈액형 모두 수혈과 관련이 있음을 잘 알고 있는 것 같다.

(3) '같은 혈액형 외에도 이론상 수혈이 가능하면 실제로도 얼마든지 수혈이 가능하다.' 를 선택한 학생들은 '이론상 수혈이 가능하더라도 소량만 가능하다' 는 것을 배웠음에도 불구하고 이론상 가능하면 실제로도 얼마든지 대량으로 수혈이 가능하다고 생각했으며, '실제로는 안 되는 것이 이론상으로 된다는 것이 이상하고 이론상 불가능한 것이 실제로 될 리 없다.' 고 그 이유를 설명하였다.

이는 저학년 때에 양적인 면을 무시하고 혈액에 대해 가졌던 잘못된 선개념이 그대로 오개념으로 굳어진 것으로 추측된다.

(4) O형이 다른 사람에게 혈액을 줄 수 있는지를 따질 때는 주는 사람의 입장이므로 이

사람의 응집원만을 살펴보면 되므로 응집소는 고려 대상이 되지 않는다. 그러나 'O형이 모든 사람에게 혈액을 공급할 수 있는 이유는 응집소를 모두 가지고 있기 때문이다.'를 선택한 학생들의 경우는 응집반응에 대한 내용은 알고 있으나 확실한 개념의 정립이 되지 않고 있어 이론상 O형이 모든 사람에게 혈액을 공급할 수 있는 이유가 주는 입장의 응집원 때문인지, 받는 입장의 응집소 때문인지에 대해 정확히 알지 못하였다.

(5) '수혈 가능 여부는 혈액 공급자의 응집소와 혈액을 받는 사람의 응집원이 반응하는지에 따라 결정된다.' 를 선택한 학생들은 응집반응에 대한 기본 지식은 있으나, 혈액을 받는 사람과 주는 사람과의 관계에 대한 내용학습이 부족했던 것으로 보인다. 학생들의 선택 이유를 살펴보면 '응집반응이 일어나면 혈액이 응고되어 죽을 수 있다.' 고 대답해 여기서도 역시 응고와 응집을 동일시하여 사용함을 알 수 있었고, 받는 사람과 주는 사람과의 관계에 대해서는 아예 고려하지 않고 있음을 알 수 있다.

종합해 보면 거의 대부분의 학생들이 혈액의 응고와 혈액의 응집반응을 같은 개념으로 잘못 알고 있는 것으로 나타났으며, 교과목에 대한 학습이 성실하게 이루어진 몇몇 학생들을 제외하고는 혈액을 주는 입장과 받는 입장에서의 응집원과 응집소에 대한 정확한 개념을 가지고 있지 않음을 알 수 있다.

2) 오개념

(1) 혈액의 수혈 여부는 혈액의 응고와 관련이 있다고 생각한다(혈액의 응집반응과 혈액 응고를 같은 개념으로 이해 함.)

(2) 응집원과 응집소의 개념을 정확하게 구분하지 못한다.

라. 과학적 개념

수혈 여부를 따지는 것은 혈액의 성분인 응집원과 응집소의 응집반응에 의해 결정된다. 따라서 혈액의 수혈가능 여부를 따지는 것은 혈액의 응고와는 무관하며, 혈액의 응집반응에 따라 결정된다.

마. 학습지도 안내

1) 혈액의 응고와 응집반응에 대해 설명하고 이 두 가지 개념이 전혀 관련이 없음을 이해시킨다.

2) 응집원과 응집소에 대한 명확한 의미를 학생들이 잘 이해할 수 있도록 다양한 예를 들어 구체적으로 설명한다.

3) 혈액형에 따른 응집반응에 대해 설명한 후, 수혈 가능 여부는 혈액의 응집반응에 따라 결정됨을 이해시킨다.

바. 연계 또는 심화학습

1) 용어

- 응고(凝固) : 엉기어 굳어짐. 액체나 기체가 고체로 변함, 또는 그런 현상.

•응집(凝集) : 분산 또는 용해되어 있던 물질이 한데 엉김.

2) 혈액응고

몸에 상처가 나서 혈관이 파괴되어 혈액이 몸 밖으로 나오면, 혈액이 응고되어 더 이상 출혈되는 것을 막고 상처를 통해 세균이 몸속으로 침입하는 것을 막아 몸을 보호한다(그림 7.49).

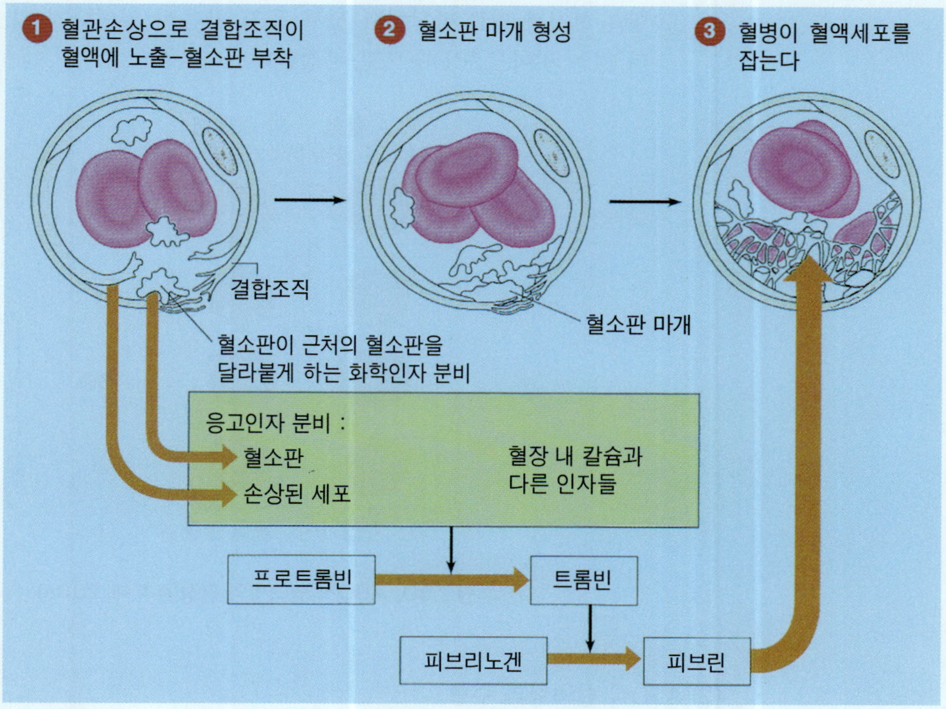

그림 7.49. 혈액응고 과정(김명원 등, 2004).

3) 응집반응

한쪽 개체의 적혈구 표면항원(응집원)과 다른 쪽 개체의 혈청 항체(응집소)와의 작용에 의한 일종의 항원–항체반응이다(장영민 등, 2005).

응집은 일정하게 조합된 경우에 한해서 일어나기 때문에 이 응집의 유무로부터 혈액을 몇 가지의 형으로 분류된다(표 7.14).

표 7.14. ABO식 혈액형의 응집원과 응집소

혈액형	응집원(적혈구)	응집소(혈장)
A형	A	β
B형	B	α
AB형	A와 B	없음
O형	없음	α와 β

(1) ABO식 혈액형의 판정

① 항A 혈청에는 응집소α가 들어 있고, 항 B혈청에는 응집소β가 들어 있다(그림 7.50).

② 항A 혈청에서만 응집 반응이 일어나면 응집원A만 있는 것이므로 A형으로 판정한다.

③ 항B 혈청에서만 응집 반응이 일어나면 응집원B만 있는 것이므로 B형으로 판정한다.

④ 항A 혈청과 항B 혈청에서 모두 응집반응이 일어나면 응집원 A와 B가 둘 다 있는 것이므로 AB형으로 판정한다.

⑤ 항A 혈청과 항B 혈청에서 모두 응집 반응이 일어나지 않으면 응집원A와 B가 둘 다 없는 것이므로 O형으로 판정한다.

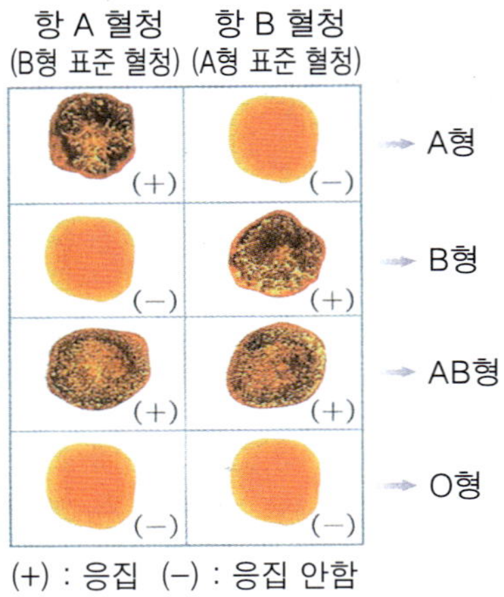

그림 7.50. ABO식 혈액형의 판정(손과 배, 2005).

(2) ABO식 혈액형과 수혈

수혈을 할 때 응집으로 인한 부작용을 막기 위해서는 수혈하는 사람과 수혈 받는 사람의 혈액형을 미리 알아야 한다(그림 7.51). 만일 수혈해 준 혈액의 적혈구가 수혈

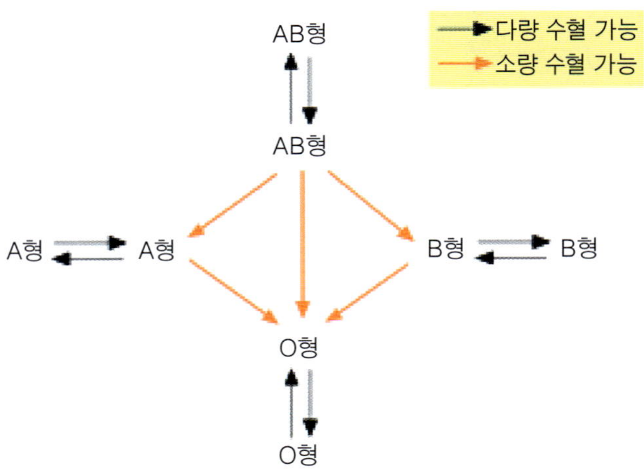

그림 7.51. ABO식 혈액형에서의 수혈 관계(http://www.amc.seoul.kr 050526).

받는 사람의 혈장 내 응집소와 만나 응집 반응을 일으키면, 응집된 적혈구의 덩어리가 모세혈관을 막아 사망할 수도 있다. 수혈 시 부작용을 최소화하기 위해 동일한 혈액형의 혈액을 수혈하는 것이 원칙이다(손과 배, 2005a).

수혈하는 사람과 수혈 받는 사람의 혈액형이 다르더라도 희석될 정도의 소량의 혈액을 수혈하는 것은 가능한데, 이 때에는 수혈하는 사람의 적혈구(응집원)가 수혈 받는 사람의 혈청(응집소)에 의해 응집되지 않는 관계이어야 한다. ABO식 혈액형의 경우, AB형은 적혈구에 응집원A나 B가 각각 응집소 α나 β와 만나 응집 반응이 일어나기 때문이다(그림 7.52). 그러나 O형은 적혈구에 응집원이 없으므로 모든 혈액형에 수혈해 줄 수 있다.

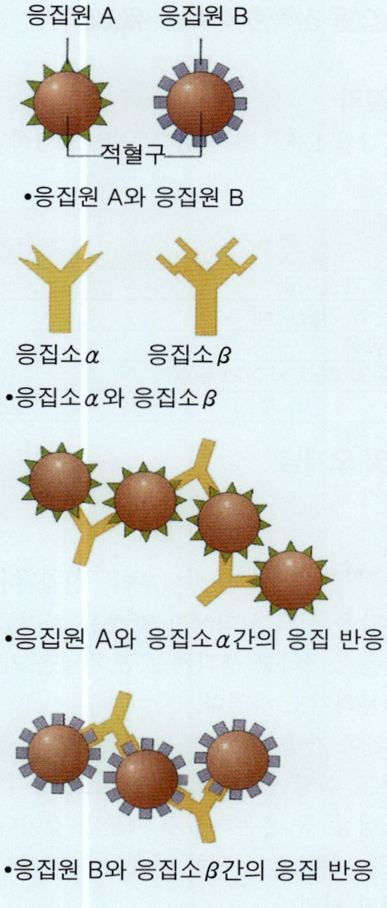

그림 7.52. 응집 반응 모식도 (손과 배, 2005a).

7.6. 배설

7.6.1. 신장의 위치

가. 검사문항

1) 우리 몸에서 신장의 위치는 어디인가요?

① 왼쪽 가슴아래 ② 오른쪽 가슴아래
③ 등 뒤쪽 ④ 가슴과 허리 사이의 뒤쪽

2) 위의 답을 선택한 이유는 무엇인가?

나. 응답 결과

2003년 3월 13일, 경북 M고등학교의 1학년 1개반, 25명.

보기	반응	
	명	%
① 왼쪽 가슴아래	5	20
② 오른쪽 가슴아래	3	12
③ 등 뒤쪽	8	32
④ 가슴과 허리 사이의 뒤쪽	9	36
계	25	100

다. 분석 및 오개념

1) 분석

보기에서 '콩팥' 대신에 일부러 '신장'이라고 제시하였다. 신장(콩팥)의 위치를 허리 뒤쪽이라고 정답을 선택한 학생이 36%를 차지했지만, 신장이 옆구리 부분이나 왼쪽 가슴아래에 위치해 있을 것이라고 생각하는 오개념을 가진 학생들도 많음을 알 수 있었다. 신장과 심장의 용어를 혼돈하기도 하였다.

(1) '왼쪽 가슴아래' 또는 '오른쪽 가슴아래'를 선택한 것은 신장이 한 개만 있으며 그것도 심장 근처에 위치한다고 생각하거나(심장의 위치도 혼돈하였지만), '신장'과 '심장'을 혼돈하였기 때문일 것이다.

(2) '등 뒤쪽'을 선택한 이유는 사진에서 본 신장의 위치가 가슴 부분으로 보이기 때문이라고 하였다.

2) 오개념

신장(콩팥)은 가슴(왼쪽 또는 오른쪽) 아래에 있다. 신장(콩팥)은 옆구리에 있다.

라. 과학적 개념

사람의 콩팥(신장)은 가슴과 허리 사이의 등 쪽(허리뒤쪽)에 좌우로 나누어져 1쌍이 있으며 길이 12cm 폭 4cm 정도로 자신의 주먹크기이다.

마. 학습지도 방법

1) '신장' (腎臟)이라는 용어보다는 '콩팥' (kidney)이라는 용어를 사용함으로서 학생들이 '신장' 을 '심장' (心臟, heart)과 혼동하는 일이 없도록 설명해준다. 아울러 '심장' 도 '염통' 과 '심장' 의 두 가지 용어가 있다는 것도 제시해 준다.

2) 학생들에게 콩팥의 위치를 사진이나 그림을 이용하여 설명한다. 좌우 콩팥의 위치(높이)가 다른 이유도 알게 한다. 학생들에게 제시하는 사진이나 그림은 학생들의 오개념을 유발하지 않도록 명확한 것을 제공한다.

3) 콩팥의 위치를 설명 할 경우, 흔히 인터넷상에서 볼 수 있는 사진들이 아닌 좀 더 정밀하고 입체적인 사진을 사용함으로서 학생들이 신장의 위치에 대해서 오개념이 생기지 않도록 지도한다.

바. 연계 또는 심화 학습

1) 콩팥의 위치 (그림 7.53, 7.54)

2) 콩팥의 기능

체액의 수분과 염분의 양을 조절하며, 오줌을 생성하고 배설함으로서 항상성 유지에 중추적 역할을 한다.

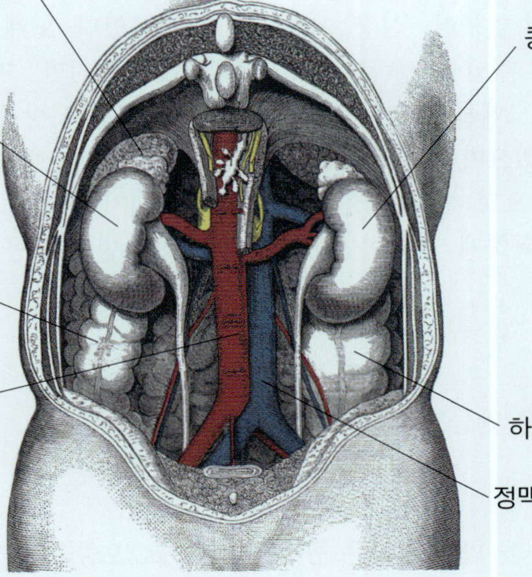

그림 7.53. 등뒤에서 본 콩팥(신장)의 위치 (http://education.yahoo.com에서 변형, 030313)

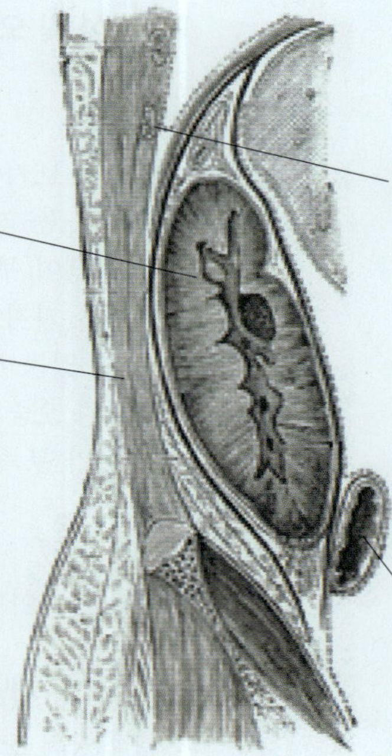

그림 7.54. 옆에서 본 콩팥(신장)의 위치 (http://education.yahoo.com에서 변형, 030314)

7.6.2. 신장

<조사 1>

가. 검사문항

1) 혈액 속의 노폐물을 걸러서 오줌으로 만드는 곳은 어디인가?

① 신장 ② 수뇨관
③ 방광 ④ 요도

2) 위와 같은 답을 선택한 이유는 무엇인가?

나. 응답 결과

2003년 3월 13일, 경북 M고등학교의 1학년, 25명.

보기	반응	
	명	%
① 신장	10	40
② 수뇨관	4	16
③ 방광	11	44
④ 요도	0	0
계	25	100

다. 분석 및 오개념

1) 분석

설문의 보기에서 '콩팥' 대신에 일부러 '신장'이라고 제시해 보았다. 노폐물을 걸러 오줌으로 만드는 기관을 '신장'이라고 정답을 선택한 학생이 40%에 달했지만, '방광'이라고 대답한 학생이 무려 44%에 달해서 노폐물을 걸러 오줌으로 만드는 기관을 방광으로 생각하는 오개념을 가지고 있음을 알 수 있었으며, '신장'이라고 답변을 제시한 학생 중에서도 정확하게 알고 있는 사람은 10명 중 6명으로 사실은 전체의 24%밖에 되지 않았다. 이처럼 콩팥의 기능들과 오줌과의 상관관계를 정확하게 인식하지 못하고 있었으며, 방광과 콩팥의 역할에 대한 이해가 부족하다.

2) 오개념

방광뿐만 아니라 수뇨관도 오줌을 만들고 저장하는 곳이다.

라. 과학적 개념

혈액 속의 노폐물을 걸러서 오줌을 만드는 곳은 콩팥(신장)이고, 오줌을 저장하는 곳은 방광이다.

마. 학습지도 방법

그림 자료를 이용하여 학생들에게 배설기관의 사진을 보여주고 각 기관의 구조와 기능에 대해 설명한다. 오줌의 생성에서 배설까지의 경로에 대해 학생들에게 설명해주고 방광은 오줌생성기관이 아니라 오줌을 보관하는 장소임을 가르친다.

<조사 2>

가. 검사문항

1) 우리 몸에서 오줌이 만들어지는 기관은?

① 콩팥　② 방광
③ 항문　④ 대장

2) 위의 답을 선택한 이유는 무엇인가?

나. 응답 결과

2002년 7월 15일, 대구시 C중학교의 3학년 1개반, 36명.

보기	반응	
	명	%
① 콩팥	19	53
② 방광	14	47
③ 항문	0	0
④ 대장	0	0
계	33	100

다. 분석 및 오개념

1) 분석

오줌의 형성기관을 '콩팥'이라고 정확하게 답한 학생이 53%에 달했지만, '방광'에서 오줌이 만들어진다고 대답한 학생이 42%에 달해서 오줌형성 기관을 방광으로 생각하는 오개념을 학생들이 가지고 있음을 알 수 있다.

오줌의 형성기관이 '방광'이라고 답한 경우, '오줌이 차있기 때문', '그 근처에서 오줌이 나오니까' 등으로 대답하였다.

오개념의 원인을 보다 더 자세하게 파악하기 위해 위 문항에 대한 추가질문을 하여 보았다.

<추가질문>

다음 중 콩팥의 역할이라고 생각하는 것을 모두 고르시오.

① 혈액 중 불필요 물질 제거　② 삼투압 조절
③ 오줌 생성　④ 체액의 균형 유지
⑤ 혈액의 pH 조절

위 질문의 정확한 답은 보기 5가지 모두이다. 하지만 보기의 모두가 정답이라고 답한 학생은 2명에 불과하고 '혈액 중 불필요 물질제거' 라고 대답한 학생이 매우 많았다. 이는 학생들이 콩팥에 기능에 대해 몸의 노폐물을 걸러내는 기관으로 바르게 인식하고 있음에도 불구하고 그 외의 기능이나 그러한 기능과 오줌과의 관계를 정확하게 인식하고 있지 않음을 보여주고 있다.

즉, 대부분 학생들은 오줌을 단순히 섭취한 음식물의 수분찌꺼기 정도로 인식하고 있으며 상기와 같은 콩팥의 기능들과 오줌과의 상관관계를 정확하게 인식하지 못하고 있다. 따라서 콩팥(신장)보다는 오줌을 저장했다가 배출하는 기관인 방광을 오줌의 생성기관이라고 인식하기가 쉽다. 흔히 오줌이 마려울 경우, 방광부위에 압박감을 느끼기 쉬운데, 이런 직관적인 관념이 그 요인이 될 수 있다. 실제로 오줌 형성기관을 방광이라고 답한 학생들은 '그런 것 같다', '오줌이 방광에 차있기 때문', '그 근처에서 오줌이 나오니까' 등의 대답을 하였다.

오개념은 여러 가지 요인 중, 하나 혹은 그 이상의 요인으로 형성될 수 있는데, 배설작용의 경우 과학교과에서 사용하는 '배설' 과 사회 전반적으로 통용되는 일상생활에서의 '배설' 의 의미가 달라서 학생들의 오개념이 혈성 되었을 것이다. 오줌형성기관에 대한 오개념은 오줌형성에 대한 과정에 대한 개념이 부족한 것으로 평가된다.

이와 같이 학생들이 일상생활로부터 얻어지는 지식과 과학적 지식과의 차이에서 나오는 학생들의 오개념과 생활의 경험으로부터 나온 오개념은 과학의 학습이 일방적인 주입식 교육으로 이루어져서는 안 된다는 것을 보여준다. 또한 대중매체의 과학적 용어사용이 적절하지 못하였다. 대중매체의 부적절한 용어의 사용으로 학생들은 개념의 혼란을 가질 수 있게 된 것이다.

2) 오개념

(1) 콩팥은 오줌을 생성하지 않는다.
(2) 오줌은 방광에서 만들어져 모여 있다가 내보내어진다.
(3) 콩팥은 혈액 중 불필요한 물질을 제거할 뿐 다른 기능은 없다.

라. 과학적 개념

콩팥(신장)에서 체내에 생기는 불필요한 물질을 오줌으로 배설할 뿐만 아니라 체액의 균형을 유지하는 역할을 한다.

마. 학습지도 방법

1) 오줌의 생성기관이 콩팥이라는 것을 모형이나 사진 자료를 이용하여 가르친다.

2) 콩팥의 기능은 불필요한 물질을 오줌으로 배설할 뿐만 아니라, 혈액의 pH나 삼투압을 조절하여 체액의 균형을 유지하는 역할도 한다.

3) 방광은 오줌생성기관이 아니라 오줌을 보관하는 장소임을 가르친다.

바. 연계 또는 심화 학습

1) 배설기관의 구조

우리 몸에서 세포의 호흡 결과로 생기는 노폐물을 오줌과 같은 형태로 만들어 몸 밖으로 내보내는 작용을 배설이라고 한다.

(1) **콩팥**(그림 7.55)

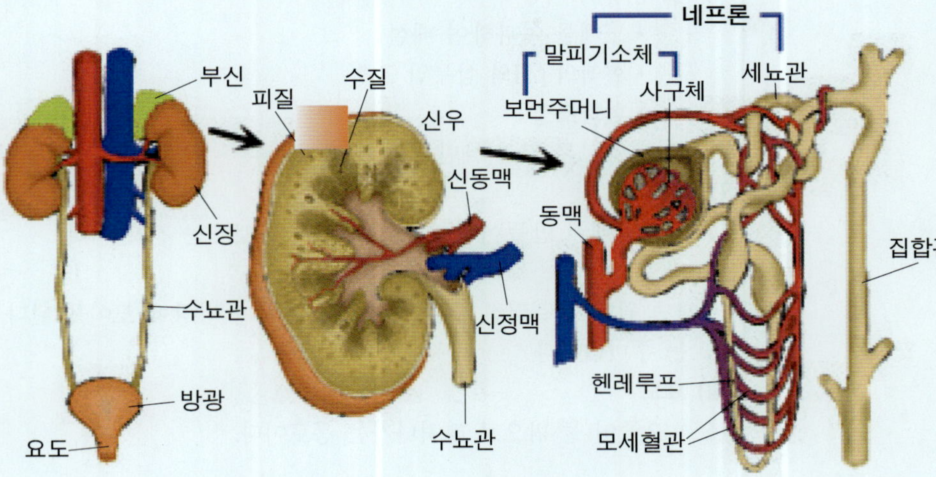

그림 7.55. 콩팥의 구조 (http://imagebingo.naver.com, 030315)

① 콩팥의 위치와 구조

㉮ 콩팥의 위치 : 주먹만 한 크기로 횡격막 바로 아래 척추의 좌우(등 쪽)에 한 쌍, 강낭콩 모양

㉯ 콩팥의 구조 : 신우, 피질, 수질, 기본 단위는 네프론

㉰ 네프론의 구조

- 말피기 소체 : 사구체 + 보먼주머니(혈액 속의 노폐물 여과)(그림 7.56)

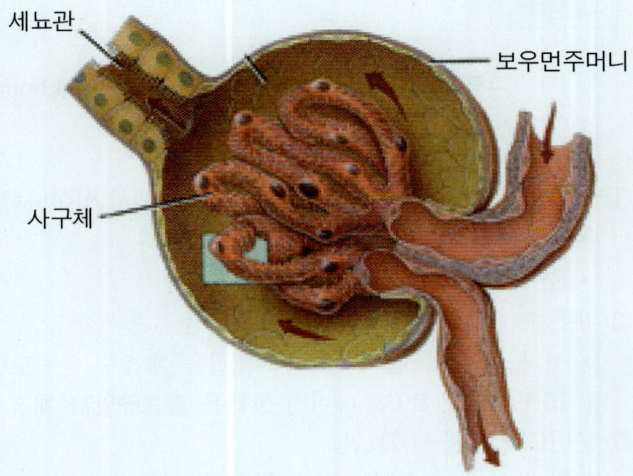

그림 7.55. 사구체와 보먼주머니의 구조 (http://www.tuntunedu.com, 030314)

- 세뇨관 : 보먼주머니에 연결된 가는 관, 걸러진 오줌(원뇨)이 지나간다.
- 신우 : 오줌이 모이는 신장의 안쪽 부분
- 모세혈관 : 세뇨관을 둘러싸고 있다.

② 콩팥의 기능

- 노폐물 여과하여 배설
- 혈액의 pH와 삼투압 조절
- 혈압조절
- 호르몬 및 비타민 생성과 배설

(2) 수뇨관

콩팥에서 만들어진 오줌을 방광으로 보내는 긴 관이다.

(3) 방광

콩팥에서 걸러진 오줌은 수뇨관을 지나 방광에 모이게 된다. 방광은 오줌을 저장하는 주머니이다.

(4) 요도

오줌이 몸 밖으로 빠져나가는 통로이다.

2) 오줌의 생성과 배설 (그림 7.57)

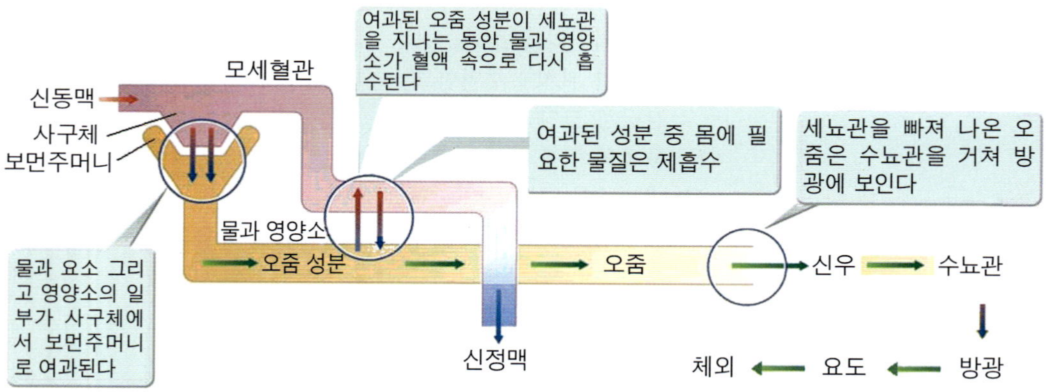

그림 7.57. 오줌의 생성과정 모식도 (http://w01.hompy.com에서 변형, 030315)

① 여과(사구체→보먼주머니): 말피기 소체에서 일어난다.

- 사구체의 높은 혈압에 의하여 일어난다.
- 물, 요소, 포도당, 무기염류 등을 여과

② 재흡수(세뇨관→모세혈관)

- 여과 성분 중 몸에 필요한 물질을 재흡수 : 포도당, 아미노산, 비타민, 무기염류 등은 100%, 물은 99%, 나머지 성분은 필요량만큼 재흡수.

③ 분비(모세혈관→세뇨관)

- 혈액 속에 남아 있는 요소 등의 덜 여과된 노폐물이 능동수송으로 분비된다.
- 그 결과 약간의 물과 요소만이 걸러져 신우로 흘러간다.

(3) 오줌의 이동과 배설

- 콩팥 : 사구체→보먼주머니→세뇨관→집합관→신우
- 신우→수뇨관→방광→요도→몸 밖

(4) 오줌의 성분과 역할

- 성분 : 물(95%), 요소, 무기 염류 등
- 역할 : 노폐물 제거, 물과 무기 염류 등의 조절

3) 인공 신장

신장에 이상이 생긴 환자들은 인공 신장을 이용하거나 신장 이식을 받음으로써 고통에서 벗어날 수 있다. 인공 신장은 신장으로 가는 혈액을 몸 밖으로 연결해서 걸러 내고, 깨끗한 혈액을 몸 안으로 되돌려 보내는 장치이다. 신장은 체내의 노폐물을 걸러내는 매우 중요한 기관으로 신장에 이상이 생기면 체내에 노폐물이 혈액과 조직액에 그대로 녹아 있어 중독증을 일으키고 심하면 사망하게 된다. 이와 같은 신장병 환자를 위해 인공 신장이 개발되어 이용되고 있는데 그 원리는 투석이다.

인공투석에는 2가지 방법이 있다. 첫째로는 환자 자신의 투석막을 이용하는 방법이다. 투석막으로는 복막이 가장 적합하며 이를 복막 투석 또는 복막 관류라 한다. 또 다른 방법은 환자의 혈액에서 노폐물과 독소를 제거할 수 있게 구성된 용액 속에 인공 투석막 등으로 만들어진 관을 담그고 이 관속으로 환자의 혈액 중의 일부를 순환시키는 방법이다. 이를 혈액 투석이라고 하며, 이 목적을 위해 사용되는 기계를 인공 신장이라고 한다(그림 7.58).

인공 조제액의 조성은 포도당, 무기염류 등의 농도를 혈액과 비슷하게 조합하여 만들고 요소는 넣지 않는다. 따라서 환자의 동맥으로부터 혈액을 관을 통하여 빼낸다. 그리고 반투막 튜브를 통하여 고압으로 통과 시키면서 반투막 튜브 사이로 인공 조제액을 흘려보내게 되면 혈액의 요소 성분만이 인공 조제액으로 걸러져 나오게 된다. 이렇게 요소가 제거된 깨끗한 피

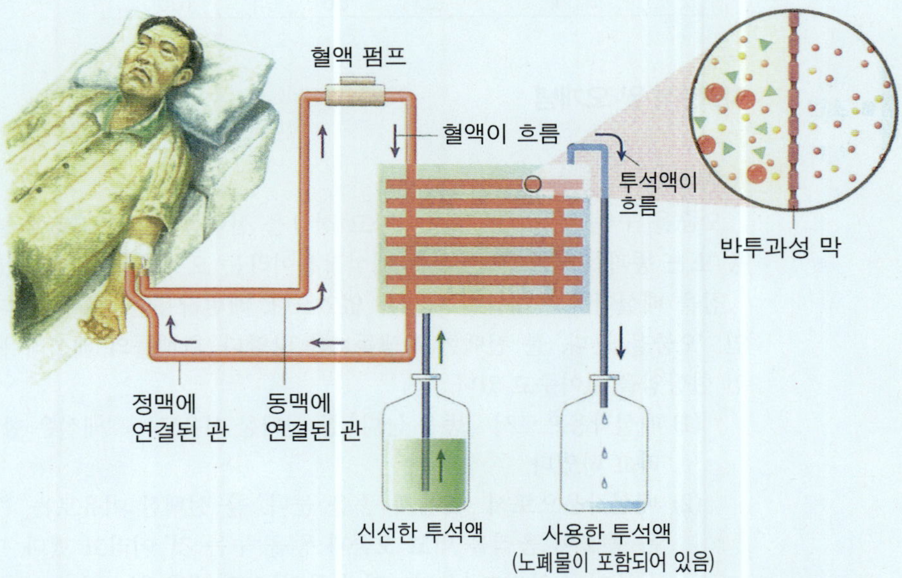

그림 7.58. 혈액투석의 원리 (박희송 등, 2003a)

를 다시 환자의 정맥을 통하여 다시 체내로 공급한다. 환자는 일주일에 6시간 이상씩 3회에 걸쳐 이 장치를 이용해야 한다. 그렇기 때문에 환자는 시간, 비용 및 심리적 부담이 매우 크다.

인공 신장기는 신장병을 심하게 앓고 있는 환자가 병을 회복할 때 까지 일시적으로 사용하는 방법이며, 약물 치료가 어려울 정도로 증세가 심하면 신장 이식수술을 받아야 한다.

7.6.3. 배설작용

가. 검사문항

1) 다음 중 '배설작용' 이라고 생각되는 것을 골라라.

① 오줌을 눈다. ② 똥을 눈다. ③ 침을 흘린다.
④ 오줌과 똥을 눈다. ⑤ 잘 모르겠다.

2) 위의 답을 선택한 이유는 무엇인가?

나. 응답 결과

2002년 7월 15일, 대구시 C중학교의 3학년 1개반, 36명.

보기	반응	
	명	%
① 오줌을 눈다.	2	6
② 똥을 눈다.	4	11
③ 침을 흘린다.	0	0
④ 오줌과 똥을 눈다.	30	83
⑤ 땀을 흘리고 똥을 눈다.	0	0
계	36	100

다. 분석 및 오개념

1) 분석

오줌을 누는 것을 배설작용이라고 정답을 선택한 학생은 6%에 불과하였다. 나머지 94%는 똥 또는 똥과 오줌을 누는 것을 배설작용이라는 오개념을 가지고 있었다.

침을 배설이라고 대답한 학생은 없었으나, 배변작용인 '똥을 눈다.' 를 선택한 학생이, 정답인 '오줌을 눈다.' 를 선택한 학생들보다 많았다. 학생들의 배설작용에 대한 오개념이 일반적인 현상임을 보여주고 있다.

(1) 배설작용으로서 '똥을 눈다.' 를 선택한 이유로는 '배설은 항문에서 나오는 것이니까' 라고 하였다.

(2) 배설작용으로서 '오줌과 똥을 눈다.' 를 선택한 이유로는 'TV에서 배설물이라는 것은 동물이 음식을 먹고 오줌과 똥을 누는 것' 이라고 했다. 또는 '배설이란 섭취한 음식물이 소화되고 난 찌꺼기가 몸 밖으로 배출되는 것으로서 수분은 오줌으로 그 나머지는 똥으로 배출된다.' 라고 하였다.

오개념의 원인을 보다 더 자세하게 파악하기 위해 추가적으로 위 문항에 대한 추가 질문을 하여 보았다.

<추가질문>

1) 다음 중 '배변작용' 이라고 생각하는 것을 모두 골라라.

① 오줌을 눈다. ② 똥을 눈다. ③ 침을 흘린다.
④ 오줌과 똥을 눈다. ⑤ 잘 모르겠다.

2) 위의 답을 선택한 이유는 무엇인가?

2002년 7월 15일, 대구시 C중학교의 3학년 1개반, 36명.

보기	반응	
	명	%
① 오줌을 눈다.	0	0
② 똥을 눈다.	34	94
③ 침을 흘린다.	0	0
④ 오줌과 똥을 눈다.	2	6
⑤ 땀을 흘린다.	0	0
계	36	100

즉, 학생들은 배설작용으로는 오줌과 똥을, 배변작용으로는 똥을 가장 많이 선택하였다. 이는 상당수 학생들이 배설을 몸 밖으로 배출되는 오줌과 땀 등의 원래 '배설' 과 음식물 찌꺼기를 내보내는 '배변' 을 포함하는 상위 개념으로 인식하고 있었다.

오개념의 지속성을 알아보기 위하여 대학생을 대상으로 다음과 같은 조사를 하였다.

1) 다음 중 배설물을 모두 고르시오.

① 오줌 ② 대변 ③ 땀
④ 눈물 ⑤ 침

2) 위의 답을 선택한 이유는 무엇인가? (각각의 항목을 선택한 이유를 모두 적으시오.)

경우	보기	반응	
		명	%
1	① 오줌 ② 대변	5	15
2	② 대변	3	10
3	① 오줌 ③ 땀	8	24
4	① 오줌 ② 대변 ③ 땀	9	26
5	① 오줌 ③ 땀 ④ 눈물	5	15
6	④ 눈물 ⑤ 침	3	10
계		35	100

정답으로서 여러 개를 선택할 수 있으므로 정답이라고 생각하는 문항이 2가지, 3가지 등으로 나타났다. 정답률은 24%에 그쳤다. '오줌, 대변, 땀' 을 정답으로 선택한 학생이 26%로 전체 응답자 중에서 가장 많은 부분을 차지했다.

1) '오줌과 대변' 을 선택한 이유를 들어보면 '몸에 필요한 영양분이 재 흡수되고 필요 없는 것들만 배설되는 것이라서' 라고 응답하였으며 신체에 필요 없는 것을 배설물이라고 생각하고 있다.

2) '대변' 만을 선택한 학생들의 응답을 보면 '소화되지 못한 음식물을 버리는 것이라서' 라고 하였다. 이 학생들은 대변을 배설물로 이해하고 있다.

3) '오줌과 땀' 을 선택한 학생들의 응답을 보면 '고등학교 과정에 배설과정을 배울 때 오줌과 땀은 배설과정에 의한 배설물이라고 배워서' 라고 하여 배설과정을 이해하고 있는 학생들이 있었고, 그리고 '배설과정에 의해 생성되는 오줌과 땀은 질소노폐물을 포함하고 있어서' 라는 구체적인 답변을 한 학생들도 있다.

4) '오줌, 대변, 땀' 을 선택한 학생들의 응답을 보면 '몸 안에 노폐물을 내보내는 것이 배설이기 때문에' 라는 응답 한 것으로 보아 대변 역시 배설물로 보고 있으며, '배설기관을 거쳐서 나오는 배설물이기 때문에' 라고 응답 한 것으로 보아 배설기관에 대한 이해가 부족한 것으로 나타났다.

5) '오줌, 땀, 눈물' 을 선택한 학생들의 응답을 보면 '항상성 조절을 위해 나타나는 작용이므로' 라고 응답하고 있어 오줌과 땀 그리고 눈물이 항상성에 관련되어 있는 것으로 알고 있었다.

6) 마지막으로 '눈물과 침' 을 선택한 학생들의 응답을 보면 '양분이 흡수된 후의 찌꺼기가 배출물이므로' 라고 응답하고 있어 오줌과 대변 그리고 땀을 배출물로 알고 있었다.

이러한 현상의 원인은 사회 전반적으로 '배설' 이란 단어가 똥과 오줌을 통칭하는 단어로 사용되고 있어 과학교과에서 사용하는 '배설' 과 혼돈을 일으키기 때문이다. 특히 대중매체에 의존해 있는 학생들에게 많은 영향을 미친 것으로 풀이 된다. 본 설문조사 중, 학생들이 문제에 대한 답을 생각하는 원인으로 'TV에서 들었다' 라는 반응을 많이 보이는데, 이는 TV나 신문 등의 대중매체가 학생들의 개념 정립에 미치는 영향을 보여주는 증거라 하겠다.
그 사례를 살펴보면 다음과 같다.

(사례 1) 가을철 발열성질환 예방 이렇게

(http://news.naver.com, 030328)

신증후군출혈열 예방을 위해서는 유행지역의 산이나 풀밭에 가지 말 것과 들쥐의 배설물에 접촉을 피할 것, 잔디 위에 침구나 옷을 말리지 말 것, 야외활동 후 귀가 시에는 옷에 묻은 먼지를 털고 목욕을 할 것, 가능한 한 피부의 노출을 적게 할 것 등이다.

렙토스피라증은 사람에서 사람으로 전염되는 질병이 아니고 들쥐, 집쥐, 족제비, 여우, 개 등

렙토스피라균에 감염된 동물의 균이 포함된 소변이 배출되어 물과 토양을 오염시키며 오염지역에서 작업할 때 피부의 미세한 상처를 통해 감염되며 주로 20~70대 활동 연령층으로 농업에 종사하는 사람에게 많이 발병할 수 있다

상기 사례 2를 보면, 동물의 소변을 배출한다는 의미에서 학생들은 배출이라는 의미가 소변 즉 오줌을 나타내는 것으로 오개념을 가질 수 있다. 학생을 영향을 미치는 것으로 대중매체의 영향이 크다는 것을 이번에 잘 알 수 있다. 학생들이 오개념을 가지는 것에 많은 영향을 미치며 오개념을 보면서 자신의 오개념을 가지고 있는지 모르는 것으로 개념정립에 대한 학생들의 관심이 미미한 것으로 생각된다.

(사례 2)

거리에 널려있는 개의 배설물 문제로 골치를 앓아온 파리시가 올해 개 배설물과의 전쟁을 선포했습니다. (중략) 파리에는 20만 마리의 애완견들이 하루 16톤가량의 배설물을 내놓고 있으며 개 배설물로 인한 안전사고도 매년 650건에 이르고 있습니다. (중략)

– 2002년 1월 7일자 MBC 뉴스 보도내용 중 (http://news.imbc.com, 030318) –

상기 사례 2를 보면, 보도내용을 접한 대부분의 시청자는 개의 배설물로 골치를 앓는 파리시가 배설물을 개의 오줌에 한정하고 있다는 느낌을 가지기는 어렵다. 즉, 뉴스에서는 개의 오줌과 똥 모두에 대해 배설물이라는 단어를 사용한 것이라고 예상할 수 있다.

(사례 3)

특히 이 시스템은 국내 양돈 농가에서 대부분 운영하고 있는 돈사 시설을 교체하지 않아도 되는 것이 특징이다. 양돈 선진국 돈사가 돼지 배설물을 똥과 오줌으로 분리 처리하는 스크랩퍼식인 반면, 국내 양돈 농가 돈사의 대부분은 분뇨를 한꺼번에 처리하는 슬러리식이다. (중략)

– 1997년 3월 10일자 조선일보 "획기적 축산폐수 정화시스템 개발" 기사 중
(조선일보 기사검색 중, http://www.chosun.com, 030318) –

상기 사례 3의 기사는 아예 배설물이 똥과 오줌을 통칭하는 단어라고 나타내고 있다. 상기 두 가지 대중매체에서 온 사례에서 알 수 있듯이, 배설이 배뇨, 배변의 의미를 통칭하는 단어로 잘못 사용되고 있음을 알 수 있으며 이는 대중매체와 같은 사회적 환경요인이 오개념의 원인이 된 사례라 할 수 있다.

(사례 4) 가축 배설물의 퇴비화로 얻는 이득

[http://news.uns.purdue.edu/BB/, Purdeu News : 1998년 5월호]

가축을 사육하면서 배설물이 문제가 되는 것은 잘 알려져 있는 사실이며 우리나라도 예외는 아니다. 물론 가축 배설물을 거름으로 사용하는 것이 가능하지만 그 양이 매우 많을 때는 문제가 된다. 이를 해결할 수 있는 방법이 미국 퍼듀대학(Purdue Univ.) 연구진에 의해서 발표되었다. 퍼듀대학 연구진에 따르면, 가축을 사육하면서 발생되는 배설물을 퇴비로 사용하면 적은 비용으로 처리가 가능하면서, 냄새 문제와 침출수 문제도 해결된다고 한다.

상기 사례 4에서 가축에서의 배설물이라고 말했을 때 누구나가 똥과 오줌이라는 착각을 일으킬 것으로 생각된다. 대중매체를 접할 때 확실한 개념을 정립한 상태에서 받아드려야 할 것이다.

2) 오개념

대변, 눈물, 침은 배설물이다.

라. 과학적 개념

배설이란 몸속으로 흡수된 영양소가 세포내에서 에너지를 얻는 물질대사과정에서 생기는 각종 노폐물을 배설기관에서 걸러 몸 밖으로 내보내는 것으로서 오줌과 땀을 배설물이라 한다. 양분이 흡수된 음식물 찌꺼기를 내보내는 현상은 배출(배변)로서 배설이 아니다.

마. 학습지도 방법

배설과 배변을 구분할 수 있도록 배설의 의미를 가르친다. 즉, 배설이 배변의 상위개념이 아님에 유의해야 한다.

배설과 배출의 차이를 그림으로 설명하면 개념의 정립이 쉬울 것이다(그림 7.59). 이 그림처럼 음식물은 소화된 영양소와 소화되지 않은 물질로 나누어지며, 배설은 소화된 영양소가 호흡을 거쳐 노폐물로 되며 배설기관을 거쳐 오줌과 땀으로 나뉜다. 하지만 배출작용은 소화되지 않은 물질이 소화기관을 거치면서 바로 대변을 생산한다. 배설과 배출작용의 결과물 역시 확연히 다르지만 지나가는 기관 역시 확연히 다르다는 것을 알 수 있는 것이다

학습자료를 통해 그림을 학생들에게 제시하면 학생들은 자신의 가진 오개념을 그림을 통해 한 눈에 알 수 있으며 자신의 개념 정립에 효과적인 정립이 될 것이다. 또한 그림 7.60처럼 호흡과정까지 학생들에게 가르침으로써 배설뿐만 아니라 다른 분야까지 가르치는 통합적 교수방법이 될 것이다.

제안 : 위의 질문지를 통해 대학생까지 배설에 대한 오개념이 상당히 크게 자리 잡혀 있음을 알 수 있었다. 그에 대한 원인으로 정규교과과정에서 정확한 용어의 정의가 되지 않음을 알 수 있었다. 따라서 배설, 배출, 분비 등에 관한 용어의 정리가 절실히 필요하다. 그와 더불어 담당교과 교사들 역시 반드시 정확한 용어의 이해가 필요할 것이다.

바. 연계 또는 심화 학습

1) 수업방식의 예

(1) **문제제기 :** 질문을 통해 배설에 대한 학생들의 선수 학습정도를 파악한다.

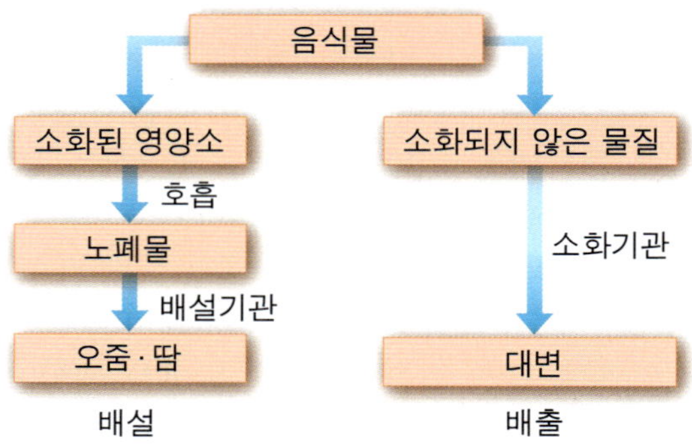

그림 7.59. 배설과 배출의 차이점(정완호 등, 2000).

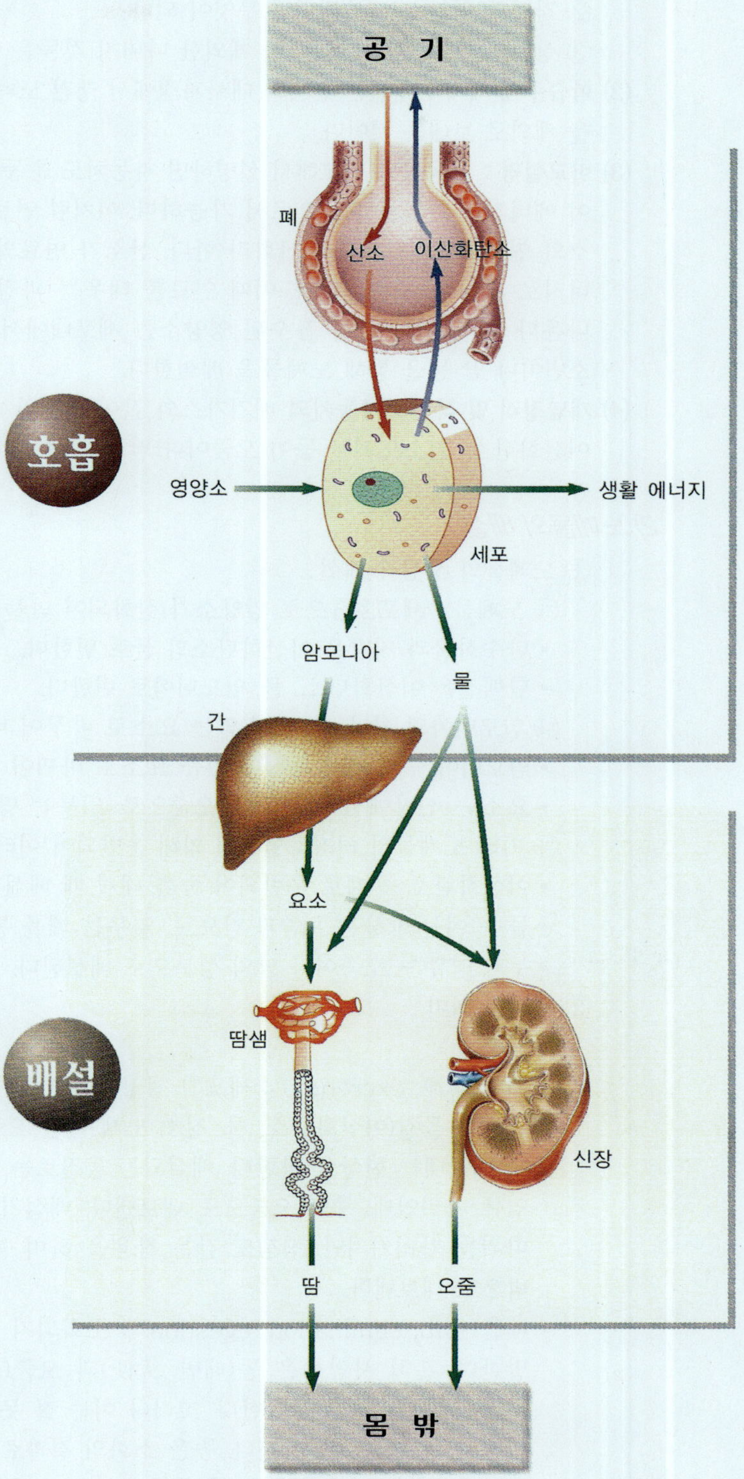

그림 7.60. 배설물의 생성과정(정완호 등, 2000).

① 우리가 섭취한 음식물의 영양소 구성 원소는?
② 각각의 영양소는 분해되면 무엇이 되나?
③ 상기의 것들 중에 에너지를 제외한 나머지 것들은 어디로 배출되나?

(2) 학습주제 제시 : 배설은 인체의 대사과정에서 생긴 노폐물(물, 이산화탄소, 질소노폐물)을 체외로 보내는 것이다.

(3) 비교설명 : 자동차와 비교해서 설명하면 자동차도 운동을 하기 위해 에너지가 필요하다. 이 에너지는 연료를 태움으로서 가능하다. 이처럼 연료를 태울 때 산소가 필요하고 산소와 연료가 만나는 것을 산화라 한다. 산소가 연료와 만나면 에너지가 생기고 이 에너지로 자동차는 운동한다. 이때 연료를 태우는 과정에서 자동차에서는 배기가스가 나온다. 인간 역시 소화 흡수된 영양소는 세포내에서 산화시켜 에너지를 얻어내지만 소변이나 땀 등을 통해 노폐물을 배설한다.

(4) 개념정리 및 적용 : 자동차의 배기가스와 같이 인체의 대사과정에서 생긴 노폐물 즉 물, 이산화탄소, 질소노폐물 등이 오줌이나 땀의 형태로 배출되는 것이 배설이다.

2) 노폐물의 배설

① 노폐물의 생성과 배설

㉮ 노폐물 : 세포호흡으로 영양소가 산화되어 만들어진 불필요한 물질이다.
- 탄수화물과 지방은 이산화탄소와 물로 변한다.
- 단백질은 이산화탄소, 물, 암모니아로 변한다.

㉯ 암모니아의 처리 : 독성이 없는 요소로 바꾸어 배설한다.
- 암모니아 – 간에서 독성이 없는 요소로 바뀌어 혈액에 녹아 운반한다.
- 요소 – 신장에서 물과 함께 오줌으로, 일부는 땀샘에서 땀으로 배설된다.

㉰ 기타 노폐물의 처리 : 혈액에 의해 운반되어 여러 기관을 통해 배설된다.
- 이산화탄소 – 폐로 운반되어 숨을 내쉴 때 배설된다.
- 물 – 여분의 물은 오줌과 땀으로, 일부는 폐를 통하여 수증기 형태로 배설된다.
- 무기 염류 – 오줌이나 땀의 성분으로 배설된다.

② 배설의 의미

㉮ 용어
- 배설(排泄, excretion) : 세포의 생명 활동(호흡)의 결과로 생기는 불필요하거나 유해한 물질(이산화탄소, 물, 질소 노폐물)을 오줌과 땀의 형태로 혈액에서 밖으로 내보내는 현상을 말한다. 배설되는 물질로는 요소 화합물·암모니아 화합물·염류 따위인데, 주로 오줌으로 내보낸다. 배설기관이라 하면 콩팥·방광·수뇨관 따위를 가리키지만, 땀샘도 같은 작용을 하며 불필요한 물질을 액체로 하여 몸 밖으로 내보낸다.
- 배출(排出, elimination, egestion) : 소화되지 않은 찌꺼기를 내보내는 현상을 말한다. 흔히 사람들은 똥(대변, 大便)과 오줌(소변, 小便)을 만들어 배출되는 과정을 배설이라고 생각한다. 그러나 이는 잘 못 알고 있는 것이다. 똥은 배설에 의해서 생기는 것이 아니다. 똥은 소화의 결과로 나오는 찌꺼기이고 그 찌꺼기는 소화기관인 대장을 통과하여 항문으로 나온다. 따라서 똥은 배설이 아니라 소화과정에 의해 만들어져 항문을 통해서 배출되는 것이다.
- 분비(分泌, secretion): 세포 안에서 생산된 것을 특정한 목적으로 세포 밖으로

내보내는 현상을 말하며 배설과는 다르다. 이렇게 방출된 물질을 분비물이라고 한다. 분비물을 만드는 세포를 선세포(腺細胞)라고 하며, 선세포가 집합하여 조직 또는 기관을 형성한 경우 선(腺, gland)이라 한다. 식물에서는 분비조직이라고 할 때도 있다. 분비에는 외분비와 내분비가 있다. 소화선이나 피지선과 같이 분비물을 외부로 도출하는 전용 관(管, tube)을 가진 외분비선과, 부신이나 갑상선과 같이 도관 없이 분비물을 직접 혈관 속으로 방출하는 내분비선으로 구별하며, 내분비선에 의한 분비물을 호르몬이라 한다.

㉯ 배설의 필요성 : 몸의 내부 환경 일정하게 유지한다.
- 체액의 농도, 삼투압, 산성도 등을 일정하게 유지한다.
- 노폐물이 축적되면 영양소의 산화작용 저해, 세포의 정상 활동을 방해한다.

㉰ 사람의 배설물
- 오줌 : 신장 → 수뇨관 → 방광 → 요도
- 땀 : 땀샘 → 땀구멍

③ 오줌의 성분과 역할
- 성분 : 물(95%), 요소, 무기 염류 등
- 역할 : 노폐물 제거, 물과 무기 염류 등의 조절

④ 땀의 생성과 배설

㉮ 땀샘

포유류의 피부(**그림 7.61**)에 있는, 땀을 내보내는 샘을 말하며 한선(汗腺)이라고도 한다(**그림 7.62**). 대부분의 포유류에 있으나, 개나 고양이는 전혀 없다. 사람에게는 온몸에 200만 개 이상이 있으며, 특히 손바닥, 발바닥, 콧등, 이마, 겨드랑이 등에 많이 분포한다. 가늘고 긴 관이 피부의 표면으로 열려 있고(땀구멍), 내부는 진피(眞皮) 속에 실을 뭉쳐 놓은 모양으로 되어 있다. 이 부분을 둘러싸고 있는 모세 혈관으로부터 몸에서 생긴 불필요한 물질이 물과 함께 걸러져서 땀이 되어 땀구멍으로 배출된다.

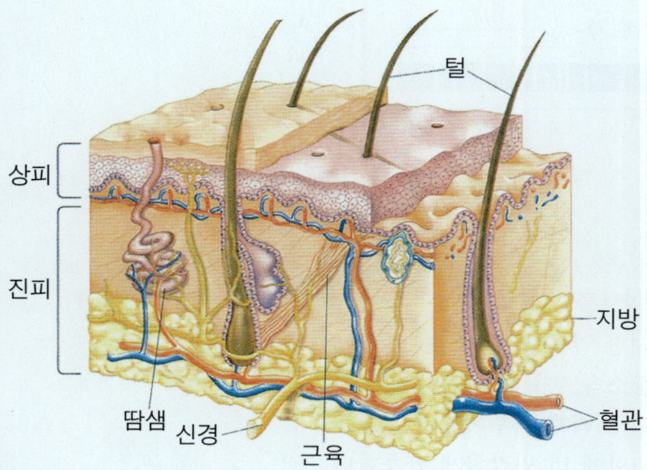

그림 7.61. 피부의 구조(정완호 등, 2000).

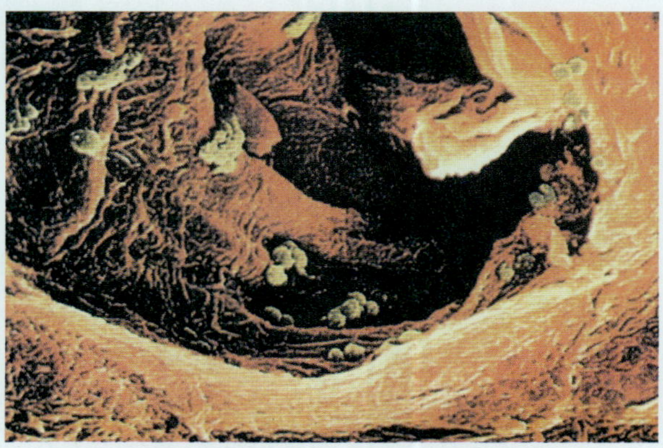

그림 7.62. 땀구멍의 확대사진(정완호 등, 2000).

㉯ 땀의 생성과 작용

- 요소 등의 노폐물이 물과 함께 모세혈관에서 땀샘으로 걸러진다.
- 99% 이상이 물이고 나머지는 요소가 0.1%, 염분이 0.8%, 젖산 등 기타 물질이 0.1% 정도 함유되어 있다.
- 땀의 가장 중요한 작용은 체온을 조절하는 것이며 배설의 기능을 일부 담당하고 있다. 또한, 지방 성분과 함께 피부의 건조를 막아 주기도 한다.

3) 오줌을 누고 난 후에 몸을 떠는 까닭은 무엇일까?

오줌을 누게 되면 36.5℃의 물이 오줌의 양만큼 몸 밖으로 나가게 되므로 순간적으로 체온이 떨어진다. 따라서 떨어진 체온을 복구하기 위해 근육을 떨어 열을 더 많이 내게 된다. 이때는 몸을 움츠려 땀샘을 닫히게 하여 기화열로 뺏기는 열을 막기도 한다.

7.7. 자극과 반응

7.7.1. 감각수용기

가. 검사문항

1) 다음 그림은 일정한 크기의 자극을 지속적으로 주면서 각각의 감각수용기의 순응이 얼마나 빨리 이루어지는지 비교한 것이다(단, 4초 후 일정한 크기의 자극을 더 추가하였다).

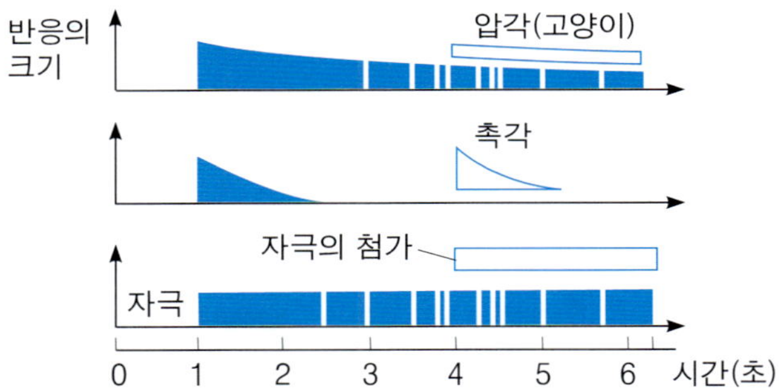

다음 중 이 자료를 바르게 해석한 것은?

① 압각은 촉각보다 더 쉽게 피로를 느낀다.
② 압각은 촉각보다 자극에 대한 역치가 더 낮다.
③ 압각은 촉각보다 반응의 감소속도가 더 빠르다.
④ 압각은 촉각보다 순응이 더 느리게 이루어진다.
⑤ 압각은 촉각보다 자극의 변화에 더 민감하게 반응한다.

2) 위의 답을 선택한 이유는 무엇인가?

나. 응답 결과

2002년 7월 28일, 대구시 J입시학원의 고등학교 1~3학년, 54명.

보기	반응	
	명	%
① 압각은 촉각보다 더 쉽게 피로를 느낀다.	2	4
② 압각은 촉각보다 자극에 대한 역치가 더 낮다.	1	2
③ 압각은 촉각보다 반응의 감소속도가 더 빠르다.	1	2
④ 압각은 촉각보다 순응이 더 느리게 이루어진다.	25	46
⑤ 압각은 촉각보다 자극의 변화에 더 민감하게 반응한다.	4	7
무응답	21	39
계	54	100

다. 분석과 오개념

1) 분석

'압각은 촉각보다 순응이 더 느리게 이루어진다.' 고 정답을 선택한 학생은 46%였다. 이 문제는 풀기 어려웠는지 무응답이 39%나 되었다. 신경의 반응속도, 피로, 역치, 순응 등에 대해 잘 이해하지 못하고 있었다.

2) 오개념

피로, 역치, 순응에 대한 명확한 이해가 없어서 아래와 같은 오개념을 가지고 있었다.

(1) 압각이 촉각보다 더 쉽게 피로를 느낀다.

(2) 압각이 촉각보다 빠른 시간 내에 반복되는 자극에 대해 흥분을 하지 않아 역치가 낮다.

(3) 압각은 촉각보다 반응의 감소 속도가 더 빠르다.

(4) 압각은 촉각보다 자극의 변화에 더 민감하게 반응한다.

라. 과학적 개념

압각은 촉각보다 순응이 더 느리게 이루어진다.

마. 학습지도 방법

신경의 반응속도, 피로, 역치, 순응 등에 대해 잘 이해시키고, 위의 그림을 해석하도록 한다. 그림에서 보면 압각은 반복되는 자극에 대해 순응이 되지 않고 계속 반응이 나타나며, 이에 비해 촉각은 동일한 자극이 반복되더라도 시간이 흐르면 순응이 되므로 더 이상 반응하지 않는다. 따라서, 촉각은 압각에 비해 순응이 더 빨리 이루어짐을 알 수 있다고 지도한다.

바. 연계 또는 심화 학습

1) 촉각

피부 표면 가까이에 있는 촉점에서 느낀다. 가벼운 촉각은 메르켈소체가 느끼고, 보통의 촉각은 마이스너소체가 느낀다.

2) 압각

약한 기계적 자극 감각으로 파치니소체에서 느낀다.

3) 냉각

온도가 하강함을 감각하고, 크라우제소체에서 느낀다.

4) 온각

온도가 상승함을 감각하고, 루피니소체에서 느낀다.

5) 통각

강한 기계적 자극, 높은 온도, 화학적 자극 등이며 신경말단에서 느낀다. 가장 많이 분포하고 있다.

6) 피부감각기의 분포 (그림 7.63)

통각 > 압각 > 촉각 > 냉각 > 온각

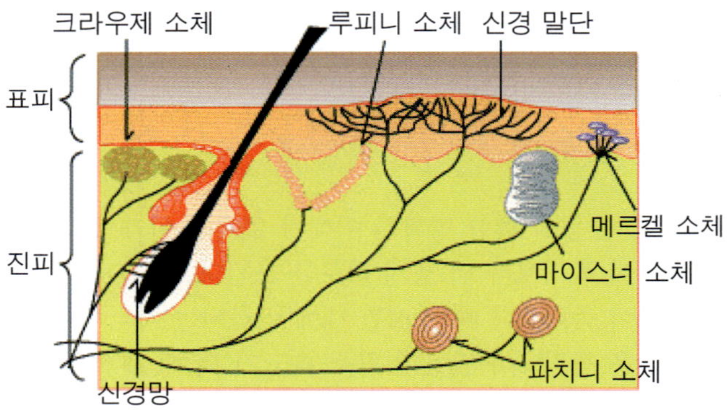

그림 7.63. 피부감각기(http://www.yoon3399.com, 030609)

7) 역치 (閾値, threshold value)

감각세포에 흥분을 일으킬 수 있는 자극의 최소치

8) 순응 (順應, habituation)

생체가 처음의 자극에 반응하지만 자극이 반복될수록 점차 반응하지 않게 되는 현상.

9) 사람의 반사 작용 실험 (권용주 등, 2003)

(1) 준비물

램프 혹은 손전등, 투명한 아크릴 판(30cm x 30cm), 구겨진 종이

(2) 실험과정

① 동공 반사

㉠ 두 사람이 한 모둠이 되어, 한 사람은 상대방의 동공을 관찰한다.

㉡ 보통의 정상적인 밝기에서 동공의 크기를 관찰하여 표 7.15에 기록하고, 그림 7.64와 같이 그린다.

표 7.15. 밝기에 따른 동공의 크기

밝기	동공의 크기
정상 상태일 때	
눈을 감았다 뜰 때	
손전등을 비출 때	

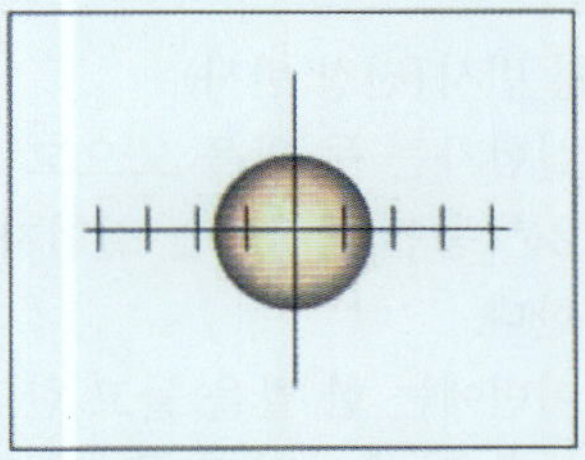

그림 7.64. 동공의 크기 관찰 (권용주 등, 2003).

㉢ 눈을 감은 상태에서 손으로 눈을 3분 정도 가린다. 눈을 뜨자마자 관찰자는 실험자의 동공을 관찰한다. 동공의 크기가 정상으로 돌아갈 때까지 관찰한다. 관찰 결과를 표 7.15에 기록한다.

㉣ 실험자는 다시 눈을 감는다. 관찰자는 손전등을 실험자의 왼쪽 눈에 비춘다. 실험자가 왼쪽 눈을 뜨면, 빛을 비추면서 동공에서 일어나는 변화를 관찰한다. 관찰 결과를 표 7.15에 기록한다.

② 원근 반사

㉠ 실험자는 교실의 창 밖 먼 곳을 바라보면서 초점을 맞춘다.

㉡ 관찰자는 실험자의 동공을 관찰하고 표 7.16에 기록한다.

㉢ 실험자는 눈의 초점을 먼 곳으로부터 눈 앞 15cm 거리에 놓여 있는 물건으로 옮긴다. 관찰자는 실험자가 눈의 초점을 옮길 때 동공의 크기가 어떻게 변하는지 재빨리 관찰한다. 이와 같은 실험을 몇 번 더 반복하여 확실하게 관찰 할 수 있도록 한다. 그 결과를 아래의 표 7.16에 기록한다.

표 7.16. 거리에 따른 동공의 크기

초점	동공의 크기
먼 곳	
가까운 곳	

③ 눈 깜박 반사

㉠ 실험자는 얼굴에서 10cm 정도 되는 거리에 투명한 아크릴 판을 든다.

㉡ 관찰자가 실험자의 2m 앞에서 구겨진 종이를 던질 때, 실험자는 계속 쳐다본다.

㉢ 종이를 던질 때 실험자가 눈을 깜박거리는지 관찰한다.

④ 피부 통증 반사(pinch reflex)

㉠ 관찰자는 실험자의 정면에 서서 실험자의 동공의 크기를 관찰한다.

㉡ 관찰자는 실험자의 동공을 관찰하면서 목 뒤를 꼬집는다.

㉢ 동공의 크기가 변하는 것을 관찰하고 결과를 아래의 표 7.17에 기록한다.

표 7.17. 자극과 동공의 변화

자극	동공의 변화
통증 자극	작아진다/커진다

⑤ 평형 반사(전정 반사)

㉠ 실험자는 두 발을 모으고 똑바로 선 다음, 양 팔을 양 옆으로 쭉 뻗는다.

㉡ 2분 동안 관찰자는 실험자가 평형을 유지하기 위해서 몸을 움직이는 것을 관찰한다.

㉢ 이번에는 한 발을 들고 한 발로 서 있을 때 일어나는 몸의 움직임을 관찰한다.

㉣ 눈을 가리고 과정 ㉠~㉢을 반복한다. 관찰 결과를 아래의 표 7.18에 기록한다.

표 7.18. 평형반사 결과

서 있는 자세	몸의 움직임	
	눈을 뜬 상태	눈을 감은 상태
두 발		
한 발		

(3) 결과 및 논의

① 실험에서 관찰된 모든 행동들이 의식적인 반응이 아니라 반사 작용이라고 생각하는 이유는 무엇인가?

② 평형을 유지하는 데 시각은 어떤 역할을 하는가?

(4) 연구과제

① 각각의 반사 작용들은 생물학적으로 어떤 중요성이 있는가? 또한, 각각의 반사 작용들은 적응 작용인가 아니면 보호 작용인가, 혹은 적응적이고 보호적인 작용인가 토의해 보자.

② 여러 가지 반사 작용 중에 하나를 선택하여 자극에서부터 반응까지의 신호 전달 경로를 추적해 보자.

7.7.2. 시각

1. 검사문항

1) 안축이 길거나, 수정체가 두꺼워 상이 망막 앞쪽에 맺혀 가까운 곳은 잘 보이지만 먼 곳이 보이지 않는 사람에게 필요한 교정은?

① 원시 교정
② 근시 교정
③ 난시 교정
④ 노시 교정

2) 위의 답을 선택한 이유는?

2. 응답 결과

2005년 6월 7일, 대구시 D고등학교의 인문계 1학년 1개반, 32명

보기	반응	
	명	%
① 원시 교정	15	47
② 근시 교정	11	34
③ 난시 교정	3	9
④ 노시 교정	3	9
계	34	100

3. 분석 및 오개념

1) 분석

근시 교정이라고 정답을 선택한 학생은 34%였다.

(1) '원시 교정' 이라고 답한 학생이 46.9%였다. 이유는 '원시' 의 '遠' 이라는 단어의 '멀다' 라는 뜻을 먼 곳을 보는데 어려움을 느낀다고 생각했기 때문이다. 근시와 원시의 정확한 개념이 정립되지 않아 오개념을 일으켰다. 또한 몇몇은 원시와 근시의 개념은 알고 있으나, 교정이라는 단어에 혼동을 느껴 멀리 보이지 않는 것을 교정한다고 생각하여 원시교정이라고 답하였다.

(2) '난시 교정' 이라고 대답한 9.4%의 학생은 시력에 대한 정확한 개념이 잡히지 않았고, 대부분이 이렇게 대답한 학생들의 시력은 좋았다. 이는 자신에게 해당되지 않는 불편함으로 일상생활과 관련을 짓지 못하고, 쉽게 이해하지 못하여서 생긴 오개념으로 생각된다. 그리고 난시는 각막이 완전한 원형이 아니기 때문에 모든 방향의 굴절력이 균일하지 않고 눈의 경선에 따라 굴절력이 차이로 인해 생긴다는 것을 제대로 알지 못하기 때문에 답한 것으로 생각된다.

(3) '노시 교정' 이라고 대답한 학생은 나이가 들어 멀리 보이지 않고, 노인들이 멀리 잘

보이지 않는다는 말을 들어서 선택한 것으로 나타났다.

2) 오개념

'원시(遠視) 교정'은 안축이 길거나, 수정체가 두꺼워 상이 망막 앞쪽에 맺혀 가까운 곳은 잘 보이나 먼 곳이 않는 사람에게 필요한 교정이다.

4. 과학적 개념

수정체가 두껍거나, 수정체로부터 망막 사이의 거리가 정상보다 길어 상이 망막 앞쪽에 맺혀 가까운 곳은 잘 보이나 먼 곳이 보이지 않는 사람에게 필요한 교정은 근시 교정이다.

5. 학습지도 방법

눈의 구조와 상이 맺히는 기작을 설명하고, 먼 곳이나 가까운 곳에 있는 물체를 보는 경우, 수정체는 각각 어떻게 조절되어야 하는 지를 이해시킨다. 눈의 굴절이상에 대한 원인을 설명하고, 그러한 굴절이상을 조절하는 방법을 이해시킨다.

6. 연계 또는 심화학습

1) 근시

가까운 곳에 있는 물체는 잘 보이지만, 먼 곳에 있는 물체의 상이 망막 앞에 맺혀 잘 보이지 않는 상태를 근시(近視)라 한다(그림 7.66).

2) 원시

먼 곳에 있는 물체는 잘 보이지만, 가까운 곳에 있는 물체의 상이 망막 뒤에 맺혀 잘 보이지 않는 상태를 원시(遠視)라 한다(그림 7.66).

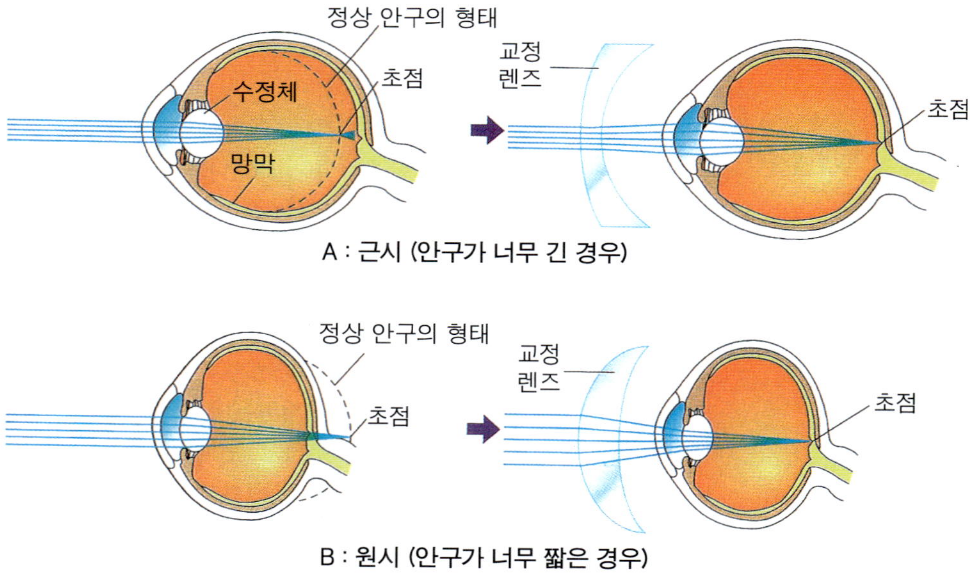

그림 7.66. 근시와 원시의 교정 방법 (권오택, 2004).

3) 난시

난시(亂視)란 모든 방향의 굴절력이 일정치 않고 눈의 경선에 따라 차이가 있어 흐트러져 보이는 상태를 말한다(그림 7.67). 즉, 평행 광선이 한 점으로 맺히지 않고, 두 점 혹은 그 이상의 초점을 갖는 상태를 말한다.

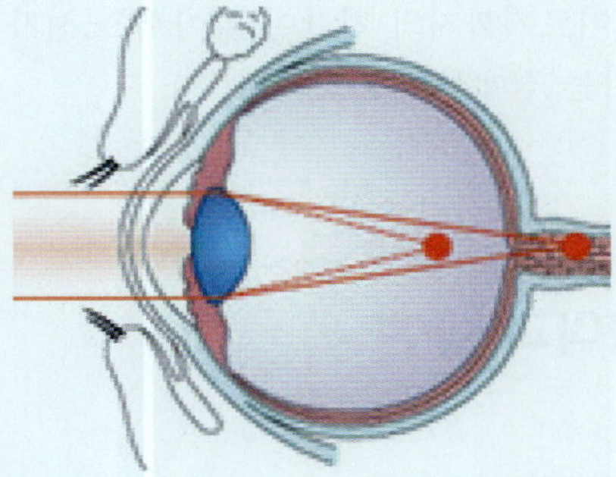

그림 7.67. 난시(http://www.eyedaq.com/onlineclinic/study/study01_3.php).

① 정난시

정난시는 방사선이 같은 간격을 두고 그려진 난시검사표를 보았을 때에 가장 짙은 빛깔 로 보이는 선과 가장 옅은 빛깔로 보이는 2개 주경선(主徑線)이 직교되어 그 사이의 굴절은 정확한 대칭인 강약 순으로 배열되어 보인다. 정난시는 산립종 등에서도 일과성(一過性)의 것이 나타나는 경우가 있지만 대개는 선천성이고 유전을 하는 경우도 있다. 보통 볼 수 있는 난시는 각막 난시와 수정체 난시의 혼합이다. 정난시는 원주(圓柱) 렌즈의 안경 또는 콘택트렌즈로 교정한다. 원주 렌즈의 축은 난시검사표에서 가장 엷게 보이는 선을 조사하여 그 선의 방향으로 일치시킨다.

② 부정난시

부정난시는 각막면의 혼탁 등에 의하여 일어나는데 구면(球面)이 완전한 상태가 되지 않는 증세이다. 생리적으로 발생하는 경우도 간혹 있는데, 심한 것은 플라시도 각막계(placido' s disk)를 사용하여 조사한다. 이는 동심원 5개를 그린 원판의 중앙에 속을 들여다보는 구멍이 뚫린 것이다. 창에 등을 대고 서 있는 환자의 각막에 그것을 비쳐, 각막에 비친 상을 구멍으로 관찰하는 것인데, 동심원이 흐트러져 보이기 때문에 진단이 된다. 부정난시의 교정은 안경으로는 불가능하고 콘택트렌즈를 사용할 수밖에 없다.

4) 노시

노시(老視, presbyopia)란 수정체의 노화현상에 의한 시력장애를 말한다. 노안(老眼)이라고도 하며, 굴절이상이 아니라 수정체의 노화현상이다. 눈의 기능이 정상인 사람은 40~45세 무렵까지는 눈앞 25~30cm 떨어진 곳을 보기 위해 조절, 즉 모양체근을 수축시켜서 모양체를 늦추어 수정체를 두껍게 하여 초점을 맞춘다. 그러나 수정체가 노화하면 이를 두껍게 할 수 없기 때문에 초점이 망막의 뒤에서 맞추게 된다. 그 때문에 노시인 사람이 무엇을 볼 때에는 허리를 뒤로 젖히면서 멀리서 보게 되는데, 이것은 눈앞에 볼록렌즈를 댄 것과 같은 효과로 초점을 망막에 맞출 수 있다. 수정체가 가장 두꺼워졌을 때에 선명하게 물체를 볼 수 있는 가장 가까운 거리를 근점거리(近點距離)라고 하며, 그것이 40cm 이상 길어지면 노시로서 노안경이 필요해진다. 근시인 사람은 근점거리가 당초부터 짧기 때문에 40cm가 되기까지의 기간이 길고 노시가 되는 시기가 늦어진다. 반대로 원시인 사람은 원래 근점거리가 멀기 때문에 40cm에 이르기까지의 기간이 짧아서 노시가 되기 쉽다. 노시와 원시는 일반적으로 볼록렌즈를 사용하는 점에서는 비슷하다.

7.8. 생식과 발생

7.8.1. 생식세포 분열

가. 검사문항

1) 생식세포 분열 과정에서 감수분열이 일어나지 않는다면 어떻게 될까?

① 성장이 불가능하다.
② 기관이 생기지 않는다.
③ 염색체의 수가 계속적으로 증가한다.
④ 대를 거듭할수록 몸이 커진다.
⑤ 잘 모르겠다.

2) 위의 답을 선택한 이유는 무엇인가?

나. 응답결과

2002년 8월 2일, 대구시 G학원의 중학교 3학년, 28명.

보기	반응	
	명	%
① 성장이 불가능하다.	3	11
② 기관이 생기지 않는다.	1	4
③ 염색체의 수가 계속적으로 증가한다.	20	71
④ 대를 거듭할수록 몸이 커진다.	2	7
⑤ 잘 모르겠다.	2	7
계	28	100

다. 분석 및 오개념

1) 분석

생식세포 분열 과정에서 감수분열이 일어나지 않는다면 '염색체의 수가 계속적으로 증가한다.' 라고 정답을 선택한 학생은 71%로 매우 높았다. 많은 학생이 '생식세포와 '염색체' 를 연관 지어 잘 이해하고 있었다.

(1) 생식세포 분열 과정에서 감수분열이 일어나지 않으면 '성장이 불가능하다' 를 선택한 학생은 수정이 일어나 발생이 진행되어 출생은 하지만 성장이 되지 않는다고 생각하거나, '성장' 이라는 용어를 깊이 생각하지 않고 '수정과 발생' 을 묶어서 '성장' 이라고 생각하였기 때문일 것이다. 따라서 '성장' 에 대한 명확한 개념이 형성되어 있지 않다고 할 수 있다.

(2) 생식세포 분열 과정에서 감수분열이 일어나지 않으면 '기관이 생기지 않는다.' 를 선택한 학생은 수정하여 발생 도중에 기관이 형성되지 않는다고 생각하므로 수정까지는 된다고 생각한다.

(3) 생식세포 분열 과정에서 감수분열이 일어나지 않으면 '대를 거듭할수록 몸이 커진다' 고 선택한 학생은 '염색체수=몸의 크기' 로 생각하여 몸도 커진다고 생각하였기 때문일 것이다.

2) 오개념

감수분열이 일어나지 않으면 성장이 불가능하고 기관이 생기지 않으며 대를 거듭할수록 몸이 커진다.

라. 과학적 개념

감수분열이 일어나지 않으면 염색체의 수가 계속적으로 증가하여 대를 이어 생존할 수 없게 된다.

마. 학습지도 방법

무성생식과 유성생식의 차이점, 그리고 체세포와 생식세포분열의 차이점을 그림 자료를 통해 인식시킨다(그림 7.68). 대를 거듭해도 염색체수가 일정해야 종족유지를 할 수 있으므로

	체세포분열	생식세포분열
모식도	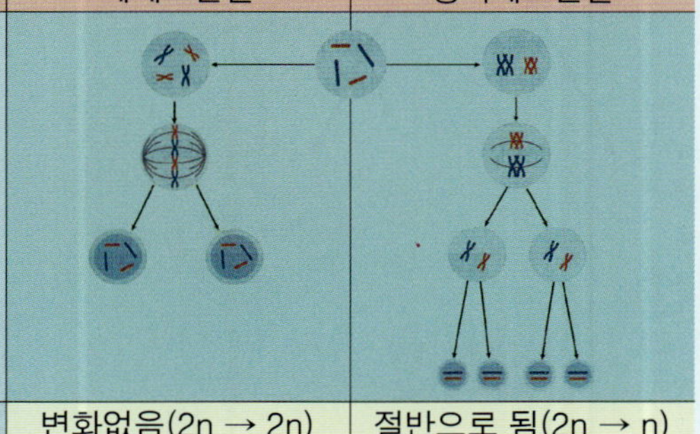	
염색체수	변화없음(2n → 2n)	절반으로 됨(2n → n)
분열횟수	1회	2회
장소	모든 체세포	생식소(정소, 난소), 꽃밥, 밑씨
의의	성장	생식

그림 7.68. **체세포 분열과 생식세포분열의 비교**

유성생식에서 감수분열이 일어난다는 것을 지도한다. 그리고, 생식세포 분열에서 감수분열이 일어난 생식세포가 아니면 수정이 일어나지 않는다는 것을 인식하도록 한다.

체세포 분열은 생장과 조직의 재생 그리고 무성생식에 관여하며 모세포와 유전적으로 동일한 딸세포를 만들고 생식세포분열은 유성생식에 관여하여 상동염색체 한 쌍 중 한 벌의 상동염색체만 갖는 반수체를 만든다. 좀 더 구체적으로 살펴보면 감수분열의 경우는 체세포분열과는 달리 세포가 두 번의 연속적인 생식세포분열을 거쳐 4개의 딸세포가 생긴다. 그러나 두 번의 연속적인 감수분열 이전에 염색체 복제는 단 한번만 일어나므로 결국 4개의 딸세포는 감수분열 시작 당시 염색체 수가 절반인 반수체 염색체를 갖게 된다(그림 7.69).

만약 생식세포의 염색체의 수가 체세포의 수와 같다면, 암수의 생식세포가 각각 결합하여 만들어지는 자손의 염색체의 수는 어버이의 체세포의 염색체 수의 두 배가 될 것이다. 또, 자손의 체세포의 DNA의 양도 부모의 두 배일 것이다. 이러한 유전현상이 일어난다고 가정하면 대를 거듭할수록 염색체의 수와 DNA의 양이 계속 두 배씩 불어나게 된다. 그런데, 생물은 부

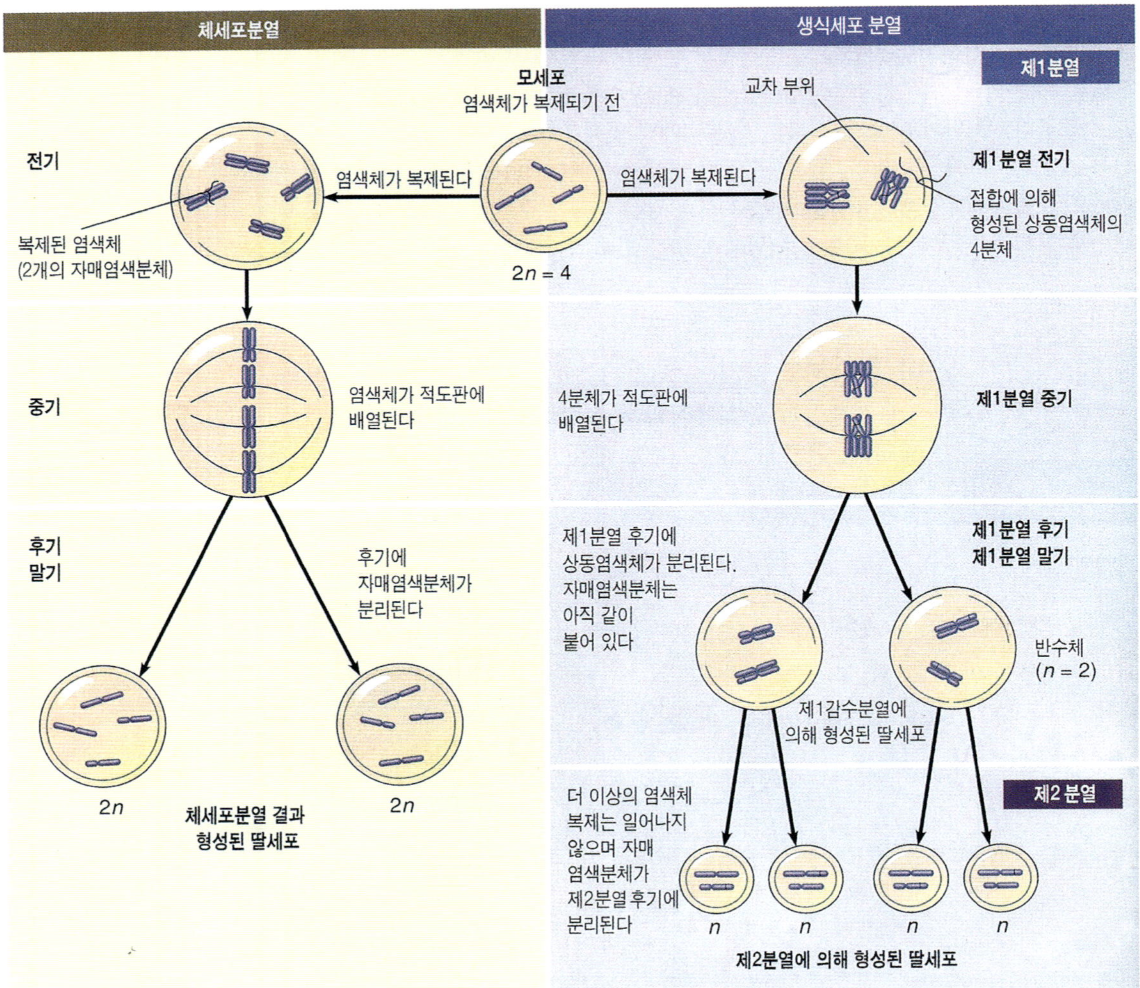

그림 7.69. 체세포분열과 생식세포분열의 과정(김명원 등, 2004에서 변형).

모와 자손의 염색체 수와 DNA의 양이 일정하다. 이것은 생식세포 분열과정에 염색체의 수와 DNA의 양이 반으로 줄어드는 감수분열 과정이 있기 때문이다.

제안 : 감수분열 과정에는 보통의 체세포분열처럼 염색체가 복제되고 난 후 2번의 분열이 있으므로 '체세포분열'이라는 용어에 대응되는 것으로 '감수분열'은 적당하지 않다. '체세포' 분열에 대응되는 용어는 '생식세포' 분열이라는 용어가 더 적당하다. 따라서 대응되는 용어로는 '체세포분열-생식세포분열', '동수(同數)분열-감수(減數)분열'이라는 용어를 사용하는 것이 오개념을 더 줄일 수 있다. 그리고, 감수분열의 2가지 과정을 제1감수분열과 제2감수분열로 부르지 말고, 제1분열과 제2분열로 하는 것이 좋다.

바. 연계 및 심화 학습

1) 세포분열을 하는 이유

(1) 세포의 생장에 따른 상대 표면적의 감소 : 세포가 정상적인 생명 활동을 하려면, 외부로부터 끊임없이 물질이 공급되어야 하고, 또 노폐물을 밖으로 내보내야하는데, 그 물질 출입의 통로는 세포막이다. 세포막은 세포의 표면적에 해당된다. 세포가 생장을 하면 표면적도 커지지만, 체적이 커지는 것에는 훨씬 미치지 못하여 문제가 된다. 세포가 생장할수록 단위 체적당 표면적은 줄어든다. 즉 세포는 생장함에 따라 물질 출입의 통로인 세포막의 넓이의 증가가 뒤따르지 못하게 되고, 따라서 물질 출입이 원활하지 못해 정상적인 생활을 할 수 없게 된다. 이에 세포는 분열을 함으로써 상대 표면적을 넓혀 정상적인 생명 활동을 할 수 있게 되는 것이다.

(2) 핵과 세포질과의 관계 : 핵은 생명 활동의 중심으로 모든 세포의 여러 생명 활동을 지배하며 조절하고 있다. 세포가 생장한다는 것은 세포질의 양이 증가한다는 것이다. 그러나 핵은 유전 물질을 함유하고 있어 생장하지 않는다. 따라서 세포질의 양이 증가하면, 핵이 조절해야 할 범위가 커지게 되므로, 세포의 생명 활동이 제대로 이루어지기 어렵게 된다. 때문에 세포는 분열함으로써 세포질의 양을 줄여 핵의 명령이 세포질 전체에 전달되어 생명 활동이 정상적으로 이루어질 수 있는 것이다.

(3) 물질 확산 속도의 문제 : 세포에는 물질의 운반 통로로 소포체가 있으나, 세포막을 통해 흡수된 물질은 결국 확산에 의해 세포질 전역에 전달된다. 세포가 생장하면 확산에 의한 물질 전달이 늦어지게 되므로, 세포가 어느 정도 이상 커지면, 분열에 의해 확산 속도를 조절하는 것이다.

2) 체세포 분열 실험 (권용주 등, 2003)

(1) **준비물**

- 기구 : 현미경, 해부침, 페트리 접시, 슬라이드 글라스, 커버 글라스, 거름종이, 알코올램프(또는 항온기), 거즈, 면도날, 온도계, 고무 달리 연필, 성냥
- 재료 : 양파 1M 염산 (HCl) 용액, 에탄올, 부탄올, 아세트산, 아세트산카민, 카나다발삼(또는 매니큐어)

(2) **실험과정**(그림 7.70)

① 양파 뿌리의 고정

㉠ 유리컵이나 병에 물을 담고 양파의 끝이 물에 잠기도록 하여 뿌리가 내리도록

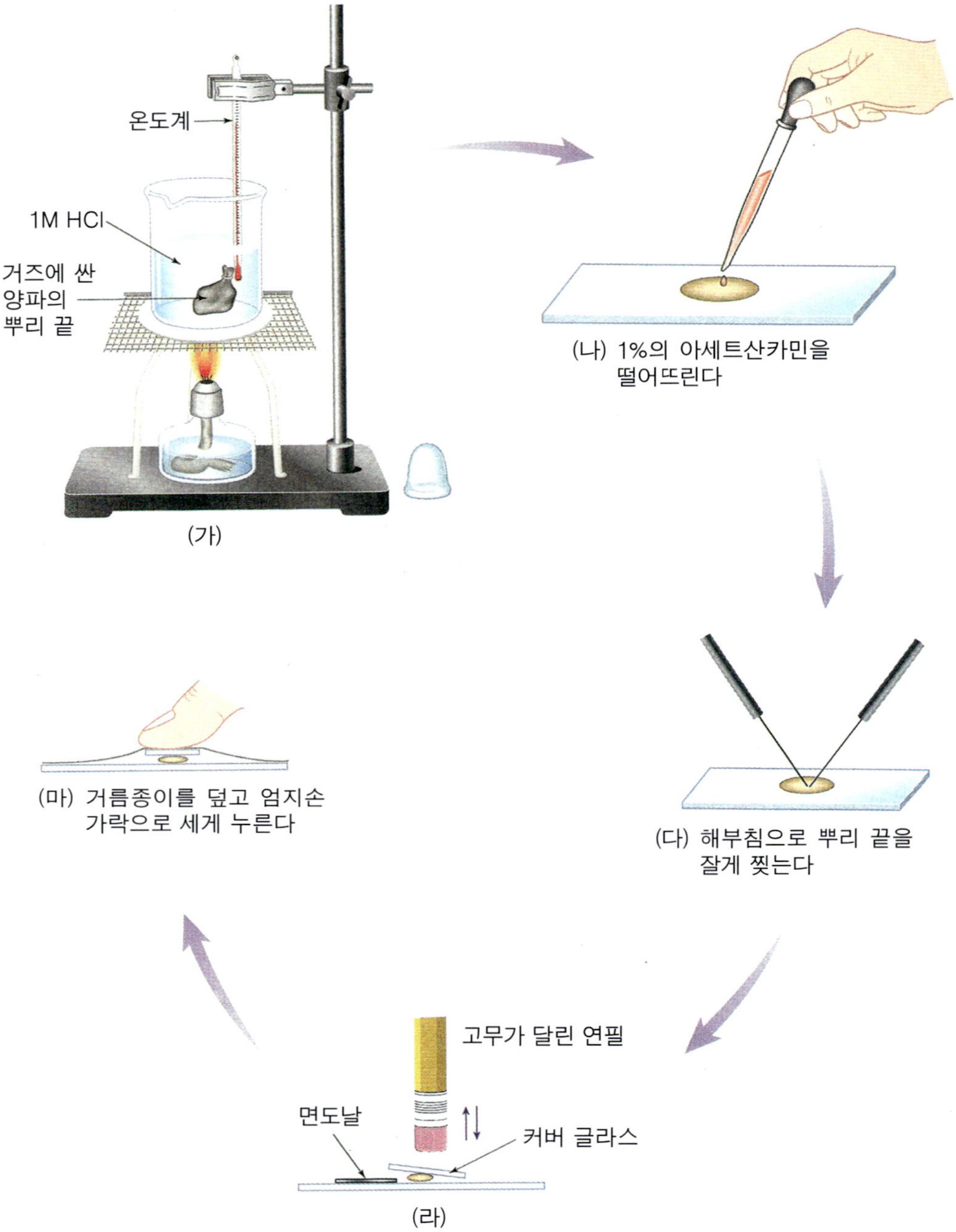

그림 7.70. **양파뿌리의 체세포분열 표본 제작 과정** (권용주 등, 2003).

한다.

㉡ 뿌리의 길이가 1~2cm정도 되었을 때 뿌리의 끝으로부터 약 1cm를 절단하고, 이것을 고정액(에탄올 : 아세트산 = 3 : 1)에 16~24시간 정도 고정한다.

② 조직의 해리와 염색

㉠ 비커에 1M HCl 용액 액을 넣고 알코올램프나 항온기에서 가열하여 55℃가 되

었을 때 고정한 뿌리 끝을 거즈에 싸서 넣고 약 8분 동안 55℃를 유지한다.

㉡ 뿌리 끝을 하나 골라내어 슬라이드 글라스 위에 올려놓고 면도날로 뿌리 끝으로부터 약 1mm를 잘라 낸다.

㉢ 잘라낸 뿌리 끝에 아세트산카민 용액을 한 방울 떨어뜨린 다음 2개의 해부침으로 뿌리 끝을 잘게 찢는다.

㉣ 커버 글라스를 잘게 찢은 뿌리 끝 위에 가볍게 올려놓는다. 이 때, 기포가 생기지 않도록 주의한다. 이 상태에서 약 10분이 지난 후 고무 달린 연필로 커버 글라스를 가볍게 두드려 세포들이 잘 분산되도록 한다.

㉤ 거름종이를 커버 글라스 위에 덮고 엄지손가락으로 압착시킨 후, 현미경으로 관찰한다.

③ 영구 표본 제작

㉠ 필요에 따라 영구 표본을 만들 수도 있는데, 이 경우에는 부탄올과 아세트산을 1 : 1로 혼합한 용액에 임시 표본을 거꾸로 넣어 두어 커버 글라스를 슬라이드 글라스로부터 떨어뜨린다.

㉡ 슬라이드 글라스를 부탄올에 넣고 1분간 시료를 탈수시킨 후, 카나다발삼을 한 방울 떨어뜨리고 커버 글라스를 봉하여 영구 표본을 만든다. 간단한 방법으로는 매니큐어로 커버 글라스의 가장자리를 칠해 얼마 동안 표본의 건조를 막을 수 있다.

④ 표본의 관찰

㉠ 저배율에서 분열상을 찾은 후 고배율로 관찰 한다.

㉡ 더 세밀한 관찰을 위해서는 유침 렌즈를 사용하여 1000배로 관찰한다.

(3) 결과 및 논의

① 관찰한 체세포 분열의 모습을 각 시기별로 그리고, 각 부분의 명칭을 기입해 보자.

② 임의의 세포 100개를 관찰하고 각 분열 시기에 해당하는 세포수를 조사하여 다음 표를 완성해 보자.

표 7.19. 각 분열시기에 해당하는 세포수

	간기	전기	중기	후기	말기
각 분열 시기에 해당하는 세포수					

③ 양파의 경우 1회의 분열에 소요되는 시간이 90분이라고 가정하고, 위의 자료를 이용하여 각 시기에 소요되는 시간을 분 단위로 추정해 보자.

(4) 연구과제

① 체세포 분열의 특징을 조사해 보자.

② 양파의 뿌리가 체세포 분열의 관찰 대상으로 적합한 이유를 조사해 보자.

③ 살아 있는 상태에서 세포 분열의 과정을 관찰하고자 한다면 어떤 과정이 필요한가?

3) 생식세포분열 실험 (권용주 등, 2003)

(1) 준비물

• 기구 : 현미경, 해부기, 페트리 접시, 슬라이드 글라스, 커버 글라스, 거름종이, 알

코올램프(또는 항온기), 면도날, 온도계, 핀셋

- 재료 : 자주달개비의 꽃봉오리, 생쥐(수컷), 1M 염산(HCl) 용액, 에탄올, 부탄올, 아세트산, 아세트산카민, 카나다발삼(또는 매니큐어)

(2) 탐구과정

① 식물의 생식세포 분열

㉠ 꽃이 피지 않은 자주달개비의 꽃봉오리 중에서 크기가 3~4mm 정도인 어린 것을 골라 꽃밥(수술머리)을 들어낸 후 슬라이드 글라스 위에 놓는다.

㉡ 꽃밥을 핀셋으로 터뜨린 후 아세트산카민 용액을 한 방울 떨어뜨리고 커버 글라스를 덮는다.

㉢ 약 5분이 지난 후 거름종이를 커버 글라스 위에 덮고 엄지손가락으로 압착하여 세포들이 잘 퍼지도록 한다.

㉣ 체세포 분열 관찰 요령에 준하여 현미경으로 관찰한다.

㉤ 관찰한 것보다 작거나 큰 꽃봉오리를 같은 꽃대의 위와 아래에서 채취한 다음, 같은 방법으로 꽃밥을 떼어 내어 염색한 후 관찰한다.

② 동물의 생식세포 분열

㉠ 생쥐의 정소를 적출한 후 부정소를 제거하고 여러 조각으로 자른 다음, 45% 아세트산에서 5분 동안 고정한다.

㉡ 정소 한 조각을 슬라이드 글라스에 올려놓고 아세트산카민 용액을 한 방울 떨어뜨린 후 커버 글라스를 덮는다.

㉢ 약 5분이 지난 후 거름종이를 커버 글라스 위에 덮고 엄지손가락으로 압착하여 정소의 세포들이 잘 퍼지도록 한다.

㉣ 체세포 분열 관찰 요령에 준하여 현미경으로 관찰한다.

③ 영구 표본의 제작

필요할 경우 체세포 분열에서와 같은 요령으로 영구 표본을 제작한다.

(3) 결과 및 논의

① 관찰한 감수 분열 과정을 각 시기별로 그리고, 각 부분의 이름을 써 보자.

② 감수 분열 중 제 1분열을 각 시기별로 찾아보자. 체세포 분열의 경우와 마찬가지로 각 시기의 출현 빈도를 조사하고, 각 시기에 소요되는 시간을 추정해 보자.

③ 자주달개비와 생쥐의 반수체는 몇 개의 염색체로 구성되어 있는가?

(4) 연구과제

① 체세포 분열과 감수 분열의 차이점을 조사해 보자.

② 난자의 경우에도 비슷한 양상의 감수 분열 상을 관찰할 수 있는가?

③ 자주달개비의 꽃밥, 생쥐의 정소가 감수 분열의 조사 대상으로 적합한 이유를 조사해 보자.

7.8.2. 식물의 수분

<조사 1>

가. 검사문항

1) 다음 중 식물의 수분에 대한 설명으로 올바른 것은?

① 꽃가루받이와 다른 용어이다.

② 자가수분을 하는 꽃에 비해 타가수분을 하는 꽃이 훨씬 적다.

③ 식물들은 자가수분을 최대한 방지하고자 한다.

④ 대부분의 식물은 자가수분에 유리한 꽃의 구조를 하고 있다.

2) 위의 답을 선택한 이유는 무엇인가?

나. 응답결과

2003년 5월 2일, D대학교의 J특수교육과, 25명.

보기	반응	
	명	%
① 꽃가루받이와 다른 용어이다.	3	12
② 자가수분을 하는 꽃에 비해 타가수분을 하는 꽃이 훨씬 적다.	10	40
③ 식물들은 자가수분을 최대한 방지하고자 한다.	4	16
④ 대부분의 식물은 자가수분에 유리한 꽃의 구조를 하고 있다.	8	32
계	25	100

다. 분석 및 오개념

1) 분석

'식물들은 자가수분을 최대한 방지하고자 한다.' 라고 정답을 선택한 학생은 16%였다. 대부분의 식물은 자가수분을 하거나 자가수분을 유리한 구조를 하고 있다고 답하였다.

(1) 식물의 수분과 '꽃가루받이' 가 같은 현상을 나타낸다는 것을 모르고 있었다. 이는 용어에 대한 이해부족이라 볼 수 있다.

(2) 대부분의 꽃은 암술과 수술이 함께 있으므로 자가수분을 하는 꽃이 타가수분을 하는 꽃보다 더 많다고 알고 있다고 하였다. 이렇게 생각하는 것은 식물의 수분방법에 대해 구체적으로 잘 모르기 때문이다.

(3) 암술과 수술이 따로 있는 꽃을 보면 자가수분을 최대한 방지하고자 한다고 하였다.

(4) 식물은 자가수분에 유리한 꽃의 구조를 하고 있는 이유로는 대부분의 꽃 안에 암술과 수술이 다 있고 꿀벌 등에 의해서 수정되기 때문이라고 하였다.

2) 오개념

(1) 수분과 꽃가루받이는 다른 뜻이다.
(2) 대부분의 식물이 자가수분을 한다.
(3) 암술과 수술이 한 꽃 안에 같이 있기 때문에 자가수분에 유리하다.

라. 과학적 개념

(1) 꽃가루가 암술머리에 붙는 것을 '수분' 또는 '꽃가루받이' 라고 한다.
(2) 대부분의 꽃은 타가수분을 하며, 자가수분에 대한 방지책을 가지고 있다.

마. 학습지도 방법

꽃가루받이(受粉)의 용어를 한글과 한자로 설명한다. 식물의 수분방법을 설명하고, 타가수분을 하는 식물과 자가수분을 하는 식물의 예를 그림이나 사진으로 제시한다. 그리고, 자가수분의 불리한 점과 타가수분의 유리한 점을 설명하면서, 자가수분 방지하기 위한 방법들을 설명한다.

<조사 2>

가. 검사문항

1) 다음 중 식물과 그 수분방법에 따른 분류가 바르게 짝지어진 것은?

① 소나무 – 충매화
② 은행나무 – 풍매화
③ 민들레 – 풍매화
④ 연꽃 – 수매화

2) 위의 답을 선택한 이유는 무엇인가?

나. 응답결과

2003년 5월 2일, D대학교의 J특수교육과, 25명.

보기	반응	
	명	%
① 소나무 – 충매화	0	0
② 은행나무 – 풍매화	0	0
③ 민들레 – 풍매화	19	76
④ 연꽃 – 수매화	6	24
계	28	100

다. 분석 및 오개념

1) 분석

'은행나무가 풍매화' 라는 사실을 알고 있는 학생은 없었다. 대부분의 학생은 민들레가 풍매화라고 하였으며, 일부는 연꽃을 수매화라고 하였다.

(1) 소나무를 충매화하고 생각하는 학생은 없었으나, 민들레를 풍매화라고 알고 있는 학생이 76%나 되었다. 그 이유로 '민들레는 바람에 하얀 씨가 날려서 퍼진다.' 고 하였다. 이는 수분방법과 씨의 분산방법을 혼돈하고 있기 때문이다. 주변에서 흔히 접할 수 있는 민들레 씨의 이동에 대한 개념이 꽃가루받이(수분)로 착각하여 오개념이 형성된 것으로 생각된다.

(2) '연꽃을 수매화' 라고 알고 있는 학생이 24%나 되었다. 그 이유로 '연꽃은 물에 있기 때문에' 라고 하였다. 식물이 사는 환경으로 물이며 수매화라고 단순히 생각하여 오개념이 형성된 것 같다.

2) 오개념

(1) 민들레는 씨가 바람에 날려서 퍼지므로 풍매화이다.

(2) 연꽃은 물에서 피기 때문에 수매화이다.

라. 과학적 개념

은행나무는 풍매화이다.

마. 학습지도 방법

꽃의 수분방법과 씨의 분산방법을 구분하여 설명하고 나중에 비교하여 설명한다. 여러 가지 수분방법의 특성을 제시하며 각각의 장단점을 설명한다.

바. 연계 또는 심화 학습

1) 용어 설명

(1) 수분(受粉, 꽃가루받이, pollination)

종자식물에서 수꽃의 꽃밥(수술머리)에서 만들어진 꽃가루(花粉, pollen)가 암술머리에 달라붙는 현상을 수분(受粉, 꽃가루받이, pollination)이라 한다(그림 7.71).

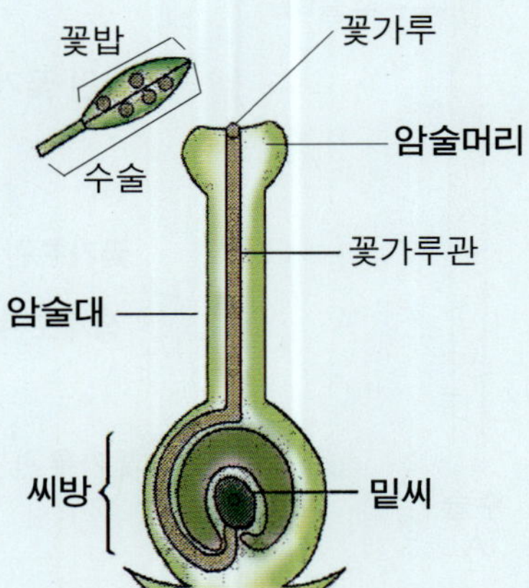

그림 7.71. 수분과 수정.

(2) 수정(受精, fertilization)

꽃가루받이된 꽃가루에서 화분관(꽃가루관)이 길어져 암술대를 뚫고 들어가 꽃가루의 정핵과 밑씨 속의 난핵(난세포)과 결합하는 것을 수정(受精, fertilization)이라 한다. 씨방은 자라서 열매가 되고, 밑씨는 자라서 종자가 된다.

2) 꽃가루의 발달

꽃가루는 화분(花粉, pollen grain, 웅성배우자체, 소배우자체)이라고도 한다.

(1) 소포자의 발생

소포자란 어린 상태의 꽃가루를 말하며 소포자낭(꽃가루주머니)속에서 소포자모세포가 감수분열하여 생긴다.

- 소포자모세포로부터 꽃가루(웅성배우자체)의 발달과정은 다음과 같다(이규배, 2004)(그림 7.72).

  A~B : 수술의 끝에 소포자낭이 있는데 이 소포자낭 속에 소포자모세포들이 있다.

  C~D : 감수분열에 의해 1개의 소포자모세포로부터 4개의 소포자가 발달한다.

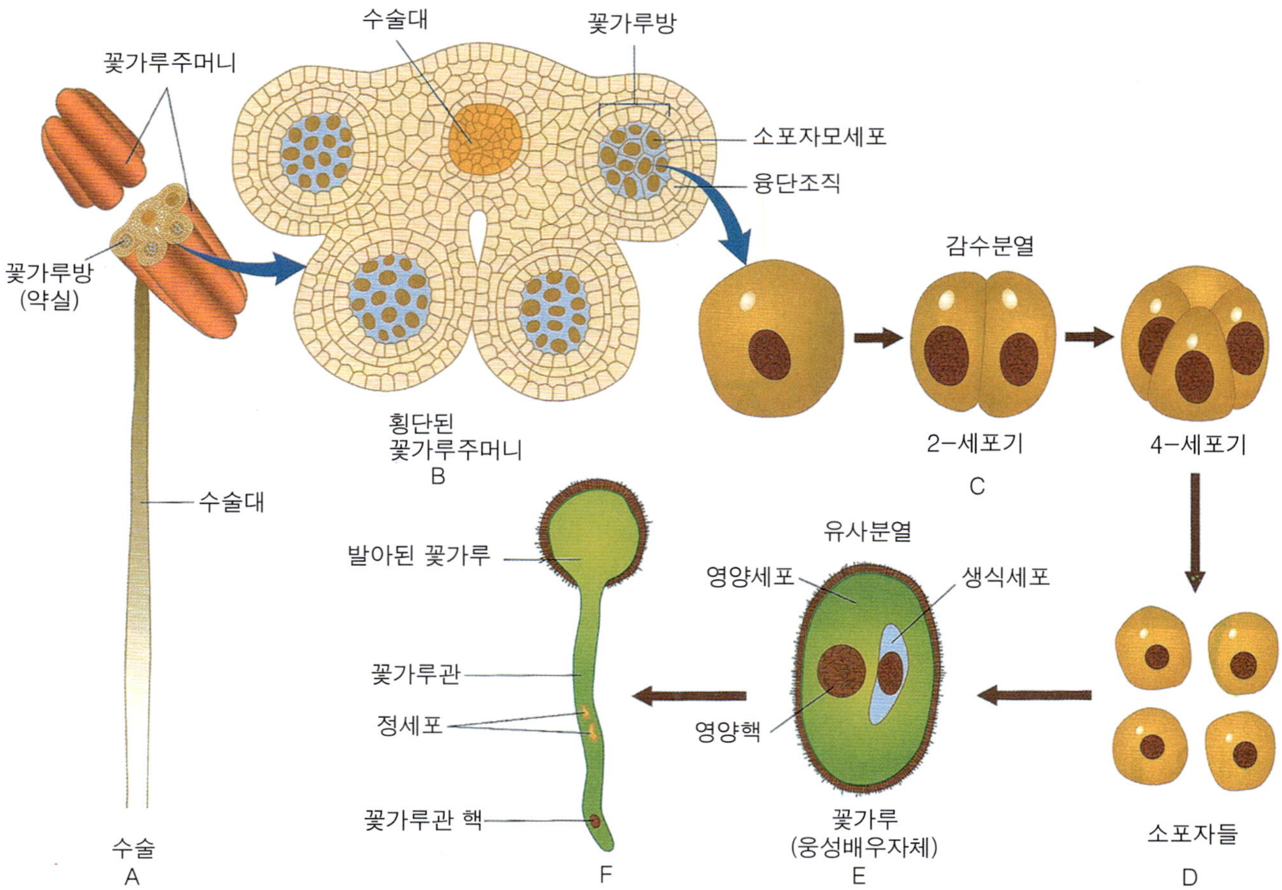

그림 7.72. 소포자모세포로부터 꽃가루(웅성배우자체)의 발달(이규배, 2004).

E : 소포자는 유사분열 하여 2개의 세포(영양세포와 생식세포)로 이루어진다. 영양세포와 생식세포로 구성된 성숙한 꽃가루는 단단한 세포벽으로 둘러싸인 웅성배우자체이다.

F : 꽃가루가 수분을 하면 액포가 생겨 영양세포를 밀어내면서 꽃가루관이 형성된다. 꽃가루에 잇던 1개의 생식세포가 분열하여 2개의 정세포를 만든다.

(2) 소배우자의 발생

소배우자(小配偶者, male gamete, 웅성배우자, 정세포)는 꽃가루에 있던 1개의 생식세포가 분열하여 형성된다. 꽃가루관은 암술머리와 암술대로부터 영양물질을 흡수하면서 씨방을 향해서 아래로 자란다. 꽃가루관이 씨방을 향하여 자랄 때, 대부분의 세포질은 꽃가루관의 끝 부분에 제한되어 있고 그 나무지 부분은 큰 액포로 채워진다(이규배, 2004).

(3) 꽃가루관 핵의 발달

꽃가루관 핵(pollen-tube nucleus)은 화분내의 영양핵이다. 감수분열에 의하여 생긴 꽃가루 4분자는 각각 1핵이지만, 소포자가 성숙한 화분이 되기까지의 과정에서 분열하여 낭핵이 생식핵과 영양핵으로 분화한다. 그 후 종류에 따라서 영양핵은 퇴화하는 것도 있지만 대부분은 화분관핵으로 된다. 꽃가루관핵은 흔적적 구조이며 꽃가루관의 생장에는 중요한 역할을 하지 않는다(강영희, 1998).

3) 배낭의 발달

(1) 대포자의 발생

대포자발생(大胞子發生, megasporogenesis)은 대포자낭 속에서 대포자를 형성하는 과정이다. 일반적으로 씨방의 밑씨에서 형성된 포자는 소포자보다 더 크기 때문에 대포자라고 한다. 대포자는 대포자모세포가 감수분열 하여 형성하게 된다(이규배, 2004).

(2) 대배우자의 발생

대배우자(大配偶子, megagamete, 자성배우자, 난세포)는 대배우자체 속에 포함되어 있으며, 대배우자체는 초기의 1개의 기능성 대포자가 살아남아서 발달하게 된다(이규배, 2004).

- 피자식물의 밑씨에서 대포자 및 대배우자의 발달과정은 다음과 같다(이규배, 2004).

  씨방 속에 있는 밑씨는 하나의 대포자모세포와 주피가 형성됨으로서 발달하기 시작한다.

  A~B : 주심 조직 속에서 대포자 모세포가 형성된다(**그림 7.73**).

  C~D ; 감수분열을 거쳐 반수체인 4개의 대포자를 만든다.

  E : 3개의 대포자는 퇴화되고 1개만 남는다.

  F~I : 1개의 기능성 대포자가 유사(핵)분열을 3번 반복하여 8개의 핵이 된다.

  J : 세포질분열이 일어나서, 8개의 핵과 7개의 세포로 구성된 성숙한 배낭(자성배우자체)이 형성된다.

4) 수분의 방법

꽃들은 저마다 독특한 꽃가루받이 방법을 갖고 있다. 한 꽃 안에서 꽃가루받이가 이루어지

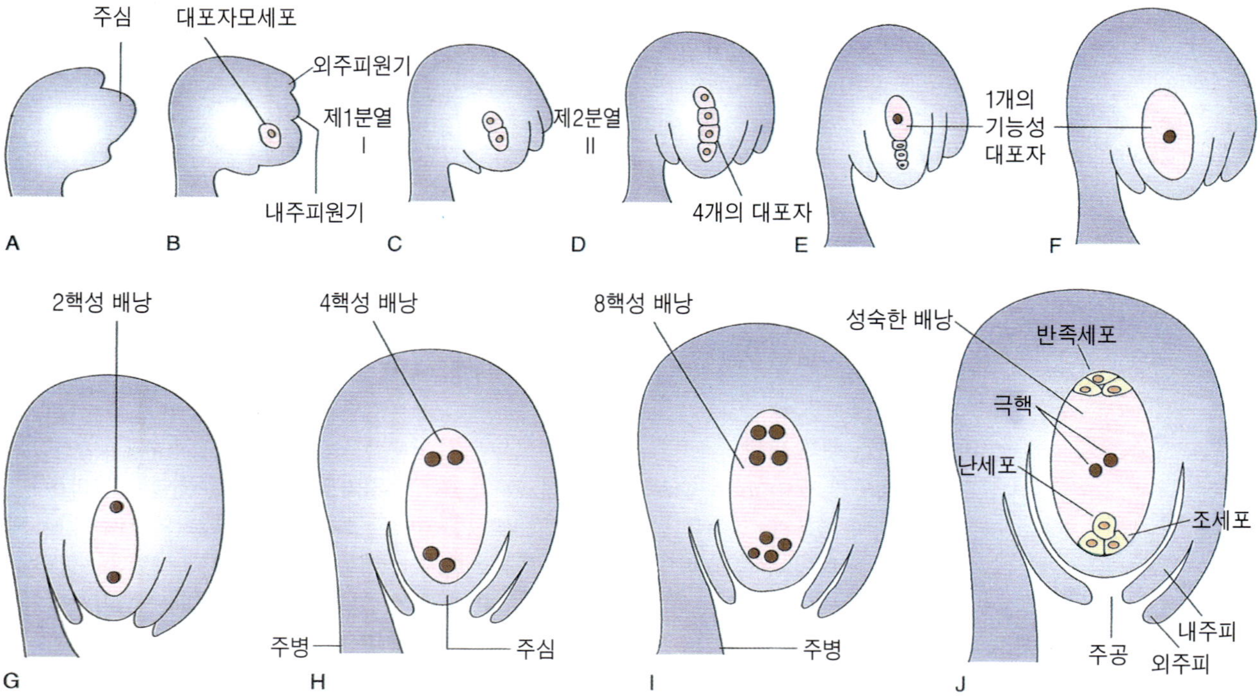

그림 7.73. 밑씨의 발달 과정(이규배, 2004).

는 꽃들은 자가수분(제꽃가루받이) 하는 꽃이라고 하고, 다른 꽃의 꽃가루를 받아 꽃가루받이를 하는 꽃은 타가수분(딴꽃가루받이) 하는 꽃이라고 한다.

(1) 자가수분(自家受粉, 제꽃가루받이, selfpollination, autogamy)

한 그루의 꽃 안에서 화분이 암술머리에 붙는 현상을 말하며 한 꽃 안에 있는 암술과 수술사이에서 수분이 이루어지는 자화수분과 한그루에 피어있는 다른 꽃 사이에서 수분이 이루어지는 타화수분이 있다.

한 꽃 안에 암술과 수술이 다 있으며, 같은 시기에 암술과 수술이 자란다. 이들은 장마, 매서운 추위 등으로 꽃가루받이를 해 주는 곤충이 없을 때에도 자랄 수 있다. 즉, 딴꽃가루받이를 하는 꽃보다 나쁜 환경에서도 번식을 할 수 있다. 잡초라고 불리는 식물들의 대부분과 벼, 보리, 강낭콩, 개별꽃, 큰개별꽃 등이 제꽃가루받이를 하는 꽃들이다.

(2) 타가수분(他家受粉, 딴꽃가루받이)

다른 꽃의 꽃가루를 받는 경우이다. 같은 종류의 식물에서 한 그루의 꽃가루가 다른 그루의 꽃의 암술머리에 묻는 현상을 말한다(이규배, 2004).

대부분의 식물들은 딴꽃가루받이(타가수정)를 하는데, 딴꽃의 꽃가루를 받는 수분 방법에는 여러 가지가 있다.

(3) 자가수분 vs 타가수분

자가수분의 경우 유전적으로 동일한 자손이 생겨남으로써 환경의 급격한 변화가 일어났을 때 생존에 불리하며 다른 개체들과의 경쟁에서 취약해지므로 그 결과 개체군의 크기가 위축되는 현상을 초래할 수가 있다. 하지만 타가수분의 경우는 다양한 유전적 형질을 물려받을 수 있기 때문에 다양성과 경쟁성에서 자가수분보다 유리한 면을 가진다. 그렇기 때문에 대부분의 식물들은 타가수분의 방법으로 자손을 남기고 있다.

5) 자가수분 방지법

자가수분을 피하기 위해 수술의 화분이 암술보다 늦게 성숙하는 종류로는 목련, 질경이, 유채 등이 있고, 수술의 화분이 암술보다 빨리 성숙하는 종류로는 이질풀(그림 7.74), 도라지, 봉선화, 범의귀, 국화과 등의 꽃이 있다. 또 꽃의 구조에 의하여 자가수분을 방지하는 것으로는 붓꽃, 앵초, 개나리(그림 7.75) 등이 있고, 씨방으로부터 자기 화분의 생장을 억제하는 물질이 나와서 자가수분을 방지하는 배꽃 같은 종류도 있다.

그림 7.74. 암술과 수술의 성숙 시차 (이질풀). 꽃밥이 하나씩 터져 꽃가루를 날리는 시기(왼쪽), 자신의 꽃가루를 다 날린 뒤 암술머리가 갈라지면서 익는 시기(오른쪽) (http://han.nazon.net/project/5tt.hwp, 030424).

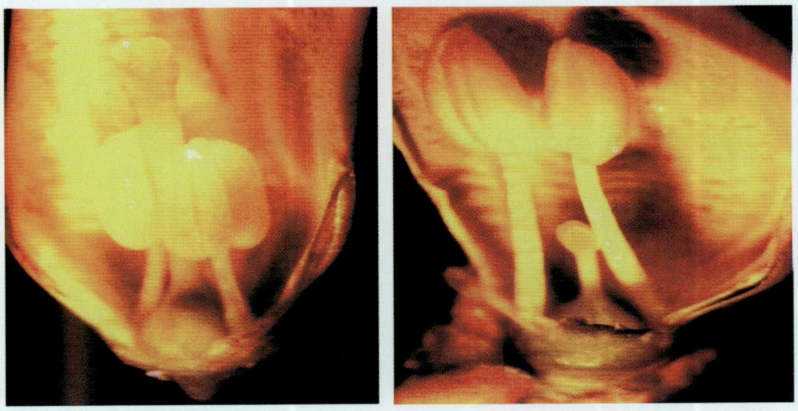

그림 7.75. 개나리의 두 가지 꽃. 짧은 수술과 긴 암술을 가진 장주화(왼쪽), 긴 수술과 짧은 암술을 가진 단주화(오른쪽) (http://han.nazon.net/project/5tt.hwp, 030424).

6) 수분(꽃가루받이)의 방법에 따른 꽃의 분류

(1) **충매화(蟲媒花, entomophilous flowers)**

벌이나 나비 따위의 곤충의 몸에 수술의 꽃가루가 묻어 옮겨져 암술머리에 묻게 되는 것을 충매화라고 한다. 충매화는 대부분의 꽃들이 아름다운 빛깔의 꽃잎이나 꿀 및 달콤한 향기로 곤충을 끌어들이는데, 분꽃, 무꽃, 나팔꽃, 호박꽃, 민들레, 봉숭아꽃, 달맞이꽃, 무궁화꽃, 장미꽃, 개나리꽃, 복숭아꽃 등이 여기에 속한다. 연꽃은 물속에 뿌리를 내리고 물 위에 꽃을 피우지만 곤충에 의해 꽃가루받이가 일어나는 충매화이다.

(2) **풍매화(風媒花, anemophilous flower)**

꽃가루가 바람에 날려서 운반되어 수분이 이루어지는 것을 꽃이다. 풍매화에 속하는 꽃들은 대개 꿀이나 향기가 없고 빛깔도 화려하지 않다. 또 꽃덮이가 없으며, 있어도 작아서 눈에 잘 띄지 않는다. 꽃가루는 가볍고 표면이 매끄러워서 멀리까지 날려가는데, 그 양도 매우 풍부하다. 보통 수꽃과 암꽃으로 나뉘어 있으며, 한 그루의 다른 위치에 있거나 딴 그루에 붙어 있다. 수술과 암술은 바람을 잘 받을 수 있도록 밖으로 튀어 나와 있으며, 바람에 날려 오는 꽃가루가 붙기 쉽도록 암술머리는 솔이나 깃털과 같은 모양을 하고 있다. 풍매화로는 벼, 보리, 밀, 강아지풀, 옥수수, 수수, 갈대, 버들과, 포아풀과, 골풀과, 방동사니과에 속한 것들과 소나무, 은행나무, 오리나무, 자작나무, 졸참나무 등이 있으며, 겉씨식물은 모두 풍매화이다.

(3) **조매화(鳥媒花, ornithophilous flower)**

꽃가루가 새무리에 의해서 옮겨져 수분이 이루어지는 꽃을 조매화라고 한다. 조매화의 꽃은 새가 눈으로 보고 이끌리기 쉽도록 대개가 크고 두드러져 보이는 빛깔을 띠고 있다. 우리나라에서 겨울에 피는 동백나무꽃과 같은 경우에는 동박새가 꿀을 빨아먹는 동안 꽃가루가 옮겨진다. 조매화로는 바나나, 파인애플, 선인장, 유칼립투스 등이 있으며, 꽃을 찾아드는 새에는 제주직박구리, 벌새, 태양조 등 여러 가지가 있다.

(4) **수매화(水媒花, water pollination)**

물이 매개체가 되어 수분되는 꽃이다. 물속에서 자라나는 식물은 꽃가루가 물 위에 떠다니다가 암술에 옮겨져 수분을 한다. 수매화는 대개 물속에서 살거나 물 위에 떠서 사는 식물들이며, 수매화도 풍매화처럼 곤충을 유인할 필요가 없어서 꿀샘, 꽃받침잎, 꽃잎 등이 없다. 수매화에는 나사말, 검정말, 큰마디말, 붕어마름, 물수세미 등이 있다.

7.8.3. 식물의 수정

<조사 1>

가. 검사문항

1) 다음 중 식물의 수정을 올바르게 설명하고 있는 것은 어느 것인가?

① 정핵이 난세포와 결합하는 것이다.

② 꽃가루가 암술머리에 붙는 것이다.

③ 식물의 종류에 따라 모두 다르므로 한마디로 설명하기 어렵다.

④ 수분이라고도 한다.
⑤ 잘 모르겠다.

2) 위의 답을 선택한 이유는 무엇인가?

나. 응답결과

2002년 8월 6일, 대구시 G고등학교의 2학년 1개반, 37명.

보기	반응	
	명	%
① 정핵이 난세포와 결합하는 것이다.	12	32
② 꽃가루가 암술머리에 붙는 것이다.	17	46
③ 식물의 종류에 따라 다르므로 한마디로 설명하기 어렵다.	7	19
④ 수분이라고도 한다.	0	0
⑤ 잘 모르겠다.	1	3
계	37	100

다. 분석 및 오개념

1) 분석

식물의 수정(受精, fertilization)은 '정핵이 난세포와 결합하는 것' 이라고 정답을 선택한 학생은 32%였다. 대부분 수분(受粉, 꽃가루받이, pollination)과 수정의 용어의 차이는 알고 있으나, 그 기능적 차이는 구별하지 못하여 수분과 수정을 혼돈하거나 같은 것으로 알고 있는 것 같다.

(1) **식물의 수정은** '꽃가루(花粉, pollen)가 암술머리에 붙는 것' 이라고 대답하는 것은 수정의 기능을 꽃가루받이 기능과 혼동하였기 때문일 것이다.

(2) **식물의 수정은** '종류에 따라 다르므로 한마디로 설명하기 어렵다.' 고 대답하는 것은 수정을 수분방법(충매화, 풍매화 등)과 혼돈하였기 때문이었다.

2) 오개념

식물의 수정은 꽃가루가 암술머리에 붙는 것으로 그 방법은 식물의 종류에 따라 모두 다르다.

라. 과학적 개념

(1) 식물의 수정은 꽃가루의 정핵(정세포)과 밑씨의 난핵(난세포)이 결합하는 현상이다.
(2) 수분은 꽃가루가 암술머리에 붙는 현상이다.

마. 학습지도 방법

용어의 유사성에서 오개념을 가질 수 있으므로 화분(花粉, 꽃가루, pollen), 수분, 수정에 관하여 한글과 한자 용어로 설명한다. 수분은 수정을 위한 하나의 과정임을 인식시킨다. 암술머리와 밑씨의 정확한 위치 설명을 위해 꽃의 구조 그림과 연관시켜 수분과 수정의 정확한 개념을 이해시킨 후 그 과정을 동영상을 이용하여 설명한다. 심화과정으로 겉씨식물과 속씨식물의 수정을 비교 설명하여 중복 수정의 개념을 이해시킨다.

<조사 2>

가. 검사문항

1) 다음 중 현화식물의 수분과 수정에 대한 설명으로 올바른 것을 2개 고르세요.

① 수분은 정세포가 암술머리와 만나는 것이다.
② 수분은 꽃가루관핵이 암술머리와 만나는 것이다.
③ 수분은 꽃가루가 암술머리와 만나는 것이다.
④ 수정은 꽃가루가 난세포와 만나는 것이다.
⑤ 수정은 꽃가루가 극핵과 만나는 것이다.
⑥ 수정은 정세포와 난세포가 만나는 것이다.
⑦ 수정은 꽃가루관핵과 난세포가 만나는 것이다.
⑧ 수정은 꽃가루관핵과 극핵이 만나는 것이다.

2) 위의 답을 선택한 이유는 무엇인가? (선택한 답에 각각의 이유를 적어주세요)

나. 응답 결과

2006년 5월 10일, 울산시 U중학교의 3학년 1개반 33명.

경우	보기	반응	
		명	%
1	② 수분은 꽃가루관핵이 암술머리와 만나는 것이다. ⑥ 수정은 정세포와 난세포가 만나는 것이다.	3	9
2	② 수분은 꽃가루관핵이 암술머리와 만나는 것이다. ⑦ 수정은 꽃가루관핵과 난세포가 만나는 것이다.	1	3
3	② 수분은 꽃가루관핵이 암술머리와 만나는 것이다. ⑧ 수정은 꽃가루관핵과 극핵이 만나는 것이다.	1	3
4	③ 수분은 꽃가루가 암술머리와 만나는 것이다. ④ 수정은 꽃가루가 난세포와 만나는 것이다.	3	9
5	③ 수분은 꽃가루가 암술머리와 만나는 것이다. ⑤ 수정은 꽃가루가 극핵과 만나는 것이다.	2	6
6	③ 수분은 꽃가루가 암술머리와 만나는 것이다. ⑦ 수정은 꽃가루관핵과 난세포가 만나는 것이다.	9	28
7	③ 수분은 꽃가루가 암술머리와 만나는 것이다. ⑧ 수정은 꽃가루관핵과 극핵이 만나는 것이다.	4	12
8	④ 수정은 꽃가루가 난세포와 만나는 것이다. ⑥ 수정은 정세포와 난세포가 만나는 것이다.	3	9
9	⑤ 수정은 꽃가루가 극핵과 만나는 것이다. ⑦ 수정은 꽃가루관핵과 난세포가 만나는 것이다.	1	3
10	③ 수분은 꽃가루가 암술머리와 만나는 것이다. ⑥ 수정은 정세포와 난세포가 만나는 것이다.	6	18
계		33	100

다. 분석 및 오개념

1) 분석

택일이 아닌 두 가지를 고르는 문제이었기에 한가지만을 고른 학생은 없었다. 수분과 수정의 보기를 각각 하나씩 선택한 학생도 있었지만 동일 개념 두 가지 보기를 선택한 학생도 있었다. 정답인 ③과 ⑥을 선택한 학생은 18%로 낮게 조사되었으며, 나머지 82%는 정확한 답을 선택하지 못하였다.

문제에서 식물의 수분과 수정에 관하여 두 가지를 질문을 했는데 수분의 경우 ②와 ③을 선택했는데 정답인 ③을 선택한 학생은 73%로 수분의 관해서는 대체로 과학적 개념을 가지고 있다고 보여 진다.

수정 개념에서는 정답인 ⑥을 선택한 학생은 39%에 불과하였고, 나머지 61%는 ④부터 ⑧까지 다양한 보기를 선택하여 식물의 수정에 대해서는 확실하게 답을 하지 못했다. 각 문항을 분석하면 다음과 같다.

(1) '수분은 꽃가루관핵이 암술머리와 만나는 것이다.' 고 선택한 학생은 전체 중의 15.2%이며 학생들이 대답한 이유로는 '꽃가루관핵이 정세포로 분열을 하기에 수분은 꽃가루관핵이 암술머리와 만난다.', '꽃가루관핵과 꽃가루는 같은 것이다.' 라고 답하였다. 따라서 학생들은 수정 과정 중에 꽃가루의 분열을 수분과 혼동한 것으로 보인다.

(2) '수정은 꽃가루가 난세포와 만나는 것이다.' 를 선택한 학생은 18.2%이며 학생들이 대답한 이유로는 '꽃가루가 암술머리에 떨어지고 그게 난세포와 만난다.', '꽃가루가 암술머리와 결합하기에' 라고 답하였다. 따라서 학생들은 꽃가루의 분열을 이해하지 못하고 수분이 된 꽃가루가 그대로 난세포와 만난다고 생각한 것으로 보인다.

(3) '수정은 꽃가루가 극핵과 만나는 것이다.' 를 선택한 학생은 9.1%로 가장 낮은 선택을 받았다. 학생들이 대답한 이유로는 '수분할 때 꽃가루가 밑씨로 내려간다. 극핵과 만나는 것도 수정으로 생각하기에' 등의 대답이 있었다. 따라서 꽃가루의 분열을 이해하지 못한 것 같다. 중복수정에 있어서도 알고는 있는 것으로 보이지만 그 개념이 꽃가루의 분열과 연관을 짓지 못한 것 같다.

(4) '수정은 꽃가루관핵과 난세포가 만나는 것이다.' 를 선택한 학생은 33%로 가장 많은 선택을 했으며 학생들이 대답한 이유로는 '꽃가루관핵이 밑씨에 먼저 들어간다.' 라고 대답한 학생이 다수였다. 따라서 수분 과정에서 꽃가루의 분열을 알고는 있으나 꽃가루관핵의 역할을 정확히 이해를 하지 못한 것으로 보이며, 또는 꽃가루관핵과 정세포를 동일한 개념이로 이해한 것으로 보인다.

(5) '수정은 꽃가루관핵과 극핵이 만나는 것이다.' 를 선택한 학생은 15.2%이며 학생들이 대답한 이유로는 '꽃가루관이 먼저 밑씨로 들어가며 중복수정을 극핵과 한다.' 등 대답을 하였다. 따라서 교과서 상의 그림에서 꽃가루관핵이 꽃가루관 앞에 이동을 하며 밑씨에서 극핵이 밑씨의 주공의 위치에 있기에 꽃가루관핵과 극핵이 수정을 한다는 것으로 보인다.

2) 오개념

(1) 수분은 꽃가루관핵이 암술머리와 만나는 것이다.
(2) 수정은 꽃가루가 난세포와 만나는 것이다.
(3) 수정은 꽃가루가 극핵과 만나는 것이다.

(4) 수정은 꽃가루관핵과 난세포가 만나는 것이다.
(5) 수정은 꽃가루관핵과 극핵이 만나는 것이다.

라. 과학적 개념

수술의 꽃가루주머니가 터지면, 꽃가루는 여러 가지의 매개체에 의해서 암술머리에 운반된다. 이러한 과정을 수분이라고 한다. 식물에서의 수정은 화분이 분열하여 화분관핵과 정세포를 만들고 이때 만들어진 정세포가 밑씨의 난세포(피자식물의 경우 정핵과 극핵의 융합도 포함)와 접합을 하는 것을 의미한다(이규배, 2004).

마. 학습지도 방법

식물의 꽃가루가 암술머리에 닿은 후에 일어나는 반응을 그림이나 모식도를 통하여 설명을 한다. 그리하여 암술머리에서 꽃가루관핵의 형성과 정세포의 형성을 학생들에게 지도를 한다. 그리고 꽃가루관핵과 정세포의 특징을 역할에 대해서 학습을 한다. 그리하여 꽃가루관핵과 정세포의 역할을 정확히 이해하여 혼동을 방지한다. 또한 그림을 이용하여 꽃가루관핵이 밑씨와 만나게 되었을 때의 현상을 설명한다. 또한 겉씨식물과 속씨식물에서 극핵과 정세포와의 결합인 중복수정에 대해서도 지도를 한다.

바. 연계 또는 심화 학습

1) 꽃가루관이 밑씨와 만나는 과정

수분된 후, 2개의 조세포는 특수한 구조로 변형된다. 즉 꽃가루관이 들어오는 주공(珠孔, micropyle, 주피의 한쪽 끝에 생긴 작은 구멍) 쪽에 있는 세포벽이 세포질 안으로 미로처럼 자라서(세포벽 생장) 흡수 표면적을 넓혀 수송세포로 된다. 이러한 구조를 사상장치(絲狀裝置, filiform apparatus)라고 한다. 이 세포벽은 느슨하게 구성되어 있으며, 조세포의 사상장치를 통해서 굴화성 물질을 주공 쪽으로 내보내어 꽃가루관이 배낭을 향해서 자라게 한다.

꽃가루관은 밑씨의 주공을 통해서 2개의 조세포 중 하나의 세포 속으로 들어간다(그림 7.76). 2개의 정세포와 1개의 꽃가루관핵을 포함한 내용물은 꽃가루관 끝 부근에 뚫긴 구멍

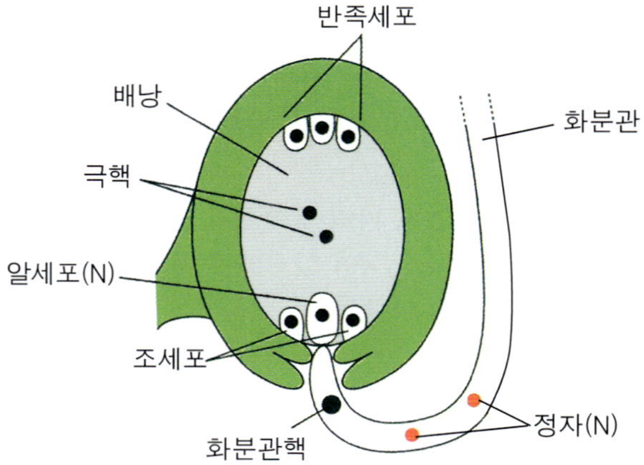

그림 7.76. 꽃가루관이 배낭에 들어가는 모습(서봉보 등, 2005).

을 통해서 조세포 속으로 방출된다(서봉보 등, 2004).

2) 식물의 수정

(1) 겉씨식물의 수정

소나무나 전나무와 같이 씨방이 없어 밑씨가 겉으로 드러난 식물을 겉씨식물이라고 한다. 대부분의 겉씨식물(裸子植物, 나자식물)에서는 난세포와 수정하고 피자식물의 배유에 해당하는 조직과 용어가 없다(이규배, 2004).

꽃가루관(화분관) 속의 정핵(정세포) 1개가 배낭의 난세포와 결합하여 배(2n)가 되고, 나머지 1개의 정핵은 퇴화되어 수정되지 않은 극핵이 배젖(n)을 만든다. 이와 같이 겉씨식물에서 1개의 정핵이 수정되는 것을 단일수정이라 한다.

> 정핵(n)+난세포(n) → 배 (씨눈 : 2n)
> 배낭 세포 → 배젖 (1차 배젖 : n)

- 수정하기 전에 배낭에 이미 배젖이 만들어져 있고 이를 1차 배젖(n)이라 한다.
- 난세포가 2개 만들어지지만 1개는 퇴화한다.

속씨식물과 겉씨식물의 수정은 중복수정의 유무로 구분 가능하며, 겉씨식물의 배젖의 핵상은 n, 속씨식물의 배젖의 핵상은 3n임을 알 수 있다.

(2) 속씨식물의 수정

속씨식물의 생식세포 형성과정은 그림 7.77과 같다.

수분이 이루어지고 나서 꽃가루관은 밑씨의 주공을 통해서 2개의 조세포 중 하나의 세포 속으로 들어간다. 이 조세포는 수분이 시작된 후, 꽃가루관이 배낭에 도달하기 전에 퇴화되기 시작한다. 2개의 정핵(정세포)과 1개의 꽃가루관핵(화분관핵)을 포함한 세포질 내용물은 꽃가루관 끝 부근에 뚫린 구멍을 통해서 조세포 속으로 방출된다.

결국, 1개의 정핵(정세포)은 난핵(난세포)과 수정하여 배(2n)가 되고, 다른 1개의

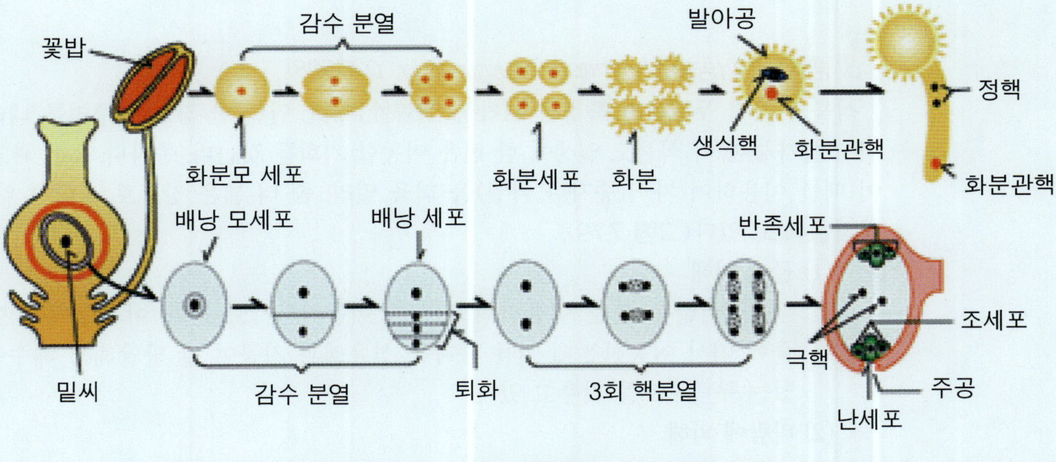

그림 7.77. 속씨식물의 생식세포 형성과정(http://user.chollian.net/~dgran/bio2/bio4-2.htm).

정핵은 2개의 극핵과 결합하여 배젖(3n)을 형성한다(그림 7.78). 이와 같이 피자식물에서 2개의 정핵이 수정되는 것을 중복수정이라고 한다(이규배, 2004).

정핵(n) + 난세포(n) → 배(2n) (자라서 어린싹이 된다)
정핵(n) + 극핵(2n) → 배젖(3n) (양분을 저장한다)

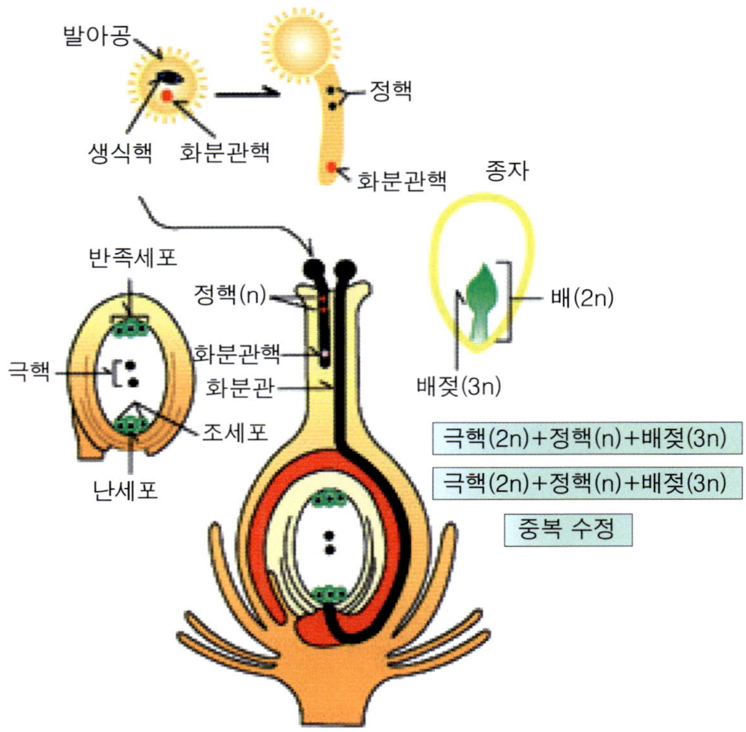

그림 7.78. 속씨식물의 중복수정 (http://user.chollian.net/~dgran/bio2/bio4-2.htm).

3) 종자의 이동(분산) (http://bh.knu.ac.kr, 030508)

식물의 가장 두드러진 특징은 고착성(固着性)이다. 일단 한 장소에 뿌리를 내리면 움직이는 것이 불가능한 이 식물도 일생에 한 번은 이동할 기회를 갖는다. 종자나 혹은 과일의 시기이다. 이 때를 이용하여 자식(종자나 과일)을 더욱 밀리, 좀 더 넓은 장소로 보내기 위한 여러 가지 장치를 갖고 있다(그림 7.79).

(1) 물에 의해

수생식물은 물을 이용하여 종자를 이동시키기도 한다. 야자열매나 갯무의 열매는 물에 떠서 이동하는데 이들 종자는 섬유질과 기공이 잘 발달해서 해수에 쉽게 뜰 수 있는 부력구조를 갖추고 있다.

(2) 바람에 의해

단풍나무나 소나무와 같이 날개를 달고 있는 종자, 민들레나 버드나무처럼 솜털을 가진 종자, 매우 작은 난(蘭)종자, 이들은 모두 바람을 이용해 이동(분산)하는 구조를

그림 7.73. 종자의 이동(http://tto1115.hihome.com, 030424)

갖고 있다.

(3) 동물에게 먹혀서

동물에 먹혀서 씨앗이 이동되는 식물로는 함박꽃, 벚꽃, 광나무, 노린재나무 등이 있다. 이들의 열매는 동물들이 자신들을 쉽게 발견할 수 있도록 빨간색이나 푸른색, 검은색 등 짙은 색을 띠며 과육부분이 두껍고 동물에게 먹혀도 소화되지 않는 두꺼운 종피를 갖고 있다.

(4) 동물의 몸에 붙어서

도꼬마리나 도깨비바늘 등의 종자는 침과 갈고리 모양의 돌기물을 가지고 있고, 털진드찰이나 멸가치 등은 종자표면에 진득진득한 점액을 분비한다. 이들은 모두 동물의 몸에 들어붙어 이동한다.

(5) 과실로 옮겨지거나 종자로 비산하여

크고 영양분이 많은 도토리와 호도 등 열매는 다람쥐나 쥐가 부지런히 모아서 숲속 여기저기 감춰둔다. 이들에게 먹히지 않고 용케 남은 열매가 다음해에 발아하는 것이다.

'손대면 톡하고 터질 것만 같은' 봉선화의 씨는 건드리면 터지면서 종자를 튕겨 보낸다. 봉선화, 물봉선, 쥐손이풀, 괭이밥 등은 과피가 말리면서 기계적인 힘에 의해 조직에서 종자가 분리되어 나간다. 대부분 어미그루 가까이에 동심원을 그리면서 지표면에 골고루 흩어진다.

7.8.4. 정액

가. 검사문항

1) 사람의 정액은 호르몬인가?

① 정액은 정자를 운반하므로 호르몬이다.
② 정액은 정소에서 만들어지므로 생식호르몬의 대표적인 것이다.
③ 정액은 몸 밖으로 배출되는 것으로 호르몬이 아니다.
④ 잘 모르겠다.

2) 위의 답을 선택한 이유는 무엇인가?

나. 응답결과

2002년 7월 18일, 경북 J여자고등학교의 3학년 1개반, 34명.

보기	반응	
	명	%
① 정액은 정자를 운반하므로 호르몬이다.	0	0
② 정액은 정소에서 만들어지므로 생식호르몬의 대표적인 것이다.	17	50
③ 정액은 몸 밖으로 배출되는 것으로 호르몬이 아니다.	17	50
④ 잘 모르겠다.	0	0
계	34	100

다. 분석 및 오개념

1) 분석

정액은 호르몬이 아니라고 정답을 선택한 학생은 50%였다. 나머지 50%는 정액은 정소에서 만들어지므로 생식호르몬의 대표적인 것으로 생각하여 호르몬과 정액을 구분하지 못하였다.

2) 오개념

정액은 정소에서 만들어지므로 생식호르몬이다.

라. 과학적 개념

사람의 정액은 정자와 여러 가지 영양물질 및 점액 등이 합쳐진 것으로 호르몬은 아니다. 호르몬은 내분비선에서 만들어져 혈액으로 분비된다.

마. 학습지도 방법

남성의 생식기관을 설명하고, 정소는 정자를 형성하고, 호르몬을 생성하는 기능을 가지고 있음을 설명한다. 호르몬, 정자, 정액의 생성과 이동을 구분하여 이해할 수 있도록 지도한다.

바. 연계 또는 심화 학습

1) 호르몬

(1) 정의

특정한 샘(腺, gland)에서 형성되어 혈액에 의하여 체내의 어느 기관까지 운반되어 그 기관의 활동이나 생리적 과정에 특정한 영향을 미치는 화학물질이다.

(2) 특성

① 내분비선(고등동물의 호르몬샘)에서 혈액 속으로 분비되어 효과가 지속적이다.
② 결핍증과 과다증이 나타남
③ 분비되는 곳과 표적기관(작용하는 곳)이 다름
④ 종특이성이 없으며 항원으로 작용하지 않는다.

2) 정소

정소(精巢, testis)는 고환(睾丸)이라고도 하며, 음낭에 싸여 한 쌍이 있다(그림 7.80). 음낭은 체외로 노출되어 있어서 정소를 체온보다 2~3℃ 낮게 해주는 역할을 한다. 정소는 체온보다 낮은 온도에서 정자의 형성이 활발하기 때문에 만약 온도가 체온과 같거나 높으면 정자형성이 불가능해진다.

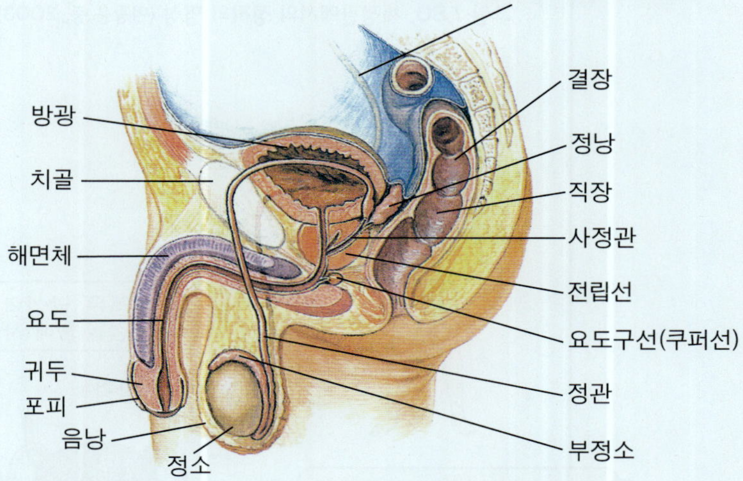

그림 7.80. 측면에서 본 남성의 생식기관 (이광웅 등, 2003에서 변형).

정소 내에서는 수많은 세정관이 있으며, 여기에서는 정자형성이 이루어진다(그림 7.81).

세정관에서 만들어진 정자는 부정소에 보관되어 있다가 수정관과 정낭을 지나 음경을 통해 사정된다(그림 7.82).

3) 전립선

후부요도(後部尿道)를 바퀴 모양으로 둘러싸고 있는 장기를 전립선(前立腺, prostate gland)이라 한다. 전립선의 분비액은 알칼리성의 유백색수양액(乳白色水樣液)이며, 정낭선액

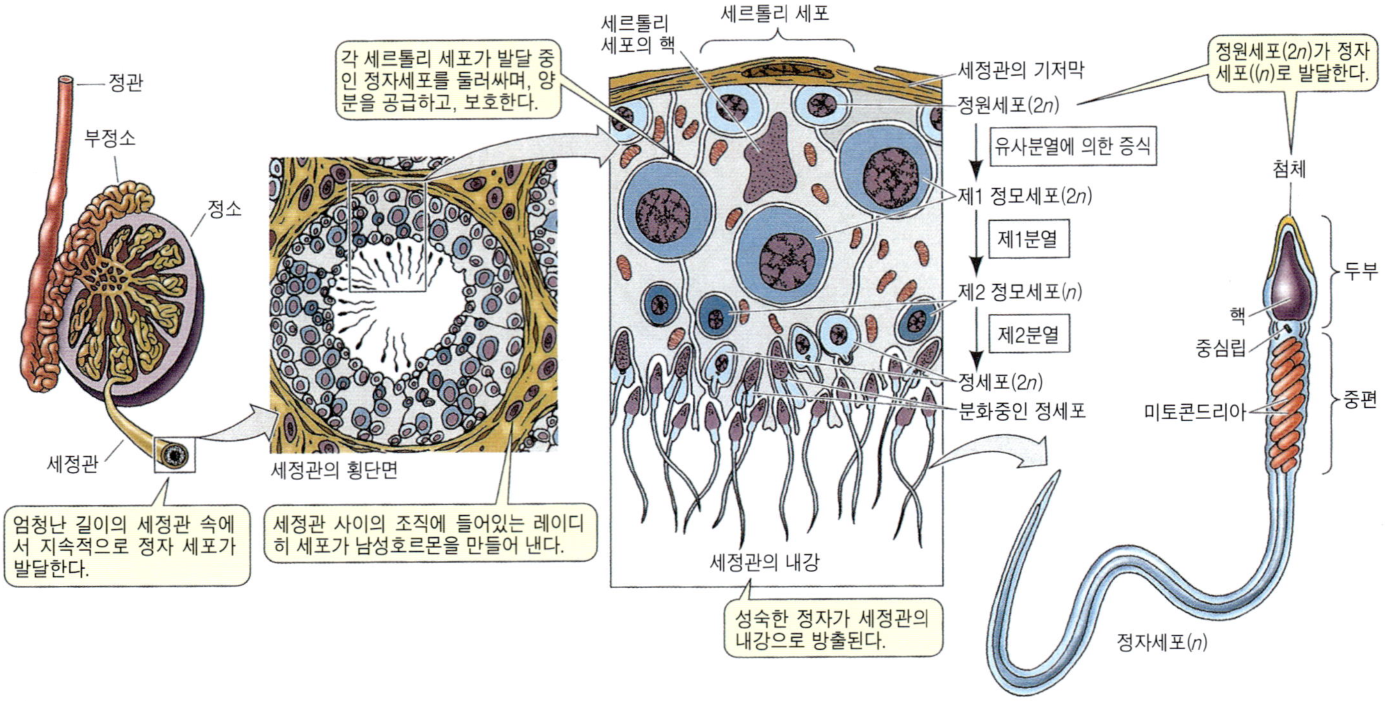

그림 7.80. 세정관에서의 정자의 형성 (이광웅 등, 2003).

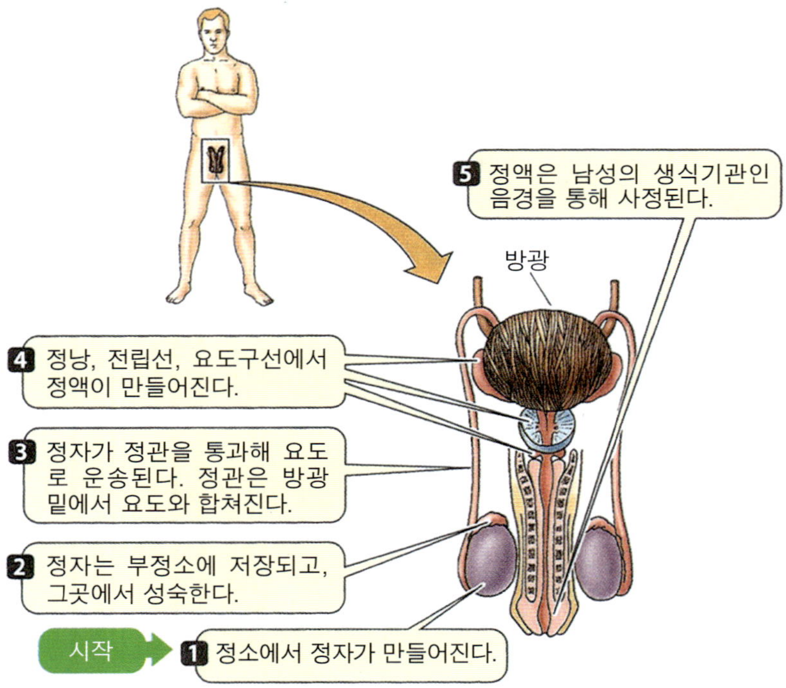

그림 7.81. 정면에서 본 남성생식기관 (이광웅 등, 2003에서 변형).

(精囊腺液)과 혼합되어 정액의 주성분이 되고, 특유의 냄새가 있으며, 정자에 활발한 운동능력을 부여한다.

4) 쿠퍼선(요두구선)

요도구의 뒤쪽에 접해 있는 한 쌍의 완두만한 크기의 분비선을 쿠퍼선(Cowper's gland) 또는 요도구선(尿道球腺, bulbourethral gland)이라 한다. 요도벽에 있는 요도선에서 발달한 것으로, 무색투명한 분비물을 내어 사정하기 전에 윤활액이 나와 요도를 적시고 정액과 합쳐진다. 성교 시 윤할 액을 분비하는 여성의 바르톨린선(Bartholin 's gland)에 해당한다.

5) 정자와 정액

정자는 정소에서 만들어진다. 이 정자가 생식부속선인 정낭선(精囊腺)·전립선(前立腺)·요도구선에서 나온 분비물이 혼합된 것이 정액(精液, semen)이다. 전립선과 요도구선 등에서는 알카리성의 정액이 분비되어 정자와 합해짐으로써, 정자가 활발한 운동성을 갖게 해준다.

정액은 성교나 몽정(夢精)에 의하여 남성의 요도에서 사출되는 액이다. 정소에서 분비된 정자는 정세관(精細管)에서 정소망에 모이고, 부정소와 정관을 지나 정낭선에 이르고, 이 정자는 똬리를 튼 것 같은 모양을 하고 거의 움직이지 않는다. 사정이 이루어질 때 전립선의 분비물과 섞이면서 정자는 처음으로 활발하게 운동을 시작한다. 즉, 전립선의 분비물은 정자의 활동에 필요한 많은 영양소와 여러 종류의 효소를 함유하고 있다. 1회의 사정액은 개인과 때에 따라 다르지만, 보통 2~5cc이다. 그 속에는 약 2–5억개의 정자가 들어있다. 0.5cc 이하의 것을 정액과소증, 정액의 사출이 전혀 없는 것을 무정액증이라고 하며 불임의 원인이 된다. 6.0cc 이상을 정액과다증이라고 한다.

정액은 밤꽃 냄새를 연상시키는 풋내가 나는 일종의 독특한 냄새가 있다. 정상인의 정액은 엷은 회색을 띠고 있으나, 병적으로 혈액이나 농이 혼합되면 적색 또는 황색을 띤다. 사정 후 20분 정도 지나면 점착성이 있는 수양액(水樣液)이 된다. 임신 가능한 정액의 조건으로서는 정액 1cc 속에 6,000만개 이상의 정자가 포함되고, 그 중 이상정자의 수가 20~30% 이하이며, 사정 후 4~8시간은 50% 이상이 활동해야 한다. 또, 정액량은 2~5cc의 범위에 있어야만 한다.

6) 남성호르몬과 정액

정소의 세정관과 세정관 사이에 있는 간세포에서는 정자형성을 촉진하고, 2차성징을 나타나게 하는 테스토스테론이란 남성호르몬이 생성·분비된다. 호르몬은 인체의 특정부위에서 만들어져 혈액으로 분비되고 혈액을 통해 효과를 나타내는 물질이므로 부부관계의 절정 시 뿜어 나오는 액체는 남성호르몬이 아니라 정자와 분비액이 섞여있는 정액이다.

부정소에 고여 있던 정자는 정관을 지나 정낭의 분비액과 섞이고, 전립선과 요도구선에서 만들어지는 분비액과 혼합되어 정액으로 된다. 이 정액이 사정 시 요도로 열려있는 사정관을 통해 분출되는 것이다. 그러므로 정액을 방출한다고 결코 남성호르몬이 고갈되는 일은 없으며, 마르지 않는 샘물처럼 끊임없이 생성되는 것이 정액이다.

하지만 나이가 들면 생식기관의 활동 둔화로 사정액의 양이 줄어들고 정액이 분출되는 힘도 약해지며 정액이 함유되어 있는 정자의 질도 어느 정도 떨어진다. 어쩔 수 없는 생리적인 노화 현상이기 때문에 크게 걱정할 것은 없다.

7.8.5. 동물의 성결정

가. 검사문항

1) 척추동물의 암 · 수 성 결정은 일반적으로 언제 이루어지는가?

① 수정되기 전에 이미 결정되어 있다.
② 수정되는 순간
③ 난할이 완성되었을 때
④ 성체가 되어 나올 때
⑤ 잘 모르겠다.

2) 위의 답을 선택한 이유는 무엇인가?

나. 응답 결과

2002년 8월 6일, 대구시 S고등학교의 2학년 1개반, 37명.

보기	반응	
	명	%
① 수정되기 전에 이미 결정되어 있다.	4	11
② 수정되는 순간	19	51
③ 난할이 완성되었을 때	6	16
④ 성체가 되어 나올 때	4	11
⑤ 잘 모르겠다.	4	11
계	37	100

다. 분석 및 오개념

1) 분석

고등동물의 암·수 성 결정은 일반적으로 수정되는 순간에 결정된다고 정답을 선택한 학생은 51%였다.

(1) 성 결정은 '수정되기 전에 이미 결정되어 있다' 고 생각하는 이유는 성염색체의 존재를 모르고 있으며 수정할 때 이러한 성염색체의 결합이 일어난다는 사실을 모르기 때문일 것이다.
(2) 성 결정은 '난할이 완성되었을 때' 일어난다고 생각하는 이유는 수정되어 발생이 진행되는 중에 성이 결정된다고 생각하기 때문일 것이다.
(3) 성결정은 '성체가 되어 나올 때' 일어난다고 생각하는 이유는 발생의 모든 과정을 거쳐야만 성이 결정된다고 생각하기 때문일 것이다.

2) 오개념

고등동물의 성은 일반적으로 난할이 완성되었을 때 또는 성체가 되어 나올 때 결정된다.

라. 과학적 개념

동물의 성이 결정되는 방식은 동물에 따라 다양하지만 척추동물은 성염색체에 의해 결정되므로 수정되는 순간 어버이의 어떤 성염색체와 결합하느냐에 따라 성이 결정된다.

마. 학습지도 방법

유성생식에서 성염색체에 의한 유전에 관해 설명한다. 특히 사람의 성염색체와 태아의 성결정 그리고 발생과정을 설명함으로써 수정과 발생 두 과정의 차이점을 인식하도록 지도한다.

바. 연계 또는 심화 학습

1) 성염색체에 의한 유전

성(性, sex)을 결정하는 것은 바로 성염색체이다. 사람의 경우는 염색체가 46개, 침팬지는 사람보다 한 쌍 더 많은 48개, 초파리는 8개로 되어있다. 사람의 세포가 가진 염색체는 22쌍(44개)의 상염색체와 1쌍(2개)의 성염색체로 구성된다. 이 중, 남자와 여자에서 다르게 나타나는 1쌍의 성염색체가 성(性)을 결정하며 이것을 유전적 성이라 한다.

여성은 22쌍의 상염색체와 1쌍의 X염색체를 가지고 있으므로 여성이 만드는 모든 난자는 상염색체와 X염색체를 갖는 종류만 생기게 된다. 그러나 남성의 성염색체는 XY이므로, 남성이 만드는 정자는 성염색체 X를 갖는 것과 성염색체 Y를 갖는 2가지가 있게 된다. 따라서 정자와 난자의 수정으로 성염색체가 XX로 되면 여자, XY로 되면 남자가 되는 것을 알 수 있는데 이로부터 성을 결정하는 것은 정자라 볼 수 있다. 즉, 사람의 성은 성염색체에 의해서 수정 때 결정되며, 절대로 변하지 않는다. 엄밀히 말하자면 남성의 Y염색체에는 정소결정유전자(TDF)를 갖고 있는데, 이의 유무로 남녀의 성을 결정한다. 즉, 정소결정유전자가 있으면 남성, 없으면 남성인데 여성처럼 보이는 기형이 된다(추영국 등, 2003).

2) 사람의 수정과 발생

(1) **수정과 착상 과정** : 수란관 끝에서 정자와 만나면 수정 → 난할을 하면서 수란관을 따라 자궁 쪽으로 이동 → 수정 후 1주일 경에 포배기에 이르면 자궁벽에 착상(임신)

(2) **발생 과정**(그림 7.83)

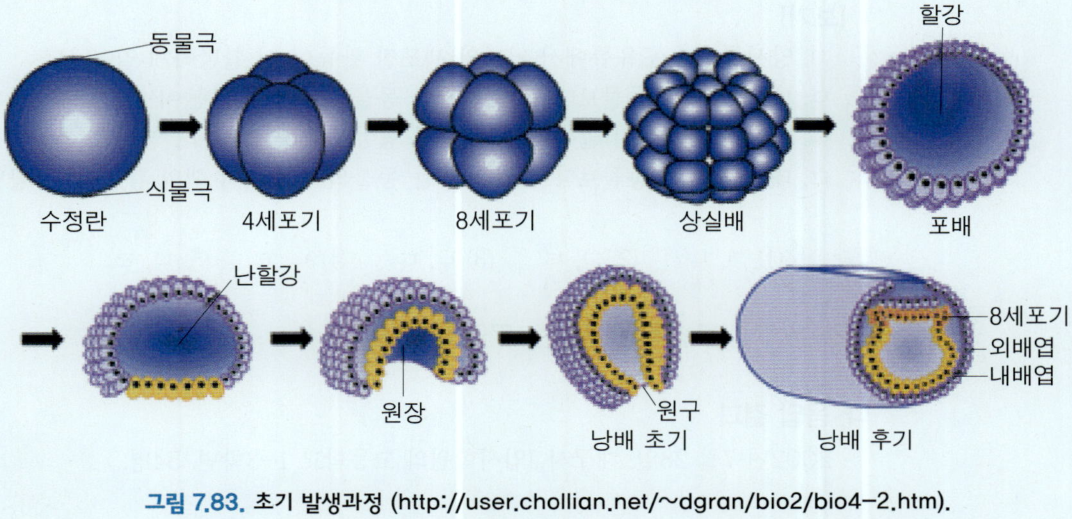

그림 7.83. 초기 발생과정 (http://user.chollian.net/~dgran/bio2/bio4-2.htm).

수정란 → (경할) → 2세포기 → (경할) → 4세포기 → (위할) → 8세포기 → (경할) → 16세포기 → (위할) → 상실배(32세포기 후) → 포배 (난할강, 외배엽 형성) → 낭배(원구, 원장, 내배엽 형성) → 중배엽 형성 → 신경배 → 기관 형성 → 개체

(3) 각 배엽으로부터 형성되는 기관

- 외배엽 : 표피, 눈의 렌즈, 털, 손톱, 뇌, 척수, 신경계, 감각기관 등
- 중배엽 : 골격, 근육 계통, 신장, 수뇨관, 생식기관, 복막, 순환계 등
- 내배엽 : 소화관, 호흡기관, 내분비선, 방광 등

7.8.6. 난자성숙

가. 검사문항

1) 아래 그림은 난생을 하는 개구리(양서류)의 난자와 태생을 하는 생쥐(포유류)의 난자가 성숙할 때 직경 변화를 비교한 것이다.

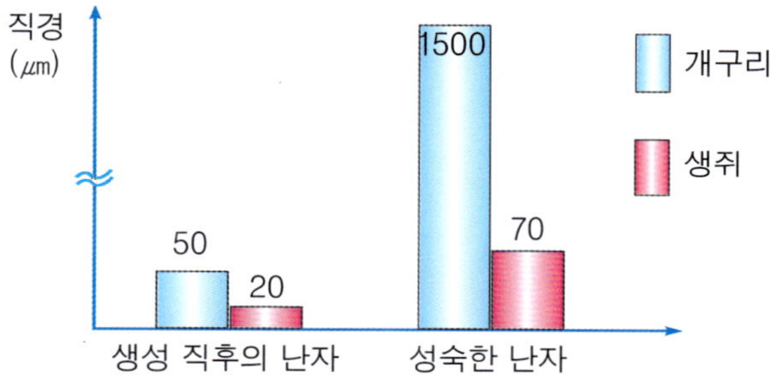

이 자료를 통해 유추한 사실로 옳은 것을 다음의 보기 중에서 모두 고르면?

[보기]

ㄱ. 양서류보다 포유류에서 난자의 세포질 활동이 더 활발하게 일어난다.
ㄴ. 태생을 하는 동물보다 난생을 하는 동물의 난자에 양분이 더 많이 저장된다.
ㄷ. 생쥐의 수정란이 발생할 때 태반이 형성되어 모체로부터 양분을 공급받는다.
ㄹ. 태생을 하는 동물보다 난생을 하는 동물의 난자에서 핵의 활동이 더 활발하다.

① ㄱ, ㄴ ② ㄱ, ㄷ ③ ㄴ, ㄷ ④ ㄴ, ㄹ ⑤ ㄷ, ㄹ

2) 위의 답을 선택한 이유는 무엇인가?

나. 응답 결과

2002년 7월 28일, 대구시 J입시학원의 고등학교 1~3학년, 54명.

보기	반응	
	명	%
① 양서류보다 포유류에서 난자의 세포질 활동이 더 활발하게 일어난다. 태생을 하는 동물보다 난생을 하는 동물의 난자에 양분이 더 많이 저장된다.	2	4
② 양서류보다 포유류에서 난자의 세포질 활동이 더 활발하게 일어난다. 생쥐의 수정란이 발생할 때 태반이 형성되어 모체로부터 양분을 공급받는다.	2	4
③ 태생을 하는 동물보다 난생을 하는 동물의 난자에 양분이 더 많이 저장된다. 생쥐의 수정란이 발생할 때 태반이 형성되어 모체로부터 양분을 공급받는다.	10	19
④ 태생을 하는 동물보다 난생을 하는 동물의 난자에 양분이 더 많이 저장된다. 태생을 하는 동물보다 난생을 하는 동물의 난자에서 핵의 활동이 더 활발하다.	19	35
⑤ 생쥐의 수정란이 발생할 때 태반이 형성되어 모체로부터 양분을 공급받는다. 태생을 하는 동물보다 난생을 하는 동물의 난자에서 핵의 활동이 더 활발하다.	3	5
무응답	18	33
계	54	100

다. 분석 및 오개념

1) 분석

'태생을 하는 동물보다 난생을 하는 동물의 난자에 양분이 더 많이 저장되고, 생쥐의 수정란이 발생할 때 태반이 형성되어 모체로부터 양분을 공급받는다.' 는 정답을 선택한 학생은 19%였다. 무응답을 제외한 나머지 모두인 48%는 난자의 크기를 세포질이나 핵의 활동과 연관시켜 생각하는 오개념을 가지고 있었다.

(1) '양서류보다 포유류에서 난자의 세포질 활동이 더 활발하게 일어난다.' 고 생각하는 이유는 뚜렷하지 않았고, 아마 이에 대한 개념이 없었을 것이라고 추정한다.

(2) '태생을 하는 동물보다 난생을 하는 동물의 난자에서 핵의 활동이 더 활발하다' 고 생각하는 이유는 난자가 크면 핵도 클 것이고 따라서 핵의 활동도 더 활발하게 일어난다고 생각하기 때문이라고 하였다.

2) 오개념

(1) 몸체가 크면 난자도 크다.

(2) 난자의 크기는 핵과 세포질의 활동에 영향을 준다.

라. 과학적 개념

난생을 하는 동물은 수정란이 발생할 때 어미로부터 영양을 공급받지 못하니까 난자에 양분(난황)이 더 많이 저장되고, 태생을 하는 동물은 수정란이 발생할 때 태반이 형성되어 모체로부터 양분을 공급받으므로 난자에 난황이 적게 들어 있다.

마. 학습지도 방법

생성 직후에 개구리의 난자가 생쥐의 난자보다 약간 더 크지만, 성숙되었을 때에는 개구리의 난자가 쥐의 난자에 비해 훨씬 더 커진다. 이는 난자 속에 발생도중 영양이 될 난황(卵黃, yolk)을 많이 저장하기 때문이다. 포유류의 경우는 태반의 역할을 생각해야 한다. 발생 중 태반을 형성하는 쥐는 발생에 필요한 양분을 발생기간 동안 계속 모체로부터 공급받기 때문에 난자에 많은 양분을 저장할 필요가 없다. 이에 비해 태반이 형성되지 않는 개구리의 난자에는 발생에 필요한 양분이 모두 저장되어 있어야하며, 그 양분은 모체에서 생성된 것이 난자로 이동된 것이다. 따라서 양서류와 포유류의 난자 크기는 산란 또는 배란 후 발생을 진행하기 위하여 필요한 영양을 어떻게 공급받느냐에 따라(태반의 유무) 난자의 크기가 정해진다는 것을 인식하도록 지도한다.

바. 연계 또는 심화 학습

1) 난자의 크기가 큰 이유

난자의 모양과 크기는 동물의 종류에 따라 다르다(그림 7.84). 사람의 난자는 지름이 120μm이고, 개구리와 어류의 난자는 1–2mm이다(표 7.20). 가장 큰 난자를 갖는 조류와 파충류의 것은 지름이 수 cm나 되는 데, 타조의 난자는 지름이 10cm가 넘는다. 이와 같이 난

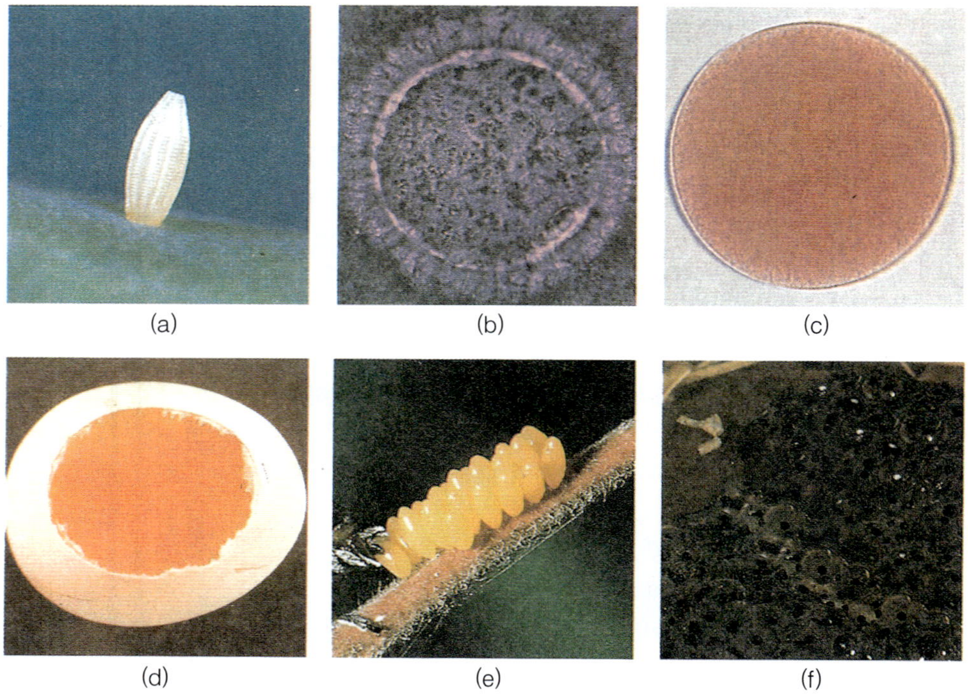

그림 7.84. 여러 가지 동물의 알. (a) 배추흰나비, (b) 포유동물, (c) 극피동물, (d) 조류, (e) 무당벌레, (f) 개구리 (강신성 등, 2001).

표 7.20. 난자의 크기

종류		크기(지름)
발생형	생물종	
태생	사람	120μm
난태생	살모사, 볼락	다양
난생	어류	1~2mm
	참새	긴 지름 20mm, 짧은 지름 14mm
	타조	긴 지름 200mm, 짧은 지름 125mm
	고래상어	약 300mm

자의 크기가 종에 따라 달라지는 이유는 우선 발생이 어디에서 이루어지느냐에 의해 결정된다. 발생이 모체 밖에서 이루어지는 동물의 난자는 모체 내에서 이루어지는 종류에 비해 대단히 크다. 그 이유는 초기 발생에 필요한 영양분이 난황(卵黃, york)의 형태로 난자 내에 모두 축적되어 있기 때문이다.

7.8.7. 난할

가. 검사문항

1) 수정란의 난할에 대해서 올바르게 설명하고 있는 것은?

① 난할에서는 DNA의 복제가 이루어지지 않는다.
② 수정란 전체의 크기는 일정하게 유지된다.
③ 난할은 감수분열의 일종이다.
④ 할구의 크기는 모두 같다.
⑤ 잘 모르겠다.

2) 위의 답을 선택한 이유는 무엇인가?

나. 응답결과

2002년 7월 18일, 경북 J여자고등학교의 3학년 1개반, 34명.

보기	반응	
	명	%
① 난할에서는 DNA의 복제가 이루어지지 않는다.	0	0
② 수정란 전체의 크기는 일정하게 유지된다.	1	3
③ 난할은 감수분열의 일종이다.	8	23
④ 할구의 크기는 모두 같다.	24	71
⑤ 잘 모르겠다.	1	3
계	34	100

다. 분석 및 오개념

1) 분석

수정란의 난할에서 '수정란 전체의 크기는 일정하게 유지된다.' 고 정답을 선택한 학생은 불과 3%에 불과하였다. 나머지 대부분은 난할과 성장을 위한 체세포분열을 구분하지 못하였고, 난할방식에 따라 할구의 크기가 달라진다는 사실을 모르고 있었다. 그리고 난할과 생식세포분열을 혼돈하였다.

(1) '난할은 감수분열의 일종' 이라고 생각하는 이유는 수정란을 생식세포로 잘못 알고 있기 때문일 것이다.

(2) 난할에서 '할구의 크기는 모두 같다' 고 생각하는 이유는 부등할일 경우 동물극 쪽은 난할이 잘 일어나지 않으므로 난할이 진행됨에 따라 할구의 크기가 달라진다는 사실을 잘 모르고 있기 때문일 것이다.

2) 오개념

난할은 감수분열의 일종이고 할구의 크기는 모두 같다.

라. 과학적 개념

난할기간 동안에는 아직 성장이 일어나지 않으므로 수정란 전체의 크기는 일정하게 유지되며, 이 때의 체세포 분열을 난할이라고 한다.

마. 학습지도 방법

다세포동물의 수정란에서 연속적으로 일어나는 체세포분열을 특별히 난할(卵割, cleavage)이라 하며(생명과학사전편찬위원회, 2003), 이 때 생기는 각 세포를 할구(割球, blastomere)라 한다. 난할의 가장 큰 특징은 분열 후 딸세포의 생장이 일어나지 않으므로 난할의 결과 할구의 수는 늘어나는 반면 각 할구의 크기는 작아지며 수정란의 전체 크기에는 변함이 없다는 것을 설명한다. 이 때 수정란, 세포분열, 난할, 할구에 대한 개념을 명확하게 심어준다. 특히 난할과 성장을 위한 체세포분열의 차이점, 난할방식(등황란, 단황란, 표할, 중황란 등)에 따라 할구의 크기가 달라진다는 사실을 이해하도록 지도한다.

바. 연계 또는 심화 학습

1) 사람의 수정과 발생

(1) **수정 :** 난자가 수정소 분비 → 정자가 양성 주화성에 의해 난자로 접근 → 정자의 첨체에서 분비되는 효소로 난막 분해 → 수정돌기 형성 → 수정막 형성 → 정핵과 난핵의 융합(2n)

(2) **초기 발생 과정 :** 수정란은 난할을 계속하면서 수란관 벽의 근수축이나 섬모운동에 의해 자궁으로 이동하며, 포배기의 상태로 자궁 내벽에 착상된다. 착상된 후 포배는 배와 태반으로 분화되어 성숙하고, 태반을 통하여 태아와 모체 사이의 양분, 노폐물, 산소, 이산화탄소 등의 물질교환이 이루어진다.

(3) **기관의 발생 :** 착상 후 난자는 발생을 계속하여 약 3개월 후에는 거의 모든 기관의 분화가 끝나게 된다. 이 시기까지를 배(胚, embryo)라고 하고, 그 이후를 태아라고 한다.

(4) **수정 후 :** 2주 경과 : 척삭과 신경판이 생기면서 중추 신경이 형성되기 시작
3주 경과 : 심장이 형성
4주 경과 : 눈, 귀, 손, 발이 형성되기 시작
8주 경과 : 근육의 발달로 운동을 시작하고 뇌의 기능도 나타난다.
12주 경과 : 사람의 모습이 나타나고, 생식기의 확인도 가능

(5) **분만과 호르몬 :** 수정 후 266일 정도가 지나면 뇌하수체 후엽에서 옥시토신의 자극으로 자궁이 수축되며, 프로락틴(젖분비자극호르몬)의 자극에 의해 젖분비가 촉진된다.

2) 수정란

정자의 핵과 난자의 핵이 합쳐진 난자를 수정란(受精卵, fertilized egg)이라 한다. 수정란에 대하여 수정전의 난을 미수정란(unfertilized egg)이라 한다. 다세포 생물에서의 수정을 하는 경우는 정자의 난자로의 접근, 정자와 난자의 접촉, 정자와 난자의 원형질막의 융합, 정자의 난자로의 침입, 이어서 정자와 난자의 세포막이 융합하여 2개의 생식세포가 하나의 세포

가 된다. 그 후 곧 유사분열을 하여 개체 발생 최초의 난할과정을 개시하게 된다.

3) 난할

난자와 정자가 수정하여 형성된 수정란이 분열을 거듭하여 형태와 기능이 전혀 다른 조직이나 기관으로 분화되면서 하나의 개체로 되는 과정을 발생이라고 한다. 그리고 발생 과정에서 수정란이 완전한 개체가 되기 전까지의 미완성 개체를 배(胚, embryo)라고 한다.

동물의 배발생은 수정란의 세포분열에 의하여 시작되는데, 수정란의 초기 체세포분열을 특별히 난할(卵割, cleavage)이라고 하며, 난할에 의해 생긴 딸세포를 할구라고 한다. 어느 시기까지는 일련의 연속적인 난할이 일어나고, 그 후에 보통의 성장을 위한 체세포분열이 일어난다.

수정직후에 일어나는 난할은 대단히 빠른 속도로 진행되는데 보통의 체세포 분열과 차이를 나타낸다. 난할의 가장 큰 특징은 분열 후 할구의 성장시기가 없으므로 할구의 성장이 일어나지 않는다는 점이다. 따라서, 난할의 결과 할구의 수는 늘어나는 반면 각 할구의 크기는 작아지며 수정란 전체의 크기에는 변함이 없다. 따라서, 핵의 수는 분열에 의하여 2배씩 늘어나지만 세포질은 성장하지 않으므로 세포질에 대한 핵의 비값은 점점 커진다.

난할이 진행됨에 따라 할구 수가 16-32개 정도 되면 뽕나무 열매인 오디처럼 생긴 상실배가 되며 곧이어 배의 내부에 액체로 채워진 공간이 생기는데 이것을 난할강이라고 하고, 이 시기의 배를 포배라고 한다. 사람의 경우 수란관 입구에 있던 수정란이 계속 난할을 하면서 수란관을 따라 내려와 수정 후 1주일 정도 되면 포배기에 도달하는데 이 시기에 자궁 내벽을 뚫고 그 속에 매몰되는 착상이 일어나 임신이 시작된다.

난할이 일어나는 양상은 난황의 분포에 따라 다른데, 난황이 많이 분포한 곳에서는 난할이 잘 일어나지 않으며 난황이 극도로 많은 곳에서는 전혀 일어나지 않는다(그림 7.85). 그러므로 난황이 적은 등황란과 약단황란의 경우는 수정란 전체에서 난할이 일어나는 전할을 하지만, 강단황란과 중황란에서는 일부에서만 난할이 일어나는 부분할을 한다.

전할의 경우에도 등황란에서는 할구의 크기가 비슷한 등할을 하지만, 약단황란에서는 할구의 크기가 다른 부등할을 한다. 또 강단황란에서는 배반이 있는 곳에서만 난할이 일어나는 반할을, 중황란은 표면에서만 일어나는 표할을 한다.

난의 종류			특징	동물		난할	
등황란			할구가 같은 크기임	포유류, 창고기 성게		등할	전할
단황란	약단황란		동물극 쪽의 할구가 작음	양서류, 복족류 원구류		부등할	전할
단황란	강단황란		배반에서만 난할이 일어남	조류, 파충류 어류, 두족류		반할	부분할
종황란			난의 표면에서만 난할이 일어남	곤충류, 갑각류		표할	부분할

그림 7.85. 난할의 종류 (http://100.naver.com, 020804).

7.8.8. 수정과 착상

가. 검사문항

1) 다음 중 수정과 착상의 설명으로 옳은 것은?

① 수정은 수란관에서 일어나고 수란관을 따라 이동하여 포배기에 이르면 자궁벽에 착상한다.
② 수란관에서 수정한 후 바로 자궁벽에 착상한다.
③ 자궁 내에서 정자와 만나 수정하여 세포분열을 1주일 정도 하다가 포배기에 이르면 자궁벽에 착상한다.
④ 자궁 내에서 정자와 만나 수정하여 바로 자궁벽에 착상한다.
⑤ 수란관에서 정자와 만나 수정하여 세포분열을 1주일 정도 하다가 포배기에 이르면 수란관에 착상한다.
⑥ 자궁 내에서 수정한 후 바로 수란관에 착상한다.

2) 위의 답을 선택한 이유는 무엇인가?

나. 응답결과

2003년 3월 28일, 경북 G고등학교의 1·2학년 2개반, 25명.

보기	반응	
	명	%
① 수정은 수란관에서 일어나고 수란관을 따라 이동하여 포배기에 이르면 자궁벽에 착상한다.	6	24
② 수란관에서 수정한 후 바로 자궁벽에 착상한다.	0	0
③ 자궁 내에서 정자와 만나 수정하여 세포분열을 1주일 정도 하다가 포배기에 이르면 자궁벽에 착상한다.	10	40
④ 자궁 내에서 정자와 만나 수정하여 바로 자궁벽에 착상한다.	2	8
⑤ 수란관에서 정자와 만나 수정하여 세포분열을 1주일 정도 하다가 포배기에 이르면 수란관에 착상한다.	5	20
⑥ 자궁 내에서 수정한 후 바로 수란관에 착상한다.	2	8
계	25	100

다. 분석 및 오개념

1) 분석

수정은 수란관에서 일어나고, 수란관을 따라 이동하여 포배기에 이르면 자궁벽에 착상한다고 정답을 선택한 학생은 24%였다. 나머지 76%는 자궁 내에서 수정되거나, 수란관에 착상한다고 생각하므로 수정장소와 착상장소에 대한 오개념을 가지고 있었다.

(1) '수란관에서 수정한 후 바로 자궁벽에 착상한다.' 고 생각하는 이유는 포배기를 생각하지 않았기 때문일 것이다.

(2) '자궁 내에서 정자와 만나 수정하여 세포분열을 1주일 정도 하다가 포배기에 이르면 자궁벽에 착상한다.' 고 생각하는 이유는 수정을 자궁에서 이루어진다고 생각하기 때문일 것이다.
(3) '자궁 내에서 정자와 만나 수정하여 바로 자궁벽에 착상한다.' 고 생각하는 이유는 수정이 자궁 내에서 일어난다고 생각하며, 또한 난할을 하는 기간을 생각하지 않기 때문일 것이다.
(4) '수란관에서 정자와 만나 수정하여 세포분열을 1주일 정도 하다가 포배기에 이르면 수란관에 착상한다.' 고 생각하는 이유는 수정 장소는 알고 있으나 수정란의 착상장소를 모르기 때문일 것이다.
(5) '자궁 내에서 수정한 후 바로 수란관에 착상한다.' 고 생각하는 이유는 수정이 이루어지는 장소와 착상이 이루어지는 장소를 반대로 알고 있기 때문일 것이다.

2) 오개념

(1) 난자와 정자는 자궁 내에서 수정된다.
(2) 수정란은 수정 후 난할을 하는 기간이 없이 바로 착상한다.
(3) 수정란은 수란관에 착상한다.

라. 과학적 개념

수정은 수란관 상부에서 일어나고, 수정란은 수란관을 따라 이동하여 포배기에 이르면 자궁벽에 착상한다.

마. 학습지도 방법

1) 그림을 통해 여성 생식기관 구조와 기능을 명확하게 알도록 지도한다. 특히 자궁(子宮)과 수란관은 한글과 한자로 병행하여 설명한다. 수란관(輸卵管)에서 '수' 자는 받을 수(受)자가 아니고 보낼 수(輸)자임을 인식시킨다.

2) 수정되는 장소와 착상되는 장소가 다르다는 것을 인식하고, 아울러 자궁외 임신을 이해하도록 지도한다.

3) 수정되어 착상될 때까지는 약 1주일간의 난할기간이 있다는 것을 알도록 지도한다.

바. 연계 또는 심화 학습

1) 여성의 생식기관

여성 생식기는 외생식기와 내생식기(질, 자궁, 난관, 난소)로 구분된다(그림 7.86).

(1) **난소에서 난자의 형성 :** 출생 시 난소에는 감수분열 과정 중 제1분열의 전기에 멈춰 있는 수십만 개의 난모세포들이 있다. 사춘기에 도달하면 여포자극호르몬의 영향으로 생식세포분열이 시작된다. 성인이 되면 양쪽 난소 합쳐서 약 400-500개의 제1난모세포가 남는다. 한 개의 난소에서는 56일을 주기로 한 개의 난자가 성숙된다. 2개의 난소에서 교대로 난자가 나오므로 자궁으로 보면 28일을 주기로 수정란을 착상시킬

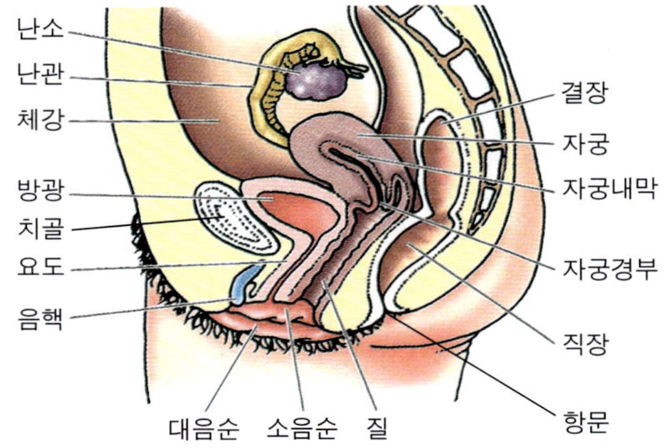

그림 7.86. 측면에서 본 여성 생식기관 (이광웅 등, 2003에서 변형)

준비를 한다.

(2) 여포에서 성숙된 제2난모세포는 난소 표면에 부착하여 파열하면서 배란된다(그림 7.87).

(3) **배란 :** 평생 배란될 제1난모세포의 수가 400~500개이므로 [(400~500개÷13주)=31~38년]으로 약 30~40년 동안 배란이 이루어진다.

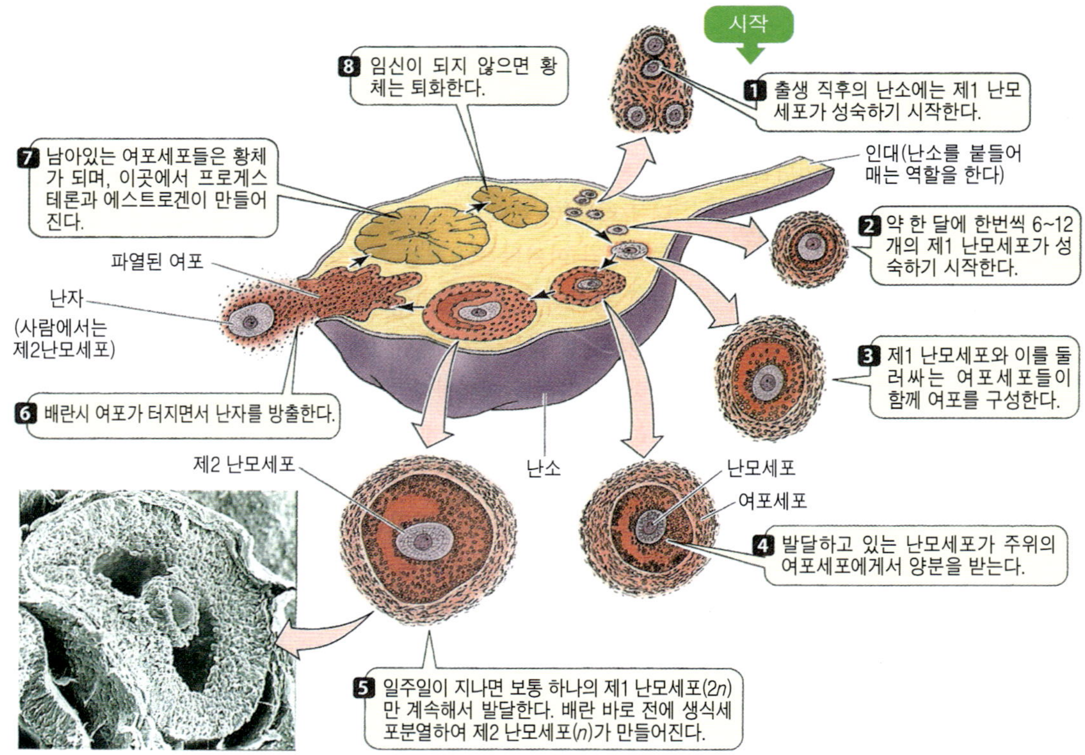

그림 7.87. 난자의 성장과 배란(난소주기) (이광웅 등, 2003).

(4) 배란된 난자(사람에서는 엄밀하게 제2난모세포)는 난관을 따라 내려오다가 수정되면 제2극체를 방출하면서 완전한 난자로 되어 자궁에 착상한다(그림 7.88).

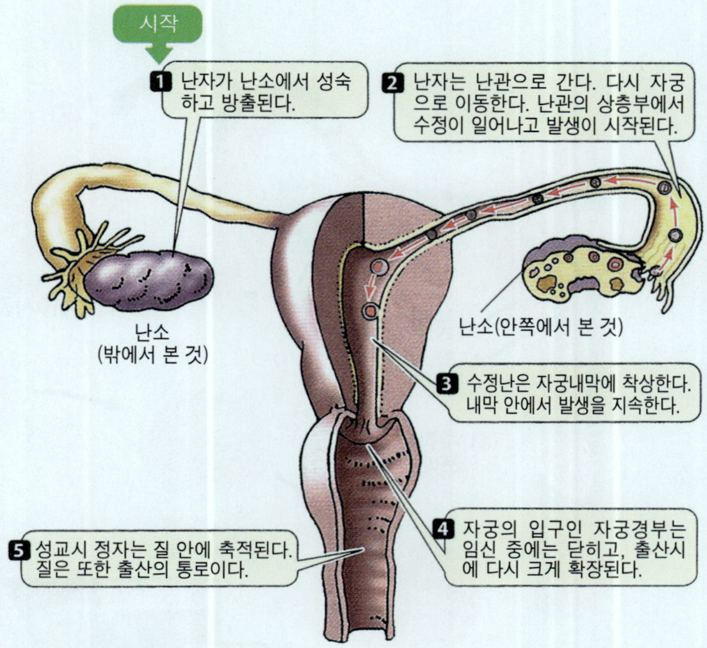

그림 7.88. 정면에서 본 여성 생식기관 (이광웅 등, 2003에서 변형).

2) 동물의 수정과정(그림 7.89)

(1) **정자의 접근** : 난자는 화학 물질인 수정소를 분비하여 정자를 유인한다.

(2) **정자의 침입** : 정자의 머리 앞부분에서 첨체돌기가 나와 난자의 표면(젤리층)에 접근하면 정자의 첨체가 파열되면서 효소가 분비되어 젤리층을 분해한다. 난자 표면에서는 정자를 향해 수정돌기를 형성하여 정자의 핵을 끌어들임

(3) **수정막의 형성:** 정자가 난자 속으로 들어가면서 몇 초 이내에 난자에서는 신경 충격과 같은 급격한 전기적 변화가 생기고, 난자 표면에 수정막 형성하여 다른 정자의 침입을 막음

(4) **핵의 융합:** 정자의 정핵(n) + 난자의 난핵(n) → 수정핵(2n)

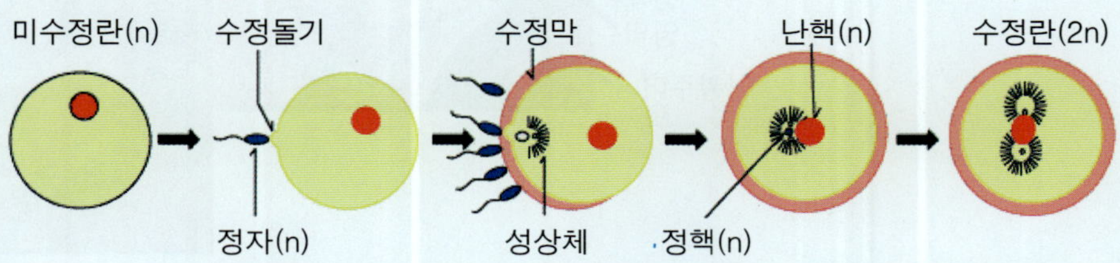

그림 7.89. 성게의 수정과정 (http://user.chollian.net/~dgran/bio2/bio4-2.htm, 030328).

3) 임신과 분만

수정된 난자는 세포분열을 계속하면서 수란관을 통과하여 자궁벽에 착상을 하는데 이것을 임신이라 한다. 수정란이 자궁벽에 착상하여 태반이 형성되면 이 태반을 통하여 태아와 모체 사이에 물질교환이 이루어진다(그림 7.90). 난소의 황체에서 분비하는 프로게스테론에 의해

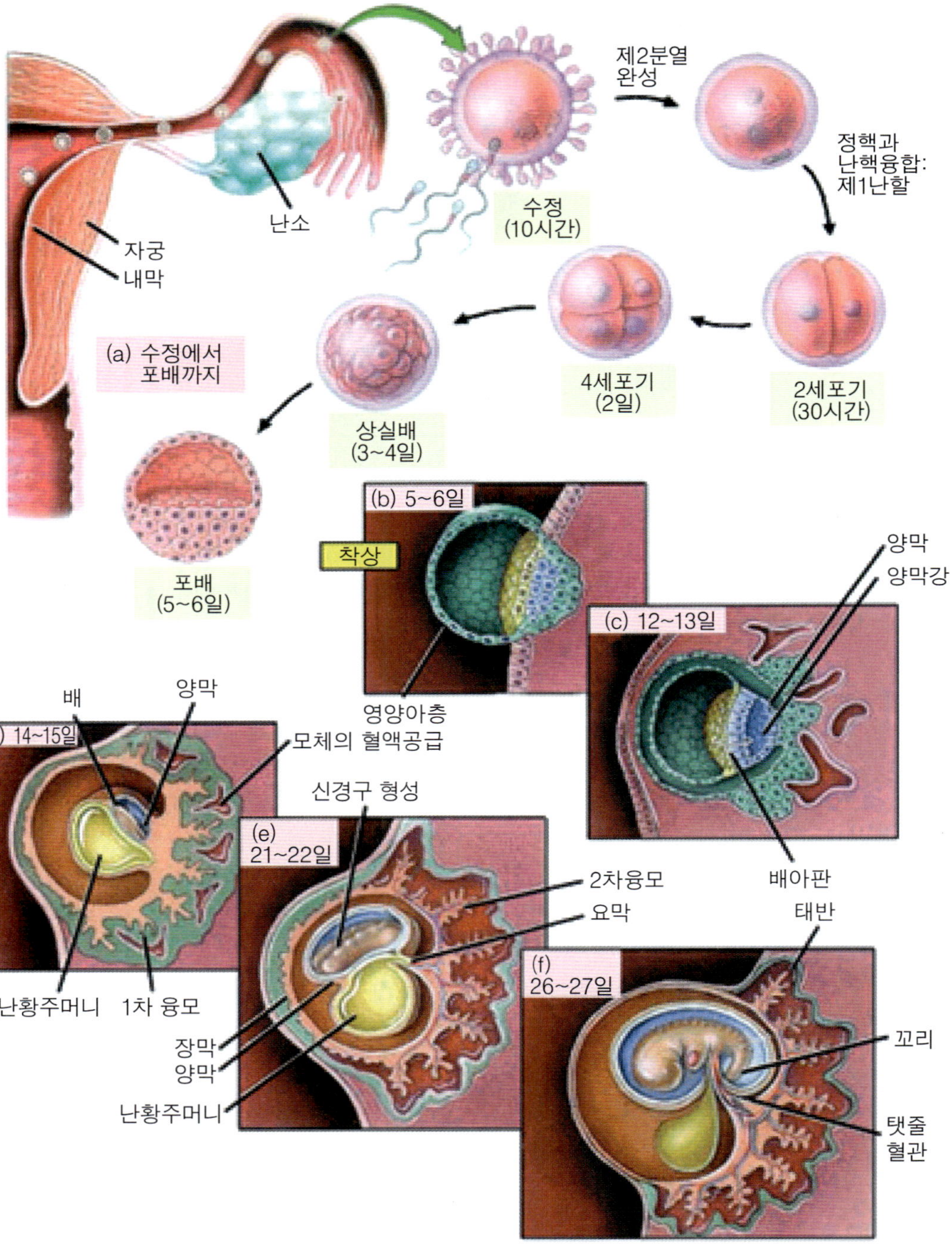

그림 7.90. 수정에서 태반형성까지의 과정 (http://dragon.seowon.ac.kr, 030331).

임신이 유지되는데 임신기간은 수정 후 보통 약 266일이며, 뇌하수체에서 옥시토신과 프로락틴이 분비되어 분만이 이루어진다.

4) 여성의 월경주기 조절

여성에 따라 며칠씩 차이는 있지만 평균 28일을 주기로 자궁이 규칙적으로 변화한다(그림 7.91).

(1) **월경기 :** 수정란이 착상하지 않으면 황체는 퇴화되고 황체호르몬 분비량이 줄어든다. 자궁벽의 조직이 탈락된다. 황체호르몬이 줄어들면 여포자극호르몬 분비 증가되어 생식주기 시작된다. 수정란이 착상되면 태반이 발달하고, 황체의 퇴화를 막아 황체호르몬이 계속 분비된다. 따라서, 임신 중에는 새로운 여포가 성숙되지 않고, 배란되지 않고, 월경이 없다.

(2) **여포기 :** 여포자극 호르몬(FSH)이 분비되므로 여포와 난자 성숙된다. 성숙된 여포는 여포호르몬(에스트로겐분비) 분비되므로 여성의 2차성징이 발달한다. 자궁벽을 두텁게 하여 수정란이 착상하도록 한다. 여포자극호르몬이 억제되면 다른 여포의 성숙을 막는다.

(3) **배란기 :** 황체형성호르몬에 의해 난자가 배란되어 수란관으로 이동한다.

(4) **황체기 :** 배란 후 여포는 황체로 되고 황체호르몬(프로게스테론)을 분비된다. 자궁벽을 두텁게 한다. 여포자극호르몬의 분비를 억제하여 다른 배란을 막는다.

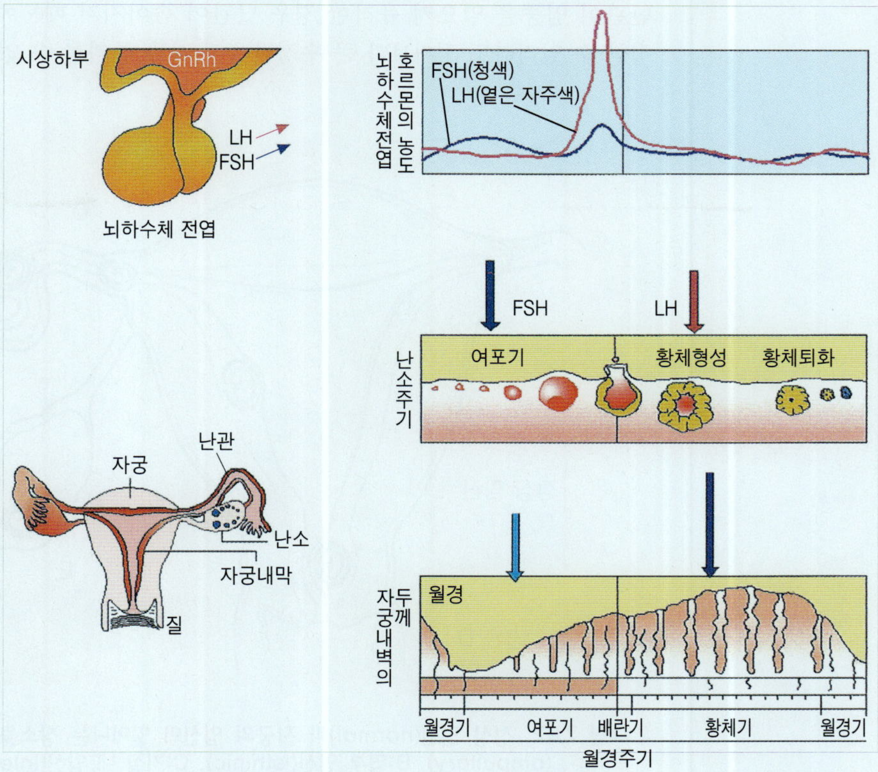

그림 7.91. 여성의 생식주기와 관련된 체내변화.

5) 자궁외 임신

(1) 정의

자궁외 임신은 전체 임신의 1~2%를 차지한다. 자궁외 임신이란 수정란이 자궁이 아닌 다른 곳에 착상하는 것을 말한다(그림 7.92). 정상적으로 난자와 정자의 수정은 난관에서 일어나는데 이때 생기는 수정란은 난관을 지나 5~6일 후에 자궁으로 도달한다. 그러나 난관이 막혔다거나 손상된 상태에서는 수정란이 자궁으로 이동할 수가 없어서 난관에 착상하는 경우가 생기는 데 많은 자궁외 임신이 이러한 원인으로 생기는 것이다.

자궁외 임신의 95%는 수정란이 자궁강까지 가지 않고 난관에 착상하는 난관임신이다. 그 경우 수정란은 난관에서 충분히 발육하지 못하고 도중에서 유산하거나 난관 파열을 일으키기도 한다.

이외에 수정란이 난소에 착상하는 난소임신이나 자궁경관에 착상하는 경관임신, 복강에 착상하는 복강임신이 있다.

복강내 임신은 매우 드물고 진단이 내려지기 전까지 상당한 시간이 경과할 수도 있지만, 이 때 개복술로 태아를 분만하면 살릴 수 있는 경우도 있다. 오랜 시간동안 임신을 시도해 온 여성이 자궁외 임신으로 진단되었을 때 흔히 묻는 질문 중에 하나는 난관에 착상한 태아를 자궁으로 옮기면 정상적인 임신이 가능한가 하는 점인데, 현대의학의 발전으로는 아직 그렇게 할 수 있는 수준에까지 이르지 못하고 있다.

(2) 원인

자궁외 임신은 한마디로 수정된 난자가 난관에서 자궁까지 가는 도중에 일어나는 임신이라고 할 수 있다. 즉, 난관의 통로가 나빠 수정란이 오가지 못한 채 착상하는 것이다. 난관이 염증을 일으켜 유착한 경우 난관이 좁아지기 때문에 가령 정자가 통과하여 수정할 수 있더라도 정자보다 큰 수정란은 난관을 통과할 수 없어서 난관임신이 된다.

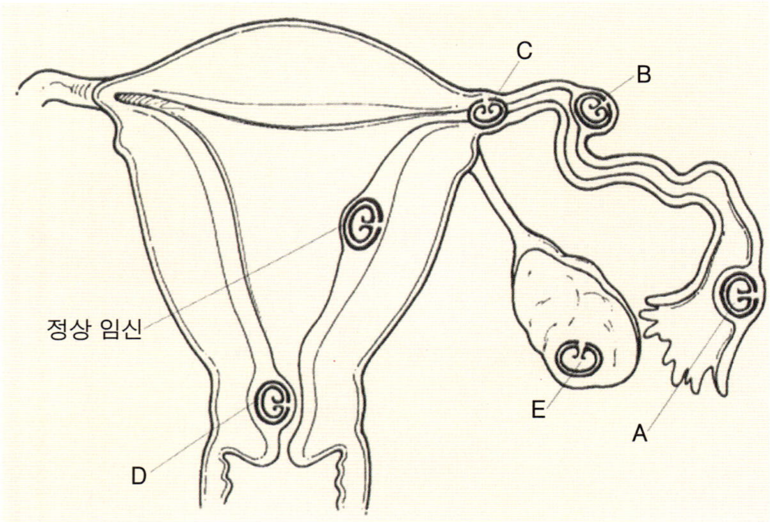

그림 7.92. 정상 임신(normal)과 자궁외 임신이 일어나는 장소들. A:팽대부위 임신(ampullary), B:협부 임신(isthmic), C:기질 내 임신(interstitial), D:자궁경부내 임신(cervical), E:난소 임신(ovarian) (http:// www. seoulivf. com 에서 변형, 030328)

난관이 좁아지는 이유로는 선천적인 경우나 결핵난관염을 화학 요법으로 치료한 적이 있는 사람, 인공 임신중절(낙태)을 한 적이 있는 사람 등의 경우이며, 이때 난관의 기능이 저하될 가능성이 생긴다. 또 난관이 좁지 않더라도 난관의 섬모 운동이 약하여 난관임신이 일어나는 경우도 있고, 자궁내막증에 의해 자궁내막의 일부가 벗겨져 난관강에 붙어 있는 경우 수정란이 난관에 착상하기도 한다.

이처럼 통로가 나쁜 원인은 임균성 혹은 결핵성의 난관, 난소의 염증, 난관의 이상 경련의 경우에서 비롯된다.

때로는 자궁외 임신의 원인에 대해서 뚜렷이 설명할 수 없는 경우도 있다. 그러나 자궁외 임신을 한번 경험한 여성은 다음에도 자궁외 임신의 위험이 크다는 것은 분명하므로 이 때에는 주의 깊게 관찰해야 한다.

7.8.9. 시험관 아기

가. 검사문항

1) 각종 TV나 신문에서 시험관아기라는 말을 자주 사용하고 있다. 시험관아기는 어디에서 수정하여 어디에서 자라는 것인지 아래 보기에서 알맞은 번호를 고르면?

번호	수정되는 장소	자라는 장소
①	수란관	인큐베이터(항온기)
②	수란관	시험관
③	시험관	인큐베이터(항온기)
④	시험관	자궁

2) 위의 답을 선택한 이유는 무엇인가?

나. 응답결과

2003년 4월 5일, 경북 G여자중학교의 3학년 1개반, 35명.

보기	반응	
	명	%
① 수란관에서 수정되어 인큐베이터(항온기)에서 자람	5	14
② 수란관에서 수정되어 시험관에서 자람	2	7
③ 시험관에서 수정되어 인큐베이터(항온기)에서 자람	3	11
④ 시험관에서 수정되어 자궁에서 자람	25	68
계	35	100

다. 분석 및 오개념

1) 분석

시험관 아기는 시험관에서 수정되어 자궁에서 자란다고 정확하게 선택한 학생은 68%였다.

나머지는 수정되는 장소가 틀리거나 자라는 장소를 잘 못 알고 있었다. 시험관 아기라는 용어 자체에서 오개념을 가질 가능성이 있었다.

2) 오개념

(1) 시험관 아기는 수란관에서 수정된다.
(2) 시험관 아기는 시험관이나 인큐베이터(항온기)에서 자란다.

라. 과학적 개념

시험관 아기는 시험관 속에서 수정되어 자궁에서 자란다.

마. 학습지도 방법

시험관 아기라고 하여 시험관에서 자라는 것이 아니라 다만 수정을 시험관에서 인공적으로 시키고 난 후 다시 모체의 자궁에서 자란다는 사실을 말해준다. 불임의 원인 및 치료방법을 설명하여 주면서 STS 교육을 한다.

제안 : '시험관 아기' 라는 용어를 '시험관 수정 아기' 라는 용어로 바꾸면 오개념을 줄일 수 있다.

바. 연계 또는 심화 학습

1) 시험관 아기

가임부부의 약 10% 정도는 불임이라고 한다. 하지만 이러한 불임 부부도 최신 의료장비와 의학기술의 발달로 불임의 원인을 알고 또한 시험관 아기를 가져 임신을 원하는 사람들의 소원이 이루어지고 있는 현실이다.

수정된 수정란은 시험관내에서 약 3~4일간을 배양시켜 그 수정란이 세포분열이 일어나면서 2세포기, 4세포기, 8세포기로 점점 분열하게 되는데, 이 분열되는 배아를 4세포기~8세포기 때 불임여성의 자궁강 내에 이식시켜 착상되게 하는 것이 시험관 아기인 것이며 성공률은 20% 전후가 된다.

2) 시험관 아기 시술과정

(1) 1단계 : **과배란 유도(Ovulation Induction, OI)**

정상적으로 배란되는 한 개의 난자보다 많은 수의 성숙된 난자를 얻기 위하여 배란유도제를 주사하여 여러 개의 난포를 성장시키는 과정으로, 난포의 성장이 시작되면 초음파와 혈중호르몬 검사로 난포가 성숙된 과정을 관찰한다.

장기요법과 단기 요법이 있으며, 보통 생리 2~3일 째부터 배란유도 주사약을 투여하여 여러 개의 난포가 성장이 되도록 유도한다.

(2) 2단계 : **난자 채취(Oocyte Aspiration, OA)**

초음파상 채취 가능한 여러 개의 난포가 확인되고 일정한 크기에 이르면 채취일을 결정하며, 난자 채취는 난자를 성숙시키는 주사를 맞은 뒤 35~36시간 후 오전 중에 가벼운 혈관 마취하에 질식초음파를 이용하여 채취한다.

(3) 3단계 : **정자준비 및 체외수정(IVF)**

난자 채취 후 남편의 정액을 받아서 기본 검사를 시행한 후 특수 처리하여 운동성이 좋은 정자를 선발한 뒤 수정 전까지 배양기에 넣어 보관한다. 정자주입(insemination)은 난자 혹은 정자의 상태에 따라서 수정방법이 다를 수 있으며, 채취된 남편의 정액 중 가장 활력이 우수한 정자를 선별하여 시험관내에서 인공적으로 수정하게 한다.

정자의 숫자가 적거나 또는 운동성이 현저히 떨어질 경우에는 정자 직접 주입술(ICSI)을 시도한다.

(4) 4단계 : 자궁 내 배아이식(Embryo Transfer, ET)

수정란이 세포분열을 한 것을 배아라 하며, 배아 중 가장 좋은 상태의 배아를 선택하여 난자채취 3~5일 후 착상 단계에 들었을 때 자궁으로 이식하는 과정으로, 보통 난자 채취 후 3일~5일경에 실시하며, 배아이식 후 12~14일째에 소변겸사 및 혈중호르몬 검사를 시행하여 임신 여부를 확인한다(그림 7.93).

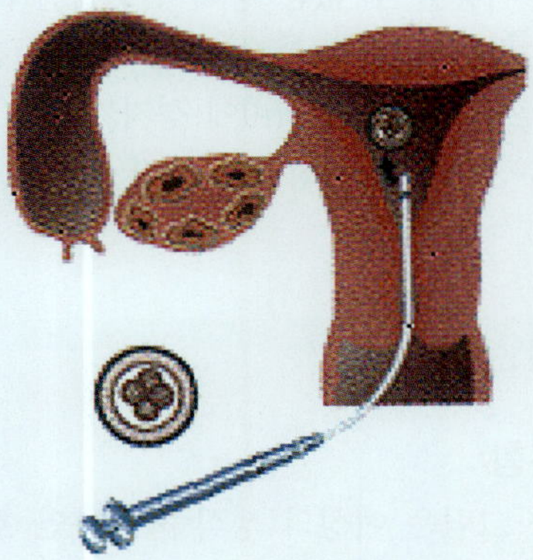

그림 7.93. 자궁 내 배아이식 (추영국 등, 2007)

3) 불임의 원인

불임이란 일반적으로 결혼 후 원만한 부부관계를 가져도 1년 이내에 임신이 되지 않는 경우로 엄밀히 말해 병이라고 단정 지을 수 없지만 일정기간이 지나도록 임신을 못하는 상태를 말한다. 이 일정기간을 보통은 1년으로 보지만 의사들에 따라서는2~3년으로 보는 경우도 있다.

불임은 남녀 모두에게 또는 남자나 여자 쪽에 원인이 있는 경우로 분류되며 남자 쪽에 불임의 원인이 있을 때를 남성불임증, 여자 쪽에 불임의 원인이 있을 때를 여성불임증이라 한다. 통계적으로 남성불임증 또는 여성불임증이 합하여 70%, 남성·여성불임이 복합하여 20% 가량이고 그밖에 원인불명 요인이 10~15% 정도 된다.

(1) 여성불임증의 원인

① 성교장애(질협착증, 외음부의 신경성 경련증, 처녀막폐쇄증, 질폐쇄, 질결손, 자궁암 등)

② 생식기 이상(자궁발육부전, 만성부속기 염증, 자궁경부 이상 등)

③ 배란장애(무배란으로 3회 연속적인 월경주기 중 2회 이상의 무배란성 월경 주기가 있을 때 원인은 중추신경계 이상, 난소기능의 이상, 대사 과정의 이상 등)

④ 난관폐쇄(난관은 난자를 운반하여 난관강으로 받아들이고 난자와 정자의 수정장

소 제공, 수정된 난자를 자궁 속으로 이동시키는 역할을 하는데 이중 어느 한 부분이라도 지장이 있으면 불임이 된다.)

⑤ 자궁체부 이상(자궁은 정자를 받아들이고 수정된 난자를 착상시켜 성장시키는 곳으로 중요한 곳으로 이곳에 이상이 있을 때 불임이 된다.)

⑥ 자궁경관 이상(자궁경관은 많은 점액 분비선을 갖고 경관점액을 분비하는데, 경관점액이 염증으로 성상이 변질되면 불임증의 원인이 된다.)

(2) 남성불임증의 원인

① 성교장애(교통사고 등 재해로 인해 사정중추가 손상되거나 임포텐츠로 음경이 발기하지 못해 삽입이 이루어지지 않거나 발기 때 최대 길이가 5cm 미만인 경우 등)

② 정자생산 이상(선천성 고환발육 부진, 후천적으로 정신질환, 내분비 장애, 화학적. 방사성 자극 등이 원인이다)

③ 정자 통로의 이상(정자의 이동통로인 정관이 기형, 성병, 질병 등으로 막혀 정자가 이동할 수 없는 상태이며 정관수술로 폐쇄된 경우도 해당된다.)

④ 정자의 이상(정액 속에 정자가 전혀 없는 무정자증, 사정된 정자가 모두 죽은 정자사멸증, 정액 1ml에 정자가 2,000만마리 이하일 때, 정액이 2~3ml 밖에 안 될 때, 정자의 활동성이 떨어질 때 등)

7.8.10. 피임

가. 검사문항

＊오른쪽 그림은 여성의 생식주기 동안 호르몬의 변화를 나타낸 것이다.

그리고, 원숭이 암컷을 이용하여 피임약의 효과를 실험한 결과는 다음의 보기와 같다(최우섭 등, 2000).

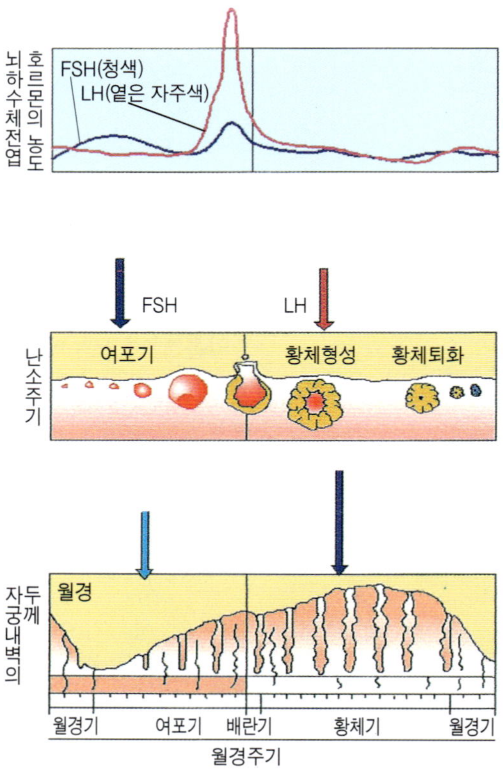

[보기]

배란일 전에 다량의 피임약을 투여하였더니 예정일에 배란이 되지 않았다. 월경이 있기 직전에 피임약을 투여하였더니 예정일에 월경이 시작되지 않았다.

1) 위의 두 가지 자료를 분석해 볼 때, 피임약에는 어떤 물질이 포함되어 있는가?

① 에스트로겐

② 프로게스테론

③ 에스트로겐과 프로게스테론

④ 여포자극 호르몬(FSH)
⑤ 황체형성 호르몬(LH)
⑥ 여포자극 호르몬(FSH)과 황체형성 호르몬(LH)

2) 위의 답을 선택한 이유는 무엇인가?

나. 응답결과

2002년 7월 28일0728, 대구시 J입시학원의 고등학교 1~3학년, 54명.

보기	반응	
	명	%
① 에스트로겐	10	18
② 프로게스테론	5	9
③ 프로게스테론과 에스트로겐	22	41
④ 여포자극 호르몬(FSH)	2	4
⑤ 황체형성 호르몬(LH)	7	13
⑥ 여포자극 호르몬(FSH)과 황체형성 호르몬(LH)	2	4
무응답	6	11
계	54	100

다. 분석 및 오개념

1) 분석

피임약에는 에스트로겐과 프로게스테론이 포함되어 있다고 정답을 알고 있는 학생은 41%였다. 그림에서 보면 여포자극 호르몬과 황체형성 호르몬이 많이 분비된 후에 배란이 일어나므로 이런 물질은 피임약에 포함되어 있지 않음을 21%의 학생은 알지 못하였다. 피임약에 황체형성 호르몬이 포함되어 있다면 배란일 전에 투여했을 때 배란이 촉진되어야 할 텐데 원숭이의 실험에서 그렇게 되지 않았던 것은 이런 물질이 포함되어 있지 않다는 것을 의미한다는 것을 이해하지 못하였다. 그리고 많은 학생은 에스트로겐과 프로게스테론은 길항적으로 작용한다는 것을 생각하지 못하였다.

2) 오개념

① 피임약에는 에스트로겐만 포함되어 있다.
② 피임약에는 프로게스테론만 포함되어 있다.
③ 피임약에는 여포자극 호르몬이 포함되어 있다.
④ 피임약에는 황체형성 호르몬이 포함되어 있다.

라. 과학적 개념

피임약에는 에스트로겐과 프로게스테론이 포함되어 있다.

마. 학습지도 방법

1) 호르몬과 배란과의 관계 그리고 피임약의 원리를 이해하도록 설명한 후 위의 그림을 해석

할 수 있도록 지도한다.

2) 에스트로겐과 프로게스테론은 길항적으로 작용한다는 것을 이해하도록 지도한다. 황체에서 분비되는 소량의 에스트로겐과 많은 양의 프로게스테론은 자궁벽의 성장과 혈관 분포를 자극하여 배아가 착상을 하도록 도와준다. 동시에 시상하부와 뇌하수체를 억제하여 황체형성 호르몬 및 여포자극 호르몬의 분비를 막음으로 새로운 여포의 성장을 방지한다.

3) 배란예정일에 배란이 일어나지 않았다는 것은 배란을 촉진하는 황체형성호르몬(LH)이 분비되지 않았음을 설명한다. 즉, LH의 분비를 억제하는 프로게스테론이 작용하고 있음을 알 수 있도록 한다.

4) 프로게스테론은 뇌하수체에서의 여포자극 호르몬(FSH)과 황체형성 호르몬(LH)의 분비를 억제하므로 새로운 난자의 성숙이 일어나지 않게 한다는 것을 설명한다.

5) 또한 월경은 프로게스테론이 감소할 때 일어나는데 프로게스테론이 계속 작용하고 있으면 이러한 월경이 일어나지 않고 임신이 되었다는 것을 알 수 있도록 지도한다.

바. 연계 또는 심화 학습

1) 피임의 종류

피임의 종류를 세려면 열 손가락이 모자란다(표 7.21). 임신의 원리를 역추적하면 피임의 원리를 알 수 있다.

(1) 질외사정

질외사정(coitus interruptus)이란 성관계 시 남성이 사정을 하기 전에 성관계를 중단하고 음경을 여성의 질 밖으로 꺼내어 사정을 함으로써 임신을 하지 않도록 하는

표 7.21. 피임법의 종류

종 류		비 고
자연피임법	질외사정	성교중단법
	질세척	정자의 운동성이 우려
	월경주기법	월경일로 배란일을 예정하여 금욕
	기초체온법	체온의 변화로 배란일을 예정하여 금욕
	점액관찰법	자궁경부의 점액 변화로 배란일을 예정하여 금욕
기구이용법	콘돔	남성사용
	페미돔	여성용 콘돔
	피임용 격막	페서리. 여성사용. '60년대 이후 드물게 사용
	자궁내장치	IUP=loop, 피임링
화학적 피임법	살정자제	질 내에서 정자를 죽이는 약품을 이용
호르몬법	먹는 피임	pill. 알약. 호르몬제
	임플란트	호르몬제. 피부에 이식
	사후피임	호르몬제
수술법	정관절제수술	영구피임
	난관절제수술	영구피임

방법이다. 성교중단법이라고도 한다. 이론상으로는 정액이 질 내로 들어가지 않아 임신이 될 리 없지만 문제가 많은 방법이다. 사정하기 전 성적 흥분 동안 요도구선(쿠퍼선)에서 미리 요도를 윤활시키는 점액이 방출될 때 이전에 남아있던 적은 양의 정자도 함께 미리 방출될 수 있고, 또 질 외라도 질에 가까운 부위에 사정하면 정액이 질 내로 흘러 들어갈 수 있으므로 성공을 기대하기는 어렵다.

이 피임방법은 비용이 들지 않고 언제든지 피임이 준비되지 않은 상태에서 쉽게 사용할 수 있으므로 편하다고 할 수 있지만 남성에게는 가장 극치감을 느낄 시점에서의 참기 어려운 행위이므로 실패하는 경우가 흔히 있는 것이다. 이 방법은 신체에 대한 직접적인 부작용은 없으나 장기적으로 실행할 경우 남성에 있어서 조루와 같은 성기능 장애가 흔히 나타나기도 하며 여성에 있어서도 어떤 성적 기능장애가 올 수도 있다고 알려져 있다.

(2) 월경주기법

월경주기법(rhythm method)이란 앞으로 올 월경 예정일부터 배란일을 계산, 추정하여 전후 가임 기간에 성관계를 피하던지 그 때에만 다른 피임을 하는 방법을 말한다. 배란기를 계산 추정하는 방법은 월경이 시작된 날로부터 14일째에 배란된다고 추정하는 것이다.

월경주기법은 다음 세 가지에 근거한 피임법이다. 배란된 난자의 수정능력은 24시간 이내이며, 정자의 생존기간은 3일 이내이며, 배란은 다음 월경예정일로부터 14일전에 발생된다는 것이다.

그러나 여성에 따라 스트레스 등 심리적 원인, 신체적 변화, 환경의 변화 등에 의하여 배란기의 변화가 있을 수 있다. 아무리 월경이 규칙적이었던 여성도 여러 가지 요인에 의거 배란이 빠르거나 늦어질 수도 있어서 배란기를 피한다고 해도 임신이 가능하다.

(3) 점액관찰법

여성의 몸은 배란을 즈음해서 여러 가지 증상을 나타낸다. 그 중 한 특징이 자궁경부에서 흘러나오는 점액이다(그림 7.94). 이렇게 점액이 흘러나와야 정자는 여자의 자궁을 쉽게 통과하고 난자와 상봉할 수 있다. 즉 점액은 임신을 위한 필수 조건인 것이다. 이와 같이 배란 전에 분비되는 점액을 관찰해 가임기를 판단, 그 기간 동안 성교를 피하는 자연피임법이 점액관찰법이다.

월경이 끝나고 난 새로운 주기 며칠간은 질이 건조한 날이 이어진다. 이 기간이 지나면 점액이 흘러나오기 시작한다. 처음 분비되는 점액은 대개 끈적거리고 혼탁한 것이다. 그러나 배란이 가까워지면서 차츰 맑고 투명하고 미끄럽게 변한다. 배란이 되는 것을 미리 알려주는 것이다. 마치 달걀 흰자위와 같다. 그리고 배란이 끝날 즈음엔 점액이 덩어리지게 되거나 보이지 않게 된다. 점액이 흘러나오기 시작한 날부터 점액이 끝난 3일 후까지는 가임 기간이므로 성교를 피한다(http://www.scienceall.com, 020115).

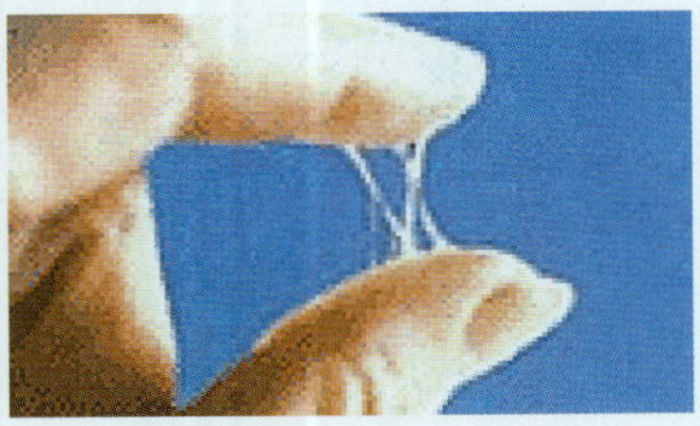

그림 7.94. 자궁 점액(http:// catl.snut.ac.kr/~human/clinic/pm41.html 020604).

(4) 콘돔

콘돔(condom)은 부드러운 라텍스의 재질

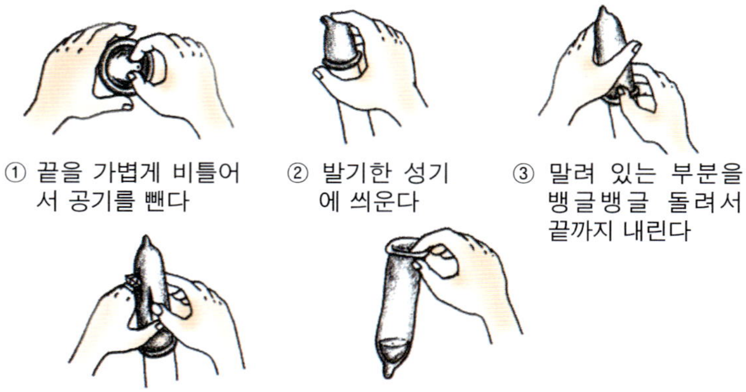

그림 7.95. 콘돔 사용법(정경숙, 1998).

로 음경을 씌워 사정할 때 정자가 질 내로 들어가는 것을 막는 것이다(그림 7.95). 최근에는 에이즈(AIDS)나 성병을 예방할 수 있어서 보건 측면에서 많이 권장되고 있는 피임법이다. 콘돔의 주요 실패 원인은 성교 중 파열되는 경우이다. 성병을 예방해 주고 가격이 저렴하며 사용이 간편함 등의 장점이 있다. 그러나 남녀의 직접적인 접촉을 차단하고 있다는 느낌에서 성감을 약간 감소시키는 결점이 있다.

사용 시 주의사항 : 콘돔을 착용할 때 공기가 안에 들어가면 사용도중에 파열되는 경우가 있으므로 안에 공기가 없도록 한다. 질 분비액이 적을 때는 콘돔으로 인하여 여자 측에 통증을 주게 되는 경우가 있으므로 콘돔 표면에 젤리가 묻어있는(도포된) 것을 선택한다. 성관계 중 혹시 콘돔이 파손되었을 경우에는 즉시 질세척을 하면 어느 정도는 피임에 도움이 될 수 있지만 피임성공률은 매우 낮다. 부드럽게 취급하고 건조하고 서늘한 곳에서 보관한다.

(5) 여성용 콘돔인 페미돔

전체길이 17cm로 긴 주머니처럼 생겼고, 관계를 가지기 전에 삽입하면 된다(그림 7.96). 페미돔(femidom)은 질긴 폴리우레탄 재질로 만들어졌다. 삽입할 때 외음부를 건드리지 않고 잘 삽입해야 한다(그림 7.97). 현재 우리나라에서는 수요자가 적어 판매되지 않고 있다.

성병 예방과 다른 피임법에 비해 부장용이 거의 없다는 것이 장점이다. 주머니 사이즈가 커서 여성의 성기를 충분히 덮어주고 콘돔과 가격차이가 얼마 나지 않으며 콘돔보다 탁월한 피임 효과가 있다. 여성용 콘돔이 너무 커서 거추장스럽게 느껴질 수 있다.

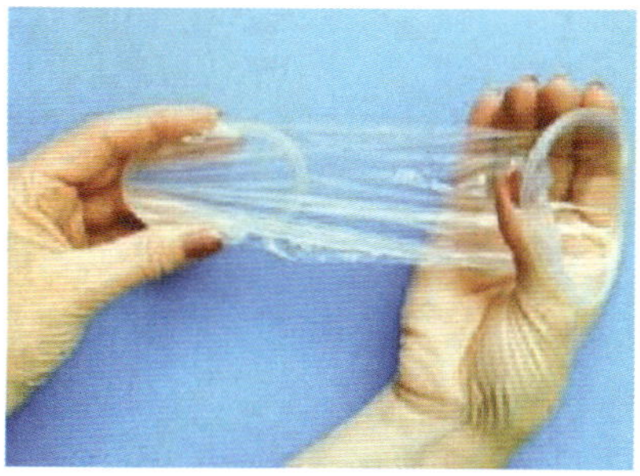

그림 7.96. 페미돔(http://www.scienceall.com/ 010919)

(6) 자궁내장치

자궁내장치(Intra-Uterine contraceptive

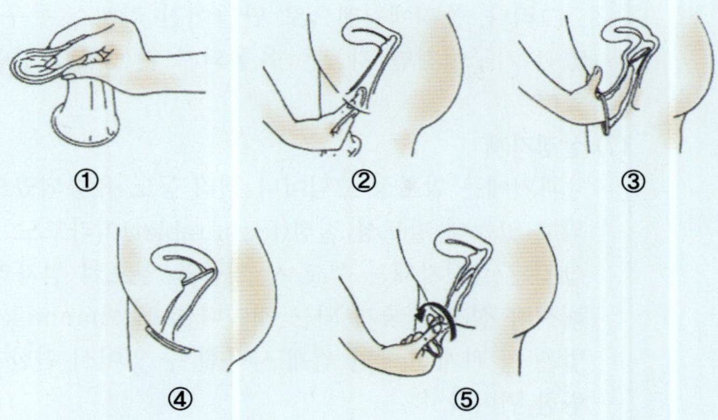

그림 7.97. 페미돔 사용 방법. 1~4번은 삽입, 5번은 제거하는 방법.
(http://www.piimjungbo.net/method/page6.asp)

Device, IUD)는 대단히 효과적이며 안전할 뿐 아니라 한번 삽입하면 오랜 기간 피임이 되기 때문에 세계적으로 가장 많은 여성들이 사용하는 피임법이다(그림 7.98). 여러 가지 자궁내장치 중에서 우리나라에서는 최초로 리페스 루우프(Lippe's loop)를 '루프' 라고 하여 도입되어 사용되었기 때문에 흔히 최근의 새로운 자궁 내 장치까지도 통칭 '루프' 라고 불려진다.

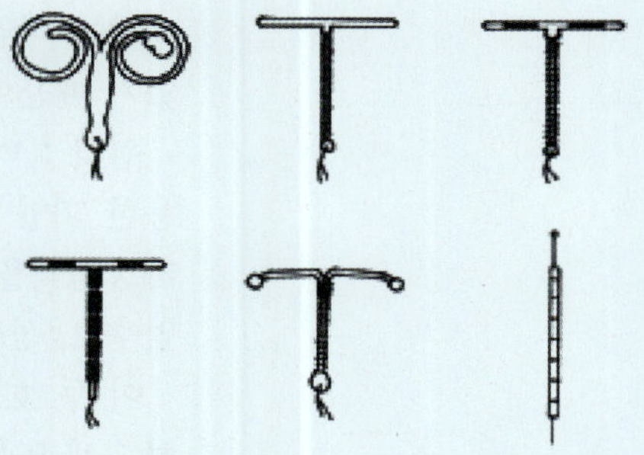

그림 7.98. 여러 가지 루프 (정경숙, 1998)

피임원리 : 정자와 난자가 만나 수정된 그 수정란이 난관을 통하여 자궁 내막에 착상하려고 할 때 자궁내장치는 자궁 내막에서의 화학적 변화를 일으켜 착상하는 것을 방해하여 저지할 뿐 아니라 장치의 부착된 구리(銅)가 정자의 활동을 약화시켜 임신을 방지하게 되는 것이다(그림 7.99). 자궁 내 장치에 부착된 구리(銅)는 부수적으로 세균을 멸균하여 감염을 방지하는 작용도 한다.

최근에는 질적으로 많이 개선되어 크기도 작을 뿐 아니라 T자형으로 자궁 내막에 닿는 부분도 적으며 부작용이나 피임 실패율이 대단히 낮다. 가장 현대적인 자궁 내 피임장치는 구리 성분을 첨가하여 피임효과가 향상되었으며 한 번 자궁 내에 장치하면 3년에서 5년까지 피임이 가능하다. 현재 자궁 내 피임장치는 전 세계적으로 약 1억 명 이상의 여성이 이용하고 있다.

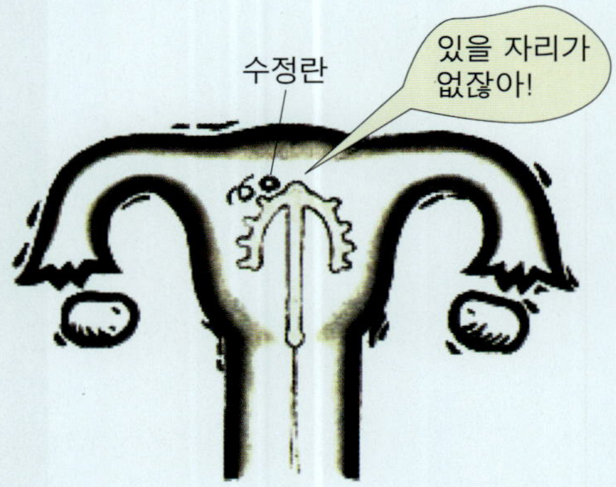

그림 7.99. 루프의 작용(정경숙, 1998)

그러나, 폴리에틸렌으로 만들어진 리페스 루우프(Lippe 's Loop)는 가장 많이 쓰였던 기구이지만 지금은 유통되지 않는다. 모양은 쌍S자형. 끝에 나이론 실이 달려 있다.

(7) 살정자제

과거에는 발포성 크림이나 젤리 등도 유통되었으나 최근에는 발포성 좌약만이 유통되고 있는데 발포성 질정(foam tablet)이라고도 불린다(그림 7.100). 여성 질 안으로 삽입된 살정자제는 성교 시 거품을 일으켜 정자의 세포막이 분해되어 세포대사를 저해시켜 정자가 죽게 되는 것이다(http://hanmi.kisnet.co.kr/sex/ 030704). 이 피임법은 성 관계 시에만 쉽게 사용할 수 있어서 편한 점도 있을 뿐 아니라 값이 비교적 저렴한 편이다.

살정자제가 질 속 분비물에 의해 충분히 녹는데 5분 정도 걸리므로 이후에 성 관계를 해야 하며 효과가 약 20분만 지속되므로 이 기간 안에 사정해야 피임효과가 있다. 이 방법은 삽입 전에 올바른 위치에 삽입하는 것이 중요하며 제대로 이용했을 때 80% 이상의 효과가 그렇지 못했을 때 40% 이상의 실패할 확률이 있으므로 주의해서 사용해야 한다. 성교 후 6시간 정도는 질세척을 피해야 한다. 또한 이 질 좌약식은 질 안에서 녹는 시간을 가만해야 효과적이며, 성교 반복 시에는 다시 한차례 삽입을 해야 안전한 피임을 할 수 있다.

(8) 먹는 피임약 (oral contraceptives)

먹는 피임약은 피임효과가 높으며 간편할 뿐 아니라 여성 스스로 임신을 조절할 수 있기 때문에 세계적으로 많이 사용되는 피임법 중에 하나이다.

원리 : 먹는 피임약은 에스트로겐과 프로게스테론이라는 여성호르몬의 작용을 이용한 피임 방법이다. 에스트로겐은 난포를 만들 뿐 아니라 자궁내막을 두텁게 하고, 자궁점액을 맑고 투명하게 조절하는 역할을 한다. 프로게스테론은 자궁내막의 성장은 멈추고, 성장된 내막을 유지해 수정란의 착상을 준비하는 것이 그 역할이다.

이 두 호르몬을 조절하는 곳은 뇌하수체, 또는 시상하부. 임신이 되지 않을 경우 뇌하수체 또는 시상하부가 이 두 호르몬을 감소하라고 명령한다. 그 결과 성장된 자궁내막이 떨어져 나가게 되는 것이다. 반면, 임신이 되면 두 호르몬은 계속 분비돼 또 다른

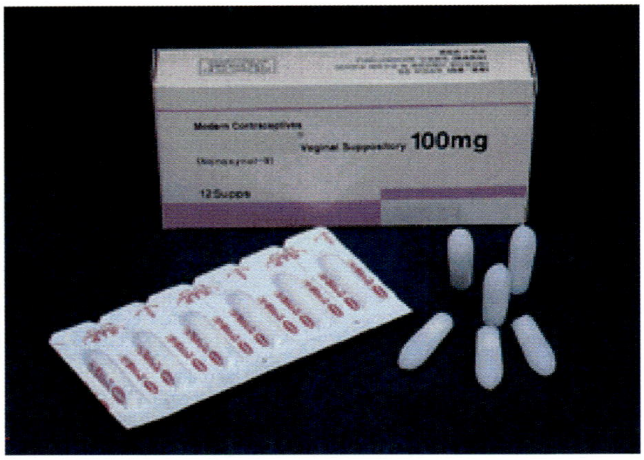

그림 7.100. 살정자제의 모습 – http://imagesearch.naver.com/

난자가 배출되는 것을 막고 태반에 영양과 산소를 공급하는 것을 돕는다.

먹는 피임약은 에스트로겐과 프로게스테론 성분이 들어 있는 약으로, 이 두 호르몬이 항상 증가된 상태로 유지해서 임신을 막는 것이다(http://www.scienceall.com, 020115). 왜냐하면 에스트로겐과 프로게스테론이 증가된 상태에 있으면 첫째, 뇌하수체 또는 시상하부는 임신 상태로 착각해 더 이상의 배란을 명령하지 않는다. 둘째, 자궁내막은 증식과 성숙이 뒤죽박죽되어 착상이 되지 못한다. 셋째, 자궁점액이 혼탁해져 정자의 통과가 어려워진다.

'60~'70년대에 나온 먹는 피임약은 호르몬의 함유량이 많아서 기미, 체중 증가, 구토증 등의 부작용이 있었으나 최근에 사용되는 먹는 피임약은 그 부작용 역시 대단히 미약하다. 먹는 피임약은 신뢰할 수 있으며, 완전히 가역적이고 또한 사용하기 편리하다. 규칙적인 생리, 생리전의 긴장감 감소, 작고 가벼운 생리량, 생리통 감소 등의 장점이 있다. 먹는 피임약의 결점이라면 매일 1정씩 잊지 말고 복용하여야 하는 점이다.

(9) 임플란트

임플란트(implant)는 1개 또는 2개의 성냥개비 모양의 호르몬 캡슐을 팔 상부 안쪽 피하에 트로카를 이용하여 이식하면 3년간 또는 5년간 서서히 호르몬을 배출시킴으로 피임작용을 하는 것이다(그림 7.101). 현재 세계적으로 유통되는 임플란트 종류 중에 우리나라에서는 임플라논이 시판되고 있다(http://hanmi.kisnet.co.kr/sex/030704).

임플란트는 세계적으로 그리 많이 사용되지는 않는다. 특히 먹는 피임법이나 자궁내 장치 또는 다른 피임법이 맞지 않는 여성이 이 피임법을 주로 사용하게 된다. 그러나 그 시술비용(30만원대)이 타 피임법에 비하여 월등히 비싸고 월경불순의 부작용이 있고 3년 또는 5년간의 유효기간이 지난 후 이식되었던 캡슐을 제거하기가 쉽지 않다.

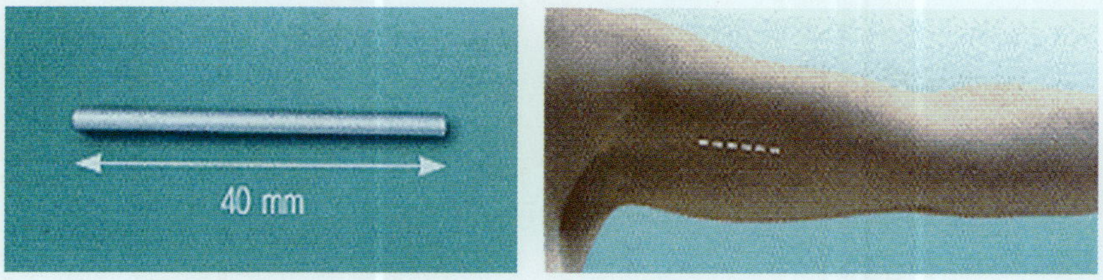

그림 7.101. 임플란트 중에서 임플라논과 이식 부위 (http://www.miglioreobgy.co.kr)

(10) 사후피임(응급피임)

피임을 하지 않은 상태에서 성폭력을 당하거나 성관계를 한 후 원치 않는 임신을 방지하기 위하여 응급으로 사용하는 피임을 사후피임(事後避姙) 또는 응급피임(emergency contraceptive)이라고 하며 미주에서는 속칭 'morning-after pill'이라고 한다(http://hanmi.kisnet.co.kr/sex/ 030704).

성관계 후 고용량의 호르몬제를 사용하거나 자궁내장치를 삽입하여 수정란의 자궁착상을 방해하므로 임신을 방지하는 피임법이다. 현재 세계적으로 유통되는 사후피임약으로는 Levonorgesgrel(0.75mg)이 있다.

사용방법 : 사후피임약은 성관계 후 72시간 이내에 한 번 복용한다(http://hanmi.kisnet.co.kr/sex/ 030704). 자궁 내 장치는 성관계 후 5일 이내에 삽입하면 피임효과가 대단히 좋아서 99% 이상 효과가 있다. 세계보건기구(WHO)에서의 피임효과에 관한 최근 연구결과에 따르면 성관계 후 응급피임 약을 빨리 복용할수록 피임효과가 더 좋은 것으로 나타났다고 보고한 바 있다.

(11) 정관절제

남성 불임시술(male voluntary sterilization)의 일종으로서 정자의 통로인 정관을 절단하여 양끝을 매몰함으로서 사정 시 정자가 몸 밖으로 나가지 못하게 하여 영구피임을 하게 되는 수술이다(그림 7.102). 음경 가까운 부위를 약 2cm 절개하고 그 안에서 정관을 찾아 묶어 절단하는 매우 간단한 것이다. 주로 국소마취로 10분 정도 걸리는 수술이므로 입원할 필요가 없다.

정관절제수술(vasectomy)을 받았다고 해도 남성호르몬은 정상적으로 분비되므로 남성으로서의 여하한 신체적 영향도 끼치지를 않는다. 즉, 남성의 2차 성징은 물론 성욕이라든가 성감에도 아무런 변함이 없을 뿐 아니라 성교할 때에 정액도 제대로 배설된다. 그러나 수술직후에는 부정소와 정낭 내에 아직 정자가 남아 있으므로 잔존 정자가 다 없어질 때까지 적어도 성관계 9회까지는 다른 피임을 하여야 수술 효과가 있다.

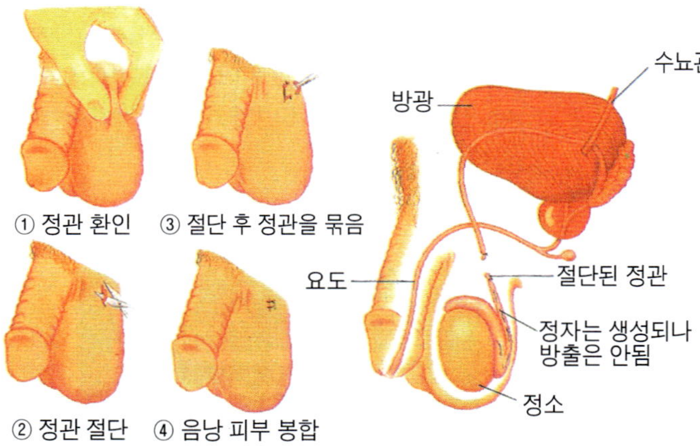

그림 7.102. 정관절제수술 (추영국 등, 2007)

(12) 난관절제

여성 불임시술(female voluntary sterilization)의 일종으로서 복강경불임시술(laparoscopic sterilization)이라고도 한다. 직경 1cm 정도 되는 내시경을 배꼽 주위를 통하여 복강내에 삽입하여 난관을 찾아 전기로 지지던지 또는 실라스틱(실리콘) 링을 이용하여 결찰(묶음)하므로 수정란이 난관을 통하지 못하게 하여 임신을 방지하는 시술이다(그림 7.103).

시술이 간단하여 시술 시간도 5~10분 정도 걸리기 때문에 세계적으로 많이 시술되며, 우리나라에도 '70년대 후반과 '80년대에는 정부 가족계획 사업의 일환으로 정부

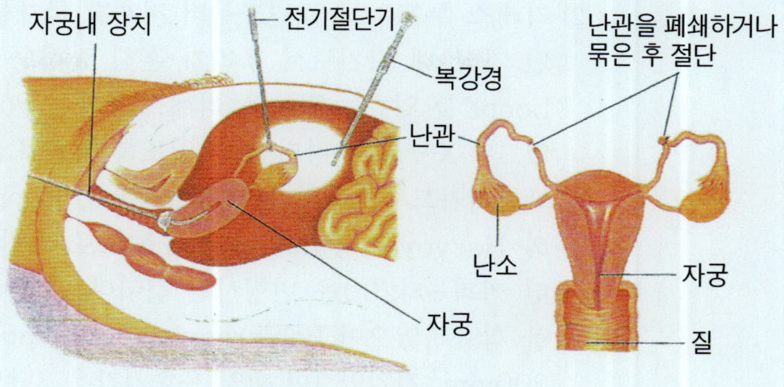

그림 7.103. 난관절제수술(추영국 등, 2007)

보조금으로 상당히 많은 무료 시술을 시행한 바 있었다. 그리고 영구적인 피임 효과가 있으며 월경과 성기능에 영향이 없고 임신의 위험이 없으며 피임제의 공급이 필요 없는 등의 장점이 있다.

(13) **현재 사용하지 않는 피임법**(http://hanmi.kisnet.co.kr/sex/ 030704)

① 자궁경부를 덮는 피임용 격막인 페서리 : 피임용 격막인 페서리(pessary)는 유연성이 강한 금속 테에 얇은 고무막을 두른 돔 모양의 기구이다(그림 7.104). 여성의 질 안에 삽입돼 정자가 자궁경부로 들어가는 것을 막는다. 즉 고무막은 자궁경부를 덮고 금속 테두리는 고무막을 팽팽하게 유지시켜 자궁경부와 정자 사이의 장벽이 되는 것이다(http://www.scienceall.com, 020115). 그러나 정자가 격막의 테두리를 통하여 자궁 쪽으로 이동해 들어갈 가능성이 있으므로 살정자제와 같이 사용되어야 한다.

페서리는 성교 후 6시간에서 8시간정도 지난 후에 제거해야 하며 24시간 이상 그대로 방치하면 안 된다. 1960년대에 한동안 유통되었던 피임법으로 피임실패율이 높고 사용하기가 불편하여 1970년도부터 차차 생산이 중단되어 현재에는 그 자취를 찾아보기 힘들 정도이다.

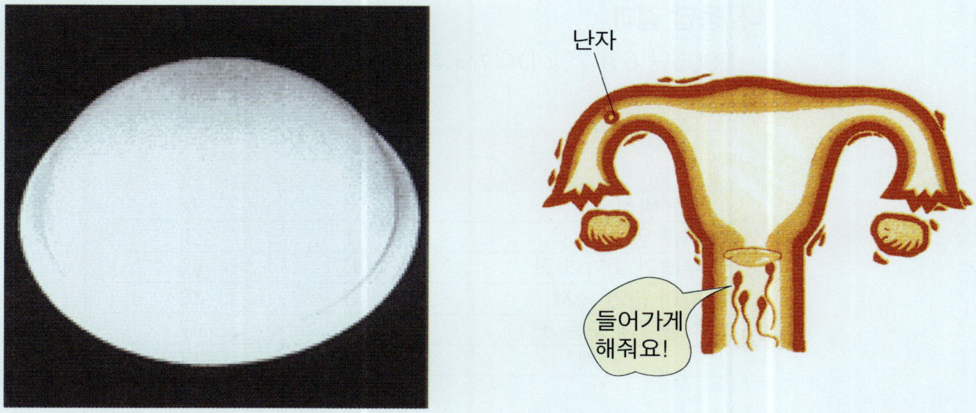

그림 7.104. 페서리의 모양(A, http://hanmi.kisnet.co.kr/sex 030704)과 착용위치(B, 정경숙, 1998).

② **리페스 루프 :** 1962년도부터 저개발 국가를 포함하여 범세계적으로 많이 사용되던 자궁 내 장치로서 우리가 흔히 말하는 루프가 바로 이 "리페스 루프(Lippes Loop)"를 일컫는 것이다. 리페스 루프는 Polyethylene (alathon-20)으로 제작되었으며 X-ray에 나타날 수 있도록 최초로 Barium sulfate를 사용한 장치이다.

③ **그라비가드 :** 그라비가드(Gravigard, Copper 7)는 1974년 칠레에 Jaime Zipper와 Harvey Abramson이 공동으로 개발한 피임장치로서 1972년에 시판되었던 카파-티200을 변형시킨 것이다. 그라비가드도 X-ray에 나타나도록 바리움을 함유하였으며 Polypropylene homopolymer로 제작되었다. 기둥에는 구리가 $200mm^2$ 감겨있으며 피임 유효기간은 3년으로 되어 있다.

7.9. 내분비

7.9.1. 식물호르몬의 합성장소

가. 검사문항

1) 동물은 내분비선에서 호르몬을 생성한다. 그렇다면 식물은 어디에서 호르몬을 생성되어 특정 기관으로 운반될까?

① 내분비선
② 어린 잎
③ 뿌리와 줄기의 끝
④ 발아 중인 종자
⑤ 식물체내 모든 곳에서 생성될 수 있으며, 호르몬의 종류에 따라 생성부위가 다르다.

2) 위의 답을 선택한 이유는 무엇인가?

나. 응답 결과

2005년 6월 7일, D대학교의 C교육과 1학년, 30명.

보기	반응	
	명	%
① 내분비선	0	0
② 어린 잎	1	3
③ 뿌리와 줄기의 끝	12	40
④ 발아 중인 종자	3	10
⑤ 식물체내 모든 곳	14	47
계	30	100

다. 분석 및 오개념

1) 분석

식물체내 모든 곳에서 식물 호르몬이 생성된다고 대답한 학생은 전체의 47%였고, 나머지 53%는 확실하게 답을 하지 못했다. 각 문항을 분석하면 다음과 같다.

(1) 내분비선이라고 대답한 학생은 단 한명도 없었다. 학생들은 '식물은 동물처럼 호르몬을 분비하는 내분비선이란 특별한 곳을 가지지 않는다.' 는 사실을 모두 알고 있는 것 같다.

(2) 어린잎이라고 대답한 학생은 전체의 3%로, 잎이 녹색인 것과 가을에 단풍이 드는 것이 호르몬 때문이라고 대답했다. 이 학생은 색소와 호르몬의 개념을 혼동하고 있는 것으로 보인다. 잎이 녹색인 것은 잎에 있는 엽록소라는 색소 때문이고, 가을에 단풍이 드는 것은 기온이 낮아져서 엽록소가 파괴되고, 엽록소에 의해 가려졌던 다른 색소가 드러나기 때문이라는 사실을 모르고 있었다.

(3) 뿌리와 줄기 끝이라고 대답한 학생이 무려 40%였다. 학생 중 몇몇은 '옥신이 줄기 끝에서 만들어진다는 것을 배웠다' 고 대답했다. 대표적인 식물 호르몬인 옥신이 줄기 끝의 생장점에서 생성되어 줄기를 신장시키는 기능을 한다고 배운 내용이 강하게 기억에 남아서, 모든 식물 호르몬이 줄기와 뿌리 끝에서 생성된다고 생각한 것으로 보인다.

 또한 몇몇 학생은 교과서에서 식물 호르몬에 관한 실험에서 대부분 어린 줄기를 이용했다고 대답했다. 이것은 교과서에 자주 등장하는 다윈의 실험이나 벤트의 실험 등에서 대부분 자엽초를 이용했는데, 이것은 단지 자엽초가 특히 식물 호르몬에 민감하기 때문에 사용했다. 그러나 학생들은 자엽초라는 연약한 줄기를 이용한 그림만을 생각해서 모든 식물 호르몬이 줄기 끝에서 생성된다고 생각한 것으로 보인다.

 또 다른 학생들은 식물이 생장하기 위해서는 줄기와 뿌리가 생장해야 하고, 여기에는 호르몬이 필요하다고 대답했다. 이 학생들은 식물 호르몬의 다양한 기능을 알지 못하고, 단지 줄기와 뿌리 생장에 국한시켜 생각하고 있다.

(4) 발아 중인 종자라고 대답한 학생은 전체의 10%였다. 학생들은 그 이유를 종자가 발아해서 식물로 자라기 위해서는 호르몬이 필요하기 때문이라고 대답했다. 이 학생들 역시 식물 호르몬의 기능을 종자 발아를 촉진시키는 기능에만 국한시키고, 식물 호르몬의 다양한 기능을 알지 못하기 때문인 것으로 보인다.

2) 오개념

식물은 어린잎이나 뿌리와 줄기 끝에서나 발아 중인 종자에서 호르몬을 생성한다.

라. 과학적 개념

식물은 동물처럼 호르몬을 분비하는 내분비선을 가지지 않고, 분열조직, 어린 잎, 줄기와 뿌리 끝, 발아중인 종자나 배, 성숙한 과일 등 식물체내 모든 곳에서 호르몬을 생성한다. 호르몬의 종류에 따라 생성부위가 다르다.

마. 학습지도 방법

1) 호르몬에 대한 학습을 할 때에, 동물 호르몬과 식물 호르몬의 생성 장소에 대해 비교하

여 설명한다. 동물은 내분비선에서 호르몬을 생성하고, 식물은 내분비선을 가지지 않고, 식물 체내 모든 곳에서 호르몬을 생성할 수 있다는 사실을 학생들에게 이해시킨다.

2) 일반적으로 식물 호르몬에 대한 수업에서는 식물 호르몬의 종류와 기능에만 강조점을 두어 설명하는 경향이 있다. 따라서 학생들에게 식물 호르몬의 생성 장소에 대한 오개념을 가지지 않도록 각각의 식물 호르몬이 식물체내에서 합성되는 장소도 분명히 설명해준다.

3) 식물 호르몬의 종류와 기능에 대해 알아보는 실험에서 줄기(예: 자엽초)라는 한 특정한 기관 외에 식물체내의 다양한 곳에서 식물 호르몬이 생성되는 것을 보여주는 프레젠테이션 자료나 사진을 함께 제시해서 학생들이 오개념을 가지지 않도록 한다.

바. 연계 또는 심화 학습

1) 식물 호르몬

(1) 정의

식물체 내에서 합성되어 합성된 장소와는 다른 장소로 이동하여 식물의 각종 생리 작용을 조절하는 미량 물질.

(2) 특징

- 동물에서와 달리 내분비선이 없다.
- 체내 항상성 유지보다는 표적기관의 생장과 분화에 영향을 미친다.
- 특정 조직에서 생성되어 표적기관으로 이동한다.

(3) 종류와 기능

식물호르몬의 종류와 기능 및 발견되는 장소를 정리하면 표 7.22와 같다.

표 7.22. 식물 호르몬의 종류와 기능 및 발견 장소 (김명원 등, 2002에서 변형)

호르몬	주요기능	발견 장소
옥신	– 줄기신장, 뿌리의 생장 및 분화, 곁가지 형성 – 과일 발생	– 끝눈의 분열 조직, 어린 잎, 씨의 배, 발아중인 종자
시토키닌	– 뿌리 생장과 분화에 영향, 발아 촉진, 세포분열과 생장 촉진 – 노화 억제	– 뿌리에서 생성되어 다른 기관으로 이동
지베렐린	– 씨와 눈발아 촉진, 줄기 신장과 잎 생장 촉진 – 개화와 과일 발생 촉진	– 끝눈의 분열 조직, 뿌리, 어린 잎, 배, 발아중인 종자
앱시스산	– 생장 억제 – 수분 손실 시 기공 닫음, – 휴면 유지	– 잎, 줄기, 뿌리, 녹색 과일
에틸렌	– 과일 성숙 촉진 – 몇 가지 옥신 효과 상쇄	– 성숙한 과일, 줄기 마디, 죽어 가는 잎

2) 식물호르몬의 합성장소

여러 식물 생리학 책을 토대로 교재연구를 한 결과, 식물호르몬에 대한 연구가 많이 이루어지지 않아서 전공서적마다 약간 다른 이론들을 정리해 놓았고 아직 식물호르몬에 대한 많은 문제와 의문점이 남아있었다.

동물의 경우, 호르몬은 특정 분비선에서 내에서 만들어진 다음, 혈류를 따라서 몸의 각 부위로 분산된 다음, 표적조직에 도달된 호르몬은 그곳에서 특정 물질대사를 조정한다. 그러나 동물에서의 호르몬개념을 식물에 그대로 적용하기에는 혼란스러운 문제점들이 부각되고 있다. 식물에는 형태적으로 구분되는 분비선이 없다. 옥신을 비롯한 다른 식물호르몬들은 식물체의 여러 부위애서 형성될 수 있다. 더욱 더 중요한 것은, 식물 호르몬이 합성되는 장소와 작용하는 장소의 구분이 구별되지 않는 경우가 있다는 사실이다(심웅섭, 1999).

식물 호르몬도 동물 호르몬과 마찬가지로 어떤 조직에서 합성되어 다른 조직에 운반되어 작용하지만 합성 부위가 여러 곳인 경우가 대부분이며, 작용 부위와 효과 역시 매우 광범위한 점이 동물 호르몬과 다르다(권영명 등, 1999).

따라서 식물호르몬은 아직 합성장소와 발견 장소의 구별이 불분명한 상태여서 식물호르몬이 식물체 내 특정한 곳에서 합성된다고 말하는 것은 옳지 않다. 예를 들면 옥신이 발아중인 종자의 생장을 촉진시키는 기능을 가지지만, 옥신이 정확히 종자에서 합성되어 종자의 생장을 촉진시키는지, 아니면 다른 곳에서 생성되어 종자로 이동해서 그 기능을 나타내는지는 불명확하다. 그리고 식물호르몬은 동물호르몬과 달리 한 호르몬이 식물체내 여러 곳에서 합성이 가능하다. 예를 들면 동물호르몬 중 하나인 인슐린은 이자라는 한 특정한 곳에서 만들어지지만, 식물호르몬 중 하나인 옥신은 지금까지 발견된 곳만 해도 끝눈의 분열 조직, 어린 잎,씨의 배, 발아중인 종자 등 여러 곳이다. 따라서 식물호르몬은 식물체 내 한 특정한 곳에서 합성된다고 말하는 것은 옳지 않다. 또한 식물체 내 모든 곳에서 합성된다는 말도 옳지 않은데, 단지 식물 호르몬이 식물체 내 모든 장소에서 발견된 것일 뿐, 모든 곳에서 합성되었는지 아니면 다른 특정한 곳에서 만들어져 식물체 내 모든 곳으로 이동했는지는 아직 밝혀지지 않았기 때문이다.

7.9.2. 인슐린

가. 검사문항

1) 다음 그림은 인슐린과 글루카곤이 모두 있을 때와 인슐린만 있을 때의 혈당량 변화를 시간에 따라 조사한 것이다 (최우섭 등, 2000).

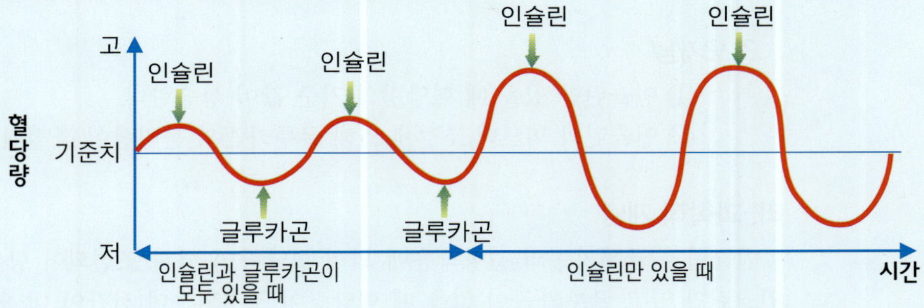

위의 자료로부터 알 수 있는 것을 다음 보기 중에서 모두 고르면?

<보기>

ㄱ. 인슐린만 있을 때 혈당량의 기준 값이 상승한다.
ㄴ. 인슐린의 피드백 조절에 의해 글루카곤의 분비량이 조절된다.
ㄷ. 인슐린과 글루카곤의 길항작용에 의해 혈당량이 쉽게 조절된다.
ㄹ. 인슐린만 있고 글루카곤이 없을 때 혈당량이 상승하는데 시간이 더 오래 걸린다.

① ㄱ, ㄴ ② ㄱ, ㄷ ③ ㄴ, ㄷ ④ ㄴ, ㄹ ⑤ ㄷ, ㄹ

2) 위의 답을 선택한 이유는 무엇인가?

나. 응답 결과

2002년 7월 28일, 대구시 J입시학원의 고등학교 1~3학년, 54명.

보기	반응	
	명	%
① 인슐린만 있을 때 혈당량의 기준 값이 상승한다. 인슐린의 피드백 조절에 의해 글루카곤의 분비량이 조절된다.	3	6
② 인슐린만 있을 때 혈당량의 기준 값이 상승한다. 인슐린과 글루카곤의 길항작용에 의해 혈당량이 쉽게 조절된다.	17	31
③ 인슐린의 피드백 조절에 의해 글루카곤의 분비량이 조절된다. 인슐린과 글루카곤의 길항작용에 의해 혈당량이 쉽게 조절된다.	8	15
④ 인슐린의 피드백 조절에 의해 글루카곤의 분비량이 조절된다. 인슐린만 있고 글루카곤이 없을 때 혈당량이 상승하는데 시간이 더 오래 걸린다.	3	6
⑤ 인슐린과 글루카곤의 길항작용에 의해 혈당량이 쉽게 조절된다. 인슐린만 있고 글루카곤이 없을 때 혈당량이 상승하는데 시간이 더 오래 걸린다.	9	16
무응답	14	26
계	54	100

다. 분석 및 오개념

1) 분석

'인슐린과 글루카곤의 길항작용에 의해 혈당량이 쉽게 조절되고, 인슐린만 있고 글루카곤이 없을 때 혈당량이 상승하는데 시간이 더 오래 걸린다.' 라고 정답을 선택한 학생은 16%에 불과하였다.

2) 오개념

① 인슐린만 있을 때 혈당량의 기준 값이 상승한다.
② 인슐린의 피드백 조절에 의해 글루카곤의 분비량이 조절된다.

라. 과학적 개념

인슐린과 글루카곤의 길항작용에 의해 혈당량이 쉽게 조절되어 항상성이 유지된다. 그리고 인슐린만 있고 글루카곤이 없을 때 혈당량이 조절되는데 시간이 더 오래 걸린다.

마. 학습지도 방법

인슐린만 있을 때보다 인슐린과 글루카곤이 함께 있을 때 혈당량 변화의 폭이 더 작은 것으로 보아 인슐린과 글루카곤이 함께 있을 때 혈당량이 더 쉽게 조절된다는 것을 알 수 있다고 지도한다. 또한 인슐린만 있을 때에는 혈당량이 상승하는데 시간이 더 오래 걸린다는 것을 그래프를 통해 설명한다.

바. 연계 또는 심화 학습

1) 호르몬의 특성

(1) **분비** : 내분비선에서 만들어져 혈관(혈액)을 따라 순환한다.
(2) **작용** : 표적세포나 표적기관에만 작용한다.
(3) 극미량으로 생리적 작용을 조절하므로 과다증이나 결핍증이 생긴다.
(4) 종특이성이 없다. 척추동물에서는 한 종의 호르몬이 다른 종에도 같은 효과가 있다.
(5) 항원성이 없다. 항원으로 작용하지 않으므로, 다른 종의 호르몬을 인체 내에 주사해도 항체가 생기지 않는다.

2) 이자 (췌장, 膵臟, pancreas)의 랑게르한스 섬 (그림 7.105)

(1) **인슐린** : β세포에서 분비된다. 포도당을 글리코겐으로 합성하여 간·근육에 저장시키므로 혈당량 저하시킨다.
(2) **글루카곤** : α세포에서 분비된다. 간의 글리코겐을 포도당으로 분해시키므로 혈당량을 증가시킨다.

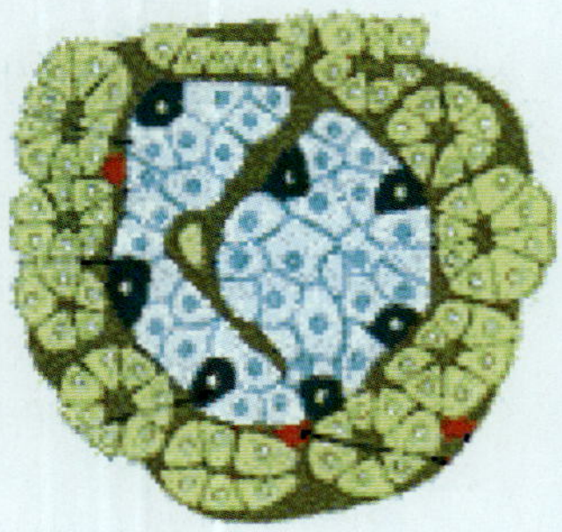

그림 7.105. 이자의 랑게르한스 섬 (http://www.kimwootae.com.ne.kr/index.html)

7.10. 유전

7.10.1. 유전자의 성분

가. 검사문항

1) 유전자는 어떤 성분으로 이루어졌는가?

① 단백질 ② 지방 ③ 탄수화물 ④ 핵산 ⑤ 잘 모르겠다.

2) 위의 답을 선택한 이유는 무엇인가?

나. 응답 결과

2002년 7월 28일, 대구시 J입시학원의 고등학생 2~3학년, 37명.

보기	반응	
	명	%
① 단백질	21	57
② 지방	1	3
③ 탄수화물	3	8
④ 핵산	11	30
⑤ 잘 모르겠다.	1	3
계	37	100

다. 분석 및 오개념

1) 분석

유전자의 구성성분은 '핵산' 이라고 정답을 알고 있는 학생은 30%였다. 유전자의 구성성분이 '탄수화물' , '단백질' , '지방' 과 같은 3대 영양소 중의 어느 하나로 잘 못 알고 있는 학생이 68%나 되었다. 1)의 객관식 물음에서 정답을 맞힌 학생 중에서도 그 이유를 묻는 2)의 주관식 물음에서 정확하게 답하는 학생은 없었다. 우리의 몸을 구성하는 3대 영양소가 탄수화물, 단백질, 지방이기 때문에 그 중 하나가 유전자 성분이라고 생각하고 있으며 특히 단백질을 유전자 성분으로 생각하는 이유는 세포의 대부분을 단백질이 구성하고 있기 때문일 것이다.

(1) 유전자의 구성성분이 '단백질' 이라고 생각하는 이유는 세포는 대부분 단백질로 구성되어 있기 때문이라고 하였다.

(2) 유전자의 구성성분이 '지방' 또는 '탄수화물' 이라고 생각하는 이유는 유전자에 대한 개념이 정립되지 않았기 때문일 것이다.

2) 오개념

유전자를 구성하는 성분은 탄수화물, 단백질, 지방 중의 어느 하나이다.

라. 과학적 개념

유전자의 성분은 고유의 형질을 유지할 수 있는 물질인 핵산이다.

마. 학습지도 방법

세포와 유전자의 구성성분이 다름을 이해시키고, 핵산의 구조를 이해하며, 핵산(DNA와 RNA)이 유전물질이라는 간접적 증거와 실험적 증거를 이해하도록 지도한다.

바. 연계 또는 심화 학습

1) 핵산 (nucleic acid)

(1) **핵산의 구성** : DNA와 RNA

(2) **DNA(deoxyribonucleic acid)** : 염색체의 바탕이 되며 유전자의 본체이며, 핵뿐만 아니라 미토콘드리아, 식물세포의 엽록체도 독자적인 DNA를 가진다.

(3) **RNA(ribonucleic acid)** : 유전자의 기능은 없고, 핵 안에 들어 있는 유전자(DNA)의

유전정보를 세포질에 전달하는 기능과 유전정보를 해독하는 과정에서 중요한 작용을 한다. 즉 세포질로 나와서 단백질을 만드는 틀의 작용을 한다.

2) 핵산이 유전물질이란 간접적인 증거 (강신성 등, 1991b)

한 종의 체세포와 생식세포 내에 들어 있는 물질의 양을 세포당 함량으로 비교해 보면 모든 종에서 생식세포의 핵 속에 있는 염기성 단백질(히스톤)양은 체세포의 경우보다 약 1/2정도였다. 이것은 염기성 단백질이 염색체의 주성분임을 의미하며, 염색체는 유전물질을 간직한다고 인정되어 염기성 단백질 성분이 유전물질일 것이라는 단서를 잡았다. 그 후 세포 내에서 추출한 단백질, 핵산, 탄수화물들을 유전물질의 대상으로 삼고 이 물질들의 화학적 안전성을 비교하였다. 여기서 핵산이 보다 안정성이 강한 물질로 판명되었다. 유전물질이 쉽게 변해서는 고유의 형질을 유지할 수 없을 것이란 점에 착안하면 유전물질은 핵산일 가능성이 높았다.

한편 박테리아에 자외선을 조사하면 돌연변이 개체가 많이 생김을 알았는데 그 때의 자외선의 파장은 2600Å이였다. 그래서 유전물질로 생각되는 여러 물질에 2600Å의 uv를 조사한 결과 역시 핵산이 자외선을 가장 많이 흡수하는 사실을 알게 되었다. 이 두 가지 현상을 종합 분석하면 유전자는 핵산이 틀림없다는 결론에 도달했다.

3) 핵산(DNA와 RNA)이 유전물질이란 실험적 증거 (강신성 등, 1991b)

폐렴쌍구균(Pneumonococcus)은 원칙적으로 다당류(polysaccharides)로 된 피막(capsule)을 형성하여 숙주(host) 개체의 공격을 방어하는 능력을 갖게 되며, 병원성을 나타낸다. 그런데 이 병균은 돌연변이로 인해서 피막을 형성하는 능력이 없는 변이주(mutant strain)가 되면 병원성이 없어진다. 이 2종류의 폐렴쌍구균에서, 전자를 S형(smooth type)이라 부르고, 후자를 R형(round type)이라고 한다.

1928년 영국의 Griffith는 이 2종류의 폐렴상구균으로 그림 7. 106과 같은 실험을 하였다. R형의 균은 독성이 없어 쥐에게 주사하여도 죽지 않는다. 그러나 S형의 균은 맹독성의 병원성 박테리아(pathogenic bacteria)이기 때문에 쥐를 치사시킨다. 그런데 S형의 균을 열처리하여 죽게 한 후 주사하면 쥐는 폐렴에 걸리지 않고 생존한다. 여기서 GRIFFITH는 살아 있는 R형의 균을 감염시키고, 동시에 열처리한 S형의 균을 함께 주사하였다. 그 결과, 쥐는 죽었으며, 그 쥐에게서 S형의 균을 발견하게 되었다. 이 실험을 통해 GRIFFITH는 R형 균이 S형 균으로 변화한 사실은 분명한 유전형질의 변화라고 믿었으나, 무엇에 의해서 그러한 변화가 일어났는지는 알지 못하였다. 그의 실험은 1940년 뉴욕 록펠러연구소의 AVERY 등에 의해 계승되었다. AVERY 등은 R형 균이 S형으로 변화한 것은 살균된 S형의 어떤 물질 때문일 것이라고 가정했다. 그래서 S형 박테리아를 열처리한 후 DNA를 추출하여 그것을 R형 균에 배양액에 첨가했더니 S형이 생겼으며, 그것을 쥐에 감염시켰더니 쥐는 치사하였다.

그러나 추출한 DNA를 DNA 분해효소로 처리한 후, R형 균의 배양액 속에 첨가해 주면 S형 박테리아로 변화하지 않았다. 그리고 단백질 등의 다른 물질을 추출하여 R형 배양액 속에 첨가해도 역시 S형으로의 변화는 생기지 않았다.

이와 같은 일련의 실험을 통해서, S형 DNA가 R형 균 속에 들어가 DNA재조합(DNA recombination)이 생기면 S형의 유전형질이 발현된다는 것을 알 수 있었다. 이러한 현상은 박테리아에서 흔히 일어나며, 이를 형질전환(transformation)이라 한다. 이처럼 DNA재조합이 이루어지면 유전 형질이 변화하기 때문에 DNA가 유전물질이라는 것을 확신하게 되었다.

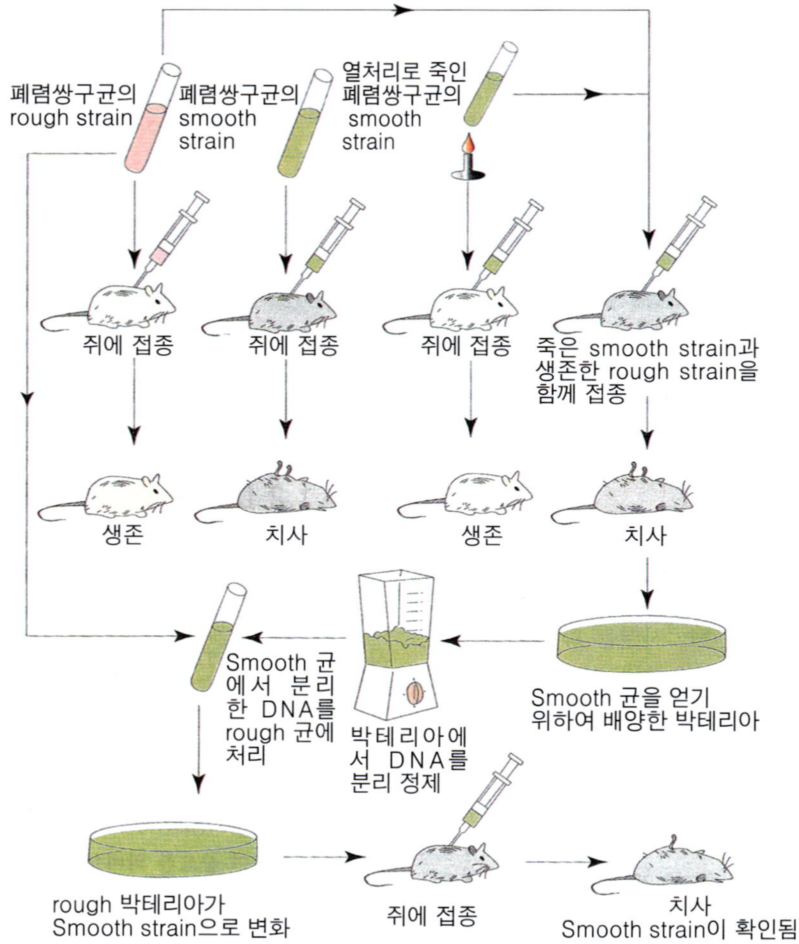

그림 7.106. 형질전환에 관한 실험(강신성 등, 2001)
폐렴쌍구균의 rough strain은 smooth strain의 DNA를 취하여 DNA를 재조합하면 smooth strain으로 형질이 전환된다

4) 바이러스의 생활사

대장균(*Escherichia*)에서 증식하는 바이러스의 일종인 박테이오파아지 T_2(bacteriophage T_2)는 DNA와 단백질로 이루어진 간단한 구조의 생물이다. 1952년 HERSHEY와 CHASE는 파아지 T_2를 사용한 실험에서 DNA가 유전자임을 증명하였다.

우선 파아지의 DNA 안에 포함되는 인산은 ^{32}P로, 또 외막의 단백질에 들어 있는 아미노산의 유황원자는 ^{35}S로 표지시킨다. 이와 같은 파이지를 대장균에 감염시키면 ^{32}P를 함유한 DNA가 대장균 내로 주입되고, ^{35}S를 가진 단백질 부분은 세포 밖에 남게 된다. 주입된 DNA는 증식하여 같은 파아지 T_2의 DNA와 합성되어 새로운 파아지를 만들며, 대장균이 파괴되면 다수의 새로운 파아지가 방출된다(그림 7.107).

여기서 새로 증식된 파아지 T_2의 유전적 특징은 대장균에 주입된 파아지 T_2와 동일하였다. 따라서 T_2의 형질을 결정하는 물질은 DNA이고, 단백질은 유전자로서 작용하는 물질이 아님을 알 수 있었다.

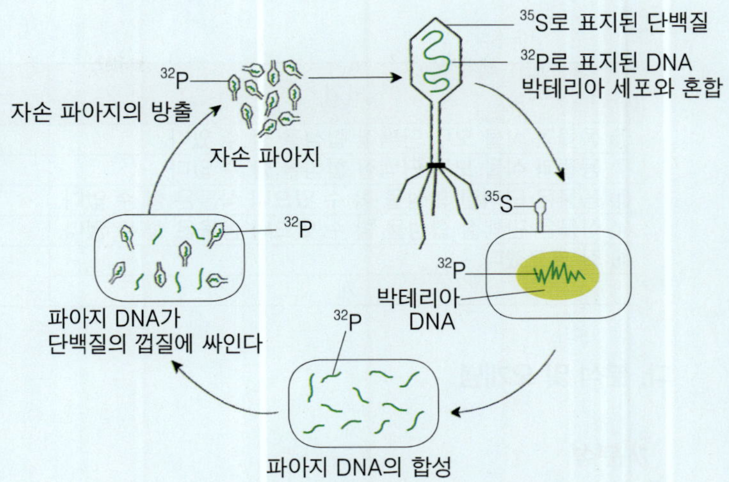

그림 7.107. 박테리오파아지 T_2의 증식은 ^{32}P가 들어 있는 DNA의 증식으로 이루어지고 ^{35}S로 표시된 단백질은 박테리아파아지 T_2의 증식과 아무런 관계가 없다(강신성 등, 2001).

바이러스 중에는 DNA 대신 RNA를 갖고 있는 것이 있으며, 그 RNA가 유전자로서 작용한다. 예를 들면 담배모자이크바이러스(tobacco mosaic virus : TMV)는 RNA와 단백질로 이루어졌다. 이 RNA를 분리하여 건강한 담배잎에 감염시키면 자손 TMV가 증식한다. 따라서 RNA가 유전물질이라는 사실을 알 수 있었다. RNA를 갖는 바이러스로는 이밖에도 소아마비 바이러스, 뇌염바이러스 등이 알려져 있다.

7.10.2. 단백질의 합성

가. 검사문항

1) 단백질 합성에 대한 설명으로 올바른 것은?

① 동물과 식물 모두 단백질 합성을 할 수 있다.
② 동물과 식물 모두 단백질 합성을 할 수 없다.
③ 동물은 단백질 합성을 할 수 있으나 식물은 할 수 없다.
④ 식물은 단백질 합성을 할 수 있으나 동물은 할 수 없다.
⑤ 잘 모르겠다.

2) 위의 답을 선택한 이유는 무엇인가?

나. 응답결과

2002년 7월 27일, 대구시 J입시학원의 고등학교 1~3학년, 54명.

보기	반응	
	명	%
① 동물과 식물 모두 단백질 합성을 할 수 있다.	14	26
② 동물과 식물 모두 단백질 합성을 할 수 없다.	0	0
③ 동물은 단백질 합성을 할 수 있으나 식물은 할 수 없다.	28	52
④ 식물은 단백질 합성을 할 수 있으나 동물은 할 수 없다.	4	7
⑤ 잘 모르겠다.	8	15
계	37	100

다. 분석 및 오개념

1) 분석

'동물과 식물 모두 단백질 합성을 할 수 있다.' 고 정답을 알고 있는 학생은 26%에 불과하였다. 그러나 동물과 식물 중 어느 한 쪽은 단백질 합성을 할 수 없다고 오개념을 가진 학생이 무려 59%나 되었다.

(1) '동물은 단백질 합성을 할 수 있으나 식물은 할 수 없다.' 고 생각하는 학생이 52%나 되었다. 그렇게 생각하는 이유는, 동물의 몸은 대부분 단백질로 구성되어 있으므로 단백질 합성을 할 수 있어야 될 것이지만 식물은 단백질이 없고 또 동물과는 달리 광합성을 하므로 단백질을 합성할 필요가 없기 때문이라고 하였다.

(2) '식물은 단백질 합성을 할 수 있으나 동물은 할 수 없다.' 고 생각하는 학생이 7%였다. 그렇게 생각하는 이유는, 식물은 생산자이므로 단백질 합성이 가능하지만 동물은 종속영양생물로서 소비자이므로 단백질 합성이 불가능하며 모든 영양소를 외부에서 섭취하기 때문이라고 하였다.

이처럼 학생들은 생산자와 소비자에 따라서 또는 몸을 주로 구성하는 성분에 따라 단백질 합성 여부를 판단하는 오개념을 가지고 있었다. 그러한 요인 중의 하나로 교과과정 중에 독립영양생물로의 식물의 광합성에 대해 집중적으로 학습하는 반면에, 식물의 단백질 합성에 대한 설명이 부족하기 때문일 것이다. 그리고 동물은 종속영양생물로 모든 영양소를 외부에서 섭취한다는 데에 강한 인식을 가지고 있기 때문일 것이다.

2) 오개념

(1) 동물은 단백질 합성을 할 수 있으나 식물은 할 수 없다.
(2) 식물은 단백질 합성을 할 수 있으나 동물은 할 수 없다.

라. 과학적 개념

동물과 식물 모두 단백질 합성을 할 수 있다.

마. 학습지도 방법

세포의 구조를 설명할 때 단백질 합성을 담당하는 리보솜이 동물과 식물 세포 모두에 있음을 보여준다(그림 7.108). 리보솜은 유전정보의 번역 즉, 단백질 생합성의 장소가 되는 몇 종류의 리보솜 RNA(rRNA)와 다수의 리보솜 단백질의 복합체이다(생명과학사전편찬위원회, 2003).

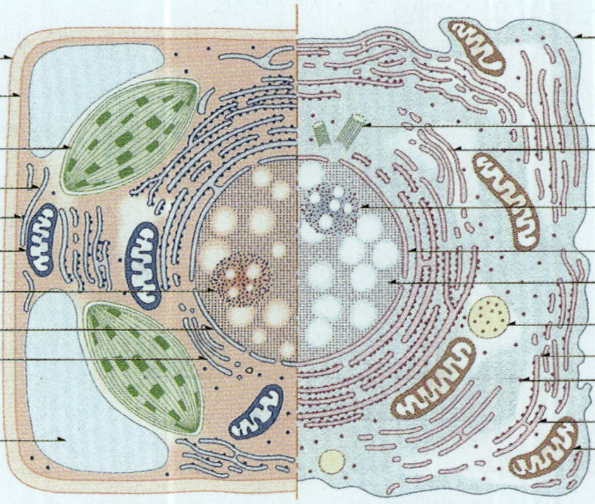

그림 7.108. 식물세포와 동물세포의 전자현미경적 구조 (박희송 등, 2000).

7.10.3. 유전자의 변화

가. 검사문항

1) 유전자는 환경의 변화에 따라 변화될 수 있는 것인가?

① 유전자는 온도나 자외선과 같은 환경의 변화에 따라 변화될 수 있다.
② 유전자는 환경이 어떻게 변화되더라도 변화되지 않는다.
③ 유전자는 신이 만들어 놓은 상태에서 변화되지 않는다. 다만 신의 뜻에 의해서만 변화될 수 있다.
④ 잘 모르겠다.

2) 위의 답을 선택한 이유는 무엇인가?

나. 응답 결과

2002년 7월 16일, 대구시 D고등학교의 2학년 1개반, 32명.

보기	반응	
	명	%
① 유전자는 온도나 자외선과 같은 환경의 변화에 따라 변화될 수 있다.	19	59
② 유전자는 환경이 어떻게 변화되더라도 변화되지 않는다.	11	34
③ 유전자는 신이 만들어 놓은 상태에서 변화되지 않는다. 다만 신의 뜻에 의해서만 변화될 수 있다.	1	3
④ 잘 모르겠다.	1	3
계	32	100

다. 분석 및 오개념

1) 분석

'유전자는 온도나 자외선과 같은 환경의 변화에 따라 변화될 수 있다' 는 정답을 알고 있는 학생이 59%였고, 유전자는 변화될 수 없다고 생각하는 학생이 37%였다.

(1) '유전자는 환경이 어떻게 변화되더라도 변화되지 않는다.' 고 생각하는 학생이 34%였다. 그렇게 생각하는 이유는, 유전자는 부모세대에서 자식세대로 그대로 전해지는 것으로 변하지 않기 때문이라고 하였다.

(2) '유전자는 신의 뜻에 의해서만 변화될 수 있다' 고 생각하는 이유는 생명의 기원은 진화에 의한 것이 아니라 신에 의하여 창조되었기 때문이라고 하였다.

2) 오개념

(1) 유전자는 환경이 어떻게 변화되더라도 변화되지 않는다.

(2) 유전자는 신의 뜻에 의하여서만 변화될 수 있다.

라. 과학적 개념

유전자는 온도나 자외선과 같은 환경의 변화에 따라 변화될 수 있다.

마. 학습지도 방법

유전자에 대한 정확한 개념을 이해시킨 후, 생식세포가 분열을 할 때 자연적 또는 인위적으로 돌연변이가 생길 수 있으므로 유전자도 변화할 수 있다는 것을 이해하도록 지도한다.

바. 연계 또는 심화 학습

1) 유전 (遺傳, heredity)

어버이의 형질이 자식이나 그 이후의 세대에 나타나는 현상이다. 아이가 부모를 닮는 것, 형제간에 닮는 것 등을 말하며, 이 유전의 과정은 염색체에 존재하는 유전자에 의해 이루어진다.

2) 유전자 (gene)

유전형질을 규정하는 인자를 말하며, 세포세대와 개체세대를 통하여 어버이로부터 자식에게 대를 이어 정확히 계승되고 형질발현에 대한 유전정보를 전달한다(생명과학사전편찬위원회, 2003).

3) 게놈 (遺傳體, genome)

배우자(정자 및 난자)에 포함되어 있는 염색체 또는 유전자의 전체를 나타낸다. 각 생물에서 생활기능의 조화를 유지하는 데 없어서는 안 될 염색체의 1조를 말한다(생명과학사전편찬위원회, 2003). 유전자(gene)와 염색체(chromosome)의 두 단어를 합성하여 만든 용어이다.

4) DNA

Deoxypentose Nucleic Acid(Deoxyribonucleic Acid, 디옥시리보핵산)의 약자로 유전자의 본체이다. 아데닌, 구아닌, 시토신, 티민 외에 소량의 메틸화염기인 5-메틸시토신, 6-메틸

아미노퓨린 등이 함유되어 있다.

5) 핵산 (nucleic acid)

염기(푸린염기 및 피리미딘 염기), 당, 인산으로 이루어진 고분자물질이다. 리보핵산(RNA)과 디옥시리보핵산(DNA)으로 구별된다.

6) 돌연변이 (突然變異, mutation)

유전자는 대단히 안정한 편이지만 여러 가지 요인에 의해 끊임없이 변할 수 있다. 유전자의 구조가 변했거나 염색체 수와 염색체 구조가 변함으로써 돌연변이가 생기는 것이다. 돌연변이가 항상 자연히 일어나는 것은 아니다. 모든 외부 환경의 영향이 돌연변이의 발생률을 높일 수 있는데 태양광선, 일부 화학물질, 대부분의 방사선 등이 돌연변이원이다.

7) 샴고양이

표현형은 유전자형과 환경이 상호작용하여 결정된다는 좋은 예이다. 샴고양이는 털을 검게 하는 유전자를 가지고 있지만 기본체온보다 낮은 온도에서만 발현된다. 그리하여 코, 발, 귀 등의 온도가 낮은 부위는 검은색으로 발현된다(이광웅 등, 2003). 만약 귀의 털을 제거여 고온에 두면 희색털이 나고, 몸의 털을 제거하여 저온에 두면 검은 털이 생긴다.

8) 초파리의 교배 실험과 멘델의 유전 법칙 실험 (권용주 등, 2003)

(1) 준비물

- **기구** : 초파리 사육병, 마취병, 해부 현미경, 현미경, 핀셋, 깔때기, 항온기, 에테르
- **재료** : 야생형 초파리, 돌연 변이형 초파리

그림 7.109. 다양한 초파리의 형질 (권용주 등, 2003).

(2) 실험과정

① 초파리의 돌연 변이 형질 관찰

㉠ 야생형 노랑초파리는 둥글고 붉은 눈, 회색의 몸 색깔, 그리고 복부보다 약간 긴 날개를 갖고 있다. 아래의 그림 7.109은 다양한 돌연 변이형의 특징적인 형질을 자세하게 나타낸 것이다.

㉡ 각 돌연변이형의 형질이 야생형과 어떻게 다른지 현미경으로 자세하게 관찰하고, 그 특징을 아래의 표 7.23에 기록해 보자.

표 7.23. 돌연변이형 초파리의 특징

구분	눈 색깔	날개 모양	몸 색깔
관찰된 내용			
기타			

② 초파리의 단성 잡종 교배

초파리의 암컷은 번데기에서 나온 뒤 적어도 8시간 이내에는 교배를 할 수 없다. 그러므로 초파리의 교배 실험을 위해서는 일단 사육병으로부터 모든 성체를 제거하고, 번데기로부터 새로 나오는 초파리의 암수를 구별하여 각각 별도의 사육병으로 옮겨야 한다.

㉠ 정상 날개 순종(야생형, WW) 암컷 5개체와 흔적 날개 순종(돌연 변이형, ww) 수컷 5개체를 한 사육병 속으로 옮겨 교배시킨다. 이 교배 실험에서 순종을 사용하는 이유는 무엇인가? 이 교배 실험의 결과는 어떻게 나타날 것으로 예측되는가?

㉡ 사육병에 실험자의 이름과 교배 내용을 표시한다.

㉢ 사육병을 25℃의 항온기에 넣는다.

㉣ 교배 일주일 후 사육병으로부터 모든 성체를 마취시킨 후 제거한다. 성체를 제거하는 이유는 무엇인가?

㉤ 교배 후 10~14일 사이에 번데기로부터 나온 F1세대의 초파리를 마취하여 그 형질을 관찰한다.

㉥ F_1개체들 가운데 암컷 5개체와 수컷 5개체를 새로운 사육병에 넣어 교배시킨 뒤, 25℃의 항온기에서 사육한다. 이 교배 실험의 결과는 어떻게 나타날 것으로 예측되는가?

㉦ F_1끼리의 교배 후 일주일이 지나면 모든 성체를 사육병에서 제거한다.

㉧ F_1교배 후 10~14일 사이에 번데기로부터 나온 F_2세대의 표현형의 비를 조사한다.

③ 초파리의 양성 잡종 교배

초파리의 날개 모양에 대한 단성 잡종 실험을 통해 한 유전 형질이 어떻게 자손에게 전달되는지를 알아보았다. 그렇다면 두 종류의 유전 형질이 동시에 유전될 경우에 각각의 유전 형질은 어떻게 유전되는지를 알아보자.

㉠ 새로 태어난 정산 날개(WW)와 검은 체색(bb)의 암컷과 흔적 날개(ww)와 노랑 체색(BB)의 수컷을 단성 잡종 실험과 같이 교배시킨다.

㉡ 양성 잡종 교배 결과 나타날 수 있는 F_1의 형질과 그 개체수의 비를 예측하는 가설을 만든다.

㉢ F1개체끼리 자가 교배시켜 F_2세대를 얻는다.

㉣ 양성 잡종 교배 결과 나타날 수 있는 F_2의 형질과 그 개체수의 비를 예측하는 가설을 만든다.

(3) 결과 및 논의

① 초파리의 단성 잡종 교배

㉠ 초파리의 단성 잡종 교배 실험 결과를 다음 표 7.24에 기록해 보자.

표 7.24. 단성 잡종교배 결과

세대		야생형(정상 날개)	돌연변이형(흔적 날개)	총 개체수
P	암컷			
	수컷			
F_1	암컷			
	수컷			
F_2	암컷			
	수컷			

㉡ F_1세대의 초파리는 P세대와 비교하여 어떤 형질을 나타냈는가? 각자가 예측한 대로 결과가 나타났는가? 그렇지 않다면 그 이유는 무엇인가?

㉢ F_1끼리의 교배에 의해서 얻은 F_2의 표현형의 비는 각자가 예측한 것과 동일한가? 그렇지 않다면 그 이유는 무엇인가?

㉣ 교배 실험 결과 암수의 표현형의 비는 어떻게 나타났는가?

㉤ 교배 실험 결과 흔적 날개 형질은 우성인가, 열성인가? 그 이유는 무엇인가?

③ 초파리의 양성 잡종 교배

㉠ 초파리의 양성 잡종 교배 실험 결과를 다음 표 7.25에 기록해 보자.

표 7.25. 단성 잡종교배 결과

세대		정상 날개 노랑 체색	정상 날개 검은 체색	흔적 날개 노랑 체색	흔적 날개 검은 체색	총 개체수
P	암컷					
	수컷					
F_1	암컷					
	수컷					
F_2	암컷					
	수컷					

㉡ F_1의 형질은 각자가 예측한 대로 결과가 나타났는가? 그렇지 않다면 그 이유는 무엇인가?

㉢ F_2의 표현형의 비는 각자가 예측한 것과 동일한가? 그렇지 않다면 그 이유는 무

엇인가?

㉣ 양성 잡종 교배 실험 결과 얻은 세대의 개체들 가운데 부모의 표현형과 다른 표현형이 나타난 이유는 무엇인가?

㉤ 날개의 모양과 체색을 결정하는 각각의 형질은 서로 동일한 방법으로 유전되는가? 이런 현상은 멘델의 어떤 유전 법칙으로 설명할 수 있는가?

(4) 연구 과제

① F_1의 유전자형을 알아보려면 어떤 실험을 추가해야 하는지 설계해 보자.

② 위의 실험에서 자신이 세운 가설과 실제로 얻은 결과가 일치하는지를 검증하기 위한 통계적 처리 방법을 조사해 보자.

7.10.4. 돌연변이

가. 검사문항

1) 유전에서 돌연변이에 대한 설명으로 옳은 것은?

① 돌연변이는 돌발적으로 다른 형질이 생긴 것으로 유전되지 않는다.
② 돌연변이는 진화에 의한 것으로 유전된다.
③ 돌연변이는 열성형질이므로 유전되어도 다음 세대에만 나타난다.
④ 돌연변이는 다른 형질이 돌발적으로 생긴 것이고 대대로 유전된다.
⑤ 돌연변이는 바이러스에 의한 병으로 일시적으로 나타나고 사라진다.

2) 위의 답을 선택한 이유는 무엇인가?

나. 응답 결과

2002년 7월 19일, 경북 D고등학교의 2학년 1개반, 35명.

보기	반응	
	명	%
① 돌연변이는 돌발적으로 다른 형질이 생긴 것으로 유전되지 않는다.	5	14
② 돌연변이는 진화에 의한 것으로 당대에만 나타난다.	1	3
③ 돌연변이는 열성형질이고 유전되어도 제한적으로 다음 세대에만 나타난다.	2	6
④ 돌연변이는 다른 형질이 돌발적으로 생긴 것이고 대대로 유전된다.	27	77
⑤ 돌연변이는 바이러스에 의한 병으로 일시적으로 나타나고 사라진다.	0	0
계	35	100

다. 분석 및 오개념

1) 분석

'돌연변이는 다른 형질이 돌발적으로 생긴 것이고 대대로 유전된다.' 고 정답을 알고 있는 학생은 77%였다. 나머지 학생은 당대에만 나타나거나 제한적으로 다음 세대에만 나타난다고 생각하였다.

(1) '돌연변이는 돌발적으로 다른 형질이 생긴 것으로 유전되지 않는다.' 고 생각하는 학생이 14%였다. 그렇게 생각하는 이유는, 돌연변이에서 '돌연' 이란 용어에 현혹되어 일시적 나타나는 현상이기 때문이라고 하였다.

(2) '돌연변이는 진화에 의한 것으로 당대에만 나타난다.' 고 생각하는 이유는 돌연변이가 나오는 SF 영화의 영향을 받아 환경에 적응하는 것으로 착각하고 있기 때문이었다.

(3) '돌연변이는 열성형질이고 유전되어도 제한적으로 다음 세대에만 나타난다.' 고 생각하는 이유는, 돌연변이는 괴물을 만들며 한 세대에만 생존이 가능하다고 생각하기 때문이었다.

따라서, 돌연변이는 '돌연' 이란 용어로 인해 돌발적으로 다른 형질이 생겨 유전되지 않는 것으로 생각하거나, SF 영화의 영향을 받아 돌연변이를 열성형질로 생각하며 유전되더라도 다음 세대에만 나타날 것이라는 오개념을 가지고 있었다.

2) 오개념

(1) 돌연변이는 돌발적으로 생긴 것으로 유전되지 않는다.

(2) 돌연변이는 열성형질이고 유전되어도 다음 세대에만 나타난다.

라. 과학적 개념

돌연변이는 어버이와 다른 형질이 돌발적으로 생긴 것이고 대대로 유전된다.

마. 학습지도 방법

돌연변이는 유전자의 본체인 DNA의 이상과 염색체 구조의 이상에서 생기며, 유전된다는 개념을 염색체의 구조나 그림을 통해 도식적으로 설명한다.

바. 연계 또는 심화 학습

1) 돌연변이

돌연변이(突然變異, mutation)는 유전자(염색체나 핵산분자의 일부)에 이상이 생겨 어버이 대에 없던 형질이 새로이 나타나 자손에게 대대로 유전되는 현상을 말한다. 유전자는 대단히 안정한 편이지만 여러 가지 요인에 의해 끊임없이 변할 수 있다. 돌연변이는 유전자 자체가 변화거나, 염색체의 일부가 잘려 없어지거나, 여분으로 늘어나서 유전자가 새로 추가되거나, 염색체가 결실되거나 하면 발생되는 유전적인 변화이다. 돌연변이의 최소단위는 1개의 뉴클레오티드이다(생명과학사전편찬위원회, 2003). 돌연변이의 유발물질로는 태양광선, 화학물질, 의약품, 유기용매, 식품첨가물, 방사성 물질 등 헤아릴 수 없이 많다.

유전자의 변화는 심각한 결함을 불러올 수도 있지만 대부분은 비교적 작은 영향만 미친다. 유전자에 돌연변이가 일어났는데 겉으로는 전혀 아무 일도 일어나지 않는 경우도 있고, 또 거의 알아차릴 수도 없는 사소한 변화가 일어나기도 한다. 하지만 운이 좋으면 유전적 착오가 오히려 이익이 되기도 한다.

자연적으로도 일어나는 자연돌연변이도 있지만, 인위적으로 방사선이나 화학물질 등의 영향으로 일어나는 인위돌연변이(人爲突然變異)도 있다. 돌연변이는 보통 생식세포에서 일어나 자손에게 전해지는데 이것을 생식세포 돌연변이라고 한다. 그리고, 개체발생이 진행되는 동안 일부의 체세포에 돌연변이가 나타나 새로운 형질이 발현하는 경우도 있는데 이것을 체세포 돌연변이라고 하며(생명과학사전편찬위원회, 2003), 누에에서 볼 수 있다. 식물에서는 그 부분의 휘묻이나 꺾꽂이 등으로 이것을 번식시킬 수도 있는데 배의 품종 중에 그 예가 있다. 보통의 개체를 야생형(野生型, wild type)이라 하고, 그 속에서 자연적 또는 인위적인 조작에 의해 변이가 생긴 것을 돌연변이체(mutant)라고 한다.

그리고 체세포에 일어난 돌연변이는 암을 일으킬 수도 있다. 유전자는 세포분열을 포함해서 세포에서 일어나는 모든 일을 통제하기 때문이다. 또한 많은 돌연변이원은 발암물질이기도 하다.

2) 돌연변이의 종류

(1) 염색체 돌연변이

① **염색체 구조의 이상** : 염색체의 일부분이 끊어져 없어지거나 다른 부위에 붙어서 일어나는 돌연변이(그림 7.110).

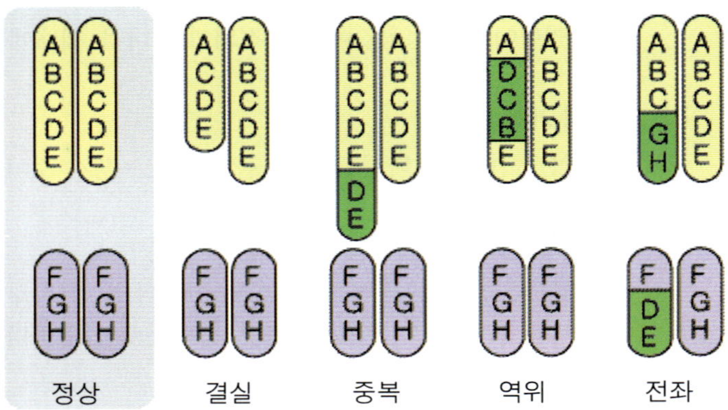

그림 7.110. 염색체의 구조 이상 (http://user.chollian.net/~dgran, 020727).

㉮ **결실** : 일부분이 없어짐

㉯ **중복** : 일부분이 중복

㉰ **역위** : 한 염색체가 끊어진 뒤 거꾸로 붙음

㉱ **전좌** : 한 염색체의 끊어진 부분이 다른 염색체에 옮겨 붙음

② **염색체 수의 이상** : 염색체수의 변화에 의해 발생하는 돌연변이이다. 감수분열할 때 상동염색체가 분리되지 않아 일부분 또는 전체의 상동 염색체가 한 쪽 배우자로 이동하여 나타나는 현상.

㉮ **이수성** : 1~2 쌍의 상동염색체가 비분리되어 염색체 수가 정상보다 1~2개 많거나 적게 됨(그림 7.111).

- **다운증후군** : 정상인은 염색체 수가 46개인데 비해 다운증후군은 21번째 염색체가 3개(정상인은 2개) 있어서 전체가 47개로 되어있는 기형이다. 낮은 지능과

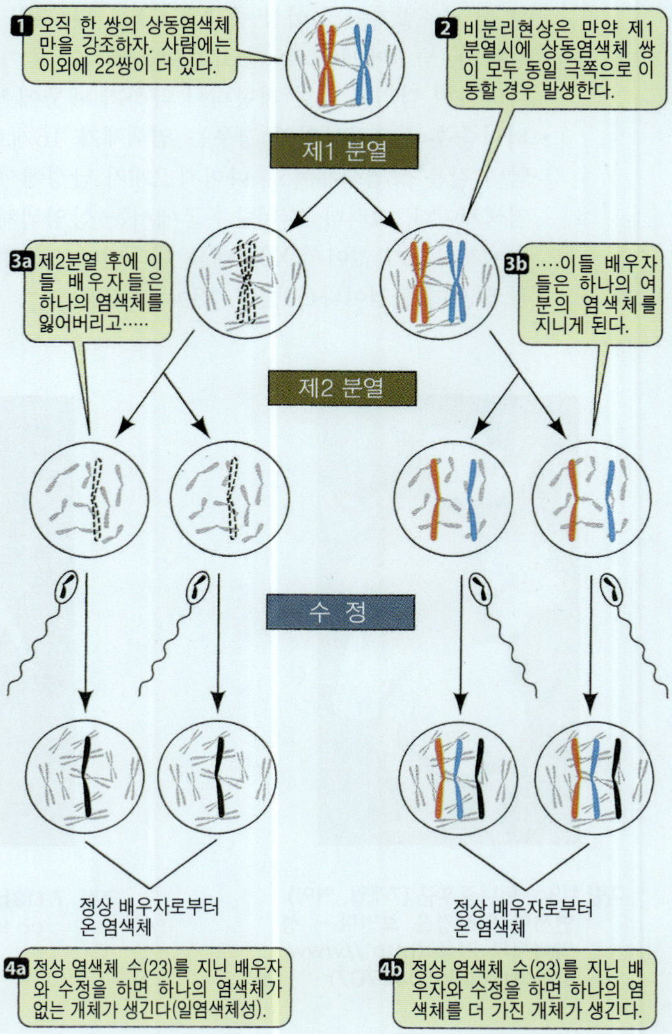

그림 7.111. 염색체 비분리 현상으로 만들어지는 이수성 (이광웅 등, 2003).

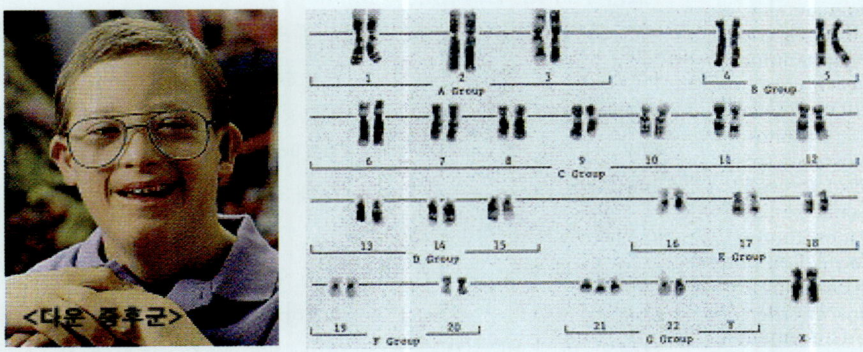

그림 7.112. 다운증후군의 모습과 그 염색체(http://dnai.co.kr, 020304).

큰 혀, 손·발가락의 이상 증세가 나타난다(그림 7.112). 침착성이 없고 호기심이 강하며, 누구에게나 잘 따르고 어울리기를 좋아한다. 600~700명에 한명 꼴로 나타나며 감염에 대한 저항력이 약하기 때문에 병에 걸리기 쉽다.

- **터너증후군** : 정상인의 경우는 염색체가 46개로서 이 가운데 22쌍의 44개는 남녀 같은 상염색체이고, 나머지 2개가 남성에서는 XY, 여성에서는 XX로 된 성염색체이다. 그러나, 터너증후군에서는 상염색체 수는 이상이 없으나 성염색체 수에서 1개가 없어서 X0형태를 나타낸다(2n=44+X). 여성이지만 키가 작고 월경 없으며 불임이다(그림 7.113a, 7.113b).

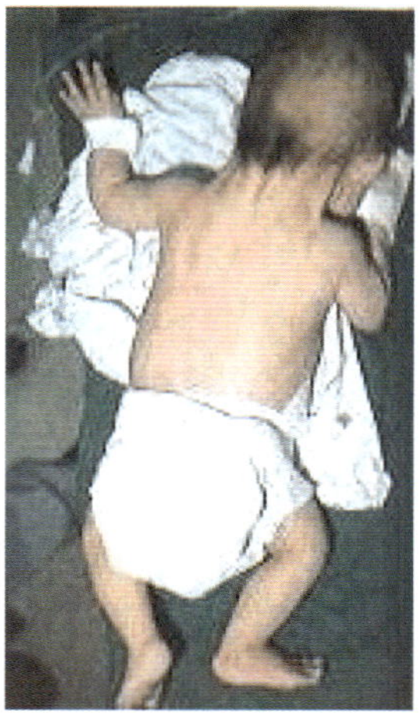

그림 113a. 터너증후군 (7개월, 여아). 현저한 익상경을 보인다.– 성염색체의 이상 (http://www.sshosp.co.kr 030707)

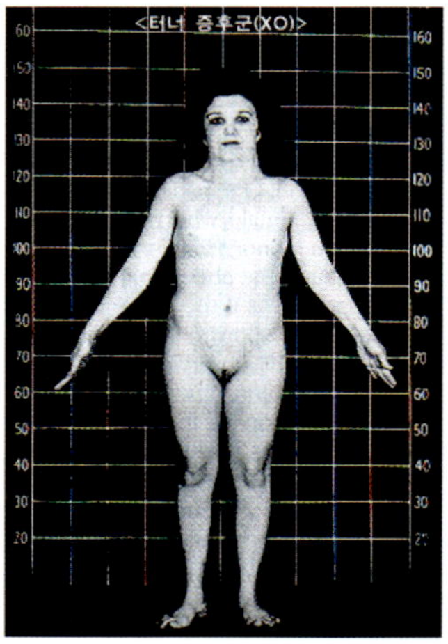

그림 7.113b. 터너증후군 (http://dnai.co.kr 020304).

- **클라인펠터증후군** : 정상인의 성염색체는 남성인 경우 XY, 여성인 경우 XX를 나타내는데, 클라인펠터증후군에서는 XXY, XXYY, XXXXY 등의 여러 가지 이상한 형태를 나타낸다(2n=44+XXY). 유방이 발달하는 여성적인 남자로 된다(그림 7.114a, 7.114b).
- **에드워드증후군** : 18번 상염색체의 삼수성 증후군으로 여자아이에게 더 많이 나타난다. 증상은 지능저하, 후두골 돌출, 소안구증, 소악증, 작은 입, 손발의 특징적인 모양, 심장기형, 신장기형 등이 있다(그림 7.115). 대부분의 경우 심장 기형을 가지고 있으므로 3개월 이내에 사망하고, 약 10%만이 1년을 산다. 그러나 모자이크(mosaic)인 경우는 오래 살 수도 있다. 어머니의 연령이 높을수록 발생빈도가 높으나 재발률은 낮다.
- **파타우 증후군** : 13번 상염색체 삼체성인 경우가 대부분을 차지하나, 13, 14, 15번 염색체의 전위로 인해 발생하기도 한다. 약 20,000명에 1명꼴의 빈도이며, 남녀의 발생 비는 비슷하다. 심한 지능 저하, 발육 부진, 소두증, 소안구증, 무안구증, 토순 및 구개열, 합지증, 다지증, 농아, 기타 심장 및 신장기형 등의 증상을

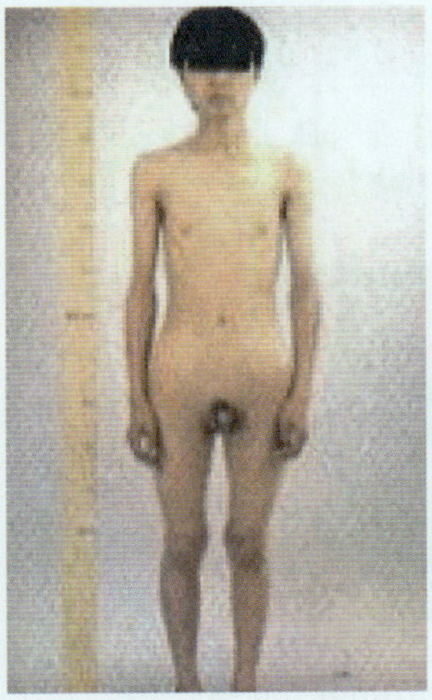

그림 7.114a. 클라인펠터증후군 (http:// www.sshosp.co.kr 030707)

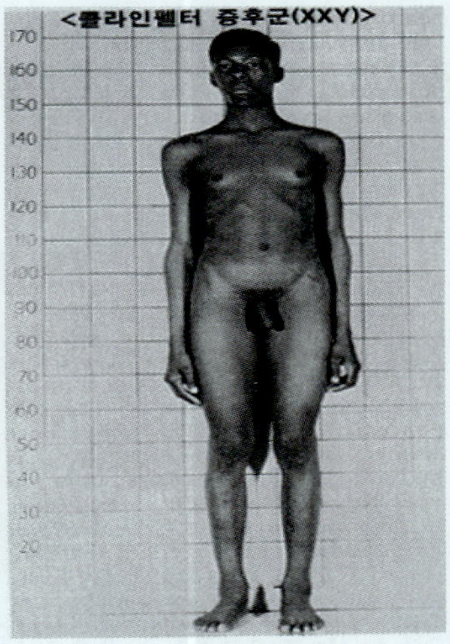

그림 7.114b. 클라인펠터증후군 (http://dnai.co.kr 020304).

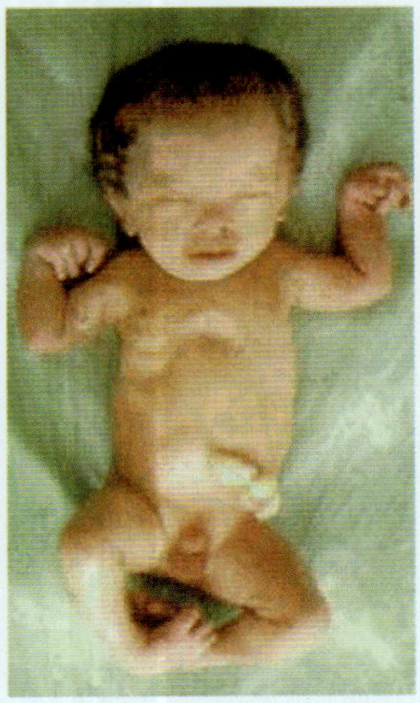

그림 7.115. 에드워드 증후군 (http://dnai.co.kr/ 020304).

보인다. 혈액학적으로는 호중구의 핵돌기 증가와 태아 혈색소 존속이 특징이다.

- **고양이울음증후군**(Cri Du Chat syndrome) : 5번째 염색체의 단완의 결손에 의해 나타나는 것으로 아이의 울음이 마치 고양이의 울음소리와 비슷하다. 얼굴이 둥글고, 정신·신체적으로 발육이 불완전하며 머리가 작고, 소악증, 양안의 간격이 넓다(그림 7.116). 약 20%는 선천성 심장질환을 나타낸다.

㈏ 배수성: 모든 상동염색체가 비염색체의 1조(n) 전체가 많아지는 현상이다.

(2) 유전자 돌연변이

유전자 돌연변이는 여러 가지 원인으로 해서 유전자가 없어지거나 변질되어서 생기

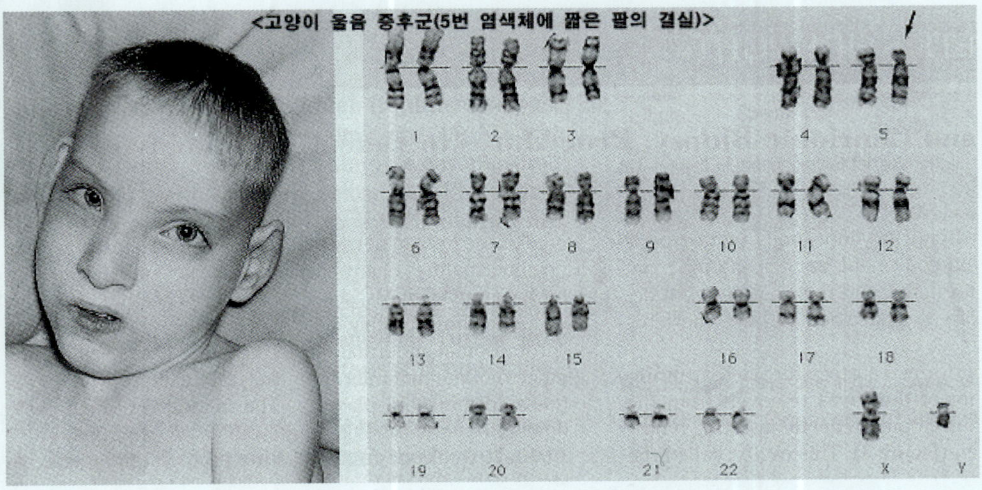

그림 7.116. 고양이울음증후군의 모습과 그 염색체(http://dnai.co.kr 020304)

는 돌연변이이다.

① **겸형 적혈구 빈혈증** : 겸형 적혈구 빈혈증은 산소를 운반하는 헤모글로빈의 구조에 이상이 있는 것으로 적혈구 모양이 초승달 모양으로 되는 것이다(그림 7.117).

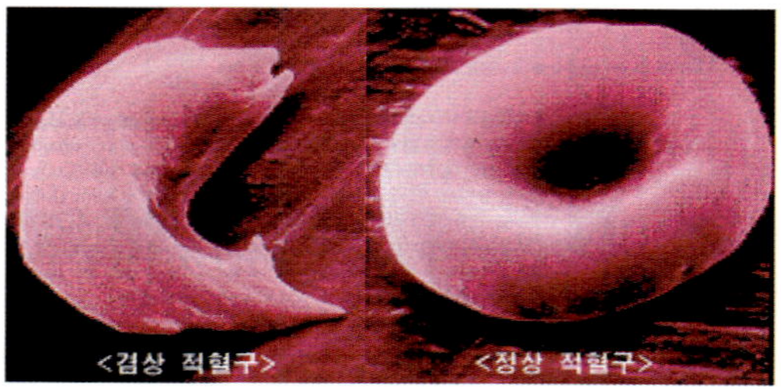

그림 7.117. 겸상적혈구와 정상적혈구(http://dnai. co. kr 020304).

이 비정상적 헤모글로빈은 산소 농도가 떨어질 때 다른 여러 헤모글로빈 분자와 결합하여 긴 섬유 모양으로 뭉치고, 이로 인해 적혈구 전체의 모양도 초승달처럼 변하는 것이다. 겸형 적혈구는 모세 혈관을 막아 혈액의 흐름을 방해하므로 뇌, 심장, 신장 등의 조직을 썩게 한다. 그리하여 환자는 거의 모두 사춘기 이전에 사망한다.

② **알비노증** : 피부·모발·눈 등에 색소가 생기지 않는 백화현상으로 사람의 경우는 백자(白子)라고 한다(그림 7.118). 전자는 단순열성으로서 알비노 유전자(C)를 호모로 가지며 티로시나아제(tyrosinase)가 생성되지 않으므로 색소가 나타나지 않는다. 동물 중에서는 흰쥐나 흰 토끼, 흰 뱀, 흰 까마귀가 알비노이다. 흰쥐나 흰 토끼의 눈이 붉은 것은 색소가 아니라 혈액의 색이다.

그림 7.118. 알비노증 (http://dnai. co.kr 020304).

③ **혈우병** : 혈액응고인자가 부족하여 선천적으로 출혈하기 쉬운 질환이다. 조그만 상처에 의해서도 쉽게 출혈하며, 피가 잘 멎지 않아 때로는 사망하는 수도 있다. 대부분의 혈우병에서는 걷기 시작하는 1세 전후 경부터 특징적인 출혈 증상이 나타나기 시작하며, 2세까지는 흔한 증상으로 입안의 출혈이 잘 발생하고 3~4세부터는 관절이나 근육 내 출혈이 일반적이다.

④ **페닐케톤뇨증** : 구토, 습진, 담갈색 모발과 흰 피부색 등의 특징이 영아기에 나타나며 정신 운동 발달이 심하게 지연되며 일부에서는 경련이 나타나기도 한다. 환자의 땀과 소변에서 쥐오줌 냄새가 나는 것이 특징이며 생후 1년 이내에 치료하지 않으면 IQ가 50이하로 저하된다.

⑤ **티로신혈증(tyrosinemia)** : 간과 신장을 침범하는 I형과 각막 혼탁, 손발의 각화

증을 유발하는 II형으로 구분된다. 이들은 효소의 결핍으로 인하여 발병하는 것으로 알려져 있고 효소의 유전자는 16번 염색체의 장완에 위치하고 있으며 I형이 II형보다 높은 빈도로 발병하고 두 가지 모두 상염색체 열성유전양상을 보이고 있다.

3) 핵형 분석 실험 (권용주 등, 2003)

(1) 준비물

- **기구** : 가위, 풀, 확대경
- **재료** : 사람의 염색체 사진, 핵형 분석 용지(A4 용지 크기)

(2) 실험과정

① 사람의 염색체 사진(그림 7.119)을 2배 크기로 확대 복사한다.

② 가위를 이용하여 각각의 염색체를 정확하게 오려 낸다.

③ 그림 7.120의 사람의 핵형 모식도를 근거로 오려 낸 염색체들 가운데 각 상동 염색체 쌍을 찾아낸다.

④ 염색체의 크기 순서대로 각 상동 염색체 쌍을 배열한 후, 핵형 분석 용지 위에 풀로 붙인다.

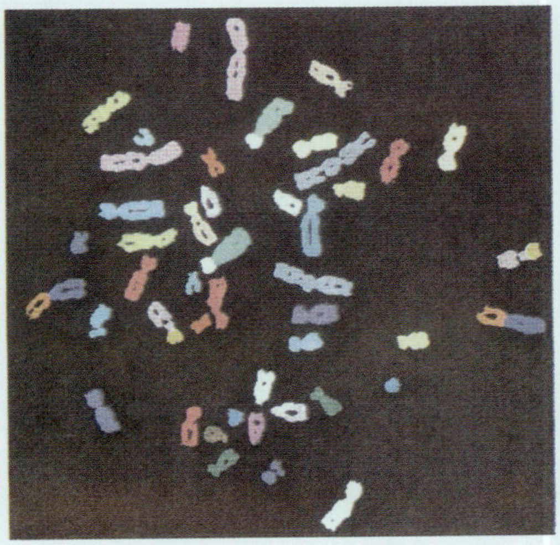

그림 7.119. 사람 염색체의 핵형 분석 결과 (권용주 등, 2003).

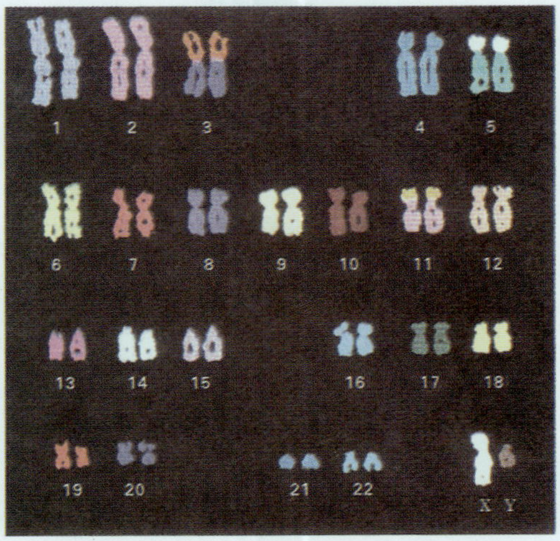

그림 7.120. 사람 염색체 (권용주 등, 2003).

(3) 결과 및 논의

① 몇 쌍의 상동 염색체가 확인되었으며, 그 이유는 무엇인가?

② 핵형 분석에 이용된 염색체를 갖고 있던 사람의 성은 무엇인가? 그 근거는 무엇인가?

③ 상염색체와 성 염색체는 어떻게 다른가?

④ 이 실험에 사용된 핵형은 유전적으로 정상인가? 아니면 비정상인가? 그렇게 생각하는 이유를 설명해 보자.

(4) 연구과제

① 사람의 염색체 가운데 일부는 그 크기나 구조만 비교해서는 서로 구별하기가 어렵다. 이런 경우에 어떤 방법을 이용하여 염색체를 잘 구별할 수 있는지 조사해 보자.

② 핵형 분석을 통해 특정 유전자의 돌연 변이를 확인할 수 있는가? 확인할 수 있다면 그 방법은 무엇인지 알아보자.

4) 사람의 유전 형질 조사 (권용주 등, 2003)

(1) 준비물

- **기구** : 거울, 비커, 피펫, 페트리 접시, 가위, 거름종이
- **재료** : 0.13% PTC(phenylthiocarbamide) 용액

(2) 실험과정

① 나의 유전 형질 조사

㉠ 그림 7.121에 나타난 형질에 대한 각자의 표현형을 조사하고, 유전자형을 예상해 본다.

<table>
<tr><th></th><th>이마의 머리선</th><th>엄지손가락의 움직임</th><th>혀 말기</th><th>PTC 검사</th><th colspan="2">머리카락의 형태</th></tr>
<tr><td>우성 형질</td><td>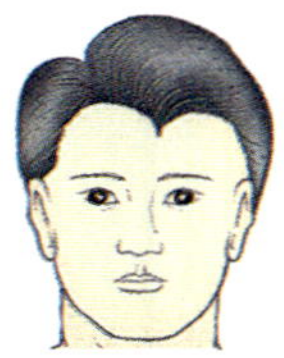</td><td>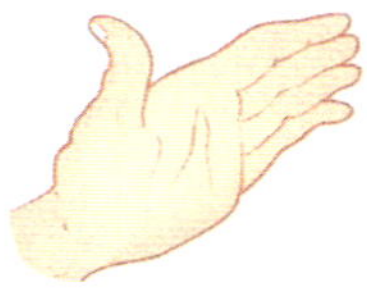</td><td>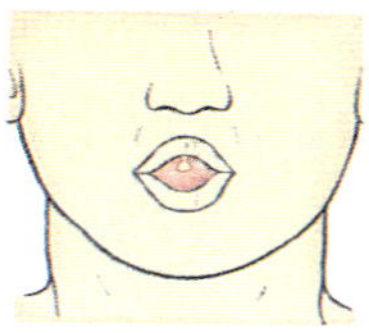</td><td>맛을 느낀다</td><td></td><td>곱슬</td></tr>
<tr><td rowspan="2">열성 형질</td><td rowspan="2">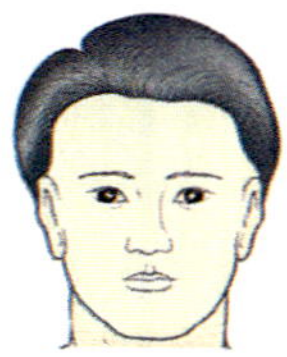</td><td rowspan="2">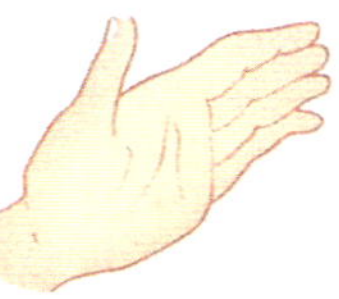</td><td rowspan="2">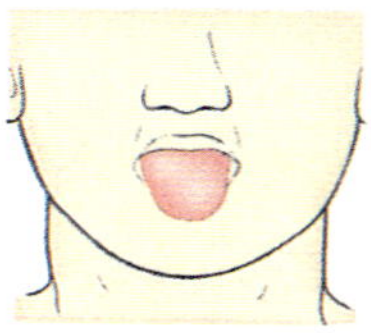</td><td rowspan="2">맛을 못 느낀다</td><td></td><td>물결</td></tr>
<tr><td></td><td>직포</td></tr>
</table>

그림 7.121. 사람의 유전형질(권용주 등, 2003).

㉡ 0.13%의 PTC 용액을 만들어 비커에 보관한다.

㉢ 0.13%의 PTC 용액을 원액으로 사용하여 1/2, 1/4, 1/8등 단계적으로 희석한 PTC 용액을 만든다.

㉣ 거름종이를 가로와 세로 각각 5cm x 1cm의 크기로 자른다.

㉤ 자른 거름종이의 한쪽 끝을 PTC 용액에 적신 후 혀에 대고 맛을 본다.

② 가계도 분석

㉠ 그림 7.122은 어느 집안의 미맹에 대한 가계도를 나타낸 것이다. 미맹은 우성 형질인가? 열성 형질인가? 그 이유를 알아보자. 가계도에 나타난 각 개인의 유전자형을 알아보자.

㉡ 그림 7.123는 어느 집안의 색맹에 대한 가계도를 나타낸 것이다. 색맹은 우성 형

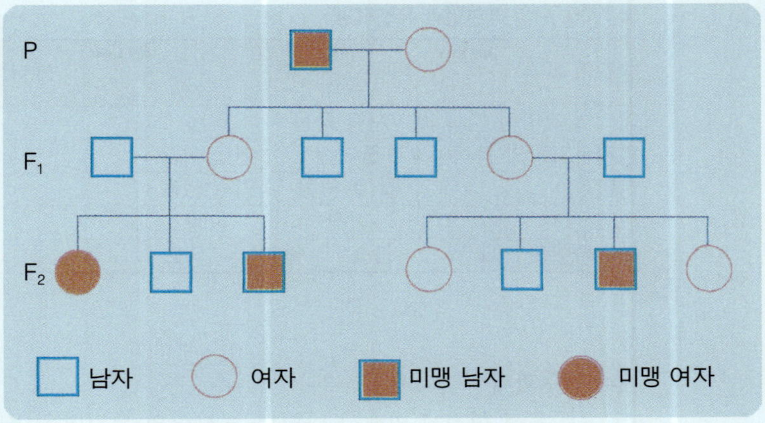

그림 7.122. 미맹가계도 (권용주 등, 2003).

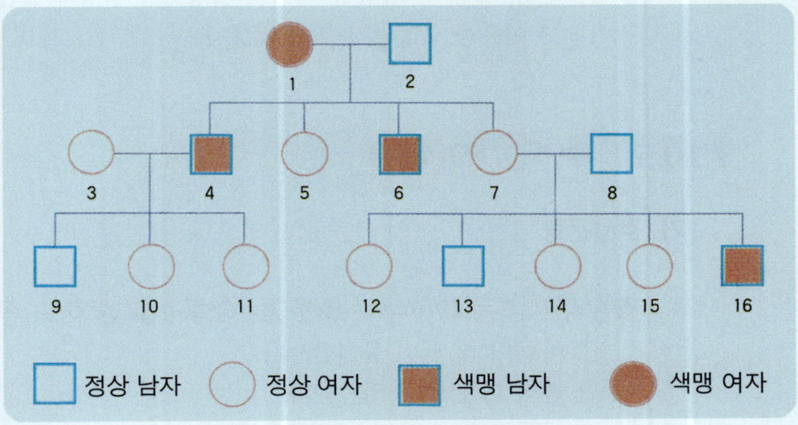

그림 7.123. 색맹가계도 (권용주 등, 2003).

질인가? 열성 형질인가? 그 이유를 알아보자. 가계도에 나타난 각 개인의 유전자형을 알아보자.

ⓒ 한 학급의 미맹자와 색맹자의 수를 남녀별로 조사하여 그 빈도를 계산한다.

(3) 결과 및 논의

㉠ 각자의 조사된 형질을 아래의 표 7.26에 기록한다.

㉡ 조사된 각자의 표현형 가운데 우성과 열성 형질은 각각 무엇인가?

㉢ 미맹과 색맹의 가계도에 나타난 사람들의 유전자형은 어떻게 확인되었는가? 확인될 수 없는 경우는 그 이유가 무엇인가?

㉣ 색맹 형질의 유전이 미맹 형질과 다른 것은 무엇이며, 그 이유는 무엇인가?

㉤ 남녀별로 조사한 미맹과 색맹에 대한 빈도는 어떻게 나타났는가? 두 형질에 대한 남녀별 빈도에 큰 차이가 있다면 그 이유는 무엇인가?

표 7.26. 나의 표현형과 유전자형

형질의 종류	형질			표현형	유전자형
	우성	열성			
머리의 이마선	V자형 곡선	직선			
엄지손가락의 움직임	굽어짐	안 굽어짐			
혀말기	말 수 있음	말수 없음			
PTC 검사	미각	미맹			
머리카락의 형태	곱슬	물결	직모		

(4) **연구과제**

① 우성 형질에 의해서 나타나는 사람의 유전병을 조사하여 보자.

② Y염색체에 있는 유전자에 의해서 결정되는 형질이 있다면 색맹의 유전 현상과 어떻게 다를지 연구해 보자.

③ 사람의 형질 조사는 가능한 많은 사람을 대상으로 한다. 그 이유가 무엇인지 알아보자.

④ 신장, 체중 등의 유전 형질도 미맹이나 색맹과 같은 방법으로 유전될까? 다르다면 그 이유는 무엇인지 조사해 보자.

7.10.5. 유전인자의 배분

가. 검사문항

1) 정상적인 경우, 어머니의 유전자는 아들과 딸 중 어느 쪽이 더 많이 물려받는가?

① 아들이 더 많이 물려받는다.
② 딸이 더 많이 물려받는다.
③ 아들과 딸이 물려받는 양은 똑같다.
④ 부모로부터 물려받는 유전자의 양은 자녀의 성별에 상관없고 개인에 따라 다르다.
⑤ 잘 모르겠다.

2) 위의 답을 선택한 이유는 무엇인가?

나. 응답 결과

2002년 7월 18일, 경북 D고등학교의 2학년 1개반, 35명.

보기	반응	
	명	%
① 아들이 더 많이 물려받는다.	2	1
② 딸이 더 많이 물려받는다.	1	3
③ 아들과 딸이 물려받는 양은 똑 같다.	23	66
④ 유전자의 양은 자녀의 성별에 상관없고 개인에 따라 다르다.	9	25
⑤ 잘 모르겠다.	0	0
계	35	100

다. 분석 및 오개념

1) 분석

어머니로부터 물려받는 유전자의 양은 '아들과 딸이 똑같다' 는 정답을 알고 있는 학생은 66%였다. 그러나 나머지 34%의 학생은 자녀의 성별에 따라 또는 개인에 따라 부모 어느 한 쪽으로부터 물려받는 유전자의 양에는 차이가 있다고 생각하였다.

(1) **어머니로부터 물려받는 유전자의 양은** '딸보다 아들이 더 많다' 또는 그 반대로 생각하는 이유는 자녀의 외형이나 성격이 부모 중 어느 한 쪽을 더 많이 닮았기 때문이라고 하였다. 이렇게 생각하는 학생은 자기의 편협한 경험을 일반화하여 오개념을 가지는 경향이 있었다.

(2) **어머니로부터 물려받는 유전자의 양은** '자녀의 성별에 상관없고 개인에 따라 다르다' 고 생각하는 학생이 25%였다. 그렇게 생각하는 이유는, 외모나 성격 등이 부분적으로 부모 중 어느 한 쪽의 성향이 강하게 부각되어 복합적으로 나타나기 때문이라고 하였다. 이는 위의 여러 가지의 경험을 종합하여 생각한 것으로 그럴듯하게 보이지만 그러나 여전히 물려받는 양에는 차이가 있다는 오개념을 가지고 있었다.

2) 오개념

(1) 부모로부터 물려받는 유전자의 양에는 자녀의 성별에 따라 차이가 있다.

(2) 부모로부터 물려받는 유전자의 양에는 자녀의 성별에 상관없고 개인에 따라 차이가 있다.

라. 과학적 개념

보통의 경우, 어머니로부터 물려받는 유전자의 양은 아들과 딸이 똑같지만 유전자의 질은 다르다.

마. 학습지도 방법

정상적인 경우, 생식세포분열 중 감수분열 시기에서 상동염색체는 똑 같은 수로 양분되어 딸세포에게 전달되므로 모든 난자와 정자에는 같은 양의 유전자가 들어 있다. 따라서 자녀의 성별에 관계없이 어버이로부터 물려받는 유전자의 양은 똑 같다고 지도한다. 그러나 유전자의 질은 다르다는 것을 동시에 인식하도록 지도한다. 단, 염색체 수에 이상이 있는 돌연변이 예를 들면, 다운증후군이나 터너증후군 등의 경우 그 자녀는 다른 자녀와 염색체 수가 다르다고 지도한다.

바. 연계 또는 심화 학습

1) 염색체의 유전

사람의 몸을 구성하는 세포는 23쌍, 즉 46개의 염색체를 가지고 있다. 보통 몸을 구성하는 세포의 분열에서는 세포가 분열하기 전 염색체는 복제되어 각각의 딸세포로 나뉘어 들어가므로 딸세포는 모세포와 마찬가지로 23쌍 46개의 염색체를 가진다. 그러나 유성생식을 위해 결합하는 생식세포를 만드는 과정은 일반적인 세포 분열과는 다르다.

46개의 염색체를 가지는 부모세포는 23개의 염색체를 가지는 정자와 난자를 만들기 위하여 감수분열이라는 과정을 통해 나누어진다(그림 7.124). 각각의 부모로부터 23개의 염색체를 받은 정자와 난자는 46개의 염색체를 가지는 수정란을 형성하기 위해 서로 융합한다. 그 결과 아기는 염색체수가 똑같이 46개이며 어머니와 아버지 둘 모두로부터 형질을 유전 받게 되는 것이다.

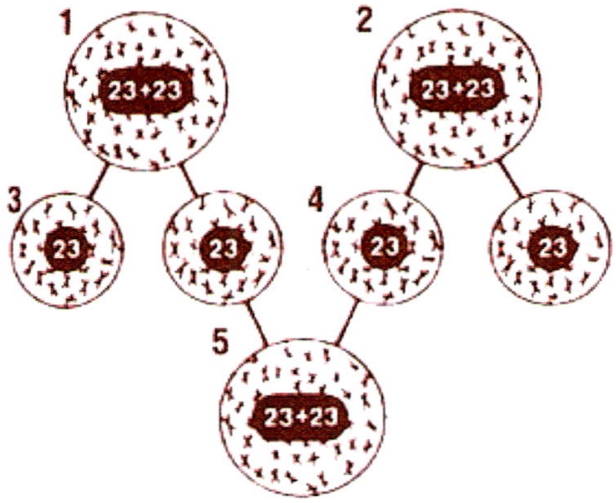

그림 7.124. 염색체의 유전 (http://211.40.173, 020807).

2) 성 결정 염색체

태아의 성 결정은 부모에게서 물려받는 특별한 염색체에 의한다. 사람의 경우, 정상적으로 난자를 만들 때 모두 X염색체만 가진 것을 만들지만, 정자를 만들 때에는 X염색체를 가진 정자와 Y염색체를 가진 2종류의 정자 만든다. 태아는 부와 모로부터 각각 하나의 성염색체를 물려받는다. 만약 태아가 두개의 X염색체를 받는다면 태아의 성염색체 조합은 XX가 되어 여아가 될 것이며, X염색체와 Y염색체를 하나씩 받는다면 성염색체 조합이 XY가 되어 남아가 될 것이다(그림 7.125).

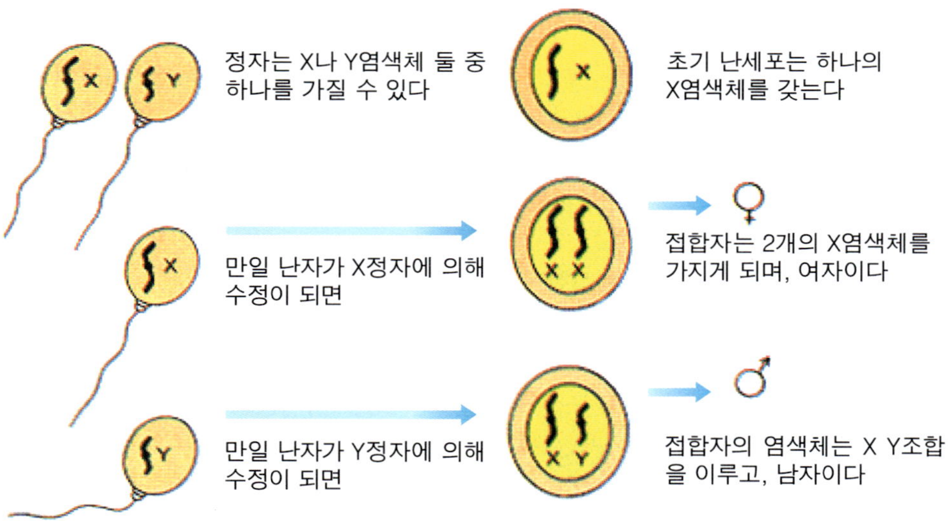

그림 7.125. 성은 정자에 의해 수정되는 순간에 결정된다. X염색체를 가진 정자는 여아를, Y염색체를 지닌 정자는 남아를 만든다.

3) 다인자 유전

사람의 키나 몸무게와 같은 유전 형질은 표현형이 우성과 열성의 두 가지로 확실하게 구분되지 않고 매우 다양하게 연속적으로 나타난다. 이것은 이러한 형질이 여러 쌍의 유전자들이 함께 작용해서 나타나기 때문인데, 이러한 유전을 다인자 유전이라 한다. 사람의 피부색, 발 크기, 코 길이, 키, 지능 등이 모두 다인자 유전의 예이다.

실제로 사람의 피부색은 매우 다양한 분포를 보이는데, 이런 다양성은 그 사람이 햇빛에 많이 노출되는 등 여러 환경적인 요인이 작용할 수 있지만 유전적으로는 피부를 검게 하는 색소인 멜라닌을 발현하는 3쌍의 대립 유전자에 의해 결정된다(김명원, 2002).

각 유전자(A, B, C)에 대해 검은 피부를 나타내는 대립유전자가 검은 색 표현형의 한 단위를 나타내고, 다른 대립유전자(a, b, c)에 대해 불완전 우성이다(그림 7.126). AABBCC는 가장 검은 색 피부를 나타내고 aabbcc는 가장 옅은 피부색을 나타낼 것이다. AABBCC× aabbcc에 의해 생길 수 있는 AaBbCc는 중간정도의 피부색깔을 나타낼 것이다.

퓨넷의 사각표는 2쌍의 3개조 이형접합체들이 교배하였을 때 얻어질 수 있는 모든 유전자 특성을 보여주고 있다(그림 7.126). 교배 시 이론적으로 7가지형의 피부색깔을 볼 수 있다(김명원, 2002).

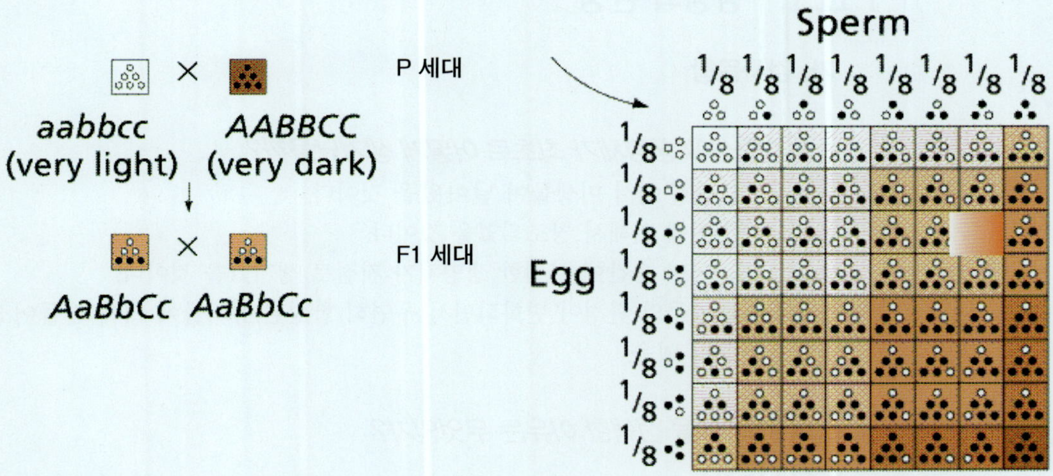

그림 7.126. A : P세대에서 F1 세대까지, B : F2세대에서 나타날 수 있는 피부의 색. (http://kimwootae.com.ne.kr, 020805).

그림 7.127는 피부색의 분포를 나타낸 그래프인데 x축은 유전자형에 따른 피부색의 짙은 정도를 나타내는 것으로 3쌍의 대립유전자 하나하나가 각각 하나의 원으로 표현되었는데(피부의 색깔을 결정하는데 관여하는 유전자는 많지만, 중요하게 작용하는 유전자는 3쌍의 대립유전자로 알려져 있음), 마름모 안의 검은색 원은 멜라닌을 발현하는 유전자를 나타내고 하얀색 원은 멜라닌을 발현하지 못하는 유전자를 나타낸다. 그리고 검은색 원이 많을수록 피부색은 검어진다. 그래프의 y축은 각 유전자형이 나타날 수 있는 확률이다. 그 밑의 다이아몬드는 교배 시 이론적으로 나타날 수 있는 7가지형의 피부색깔을 나타내고, 아래의 7개 막대기는 F2세대에서 나타날 수 있는 표현형의 상대적 숫자이다. 하지만 실제로는 7가지보다 훨씬

더 많아서 그래프에서 종 모양 내에 존재하는 모든 색깔의 범위만큼이나 다양할 수 있고 중간형태의 색도 나올 수 있다. 중간 형태의 색은 일광욕과 같은 환경적 요인으로 인해 나타날 수도 있지만 환경적 요인에 의해 생긴 변화는 다음 세대로 전달되지는 않는다. 한 쌍의 대립유전자에 의해 일어나는 유전과는 다른 양상으로 일어남을 알 수 있다 (http://paichai.seoul.kr, 020726).

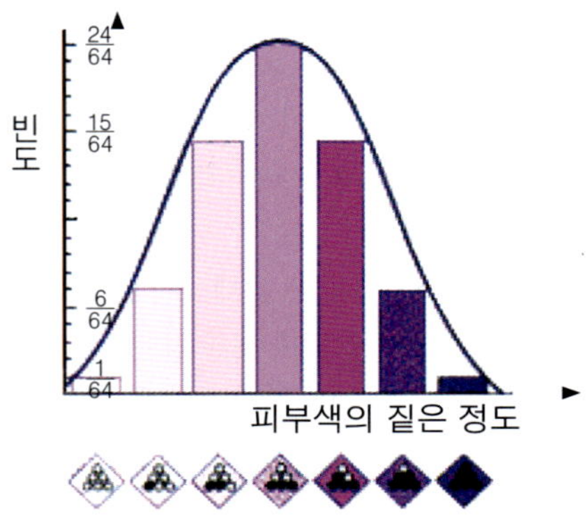

그림 7.127. 피부색의 변이빈도 (http://paichai.seoul.kr, 020726).

7.11. 진화

7.11.1. 생명의 탄생

가. 검사문항

1) 지구상에 생명체가 최초로 어떻게 생겨났을까?

① 우주에서 미생물이 날아왔을 것이다.
② 신에 의해서 창조되었을 것이다.
③ 어떤 순간에 완전한 생명체가 저절로 생겨났을 것이다.
④ 지구의 환경이 변화되면서 우연히 합성된 유기물에 의해 만들어졌을 것이다.
⑤ 답 없음.

2) 위의 답을 선택한 이유는 무엇인가?

나. 응답 결과

2002년 7월 18일, 경북 G여자고등학교의 3학년 2개반, 50명.

보기	반응	
	명	%
① 우주에서 미생물이 날아왔을 것이다.	2	4
② 신에 의해서 창조되었을 것이다.	15	30
③ 어떤 순간에 완전한 생명체가 저절로 생겨났을 것이다.	0	0
④ 지구의 환경이 변화되면서 우연히 합성된 유기물에 의해 만들어졌을 것이다.	31	62
기타	2	4
계	35	100

다. 분석 및 오개념

1) 분석

최초의 생명체는 '지구의 환경이 변화되면서 우연히 합성된 유기물에 의해 만들어졌을 것이다' 고 생각하는 학생이 62%였고, 신에 의해 창조되었을 것이라고 생각하는 학생이 30%였다.

(1) **지구상 최초의 생명체는** '우주에서 미생물이 날아왔을 것이다' 고 생각하는 이유는 공상과학 영화 등의 영향으로 외계에 생물체가 살고 있다고 생각하기 때문이라고 하였다.

(2) **지구상에 최초의 생명체는** '신에 의해서 창조되었을 것이다' 고 생각하는 이유는 생물의 구조가 너무 복잡해서 저절로 생기거나 우연히 합성되기 힘들 것이며, 성경책에 창조되었다고 쓰여 있기 때문이라고 하였다. 이러한 것은 생명체의 출현에 대해서 교과내용의 가르침보다는 종교적 영향을 더 많이 받았기 때문이라 생각된다.

2) 오개념

(1) 우주에서 미생물이 날아와 최초로 지구상에 생명체가 존재하게 되었을 것이다.

(2) 지구상에 최초의 생명체는 신에 의해서 창조되었을 것이다.

라. 과학적 개념

지구의 환경이 변화되면서 우연히 합성된 유기물의 진화에 의해 최초로 생명체가 생겨났을 것이다.

마. 학습지도 방법

우선적으로 학생들에게 가설과 법칙의 차이를 명확히 인식시키고, 현재 정설로서 받아들이고 있는 가설의 범주 안에서 문제의 답을 찾아야 한다고 지도한다. 즉, 오파린의 가설로 생명의 기원을 설명하고, 나머지 보기를 선택한 학생들에게는 다음과 같이 지도한다.

1) 우주의 다른 행성에 존재하는 유기물이 운석에 실려서 지구에 떨어져 생명체를 만든 씨앗이 되었다는 소위 천체비래설(cosmozoa theory)은 우주에서 날아온 운석 안에 유기물 분자가 존재하고, 우주 내에 생명체가 존재할 확률이 높은 것으로 보아 상당한 설득력을 지니고 있다. 그러나 이 가설은 지구 외의 다른 천체에서 아직 생명체를 발견하지 못하였기 때문에 궁극적인 해답이 될 수는 없다고 지도한다.

2) 여러 종류의 생물들이 신에 의해서 저절로 생겨났다는 생명 창조설은 만약 생물이 정말 신에 의해서 창조된 것이라면, 지금 이 순간에도 신에 의해서 창조되는 생물이 발견이 되어야 하는데 그렇지 않은 것으로 미루어 보아 신에 의한 생물 창조설은 아직까지 생물학적으로 받아들일 수 없다고 지도한다.

3) 어느 순간에 저절로 생겨났다는 자연발생설은 과거에는 세포학설과 팽팽히 맞설 정도로 사람들이 많이 믿기는 했지만, 물이 담긴 비커를 공기 중에 밀봉하여 방치해둔 결과 아무것도 생겨나지 않았다는 것을 알 수 있게 되었고, 그 결과로 생물은 어느 순간에 저절로 생겨났다는 자연발생설은 옳지 않다고 지도한다.

4) 지구의 환경이 변화되면서 우연히 합성된 유기물의 진화에 의해 최초로 생명체가 생겨났을 것이라는 것은 1924년에 나온 오파린의 가설로 생명의 기원을 설명할 수 있다고 지도한다.

바. 연계 또는 심화 학습

오파린은 그의 저서 생명의 기원(Origin of life)에서 원시 지구상에 무기물로부터 유기물로의 화학적 진화가 먼저 이루어진 후, 이 유기물로부터 원시생물이 출현하였다는 화학적 진화(chemical evolution)설을 제안하였다(그림 7.128).

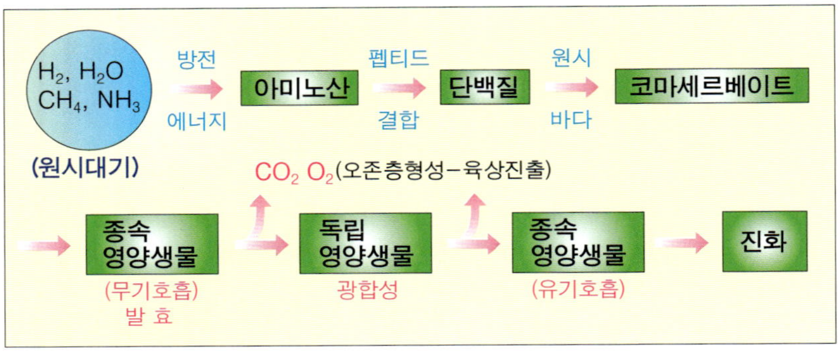

그림 7.128. 원시생명의 진화 모식도(http://bio.123study.org 050104).

1) 원시 대기

수소(H_2), 수증기(H_2O), 메탄(CH_4), 암모니아(NH_3), 황화수소(H_2S)의 기체가 대부분을 차지하며 태양 자외선 에너지, 공중방전 등 고온의 에너지원이 있었다.

2) 유기물의 생성

(1) **무기물에서 유기물의 합성** : 원시 지구의 자외선, 방전 및 열에너지가 원동력이 되어 원시 대기의 환원성 기체에 작용하여 유기물이 합성되었다. 밀러는 원시대기를 플라스크에 넣고 방전 → 아미노산 등 여러 종의 유기물을 생성하여 오파린의 가설(무기물에서 유기물이 합성 됨)을 실험으로 검증하였다(그림 7.129).

(2) **유기물의 축적과 단백질 형성** : 무기물에서 합성된 아미노산과 유기물이 대양으로 흘러 들어가 농축이 되면서 고분자의 단백질이 형성된다. 폭스는 1957년에 실험을 통해 고압 하에서 건조시킨 18종의 아미노산을 혼합하여 고열로 처리한 후 냉각시키는 실험을 통해 단백질 합성에 성공하고, 유기물의 축적으로 효모와 같은 마이크로스피어(microsphere)로 되어 원시 생명체로 진화되었다고 주장한다.

(3) **핵산과 ATP의 형성** : 원시 바다에서 NH_3과 CO_2 등에서 핵산이 합성되고, 아미노산과 에틸메타인산의 혼합물에 자외선을 쬐어주면 ATP가 만들어진다.

3) 원시 생명체의 탄생

원시 대양에 축적된 유기물이 생명체 전 단계인 코아세르베이트로 되고 이것이 생명체로 발전한다.

(1) **코아세르베이트의 형성** : 원시 바다 속에서 생겨났을 단백질, 핵산, 당류 등의 수프 상태의 유기물이 콜로이드 상태를 이루면서 막에 싸여 주위와 독립된 액체 방울을 형성했는데 이를 코

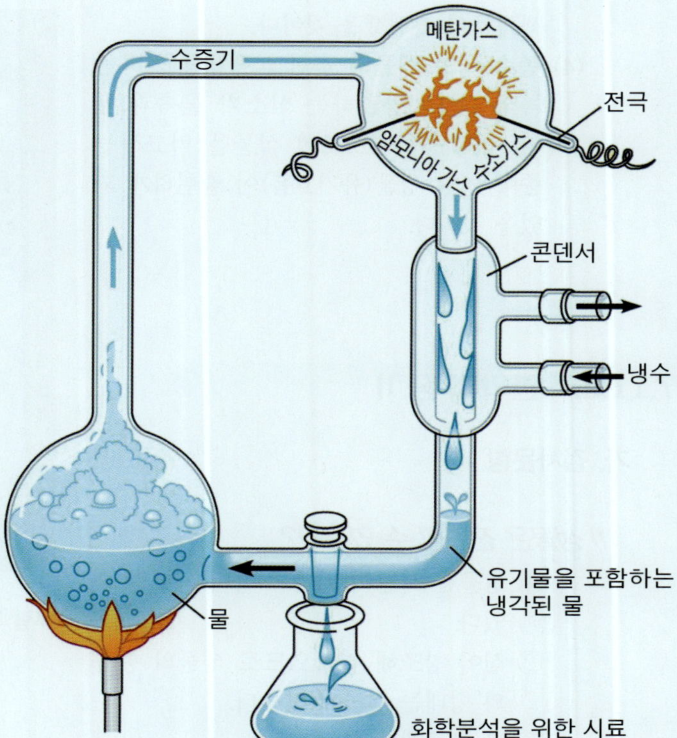

그림 7.129. 밀러의 유기물(아미노산) 합성 실험 장치(김명원 등, 2004).

아세르베이트라고 한다(그림 7.130).

(2) **원시 생명체의 탄생과 진화** : 무수히 많은 코아세르베이트 중에서 자연에 선택되어 잔존하는 것 중에서 자기복제력과 물질대사 능력이 우수한 것이 나타나 원시 대양에 축적된 유기물을 이용 (발효, 무기호흡)하는 종속 영양 생물로 발전해 갔을 것이다.

(3) **독립 영양 생물의 출현** : 유기물의 소비량이 증가되고, 지구의 점진적 냉각에 의해 환경이 변화되어 유기물의 감소와 CO_2 증가로 인해 생존을 위해서 유기물을 합성하는 독립 영양 생물이 출현하게 되었다(그림 7.131). 초기의 독립 영양 생물은 오늘날 홍색세균, 녹색 황세균 등과 같은 광합성 세균이었을 것이며, 그 후 조류(藻類)와 같은 녹

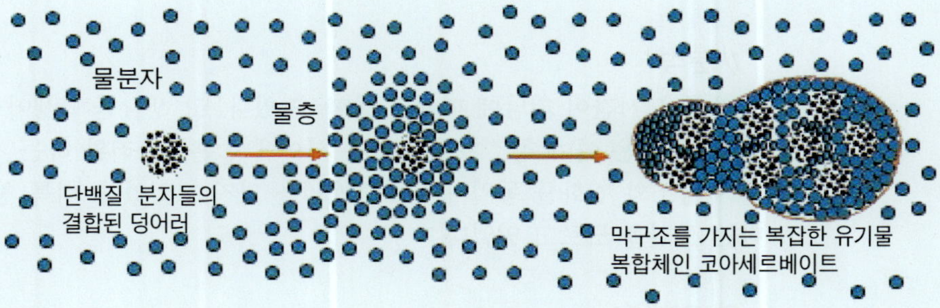

그림 7. 130. 코아세르베이트의 형성(http://aped.snu.ac.kr, 020802).

색식물이 출현했을 것이다.

(4) **종속 영양 생물의 출현** : 광합성을 하는 녹색식물이 방출하는 산소가 물속과 대기 속에 증가함으로써 식물을 먹고사는 종속 영양 생물(유기호흡)이 출현하게 되었을 것이다.

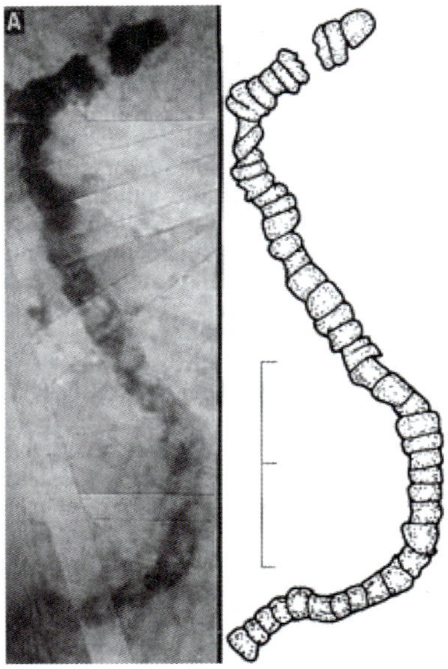

그림 7.131. 오스트레일리아 서부에서 발견되었다는 약 35억 년 전의 화석사진. 1993년 'Science' 지에 보고됨. J. William Schopf, 1993, Microfossils of the Early Archean Apex Chert: New Evidence of the Antiquity of Life, Science, 260, 640-646. (http://kdaq.empas.com, 050104).

7.11.2. 진화의 증거

가. 검사문항

1) 생물은 진화할 수 있는가?

① 생물은 시간이 지남에 따라 진화할 수 있다.

② 신이 창조해 놓았으므로 생물의 종류와 형태는 변하지 않는다.

③ 잘 모르겠다.

2) 위의 답을 선택한 이유는 무엇인가?

나. 응답 결과

2002년 7월 27일, 경북 M고등학교의 2학년 1개반, 29명.

보기	반응	
	명	%
① 생물은 시간이 지남에 따라 진화할 수 있다.	21	72
② 신이 창조해 놓았으므로 생물의 종류와 형태는 변하지 않는다.	1	3
③ 잘 모르겠다.	7	24
계	29	100

다. 분석 및 오개념

1) 분석

'생물은 시간이 지남에 따라 진화할 수 있다.' 고 생각한 학생이 72%였다. 잘 모르겠다고 한 학생(24%)은 아마 창조론과 진화론 사이에서 혼돈스러워 하는 것 같았다. 이러한 학생은 생물의 창조와 진화를 동일시하는 오개념을 가지고 있었다. 비록 창조되었더라도 진화할 수 있다는 사실을 모르고 있었다.

2) 오개념

생물은 신이 창조해 놓았으므로 그 종류와 형태는 변하지 않는다.

라. 과학적 개념

생물은 환경에 적응하는 방향으로 진화할 수 있다.

마. 학습지도 방법

우선 창조와 진화를 구분할 수 있도록 지도한다. 종교적 신념에 의하여 최초의 생명체는 창조되었다고 생각할 수도 있지만 창조된 그 생물은 그대로 유지되는 것이 아니라 환경변화에 따라 변화하면서 또 새로운 종으로 분화해 나간다는 것을 알 수 있도록 지도한다. 이를 위하여 생물 진화의 증거를 시청각교재로 설명하고, 자연돌연변이에 의하여 새로운 종이 생겨나며 그것이 유전된다는 것을 설명하도록 한다.

바. 연계 또는 심화 학습

1) 화석상의 증거

마시(O. C. Marsh)는 말(Equus)의 진화에 대한 종합적인 연구를 발표해 다윈 이론의 정당성을 입증했다(그림 7.132).

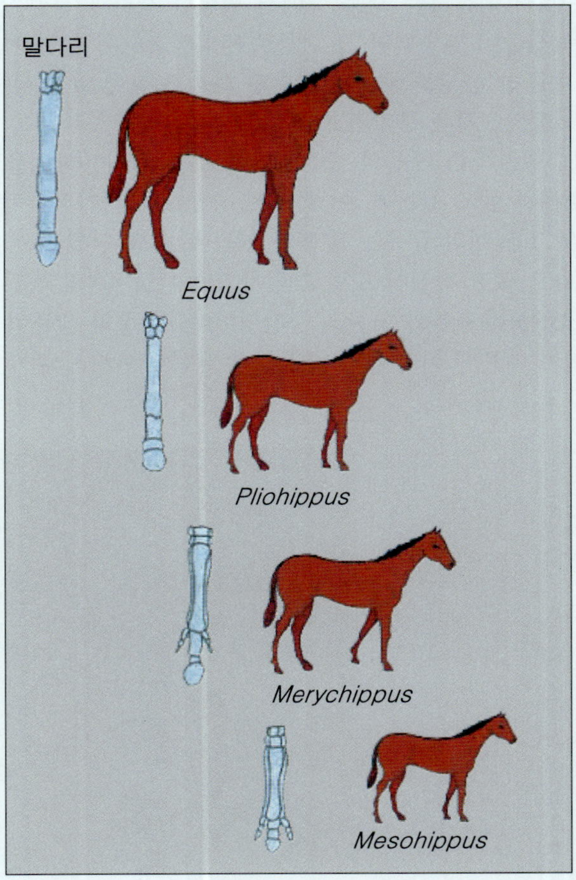

그림 7.132. 말발굽의 진화 (강신성 등, 2001).

화석기록은 고대의 개체군에 어떤 종류의 선택압력이 작용했는가에 대한 간접적 증거를 제공한다. 새로운 종은 오래된 줄기에서 가지로 나온다(종선택, species selection).

가장 오래 생존하고 가장 많은 가지를 낸 것이 다음 세대에 가장 큰 영향을 끼친다. 진화를 가장 분명하게 보여 주는 근거는 화석이라고 생각되고 있다. 화석이란 과거에 살던 생물의 사체의 굳은 부분이나 자국이 땅 속에 묻혀서 현재까지 남아 있는 것을 말한다. 화석학자들은 화석이 포함되어 있는 지각의 지질 시대를, 화석을 기준으로 하여 크게 시생대, 원생대, 고생대, 중생대, 신생대로 나누고, 각 대를 다시 기로, 기를 다시 세로 구분하고, 지질 연대를 방사능 측정법으로 추정한다.

화석을 진화의 근거로 삼는 이유는, 화석은 지층에 따라 일정한 순서로 발견된다는 점이다. 각 지층에서 발굴되는 화석을 지질 연대에 따라 배열해 보면 화석의 형태가 점차 다양해지고 복잡해지는 현상을 나타낸다. 일반적으로 오래 된 지층일수록 하등한 생물의 화석이 발견되고, 덜 오래 된 지층일수록 좀 더 고등한 생물의 화석이 발견되었다. 척추동물의 화석 가운데서도 어류의 화석은 주로 고생대의 실루리아기의 지층에서, 양서류의 화석은 주로 석탄기의 지층에서, 그리고 파충류의 화석은 주로 페름기의 지층에서 발견되었다. 화석학자들은 이처럼 화석이 순서에 따라 발견되는 것은, 아마도 화석이 발굴되는 지층의 지질 연대순으로 생물이 진화했기 때문에 나타나는 현상이라고 해석함으로써 화석을 진화의 증거로 삼았다.

그리고, 진화론자들은 멸종한 생물의 화석을 진화의 근거로 삼고 있다. 화석 중에는 현존하는 생물과는 전혀 관련이 없는 화석이 있는데, 이러한 화석의 생물은 과거에는 살았으나 멸종됨으로써 현존하는 생물 중에서 멸종한 생물과 관련 있는 생물을 찾아볼 수 없다. 진화론자들은 생물이 멸종되면 그 생물로부터 진화하여 출현할 수 있는 생물이 나타나지 않을 것이므로, 현존하는 생물 중에서 멸종된 화석과 관련 있는 생물을 찾아볼 수 없다는 사실이 바로 진화를 뒷받침하는 증거하고 해석하였다.

또, 현존하는 생물의 중간형이라고 생각되는 화석을 진화의 증거로 삼고 있다. 그 예로서 시조새를 들고 있는데, 이 화석은 중생대 쥐라기의 지층에서 발굴되었다. 주둥이에는 이빨이나 있고 날개의 끝에는 발톱이 있는데, 이빨과 발톱은 파충류의 특징이며, 앞발이 날개 모양을 하고 있고 전신이 깃털로 덮여 있는 것은 새의 특징으로 해석되었다. 따라서 시조새(그림 7.133)는 파충류와 조류의 중간형이며, 두 종의 생물이 하나의 공동 조상으로부터 진화된 결과이기 때문에 이와 같이 중간형의 화석이 반드시 존재했어야 한다고 생각되었다.

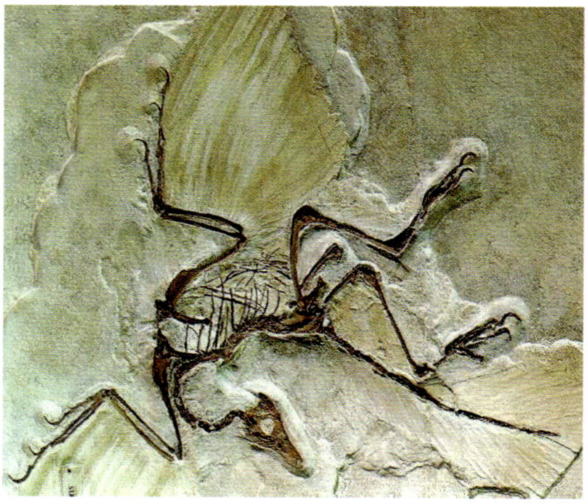

그림 7.133. 시조새의 화석(http://bioedu.suwon.ac.kr, 020728).

2) 생물지리학적 증거

다윈은 생물종이 지리적으로 분포되어 있는 양상을 보고 모든 개체가 동일한 공통 조상으로부터 유래하였을 것이라고 생각하였다. 갈라파고스 섬은 멀리 떨어져 있는 다른 열대 지역과 자연 환경이 비슷하지만, 이곳에 사는 생물들은 기후나 환경은 달라도 지리적으로 가까운 남미 대륙의 생물과 더 비슷하였다(그림 7.134). 이를 근거로 다윈은 갈라파고스 섬에 있는 생물들은 남미 대륙에서 이주하여온 생물들이 진화하여 현재의 상태로 존재하는 것으로 생각하였다.

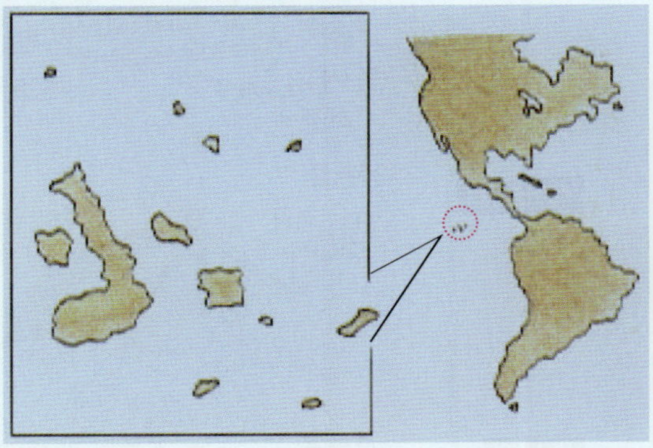

그림 7.134. 갈라파고스 섬과 바다이구아나 (http:// www.gwcwed.go.kr, 030608).

3) 발생학적 증거

1866년에 헤켈(Haeckel)은 "개체 발생은 계통 발생을 반복한다."라는 발생 반복설을 주장하였다. 헤켈은 고등동물의 발생 과정에 하등 동물의 발생 과정과 유사한 특징이 있다는 점에 착안하여 반복설을 내세웠다. 이 반복설은 고등동물의 발생과정이 하등 동물의 발생 과정을 반복한다는 뜻이 아니고, 유사한 발생 과정이 여러 종류의 동물에서 나타난다는 뜻이다(그림 7. 135).

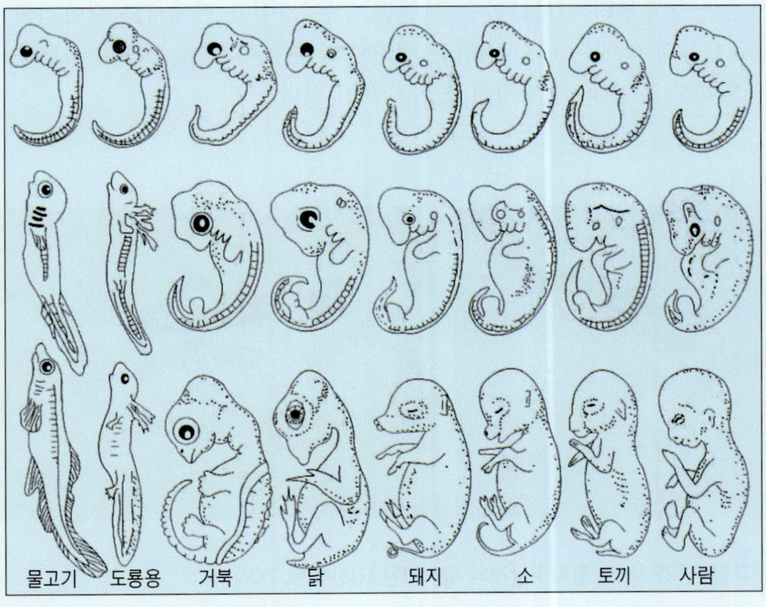

그림 7.135. 여러 척추동물의 배발생 비교 (강신성 등, 2001).

이러한 발생 반복설도 생물이 공동 조상으로부터 진화했다는 근거로 생각되고 있다.

4) 비교 해부학상의 증거

(1) **상동기관** : 현존하는 생물의 해부학적인 특징을 비교해 보면 기본적인 형태와 기능은 다르지만 발생학적 기원이 같은 기관이 있다. 예를 들면, 사람의 손, 개의 앞다리, 새의 날개, 고래의 지느러미인데, 이들 기관을 상동기관이라고 한다(그림 7.136). 진화론자들은 이와 같은 상동기관의 존재를 한 종류의 동물에서 다른 동물로 진화했다는 근거로 해석한다.

(2) **상사기관** : 곤충의 날개와 새의 날개에서와 같이 형태와 기능은 비슷하지만 발생의 기원은 전혀 다른 경우를 볼 수 있는데. 이와 같은 기관을 상사기관이라고 한다(그림 7.137, 7.138).

(3) **흔적기관** : 생물의 기관 가운데 과거에 주로 사용했을 것으로 생각되지만 현재는 사용되고 있지 않아 흔적적인 모습만 남아 있는 기관을 흔적기관이라고 한다. 고래에는 골반의 흔적이 있는데 이는 다리가 4개인 조상으로부터 진화해왔음을 알려 주는 것이고 뱀에서도 뒷다리의 흔적이 있다. 또한 유제류의 발에는 비골 이라는 발가락의 흔적이 남아 있으며 사람은 맹장과 꼬리뼈를 포함하여 약 100여 가지의 흔적기관이 있다.

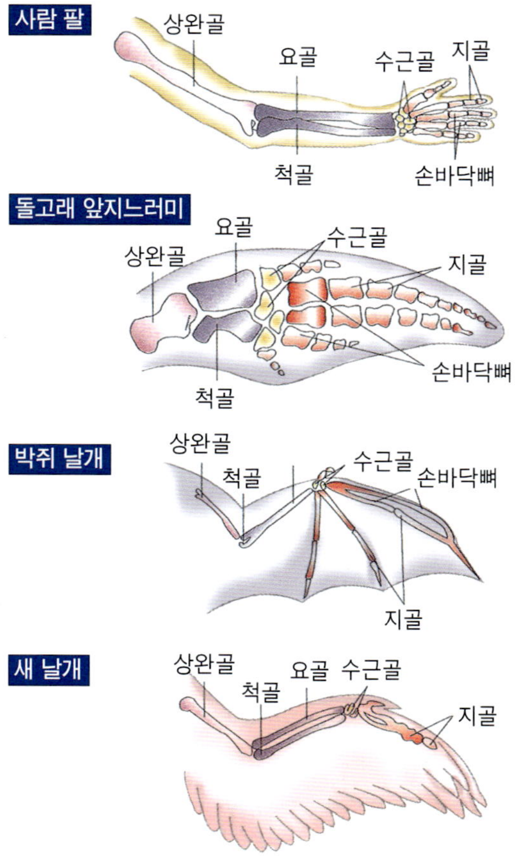

그림 7.136. 여러 동물의 상동기관 (강신성 등, 2001).

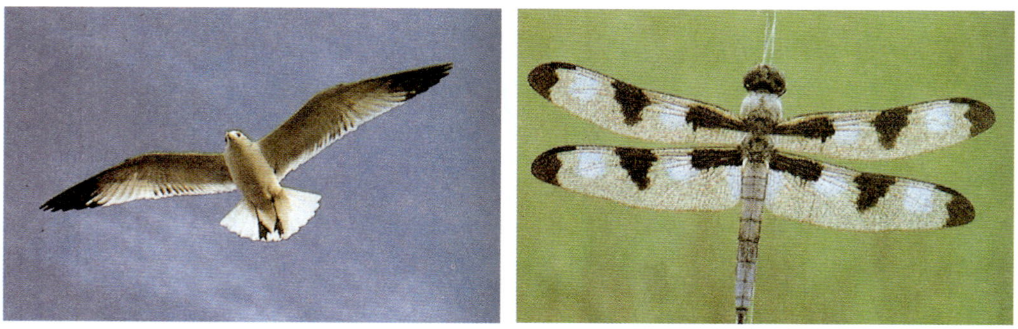

그림 7.137. 새와 잠자리날개의 상사기관 (강신성 등, 2001).

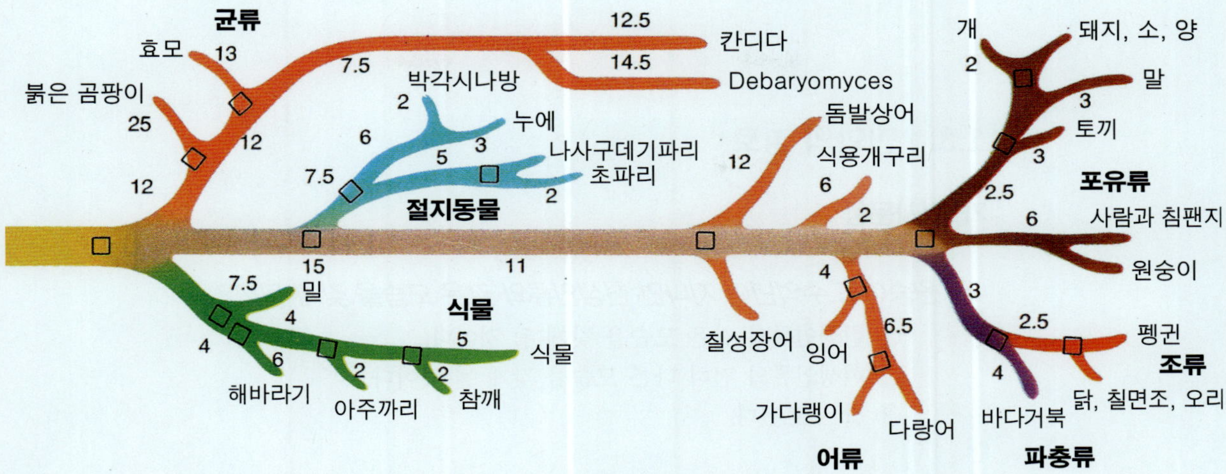

그림 7.138. 시토크롬 c계통. (이광웅 등, 1993). 컴퓨터로 만든 이 계통수는 모든 산소 호흡 생물에서 발견되는 호흡색소인 시토크롬 c의 폴리펩티드 서열의 아미노산 차이를 나타낸다. 각 아미노산의 차이는 진화에서 받아들여진 적어도 하나의 DNA 돌연변이를 나타낸다. 추정된 DNA 변화의 수가 각 생물간의 진화적인 거리를 결정한다.

5) 아미노산의 비교생화학

시토크롬 C는 철을 가지고 있는 단백질로서 세포 호흡할 때 전자전달계에서 운반체로 작용하며 분자구조는 동물 집단에 따라 약간의 차이가 난다. 포유류와 파충류의 시토크롬 C의 아미노산 서열에서는 15개의 수적 차이가 나타나며, 이는 포유류와 파충류는 고생대인 2억 6500만 년 전에 나뉘었으므로 1700만년에 한번 꼴로 돌연변이가 일어났음을 의미한다(그림 7.138). 그리고 아미노산 서열의 돌연변이 속도는 얼마나 오래 전에 두 개의 계열로 갈라졌는지를 결정하는 일종의 분자시계가 될 수 있다.

6) 뉴클레오티드의 비교생화학

단백질의 변화, 즉 유전적 변화는 각 진화 계열마다 비슷한 속도로 일어난다. DNA의 뉴클레오티드 서열은 두 생물체의 DNA를 한 가닥씩 섞어 혼성화(hybridization)시킨 다음 각 염기쌍이 짝을 이루는 정도로부터 유전적 유사성을 알아낸다. 형태는 유사하면서도 DNA 서열은 큰 차이를 보이는 경우가 있는데, 이것은 이들이 서로 다른 방향에서 진화하여 나중에 외형이 유사하게 되었다는 것을 의미한다.

7) 인위선택 (artificial selection)

자연선택과의 근본적인 차이점은 자연은 생식을 성공적으로 이끄는 형질만을 선택한다.

7.11.3. 진화의 경로

가. 검사문항

1) 원숭이도 수억년이 지나면 현생인류와 같은 모습을 갖게 될까?

① 현생인류와 같은 모습을 갖게 될 것이다.
② 현생인류와 전혀 다른 모습을 갖게 될 것이다.
③ 잘 모르겠다.

2) 위의 답을 선택한 이유는 무엇인가?

나. 응답 결과

2002년 7월 16일, 대구 D공업고등학교의 2학년 1개반, 32명.

보기	반응	
	명	%
① 현생인류와 같은 모습을 갖게 될 것이다.	7	22
② 현생인류와 전혀 다른 모습을 갖게 될 것이다.	15	47
③ 잘 모르겠다.	10	31
계	32	100

다. 분석 및 오개념

1) 분석

원숭이는 수억년이 지나도 현생인류의 모습과 전혀 다른 모습을 갖게 될 것이라는 정답을 알고 있는 학생은 47%였다.

(1) 현생인류와 같은 모습을 갖게 될 것이라고 생각한 학생이 22%였다. 그렇게 생각한 이유는, 인간은 수억 년 전의 원숭이에서 진화했다는 설이 있기 때문에 원숭이도 수억년이 지나면 인류와 같은 모습을 할 것 같기 때문이라고 하였다.

(2) 현생인류와 전혀 다른 모습을 갖게 될 것이라고 정답을 맞힌 학생 중에도 그렇게 생각한 이유에 대해서는 정확하게 설명하지 못하였다. 진화는 정해진 경로로만 진행되는 것이라고 생각하였지, 지구환경이 과거와 같은 환경을 재현할 수 없기 때문인 것을 생각하지 못한 것 같다.

2) 오개념

원숭이도 수억년이 지나면 현생인류의 모습을 갖게 될 것이다.

라. 과학적 개념

원숭이는 수억년이 지나도 현생인류의 모습과 같아질 수 없다.

마. 학습지도 방법

1) 생물의 진화를 나타내는 생물계통수에서 아무리 시간이 흐르고 환경이 변하여도 과거에 갈라진 가지를 거슬러 올라가 진화하지 않는다는 것을 이해하도록 지도한다.

2) 아울러 유전자풀의 변화와 진화에 대한 설명을 해준다. 진화가 일어나고 있는 집단에서는 유전자풀의 평형이 이루어지지 않는다는 것을 이해하게 지도한다.

바. 연계 또는 심화 학습

1) 계통수

생물 각 분류군의 유연관계를 계통이라 하며, 이러한 생물의 유연관계를 그림으로 표시하면 나뭇가지가 갈라지는 모양처럼 되는데 이를 계통수(系統樹, phylogenetic tree)라고 한다(그림 7.139). 유연관계와 진화의 계통을 고려하여 작성하고 유연관계가 가까울수록 근접시킨다. 그리고 공통조상으로부터 유래된 종끼리 같은 가지에서 뻗어 나오는 것으로 표현한다. 이 계통수는 동시에 진화의 과정이 표시되는 것이며, 신종의 발견, 화석의 연구 등으로 더욱 충실해지고 있다. 1809년 라마르크(Lamarck)가 처음으로 그 개념을 말했다.

2) 계통수의 예

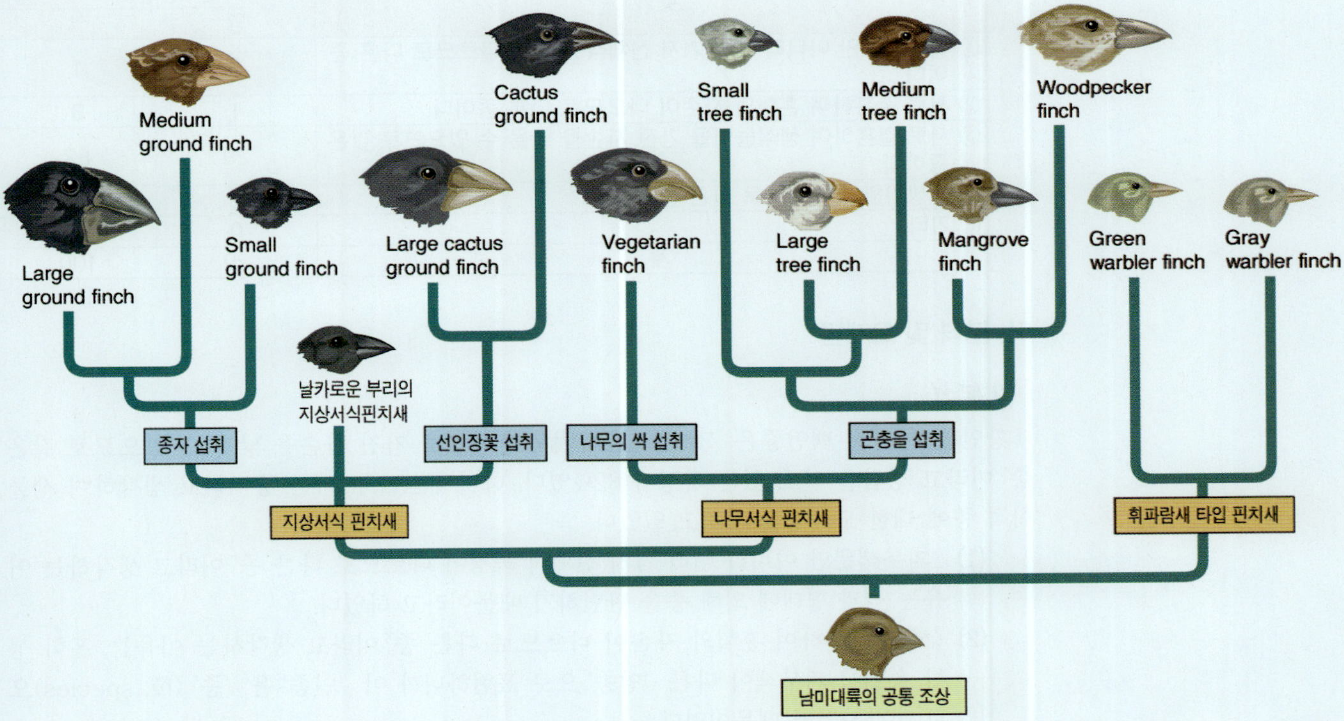

그림 7.139. 갈라파고스 섬에 살고 있는 핀치새의 계통수(김명원 등, 2004).

7.12. 생물의 다양성

7.12.1. 종의 개념

가. 검사문항

1) 황인종, 흑인종, 백인종은 서로 다른 종인가?

① 피부색뿐만 아니라 여러 가지 신체적 특징이 다르므로 다른 종이다.
② 서로 결혼하여 혼혈의 자손이 나오므로 다른 종이다.
③ 서로 결혼하여 생식능력을 가진 자손을 낳을 수 있으므로 같은 종이다.
④ 발생기원이 다르므로 다른 종이다.
⑤ 기타

2) 위의 답을 선택한 이유는 무엇인가?

나. 응답 결과

2002년 7월 19일, 경북 D고등학교의 2학년 1개반, 35명.

보기	반응	
	명	%
① 피부색뿐만 아니라 여러 가지 신체적 특징이 다르므로 다른 종이다.	3	1
② 서로 결혼하여 혼혈의 자손이 나오므로 다른 종이다.	1	3
③ 서로 결혼하여 생식능력을 가진 자손을 낳을 수 있으므로 같은 종이다.	29	82
④ 발생기원이 다르므로 다른 종이다.	2	6
⑤ 기타	0	0
계	29	100

다. 분석 및 오개념

1) 분석

황인종, 흑인종, 백인종은 '서로 결혼하여 생식능력을 가진 자손을 낳을 수 있으므로 같은 종' 이라고 정답을 알고 있는 학생이 82%였다. 나머지는 모두 다른 종이라고 생각하여 생물학적 종에 대한 오개념을 가지고 있었다.

(1) '피부색뿐만 아니라 여러 가지 신체적 특징이 다르므로 다른 종' 이라고 생각하는 이유는 색과 형태에 의해 종을 판단하기 때문이라고 하였다.

(2) '서로 결혼하여 혼혈의 자손이 나오므로 다른 종' 이라고 생각하는 이유는, 흔히 생활 속에서 피부색이 다른 '인종' 으로 표현하니까 이 '인종' 을 '종' (種, species)으로 생각하였기 때문이었다.

(3) '발생기원이 다르므로 다른 종' 이라고 생각하는 이유는 국가와 대륙을 종의 구분기

준으로 생각하기 때문이라고 하였다.

이처럼 학생 중 18%는 생물학적 종의 기준을 올바르게 알지 못하고 종은 형태, 색, 서식지 등에 의해 구분된다는 오개념을 가지고 있었다.

2) 오개념

황인종, 흑인종, 백인종은 다른 종이다.

라. 과학적 개념

황인종, 흑인종, 백인종은 서로 교배하여 생식능력을 가진 자손을 낳을 수 있으므로 같은 종이다.

마. 학습지도 방법

1) 형태, 색, 서식지 등이 다르더라도 서로 교잡하여 생식 능력을 가진 자손을 낳을 수 있으면 같은 종이라는 개념을 명확히 설명한다.

2) 아울러 인위적으로 만든 노새(말과 당나귀의 교잡), 포마토(pomato, 감자와 토마토의 교잡), 라이거(liger, 사자와 호랑이의 교잡) 등은 종이 아니라는 것을 이해하도록 지도한다.

바. 연계 또는 심화 학습

1) 종의 개념

(1) **종(種, species)** : 생물분류의 기본단위이며, 서로 교잡하여 생식능력을 가진 자손을 낳을 수 있는 생물의 집단.

(2) **아종(亞種, subspecies)** : 같은 종에서 형태나 지리적 분포가 달라진 종을 말한다.
예) 한국산 호랑이는 호랑이의 아종.

(3) **변종(變種, variety)** : 자연돌연변이로 형질이나 분포가 달라진 종. 중간형도 있으며 주로 식물분류에 사용한다.
예) 피망은 고추의 변종.

(4) **품종(品種, breed)** : 인위적으로 개량되어 유익한 형질을 가진 종.
예) 통일벼는 벼의 품종, 햄프셔는 돼지의 품종.

2) 학명

한 가지 동물에 대하여는 한 가지 이름만 있는 것이 혼잡을 피하는 데 좋고, 이름은 간단명료한 것이 좋다.

지구상에 살고 있는 수많은 생물의 이름은 나라에 따라 다름은 물론, 한 나라에서도 지방에 따라 다른 명칭을 가지고 있는 경우가 많으므로, 각 나라에서는 그 나라의 표준국명이 있듯이, 학문상으로 국제적인 규약을 맺어 생물에게 세계 공통의 이름을 붙인 것을 학명(學名, scientific name)이라 한다. 학명은 사람의 성명을 성과 각자의 이름으로 하듯이 사용하며 모든 생물의 학명은 절대 중복되지 않는다.

3) 분류단계

학명을 나타내는 생물분류의 기본단위는 종(種, species)이며, 생물의 유사성을 기반으로 유연관계가 가장 가까운 것들을 같은 종으로 한다. 다음으로 유연관계가 가까운 몇몇 종을 속(屬, Genus)으로 하고, 또 유사한 속을 모아서 과(科, Family), 목(目, Order), 강(綱, Class), 문(門, Phylum) 등의 여러 단계로 분류계급을 설정하여 생물을 각각 적당한 위치에 배속시킨다. 더 세분할 필요가 있을 때 '아' 또는 '상' 단계를 첨가한다.

예) 아문, 아강, 아과, 아속

4) 분류단계와 학명의 예

참전복의 분류 위치를 표시하면 다음과 같다(표 7.27).

표 7.27. 분류단계와 대응시킨 참전복의 위치

분류단계	분류위치
계(界, Kingdom)	동물 계(Animalia)
문(門, Phylum)	연체동물 문(Mollusca)
아문(亞門, Subphylum)	
강(綱, Class)	복족 강(Gastropoda)
아강(亞綱, Subclass)	전새 아강(Prosobranchia)
목(目, Order)	원시복족 목(Archaeogastropoda)
아목(亞目, Suborder)	
상과(上科, Superfamily)	큰방석고둥 상과(Pleurotomarioidae)
과(科, Family)	전복 과(Haliotidae)
속(屬, Genus)	전복 속(*Haliotis*)
종(種, species)	까막전복(*Haliotis discus*)
아종(亞種, subspecies)	참전복(*Haliotis discus hannai*)

7.12.2. 종의 분화

가. 검사문항

1) 지구상에 생물이 출현했을 초기에 생물의 종수는 현재와 비교해서 어떠하였겠는가?

① 현재보다 많았을 것이다.
② 현재와 비슷했을 것이다.
③ 현재보다 적었을 것이다.
④ 기타

2) 위의 답을 선택한 이유는 무엇인가?

나. 응답 결과

2002년 7월 18일, 경북 G여자고등학교의 3학년 2개반, 50명

보기	반응	
	명	%
① 현재보다 많았을 것이다.	22	44
② 현재와 비슷했을 것이다.	4	8
③ 현재보다 적었을 것이다.	23	46
④ 기타	1	2
계	50	100

다. 분석 및 오개념

1) 분석

지구상에 생물이 출현했을 초기에 생물의 종수는 '현재보다 적었을 것이다' 고 생각하는 학생이 46%였다. 과반수 이상의 학생이 현재보다 많거나 비슷했을 것이라고 생각하였다.

(1) 지구상에 생물이 출현했을 초기에 생물의 종수는 '현재보다 많았을 것이다' 고 생각하는 학생이 44%였다. 그렇게 생각하는 이유는, 처음에 종수가 많았는데 그 동안 환경이 나빠지고 적자생존 등으로 멸종하여 현재의 종수가 적어졌기 때문이라고 하였다. 요즈음 매스컴에서 환경오염으로 인하여 멸종되는 생물이 많다는 것이 강하게 인식되어 있기 때문일 것이다.

(2) '현재와 비슷했을 것이다' 고 생각하는 이유는 그 동안 나빠진 환경이나 적자생존 등으로 멸종하는 생물이 많았지만 생태계는 평형을 이루는 능력이 있어 새로 생겨났기 때문이라고 하였다.

위의 두 가지 생각은 모두 최초의 생명체가 탄생할 때의 환경을 잘 알지 못하기 때문에 현재 종수와 지구출현 초기의 종수를 올바르게 비교할 수 없었다고 생각한다.

2) 오개념

지구상에 생물이 처음 출현했을 시기에 생물의 종수는 현재보다 비슷하거나 많았을 것이다.

라. 과학적 개념

지구상에 생물이 출현했을 초기에 생물의 종수는 현재보다 적었을 것이다.

마. 학습지도 방법

1) 원시지구의 환경을 설명해 줌으로써 오개념을 바로 잡을 수 있다. 최초의 생물이 탄생할 때의 환경은 극한 상황으로 대기는 산소가 없으며 오존층이 생성되지 않아 자외선이 지표면에 조사되며 도처에서 화산이 폭발해 뜨거운 용암이 흐르고 뜨거운 온천수로 뒤덮여 지금과 같은 일반 생물들은 살 수 없는 환경이었을 것이다.

2) 그렇지만 세균이나 원핵생물은 보통 생물이 살 수 없다고 생각되는 혹독한 환경에서 살고 있다. 매우 소금기가 많은 곳이나 뜨거운 산성의 온천 속, 공기가 없는 심해, 오수처리장에서도 산다. 따라서 최초 생명탄생 시대의 극한 환경 속에서는 지금과 같은 다양한 생물들이 살지 못하였을 것이다.

3) 오개념의 수정에 필요한 자료를 충분히 제공하여 학생들의 오개념을 바로 잡도록 지도한다. 아래에 제공된 그림은 판대륙이동설(plate tectonics)에서 대륙지각이 나누어짐에 따라 생물종의 다양성이 어떻게 변화되었는가를 잘 보여주는 그림이다(그림 7.140). 최초에 하나의 덩어리였던 대륙이 차츰 여러 개로 나누어짐에 따라 종의 분화가 더 많이 일어났다는 사실을 알 수 있다. 또한 대륙이 다시 하나로 뭉쳐졌을 때 종의 수도 줄어든 것을 알 수 있다. 아래의 그림을 학생들에게 보여줌으로써 최초에 하나의 덩어리였던 대륙이 지금은 6개의 큰 덩어리와 조그마한 작은 섬의 모임들로 분화되어 다양한 환경에 적응하여 생물종의 분화도 처음 생겼을 때 보다 더욱 많은 분화를 이루었을 것이고, 그렇기 때문에 처음 생물이 생겨났을 때 보다 지금 현재의 종의 수가 더욱 많을 것이라는 것을 알 수 있게 될 것이다.

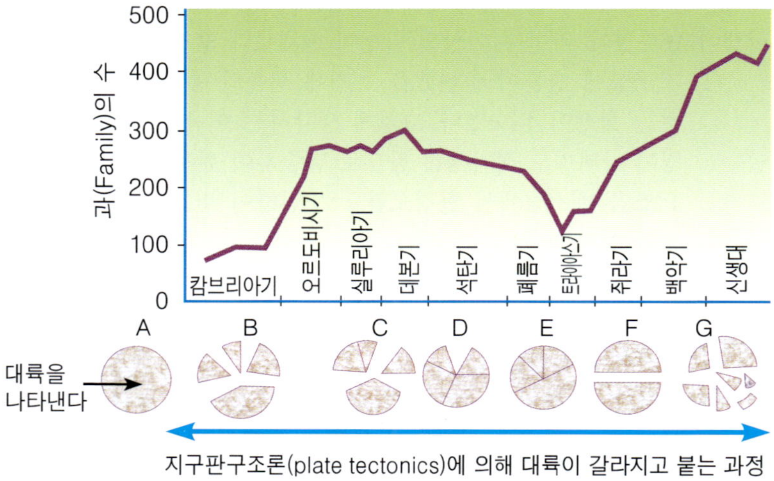

그림 7.140. 대륙이동과 생물종의 다양성(과의 수) 변화.

4) 한편, 멸종 속도와 종의 분화 속도를 고려하여야 하는데, 여러 가지 이유로 종의 멸종이 일어나겠지만 생명체가 탄생된 이후로 종의 다양성 곡선은 증가하였음을 설명한다(그림 7.141). 그러나 최근에 와서는 종 다양성이 감소하고 있음을 인식하도록 지도한다.

바. 연계 또는 심화학습

1) 유전자 풀 (genetic pool)

어떤 개체군에서 그 개체군에 있는 대립 유전자를 통틀어서 유전자풀이라고 한다. 진화한다는 것은 이 유전자풀에서 대립 유전자의 빈도가 변화하는 것을 의미한다. 대립 유전자 빈도란 한 개체군에서 특정 대립 유전자가 차지하는 비율이다. 예를 들어, 반 전체 학생 수 50명중에 안경을 낀 학생이 10명이라면 안경을 낀 학생의 빈도는 10/50 = 0.2가 된다. 이 유전자풀은 어떤 외적인 영향이 작용하지 않는 한 대립 유전자의 빈도는 변하지 않고, 항상 평형 상태를 유지하고 있다. 그러나 만약 어떤 요인에 의해 한 대립 유전자의 빈도가 증가하게 되면, 유전자풀이 평형 상태를 유지하기 위해, 다른 대립 유전자의 빈도가 감소한다. 이런 경우, 유전자 풀 내부에 변화가 있게 되고 진화가 이루어진다.

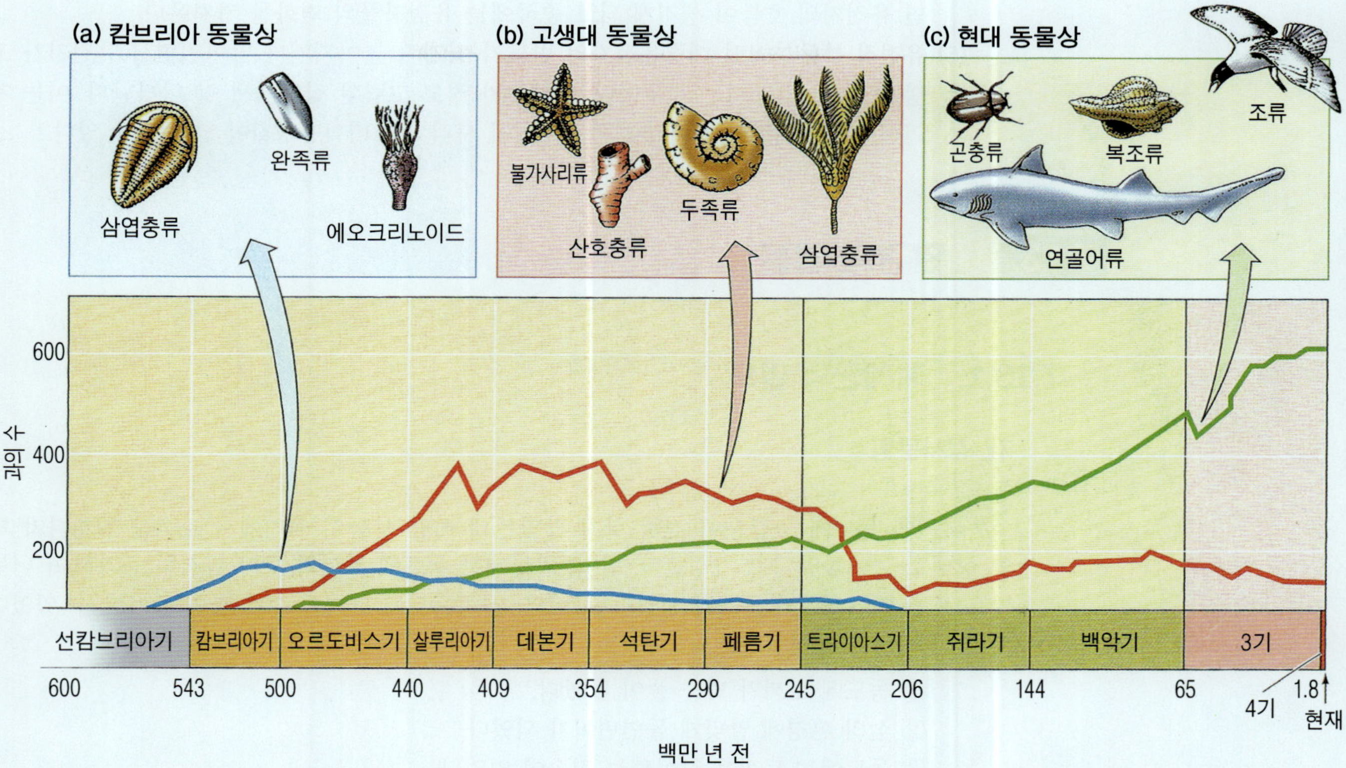

그림 227. 지구 진화의 역사와 함께 세 가지 주요한 진화적 동물의 과의 수를 표시한 것이다(이광웅, 2004).

2) 유전자풀의 변화요인

(1) **돌연변이** : 일반적으로 돌연변이에 의해 나타나는 형질은 환경에 대한 적응성이 낮아 자연선택에 의해 유전자풀에서 제거된다. 그러나 환경이 변할 경우에 생존에 유리하게 될 수도 있다. 이와 같은 경우에는 그 유전자의 비율이 증가된다.

(2) **자연선택** : 대립유전자 중 어느 한 쪽이 생존율과 번식률이 높다면 자연 선택에 의해 유전자풀에서 빈도수가 높아진다. 만약 반대일 경우 유전자풀에서의 빈도는 낮아진다.

예) 공업암화 : 영국 맨체스터 지방에서 1845년경 공업화되기 전에는 나무 색과 유사하여 새에게 발견될 확률이 낮아 밝은 색의 나방이 많았으나, 공업화가 이루어진 1895년경에는 나무 색이 검은색으로 변하게 되어 검은색 가지에 앉은 나방이 새에게 발견될 확률이 낮게 되어 검은색의 나방이 많게 되었다.

(3) **격리** : 같은 종의 생물 집단이 바다, 산맥, 사막 등의 지리적 장벽에 의해 몇 개의 소집단으로 격리될 경우 각 집단은 교잡에 의한 유전자 교환이 없게 되어 격리된 집단은 고유한 유전자풀을 보유하는 새로운 종으로 발전할 수 있다.

지리적 격리가 지속되어 집단 상호간의 유전자풀의 차이가 커지면 생식기의 구조나 생식시기 등의 차이로 생식이 불가능해지고 만약 생식이 이루어진다고 하여도 자손이 생기지 않는 불임이 된다는 것을 생식적 격리라고 한다.

(4) **유전자의 흐름(이주)** : 개체들이 여러 집단 사이를 이동하면서 교배하여 자손을 낳으

면 유전자의 흐름이 생기게 되고 종국에는 유전자풀의 변화를 가져온다.

(5) **유전적 부동** : 어떤 대립유전자의 빈도가 갑자기 높아지거나 낮아지면서 유전자가 고정 또는 소실이 되는 경우이다. 개체수가 적고 고립된 집단에서 잘 나타난다. 이는 자연선택과 관계없이 일어나며 적응형질이 사라지고 비적응형질이 남을 수도 있다.

7.13. 환경과 생물

7.13.1. 개체군의 밀도

가. 검사문항

1) 과거에 독도에는 짐승이 전혀 살지 않았는데 어떤 사람이 육지에서 토끼를 가져다가 자연 상태로 풀어놓았다고 가정한다. 만약, 최근에는 독도에 토끼의 수가 급격히 증가하여 너무 많은 풀을 먹어치워서 문제가 되었다면, 이와 같이 독도에 토끼의 수가 빨리 증가할 수 있었던 가장 큰 이유를 무엇인가?

① 독도에 토끼가 먹을 풀이 많았다.
② 섬의 환경에 알맞게 돌연변이가 되었다.
③ 독도에는 토끼를 잡아먹는 짐승이 없었다.
④ 자연 상태로 자라서 번식력이 더 강해졌다.

2) 위의 답을 선택한 이유는 무엇인가?

나. 응답결과

2002년 7월 12일, 대구시 G중학교의 1학년 3개반, 100명.
2002년 7월 15일, 대구시 H여자고등학교의 2학년 2개반, 50명.

보기	반응			
	G중학교		H여고	
	명	%	명	%
① 독도에는 토끼가 먹을 풀이 많았다.	0	0	0	0
② 섬의 환경에 알맞게 돌연변이 되었다.	5	5	3	6
③ 독도에는 토끼를 잡아먹는 짐승이 없었다.	57	57	30	60
④ 자연 상태로 자라서 번식력이 더 강해졌다.	38	38	12	24
계	100	100	100	100

다. 분석 및 오개념

1) 분석

독도에 토끼의 수가 빨리 증가할 수 있었던 가장 큰 이유는 '토끼를 잡아먹는 짐승이 없었기 때문' 이라는 정답을 선택한 학생은 57~60%였다. 중학생과 고등학생의 응답결과가 비슷하였다.

(1) 독도에 토끼의 수가 빨리 증가할 수 있었던 가장 큰 이유로 '섬의 환경에 알맞게 돌연변이가 되었기 때문'이라고 생각하는 이유는 단순히 독도라는 특이한 환경과 많은 새끼 등을 생각하면서 돌연변이를 떠올린 것 같다.

(2) 독도에 토끼의 수가 빨리 증가할 수 있었던 가장 큰 이유로 '집토끼가 자연 상태로 나오면서 번식력이 강해졌기 때문'이라고 하였다. 이렇게 생각하는 것은 포식자의 존재를 인식하지 못하였기 때문일 것이다.

이처럼 40~43%의 학생은 독도에 토끼의 수가 빨리 증가할 수 있었던 가장 큰 이유로 단순히 토끼의 수가 증가한 원인만을 생각했다. 그리하여 돌연변이가 되었다든지 번식을 많이 하였기 때문이라고 생각하며, 개체군의 크기에 미치는 영향으로 개체군의 성장속도 뿐만 아니라 포식자의 존재를 인식하는 등 종합적인 사고를 하지 못하고 있었다.

2) 오개념

(1) 독도에 토끼의 수가 빨리 증가할 수 있었던 가장 큰 이유는 섬의 환경에 알맞게 돌연변이 되었기 때문이다.

(2) 독도에 토끼의 수가 빨리 증가할 수 있었던 가장 큰 이유는 자연 상태로 자라서 번식력이 더 강해졌기 때문이다.

라. 과학적 개념

독도에는 토끼를 잡아먹는 포식자가 없었기 때문에 그 수가 급속히 증가할 수 있었다.

마. 학습지도 방법

1) 개체군의 크기에 미치는 영향으로는 개체군 자체의 번식속도 뿐만 아니라 이입과 이출 및 먹이와 포식자의 존재를 인식하도록 지도한다.

2) 아울러 생물적 요소 사이의 먹고 먹히는 관계뿐만 아니라 생물적 요소와 비생물적 요소 간의 상호작용에 의하여 생태계의 평형이 유지된다는 것을 인식하도록 지도한다.

바. 연계 또는 심화 학습

1) 개체군의 크기

개체군의 크기는 밀도로 나타낼 수 있으며, 그 밀도는 출생과 사망, 이입과 이출에 의하여 조절된다(그림 7.142). 생물적 구성 요소 간에는 먹이그물이 형성되어 있으므로 사망의 원인에는 수명이나 질병에 의한 것 외에 먹이부족과 포식자에 의한 것도 있다.

2) 먹이그물

생물 간에 먹고 먹히는 관계는 그물 모양으로 복잡하며(그림 7.143), 이 먹이그물을 통하여 생태계가 유지된다. 일시적으로는 생태계가 파괴되기도 하지만 일정 시간이 경과하면 다시 새로운 생태계가 구성된다.

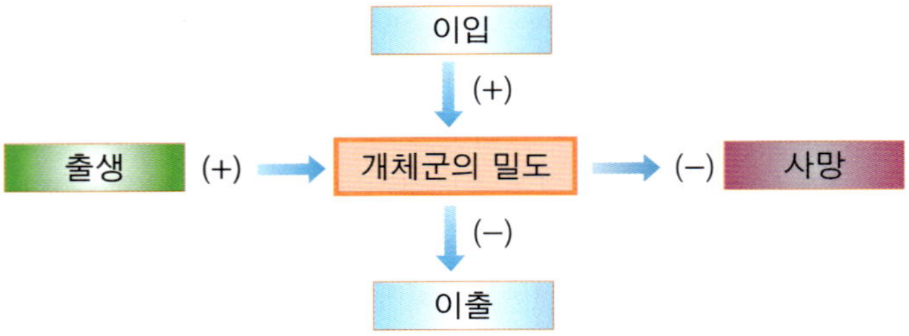

그림 7.142. 개체군의 밀도에 영향을 미치는 요인. 사망에는 자연사망과 포식자에 의한 사망도 포함된다.

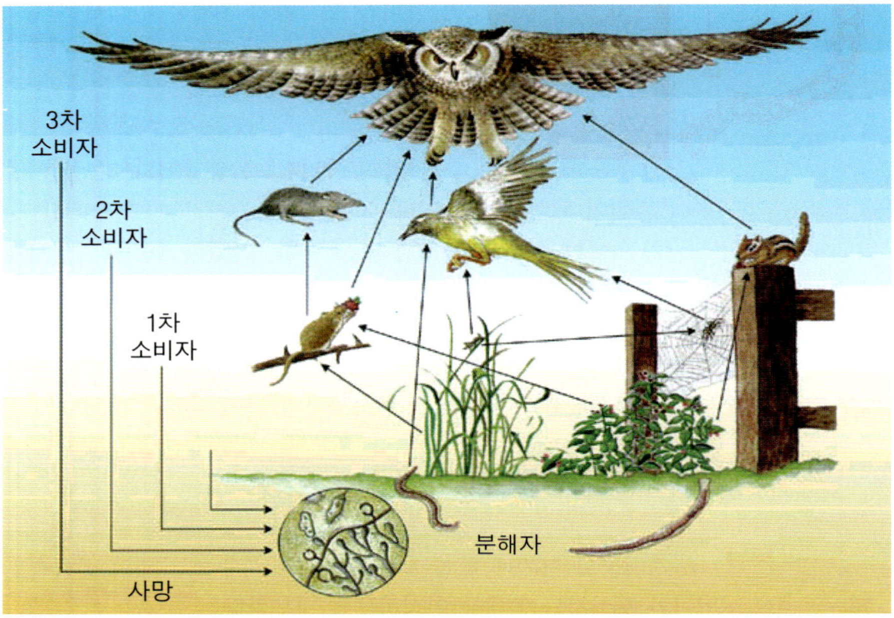

그림 7.143. 먹이그물의 예 (http://mfs.kyungpook.ac.kr에서 변형).

3) 생태계의 평형

하나의 생태계에서 생물적 요소와 비생물적 요소가 거의 변하지 않고 일정하게 유지되는 현상이다.

(1) 생태계 평형의 특징

① 먹이사슬에서 피식자와 포식자의 수적 평형이 유지된다.

② 물질순환에서의 양적인 평형이 유지된다.

③ 생물과 환경 사이의 물질순환과 먹이사슬에 따른 에너지 흐름이 유지된다.

(2) 생태계 평형이 유지되는 이유

생태계가 평형을 유지하는 이유는 다음과 같다.

① **먹이그물로 이루어져 있다** : 어떤 종의 수가 변화되더라도 복잡한 먹이그물에 의한 다른 종의 작용으로 급격한 수적 증가나 감소는 없다.

초식동물이 증가 → 육식동물이 증가 → 육식동물이 어느 정도 증가하면 초식동물이 감소 → 육식동물이 감소 → 과정이 반복되면서 일정수가 유지

② **비생물적 환경요인이 작용** : 남극의 펭귄은 천적이 없어도 개체수가 항상 일정하게 유지되는데, 이것은 극심한 추위로 새끼를 기르기 어렵기 때문이다.

그러나, 천재지변과 인간의 무계획적인 개발은 생태계의 평형을 깨뜨린다.

4) 개체군의 크기 측정 (권용주 등, 2003)

(1) 준비물

- **기구** : 식물 동정을 위한 도감, 조사용 표 3장, 자, 2m 길이의 끈, 말뚝용 막대기나 큰 못 4개, 면장갑, 눈가리개, 시험관, 비커, 유성 펜
- **재료** : 건조한 노란색 콩

(2) 실험과정

① 식물 개체군의 크기 조사

㉠ 두 명씩 짝을 지어 한 모둠을 만들고, 표 7.28과 같이 그려진 종이를 3장 준비한다.

표 7.28. 위치(양지, 음지, 버려진 곳)에 따른 식물조사

식물명	그루(개체수)
합계	

㉡ 학교 근처의 풀밭에서 조사하기 위한 장소 3군데를 찾는다. 이 때 한 곳은 햇빛이 잘 드는 양지, 다른 곳은 그늘진 음지, 그리고 나머지 한 곳은 돌보지 않고 버려진 곳에서 찾는다.

㉢ 모둠원 중의 한 사람이 햇빛이 잘 드는 곳에 눈을 가리고 서서, 동전이나 연필 같은 물체를 위로 던진다. 다른 사람은 물체가 떨어진 곳을 표시한다.

㉣ 그림 7.144와 같이 끈과 말뚝용 막대나 큰 못을 사용하여 물체가 떨어진 곳을 중심으로 하는 30cm×30cm 크기의 정사각형을 만든다.

㉤ 정사각형 안에 있는 식물의 종류와 숫자를 '양지' 라고 표시된 표에 기록한다. 식물의 이름을 모를 때는 식물을 채집해서 작은 비닐 봉투 안에 넣어 두었다가 나중에 도감을 이용하여 동정한다.

㉥ 식물의 종수의 측정과 채집이 끝나면 말뚝과 끈을 제거하고, 음지와 버려진 곳에서 과정 ㉢~㉤을 반복한다.

② 움직이는 동물 개체군으로 크기 조사

㉠ 노란색 콩을 500개 정도 준비하고, 그 중의 일부를 한 움큼(수십 개 정도) 집어서 유성 펜으로 표시하고 그 수를 정확하게 센다.

㉡ 표시된 콩을 표시 안 된 콩이 들어 있는 병에 다시 넣고 잘 섞는다.

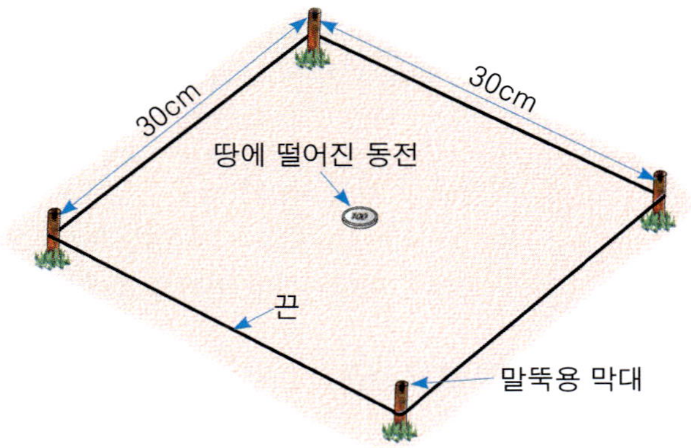

그림 7.144. 방향구의 설치(권용주 등, 2003).

㉢ 직경 ㉠5cm정도 크기의 시험관을 거꾸로 콩이 들어 있는 병 바닥까지 밀어 넣어 콩의 일부가 시험관 안에 갇히게 한다.

㉣ 시험관에 갇혀 있는 콩(표시된 콩과 표시 안 된 콩)의 수를 센다.

㉤ 이 콩들을 병에 다시 넣고 잘 섞은 후, 과정 ㉢과 ㉣을 5번 반복한다.

㉥ 다음과 같은 방법으로 전체 개체군의 크기를 계산한다.

$$\frac{\text{전체개체군의 수}(p)}{\text{원래표시된 개체의 수}(a)} = \frac{\text{표본의 크기}(n)}{\text{표본에서 표시된 콩의 수}(r)}$$

이를 정리하면, $p = \frac{an}{r}$

이 조사에서는 a, n, r이 각각 원래 표시된 콩의 수, 시험관에 갇힌 콩의 총 수, 시험관에 갇힌 표시된 콩의 수가 되며, 이 값들로부터 전체 콩의 수 p를 추정할 수 있다.

(3) 결과 및 논의

① 식물 개체군의 크기 조사

㉠ 각 장소에 있는 식물의 수는 모두 얼마인가?
- 양지 :
- 음지 :
- 버려진 곳 :

㉡ 각 장소에서 수가 가장 많은 식물 개체군과 가장 적은 식물 개체군은 각각 무엇인가?
- 양지 :
- 음지 :
- 버려진 곳 :

㉢ 조사 장소를 정할 때 눈을 가리고 동전을 위로 던진 이유는 무엇인가?

㉣ 각 장소의 우점종이 가진 특성을 진술하고, 이 특성이 우점종을 그 장소에 잘 적응하게 한 이유를 설명하라.

㉤ 각 장소의 어떤 특성이 식물 개체군의 생장을 제한했는가?

㉥ 학급 학생들의 조사 결과를 모두 합하여 평균하면, 조사 결과가 전체 개체군을

정확하게 반영한다고 생각하는가? 또한, 어떤 때 표본 추출을 통한 전체 집단의 크기 계산이 정확해진다고 생각하는가?

② 움직이는 동물 개체군의 크기 조사

㉠ 실험 결과를 다음 표 7.29에 기록해 보자.

표 7.29. 콩의 개수 조사

구분	1회	2회	3회	4회	5회	평균
시험관에 갇힌 콩의 총수						
시럼관에 갇힌 표시된 콩의 수						
전체 콩의 수						

㉡ 시험관에 갇힌 콩의 수를 세는 것을 반복했을 때 그 결과는 같게 나오는가? 또한, 전체 개체군 크기를 정확하게 추정하려면 어떻게 해야 할까?

㉢ 콩 실험으로부터 쥐나 물고기처럼 운동성이 있는 동물 개체군의 크기를 조사하는 방법을 생각해 보자.

(4) 연구과제

새로 나온 제품에 대한 소비자의 의견을 조사하고자 할 때 전체 집단의 의견이 잘 반영되려면 어떤 점을 고려해야 할까?

5) 개체군의 성장 실험 (권용주 등, 2003)

(1) 준비물

- **기구** : 배양기, 수조, 비커, 유리판, 온도 조절 장치
- **재료** : 좀개구리밥(Lemna minor), 수산화나트륨(NaOH), 염산(HCl), 좀개구리밥 배양액

(2) 탐구과정

㉠ 야외에서 좀개구리밥을 채집하여 수조에 넣고 몇 번 물에 씻는다. 이 때 다른 종이 섞이지 않도록 한다.

㉡ 좀개구리밥 배양액을 1/2로 희석한다.

㉢ 100ml용 A, B, C, D 4개의 비커에 배양액을 80ml씩 채운다.

㉣ 좀개구리밥을 비커 A에는 16개체, 비커 B에는 32개체, 비커 C에는 64개체, 비커 D에는 128개체 넣는다.

㉤ 내부를 검게 칠한 깊이 10cm 이상의 수조에 각 비커가 뜨지 않을 정도로 물을 채운다. 이 때 수온은 20~30℃가 적당하며 30℃를 넘지 않게 조절한다.

㉥ 수조 위에 약간 틈이 있게 엷은 유리판을 덮고 먼지가 들어가지 않게 하여 직사광선이 비치지 않는 창가에 둔다. 인조 광원을 사용할 때는 3Klux 이상이면 충분하다.

㉦ 3일마다 증가한 엽상체의 수를 기록한다. 엽상체의 색이 녹색인 살아 있는 개체의 수만 측정하고, 노랗게 변한 죽은 개체는 제외시킨다. 또한, 모체로부터 출아 중인 작은 개체를 독립적인 개체로 측정한다.

(3) 결과 및 논의

㉠ 배양일 수와 비커당 엽상체 수를 다음 표에 정리하고, 배양일 수와 엽상체 수를

각각 X축과 Y축으로 하여 그래프로 나타내어 보자.

표 7.30. 배양일 수와 비커당 엽상체수

구분	배양일 수							
	0	3	6	9	12	15	18	21
A								
B								
C								
D								

ㄴ 각 비커에서 성장률이 최대인 때는 언제인가?

ㄷ 충분한 시간이 지난 후에 4개의 비커에 있는 개체수는 어떻게 변하겠는가? 그렇게 예상하는 이유를 설명해 보자.

ㄹ 표 7.31은 앞의 실험과 같은 조건에서 실험한 결과를 나타낸 것이다. 배양일 수와 엽상체 수를 각각 X축과 Y축으로 하여 그래프를 그리고(그림 7.145), 앞의 실험 결과와 비교해 보자.

표 7.31. 배양일 수와 비커당 엽상체수 측정 결과

구분	배양일 수							
	0	3	6	9	12	15	18	21
A	16	31	83	190	486	649	930	1322
B	32	62	165	358	734	906	1200	1587
C	64	112	303	600	956	1151	1431	1816
D	128	237	567	884	1212	1358	1647	2052

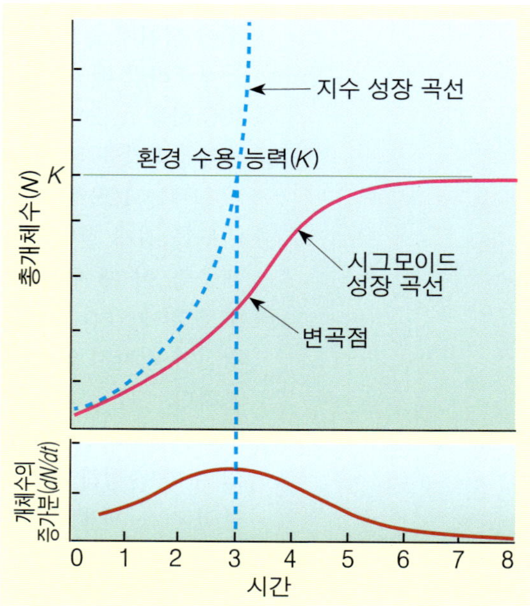

그림 7.145. 개체군의 생장곡선 (권용주 등, 2003).

(4) 연구과제

㉠ 100ml 비커에 20개체의 엽상체를 넣고 3일마다 초기의 수보다 증가한 개체를 제거하여 초기 밀도로 되돌아가게 한다면 좀개구리밥의 개체군은 어떤 생장을 보이겠는가?

㉡ 좀개구리밥의 개체군 생장이 포화에 이르게 하는 요인에는 어떤 것이 있는가?

5) 효모의 개체군 생장 실험 (권용주 등, 2003)

(1) 준비물

- 기구 : 현미경, 시험관, 시험관대, 비커, 메스실린더, 삼각 플라스크, 피펫, 저울, 솜, pH미터, 스포이트, 멸균기, 항온기, 슬라이드 글라스, 커버 글라스, 모눈종이
- 재료 : 건조효모, 설탕, 황산마그네슘($MgSO_4$), 인산칼륨(K_2PO_4), 설탕, 아스파르트산, 증류수, 염산(HCl), 수산화나트륨(NaOH)

(2) 탐구과정

㉠ 설탕 100g, $MgSO_4$ 3g, K_2PO_4 2g, 아스파르트산 25g를 증류수 100ml에 용해시키고 pH 6.0~6.5로 맞추어 효모 배양액을 만든다. pH를 맞출 때는 묽은 HCl과 묽은 NaOH용액을 사용한다.

㉡ 효모배양액을 삼각 플라스크에 넣고 솜마개를 한 다음, 멸균기에서 멸균한다.

㉢ 건조효모 10g를 10ml의 증류수에 넣어 잘 풀고 증류수를 가하여 25ml로 만든다.

㉣ 이 용액을 100배 희석한 다음, 1ml을 취하여 49ml의 효모 배양액을 넣은 플라스크에 넣는다.

㉤ 이 배양액 한 방울을 슬라이드 글라스에 떨어뜨린 다음 커버 글라스를 덮고, 현미경으로 관찰하여 그림으로 나타낸다.

㉥ 잘 흔든 효모배양액 한 방울을 슬라이드 그라스 위에 떨어뜨린 다음 커버 글라스를 덮고 현미경으로 한 시야에 있는 효모의 개체수를 센다.

㉦ 효모 배양 플라스크를 항온기에서 30℃로 유지해 주면서 7일 동안 24시간 간격으로 개체수를 조사하여 모눈종이에 그린다.

(3) 결과 및 논의

① 효모의 수를 계산할 때, 어떤 기준에 따라 독립된 개체로 취급하였는가?

② 배양일 수에 따른 효모 개체수의 증가 곡선을 그려 보자.

③ 효모개체군의 생장을 좀개구리밥의 생장과 비교해 보자.

7.13.2. 생태계의 정의

가. 검사문항

1) 달을 하나의 '생태계' 라고 할 수 있을까?

① 달에는 흙이 있다. 그러므로 하나의 생태계라 할 수 있다.

② 달은 지구를 도는 하나의 위성이다. 그러므로 생태계라 할 수 있다.

③ 달에는 생물이 없으므로 생태계라 할 수 없다.

④ 달은 우주정거장으로 사용할 수 있으므로 생태계라 할 수 있다.
⑤ 잘 모르겠다.

2) 위의 답을 선택한 이유는 무엇인가?

나. 응답결과

2003년 7월 27일, 경북 M고등학교의 2학년 1개반, 29명.

보기	반응	
	명	%
① 달에는 흙이 있다. 그러므로 하나의 생태계라 할 수 있다.	0	0
② 달은 지구를 도는 하나의 위성이다. 그러므로 생태계라 할 수 있다.	3	10
③ 달에는 생물이 없으므로 생태계라 할 수 없다.	14	48
④ 달은 우주정거장으로 사용할 수 있으므로 생태계라 할 수 있다.	1	4
⑤ 잘 모르겠다.	11	38
계	29	100

다. 분석 및 오개념

1) 분석

'달에는 생물이 없으므로 생태계라 할 수 없다' 는 정답을 알고 있는 학생은 48%였다. 달을 생태계라고 생각하는 학생은 14%였고, 잘 모르겠다고 대답한 학생이 38%였으므로 생태계에 대한 정확한 개념을 가지지 않은 학생이 52%나 되었다.

(1) '달에는 흙이 있으므로 하나의 생태계라 할 수 있다' 고 생각하는 이유는 생태계의 요소 중 무기환경인 흙만 있으면 생태계라 생각하기 때문이었다.

(2) '달은 지구를 도는 하나의 위성이므로 생태계라 할 수 있다' 고 생각하는 이유는 달은 지구에 붙어 있고 달의 인력으로 바다의 밀물과 썰물이 생기고 우리에게 직·간접적으로 영향을 주기 때문에 생태계라 생각하기 때문이었다.

(3) '달은 우주정거장으로 쓸 수 있으므로 생태계라 할 수 있다' 고 생각하는 이유는 이용가능한 곳이어서 인간의 발전에 유용하다고 생각해서 생태계라고 생각하기 때문이었다.

이처럼 생태계란 생물적 요소와 비생물적 요소가 다 포함되어야 하는데, 단지 비생물적 요소만 있든지 인간생활에 영향을 주든지 또는 이용가능한 공간이면 단순히 생태계라고 생각하는 오개념을 가지고 있었다.

2) 오개념

(1) 비생물적 요소가 있는 공간이면 모두 생태계이다.
(2) 인간생활에 물리화학적 영향을 주는 요소가 있는 공간이라면 생태계이다.
(3) 인간이 이용가능한 공간이면 생태계이다.

라. 과학적 개념

생태계는 생물적 요소와 비생물적 요소를 모두 포함하고 있어야 하는데 달은 그렇지 못하므로 생태계라 할 수 없다.

마. 학습지도 방법

생태계를 구성하는 기본 요소와 그들간의 상호작용에 대해서 설명하고, 생활주변에 있는 소규모와 대규모의 생태계를 예로 들 수 있도록 지도한다.

바. 연계 또는 심화 학습

1) 생태계

어떤 지역의 생물적 요소와 이것을 둘러싸고 있는 비생물적 요소가 유기적으로 통합된 하나의 계(系, system)를 생태계(生態系, ecosystem)라 한다(그림 7.146). 생태계란 영국의 A. G. 탠슬리에 의하여 1935년 제창된 용어로, 자연의 있는 그대로의 상태를 인식하기 위해서는 상호간의 관계를 지닌 생물과 비생물적 환경을 하나로 통합해야 한다는 것이 탠슬리가 제창한 개념이다.

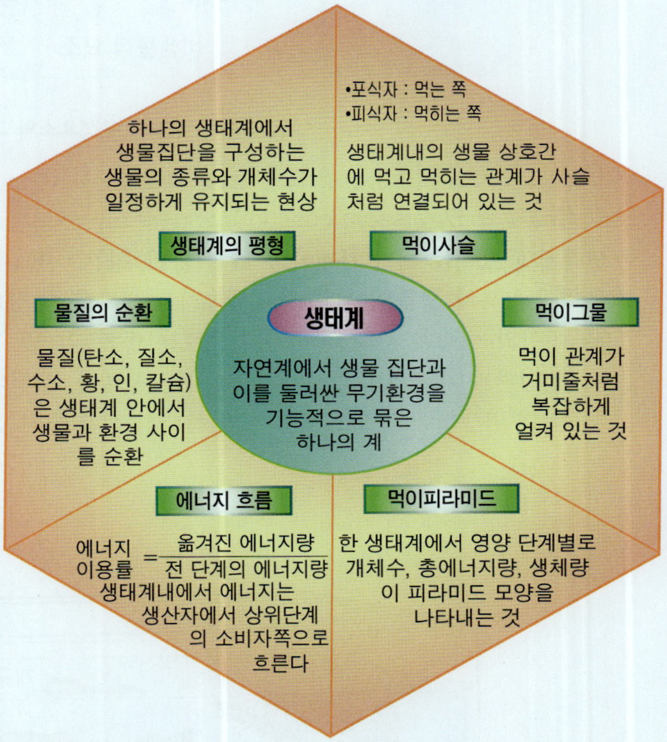

그림 7.146. 생태계의 특징 (http://mfs.kyungpook.ac.kr에서 변형).

2) 생태계의 구성 요소

생태계는 크게 생물적 요소와 비생물적 요소로 이루어져 있다. 생물적 요소는 그 기능에 따라 (1차)생산자, 소비자, 분해자로 나눈다. 비생물적 요소는 생물을 둘러싸고 있는 무기적 환경으로서 빛, 온도, 습도 등을 말한다.

3) 생태계 구성요소간의 상호작용(그림 7.147)

(1) **작용** : 비생물적 환경이 생물에게 미치는 영향.

(2) **반작용** : 생물의 활동이 비생물적 환경에 미치는 영향.

(3) **상호작용** : 생물과 생물 간에 주고받는 작용.

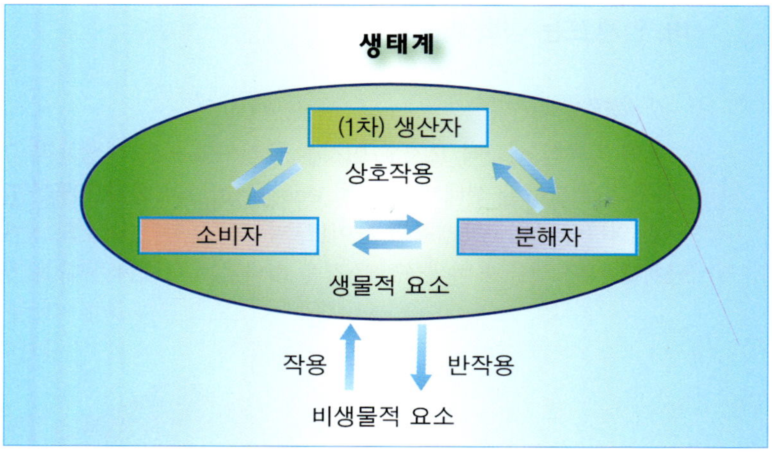

그림 7.147. 생태의 구성요소와 그 관계.

4) 생태계의 크기

생태계의 크기는 여러 가지이다. 예를 들면, 작은 어항(수조)생태계(그림 7.148)에서 크게는 지구생태계(특히 생물권이라고 한다)까지로 생각할 수 있다.

예) 어항의 생태계 : 비생물적 요인으로는 물, 공기, 빛 등이 있고, 생물적 요인 중 생산자는 검정말과 개구리밥 등이며, 소비자는 물벼룩, 우렁이, 송사리 등이며, 분해자는 사체를 먹는 미생물이 있으므로 작지만 하나의 생태계이다.

그림 7.148. 어항의 생태계 (http://www.sinum.ms.kr, 020727).

5) 생태계의 종류

비생물적 환경의 특징에 의거하여 해양생태계, 호소생태계, 극지생태계, 사막생태계 등으로 구별하고, 또 식물군락의 외관(植物群落相, physiogomy)에 따라서 삼림생태계, 초지생태계 등으로 구분하기도 한다.

6) 생태계의 유지

생태계를 구성하는 생물적 요소와 비생물적 요소 사이에는 물질순환과 에너지흐름이 일어나고 있다.

7.13.3. 생태계의 구성 요소

<조사 1>

가. 검사문항

1) 다음 중 생태계의 구성요소가 모두 포함되어 있는 것은?

① 벼, 개구리, 소, 뱀
② 공기, 햇빛, 참새, 무
③ 개구리, 뱀, 세균, 공기
④ 공기, 세균, 벼, 배추
⑤ 풀, 메뚜기, 세균, 햇빛

2) 위의 답을 선택한 이유는 무엇인가?

나. 응답결과

2002년 7월 19일, 경북 D고등학교의 2학년 1개반, 35명.

보기	반응	
	명	%
① 벼, 개구리, 뱀, 독수리	1	3
② 물, 공기, 배추, 배추벌레, 세균	2	6
③ 햇빛, 무, 닭, 사람	8	22
④ 식물플랑크톤, 동물플랑크톤, 어류	2	6
⑤ 햇빛, 수분, 소나무, 송충이, 멧새	22	63
계	50	100

다. 분석 및 오개념

1) 분석

생태계의 구성 요소가 모두 포함되어 있는 것은 '풀, 메뚜기, 세균, 햇빛' 으로 정답을 알고 있는 학생은 63%였다. 나머지는 생물적 요소 3가지(생산자, 소비자, 분해자) 중에서 어느 하나가 없거나 또는 비생물적 요소가 없는 것을 선택하였다.

(1) '벼, 개구리, 소, 뱀' 이라고 생각하는 이유는 생산자와 소비자만 생각하고 비생물적 요소와 분해자를 생각하지 못하기 때문이다.

(2) '공기, 햇빛, 참새, 무' 라고 생각하는 이유는 분해자를 생각하지 못하기 때문이다.

(3) '개구리, 뱀, 세균, 공기' 라고 생각하는 이유는 생산자를 생각하지 못하기 때문이다.

(4) '공기, 세균, 벼, 배추' 라고 생각하는 이유는 소비자를 생각하지 못하기 때문이다.

이처럼 생태계는 생물로만 구성되어 있다고 생각하고 있거나, 생물적 요소 중에서도 생산자, 소비자, 분해자의 3가지로 구성되어 있다는 것을 올바르게 인식하지 못하고 있다.

2) 오개념

(1) 생태계는 생물로만 구성되어 있다.

(2) 생태계는 동물과 식물로 구성되어 있다.

(3) 생태계는 동물과 세균으로 구성되어 있다.

(4) 생태계는 식물과 세균으로 구성되어 있다.

라. 과학적 개념

생태계는 생물적 요소(생산자, 소비자, 분해자)와 비생물적 요소(물, 공기, 토양, 햇빛, 온도 등)로 구성되어 있다.

<조사 1>

가. 검사문항

1) 다음 중 생태계의 구성요소가 모두 나열되어 있는 것은?

① 벼, 개구리, 뱀, 독수리
② 물, 공기, 배추, 배추벌레, 세균
③ 햇빛, 무, 닭, 사람
④ 식물플랑크톤, 동물플랑크톤, 어류
⑤ 햇빛, 수분, 소나무, 송충이, 멧새

2) 위의 답을 선택한 이유는 무엇인가?

나. 응답결과

2003년 4월 1일, D대학교의 S과목 수강자, 40명.

보기	반응	
	명	%
① 벼, 개구리, 뱀, 독수리	5	13
② 물, 공기, 배추, 배추벌레, 세균	18	45
③ 햇빛, 무, 닭, 사람	8	20
④ 식물플랑크톤, 동물플랑크톤, 어류	1	3
⑤ 햇빛, 수분, 소나무, 송충이, 멧새	8	20
계	50	100

다. 분석 및 오개념

1) 분석

생태계의 구성 요소가 모두 들어 있는 것으로 '물, 공기, 배추, 배추벌레, 세균'을 선택하여 정답을 알고 있는 학생이 45%였다.

(1) 생태계를 구성하는 모든 요소로서 '벼, 개구리, 뱀, 독수리'를 선택한 이유는 물과 공기 등을 생태계의 구성요소로 보기 어렵기 때문이라고 하였다. 그리고, 생태계는 생산자 → 1차소비자 → 2차소비자 → 최종소비자의 먹이사슬로 이루어진다고 하였다. 이는 생태계를 먹이사슬과 동일한 것으로 생각하기 때문이다.

(2) '햇빛, 무, 닭, 사람'을 선택한 이유는 생태계는 비생물적 요소, 식물, 동물로 이루어져 있으며 사람도 역시 생태계의 구성요소이기 때문이라고 하였다. 분해자가 포함된다는 것을 생각하지 못하였다.

(3) '식물플랑크톤, 동물플랑크톤, 어류'를 선택한 이유는 수서생태계는 그렇게 이루어져 있기 때문이라고 하였다. 비생물적 환경과 분해자를 생각하지 못하였다.

(4) '햇빛, 수분, 소나무, 송충이, 멧새'를 선택한 이유는 태양에너지, 1차(소나무), 2차(송충이), 3차(멧새) 등 비생물적 환경, 생산자, 소비자가 골고루 있기 때문이라고 하였다. 생태계의 구성요소는 비생물적 환경, 식물, 동물로 이루어져 있기 때문이라고 하였다. 분해자를 생각하지 못하였다.

이처럼 절반 이상의 학생은 비생물적 요소 또는 분해자를 생태계의 구성 요소에 포함시키지 않는 오개념을 가지고 있었다.

2) 오개념

(1) 비생물적 요소는 생명이 없으므로 생태계의 구성 요소가 아니다.

(2) 생태계의 구성요소는 비생물적 요소, 생산자, 소비자이다.

(3) 생태계와 먹이사슬은 동일한 것이다.

라. 과학적 개념

생태계의 구성 요소는 생물적 요소인 생산자(엄밀하게는 1차생산자), 소비자, 분해자와 비생물적 요소이다.

마. 학습지도 방법

생태계의 구성요소를 한 눈에 볼 수 있는 그림을 함께 제시하여 설명한다. 생태계는 먹이사슬과 구분되는 용어임을 이해하도록 한다. 특히 생태계의 구성 요소는 생산자(엄밀하게는 1차생산자)와 소비자 또는 식물과 동물로만 이루어져 있는 것이 아니고 비생물적 요소와 분해자도 있다는 것을 인식하도록 지도한다. 여기서 생산자를 엄밀하게 1차생산자라고 하는 것은 소비자 중에서는 2차생산자가 되는 경우도 있으므로 1차소비자의 먹이가 되는 생물을 특히 1차생산자라 하여 용어를 구분하는 것이 좋다. 그러나 일반적으로 생산자라 할 경우, 특별한 규정이 없으면 1차생산자를 말한다. 그리고, 소규모 생태계의 경우에 사람은 그 곳에 서식하지 않으므로 생태계의 구성요소에 포함시키기 어렵고, 사람이 서식하는 공간을 포함하는 대규모의 생태계를 대상으로 할 때에만 그 구성 요소로서 포함시킨다는 것을 인식시킨다.

바. 연계 또는 심화 학습

1) 생태계의 구성요소

생물적 요소와 비생물적 요소로 크게 나눈다(표 7.32).

표 7.32. 생태계의 구성요소

구성요소			특징	예
생물적	(1차) 생산자		광합성 식물	– 초원식물, 삼림식물, 식물플랑크톤 등
			화학합성 세균	
	소비자	초식자	1차소비자	소, 양 등
		육식자	2차소비자	호랑이, 사자 등
			3차소비자	
	분해자			미생물(세균, 곰팡이 등)
비생물적	화학적	무기물	물질순환에 관여	C, H, O, N, CO_2, H_2O 등
		유기물	생물적 부분과 비생물적 부분을 연결	탄수화물, 지방, 단백질, 부식질 등
	물리적			빛, 온도, 압력 등
	지질적		기질	암석, 토양(자갈, 모래, 펄 등)

(1) **생물적 요소** : 역할에 따라 생산자, 소비자, 분해자로 나눈다.

① (1차)생산자 : 무기물로부터 유기물을 생산하는 독립영양생물로 주로 광합성을 하는 녹색식물이다. 생태계 안에서 다른 생물의 영양원이 된다. 무기영양생물, 독립영양생물 또는 자가영양생물이라고도 한다.

자연계에는 광합성을 하는 녹색식물이 압도적으로 많은데, 이것들이 생산자의 대부분을 차지한다. 그런데 일부의 호소(湖沼)나 심해에서 열수가 분출하는 곳에서는 여러 가지 화학합성을 하는 생물이 많아 이것이 생산자의 주요 부분을 차지하는 경우도 있다.

② 소비자 : 생물학 측면에서는 생태계를 구성하는 생물 중 광합성을 통해 스스로 양분을 생산하는 생산자와는 달리 식물이나 다른 동물을 먹어야 양분 생산이 가능한 생물을 일컫는 말로 대부분의 동물이 여기에 속하며, 종속영양생물이라고도 한다. 식물을 먹는 초식동물을 1차소비자, 이들을 먹는 동물을 2차소비자, 이들을 먹는 동물을 3차소비자 등으로 구분한다.

한편, 곰팡이(균류), 세균류(박테리아), 원생동물과 같은 생물은 식물이나 동물의 사체나 분비물 등을 먹으므로 소비자에 포함시켜야 한다는 견해도 있다. 그러나, 분해자는 동물을 잡아먹는 것이 아니라 사체나 분비물을 분해하여 필요한 에너지나 물질을 얻으므로 분해자 넣는다.

③ 분해자 : 썩은 것이나 동물의 똥(분, 糞)을 먹는 생물로서 곰팡이(균류), 세균류 등의 부생생물(腐生生物)이 여기에 속한다. 자연계에서 생산자에 의해 생산된 물질은 소비자(초식동물, 육식동물)에 의하여 소비되며 생산자와 소비자의 시체는 분해자에 의해 분해된다. 이것이 다시 생산자에 의해 이용되는 무기물로 변한다. 분해자는 생산자나 소비자와 더불어 생태계를 형성하며 물질순환에 직접 관여한다.

생물의 시체나 배출물은 대부분 부식성(腐食性) 동물이나 분식성(糞食性) 동물(곤충) 등에 의해 소비되거나 작게 부수어져서 분해되기 쉬운 상태가 된다. 시체나 배출물의 유기물은 곰팡이와 세균에 의해 차례로 분해되어 끝내는 무기물로 된다. 셀룰로오스와 리그닌 등 복잡한 유기화합물은 분해과정에서 생산되는 물질에 따라 서로 다른 미생물이 관여한다.

(2) **비생물적 요소** : 생물을 둘러싸고 있으면서 생물의 생존에 영향을 주는 무기적 환경을 말한다. 물, 공기, 토양, 햇빛, 온도, 강수량 등.

2) 비생물적 요소에 대한 생물의 적응

(1) 물

① 건조한 장소에 사는 동물은 수분손실을 줄이기 위하여 농축된 오줌을 배설한다. 물속에 살지만 담수생물은 농도가 낮은 오줌을 많이 배설하고, 해양생물은 농축된 오줌을 적게 배출한다.

② 사막의 식물은 잎이 작고 뿌리가 길다.

(2) 토양, 공기 및 기타

① 토양 : 유기물의 함량, 토양의 입자 크기 산성도(pH)가 식물의 생장에 영향을 준다.

② 공기 : 미생물이 많은 토양이나 오염된 물에서는 미생물에 의한 분해가 활발하게 일어나므로 산소 부족 현상이 일어나기도 한다.

③ 각종 환경오염 물질과 산성비 오존층 파괴 등이 생물의 삶에 영향을 준다.

(3) 빛

① 양지식물은 음지식물보다 보상점과 광포화점이 높으며, 잎이 두껍고 울타리 조직(엽육조직)이 잘 발달되어 있다.

② 식물의 개화는 일조 시간에 영향을 받는다.

- 장일식물 : 일조 시간이 임계시간보다 길어지는 봄이나 여름에 꽃이 핌 (예 : 보리, 시금치)
- 단일식물 : 일조시간이 임계시간보다 짧아지는 가을에 꽃이 핌 (예 : 국화, 코스모스)

③ 엥겔만의 보색 적응설 : 빛은 파장에 따라 바다 속에 도달하는 양이 각각 다르다. 청색광은 깊은 바다 속까지 도달하므로 이곳에는 청색광을 이용하는 홍조류가 주로 자라고, 표층에는 적색광을 이용하는 녹조류가 자란다. 이와 같이 해조류들은 체색과 보색인 빛을 주로 광합성에 이용하므로 바다의 깊이에 따라 분포가 달라진다.

(4) 온도

① 활엽수는 온도가 낮아지면 떨켜를 형성하여 낙엽을 만든다.

② 상록수는 추운 겨울에 잎의 삼투압을 증가시킨다.

③ 포유류는 추운 지방일수록 말단 부위가 짧아지고 몸집이 커진다.

- 알렌의 법칙 : 추운 지방의 동물일수록 말단부가 짧아진다.
- 베르그만의 법칙 : 추운 지방의 동물일수록 몸집이 커진다.

3) 생물의 순응과 진화

(1) **순응(順應, habituation)** : 일시적인 외부 환경의 변화에 익숙해져 가는 현상.

(2) **적응(適應, adaptation)** : 장기적인 외부 환경 조건에 대응하여 생물의 형태, 생태, 행동

등의 여러 성질이 변하는 현상

(3) **생태형(生態型, ecotype)** : 같은 종이 각각 다른 환경조건에 적응하여 형질이 유전적으로 고정된 종의 집단으로 그 개체를 다른 환경으로 이동시켜도 표현형은 그대로 유지된다(생명과학사전편찬위원회, 2003).

(4) **진화(進化, evolution)** : 지사학적인 기간 동안 생물의 유전적 성질이 누적되어 변화(유전적인 변화)하는 현상.

7.13.4. 1차소비자

가. 검사문항

1) 생태계에서 '1차소비자' 에 해당하는 것은?

① 메뚜기를 잡아먹는 개구리
② 풀을 먹는 염소
③ 동식물의 사체를 분해시키는 곰팡이
④ 태양에너지를 이용하며 살아가는 토끼풀
⑤ 잘 모르겠다.

2) 위의 답을 선택한 이유는 무엇인가?

나. 응답결과

2002년 7월 8일, 경북 G고등학교의 2학년 1개반, 35명.

보기	반응	
	명	%
① 메뚜기를 잡아먹는 개구리	10	29
② 풀을 먹는 염소	17	49
③ 동식물의 사체를 분해시키는 곰팡이	4	11
④ 태양에너지를 이용하며 살아가는 토끼풀	3	9
⑤ 잘 모르겠다.	1	3
계	35	100

다. 분석 및 오개념

1) 분석

생태계에서 1차소비자는 '염소' 라고 올바르게 알고 있는 학생은 49%였다. 분해자인 곰팡이나 나 1차생산자인 토끼풀을 1차소비자라고 생각하는 학생이 무려 20%나 되었다.

(1) '메뚜기를 잡아먹는 개구리' 를 1차소비자로 생각하는 학생이 29%나 되었는데, 그 이유는 소비자 중에도 1, 2, 3차소비자 등 여러 단계가 있다는 것을 알고 있지만, 1차소비자를 육식자부터 시작되는 것으로 알고 있기 때문이었다.

(2) '곰팡이' 를 1차소비자라고 생각하는 이유는 동식물의 사체를 분해(소비)시키니까 소비자로 생각하기 때문이라고 하였다.

(3) '토끼풀' 을 1차소비자로 생각하는 이유는 태양에너지를 이용(소비)하기 때문이라고 하였다.

이처럼 2차소비자나 분해자를 1차소비자로 생각하거나, 1차소비자와 1차생산자와 혼동하는 등 소비자에 대해 잘 못 인식하고 있었다.

2) 오개념

(1) 곰팡이는 다른 생물을 이용(소비)하니까 1차소비자이다.

(2) 토끼풀은 태양에너지를 이용(소비)하므로 1차소비자이다.

라. 과학적 개념

생태계에서 1차생산자를 먹는 동물을 1차소비자라 한다.

마. 학습지도 방법

생물의 크기에 관계없이 1차생산자를 먹고사는 초식동물을 1차소비자 '라고 설명한다. 소비자 중에도 여러 단계가 있다는 것을 인식시킨다.

제안 : '먹이사슬, 먹이연쇄, 식물연쇄, 먹이그물, 먹이망, 식물망' 등의 용어가 함께 사용되고 있다. 같은 현상을 두고 다른 용어를 사용하고 있으므로 오개념이 형성될 수 있다. 복합명사를 용어로 사용할 때, 한글은 한글끼리 한자는 한자끼리 결합하는 것이 좋다. 먹이연쇄(먹이連鎖)라는 용어는 ' 한글+한자 '로 좋지 못하다. 모두 한자를 사용하여 식물연쇄(食物連鎖)라고도 사용하는데 이는 일본식 표현이다. 따라서 순수한 우리말로 결합된 ' 먹이사슬 '(food chain)로 하는 것이 좋다. 먹이망(먹이網)이라는 용어도 ' 한글+한자 '로 좋지 못하다. 식물망(食物網)이라고도 하는데 이는 모두 한자이지만 일본식 표현이다. 따라서 순수한 우리말로 결합된 ' 먹이그물 '(food web)로 하는 것이 좋다.

바. 연계 또는 심화 학습

1) 먹이사슬

생태계에서 생물들 사이에 먹고 먹히는 관계를 사슬형태로 연결한 것을 말한다(그림 7.149).

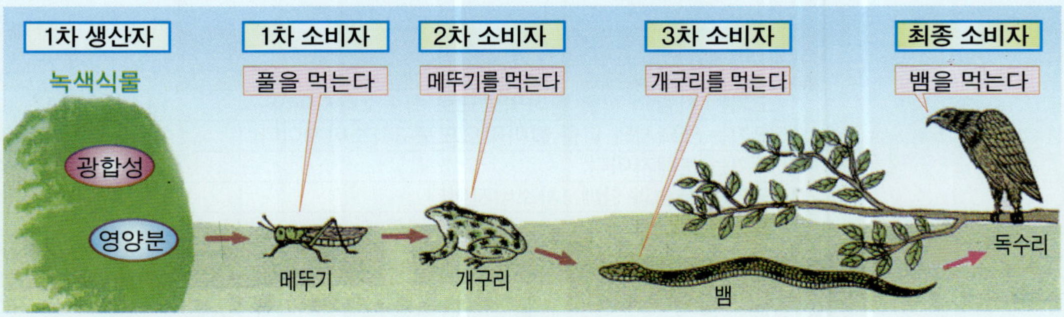

그림 7.149. 먹이사슬의 예 (http://www.chongsok.hs.kr에서 변형, 030317).

(1) **구성생물의 관계** : 포식자 (천적) : 다른 생물을 잡아먹는 생물.
피식자 : 다른 생물에게 잡혀 먹히는 생물.
(2) **단계** : 생산자 → 1차소비자 → 2차소비자 → …… → 최종 소비자
(3) **특성**
① 먹이사슬의 시작은 1차생산자이다.
② 생산자가 없으면 먹이사슬은 이루어지지 않는다.
③ 먹이사슬을 통해 모든 생물에게 유기물이 공급된다.

2) 먹이그물

한 종의 생물은 여러 종의 생물과 먹고 먹히는 관계에 놓임으로써 먹이사슬이 서로 연결되어 복잡한 그물과 같이 되어 있는 형태를 먹이그물(먹이망, food web)이라 한다. 대부분의 생물들은 한 종류 이상의 동, 식물을 먹고살기 때문에 자연계에서는 단일한 먹이사슬은 존재하지 않고 먹이그물을 이룬다. 그러므로 먹이그물은 수십, 수백 종의 생물로 구성된다.

7.13.5. 모기

가. 검사문항

1) 다음의 보기와 모기의 일생을 고려하여 모기의 생태적 위치를 바르게 답한 것은? 보기: [풀, 사슴, 멧돼지, 사람, 모기]

① 모기는 사람의 피를 빨아먹으므로 최종소비자이다.
② 모기는 멧돼지의 피를 빨아먹으므로 3차소비자이다.
③ 모기는 분해자이다.
④ 모기는 사슴과 함께 1차소비자이다.
⑤ 모기는 생산자이다.

2) 위의 답을 선택한 이유는 무엇인가?

나. 응답 결과

2003년 4월 29일, D대학교의 S교육과 1, 2학년, 50명.

보기	반응	
	명	%
① 모기는 사람의 피를 빨아먹으므로 최종소비자이다.	16	32
② 모기는 멧돼지의 피를 빨아먹으므로 3차소비자이다.	12	24
③ 모기는 분해자이다.	2	4
④ 모기는 사슴과 함께 1차소비자이다.	19	38
⑤ 모기는 생산자이다.	1	2
계	35	100

다. 분석 및 오개념

1) 분석

'모기는 사슴과 함께 1차소비자이다' 라고 올바르게 답한 학생은 38%에 불과하였다. 대부분은 모기가 피를 빨아 먹는 것을 너무 강조하여 고차 소비자라고 생각하고 있었다.

(1) '모기는 사람의 피를 빨아먹으므로 최종소비자' 라고 생각하는 이유로서는, 사람의 피를 빨아먹으므로 사람보다 영양단계에서 위에 위치한다고 하여 최종소비자로 잘못 알고 있었다. 일시적인 현상을 전체적으로 오인하고 있었다. 모기가 일시적으로 피를 빨아 먹는 다는 생태에 관해 알고 있지 않았기 때문이다.

(2) '모기는 멧돼지의 피를 빨아먹으므로 3차소비자' 라고 선택한 이유는 '모기가 풀을 뜯어먹지는 않기 때문에 3차소비자라고 하였다. 그리고, '사람이 최종소비자' 이기 때문에 멧돼지의 피를 먹는 모기는 3차소비자라고 하였다. 이는 먹이사슬의 정확한 개념을 알고 있지 않았기 때문이다.

(3) '모기는 분해자' 라고 선택한 이유는 '육식을 하지 않으므로 소비자는 아니며 채식을 하지 않으므로 생산자도 아니다' 라고 하였다.

(4) 모기가 사람, 멧돼지, 사슴을 잡아먹는 것은 아니고 피만 일부 먹으므로 사슴과 함께 1차소비자라고 하였다.

(5) 모기가 피만 먹는 것이 아니므로 생산자라고 하였다.

2) 오개념

(1) 모기는 피만 먹고 산다.

(2) 모기는 동물의 피를 빨아먹으므로 생태적 영양단계 단계에서 항상 그 동물 위에 있다.

라. 과학적 개념

(1) 모기는 암컷만 산란기 일 때 일시적으로 동물의 피를 빨아먹으며 나머지(수컷 포함) 기간에는 나무나 풀의 수액을 먹고 생활한다.

(2) 일시적으로 보면 모기도 먹이사슬의 최종소비자 위치 있을 수 있다고 생각할 수 있다. 하지만 이것은 그 요소들이 하나의 먹이사슬을 형성한다고는 볼 수 없으며 생태계에서 일시적 기생관계가 형성된 것이라 할 수 있다.

마. 학습지도 방법

모기의 생활사에 따른 생태적 특징을 설명해 준다. 먹이사슬의 정확한 개념에 대해 설명해 준다. 생태계 구성에 대해 설명해 준다.

바. 연계 또는 심화 학습

모기는 완전변태의 생활사를 가지고 있어서 알-유충-번데기-성충의 네 시기를 거치는데, 미성숙 시기에는 수서생활을 하고 성충이 되면 육서생활을 한다(그림 7.150).

1) 알

암컷이 1회에 낳는 알 수는 종에 따라 큰 차이가 있어서 300개의 알을 낳는 종도 있고 20개밖에 낳지 못하는 종도 있다. 같은 종인 경우에도 흡혈량, 모기의 연령 기타 여러 가지 요인

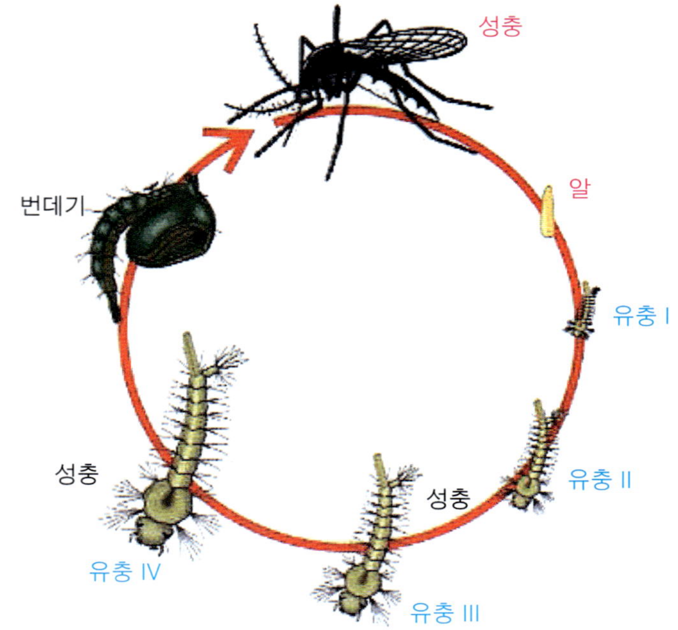

그림 7.150. 모기의 생활환(http://www.mokiya.pe.kr, 030506).

에 의해 차이를 보인다(http://www.mokiya.pe.kr/research, 030506).

초산일 때 가장 많은 수의 알을 낳으며 산란회수를 거듭할수록 알 수가 적어진다. 일반적으로 대부분의 모기가 100-150개 정도의 알을 낳는다. 한 마리의 암컷이 낳는 총 산란 수는 그 개체의 수명에 좌우되지만 흡혈 기회나 주위의 기온 등의 요인에도 크게 작용한다.

알의 부화기간은 대체로 1-2일이고 기온이 낮을 때는 길어진다. 대부분 종의 알은 건조에 약하나 숲모기 속의 알은 건조 상태에서 수개월 이상 생존할 수 있다.

2) 유충

알에서 부화한 유충(그림 7.151)은 어느 종류나 4령기를 가지며 네 번째 탈피로 번데기가

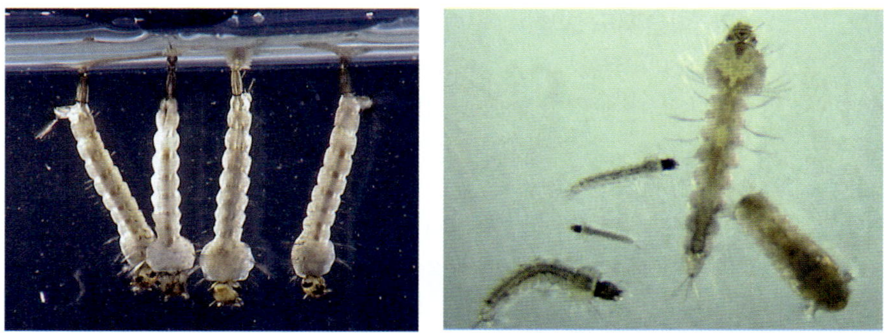

유충 1 유충 2

그림 7.151. 모기의 유충(http://www.mokiya.pe.kr, 030506).

된다. 유충기간은 종류나 수온과 먹이 등에 의해 차이가 생기는데 최적조건에서 1-2주간이다.

모기 유충은 구기쇄모의 운동에 의한 물의 흐름을 이용하여 미세한 유기물을 섭취한다. 다른 모기의 유충이나 곤충을 잡아먹고 사는 포식성인 종류도 있다. 모기 유충은 물속에서 살지만 제8목절에 있는 1쌍의 기문을 통해 대기 중의 산소를 호흡한다. 따라서 호흡 시는 물위에 떠서 기공을 수면 밖으로 내 놓아야 한다. 이것은 기공 주위의 특수한 구조와 물의 장력에 의해 이루어진다. 늪 모기속의 유충은 수서 식물의 뿌리나 줄기에 호흡 관을 찔러 넣어 산소를 식물로부터 얻는다. 제4령기 유충의 발육이 끝나면 탈피하여 번데기가 된다.

3) 번데기

모기의 번데기(그림 7.152)는 언제나 유충과 동일한 장소에서 식하며 먹이는 취하지 않으나 민활하게 움직일 수 있다. 호흡은 두 흉부 배면에 있는 1쌍의 호흡 각 끝에 열려 있는 기공을 통해 대기 중의 산소로 호흡한다. 번데기는 유충의 형태에서 성충의 형태로 변화하는 과도기로서 내부에서는 빠른 속도로 성충의 형태가 만들어지고 있다. 따라서 번데기 각질을 통해 성충의 날개, 촉각, 다리, 눈 등이 보인다.

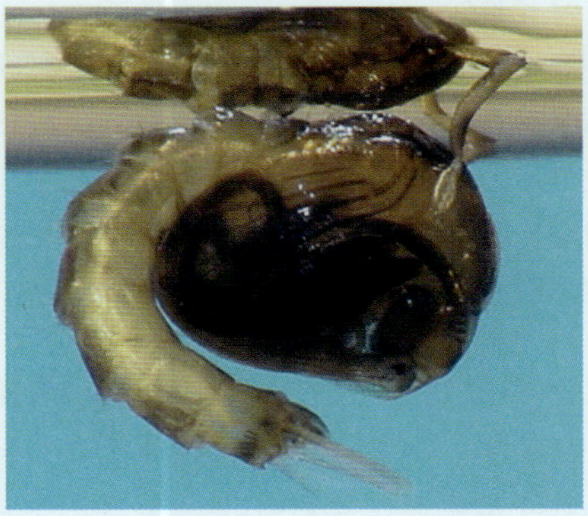

그림 7.152. 모기의 번데기(http://www.mokiya.pe.kr, 030506).

번데기 기간은 대체로 짧아 1-2일 정도이다. 우화 시기가 되면 번데기는 수면에 떠서 구부러진 복부가 펴지고 두흉부 배면 중앙이 T자형으로 갈라져서 성충이 나온다.

갓 우화한 성충은 수면에 뜬 채 한동안 날개가 펴지고 건조할 때까지 기다린 후 날아간다. 산란에서 성충으로 우화할 때까지의 총기간은 종류와 환경조건, 특히 수온, 먹이, 유충의 밀도 등에 따라 달라지나 평균 10~16가량 걸린다.

4) 성충

성충의 수명은 대략 1개월 정도이다(그림 7.153). 그러나 자연계에서는 기온, 습도, 소나기 기타 기상조건과 천적, 기생생물 등 여려 요인에 의해서 많은 개체가 죽기 때문에 평균수명은 5~10일이다. 온대지방에서 월동하는 모기는 6~8개월 생존하지만 월동모기는 대사작용을 극도로 억제한 특수한 생리 상태에 있기 때문에 정상적인 수명이라 할 수 없다.

자연조건에서의 암 모기의 수명은 질병 매개능력을 크게 좌우한다. 질병을 전파시키기 위해서는 최소한 흡혈 시 주입된 병원체가 증식 또는 발육이 완성되어 감염시기가 될 때까지의 외

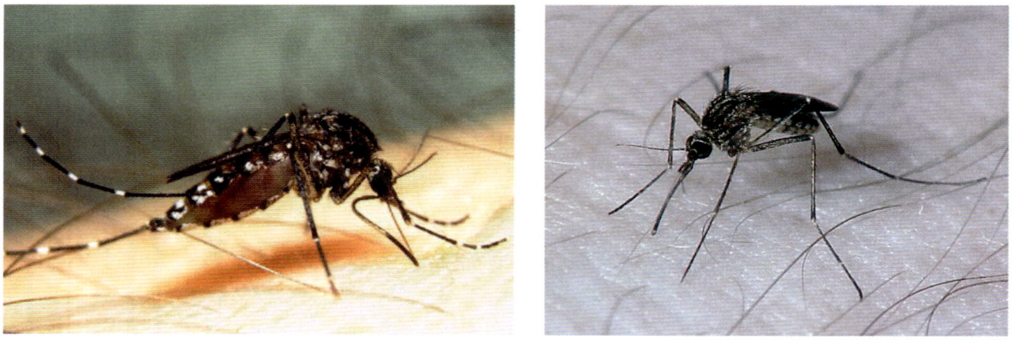

그림 7.153. 모기의 성충(http://www.mokiya.pe.kr 030506).

적잠복기간 말라리아는 12~14일이고 일본뇌염은 12~14일이다. 물론 그 후 사람을 흡혈할 때까지 생존해야 한다.

5) 계절적 소장

(1) **월동시기 결정** : 온도와 일조시간(10시간이하)이 중요 요인이 됨.
(2) **월동장소** : 빨간집모기는 동굴, 지하실, 하수구, 바위 밑, 숲 등이고, 중국얼룩날개모기는 숲.
(3) **학질모기 속과 집모기 속은 성충으로 월동.**
(4) **숲모기 속은 알로 월동.**

6) 모기의 흡혈 습성 (http://www.mokiya.pe.kr/habit_2.php, 030506)

교미를 끝냈거나 혹은 산란을 마친 암 모기는 흡혈하기 위해 숙주를 찾아 나선다. 흡혈은 산란하기 위한 필수적인 조건이다.

난소의 알은 동물성 단백질이 있어야 발육하므로 흡혈을 못하면 알이 자라지 않는다. 흡혈 시 방해받지 않는 한, 1회의 흡혈량으로 알 발육이 충분하므로 모기는 매 산란 시마다 한 번씩 흡혈을 하는데, 예외적인 경우도 있다. 지하집모기와 같이 흡혈하지 않아도 난소 발육이 가능한 종도 있다. 이 경우에는 유충시기에 섭취한 영양물질을 이용하기 때문에 우화 후 첫 산란 시에만 가능하다.

자연계에서 암컷의 평균수명이 10일인 경우 일생을 통해 흡혈과 산란을 각각 3회까지 할 수 있다.

모기가 숙주를 찾아 나설 때는 일반적으로 지상 1-2m높이로 바람을 거슬러 올라가며 지그재그로 비상한다. 숙주동물을 찾아가는 요인은 주로 시각, 동물이 발산하는 탄산가스, 체취, 체온 습기 등이다. 가장 근거리에서 작용하는 것은 모기의 시각으로 불과 1-2m이고 숙주의 체온이나 체습을 감지 할 수 있는 거리는 1m 이내이다. 중거리까지 작용하는 물질은 탄산가스로, 풍향을 따라 10-15m까지 미친다. 발산하는 CO_2 양은 동물에 따라 다르다. 흡혈활동 시간은 종에 따라 다른데, 크게 야간활동성과 주간활동성으로 나눌 수 있다. 대부분의 모기는 야간에 조로 활동하는데 숲모기속의 모기에는 주간활동성인 것이 많다.

야간에 흡혈하는 종류 중에도 저녁에서 새벽까지 계속 활동하는 것도 있고, 저녁 혹은 새벽 1-2시간의 특정시각에만 흡혈하는 종류도 있다.

일반적으로 이와 같은 흡혈활동시간은 숙주동물의 습성과 밀접한 관계를 갖고 있다.

모기는 종류에 따라 숙주 선택성이 있다. 주로 동물을 흡혈하는 습성을 가진 종을 동물 기호성모기라 하는데, 크게 조류기호성, 대동물기호성, 소동물기호성 등으로 나눈다. 특히 사람을 즐겨 흡혈하는 모기를 인체기호성 모기라 한다. 이와 같은 모기의 숙주선택이 그렇게 엄격한 것은 아니며 흡혈 당시의 사정에 따라 선택이 바뀌는 경우가 많다.

흡혈장소의 선택도 종류에 따라 일정한 경향이 있어서 옥내흡혈성과 옥외흡혈성으로 나누어진다. 인체기호성이 높은 종류일수록 질병 매개에 보다 중요한 역할을 하게 된다. 말라리아, 사상충증 등 대부분의 모기매개질병은 사람에서 사람으로 옮겨지므로 중요한 매개종은 숙주선택에 있어 동물보다는 사람을 좋아하는 인체기호성인 경우가 많다.

7.13.6. 먹이 피라미드

가. 검사문항

1) 어떤 풀밭에 메뚜기, 개구리, 뱀이 살고 있다. 일정한 면적의 풀밭에서 이들 생물을 채집하여 각각의 생물이 단위 면적당 가지고 있는 총 에너지량을 조사한다면 가장 많은 에너지를 가지는 생물은?

① 풀 ② 메뚜기 ③ 개구리 ④ 뱀 ⑤ 잘 모르겠다.

2) 위의 답을 선택한 이유는 무엇인가?

나. 응답결과

2002년 7월 12일, 대구시 G중학교의 1학년 3개반, 100명.
2002년 7월 15일, 대구시 H여자고등학교의 2학년 2개반, 50명.

보기	반응			
	G중학교		H여고	
	명	%	명	%
① 풀	22	22	18	36
② 메뚜기	28	28	7	14
③ 개구리	6	6	3	6
④ 뱀	41	41	14	28
⑤ 잘 모르겠다.	3	3	8	16
계	100	100	50	100

다. 분석 및 오개념

1) 분석

풀밭에서 가장 많은 에너지를 가지는 생물은 1차생산자인 '풀' 이라는 정답을 알고 있는 중학생은 22%이고 고등학생은 36%였다. 영양단계에 따른 에너지량의 대소 관계에 대해 잘 모르거나 상위영양단계로 갈수록 에너지가 축적된다는 오개념을 가진 학생이 48~75%에 이르렀다. 상위영양단계로 갈수록 에너지가 축적된다고 생각하는 것은 에너지 효율과 혼동하고 있기 때문이다.

이처럼 조사대상 중학생의 41% 그리고 고등학생의 28%는 상위영양단계로 갈수록 그 영양단계를 구성하는 한 생물의 크기가 커지니까 에너지량도 커진다는 오개념을 가지고 있다.

2) 오개념

먹이피라미드에서 상위영양단계로 갈수록 에너지량은 축적되어 에너지량이 가장 많은 것은 최종소비자이다.

라. 과학적 개념

총에너지의 양은 상위 영양 단계로 갈수록 감소하므로 풀밭에서 가장 많은 에너지를 가지는 생물은 1차생산자인 풀이다.

마. 학습지도 방법

1) 영양단계를 따라 에너지가 흐르는 경로를 설명하고 에너지량과 에너지 효율에 관해 비교 설명하여야 한다.

2) 상위영양단계로 갈수록 그 영양단계를 구성하는 한 생물의 크기가 커지니까 에너지량도 커진다고 생각하기 쉽지만 개체수가 적으므로 총 에너지량은 감소한다는 것을 이해하도록 지도한다.

3) 하지만 에너지 효율 면에서 보면 영양단계가 증가할수록 커진다는 것과 혼돈하지 않도록 지도한다.

바. 연계 또는 심화 학습

어느 생물 군집에서 영양 단계별로 생물의 개체수, 생물량, 에너지량을 조사하여 쌓아 가면 피라미드 모양이 되는데, 이를 먹이피라미드 또는 생태피라미드라고 한다(그림 7.154).

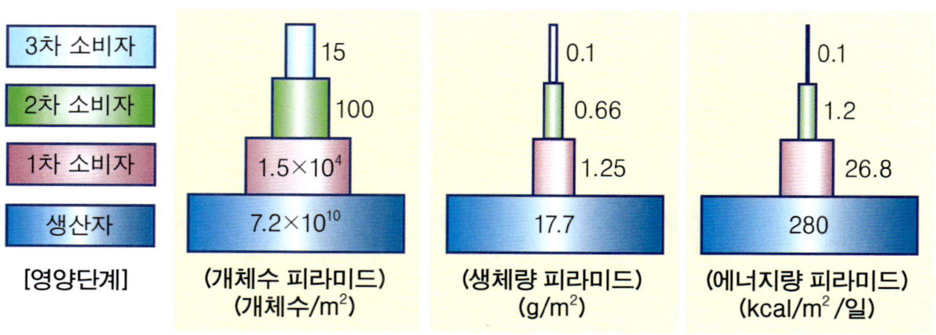

그림 7.154. 먹이피라미드 (http:// 210. 90. 180. 201/ com_sci/ 45.htm에서 변형, 030329).

1) 개체수 피라미드

영양단계를 따라 생물의 개체수를 피라미드 모양으로 나타낸 것으로 일반적으로 생산자의 수가 가장 많고, 1차소비자에서 2차소비자의 단계로 갈수록 수가 적어져 안정된 피라미드로 모양으로 나타난다. 그러나 때때로 정상적인 피라미드의 모양이 나타나지 않을 수도 있다. 예를 들면 배추밭에 많은 수의 배추벌레가 붙어살고 배추벌레 몸속에는 기생하는 많은 원생생물이 있는 경우에, 이를 개체수 피라미드를 나타내면 생산자인 배추가 적고 소비자인 배추벌레와 원생생물이 많아지기 때문에 거꾸로 된 피라미드 형태가 된다. 일반적으로 개체수 피라미드는 영양단계가 올라갈수록 개체수는 감소하지만 한 개체의 크기는 커지는 경향이 있다.

2) 생체량 피라미드

생물의 총 건조 중량을 영양 단계별로 나타낸 것이다. 생체량미라미드도 개체수피라미드처럼 때때로 정상적인 피라미드의 모양이 나타나지 않을 수도 있다.

초원생태계에서 대부분의 생체량은 녹색식물에서 발견되고, 대부분의 에너지 흐름도 녹색

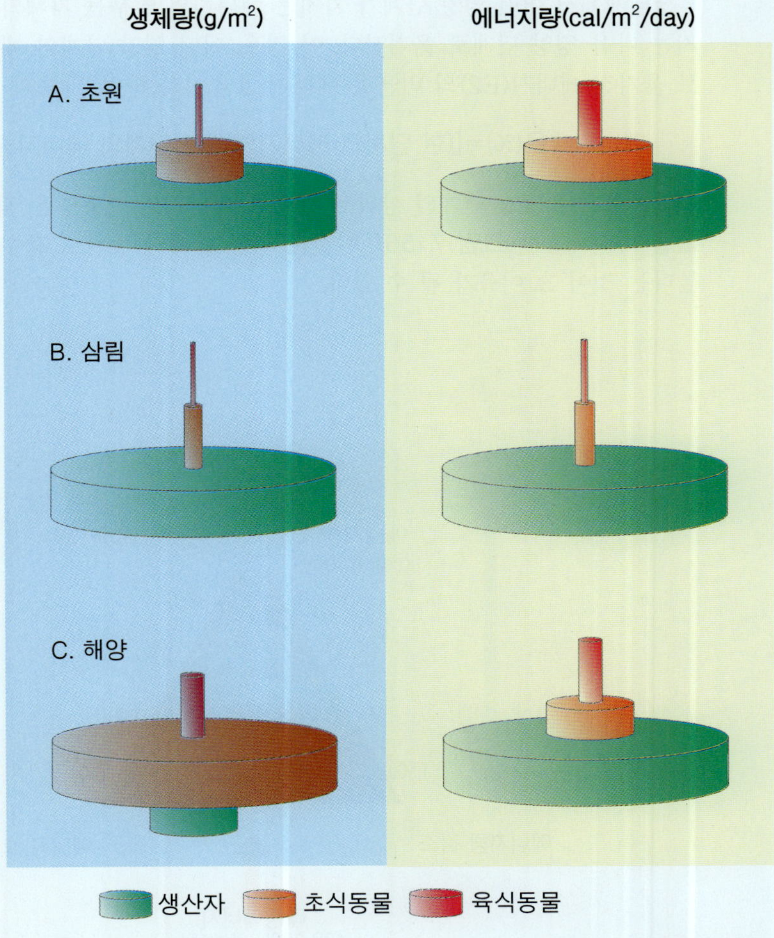

그림 7.155. 생체량과 에너지량 피라미드. 생태계는 각기 다른 영양단계의 생물체에 존재하는 물질의 양(왼쪽)과 에너지량(오른쪽)의 정도를 비교할 수 있다 (이광웅 등, 2003에서 변형).

식물을 통해서 이루어진다(그림 7.155). 삼림생태계에서 생체량의 대부분은 나무에 모여 있고, 이들은 초식동물에게 좀처럼 이용되지 못한다. 해양생태계는 생체량 피라미드가 거꾸로 된 형태로 나타난다. 생산자는 단세포조류이고 적은 생체량으로 빨리 분열함으로써 대부분의 큰 초식동물의 생체량을 유지할 수 있다.

3) 에너지량 피라미드

각 영양 단계가 보유하고 있는 총에너지량을 영양 단계별로 나타낸 것이며, 영양 단계가 올라갈수록 유동 에너지량은 감소한다. 따라서 에너지량 피라미드는 불안정한 피라미드가 될 수 없고 안정된 피라미드 모양을 나타낸다.

에너지량 피라미드는 한 영양단계에서 다음 영양단계까지의 에너지 흐름을 나타내고 그 전달과정에서 일어나는 에너지 손실을 보여 준다. 자연 생태계의 각 먹이 단계를 통한 에너지량의 감소는 궁극적으로 생태계의 영양단계의 수를 제한한다. 에너지량 피라미드는 역삼각형이 되는 경우가 없으므로 생태계의 상태를 가장 잘 표현해 준다.

4) 에너지 효율

생태계에서 어떤 영양 단계가 가지는 에너지의 일부는 자체의 생활에너지로 소비되고, 나머지는 다음 영양 단계로 옮겨진다. 이 경우, 어떤 영양 단계의 에너지(E1)에서 다음 영양 단계로 옮겨진 에너지(E2)의 비율을 에너지 효율이라 하며, 다음과 같이 구할 수 있다.

에너지효율(%)=[(현 단계의 에너지량)/(전 단계의 에너지량)]*100=(E2/E1)*100

일반적으로 영양 단계의 상위로 갈수록 에너지의 이동량은 적어지지만 에너지 효율은 높은 값을 나타내는데(그림 7.156), 이것은 영양 단계의 상위로 갈수록 섭취하는 먹이의 영양가가 높다는 것이 그 이유가 될 수 있다.

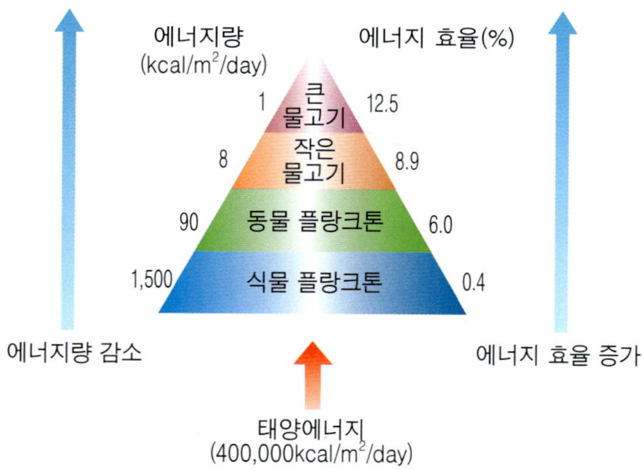

그림 7.156. 가상적인 호수 생태계의 에너지량 피라미드.

7.13.7. 물질의 순환과 에너지의 흐름

가. 검사문항

1) 다음 중 생태계 내에서 계속 순환하는 것이 아닌 것은?

① 이산화탄소 ② 에너지 ③ 물 ④ 모두 순환한다.

2) 위의 답을 선택한 이유는?

나. 응답결과

2002년 7월 28일, 대구시 O고등학교의 2학년 2개반, 75명.

보기	반응	
	명	%
① 생태계 내에서 순환하는 않는 것은 이산화탄소이다.	23	31
② 생태계 내에서 순환하는 않는 것은 에너지이다.	38	51
③ 생태계 내에서 순환하는 않는 것은 물이다.	0	0
④ 생태계 내에서 이산화탄소, 에너지, 물은 모두 순환한다.	14	19
계	75	100

다. 분석 및 오개념

1) 분석

'생태계 내에서 순환하는 않는 것은 에너지' 라고 올바르게 알고 있는 학생은 51%였다.

(1) '생태계 내에서 순환하는 않는 것은 이산화탄소' 라고 생각하는 학생이 31%로 많았다. 그렇게 생각하는 이유는, 현재 지구 대기권에 이산화탄소가 증가하여 온실효과에 의하여 온난화 되어가고 있다는 사실에 대해 강하게 인식되어 이산화탄소는 순환하지 않기 때문이라고 하였다. 이산화탄소는 식물의 광합성에 소모되기도 하지만 호흡작용으로 생산되는 것처럼 순환하고 있다는 것을 종합적으로 생각하지 못하고 있기 때문이었다.

(2) '생태계 내에서 에너지도 순환한다.' 고 생각하는 것은 에너지 보존의 법칙과 생물권 내에서의 에너지 흐름을 혼돈한 것 같다.

2) 오개념

(1) 생태계 내에서 이산화탄소는 순환하는 않는다.

(2) 생태계 내에서 에너지는 순환한다.

라. 과학적 개념

생태계 내에서 에너지는 순환하지 않고 한쪽 방향으로만 흐른다.

마. 학습지도 방법

물질의 순환과 에너지 흐름을 비교한 그림을 사용하여 설명하도록 한다.

바. 연계 또는 심화 학습

1) 물질순환과 에너지 흐름

생태계에서 물질과 에너지의 이동을 밝히는 것은 생태계의 성질을 이해하는데 있어 가장 중요한 일이므로 현재 이것은 생태학의 주요 과제이다. 생태계에서 물질과 에너지의 이동은 그 양상이 다르다. 물질은 생태계 내에서 정도의 차이는 있으나 순환하지만, 에너지는 생태계 내를 순환하지 않는다(그림 7.157).

이런 차이 때문에 생태계에서 물질순환과 에너지 흐름이라는 표현을 쓴다. 비생물적 환경 가운데 생물에 필요한 물질은 우선 1차생산자에 의한 유기물의 합성이다. 그 일부는 1차생산자 자신에 의하여 쓰이고, 일부는 먹이사슬을 통하여 1차소비자에게 먹힌다. 마찬가지로 저차(低次) 소비자의 것도 고차(高次)의 소비자에게로 운반되고, 그 과정에서 일부는 자신에 의하여 쓰인다. 한편 이러한 과정 가운데 생산자나 소비자의 배출물, 신체의 일부가 떨어져 나온 유기물, 죽은 사체덩어리 등은 분해자에 의하여 분해되어 다시 무기물이 되어 환경으로 되돌아온다. 이처럼 물질은 무기화 → 유기화 → 무기화로 변화하면서 생태계 내를 순환하게 된다. 한편, 생물의 활동에너지의 원천은 태양에너지이지만 그대로의 모양으로는 직접적으로 이용되지 않는다.

생산자의 광합성에 의하여 합성된 유기물은 태양에너지를 화학에너지로 전환한 것이다. 이 유기물 속에 고정된 에너지는 먹이사슬을 통하여 소비자에게, 그리고 분해자에게 흘러 들어간다. 생물이 취한 에너지는 생물의 생활에 쓰이고 일부는 열의 형태로 소실된다. 이 소실된 에너지는 같은 형태로서는 생물에게 다시 이용되는 일은 없다. 따라서 생물의 생활을 유지시키는 에너지는 언제나 태양에너지에서 얻어야 한다.

2) 물질순환

생태계에서 생물은 비생물 환경으로부터 무기물을 받아 유기물을 만들며 죽으면 분해자에 의해

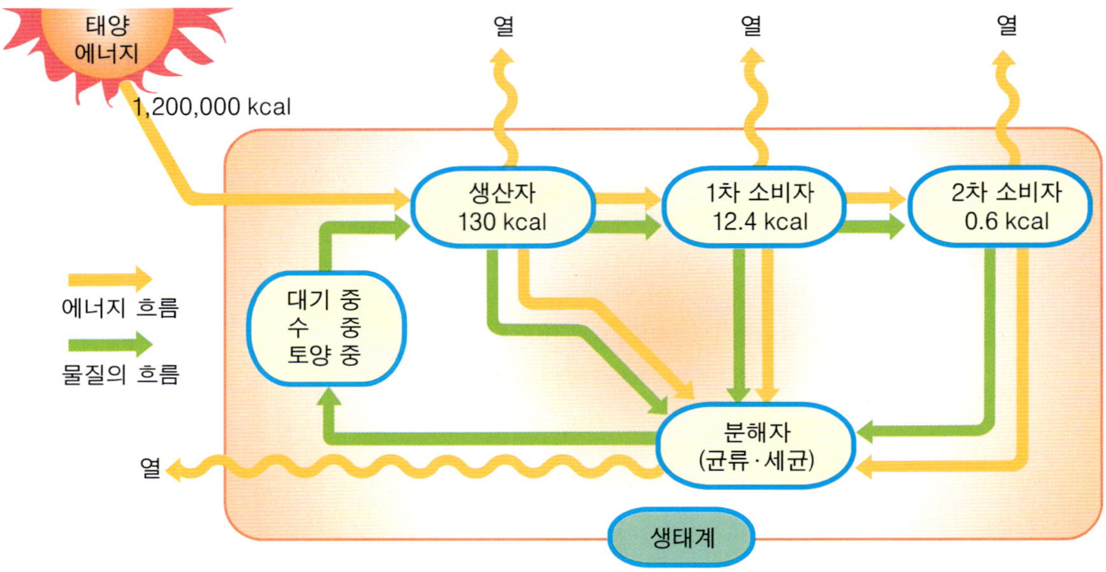

그림 7.157. 생태계 내에서 에너지의 흐름과 물질의 순환 (http://ipcp.edunet, 030405).

이것은 다시 비생물 환경으로 되돌아간다. 생태계를 순환하는 물질은 탄소, 질소, 인, 물 등이 있다.

(1) 탄소의 순환

대기와 물속의 CO_2가 광합성 작용으로 생물체에 흡수되어 먹이사슬을 거친다(그림 7.158). 또 생물체의 호흡과 분해자의 작용에 의해 대기나 물속으로 방출된다.

(2) 질소의 순환

대기 중의 질소는 뿌리혹박테리아, 아조토박터 또는 공중 방전에 의하여 질소화합물로 합성되어 이용된다(그림 7.159). 흙이나 물속의 암모늄이온과 질산이온이 식물로 흡수되어 단백질로 전환된다. 이 단백질이 먹이사슬을 통하여 이동되고, 시체나 배

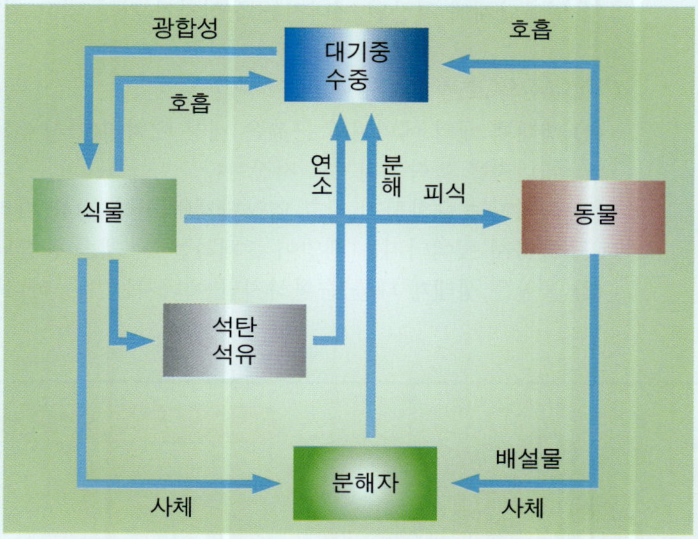

그림 7.158. 탄소의 순환 (http://prattler.hihome.com, 020805).

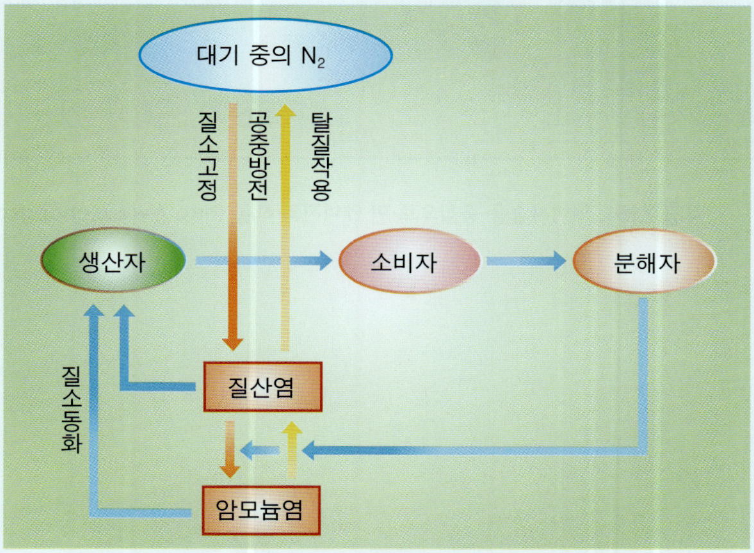

그림7.159. 질소의 순환http://prattler.hihome.com, 020805).

설물 속의 단백질은 분해자에 의해 암모늄이온이나 질산이온으로 분해된다.

(3) 인의 순환

① 인의 핵산, 막, ATP 등 체내 주요 구성 성분이다.

② 식물은 암석이나 퇴적물 속의 인산염을 뿌리를 통해 흡수한다.

③ 먹이사슬을 거쳐 분해자의 작용에 의해 다시 인산염의 상태로 빠져나간다.

④ 인의 순환 주기는 탄소나 질소 보다 길며, 오랫동안 바다 밑에 침전되어 있기 때문이다.

3) 저장된 에너지량

각 영양단계에 저장된 에너지는 생산자가 가장 많고 최종 소비자로 갈수록 감소한다.

4) 에너지의 흐름

(1) 생태계 내의 에너지의 근원은 태양 에너지(가시광선)이다. 식물은 광합성을 통해 태양 에너지를 화학에너지로 저장한다.

(2) 에너지는 순환하지 않고 영양단계(먹이사슬)를 따라 한 쪽으로만 흐른다(그림 7.160). 따라서 빛에너지는 생명이 존재하는 한 계속 공급되어야 한다.

(3) 물질은 생태계 내를 순환하지만 에너지는 이동하다가 소멸한다.

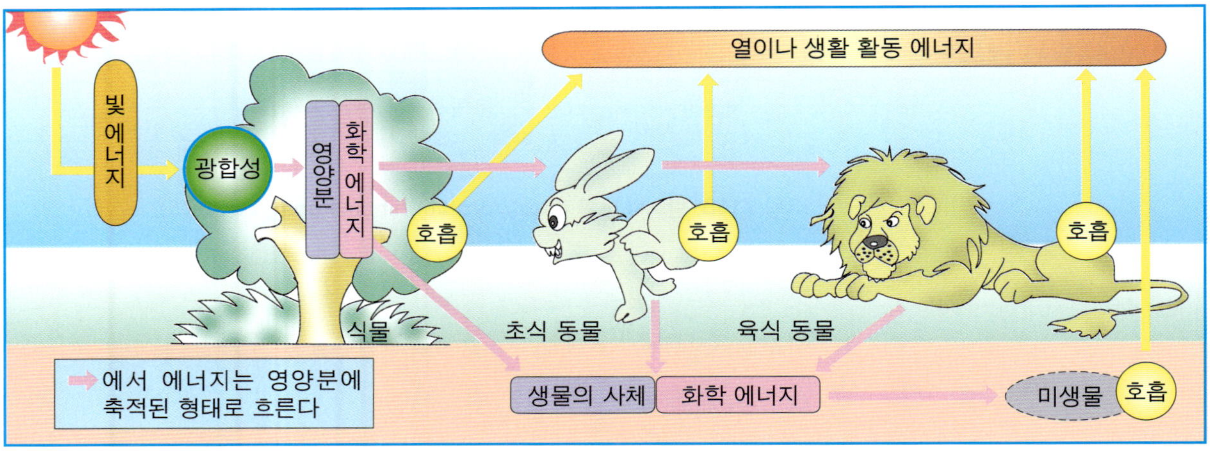

그림 7.161. 먹이사슬을 중심으로 한 에너지의 흐름 (http://www.chongsok.hs.kr, 020812).

7.13.8. 적조

가. 검사문항

1) 최근 우리나라 남해안에서는 여름에 규조류와 편모조류 등의 개체수가 폭발적으로 늘어난 적이 있다. 이 현상을 자세하게 조사하기 위하여 아래의 실험을 수행하고 다음과 같은 결과를 얻었다. 결과에 따른 영향을 올바르게 해석한 것을 모두 고른 것은? (http://210.99.116.5에서 변형, 030406)

① ㄱ, ㄴ ② ㄱ, ㄹ ③ ㄴ, ㄷ ④ ㄴ, ㄹ ⑤ ㄷ, ㄹ

측정항목 및 결과	영향
ㄱ. 질산염과 인산염 등 영양염류가 과다	부영양화로 먹이가 풍부하여 양식장 어류의 생체량 증가
ㄴ. 용존산소량이 감소	산소부족으로 어패류가 집단으로 폐사
ㄷ. 수온이 상승	대사촉진으로 굴 양식장의 생산량이 증가
ㄹ. 퇴적물에 규조류와 편모조류의 사체증가	분해 미생물의 증가로 독성물질 증가

2) 위의 답을 선택한 이유는 무엇인가?

나. 응답결과

2003년 3월 17일, D대학교의 S과목 수강자, 19명.

보기	반응	
	명	%
① 영양염류가 과다하게 되면 부영양화로 먹이가 풍부하여 양식장 어류의 생체량 증가한다. 용존산소량이 감소하면 산소부족으로 어패류가 집단으로 폐사한다.	3	6
② 영양염류가 과다하게 되면 부영양화로 먹이가 풍부하여 양식장 어류의 생체량 증가한다. 퇴적물에 규조류와 편모조류의 사체가 증가하면 분해 미생물의 증가로 독성물질 증가한다.	3	6
③ 용존산소량이 감소하면 산소부족으로 어패류가 집단으로 폐사한다. 수온이 상승하면 대사촉진으로 굴 양식장의 생산량이 증가한다.	4	21
④ 용존산소량이 감소하면 산소부족으로 어패류가 집단으로 폐사한다. 퇴적물에 규조류와 편모조류의 사체가 증가하면 분해 미생물의 증가로 독성물질 증가한다.	9	47
⑤ 수온이 상승하면 대사촉진으로 굴 양식장의 생산량이 증가한다. 퇴적물에 규조류와 편모조류의 사체가 증가하면 분해 미생물의 증가로 독성물질 증가한다.	0	0
계	19	100

다. 분석 및 오개념

1) 분석

적조에 대하여 올바르게 알고 있는 학생은 47%였다.

(1) '영양염류가 과다하게 되면 부영양화로 먹이가 풍부하여 양식장 어류의 생체량 증가한다.' 고 생각하는 이유는, 영양염류는 어류의 먹이로 되기 때문이라고 하였다.

(2) '수온이 상승하면 대사촉진으로 굴 양식장의 생산량이 증가한다.' 고 생각하는 이유는, 수온이 상승하면 대사가 촉진되어 빨리 성장하기 때문이라고 하였다. 이렇게 생각하는 것은 단순히 수온상승으로 성장 속도가 촉진되는 것만 생각하였지, 다른 환경적 요소가 좋지 않은 상태 하에서는 필요이상의 대사촉진에 많은 에너지가 소모되어 오히려 굴의 생산량이 감소하게 된다는 사실을 모르고 있었다.

2) 오개념

(1) 부영양화 되면 어류의 먹이가 풍부하여져 어류의 생체량 증가한다.

(2) 규조류와 편모조류 등의 개체수가 폭발적으로 늘어난 상태에서도 수온이 상승하면 대사촉진으로 굴 양식장의 생산량이 증가한다.

라. 과학적 개념

1) 영양염류가 과다하게 되면 먹이가 풍부해지는 것이 아니라 부영양화가 일어나 양식어류의 생산량이 감소한다.

2) 용존산소량이 감소하게 되면 산소부족으로 어패류가 집단으로 폐사하게 된다.

3) 수온이 상승하게 되면 필요이상의 대사촉진으로 에너지를 많이 소모하게 되므로 굴 양식장의 생산량이 감소하게 된다.

4) 퇴적물에 규조류와 편모조류의 사체가 증가하게 되면 분해 미생물의 증가로 독성물질도 증가하게 된다.

마. 학습지도 방법

생태계 평형의 조건을 먹이사슬과 연관시켜 이해시키고, 적조가 일어나는 원인을 부영양화와 관련지어 설명하고, 그 피해를 용존산소나 수온 등과 연관시켜 이해하도록 지도한다.

바. 연계 또는 심화 학습

1) 부영양화

생활하수나 공장폐수가 하천이나 해수로 유입되어 물속의 영양염류의 양이 증가하는 현상을 부영양화(富榮養化, eutrophication)라 한다. 깨끗한 물에 오염된 유기물질(질소나 인)이 흘러들어 오면 이것을 영양분으로 해서 규조류나 편모조류와 같은 플랑크톤이 급속하게 대량으로 번식하게 되지만 이들을 소비하는 상위영양단계의 소비자는 빨리 불어나지 않으므로 수중생태계의 균형이 깨지게 된다. 그러므로 이들이 물속에 녹아있는 산소를 거의 다 쓰게 되어 산소가 부족하게 되고, 또 이들의 침전물들이 밑바닥에 쌓이면 또 이것을 분해하는 박테리아가 불어나 산소를 소모하게 되므로 결국 오염된 물로 변하게 된다. 이처럼 부영양화가 발생하면 산소가 부족하여 물고기들도 살 수 없게 된다.

2) 적조

식물플랑크톤이 대량 번식하여 집적함으로서 바다물의 색이 변색되는 현상이다(그림 7.161).

그림 7.161. 적조현상(http://wonn.co.kr, 020806).

이 현상이 최초로 발견되었을 때 붉은색을 띄고 있었으므로 적조라 불리게 되었다. 그러나 실제로는 식물플랑크톤의 종류에 따라 갈색, 녹갈색, 황갈색 등으로 다양한 색깔을 보여준다. 이 현상으로 인해 물속의 산소는 고갈되고, 어패류는 아가미가 막히고 플랑크톤 사체가 분해되어 바다 속의 산소를 소모하기 때문에 호흡이 곤란하여 물고기가 집단 폐사하기도 한다.

발생원인은 일사가 강하여 표층수 수온이 상승한 경우, 담수의 유입(폭우, 장마 등)으로 영양염류가 크게 증가한 경우, 무풍 상태가 계속되어 해수의 혼합이 저하된 경우에 일어난다

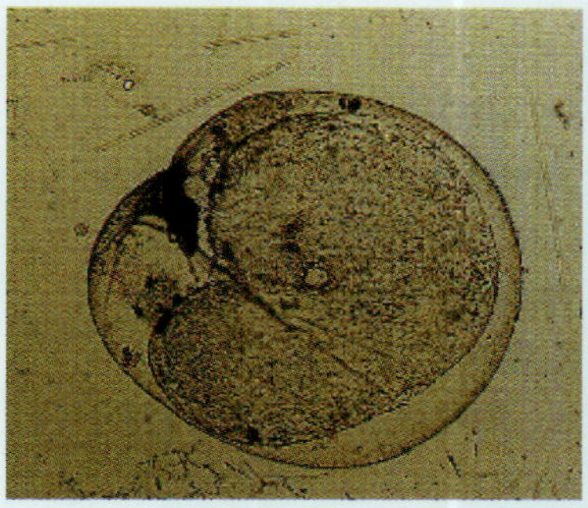

대형의 원생동물이며 편모충류인 야광충(*Noctiluca scintillans*)이다. 해면을 분홍빛으로 물들이이는 적조를 일으킨다(사진: 상명대 이진환 교수)

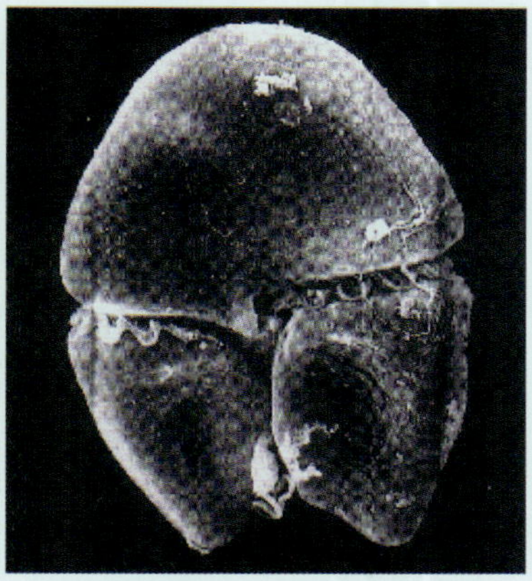

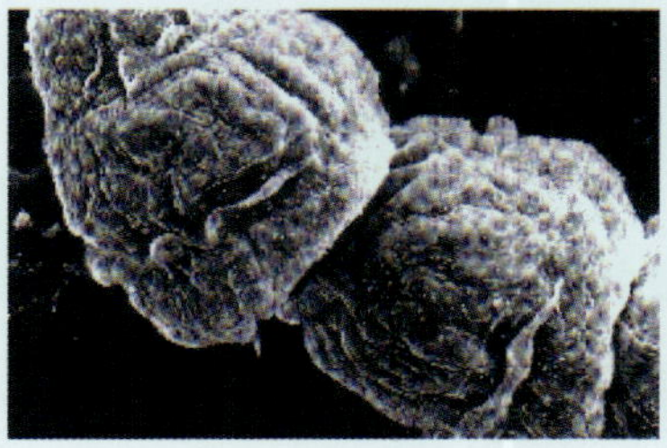

와편모조류인 김노디니음 산기네음(*Cymnodinium sanguineum*)으로 겨울에서 봄에 걸쳐 남해안에서 적조를 일으킨다(사진 : 국립수산진흥원 김학규박사). (위)

유독종의 황갈색 편모조류인 코클로디니움플리크리코이데스(*Cochiodinium polykrikoides*)로서 1990년대 초 이후에 남해 일대에서 적조를 일으켰다(사진국립수산진흥원 김학규박사). (왼쪽)

그림 7.162. 적조현상을 일으키는 생물(홍재상, 1998).

(http://www.nfrda.re.kr/susan/algal/algal.html, 020806).

적조가 발생하면 수중의 용존산소가 결핍되어 질식사하거나 적조생물이 생산하는 독소 또는 2차적으로 생긴 황화수소, 메탄가스, 암모니아 등 유독성물질에 의하여 어패류가 중독되어 사망한다. 특히 편모조류와 녹색편모조류 중의 몇몇 종은 어패류를 치사시키는 독성을 갖고 있다(그림 7.162).

3) 방아쇠 효과

평형이 유지되고 있는 생태계에서 어떤 작은 요인에 변화가 일어나면 그 영향이 연쇄적으로 확대되어 생태계 전체에 큰 변화를 초래하는 경우가 있다. 이런 현상을 방아쇠 효과라고 하며, 인간에 의해서 이러한 방아쇠 효과가 나타나서 생태계가 파괴된 예가 있었다(http://edu.me.go.kr/env2/study/body_3.html).

미국 애리조나 주의 카이바브 고원에 사슴과 그것을 잡아먹는 퓨마, 늑대 등이 살고 있었다. 그런데 1907년부터 사슴을 보호할 목적으로 사람이 퓨마와 늑대를 사살하였다. 그 결과, 사슴의 개체수는 급속히 증가하였지만 이에 따라 고원의 풀이 부족해서 1918년부터는 그곳이 황폐화하기 시작하였으며, 그 후 더욱 황폐하여 1924년부터 그 이듬해 봄까지 무려 절반 이상의 사슴이 굶어죽는 사태가 있어났다(그림 7.163).

사슴, 퓨마, 늑대, 풀 중에서 사람에게는 사슴과 풀이 가장 중요할 것이다. 그러나 만일 사슴과 풀이 중요하다고 하여 퓨마와 늑대를 없애 버린다면, 결국 사슴과 풀도 없어지게 되어 환경은 파괴되고, 그 피해도 사람에게 돌아온다. 카이바브 고원의 예는 인위적인 힘을 가해 생태계를 파괴시킨 좋은 예이다.

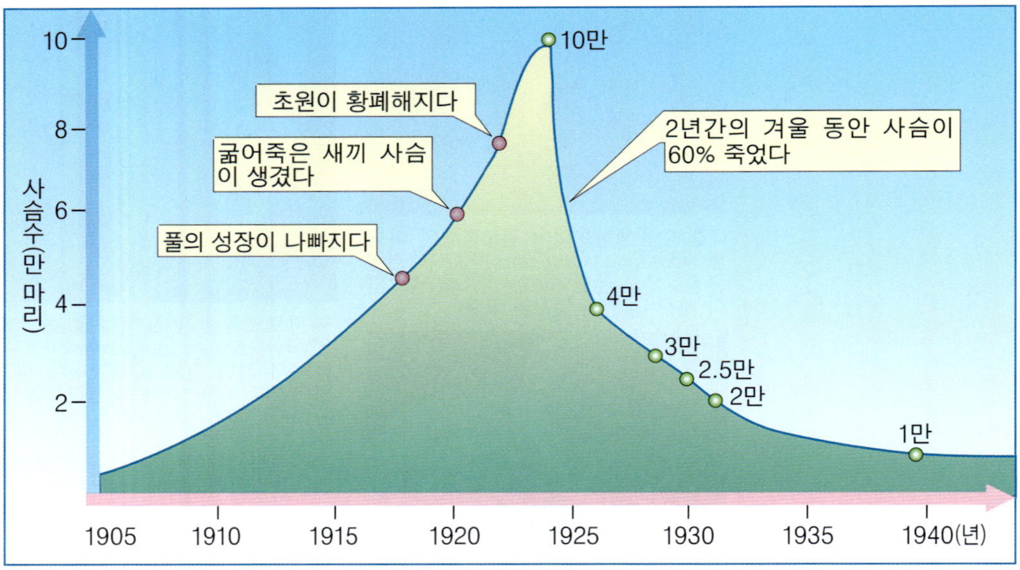

그림 7.163. 카이바브 고원에서 사슴 개체수의 변화 (http:// www. chongsok.hs.kr, 020806).

제8장 생명과학에서 오개념의 예

8.1. 잘못 알기 쉬운 생명과학의 개념

생명과학은 생물의 기능·구조·발달·분포와 생명의 현상을 탐구하는 학문으로, 그 지식은 대체로 물리·화학의 지식보다 더 구체적이고 개념적인 특성을 지닌다(조희형, 1994). 그렇지만 이러한 특징을 가진 생명과학 중에서도 학생들이 잘못 알기 쉬운 것은 대체로 구체적인 개념보다는 추상적인 법칙과 원리이다.

여기서는 확산과 삼투, 생명현상, 광합성, 영양, 호흡, 순환, 배성, 유전, 진화 등 비교적 추상적인 생물 개념의 특성과 학생들이 잘 못 알기 쉬운 이유에 관하여 알아본다.

8.1.1. 확산과 삼투

1) 과학적 개념

살아있는 세포에서는 영양소나 산소 노폐물과 같은 물질들이 세포막을 통해 끊임없이 출입하고 있는데, 이러한 물질의 출입은 크게 세포의 에너지를 소비하지 않고 일어나는 수동적 수송(확산, 삼투)과 에너지를 소비하는 능동적 수송으로 나눌 수 있다.

- **반투성막** : 용질은 통과시키지 않고 용매만 통과시키는 막. 예) 셀로판막, 달걀 속껍질
- **확산** : 어떤 물질이 농도가 높은 곳에서 낮은 곳으로 이동하여 전체적으로 농도가 균일하게 되는 현상이다.
- 확산은 분자운동에너지에 의해 일어나며 확산속도는 분자가 작을수록, 온도가 높을수록 빨라진다.
- **삼투** : 반투성막을 사이에 두고 두 용액의 농도가 다르게 되면 농도가 낮은 쪽(물의 농도가 높은 곳)에서 높은 쪽(물의 농도가 낮은 곳)으로 용매만 이동하게 되는 것이다.
- **원형질** : 세포에서 생명활동이 활발히 진행되는 곳. 핵과 세포질(세포소기관)로 구성된다.
- **후형질** : 원형질에서 만들어진 후 더 이상 생명활동이 이루어지지 않는 곳이다. 세포벽과 액포 등이다.

2) 오개념

확산과 삼투에 대하여 우리나라 학생들이 가지는 오개념의 유형은 표 8.1과 같다.

그리고, 확산과 삼투에 대하여 학교 등급에 따라 학생들이 더 많이 가지고 있는 오개념은

표 8.1. 확산과 삼투에 대한 학생들의 오개념 유형(김과 정, 1997a)

(1) 물질의 입자적 본질과 무작위적인 운동
1A : 두 부분에서 입자들의 농도가 다를 때 입자들은 양쪽의 농도가 같아질 때까지 움직이는 경향이 있으며 양쪽의 농도가 같아지면 입자들은 전혀 움직이지 않는다. 1B : 어떤 입자의 농도차가 클수록 입자는 분산되기를 원하기 때문에 확산속도는 증가한다. 1C : 잉크분자가 움직임을 멈추면 바닥에 가라앉을 것이므로 잉크분자는 계속 움직인다. 1D : 물이 담긴 수조에 잉크 방울을 떨어뜨리면 몇 시간 후 수조의 물은 하늘색이 되는데 이 때 물 전체가 같은 색으로 잉크분자는 움직임을 멈춘 것이다. 1E : 한 곳에 어떤 입자가 밀집되어 있으면 그 입자들은 서로 부딪히고 분해되어 다른 입자 사이로 끼어 들어간다. 1F : 잉크가 고체였다면 움직임을 멈추었을 텐데 잉크는 액체이므로 계속 움직인다.
(2) 생물에서의 확산과 삼투
2A : 확산은 무작위적인 반응이고 삼투는 무작위적인 반응이 아니기 때문에 죽은 식물 세포에선 확산만 일어난다. 2B : 죽은 식물 세포에선 세포의 기능이 중단되기 때문에 삼투와 확산은 일어나지 않는다.
(3) 확산의 과정
3A : 한 스푼의 설탕을 물이 담긴 비커에 첨가하고 오랜 시간동안 젓지 않고 가만히 두면 설탕은 물보다 무거워서 가라앉기 때문에 비커 아래쪽은 더 고농도 용액이 된다. 3B : 잉크 입자가 물 전체에 고르게 분포되는 현상을 확산이라 하는데 이는 잉크가 작은 입자로 나누어져 물과 섞이기 때문이다. 3C : 한 스푼 설탕을 물이 담긴 비커에 첨가하고 오랜 시간동안 젓지 않고 가만히 두면 비커 아래쪽은 더 고농도 용액이 된다. 왜냐하면 설탕물이 같은 농도가 되기 위해서는 시간이 더 필요하기 때문이다.
(4) 삼투의 과정
4A : 민물에 사는 식물 세포를 25% 소금물에 담그면 소금이 액포로부터 물을 빨아들이기 때문에 액포의 크기는 감소한다. → 원형질 분리 4B : 물만 통과하는 반투막에 의해 분리되어 있는 수조한 쪽(a)에는 잉크와 물을 넣고 다른 한 쪽(b)에는 물만 넣었다. (a) 수조의 물의 농도가 (b) 수조보다 높기 때문에 2시간 후 (a) 수조의 물의 수위는 높아진다.
(5) 세포막
5A : 세포막은 어떤 물질을 세포 안으로 투과시키나 세포 밖으로 투과시키지 않기 때문에 반투과성 막이다. → 능동수송과 반투성막의 개념 혼동

다음과 같다(김과 정, 1997).

(1) 중학생의 오개념(고등학생과 대학생보다 많이 가지는 오개념)

•위 표의 1E, 1F, 2B, 3A, 3B, 4A, 5A

(2) 고등학생의 오개념(중학생과 대학생보다 많이 가지는 오개념)

•위 표의 1A, 1B, 1C, 1D, 3C, 4B

(3) 대학생의 오개념(중학생과 고등학생보다 많이 가지는 오개념)

•위 표의 2A

8.1.2 생명현상

1) 과학적 개념

생명현상은 생물의 특성을 말한다.

(1) **개체 유지 현상**

- **물질대사** : 동화작용 – 에너지 흡수, 생명유지에 필요한 물질을 합성하는 것.
  이화작용 – 에너지 방출, 생명유지에 필요한 물질을 분해하는 것.
- **반응과 항상성** : 외부의 자극에 반응하며, 외부환경에 대해 생명을 유지하기 위해 생리적 조건을 일정하게 유지한다.
- **발생** : 수정란으로부터 시작하여 성체가 되는 과정.
- **생장** : 물질대사로 얻은 물질과 에너지를 이용하여 자람.

(2) **종족 유지 현상**

- **생식** : 생물이 죽기 전에 자신과 닮은 개체를 만드는 것.
- **유전** : 생식에 의해 태어난 자손이 어버이의 특성을 물려받는 현상.

2) 오개념

생명현상에 대하여 학생들이 가지고 있는 개념과 오개념은 표 8.2와 같다.

표 8.2. 학생들의 생명현상에 대한 개념(이경희 등, 1994; 정과 차, 1992)

대상	개념
유치원(4-5세)과 초등학교 저학년	① 움직인다. ② 숨을 쉰다. ③ 심장이 뛴다. 예) 자동차와 선풍기는 생물. 밤과 새알(동식물의 胚)은 비생물
초등학교 5학년	① 호흡을 한다. ② 자발적으로 움직인다. ③ 심장이 뛴다. ④ 살아있다(생명이 있다.)
중학교 2학년	① 호흡을 한다. ② 자발적으로 움직인다. ③ 심장이 뛴다. ④ 생각을 한다. ⑤ 맥박이 뛴다.
고등학교 2학년	① 호흡을 한다. ② 자발적으로 움직인다. ③ 심장이 뛴다. ④ 생각을 한다. ⑤ 모든 기능이 정상이다. ⑥ 살아있다. ⑦ 성장한다. ⑧ 번식한다.
요약	① 호흡을 한다. ② 자발적으로 움직인다. ③ 심장이 뛴다. ④ 새끼를 낳는다. ⑤ 생각을 한다.

8.1.3. 광합성

광합성이란 빛에너지를 공급받아 식물체 내에서 여러 가지 무기물로부터 유기물을 합성하는 과정을 말한다.

1) 오개념

우리나라의 학생들의 광합성에 대한 오개념은 다음과 같다(김과 정, 1997b).

- 흙은 식물의 먹이이고 흙 없이는 식물은 살 수 없다.
- 식물은 흙 속에 있는 무기염류(먹이)를 흡수하기 때문에 식물이 생장한다.
- 식물은 흙에서 단백질과 무기물을 흡수한다.

- 물이 식물을 생장하도록 한다.
- 식물은 물을 흡수하여 생장한다.
- 식물의 먹이는 흙에서부터 온다.
- 흙 속에는 먹이가 있고 그것을 뿌리가 찾아 먹는다.
- 사람들이 비료를 흙에 뿌려주는 것은 식물에게 먹이를 공급해주는 것이다.
- 잎은 비를 흡수하거나 태양의 따스함을 흡수한다.
- 공기는 먹이를 만드는데 관여하지 않는다.
- 잎은 뿌리에서 흡수한 먹이를 저장한다.
- 광합성은 단백질을 만든다.
- 잎은 햇빛을 먹이로 바꾼다.
- 엽록소는 식물의 혈액이다.
- 흙은 식물 때문에 양이 줄어든다.

그리고, 학생들이 가진 오개념을 분석한 예를 보면 다음과 같다(표 8.3).

표 8.3. 학생들의 광합성에 대한 오개념 분석 (장과 정, 1993; 정완호 등, 1993a)

오개념	설 명
① 광합성은 녹색식물만이 한다.	• 광합성세균(혐기성)도 한다. • 녹색식물이 광합성을 할 때는 CO_2의 환원물질로 물이 이용되기 때문에 O_2가 생성되지만, 녹색황세균은 환원물질로 황화수소를 이용하므로 O_2가 발생하지 않는다.
② 명반응은 낮에 일어나고, 암반응은 밤에 일어난다.	• 광합성 과정은 명반응과 암반응 두 단계로 이루어진다. • 명반응 : 엽록체의 그라나에서 일어나는 반응으로, $NADPH+H^+$와 ATP를 생성하여 암반응에 공급하고 O_2가 방출된다. 명반응은 물의 광분해와 광인산화의 두 과정으로 이루어져 있다. • 암반응 : 엽록체의 스토로마에서 일어나는 효소반응이다. 암반은 명반응에서 생성된 ATP와 $NADPH+H^+$를 이용하여 CO_2가 포도당($C_6H_{12}O_6$)으로 고정되는 반응으로써, 온도의 영향을 받는다.
③ 광합성 할 때에 체내로 흡수되는 기체는 O_2이며, 방출되는 기체는 CO_2이다.	• 낮에 이루어지는 광합성을 호흡으로 오인한다.
④ 식물의 잎이 녹색인 이유는 광합성을 하기 때문이다.	• 엥겔만의 박테리아 실험에서 엽록소가 어떤 파장의 빛을 가장 잘 흡수하는가를 보면 적색과 보라색에서 광합성이 왕성하며 산소가 다량 방출되어 호기성 박테리아가 모여든다. 반면 초록이나 노랑 파장은 거의 광합성이 진행되지 않는다. 이는 녹색파장이 광합성에 이용되지 않는 증거이다. • 식물의 엽록소는 녹색파장을 이용하지 않고, 반사시켜 버리므로 잎은 녹색을 띤다.
⑤ 탄소동화작용은 녹색식물만 한다.	• 화학합성도 탄소동화작용이다. • 탄소동화작용은 질소동화작용과 대조되는 것으로 광합성과 화학합성이 이에 속한다. • 광합성은 일부 세균도 하고 있지만, 주로 녹색식물에서 볼 수 있고, 화학합성은 세균에서 볼 수 있는 과정이다. 그러나 반 정도의 학생은 탄소동화작용을 광합성으로만 생각하여 녹색식물에서만 가능하다고 생각한다. • 화학합성도 CO_2와 H_2O를 원료로 포도당을 만드는 과정이다. 광합성과 다른 것은 에너지원이 빛이 아니고 무기물산화 때 방출되는 화학에너지일 뿐이다.
⑥ 이끼는 어둡고 그늘진 곳에서는 광합성을 하지 못한다.	• 이끼는 녹색이며 엽록체를 가지고 있으므로 광합성을 한다.
⑦ 아침에 해가 뜨기 시작할 때와 저녁에 해가 지기 시작할 때의 어떤 시점에 식물의 기공을 통해 공기가 들어가거나 나오는 현상이 없을 때가 있다.	• 공기의 출입이 없다는 것이 광합성이나 호흡이 멈춘다고 생각한다. • 보상점 : 광합성에 이용되는 CO_2양과 호흡으로 방출되는 CO_2양이 같을 때의 빛의 세기

2) 광합성 개념을 이해하기 어려운 이유

학생들이 광합성 개념을 이해하기 어려워하는 이유는 다음과 같다.

(1) 심리적 이유

① 광합성 개념이 생물과 비생물의 개념을 모두 포함하고 있기 때문이다(조희형, 1994). 광합성 개념은 생물적 현상과 비생물적 현상을 연결해주는 다리 역할도 하는데, 대다수의 학생들은 생물체가 화학적 물질로 구성되어 있다는 것을 받아들이기 어려워하며 생물학적 현상을 물리화학적 법칙과 이론에 따라 설명하길 꺼려하기 때문이다.

② 인간중심적 사고방식을 가지고 있기 때문이다(조희형, 1994). 사람의 생존이 녹색식물에 달려 있다기보다 식물의 생존이 사람에게 달려있다고 본다. 사람이 가꿈에 따라 무성하게 된다고 생각한다.

(2) 과학교육과정과 관련

① 광합성에 관한 선개념을 너무 많이 가지고 있기 때문이다(조희형, 1994). 과학교육이나 잡지, 신문, TV 등을 통하여 얻은 지식을 많이 가지고 있다. 그러나, 그들이 가진 정보는 단편적인 것이고, 주어진 자료를 종합할 수 있는 능력이 부족하여 광합성을 통합적이고 체계적으로 이해하는데 방해요인이 된다.

② 광합성은 피상적 관찰을 통해서 쉽게 파악하기 어려운 추상적인 개념이기 때문이다 (조희형, 1994). 생물학뿐 아니라 물리학 및 화학과도 관련되어 있다. 실제로 광합성 개념에는 원소, 화합물, 화합물의 생성과 분해, 에너지 등의 개념이 들어 있다. 따라서 학생들이 이러한 개념에 오인을 가지면 자연히 광합성에도 오인을 가진다. 학생들은 특히 에너지와 관련된 개념의 의미를 일상생활 과정에서 획득한 직관적인 생각에 따라 해석하므로 광합성 개념을 잘 못 알기 쉽다.

8.1.4. 영양

1) 과학적 개념

영양 : 생물이 생명현상을 유지하기 위하여 외부로부터 물질을 흡수하는 과정. 이 때 섭취되는 물질을 영양분 영양물이라 한다. 영양물의 종류와 에너지의 출처에 따라 독립영양과 종속영양으로 구분한다.

- **영양분(영양물)** : 생물이 흡수하여 몸을 구성하는데 이용되거나, 기능을 조절하며, 에너지원이 되고, 생체발육 등에 필요한 물질이다. 동물에서는 영양소, 식물에서는 양분(무기염류)이라 한다.
- **동물의 영양소** : 단백질, 지방, 탄수화물을 3대 주영양소라 하고, 비타민, 무기질(무기염류), 물을 3대 부영양소라 한다.
- **식물의 양분** : 반드시 무기화합물의 형태로 흡수한다.

그리고, 식물이 살아가는데 필요한 에너지의 원천에 대해 특히 잘못 아는 경향이 있는데(조희형, 1994), 식물의 에너지원이 되는 것은 외부로부터 흡수한 무기물이 아니라 식물체 안에서 그 무기물로부터 만든 유기물이다. 즉, 광합성을 통해 만든 탄수화물이다.

2) 오개념

우리나라의 학생들의 영양에 대한 오개념은 다음과 같다(표 8.4).

표 8.4. 학생들의 영양에 대한 오개념 분석(장과 정, 1993; 정완호 등, 1993a)

오개념	설명
① 식물도 동물과 같이 유기 양분을 섭취하여야 산다. ② 식물의 에너지원은 물이다.	• 85%의 학생들이 이와 같이 생각한다. 식물체 내의 어느 곳에도 소화기관도 없고, 순환기관도 없다. 식물체내 영양의 전이과정을 이해 못한다.
③ 식물은 단백질을 합성하지 않는다. ④ 질소동화 작용은 동물과 식물 모두 할 수 있다.	• 질소동화 작용은 식물만이 할 수 있다. • 질소동화 작용 : 식물은 광합성 산물인 탄수화물과 뿌리를 통해서 흡수한 무기질소 화합물을 원료로 아미노산을 만들고, 아미노산을 결합하여 단백질과 핵산 등의 복잡한 질소화합물을 합성.
⑤ 식물보다 동물이 아미노산을 더 많이 합성한다.	• 식물은 모든 아미노산을 합성할 수 있지만, 동물은 일부만 합성할 수 있다. • 필수아미노산(10종) : 체내에서 합성되지 않기 때문에 반드시 음식물을 통해 섭취해야 하는 아미노산. 예) 발린, 류신, 이소류신, 트레오닌, 메티오닌, 리신, 페닐알라닌, 트립토판, 아르기닌*, 히스티딘* *표는 어린이에게만 필수적임

8.1.5. 호흡

1) 과학적 개념

일반적으로 호흡은 생물체가 기체를 이용하는 방법을 의미한다. 그것은 이보다 좁은 의미로도 정의할 수 있는데, 특별히 대사작용과 관련된 호흡, 즉 세포호흡은 세포 안에서 일어나는 이화과정으로서 지방과 탄수화물 분자를 그 구성요소와 CO_2 및 H_2O로 분해하면서 에너지를 생성하는 과정을 말한다.

세포호흡은 산소를 필요로 하는 유기호흡, 산소가 없이도 일어나는 무기호흡으로 구분하며, 유기호흡은 햇빛이 있을 때만 일어나는 광합성과 달리 햇빛이 있을 때나 없을 때나 항상 일어난다. 무기호흡의 예로서는 발효(알코올 발효, 젖산 발효)와 부패(산소부족상태에서 유기물 분해로 유해한 물질이 만들어진 것)이다.

그러나 학생들은 세포호흡을 숨쉬기와 혼동하여 반드시 산소가 필요한 생리적 과정으로 인식하는 경우가 많았다(조희형, 1994).

2) 중등학교 교과서에 정의된 '호흡'의 정의

중등학교 과학(생물) 교과서에 나타난 '호흡'의 정의는 표 8.5와 같다.

3) 오개념

호흡에는 세분화된 개념이 있음에도 불구하고 교과서에 따라서는 명확하게 구분하여 사용하지 않은 경우도 있으므로 학생들은 다음과 같이 혼돈되는 개념을 가지게 된다(표 8.6).

그리고, 식물의 경우 낮에는 광합성만 하고 밤에는 호흡만 하거나, 식물은 호흡할 때 CO_2를 흡수한다는 등 오개념을 가지고 있었다(정완호, 1993).

표 8.5. 중등학교 과학(생물) 교과서에 나타난 '호흡'의 정의(박강훈 등, 1992b)

개념	정의
호흡	① 산소를 흡수하고 이산화탄소를 내보내는 것 ② 영양분을 산화(분해)하여 에너지를 얻는 것 ③ 유기물을 분해하여 생활에 필요한 에너지를 얻는 작용 ④ 세포호흡과 폐포에서의 가스교환을 모두 뜻한다. ⑤ 생물이 생활 활동에 필요한 에너지를 획득하기 위해 외부로부터 산소를 흡입하고 물질대사의 결과 생긴 이산화탄소를 외부로 방출하는 가스교환의 전 과정
외호흡	① 호흡기내에서의 산소와 이산화탄소의 교환 ② 폐포에서의 산소와 이산화탄소의 교환 ③ 혈액과 조직세포 사이의 가스교환 ④ 산소를 세포까지 운반하고 세포에서 발생한 이산화탄소를 배출하는 기체교환 과정 ⑤ 외계와의 단순한 가스교환 ⑥ 내호흡에 필요한 산소와 내호흡의 결과 생성된 이산화탄소와의 가스교환
내호흡	① 모세혈관과 몸속 세포사이의 기체교환 ② 조직액과 세포사이의 가스교환 ③ 혈액과 조직세포와의 가스교환 ④ 세포에서 영양물질의 산화과정 ⑤ 유기양분이 분해됨으로써 에너지를 얻는 작용 ⑥ 세포에서 유기물질을 분해하여 에너지를 얻는 과정
세포호흡	① 영양분을 산화하여 에너지를 발생시키는 것 ② 세포에서의 영양물질의 산화과정 ③ 체내의 유기양분을 분해하여 에너지를 얻는 것 ④ 세포내에서 유기물을 산화하여 에너지를 방출하는 과정 ⑤ 세포에서 유기물질을 분해하여 에너지를 얻는 과정 ⑥ 유기양분이 분해됨으로써 에너지를 얻는 과정
세포내 호흡	① 유기양분을 산소로 분해시켜 에너지를 얻는 과정 ② 조직세포로 들어간 산소가 양분의 산화에 이용되어 에너지를 방출하는 과정

표 8.6. 중등학교 학생들의 호흡에 대한 오개념(박강훈 등, 1992b)

주제	오개념
호흡의 정의	• 호흡은 기체의 교환(O_2, CO_2의 교환, O_2흡수, CO_2배출)이다. • 호흡은 기체교환 + 에너지 생산이다.
식물의 호흡기체	• 빛이 있을 때에 철쭉은 호흡하지 않는다. • 빛이 있을 때에 철쭉이 호흡으로 흡수하는 기체는 CO_2이고 방출하는 기체는 O_2이다. • 빛이 없을 때에 철쭉은 호흡하지 않는다. • 빛이 없을 때에 철쭉이 호흡으로 흡수하는 기체는 CO_2이고 방출하는 기체는 O_2이다.
호흡장소	• 식물의 뿌리조직에서는 호흡이 일어나지 않는다. • 식물의 줄기조직에서는 호흡이 일어나지 않는다. • 동물의 근육조직에서는 호흡이 일어나지 않는다. • 동물의 심장에서는 호흡이 일어나지 않는다.
생물종별 호흡여부	• 빵곰팡이는 호흡을 하지 않는다. • 효모는 호흡을 하지 않는다. • 아메바는 호흡을 하지 않는다. • 대장균은 호흡을 하지 않는다.
에너지 발생과정	• 사람이 살아가는데 필요한 에너지를 발생시키는 과정은(호흡이 아니라) 소화이다. • 사람이 살아가는데 필요한 에너지를 발생시키는 과정은(호흡이 아니라) 흡수이다.
무기 호흡	• 효모는 산소를 생산한다.

8.1.6. 순환

1) 과학적 개념

(1) 혈액의 기능

① 운반작용 : 영양분, 호르몬, 노폐물, 산소, CO_2 등

② 방어작용 : 백혈구의 식균작용, 혈액응고 작용, 림프구에 의한 항체형성

③ 조절작용 : 삼투압과 pH, 체온, 혈당량 조절.

(2) 혈액의 순환

① 체순환 : 좌심실 → 대동맥 → 모세혈관 → 정맥 → 우심방

② 폐순환 : 우심실 → 폐동맥 → 폐 → 폐정맥 → 좌심방
폐순환 결과 정맥혈이 동맥혈로 바뀐다.

2) 오개념

우리나라의 학생들의 순환에 대한 오개념은 다음과 같다(표 8.7).

표 8.7. 학생들의 순환에 대한 오개념(장과 정, 1993; 정완호 등, 1993a)

오개념	설명
① 병원에서 링거액을 주사하는데 잘못하여 링거병에 증류수를 넣어 주사하여도 혼자에게 아무 이상이 없다.	• 정확히 대답한 학생은 10%에 불과. • 삼투압 농도에 대한 개념이 부족하다(용혈현상 유발)
② 사람에게 다른 동물의 피(예로 소의 피)를 수혈하여도 생존할 수 있다.	• 74%의 학생만이 정확히 알고 있었다. • 소와 같은 다른 동물에도 사람과 같은 혈액형이 존재한다고 생각한다.
③ 혈장은 세포이다.	• 혈장은 주로 물(90%), 단백질, 포도당, 아미노산, 지방 그리고 무기염류로 구성되어 있다. • 혈청은 혈장에서 피브리노겐을 제외한 성분이다.

그리고, 순환에 대하여 학교 등급별로 조사한 오개념은 다음과 같다(표 8.8).

표 8.8. 학교 등급별 학생들의 순환에 대한 오개념(김과 정, 1995; 최와 허, 1994)

대상	오개념	설명
초등학생	① 혈액은 단순한 붉은 액체이다.	• 초등학생의 2/3가 이러한 생각을 가진다.
	② 혈액은 생명을 유지하도록 한다.	• 학생들은 생기론적으로 설명한다.
	③ 사람의 심장은 양서류의 심장과 같이 발렌타인 하트 모양이다.	• 양서류의 2심방1심실을 포유류의 2심방2심실로 오인한다.
	④ 심장에서 피를 만든다.	• 이 증거로 심장박동을 지적한다.
	⑤ 심장에서 피를 깨끗이 정화한다.	• 순환에 대해 단순한 생리적인 작용으로 설명한다.
	⑥ 피는 새로 생겨나지 않는다.	
중학생	① 혈액은 세포들이 떠돌아다니는 것이다.	• 이러한 생각은 세포라는 개념을 알게 된 후 가지게 되었으나 혈장이라는 개념을 이해 못한다.
	② 혈액은 생명을 유지하도록 한다.	• 학생들은 생기론적으로 설명한다.
	③ 산소의 공급은 허파까지만 한다.	• 학생은 생활에 필요한 에너지를 얻기 위해 '영양소와 산소'가 있어야 한다는 것을 알지 못한다.
	④ 들이마신 공기는 모두 산소이다.	
	⑤ 혈액을 단순한 운반기관으로 생각한다.	• 방어기능과 조절기능을 하는 것을 생각하지 못한다.
	⑥ 동맥과 동맥혈을 동일한 것으로 본다.	• 동맥혈 : 산소가 많은 혈액
	⑦ 체순환과 폐순환의 개념과 상호관계를 혼동한다.	

8.1.7. 배설

1) 과학적 개념

배설이란 배설기관에서 몸속으로 흡수된 영양소가 세포내에서 에너지를 얻는 물질대사과정에서 생기는 각종 노폐물을 걸러 몸 밖으로 내보내는 것으로서 땀과 오줌을 배설물이라 부른다. 양분이 흡수된 음식물 찌꺼기를 내보내는 현상인 배변을 배설로 착각하지 않아야 한다.

2) 오개념

우리나라의 학생들의 배설에 대한 오개념은 다음과 같다(표 8.9).

표 8.9. 학생들의 배설에 대한 오개념(장과 정, 1993; 정완호 등, 1993b)

오개념	설명
① 땀, 대변, 소변은 배설물이다.	• 생물학에서는, 배설(excretion) : 소변, 땀 배출(elimination) : 대변 분비(secretion) : 내분비와 외분비
② 식물은 질소노폐물이 생성되지도 않고 배설되지도 않는다.	• 식물의 경우 질소성 노폐물을 낙엽으로 제거한다. • 탄수화물과 지방이 체내에서 분해되면 CO_2와 H_2O가 생성되지만, 단백질이 분해되면 이외에 질소성 노폐물도 생긴다. • 질소성 노폐물에는 암모니아, 요소, 요산 등이 있다. 암모니아 : 수서무척추동물과 경골어류 요소 : 연골어류(상어, 가오리), 양서류, 포유류 요산 : 곤충류, 파충류, 조류

그리고, 배설에 대하여 학교 등급별로 조사한 오개념은 다음과 같다(표 8.10).

표 8.10. 학교 등급별 학생들의 배설에 대한 오개념(김과 정, 1995b; 최와 허, 1994)

대상	오개념	설명
초등학생	① 대변과 소변은 배설물이다.	• 학생들은 혈액과 오줌과의 관계에서 90%이상의 학생들은 혈액에서 오줌이 걸러져 나온다는 개념을 알지 못한다.
	② 땀은 배설이 아니다.	
	③ 방광에서 오줌을 만든다.	
중학생	① 땀, 소변, 대변을 모두 배설물이다.	• 적어도 소변과 대변은 같은 배설물로 본다. 그 이유는 일상생활에서의 '배설' 용어의 의미와 교과서에서의 '배설' 이라는 용어의 의미가 혼동된다.
	② 대장이나 항문도 배설기관의 한 부분이다.	• 배설기관과 소화기관의 개념이 명확히 조직화되어 있지 않다. • 땀샘과 콩팥이 배설기관이라는 올바른 답을 한 학생은 거의 없다
	③ 소변의 생성장소는 방광이다.	• 소변의 생성장소는 신장이다.

8.1.8. 생식과 발생

학생들의 생식과 발생에 대한 오개념은 다음과 같다(표 8.11).

표 8.11. 학생들의 순환에 대한 오개념(장과 정, 1993; 정완호 등, 1993a)

오개념	설명
① 정액은 호르몬이다.	• 호르몬에 의해 정자와 난자가 생성된다. • 호르몬이 몸 밖으로 배출되는 예는 없다. • 혈액에 분비되어 우리 몸의 어떤 기능을 촉진하고 자극하며 생성하는 역할을 한다.
② 사람이 생장하면서 몸이 커지는 것은 호르몬에 의하거나 영양을 섭취하기 때문이다.	• 사람이 생장하는 것은 세포분열에 의해 세포수가 증가하기 때문이다.

8.1.9. 유전

형질이 조상으로부터 자손으로 전달되는 과정을 유전이라고 한다.

1) 과학적 개념

- 염색체 = DNA + Histone 단백질
- DNA와 유전자는 다르다.
- DNA : 유전물질로써 유전자라고하는 유전형상의 단위체를 포함하는 개념.
- 유전자(gene) : RNA를 통하여 특정한 단백질을 만드는 DNA분절.
- 순종의 자손 중에서 F1에서 나타나는 형질을 우성형질이라고 하며, F1에서 나타나지 않는 형질을 열성형질이라고 한다.

2) 오개념

유전에 대하여 학교 등급별로 조사한 오개념은 표 8.12와 같다.

유전에 관한 그 외 오개념으로서는 다음과 같은 것이 있다(고정호 등, 1997).

- 잡종의 자손들은 모두 우성형질을 나타낸다.
- 우성유전자가 열성유전자에 비해 더 강한 경우가 보통이다.
- 어떤 특정한 형질에 관해 잡종의 양친으로부터 태어난 자손 가운데 1/4는 반드시 우성형질을 나타낸다. 그렇지 않은 예) 유전자형이 Rr * Rr의 교배 시

그리고, 학생들이 유전에 대해 오개념을 가지기 쉬운 이유는 다음과 같다(조희형, 1994).

(1) 감수분열과 유전자 분리의 관계는 학생들이 이해하기 어려운 개념이다.
(2) 유전자, 대립인자, 염색체, 배우자, 접합자 등과 같은 용어의 의미를 잘못 이해하기 쉽다.
(3) 형질의 비율에 관하여 결정론적 관념을 가지고 있기 때문에 유전 본성 이해하는데 곤란하다. 그 예로서,

표 8.12. 학교 등급별 학생들의 유전에 대한 오개념(고정호 등, 1997)

대상	오개념
초등학교 3, 6학년	① 아기는 각자 부모의 생식기 분비물질의 혼합에 의해서 태어난다. ② 엄마의 몸속에서 남자와 여자의 정액이 서로 섞여서 자식이 태어난다. ③ 알속에 이미 부모의 축소형이 들어있다. ④ 유전물질이 혈액 속에 있어서 부모의 형질이 혈액을 통해 자손에게 전달된다. ⑤ 남자의 힘이 강하면 남자가 태어나고 여자의 힘이 강하면 여자가 태어난다. ⑥ 정력이 강한 성(性)에 따른다. ⑦ 정자(남자정액)속에는 남자가 들어있고, 난자(여자정액)속에는 여자가 들어있다. ⑧ 부패한 곳에서는 생물이 발생하기 쉽다.
중학교 3학년	① 몸의 각 부분은 특정한 유전물질을 가지고 있다가 생식기를 통해 자식에게 전해진다. ② 각 부위마다 모양이나 기능이 다르므로 서로 다른 유전자를 갖는다. ③ 부패한 곳에서 생물이 발생한다. ④ 온도, 습도, 양분이 알맞지 않으면 생물이 생기지 않는다. ⑤ 유전물질은 단백질이다. ⑥ 유전물질은 핵이다. ⑦ 유전물질은 염색체이다. ⑧유전물질은 RNA이다. ⑨ 염색체와 유전자는 같다. ⑩ 염색체는 유전자의 집합이다. ⑪ 하나의 염색체에는 하나의 유전자만이 존재한다. ⑫ 염색체와 유전자는 다같이 DNA로 이루어져 있다. ⑬ 염색체는 겉모습을 유전시키고 유전자는 신체 내부를 유전시킨다.
고등학교 3학년	① 각 부위마다 모양이나 기능이 다르므로 서로 다른 유전자를 갖는다. ② 유전물질은 단백질이다. ③ 유전물질은 핵이다. ④ 유전물질은 염색체이다. ⑤ 염색체와 유전자는 같다. ⑥ 염색체 중에 유전 정보를 기억하는 것이 유전자이다. ⑦ 염색체는 유전자의 집합이다. ⑧ 염색체와 유전자는 다같이 DNA로 이루어져 있다.

- 한 형질은 하나/서너/많은/23/46개의 유전자에 의해서 통제된다.
- 배우자는 양친의 체세포에 있는 염색체와 유전자 짝의 두 가지 염색체와 유전자를 모두 갖는다.
- 정자는 자손대의 형질 반을 통제하는 유전자를 갖는다.
- 두 잡종 사이에 태어난 자손은 반드시 우성형질을 가진다.
- 어떤 특정한 형질에 관한 잡종의 양친으로부터 태어난 자손 가운데 1/4는 반드시 우성형질을 나타낸다.
- 잡종의 자손들은 모두 우성 형질을 나타낸다.
- 우성 유전자가 열성 유전자에 비해 더 강한 경우가 보통이다.
- 신체의 다른 부위에 있는 세포는 다른 유전자를 갖는다.

(4) 학교에서 사용되는 각종 생물교과서이다. 사용되는 생물교과서는 유전의 본질을 나타내는 핵심적 개념들이 유기적 관계가 없이 단편적으로 서술되어 있거나 잘못 제시되어 있다. 예를 들면, 어떤 형질이 유전되는 과정이 잘 설명되어 있지 않다. 더욱이 감수분열이 유전의 한 과정으로보다는 두 가지 세포분열 과정이 하나로 진술된 경우가 있다.

3) 학습지도 방안 (조희형, 1994)

유전개념의 오인에 대한 지금까지의 연구결과에 비추어 볼 때, 학교의 생물수업은 학생들이 최소한 다음과 같은 유전개념의 특성을 분명히 이해할 수 있도록 이루어져야 한다.

- 염색체, 유전자, 그리고 대립인자는 반드시 쌍으로 행동한다.
- 한 유전자에 대해서 반드시 두 개 이상의 대립인자가 존재한다.
- 한 쌍의 대립인자는 한 형질에 있어서 변이를 유발할 수 있다.

학생들은 이밖에도 대립인자들이 분리되고 짝을 이루는 기구를 정확하게 이해해야 한다. 전자는 감수분열의 주제이고, 후자는 수정의 한 과정이다. 이 두 과정은 새로운 유전자형, 즉 새로운 표현형을 형성한다. 물론, 단순우성, 복대립인자, 공동우성 등과 같은 유전법칙에 예외적인 개념들도 충분히 파악하고 있어야 한다. 생물교육 현장에서 이러한 개념들이 충분히 강조되거나 다루어지지 않고 있다. 생물교과서 또한 학생들이 유전에 대하여 많은 오인을 가지고 있다는 점이 참작되지 않고 있으며, 유전한 지식의 논리적인 체계만을 강조하고 있다.

8.1.10. 진화

다윈의 진화론과 멘델의 유전법칙이 통합되면서 이루어진 신다윈론은 진화를 새로운 형질의 출현과 자연선택이라는 두 가지 과정으로 본다. 새로운 형질의 출현은 무작위적 돌연변이와 유성생식을 통한 유전자 재조합 때문이고, 또한 개체군에 나타나는 형질의 빈도가 변화되어 온 원인은 환경요인의 선택에 의한 생존과 도태(자연선택) 때문이라고 한다(조희형, 1994). 이처럼 신다윈론은 새로운 형질의 출처와 현재 형질의 유전을 잘 설명하기 때문에 대다수의 현대생물학자들의 지지를 받고 있다.

1) 진화를 이해하기 어려운 이유

현대의 생물학은 여러 분야로 나누어지고 있지만 각 분야는 진화라는 하나의 개념에 수렴하는 형식으로 되어있다(조희형, 1994). 이처럼 현대의 진화론은 몇 가지의 개념들이 통합적으로 구성되어 있으므로 그것을 이루는 주요한 개념을 이해하지 않고서는 그 지식을 완전히 습득할 수 없다.

진화론을 이루는 몇 가지 개념들은 학생들에게 쉽게 이해되지 않는다. 그 이유는 진화론은 생물학에서의 몇 가지의 개념(유전, 형태, 생태, 계통 등)들이 통합적으로 구성되어 있을 뿐만 아니라, 생물이 진화된다는 사실을 분명하게 보여주는 증거가 미흡하고, 진화에 대한 논리적 설명체계 그 자체가 논란의 대상이 될 수 있을 만큼 그 의미가 복잡하고 애매모호하기 때문이다. 현대의 진화론을 이루는 핵심적 개념들 가운데에서도 학생들이 배우기 어려워하는 개념들은 다음과 같다(조희형, 1994).

- 개체군에는 자연발생적으로 생겨난 돌연변이에 의한 변이종이 있게 마련이다.
- 적응은 자연선택의 결과이다 : 능동적 과정이 아니다.
- 자연선택은 우연적이며 확률적 과정이다.

2) 오개념

많은 학생들은 진화를 생물이 장기간에 걸쳐 점진적으로 변함으로써 환경에 반응하는 과정으로 인식한다. 그들은 진화의 핵심적 과정은 자연에 의한 형질의 선택 혹은 도태라는 것도 비교적 잘 알고 있다. 그러나, 생물은 왜 진화하며, 그 구체적인 과정은 어떻게 진행되는지에 관해서는 학생들의 생각과 진화론자들의 생각 사이에 커다란 차이가 있다.

학생들의 진화에 대한 오개념은 표 8.13과 같다.

표 8.13. 학생들의 진화에 관한 오개념(조희형, 1994에서 변형)

오개념	과학적 설명
① 생물이란 자신이 살아가는데 필요하기 때문에 새로운 형질을 발달시킨다고 생각한다.	• 진화는 생물의 능동적 과정이 아니다.
② 생물이란 어느 개체나 환경이 변하면 변화된 새로운 환경에 적응하기 위해 차츰 변하고, 그럼으로써 진화한다고 생각한다. 즉, 생물이 가지는 모든 기관은 어떤 목적을 달성하는데 적절한 모양으로 형성되어 있으며, 그것에 의한 행동과 반응은 반드시 합목적적이라고 생각한다.	• 적응은 선택의 결과이고, 능동적 과정이 아니다. • 자연선택은 우연적·확률적 과정이다. • 대중매체의 언어에서 학생들은 쉽게 오인을 가진다. 예) 기후가 변함에 따라 생물은 그 환경에 적응해야 하며 그렇지 못한 경우 멸종한다.
③ 진화의 요인 • 환경요인 : 물, 태양, 음식, 보호 등과 같은 환경요인에 따라 진화의 원인과 과정을 설명한다. • 신체적 요인: 신경, 뇌, 혈액, 땀, 눈물 등을 진화의 원인으로 제시한다. • 자연적 요인: 수명의 한계, 자연의 특성, 모성애 등과 같은 요인으로 진화의 과정을 설명한다. • 유전적 요인: 가장 과학적인 생각으로 진화의 궁극적인 원인과 그 결과를 유전에 둔다. 예) 라마르크의 획득형질 유전	• 생물학자는 진화의 원인이 되는 집단 내 형질의 변화를 ① 무작위적 돌연변이 혹은 유성생식을 통한 유전자 재조합 ② 환경요인의 선택에 의한 생존과 도태의 두 가지 과정으로 본다. • 진화는 몇 세대를 거치는 긴 시간이 필요하다.
④ 변이가 진화의 결정적 요인임을 알지 못한다. 진화란 형질이 개체군내에서 차지하는 비율의 변화가 아니라 형질 그 자체의 개별적 변화로 본다.	• 생물학자들은 진화의 기본 단위를 개체군으로 본다. 그들은 개체군내에서 비교적 환경에 유리한 형질을 가진 일부 개체들에 의해서 개체군이 진화된다고 본다. • 개체군에는 자연발생적으로 생겨난 돌연변이에 의한 변이종이 있게 마련이다. • 개체군내의 변이가 진화의 전제 조건이다.

(1) 변이

생물학자들은 진화의 기본단위를 개체군으로 본다. 그들은 개체군 내에서 비교적 환경에 유리한 형질을 가진 일부의 개체들에 의해서 개체군이 진화된다고 주장한다. 개체군 내의 변이가 진화의 전제조건이라는 주장이다. 그러나, 학생들은 변이가 진화의 결정적인 요인이라는 사실을 잘 깨닫지 못한다(조희형, 1994). 학생들은 개체들로 이루어진 개체군의 변화 대신에 한 개체의 전체적 형태가 변화되는 과정을 진화로 보고, "치타는 적을 피하기 위해 빨리 달려야 하며 치타의 근육과 뼈는 그런 환경에 적응하기 위해 변화되었다" 고 말한다.

진화론을 구성하는 여러 가지 핵심적 개념들 가운데서도 특히 형질이 변화되는 과정과 방법, 개체군과 형질 변이의 관계 등에 관한 학생들의 생각은 진화론자들의 생각과 크게 다르다(조희형, 1994). 현대의 생물학자들은 두 가지 과정(그 원인과 결과가 뚜렷이 다른)이 집단 내에 나타나는 형질의 변화에 영향을 미친다고 본다. 무작위적 돌연변이 혹은 유성생식을 통한 유전자 재조합과 환경요인의 선택에 의한 생존과 도태를 그 두 가지 과정으로 본다. 그러나, 많은 학생들은 진화에서 이 두 과정이 관여된다는 것을 알지 못한다. 그러므로 그들은 개체군 내에 새로운 형질이 출현한 사실과 오랜 시간에 걸쳐 생존한 사실을 잘 구분하지 못하고, 한 종의 특성은 그림 8.1의 오른쪽에 나타낸 바와 같이 일정한 과정을 통해서 변화된다고 생각한다. 그들은 그 두 과정이 아니라 환경이 진화의 원인이라고 생각하는 경향도 나타난다

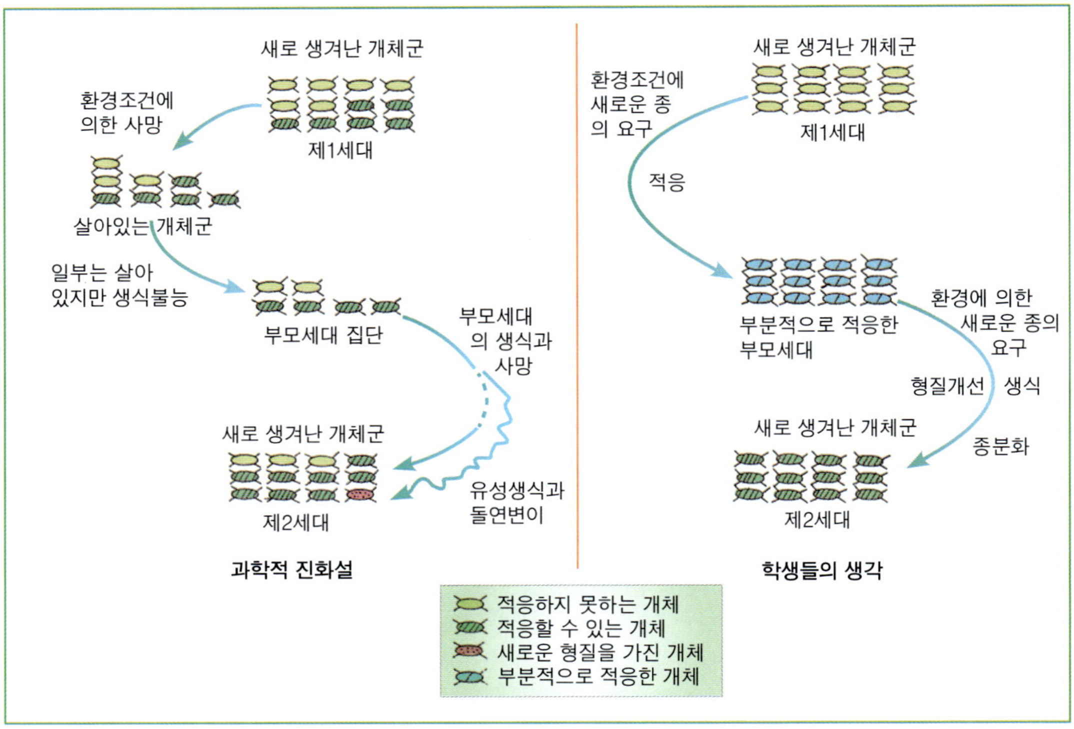

그림 8.1. 진화의 기구에 대한 과학적 개념과 외국학생의 개념(조희형, 1994).

(2) 자연선택

진화의 원인과 과정에 대한 학생들의 생각은 다분히 라마르크의 진화설과 일맥상통한다. 그들은 생물이란 자신이 살아가는데 필요하기 때문에 새로운 형질을 발달시킨다고 본다. 이를테면 그들은 "치타는 먹이를 포획하기 위해 빨리 달려야 하며, 자연은 치타로 하여금 빨리 달릴 수 있는 기능을 가지게 하였다" 고 생각한다(조희형, 1994). 그들은 생물체가 그 신체적 기관이나 기능을 쓰거나 쓰지 않음으로써 변한다고 생각하기도 한다. "몇 세대를 거쳐 눈을 쓰지 않았기 때문에 동굴도롱뇽의 눈은 그 기능을 상실했다" 는 생각이다. 또한 그들은 생물의 적응이라는 용어를 일상적인 생활 상황에서 획득한 의미로 쓴다. 그들은 "북극곰의 털은 환경의 영향을 받아 느린 적응의 과정을 통해 흰색으로 변했다" 고 말하기도 한다.

많은 학생들은 자연선택의 의미를 정확하게 알지 못하고 라마르크가 가졌던 목적론적 관념을 그대로 가지고 있으면서 그에 따라 진화의 과정을 설명하는 경우도 있다(조희형, 1994). 학생들은 생물이란 어느 개체나 환경이 변하면 변화된 새로운 환경에 적응하기 위해 차츰 변하고, 그럼으로써 진화한다고 생각한다.

(3) 확률

학생들은 다른 생물학적 현상과 마찬가지로 진화의 과정과 방법도 목적론적 과정에서 해석한다(조희형, 1994). 그들은 생물이 가지는 모든 기관은 어떤 목적을 달성하는데 적절한 모양으로 형성되어 있으며, 그것에 의한 행동과 반응은 반드시 합목적적이라는 것이다. 이러한 생각은 그림 8.2에서 볼 수 있듯이, 단순히 우연으로 보거나 확률적으로만 해석하기에는 지나치게 정교하고 조직적인 생물체의 여러 기관들을 볼 때 그렇게 생각할 수도 있을 것이다.

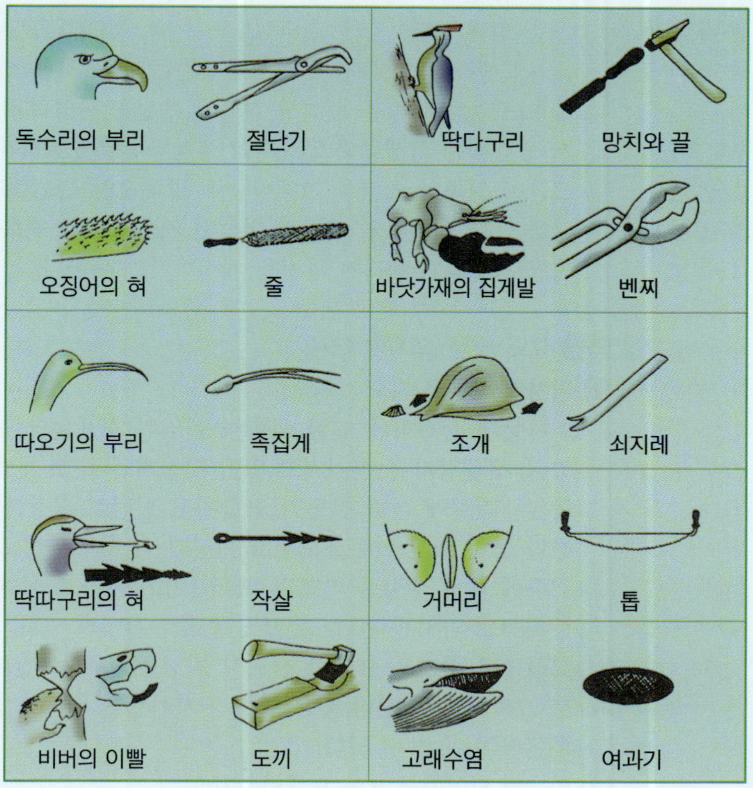

그림 8.2. 생물체 기관과 인간이 만든 도구의 비교 (조희형, 1994).

생물학자들은 다른 종과 뚜렷이 구별되는 형질을 가진 개체가 한 개체군 내에서 차지하는 비율의 변화를 진화로 본다. 즉, 진화는 개체들에 유전적 변이가 일어나고 그 과정을 통해서 새로운 형질의 개체가 생겨나는 과정이라고 한다. 새로운 형질은 그 형질을 가진 개체의 수가 늘어남으로써 개체군 내에서 차지하는 비율이 늘어나고 그럼으로써 진화가 점진적으로 진행된다는 것이다. 그러나, 학생들은 진화가 형질이 차지하는 비율이 아니라 형질 그 자체의 개별적 변화라고 생각한다(조희형, 1994). 말하자면, 진화과정에서 형질이 더욱 발달되거나 도태된다는 생각이다. 그들은 "무엇을 볼 필요가 없는 동굴도룡뇽은 몇 세대를 거치면서 시력이 나빠진 눈의 유전자를 받아 결국 시력을 잃게 되었다" 고 한다.

(4) 진화의 요인

또한 학생들은 진화의 원인과 그 과정을 설명하는데 다음과 같은 요인을 적용한다(조희형, 1994).

- **환경요인** : 물, 태양, 음식, 보호 등과 같은 환경요인에 따라 진화의 원인과 과정

을 설명한다.

- **신체적 요인** : 신경, 뇌, 혈액, 땀, 눈물 등을 진화의 원인으로 제시한다.
- **자연적 요인** : 수명의 한계, 자연의 특성, 모성애 등과 같은 요인으로 진화의 과정을 설명한다.
- **유전적 요인** : 가장 과학적인 생각으로서 진화의 궁극적인 원인과 그 결과를 유전에 둔다.

이 생각들 중에서 저학년 학생들은 주로 처음 세 가지 생각을 통해서, 고학년일수록 마지막의 생각을 통해서 진화의 본질을 파악하려 한다(조희형, 1994). 처음의 세 가지 생각들은 학생들의 일상적인 생활과정에서 획득되어 그들의 직관적 관념을 이루며, 그들이 진화의 개념을 이해하는데 방해요인으로 작용하기도 한다. 한편, 마지막의 생각은 근대 유전학의 발달로 형성된 지식으로서 진화의 원인을 비교적 잘 설명하여 주지만 진화의 구체적인 과정을 제시하지는 못한다.

3) 학습지도 방안 (조희형, 1994)

(1) 역사적 사실로 지도

이상에서 진화에 관한 과학적 개념과 학생들의 직관적 생각들을 비교하여 설명하였다. 생물학자들이 가지고 있는 진화개념과 그 개념에 대한 학생들의 생각에 미루어 볼 때, 진화에 대한 전통적 학습지도 방법이 적절하지 않음을 알 수 있다. 즉, 생물의 진화는 더 이상 이론으로서가 아니라 역사적 사실로 지도되어야 한다. 물론 학생들은 진화에 대한 생각을 학교의 교육만이 아니라 사회와 종교, 그리고 형이상학적 관점을 통해서도 가지게 된다. 그런데, 종교적 신념과 사회적 이념은 과학적 가치관과 다르다. 그러므로 종교의 교리나 사회적 이념을 통해서 진화의 본성을 해석하는 학생일지라도 그의 종교적 신념 혹은 전통적 가치관을 버리지 않고 생물학적 지식, 즉, 과학적 진화론을 이해할 수 있다.

(2) 일상적 언어에서 오는 오개념을 줄임

학생들은 그들의 단순한 사고방식과 일상적으로 사용하는 언어를 통해서도 진화에 대한 그릇된 생각을 가질 수 있다. 학생들은 생물이 생존을 위하여 형질을 변화시키거나 새로운 형질을 획득하는 과정이 단순하다고 생각한다. 그러나, 자연의 모든 현상은 학생들이 인식하고 있는 만큼 단순한 과정을 통해서 운용되지 않는다.

한편, 학생들은 대중매체를 포함한 여러 상황에서 쓰이는 언어를 통해서도 진화에 대한 오개념을 가진다. 우리는 "기후가 변함에 따라 생물은 그 환경에 적응해야 하며 그렇지 못할 경우 멸종한다.", "오로지 강하고 영리한 동물만이 살아남는다." 등과 같은 말을 많이 듣는다. 이 말들은 목적론적 진술이지 확률적·기계론적 말들이 결코 아니다.

8.1.11. 동물분류

학생들의 동물 분류에 대한 개념은 다음과 같다(정완호 등, 1991b).

1) 동물

일상생활에서 쉽게 접할 수 있는 척추동물 특히, 포유류와 조류에 국한되어 있었으며, 상황에 따라서 '동물은 사람이다' 란 개념과 '동물은 사람과 달리…' 란 개념을 모두 사용하고 있다. 또한, '동물' 과 '생물' 을 동일한 개념으로 설명하기도 한다. 초등학생과 중학생들은 '동물' 의 개념을 정의하는데 다리와 같은 부속지를 잘 언급하고, 고등학생이나 대학 1, 2 학년들은 호흡, 생식에 관한 것을 많이 언급한다.

2) 척추

이 개념에 대해서는 뚜렷하지 않아서 등에 마디 모양의 단단한 껍질을 가진 새우, 딱정벌레, 거북이 등을 척추동물로, 운동하는 모양에서 체내에 뼈를 갖지 않은 것으로 생각될 수 있는 뱀과 뱀장어의 경우는 무척추동물로 생각하는 경향이 있었지만, 고등학교로 갈수록 그와 같은 선입관은 줄었으나 끝까지 변하지 않는 오개념으로 남는 경우도 있다. 학생들은 척추동물과 무척추동물을 외부형태의 특성으로 구별하고 있다. 이는 뱀과 장어, 거북이를 무척추로 분류하는 것을 보고 알 수 있다.

3) 어류

어류의 특징을 평균 60% 이상의 학생들이 '물속에 산다.' 라고 설명하고 있었으며, 포유동물인 고래와 물개, 무척추동물인 게, 불가사리, 해삼 등을 초등학교 학생의 50% 이상이 어류에 포함시킨다.

4) 척추동물과 파충류

척추동물과 파충류의 포함관계에 대한 개념이 뚜렷하지 않고, 오히려 개념위계상으로 같은 수준의 분류군 개념으로 생각한다.

5) 양서류와 파충류

두 개념에 대해서는 서로 혼동하고 있다.

6) 펭귄과 물개

펭귄을 포유류로 생각하는 학생들이 30%이상이나 되었으며, 물개는 50%가 어류에, 80%가 포유류에 답하고 있어 어류인지 포유류인지의 개념이 확실하지 않은 상태에 있다.

8.1.12. 생태

고등학교 학생들은 먹이그물의 역동적인 관계를 먹이사슬의 개념으로 설명하는 경향이 있다(Griffiths & Grant, 1985). 그 후 Griffiths(1988)는 이러한 오개념은 확고하게 뿌리박혀 있지 않으므로, 변화되기 쉽다는 주장을 증명해 보이기 위해, 먹이그물에 관해 오개념 치료수업을 했으나, 수업전과 후에 유의한 차이가 없었다(정완호, 1993).

미국의 고등학교 1학년의 경우, 먹이사슬에 대한 개념은 단지 2%의 학생들만이 그 개념들을 확실하게 이해하였고, 생태계 개념을 확실하게 이해하는 학생은 한 명도 없었다(Marek, 1986). 확실히 이해하는 학생들의 경우도 과학적 현상을 나타내는 교과서적인 용어를 단순히 암기하고 정의하는 것일 뿐, 그 현상자체를 이해하는 것은 아니다(권석룡, 1998).

우리나라의 고등학생들은 생태계에 관하여 도시 학생들이 시골 학생들보다 오개념을 적게 가지고 있다(정완호, 1993). 그리고 생리, 유전과 진화, 분류 및 형태에 관한 개념에 대해서는 일반 학생들이 영재 학생에 비해 유의한 차이로 오개념을 많이 가지고 있다. 그 후의 조사에서 고등 학생들은 생태학적 개념에 관하여 성별에 따른 차이는 없으나, 일반고교 학생과 과학고교 학생들 사이에서는 유의한 차이가 있으며, 대·중·시골 지역별 차이가 나타났다(정완호 등, 1995).

생태계에 관한 초등학생을 대상으로 오개념을 조사 분석하는 과정에서 교사들 자신이 오개념을 가지고 있음을 발견할 수 있었다(원영효, 1994). 학생들은 물질의 순환 개념을 정확히 파악하지 못하거나 단순한 지식의 암기에서 잘못 형성된 오개념이 두드러졌다(원영효, 1994). 또한 생물의 양에 관해서는 시골보다는 도시 학생이 여학생보다는 남학생이 오개념을 적게 가지고 있다. 생태계의 구성에 대해서는 중소도시 학생이 오개념을 적게 가지고 있고, 물질의 이동 경로에 관해서는 시골 학생이 오개념을 적게 가지고 있다. 기생에 관한 오개념의 경우는 지역별, 남녀별의 유의한 차이는 없다.

우리나라 초등학생들의 개념 조사에서, 생태계에 대한 학습을 받은 학생들 중 60% 정도가 생태계의 구성과 기능에 대한 올바른 개념을 갖지 못하고 있었고, 특히 환경 요소와 물질 이동에 대한 오개념은 학습 후에도 쉽게 변화되지 않았다(김안순, 1995). 또한 지역에 따른 개념 분석에서는 5학년에서 약간 차이가 났으나 학습한 6학년의 경우에는 도시와 농촌의 차이가 아주 근소하였고, 성별에 따른 개념 분석에서 5학년에서는 남녀의 차이가 거의 없었지만 학습한 6학년에서는 남학생보다 여학생이 올바른 개념 형성의 비율이 높다(김안순, 1995). 그리고 생태계에 대한 초등학생들의 개념연구에 의하면, 도시학생들보다 농촌학생들이 학습전인 5학년의 경우에 오개념의 비율이 낮았지만 학습 후에는 도시와 농촌 학생들 사이에 차이가 거의 없다(김과 유, 1996).

초등학생들의 생태계에 대한 개념 이해에서, 농촌 지역 학생보다 중소 도시 학생이 더 많이 올바르게 형성되었고, 문항내용 마다 성별에 따른 유의한 차이가 있다(권석룡, 1998).

그 외에도 이 우리나라 중·고등학교 학생들의 생태 개념 조사에서 학교 급별, 성별에 따라 오개념 형성에 차이가 있다(이미경, 1993). 순천지역 고등학생들의 개념조사에서 생태계평형에 대한 오개념의 빈도가 높게 나타났고, 도시지역보다 농촌지역 학생들의 오개념의 빈도가 높게 나타났는데 그 이유는 문화적·교육적환경의 차이 때문이라고 추정된다. 한편, 성별에 따른 오개념 비율의 차이는 없다(정민화, 2002).

8.1.13. 영화에서의 오개념

우리가 일상생활에서 또는 수업 시간 중에 오개념이라는 것을 인식하지 못하고 과학개념처럼 사용하듯 영화에서도 많은 오개념이 포함되어 대중들에게 전달되고 있다. 이는 영화를 만드는 사람이 과학전공자가 아니기 때문에 오개념이라는 것 자체를 의식하지 못하는 경우가 많고, 영화의 효과를 높이기 위한 과장, 영화 제작 과정에서의 실수, 관객들의 자기 해석과정에서 오인을 불러일으키는 경우 등이 있다.

영화에 등장하는 과학개념에 대한 타당성 논의나 영화 속의 잘못된 장면을 찾아내는 작업이 많이 이뤄지고 있다. 하지만 정작 문제가 될 수 있는 영화 속에 등장하는 오개념은 관객들이 인식하지 못하는 사이에 그들이 가지고 있는 선개념과 결합하여 더욱더 견고한 오개념으로 변할 가능성이 있기 때문에 이에 대한 조사가 필요하다고 본다. 생물에 관한 오개념은 많은 영화에서 발견이 된다. 영화라는 매체가 지닌 흥미요소를 수업에 도입하여 오개념 수정 모델의 하나로 사용해 보는 것도 유용한 학습의 하나라고 본다.

DNA, 복제인간, 돌연변이 등은 이제 영화 속에서 전혀 낯설지 않은 단어라고 느낄 만큼 자주 등장하는 생물 개념이다. 괴물이나 거대한 생물에 대한 과학적 오류와 진화에 대한 오개념은 이런 소재를 사용하는 거의 모든 영화에서 발견된다.

(1) 유전

TV 시리즈 'V'에서는 파충류인 외계생물과 인간의 혼혈아(잡종)가 등장한다(그림 8.3). 이는 종의 개념을 명백하게 이해하지 못했기 때문에 등장하는 오류이다. 종이라는 것은 수정이 가능한 후손을 남길 수 있는 생물의 구분 단위이다. 따라서 파충류인 외계생물과 포유류인 인간 사이에 수정이 된다는 것은 단순하게 성적인 결합만 있으면 수정이 된다는 잘못된 생각에서 나온 것이다.

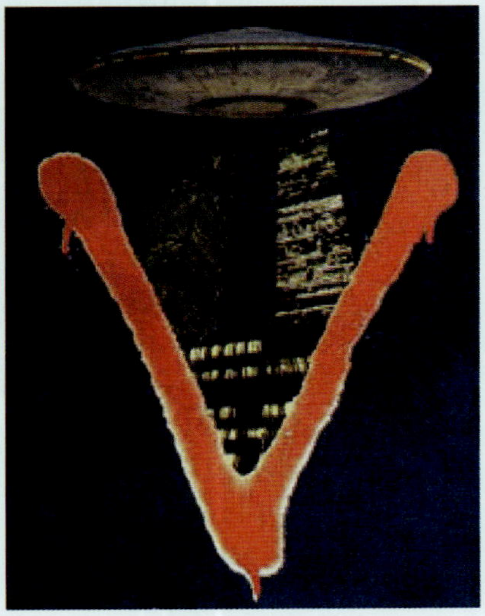

그림 8.3. 영화 '브이(V)'의 포스터(http://lasagna777.hihome.com, 020805).

또한 이 혼혈아는 인간과 외계인의 특징을 모두 가지고 있는데, 이는 양쪽 부모의 형질이 반반씩 유전이 된다는 혼합설과 같은 오개념이다. 이렇게 유전자가 혼합이 되어 후손에게 유전이 된다는 생각은 많은 영화에서 볼 수 있다. 심지어 두 종간에 태어난 잡종의 경우 두 종에서의 우수한 형질만 가지고 태어난 경우도 많이 등장한다. 관객들은 대립인자들이 분리와 결합에 의해서 종이 발생한다는 개념을 명확하게 인식하지 못한 상태에서 이러한 영화를 보았을 경우 아무런 비판 없이 가능성이 있는 상황으로 받아들이게 된다.

변이에 관해서도 잘못된 생각을 많이 가지고 있는데, 자연 상태에서도 많은 개체들 사이에서 변이가 발생하고 돌연변이 또한 생긴다. 하지만, 영화상에서는 방사선에 의해서만 돌연변이가 생긴다는 인상을 강하게 준다. 또한 돌연변이에서 발생한 개체가 우수한 능력을 가지는 영화를 볼 수 있는데, 이 또한 돌연변이에 대해 잘못 알고 있는 것이다. 돌연변이에 의해 발생한 개체의 형질은 열등한 것이 대부분이다. 또한 변이 전의 개체와 형태상의 차이에 있어 너무나 많이 달라진다는 것이다. 하나의 형질에 하나의 변이를 일으킬 확률도 극히 낮지만, 거대한 고질라(그림 8.4)를 만들어 낼만큼의 변이가 동시에 발생하기 위해서는 얼마나 많은 돌연변이가 발생해야 하는지에 관해 관객들은 별 고민이 없는 듯하다.

그리고 잡종인 경우 하나의 형질을 나타내는데 하나의 인자 밖에 가지고 있지 않다는 인상을 준다. 즉, '...의 유전자 때문에 곧 어떻게 바뀔 것이다. '와 같은 표현에서와 같이 한쪽의 인자에 의해 형질이 나타난다는 표현을 하는 영화가 많다.

(2) 진화

학교 수업에서도 통합적인 성격을 가진 진화를 올바르게 이해하기 어려운 만큼 영화 속에서는 진화에 대한 갖가지 오개념이 등장한다.

진화에 대한 첫 번째 오개념은 영화상에서는 진화를 너무나 단시간에 일어나는 것

그림 8.4. 영화 '고질라' 포스터(http://djuna.nkino.com, 020805).

그림 8.5. 영화 '미믹' 의 포스터(http://djuna.nkino.com, 020805).

으로 처리를 한다는 것이다. 영화 '미믹' (Mimic)에서와 같이 탈피를 하는 과정에서 진화를 하는 것처럼 몇 번의 변태와 탈피를 통해 진화를 하는 것이다(그림 8.5). 이는 변태에 관해서도 명확한 개념 정립이 없다는 증거이기도 하지만, 진화를 너무 단시간에 벌어지는 것으로 본다는 것이다. 또한 혹성 탈출에서와 같이 원숭이가 인간처럼 진화하는데 겨우 몇 천년 밖에 걸리지 않는 것도 모두 진화할 수 있는 시간에 관한 잘못된 생각이다.

진화에 관한 두 번째 오개념은 진화를 능동적인 과정으로 본다는 것이다. 영화 '워트월드'(Water World)에서 온통 물로 덮여 있는 지구에 적응하기 알맞은 것으로 귀 뒤에 아가미가 있는 주인공이 등장한다(그림 8.6). 이것은 지구가 물로 덮인 환경으로 바뀌면 변화된 새로운 환경에 적응하기 위해 차츰 변하고, 그럼으로써 진화를 한다고 하는 목적론적 사고를 반영한 결과이다. 영화 미믹에서도 '천적을 닮아 진화한다.'는 목적론적 진술이 등장한다.

(3) 영화에 오개념이 많이 등장하는 이유

영화는 개연성이 있는 허구를 화면상에 옮겨 놓은 것이다. 이는 과학적 지식을 기반으로 하는 SF 영화라 할지라도 마찬가지이다. 영화는 관객들이 봤을 때 얼마나 공감을 하는가가 중요한 요소이며, 흥미를 유발하여 흥행에 성공을 거두려고 만든다. 따라서 영화는 많은 사람들이 그럴 것이라고 생각하는 내용을 그대로 옮기다 보면 많은 오개념도 같이 묻어나게 된다. 이렇게 영화 속에 오개념이 포함되는 이유를 정리해 보면 아래와 같다.

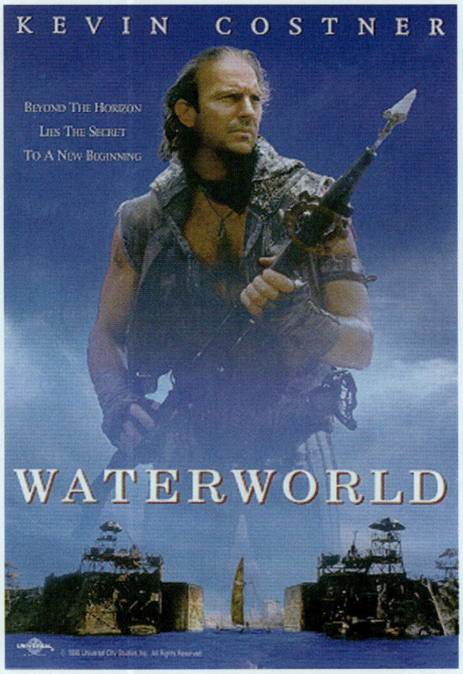

그림 8.6. 영화 '워터월드' 포스터(http://imagebingo.naver.com, 020805).

첫째, 영화는 일상 경험을 바탕으로 만들어지며, 이 과정에서 잘못된 직관적 관념이 개입하게 된다.

둘째, 관객들의 흥미 유발을 위해 영화적 과장을 많이 한다.

셋째, 영화 제작자들이 오개념인지 모르고 제작하는 경우에 발생한다.

넷째, 영화를 만들면서 과학적 검증을 거치더라도 제작 상 실수를 하는 경우이다.

(4) 결론

수 없이 많은 영화에 등장하는 오개념을 몇 가지 유형으로 분류하여 볼 수 있다. 영화 제작상의 실수에 대한 것이나 기술상의 타당성에 대한 논의는 일단 뒤로하고서라도, 많은 영화에 등장하는 오개념을 현장의 교사들이 직접 분류하여 수업에 적용할 수 있을 것이다.

또한, 영화에는 명백하게 오개념인 것으로 등장하는 장면도 있지만, 오히려 관객들이 받아들이는 과정에서 오해를 하는 장면도 많이 등장한다. 때에 따라서는 명백하게 오류인 것보다 관객들이 잘못 이해하여 발생하는 오개념이 더욱더 좋지 않은 영향을 미칠 수도 있으므로 이에 대한 적절한 학습지도가 필요할 것이다.

8.2. 우리나라 학생들의 생명과학 오개념 목록

이 내용은 생물학 영역에서 굳어지기 쉬운 선입견들을 찾아내고 그와 같은 선입견들이 형성되는 원인을 분석하여 교정할 수 있는 바람직한 학습지도 모형을 개발하기 위한 선행연구(pilot study)로서 정완호 등(1992)이 연구한 결과를 요약한 것이다.

그들의 연구는 선입견으로 인해 수업 시에 어려움을 겪었던 내용들에 대한 설문을 실시하고, 설문결과 교사들이 제시한 학생들의 선입견 및 수업 후에도 과학적 지식과는 다른 오개념으로 정착되어 버리는 개념들을 정리한 것이다.

우리나라 초·중등학교에서 생물교과를 담당하고 있는 전국의 초등 과학교사 21명과 서울, 부산, 전남의 중등학교 생물교사 126명교사들이 제시한 학생들이 가지고 있는 오개념 목록으로서 앞으로 이 분야의 연구를 하는데 참고가 되는 중요한 자료이다.

8.2.1. 분류 및 형태

교사들이 제시한 학생들의 오개념으로 들 수 있는 것은 "양파의 잎을 뿌리로 안다." 이다. 응답교사는 양파의 비늘잎을 줄기로 알고 있었다. 또 산호가 고정되어 있기 때문에 식물로 아는 경우가 많다. 중등교사들의 응답 중에서는 멍게와 우렁쉥이를 서로 다른 것으로 아는 예가 있었고, 바이러스를 비생물로 취급하는 오류가 있었다. 대나무가 외떡잎식물인데도 형성층이 있는 것으로 알고 있으며 엽록소와 엽록체를 같은 것으로 알고 있다. 이것은 외적인 형태에서 오는 것으로 개념 혼란을 가져온다. 벼, 보리, 옥수수 같이 꽃이 아름답지 않은 식물은 꽃이 피지 않는 것으로 아는 것은 개념의 인식부족 탓이다. 또 오징어를 척추동물이나 어류에 속하는 것으로 알고 있으며 특히 지느러미 있는 곳을 머리 쪽으로 잘못 알고 있다.

가. 초등학생

- 생물은 움직인다.
- 움직이는 것은 모두 동물이고, 움직이지 않는 것은 식물이다.
- 산호는 식물이다.
- 동물은 새끼를 낳는다.
- 모든 동물은 어미젖을 먹고 자란다.
- 양서류는 새끼를 직접 낳는다.
- 올챙이와 개구리는 다른 종이다.
- 뱀은 뼈를 가지고 있지 않다.
- 뱀과 개구리를 둘 다 파충류 또는 양서류이다.
- 큰 지렁이와 뱀은 같은 종류이다.
- 악어는 포유류이다.
- 개와 고양이는 같은 종이다.
- 고래는 물고기다.
- 고래는 알을 낳는다.

- 박쥐는 조류의 일종이다.
- 기린의 목뼈는 돼지의 목뼈보다 그 수가 많다.
- 양파의 잎은 뿌리이다.
- 잎이 파래야만 식물이다.
- 밀, 보리, 벼는 꽃이 피지 않는다.
- 벼에 쌀알이 달린다.
- 선인장은 몸통이 잎이다.

나. 중등학생

- 바이러스는 비세포성이므로 최초의 생명체라고 본다.
- 세균류는 모두 운동성이 있다.
- 세균은 동물에 속한다.
- 클로렐라나 아나베나는 운동을 한다.
- 원핵생물에는 핵물질이 없다.
- 말미잘은 식물이다.
- 산호를 산호초라 부르며 식물이다.
- 오징어는 척추동물이다.
- 오징어는 어류이다.
- 오징어는 연골어류다.
- 오징어의 지느러미는 머리에 속한다.
- 오징어의 지느러미 부분이 머리다.
- 오징어, 꼴뚜기, 문어, 낙지의 다리는 모두 10개이다.
- 거미는 곤충이다.
- 거미 다리는 6개이다.
- 흰불나방의 유충 등 모든 곤충의 유충은 송충이이다.
- 멍게(우렁쉥이)는 극피동물이다.
- 멍게는 식물이다.
- 멍게와 해삼은 같은 종류이다.
- 척삭이란 골격구조를 말한다.
- 척삭과 척추는 동일한 것이다.
- 먹장어, 칠성장어와 같은 원구류는 척추동물이다.
- 먹장어, 칠성장어는 어류이다.
- 창고기는 척추동물이며 어류이다.
- 상어, 망상어는 새끼를 낳으므로 태생이다.
- 고래는 어류이다.
- 고래는 난생이다.
- 악어는 양서류이다.
- 도롱뇽은 파충류이다.
- 뱀장어는 파충류이다.
- 파충류의 피 색깔은 푸른색이다.
- 도마뱀과 도롱뇽은 같은 종류이다.

- 뱀은 다리가 있다.
- 지렁이와 뱀은 같은 동물에 속한다.
- 코끼리는 파충류의 무리이다.
- 거북은 어류이다.
- 거북은 외골격이다.
- 펭귄은 포유류이다.
- 펭귄은 어류이다.
- 박쥐는 알을 낳는다.
- 포유류는 조류에서 진화된 것이다.
- 조류 이하는 모두 난생이다.
- 오리너구리는 태생이다.
- 황인종, 흑인종, 백인종은 서로 다른 종(species)이다.
- 동물의 꼬리에는 뼈가 없다.
- 새의 날개에는 뼈가 없다.
- 양성화와 암 수 한 그루는 같은 말이다.
- 식물의 꽃은 동물의 얼굴에 해당한다.
- 연근이라고 불리는 부분은 뿌리이다.
- 감자는 뿌리에 속한다.
- 대나무에 형성층이 있다.
- 버섯에도 뿌리가 있다.
- 엽록소와 엽록체는 같은 것이다.
- 고사리는 엽록체가 없다.
- 조류는 엽록체가 없다.
- 조류는 바다에만 산다.
- 홍조류는 홍조소만, 갈조류는 갈조소만, 녹조류는 엽록소만 갖고 있다.
- 미역은 경엽식물이다.
- 균류는 세균을 뜻한다.
- 바이러스와 세균과 박테리아는 같다.
- 곰팡이는 식물이 아니다.
- 곰팡이는 동물이다.
- 수중과 육상의 중간단계 식물은 양치식물이다.
- 소나무는 꽃이 피지 않는다.
- 보리도 꽃이 피지 않는다.
- 보리, 벼, 옥수수와 같이 꽃이 아름답지 않는 식물은 꽃이 피지 않는 식물이다.
- 딸기나 옥수수처럼 씨가 겉에 보이는 식물은 겉씨식물이다.
- 보리는 겉씨식물이다.
- 잔디는 겉씨식물이다.
- 민들레의 씨는 바람에 날리므로 풍매화이다.
- 은행나무는 활엽수이다.
- 은행나무는 속씨식물이다.
- 국화는 갈래꽃이다.

8.2.2. 생리

주로 많이 지적한 내용은 배설물(땀, 오줌)과 배출물(똥)에 관한 내용으로, 배설기와 소화기에서 나오는 산물들이 일상생활에서 용어상 뚜렷이 구별하지 않고 사용하기 때문에 발생하는 오개념이다.

가. 초등학생

- 세균은 모두 병균이라 해롭다.
- 배설물인 오줌과 배출물인 똥은 같은 찌꺼기다.
- 붕어가 계속 입을 벌리는 것은 먹이를 먹기 위함이다.
- 모든 동물은 코로 숨을 쉰다.
- 신체가 생장하는 것은 세포가 커지는 것이다.
- 귀뚜라미는 벌레를 잡아먹고 산다.
- 동물들의 모든 감각기관은 인간의 것과 같다.
- 동물만 호흡하고 식물은 호흡하지 않는다.
- 식물의 광합성은 호흡과 같은 것이다.
- 모든 식물은 탄소동화작용을 한다.
- 식물의 광합성은 햇빛에서만 일어난다.
- 식물은 언제나 우리에게 산소를 공급하므로 화분을 방에 많이 두어도 좋다.
- 식물은 물을 많이 줄수록 좋다.
- 식물은 물만 먹고도 산다.

나. 중등학생

- 동면은 변온동물에서만 나타난다.
- 곰은 겨울잠을 자므로 변온동물이다.
- 세포막과 세포벽의 기능은 같다.
- 호흡속도는 혈중 O_2 농도에 의해 조절된다.
- 호흡은 폐에서만 일어난다.
- 사람의 호흡 시 공기가 들어가므로 배가 부풀어 오른다.
- 호흡에서 흡기의 성분은 대부분 산소이고 호기의 성분은 대부분 이산화탄소이다.
- 잠수부나 환자용 공기통 속에는 산소만 들어 있다.
- 사람은 피부호흡도 한다.
- 혈액형은 변화된다.
- 혈액형에는 8가지가 있다.
- 혈액형은 성격을 결정한다.
- 파충류의 피는 파란색이다.
- 모든 동맥에서는 동맥혈만 흐른다.
- 피는 혈액형에 관계없이 다 수혈된다.
- 포도당 주사와 링거 주사는 같은 것이다.
- 혈액의 응집과 응고는 같은 것이다.

- 혈구는 세포가 아니다.
- 혈액은 조직이 아니다.
- 헤모글로빈은 혈장단백질이다.
- 대변의 생성은 배설기와 연관되어 있다.
- 대변도 노폐물이다.
- 배설은 대변을 배출하는 것을 말한다.
- 배설기관을 항문이다.
- 오줌을 형성하는 곳은 방광이다.
- 소변과 땀의 성분은 전혀 다르다.
- 대부분의 비타민은 열에 약하다.
- 이자액에 의해 음식물이 소화되는 곳은 이자이다.
- 쓸개즙은 쓸개에서 만들어진다.
- 소화관은 조직세포의 내부에 해당한다.
- 우리가 먹는 영양소는 소장의 융털에서만 흡수된다.
- 토끼도 소와 같은 초식동물이므로 되새김질을 한다.
- 모양체가 수축하면 수정체가 얇아진다.
- FSH, LH는 여성에게서만 분비된다.
- 남자의 정액은 남성 호르몬의 일종이다.
- 정액은 모두가 정자로만 되어 있다.
- 동물에만 호르몬이 있고 식물은 없다.
- 이끼류는 광합성을 하지 않는다.
- 보상점은 광합성량과 호흡량이 같을 때의 온도이다.
- 광합성과 호흡은 비슷한 것이다.
- 식물은 낮에만 기체를 필요로 한다.
- 식물은 햇빛이 있을 때는 호흡하지 않는다.
- 식물은 낮에만 호흡한다.
- 식물은 낮에는 호흡하지 않고 밤에만 호흡한다.
- 식물은 호흡을 밤에만 하며 호흡 시 이산화탄소를 마신다.
- 식물의 호흡은 이산화탄소를 흡수하고 산소를 배출한다.
- 식물은 밤에도 산소를 배출한다.
- 식물은 항상 산소를 배출시킨다.
- 식물은 낮에는 광합성만 하고 밤에는 호흡만 한다.
- 낮에 일어나는 호흡이 광합성보다 더 활발하다.
- 미모사에는 신경이 있다.
- 발아의 조건에 빛이 필요하다.
- 붉은 식물에는 엽록소가 없다.
- 줄기는 양성굴수성이다.

8.2.3. 생태

응답 결과는 생태계의 의미 및 구성요소, 생태피라미드, 먹이그물 등에 관한 내용들로 요약될 수 있는데, 특히 생태학의 용어에서 파생되는 선입견 및 오개념에 관한 내용들이 있었다. 생태학과 먹이그물에 대한 연구로는 Griffiths & Grant(1985)와 Okebukola(1990)의 것이 있으며, Griffiths et al. (1988)의 경우는 먹이그물에 대한 내용으로 오개념을 교정해 보고자 하였으나 큰 효과를 보지 못한 내용에 관한 논문을 발표한 바 있다. 그러나 국내에서는 이 분야에 대한 학생들의 개념에 관한 논문이 전무한 상태이다(정완호 등, 1992).

가. 초등학생

- 자연계에서 식물 없이 동물만으로도 살 수 있다.
- 제1차소비자는 살아 있는 녹색식물만을 먹는다.
- 모기는 모두 피를 빨아먹는다.
- 썩는다는 것은 없어진다는 것이다.
- 여름철새는 더운 곳을 좋아하고 겨울철새는 추운 곳을 좋아한다.

나. 중등학생

- 생태계에는 생산자, 소비자, 분해자만 있다.
- 분해자는 생태계에서 별 필요가 없다.
- 식물성 플랑크톤 및 아주 작은 녹조류의 생태적 지위는 분해자이다.
- 먹이연쇄에서 포식자와 피식자의 관계는 양보다는 수에 차이가 있다.
- 먹이피라미드에서 개체수 피라미드는 모두 정피라미드이다.
- 생태피라미드에서 최종소비자의 에너지량이 가장 많다.
- 먹이연쇄의 에너지 이동량이 점점 커진다.
- 이상적인 생존곡선은 히드라와 같은 평균형이다.
- 양수림을 극상으로 본다.
- 우점종의 결정은 피도, 빈도, 밀도의 합으로 결정한다.
- 에너지는 순환한다.
- 물속에는 모두 아가미 호흡하는 동물만 서식한다.
- 식물의 수평분포 및 수직분포는 토양과 관계가 깊다.
- 적조현상의 원인은 홍조류 때문이다.
- 음지식물은 빛이 필요 없다.
- 사막에는 식물이 살지 않는다.

8.2.4. 생식 및 발생

주로 인간의 생식과 발생에 대한 내용으로 응답했는데, 수정방법, 시험관아기, 암수의 구별, 세포분열과 염색체 등에 관한 내용들로 되어 있었다.

가. 초등학생

- 지렁이는 수정하지 않는다.
- 살모사도 알을 낳아 번식한다.
- 수컷이 없으면 알을 낳지 못한다.
- 모든 달걀을 부화시키면 병아리가 깨어 나온다.
- 알에서 직접 곤충이 깨어 나온다.
- 시험관 아기는 시험관 속에서 자란다.
- 남녀가 그냥 결혼만 하면 아이를 낳을 수 있다.
- 여학생의 경우, 생리만이 2차성징이라고 생각한다.
- 모든 생물은 암수가 있다.
- 식물은 암수가 없다고 생각한다.
- 동물은 암수가 있으나 식물은 암수구별 없이 열매가 달린다.

나. 중등학생

- 다른 종끼리도 생식이 가능하다.
- 유성생식을 하는 모든 생물은 반드시 암수배우자의 수정을 통해서만 개체로 발생된다.
- 접함은 영양생식이다.
- 접합은 무성생식이다.
- 자웅동체인 동물은 무성생식을 한다.
- 지렁이는 암수 한 몸이므로 한 몸에서 나온 정자와 난자가 수정되어 알을 만든다.
- 꿀벌에서 수펄의 염색체는 2n이다.
- 알은 낳는 동물은 체외수정을 한다.
- 무수정란에서 병아리가 생긴다.
- 달걀 전체가 난소에서 만들어진다.
- 달걀은 중황란이다.
- 개구리의 포접 모습은 체내 수정을 하는 것이다.
- 거북은 새끼를 낳는다.
- 한 개의 난자에 동시에 여러 개의 정자가 들어갈 수 있다.
- 사람의 생식세포에는 성호르몬이 들어있다.
- 정관수술은 성기능의 정지를 의미한다.
- 근친간의 교배는 임신이 되지 않는다.
- 여포가 파열되고 난자가 방출되는 것이 월경이다.
- 수정이 일어나는 곳이 자궁이다.
- 수정과 착상이 모두 자궁 내에서 된다.
- 시험관 아기는 시험관에서 10달 동안 자라서 태어난다.
- 시험관 아기는 수정란에서부터 시험관 속에서 자란 아이이다.
- 성의 결정은 임신 3개월 정도에서 결정된다.
- 일란성 쌍생아는 하나의 난자에 두 개의 정자가 동시에 수정되어 생긴다.
- 아기가 배꼽으로 태어난다.
- 감수분열 시 염색체 1개당 DNA양이 1/2로 감소되는 시기는 제1분열(이형분열)

후기이다.
- 형성체는 언제 어느 곳에서나 유도능력을 갖는다.
- 난할에서는 간기가 없으므로 DNA의 복제가 없다.
- 도롱뇽의 2세포기에는 어느 방향으로든 2개로 갈라놓으면 2개의 완전한 배가 생긴다.
- 척삭이 척추로 변한다.
- 초기발생(수정란-포배기)시 전체의 크기는 점점 커진다.
- 상피는 전부 외배엽성 기관이다.
- 식물의 생식은 수분이라고 하고, 동물은 수정이라고 한다.
- 배낭과 배낭세포는 같다.
- 식물은 모두 씨를 만들어 번식한다.
- 쇠뜨기는 뿌리로 번식한다.
- 씨가 싹틀 때 햇빛이 필요하다.

8.2.5. 유전

주로 언급이 된 내용은 유전병, 혈액형, 염색체와 유전자, 멘델의 유전법칙에 대한 개념들이었다.

가. 초등학생

- 폐병은 유전에 의해 걸린다.
- 곱사병은 유전이다.
- 돌연변이는 유전 될 수가 없다.
- 혼혈아는 아버지 쪽을 외모상 더 닮는다.
- 아들은 아버지를 닮고 딸은 어머니를 닮는다.
- 토끼의 털 색깔은 유전되지 않는다.

나. 중등학생

- 형제나 자매간은 유전자 조성이 같다.
- 사람의 유전에서 어버이의 대립형질이 F_1에서는 중간형질로 나타난다.
- Rh-인 여자는 아기를 하나만 출산할 수 있다.
- 사람은 꼭 부모의 혈액형만 닮는다.
- A형과 B형의 양친사이에서 O형이 태어날 수 없다.
- 혈액형에서 ABO식과 Rh식은 완전히 다른 사람에게 적용되는 것이다.
- 혈액형에는 A형, B형, AB형, O형, Rh형이 있다.
- 인종에 따라 혈액조성이 완전히 다르다.
- 인간의 표현형질은 모두 우성만 나타난다.
- 우성형질이란 우수한 형질을 뜻한다.
- 빈도수가 많은 형질이 우성이다.
- 돌연변이란 우수한 형질을 뜻한다.

- 색맹은 열성치사 유전이다.
- 여자에게는 대머리와 혈우병이 없다.
- 반성유전이란 반은 딸에게, 반은 아들에게 유전되는 것이다.
- 결핵은 유전병이다.
- 멘델의 유전 법칙은 모든 생물에 적용된다.
- 완두의 유전에서 분리의 법칙은 단성잡종 F2의 분리비가 3 : 1로 나타나는 것을 의미한다.
- 완두의 유전에서 독립의 법칙은 양성잡종 F2의 분리비가 9 : 3 : 3 : 1로 나타나는 것을 의미한다.
- 황색완두와 녹색완두를 교배하여 얻은 황색완두를 다시 심으면 황색이 된다.
- 모든 유전자는 독립의 법칙이 적용된다.
- 검정교배와 역교배는 같은 것이다.
- 하나의 염색체에는 한 종류의 유전자만 있다.
- 염색체에서 교차가 일어나면 교차형 배우자만 생긴다.
- 대립유전자는 서로 다른 염색체에 존재한다.

8.2.6. 진화

진화는 주로 사람의 진화와 관련된 응답이 많았고, 생명의 기원에 대한 내용도 많았다. 설문결과에서 나타난 진화론은 교사나 학생이 과학으로써 진화론을 배우고 가르치기는 하지만, 진화론에 대한 신념이 없는 경우가 많으므로 이와 같은 진화론에 대한 태도가 학생들의 개념형성에 부정적인 영향을 끼칠 것인가에 관한 연구가 요청된다.

가. 초등학생

- 사람은 원숭이가 진화한 것이다.
- 진화란 원숭이가 사람으로 되는 것이다.
- 종교를 갖고 있는 학생은 창조론만 알고 있다.
- 원래의 모습이 살아가면서 조금씩 변하는 것이 진화이다.
- 불독과 치와와는 소나 돼지처럼 아무런 관계가 없다.
- 진화는 좋은 방향으로 그리고 보다 발달된 방향으로 변화되는 것이다.
- 파리는 쓰레기통에서 그냥 생긴다.
- 동식물은 흙에서 발생한다.

나. 중등학생

- 사람의 조상은 원숭이이다.
- 동물원의 원숭이는 장차 사람이 될 것이다.
- 다윈의 자연선택설 내용 중 변이를 돌연변이로 생각한다.
- 생물체의 체구는 대형화 쪽으로 진화하고 이것이 삶에 유리하다고 본다.
- 잡초는 무조건 하등하다.
- 구더기는 더러운 곳에서 자연발생한다.

• 용불용설이 진화에서 가장 정확한 학설이다.
• 모든 생명체는 신이 창조한 것이다.

8.3. 우리나라에서 생명과학의 개념 및 오개념에 관한 연구 목록

우리나라에서 과학 오개념에 관한 연구는 조희형(1984)의 '선입관의 철학적 배경 및 오인과 과학학습의 관계' 에서 시작되었다고 할 수 있다. 그 후 오개념의 철학적 및 심리적 배경을 광범위하게 탐색하여 논문(조희형, 1988)으로 발표하였다. 1988년 서울대학교에서 개최한 '물리교육 워크샵' 과 1990년에 한국교원대학교에서 개최한 '과학 오개념에 관한 한·영 비교 연구' 는 과학의 여러 분야에서 오개념을 활발하게 연구하게 되는 기폭제가 되었다(권재술 등, 1998).

우리나라에서는 지금까지 선개념의 유형과 지배적인 오개념 유형을 찾아내는 연구가 많았으나 오개념을 고려한 수업전략의 적용에 관한 연구는 상대적으로 적었다(김한호, 1991). 앞으로는 오개념의 형성원인과 형성과정, 오개념의 교정을 위한 수업전략 및 그 효과성, 오개념이 변화해 가는 과정에 관한 연구가 활발하게 이루어져야 할 것이다(김한호, 1991).

우리나라에서 지금까지 과학 및 생명과학의 개념 또는 오개념에 관한 연구에 관하여 한국과학교육학회지와 한국생물교육학회지를 중심으로 정리하여 보면 다음과 같다.

오개념 지수

오개념의 견고성 지수(이와 권, 1993)

과학 개념

선입관의 철학적 배경 및 오인과 과학학습의 관계(조희형, 1984)
과학개념에 관한 초등학생의 실태(김효남, 1990)
과학개념 학습지속 효과의 유형(권과 김, 1992)
과학개념의 표현양식별 학습지속 효과(김과 권, 1994)
교육대 학생의 과학의 본성에 대한 개념(권과 박, 1995)
교수전략으로서의 개념도 활용(김과 오, 1995)
과학개념의 위계적 분석 및 적용(정진우 등, 1996)
확산과 삼투에 관한 개념(김과 정, 1997a)
과학학습 개념의 수준 분석(심규철 등, 2002)
학생의 개념에 대한 이해(박과 이, 2004)

생명과학 개념 및 오개념

고교에서 중요한 생물개념 목록(조희형, 1985)
생물 오개념의 실태(정완호 등, 1992)
고교생의 생물오개념(정완호, 1993)
고교생의 생물오개념 처치를 위한 수업모형(정완호, 1997)
초등학생의 식물 단원에 대한 개념(채규완, 1999)
초등학생의 생물학적 오개념(황영록, 2002)

생명현상

국민학생의 생명개념 형성(계오남, 1987)
생명에 대한 초·중등 학생의 개념(정과 차, 1992)
생물학에 대한 중학생들의 개념변화(박과 손, 1993)
생명현상에 대한 교과서의 설명(최와 김, 1995)
생명현상에 대한 유아·초등학생의 개념(이경희 등, 1995a)
생명현상에 대한 과학교사의 인식(김과 최, 1996)
국민학생의 생명 개념(고재흥, 1996)
생물과 비생물에 대한 유아들의 개념(강민정 등, 2004)

호흡

호흡에 관한 중등학생의 개념(박강훈 등, 1992a)
에너지원에 대한 중등학생의 개념(박강훈 등, 1992b)

순환 및 배설

순환과 배설에 대한 중학생의 개념(최와 허, 1994)

인체

인체에 대한 중학생의 개념(조용복 등, 1995)
인체구조와 기능에 대한 초등학생의 개념(김과 정, 1995b)

형태 및 분류

식물분류에 대한 초·중등 학생의 개념(정완호 등, 1991a)
동물분류에 대한 초·중등 학생의 개념(정완호 등, 1991b)
동물형태에 대한 유아·초등학생의 개념(이경희 등, 1994)
식물분류에 대한 개념과 수업효과(심과 정, 1996)
초등학생의 생물분류 개념형성(이소영 등, 2004)

생리

광합성과 진화에 대한 학생들의 오인(전태식, 1987)
광합성과 진화에 대한 학생들의 개념(전과 허, 1989)
생장에 관한 국민학생의 개념(유원일, 1992)
동·식물 생리에 관한 고교생의 오개념(장과 정, 1993)
생리에 관한 고교생의 오개념(정완호 등, 1993a)
식물의 생장에 관한 아동의 개념과 수업전략(정완호 등, 1993b)
식물의 생장에 대한 국민학생의 개념(정완호 등, 1993c)
식물의 양분생산에 관한 개념(김과 정, 1997b)

세포 및 발생

고교생의 생식과 발생에 대한 오개념(정완호 등, 1995)
고교생의 '세포' 단원에 대한 개념도(김과 정, 1995a)

발생 학습에 대한 고교생의 인식(김과 정, 1995c)
중학 '생명의 연속성' 단원에 대한 교사와 학생의 개념(민과 정, 1997)
초등학생의 '생식 및 유전'에 대한 오개념(권예순, 2005)

유전

유전에 대한 고교생의 오인과 지도방향(박과 조, 1986)
유전과 진화에 대한 고교생의 오개념(정과 차, 1994)
유전에 대한 개념과 수업효과(송과 정, 1996)
학생들의 유전개념 발달 비교(고정호 등, 1997)
생명공학의 기본개념에 대한 고교생의 개념분석(정과 계, 1998)

진화

진화개념 형성과 학습효과(이명자 등, 1994)
자연선택에 대한 개념(신영준 등, 1996)
유전과 진화에 대한 대안 개념(민진선 등, 2004)
공룡의 멸종에 대한 고교생의 대안적 가설(박형근 등, 2004)
과학사에 근거한 진화개념 분석(이와 이, 2006)

생태 및 환경

중등학생의 생태개념(이미경, 1993)
국민학생의 생물과 환경에 대한 개념(최세용, 1993)
생태계에 관한 초등학생의 개념(원영호, 1994)
환경오염에 관한 중등 학생의 개념(홍과 장, 1994)
고교생의 생태학적 오개념(정완호 등, 1995)
동물생태에 관한 유아·초등학생의 개념(이경희 등, 1995b)
동물생태에 대한 국민학생의 개념(고상우, 1996)
생태계에 대한 초등학생의 개념(김과 유, 1996)
생태계와 관련된 고교생의 개념(정민화, 2002)
고교생의 생태계에 대한 오개념 유형(박지영 등, 2003)

실험

오기하기 쉬운 실험기구(성과 곽, 1997)

참고문헌

AAAS(American Association for the Advancement of Science), 1989. Project 2061 Science for all Americans. Washington, DC.

Abimbola, I. O., 1988. The problem of terminology in the study of student conceptions in science. Science Education, 72(2): 175-184.

Abruscato, J., 2000. Teaching children science : A discovery approach, 5th ed. Allyn and Bacon, Boston.

Alkenhead, G. S., 1988. An analysis of four ways of assessing student beliefs about STS topics. Journal of Research in Science Teaching, 25(8).

Anderson, B., 1979. Some aspects of children's understanding of building points. Proceedings to an International Seminar on Cognitive Development Research in Science and Mathematics. University of Leeds, Leeds.

Areds, R. I., 1998. Learning to teach, 4th ed. McGrow-Hill, Boston.

Arons, A. B., 1990. A guide to introductory physics teaching. John Wily & Sons Inc.

ASE, 1979. Alternatives for science education. The Garden City Press Ltd., Hertfordshire.

Ausubel, D. P., 1968. Educational psychology: A cognitive view. Holt Rinehart and Winston, New York.

Ausubel, D. P., J. D. Novak & H. Hanesian, 1978. Educational psychology: A cognitive view, 2nd ed. Holt Rinehart & Winston, New York.

Ayala, F. J. & T. Dobzhansky, 1974. Studies in the philosophy of biology: Reduction and related problems. University of California Press, Berkeley, CA.

Baker, D. L. & M. D. Piburn, 1997. Constructing science in middle and secondary school classrooms. Allyn & Bacon, Needham Heights.

Bar, V., 1987. The effect of the testing format on the distribution of results. In Novak, J. D. (ed), Proceeding of the Second International Seminar on Misconceptions and Educational Strategies in Science and Mathematics, Volume I: 26-31. Cornell University, Ithaca, New York.

Bausell, R. B., 1994. Conducting meaningful experiment - 40 steps to becoming a scientist. SAGE publications, Thousand Oaks.

Bigge, M. L. & S. S. Shermis, 1999. Learning theories for teachers, 6th ed. Longman, New York.

Bloom, B. S. (ed), 1956. Taxonomy of educational objectives, Handbook I. Cognitive domain. David McKay, New York.

Blosser, P. E., 1991. How to ask right questions. Washington, DC NATA,

Bower, G. H. & E. R. Hilgard, 1981. Theories of learning, 5th ed. Prentice-Hall, Inc., Englewood Cliffs, New Jersey.

Braben, D., 1994. To be a scientist. Oxford University Press.

Brainerd, C. J., 1978. Piaget's theory of intelligence. Prentice-Hall, Inc., Englewood Cliffs, New Jersey.

Brock, B., 1989. Past, present, and future. (In) Shortland, M. & A. Warwick (eds). Teaching the history of science. BSHS & Blackwell London, 30-41.

Brown, H. I., 1977. Perception theories and commitment: The new philosophy of science. The University of Chicago Press, Chicago.

Brown, J. H. & R. J. Shavelson, 1996. Assessing bands-on science - A teacher's guide to performance assessment. California Corwin Press, Inc., Thousand Oak.

Bruner, J. S., 1960. The process of education. Harvard University Press, Massachussetts.

Bruner, J. S., 1968. Toward a theory of instruction. W. W. Norton & Company. Inc., New York.

Bruner, J. S., 1971. The relevance of education. George Allen & Unwin, London.

Bybee, R. W. & R. B. Sund, 1982. Piaget for educators, 2nd ed. Charles E. Merrill Publishing Co., Columbus, Ohio.

Bybee, R. W., 1997. Achieving scientific literacy - Form purpose to practices. Portmouth, NH Heinemann.

Bynum, W. F., E. J. Browne & R. Porter, 1981. Dictionary of the history of science. Princeton University Press, New Jersey.

Callahan, J. F., L. H. Clark & R. D. Kellough, 1998. Teaching in the middle and secondary schools, 6th ed. Merrill, Englewood Cliffs, New Jersey.

Caramazza, A., M. MeCloskey & B. Green, 1980. Naive beliefs in sophisticated subjects: Misconception about trajectories of objects. Cognition, 9: 117-1233.

Carey, S., 1985. Conceptual change in childhood. The MIT Press, Cambridge.

Carin, A. A. & R. B. Sund, 1989. Teaching science through discovery. 6th Ed. Merill Publ., Co., Columbus, OH.

Carin, A. A., 1997. Teaching science through discovery. 8th Ed. Merill Publ., Co., Upper Saddle River, New Jersey.

Carrascosa, A. T. & G. Perex, 1987. What to do for science misconception. (In) Novak, J. D. (Ed). Proceedings of the Second International Seminar: Misconception and educational strategies in science and mathematics. Cornell University, Ithaca, New York, vol II: 149-157.

Chalmers, A. F., 1982. What is this thing called science? 2nd ed. Open University Press, Milton Keynes.

Chalmers, A. F., 1999. What is this thing called science, 3rd ed. Hackett Publishing, Inc., Cambridge.

Champagne, A. B. & L. E. Klopfer, 1983. Naive theories and science learning. Paper presented at the annual meeting of the American Association of Physics Teachers, New York. ERIC Document Reproduction Service No. ED225825

Champagne, A. B., L. E. Klopfer & J. Anderson, 1980. Factors influencing learning of classical mechanics. American Journal of Physics, 48(12): 1074-1079.

Cheek, D. W., 1992. Thinking constructively about science, and society education. Albany, NY: State University of New York Press.

Chiappetta, E. L., T. R. Koballa, Jr. & A. T. Collette, 1998. Science instruction in the middle and secondary school, 4th ed. Merill Publ. Co., Columbus, Ohio.

Clement, J., 1982. Student's preconception in introductory mechanics. American Journal of Physics, 50(1): 66-70.

Clement, J., 1987. Overcoming students' misconception in physics the role of anchoring intuitions and analogical validity. Proceedings of the 2nd International Seminar - Misconceptions and educational strategies in science and mathematics. Vol Ⅲ: 84-97, Cornell Univ.

Cosgrove, M, M. & R. J. Osborne, 1983. Children's conception of changes of state of water. Journal of Research in Science Teaching, 20(9): 825-838.

Cosgrove, M. & R. Osbon, 1985. Lesson frameworks for changing children's idea. (In) Osborne, R. & Freyberg (ed). Learning in science. Heinemann.

Cromer, A. (1997). Connected knowledge: Science, philosophy, and education. New York: Oxford University Press.

Dewey, J., 1956. The Philosophy of education. Adams & Co., Iowa Littlefield.

DFE(Department for Education), 1995. Science in the national curriculum. London HMSO.

Diekhoff, G. M. & K. B. Diekhoff, 1982. Cognitive maps as a tool in communicating structural knowledge. Educational Technology, April: 28-30.

Dillon, J. T., 1994. Using discussion in classrooms. Open University Press, Buckingham.

Doran, R. L., 1972. Misconception of selected science concepts held by elementary school students. Journal of Research in Science Teaching, 9(2): 127-137.

Doran, R., F, Chan & P. Tamir, 1998. Science educator's guide to assessment. National Science Teachers Association, Arlington Virginia.

Driver, R., 1983. The pupil scientist. The Open University, Milton Keynes.

Driver, R., 1985. Beyond appearances: The conservation of matter under physical and chemical transformation. (In) Driver, R., E. Guesne, & Tiberghen. A children's ideas in science. Open University Press, Milton Keneys.

Driver, R. & J. Easley, 1978. Pupils and paradigms: A review of literature related to concept development in adolescent science students. Studies in Science Education, 5: 61-84.

Driver, R. & Erickson, G., 1983. Theories-in-action: Some theoretical and empirical issues in the study of students' conceptual frameworks in science. Studies in Science Education, 10: 41-42.

Driver, D., J. Leach, R. Millar & P. Scott, 1996. Young people's images of science. Open University Press, Buckingham.

Driver, R. & V. Oldham, 1986. A constructivist approach to curriculum development in science. Studies in Science Education, 13: 105-122.

Duit, R. & Pfundt, H., 1988. Students' alternative frameworks and science education. IPN Institute for Science Education at University of Kiel: 27-42.

Ebenezer, J. V. & M. Haggerty, 1999. Becoming a secondary school science teacher. Upper Saddle River, New Jersey Merill.

EDC(Educational Development Center), 1969. Elementary science study. McGraw-Hill, Manchester MO Webster Division.

Feyerabend, P. K., 1975. Against method. Verso, New York.

Fischer, H. & M. Lichtfeldt, 1992. Modern physics and student's conception. International Journal of Science Education, 14(2): 181-190.

Fisher, K. M., 1985. A misconception in biology: Amino acids and translation. Journal of Research in Science Teaching, 22(1): 53-62.

Fullick, P. & M. Ratcliffe, 1996. Teaching ethical aspects of science. The Bassett Press, Southampton.

Gagne, R. M., 1985. The conditions of learning, 4th ed. Holt Rinehart and Winston, New York.

Gardner, M. (ed), 1966. Rudolf Carnap: An introduction to the philosophy of science. Basic Books Inc., New York.

Genter, D. & A. Collins, 1983. Mental models. Hillsdals, Erlabum, New Jersey.

Gilbert, J. K., R. J. Osborne & P. J. Fensham, 1982. Children's science and its consequences for teacher. Science Education, 66(4): 623-633.

Ginsburg, H. & S. Opper, 1979. Piaget's theory of intellectual development, 2nd ed. Prentice-Hall, Inc., Englewood Cliffs, New Jersey.

Glynn, S. M., B. K. Britton, M. Sermurud-Clikeman & K. D. Muth, 1989. Analogical reasoning and problem solving in science textbooks. (In) Glover, J., R. Ronning, & C. Reynolds (eds). Handbook of creativity assessment, research and theory. Plenum Press, New York.

Gowin, D. B., 1981. Educating. Cornell University Press, Ithaca, New York.

Gredler, M. E., 2001. Learning and instruction theory into practice, 4th ed. Merrill Prentice Hall, New York.

Griffiths, A. K. & B. A. C. Grant, 1985. High school students' understanding of food webs: Identification of a learning hierarchy and related misconceptions. J. Res. in Sci. Teach., 22(5): 421-436.

Griffiths, A. K., K. Thomey, K. Cooke, B. & G. Normore, 1988. Remediation of student-specific misconceptions relating to three science concepts. J. Res. in Sci. Teach., 25(9): 709-719.

Guilford, J. P., 1967. The nature of human intelligence, McGraw-Hill Book Co.

Hackling, M. W. & D. C. Treagust, 1984. Research data necessary for meaningful review of grade ten high school genetics curricula. Journal of Research in Science Teaching, 21(2): 197-209.

Harrison, A. G. & D. F. Treagust, 1993. Teaching with analogies - A case study in grade 10 optics. Journal of Research in Science Teaching, 30(10): 1291-1307.

Hartley, J. & I. K. Davies, 1976. Preinstructional strategies: The role of pretests, behavioral objectives, overviews and advance organizers. Review of Educational Research, 46(2): 244.

Hashweh, M. A., 1986. Toward an explanation of conceptual change. European Journal of Science Education, 8(3): 229-249.

Hassard, J., 1990. Science experience - Cooperative learning and the teaching of science. Addison-Wesley Publ. Co., Menlo Park California.

Head, J., 1986. Research into alternative frame works: Promise and problems. Research in Science and Technological Education, 4(2): 204-207.

Hergenhahn, B. R. & M. H. Olson, 1997. An introduction to theories of learning, 5th ed. Prentice-Hall Inc., Upper Saddler River, New Jersey.

Hess, D. H., 1997. Science studies: An advanced introduction. New York University Press.

Hewitt, P, G., 1987. Conceptual physics. Addison-Wesley, Menlo Park CA.

Hewson, P. W., 1981. A conceptual change approach to learning science. European Journal of Science Education, 3(4): 383-396.

Hibbard, K. M., 2000. Performance-based learning and assessment in middle school science. Larchmont NY Eye On Education,

Hillgard, E. & G. Bower, 1966. Theories of learning. New York: Appleton-Century-Crofts.

Hodson, D., 1998. Teaching and learning science: Toward a personalized approach. Buckingham: Open University Press.

Honer, S. M., T. C. Hunt & D. L. Okholm, 1999. Invitation to philosophy issues and options. Wadsworth Publ. Co., Belmont CA.

Hospers, J., 1997. An introduction to philosophical analysis, 4th ed. London Routledge.

Hung, E. 1997. The nature of science: Problems and perspectives. Wadsworth Publishing Co., New York.

Hurd, D. P., 1986. Prospective for the reform for science education. Phi Delta Kappan, January 365.

Hurd, D. P., 1997. Inventing science education for the new millenium. Teachers College Press, New York.

Johnson, D. W. & R. T. Johnson, 1994. Learning together and alone cooperative, competitive, and individualistic learning, 4th ed. Allyn and Bacon.

Joyce, B., M. Weil & E. Calhoun, 2000. Models of teaching, 6th ed. Boston Allyn & Bacon.

Joyce, B., M. Well & E. Calhoun, 2000. Models of teaching, 6th ed. Allyn and Bacon, Boston.

Kaplan, A., 1964. The conduct of inquiry : Methodology for behavioral science. Chandler Publishing Co.

Karplus, R., 1977. Science teaching and the development of reasoning. University of California, Berkely, CA.

Kenealy, P., 1987. A synthetic source of common misconception about acceleration (In) Novak, J. D. (ed). Proceedings of the Second International Seminar: Misconception and educational strategies in science and mathematics. Cornell University, Ithaca, New York, vol III: 278-292.

Kitchener, R. F., 1999. The conduct of inquiry - An introduction to logic and scientific method. New York University Press of America.

Kuhn, T. S. 1962. The structure of scientific revolutions. Chicago, III.:University of Chicago Press.

Kuhn, T. S., 1996. The structure of scientific knowledge, 3rd ed. The University of Chicago Press, Chicago.

Lacey, A. R., 1996. A dictionary of philosophy, 3rd ed. Routledge, London.

Lakatos, I., 1970. Falsification and the methodology science research programmes. (In) Lakatos, I. & A. Musgrave (eds). Criticism and the growth of knowledge: 91-196). Cambridgeshire: Cambridge University Press.

Lakatos, I 1971. History of science and its rational reconstruction. Boston Studies in the Philosophy of Science, 8, 91-136. Reidel Publication Co.

Lakoff, G., 1987. Women, fire, and dangerous things. Chicago, il: University of Chicago Press.

Laudon, L., 1984. Science and values. University of California Press.

Laudon, L., 1996. Beyond positivism and relativism: Theory, method and evidence. Westview Press, Oxford.

Lawson, A. E., 1995. Science teaching and development of thinking. Wadsword Publishing Company.

Lawson, A, E., M. R. Abraham & J. W. Renner, 1989. A theory of instruction - Using the learning cycle to teach science concepts and thinking skills. NARST.

Lawson, A., 1988. High school biology in learning cycle. Arizona Board of Regents.

Leonard, W. H. & J. P. Penick, 1998. Biology A community context. Cincinnati South-Western Educational Publ.

Lewson, A. E., 1982. The reality of general cognitive operations. Science Education, 66(2): 229-241.

Marek, E. A., 1986. Understandings and Misunderstandings of Biology Concepts. The American Biology Teacher, 48(1): 37-40.

Marthews, M. R., 1994. Science teaching - The role of history and philosophy of science. Routledge,

New York.

Martin, R., C. Sexton, K. Wagner & J. Gerlovich, 1997. Teaching science for all children. Allyn and Bacon, Boston.

Mayer, W. V. (ed), 1977. Biology teacher's handbook, 3rd ed. BSCS, John Wiley & Son, New York.

Mayr, E., 1982. The growth of biological thought. Harvard University Press.

McCloskey, M., 1983. Intuitive physics. Scientific American, 248: 122-238.

McComas, W., M. Clough & H. Almazroa, 2000. The role and character of the nature of science. (In) McComas, W. (ed). The nature of science in science education - Rationales and strategies. Academic Publishers, London Kluwer.

Mclnerney, D. M. & Mclnerney, V., 1994. Educational psychology: Constructing learning. New York, Prentice Hall.

Merrilee, H. Salman, 1995. Introduction to logic and critical thinking, 3rd ed. Harcourt Brace College Publishers, New York.

Mibil, K. S., 1983. Selected science misconceptions amongst some Nigerian school certificate students. (In) Helm, H. & J. D. Novak (eds). Proceedings of the International Seminar on Misconceptions in Science and Mathematics. Cornell University, Ithaca, New York,: 425-427.

Millar, R. & J. Osborne, 1998. Beyond 2000 Science education for the future. King's College, London.

Mintzes, J. J., 1984. Naive theories in biology: Children's concepts of the human body. School Science and Mathematics, 84(7): 548-555.

Mulkay, M., 1979. Science and the sociology of knowledge. George Allen & Unwin, London.

Nagel, E., 1961. The structure of science: Problems in the logic of scientific explanation. RDP, London.

Nagel, E., 1979. The structure of science. Routledge & Kegan Publisher, London.

NAS(National Academy of Science), National Academy of Engineering (NAE) & Institute of Medicine (IOM), 1995. On being a scientist responsible conduct in research.

Nichols, D., 1999. Safety in biological fieldwork - Guidance notes for codes of practice. London Institute of Biology, University of Exeter.

Novak, J. D., 1977. A theory of education. Cornell University Press, Ithaca.

Novak, J. D. & D. B. Gowin, 1984. Learning how to learn. Cambridge University Press, Cambridge.

NRC(National Research Council), 1996. National science education standards. National Academy Press, Washington DC.

NSTA, 1990. Criteria for excellence, revised edition. Washington DC.

Nussbaum, J. C., 1979. Children's conceptions of the earth as a cosmic body: A cross age study. Science Education, 63(1): 83-93.

Nussbaum, J., 1985. The particulate nature of matter in the gaseous phase. In Driver, R., E. Guesne & A. Tiberghine. Children's ideas in science. The Open University Press, Milton Keynes.

O'Donohue, W. & R. F. Kitchener (eds), 1996. The philosophy. SAGE Publications Thousand Oaks, California.

Okebukola, P. A., 1990. Attaining meaningful learning of concepts in genetics and ecology: An examination of the potency of the concept - Mapping technique. J. Research in Science Teaching, 27(5): 493-504.

Osbon, R. & M. Wittrock, 1985. The generative learning model and its implications for science education. Studies in Science Education, 12: 59.

Osbon, R. & P. Freyberg, 1985. Learning in science: The implication of children's science. Heinemann, London.

Pearson, J. V., 1998. Science / Technology / Society model lessons for secondary science classes. Boulder SSEC.

Peter, J. Riggs, 1992. Whys and ways of science : Introducing philosophical and sociological theories of science.

Pines, A. L. & L. H. T. West, 1979. Conceptual understanding and science learning: An interpretation of research within a source of knowledge framework. Science Education, 1(1): 87-101.

Pines, A. L. & L. H. T. West, 1983. A framework for conceptual change with special reference to misconceptions. (In) Helm, H. & J. D. Novak (eds). Proceedings of the International Seminar: Misconceptions in Science and Mathematics. 47-66.

Pines, A. L. & L. H. T. West, 1986. Conceptual understanding and science learning: An interpretation of research within a source-of-knowledge framework. Science Education.

Popper, K. R., 1963. Conjectures and refutations : The growth of scientific knowledge. Harper & RPW, New York.

Popper, K., 1968. The logic of scientific discovery. Harper & Row Publishers, N. Y.

Posner, G. J., K. A. Strike, P. W. Hewson & W. A. Gertzog, 1982. Accommodation of a scientific conception toward a theory of conceptual change. Science Education, 66(2): 211-227.

Radder, H. (1996). In and about the world: Philosophical studies of science and technology. Albany, New York: State University of New York Press.

Reber, A. S., 1995. Dictionary of psychology. Penguin Books, London.

Resnik, D. B., 1998. The ethics of science - An introduction. London Routledge.

Reynolds, P. D., 1971. A primer in theory construction The Bobbs-Herrill Company, Inc., Indianapolis and New York.

Richard F. Kitchener, 1999. The conduct of inquiry : An introduction to logic and scientific method. University Press of America, New York.

Richards, S., 1987. Philosophy and sociology of science: An introduction. Basil Blackwell Press, Oxford.

Riggs, P. J., 1992. Why and ways of science. Melbourne University Press, Melbourne.

Rumelhart, D. E. & Norman, D. A., 1981. Analogical processes in learning. In J. R. Anderson (ed.), Cognitive skills and their acquisition. Erlbaum Press, Hillsdale, N. J.

Rutherford, F. J., G. Holton and F. G. Watson, 1970. The project physics course-text. Holt, Rinehart and Winston New York.

Salmen, M. H., 1984. Introduction to logic and critical thinking. Harcourt Brace Jovanorich Publishers, New York.

Sattler, R., 1986. Biophilosophy. Springer-Verlag, New York.

Shamos, M. H., 1995. The myth of scientific literacy. New Jersey Rutgers University Press, New Brunswick.

Shaun M. G., R. H. Yeany & B. K. Britton, 1991. The psychology of learning science. LEA, Hillsdole, New Jersey 179-199.

Singleton, Jr., R. A. Straits, B. C. & Straits, M. M., 1993. Approaches to social research, 2nd ed. Oxford

University Press.

Solomon, J., 1994. Conflict between mainstream science and STS in science education. (In) Solomon, J. & G. Aikenhead. STS education: International perspectives on reform. Teachers College Press, New York.

Solomon, J., P. Black & H. Stuart, 1987. The pupils view of electricity revisited social development of cognitive growth. International Journal of Science Education, 9(1): 13-22.

Steff, L. P. & J. Gale, 1995. Constructivism in education. Lawrence Erlbaum Associates Publishers, Hillsdale, New Jersey.

Strike, K. & Posner, G., 1982. Conceptual change and science teaching. European Journal of Science Education, 4(3): 321-340.

Strike, K. A. & G. J. Posner, 1985. A conceptual change view of learning and understanding. (In) West, L. H. T. & A. L. Pines. Cognitive structure and conceptual change. Academic Press, Inc., London.

Tayolr, C. W., 1978. How many types of giftendness can tour problem tolerate? Journal of Creative Behavior 12: 39-51.

Thiele, R. B. & Treaguest, D. F., 1994. An interpretive examination of high school chemistry teachers' analogical explanation. Journal of Research in Science Teaching, 31(3): 227-242.

Tobin, K. (ed), 1993. The practice of constructivism in science education. Lawrence Erlbaum Associates Publishers, Hillsdale New Jersey.

Tobin, K., D. J. Tippins & A. J. Gallard, 1994. Research on instructional strategies for teaching science. (In) Gabel, D. L. (ed). Handbook of research on science teaching and learning. Macmillan Publishing Co., New York.

Toulmin, S., 1967. The philosophy of science. London, Hutchinson University Press.

Treagust, D. F. & C. L. Smith, 1989. Secondary students' understanding of gravity and the motion of plants. School Science and Mathematics, 89(5): 380-391.

Treagust, D. F., R. Duit & B. J. Fraser, 1996a. Improving teaching and learning in science and mathematics. Teachers College Press, New York.

Treagust, D. F., R. Duit & B. J. Fraser, 1996b. Overview: Research on student preinstructional conceptions - The driving force for improving teaching and learning in science and mathematics. (In) Treagust, D. F., R. Duit & B. J. Fraser. Improving teaching and learning in science and mathematics. Teachers College Press, New York.

Trout, J. D., 1991. Reductionism and the unity of science. (In) Boyd, R., P. Gasper & J. D. Trout. The philosophy of science. The MIT Press, Cambridge.

Trowbridge, L. W., R. W. Bybee & J. C. Powell, 2000. Teaching secondary school science: Strategies for development scientific literacy, 7th ed. Merrill, Upper Saddle River, New Jersey.

Trowbridge, L. W., R. W. Bybee, & J. C. Powell, 2004. Teaching secondary school science: Strategies for development scientific literacy, 9th ed. Upper Saddle River, New Jersey: Merrill.

Tyler, R. W., 1949. Basic principles of curriculum and instruction. The University of Chicago Press, Chicago.

Vinnot, L. 1979. Spontaneous reasoning in elementary dynamics. European Journal of Science Education, 1(2): 205-221.

von Glasersfeld, E., 1993. Questions and answers about radical constructivism. (In) Tobin, K. (ed).

The practice of constructivism in science education. Lawrence Erlbaum Associates Publishers, Hillsdale, New Jersey.

von Glasersfeld, E., 1995. A constructivist approach to teaching. (In) Steffe, L. P. & J. Gale (eds). Constructivism in education. Lawrence Erlbaum Associates Publishers, Hillsdale, New Jersey.

Vosniadou, S. & W. Brewer, 1989. The concept of the earth's shape - A study of conceptual change in childhood. Urbana-Champaign University of Illinois, Center for the Study of Reading, ERIC Document Processing Service No. ED320756

Wellington, J., 2000. Teaching and learning secondary science - Contemporary issues and practical approaches. London Routledge.

White, R. & Gunstone, R., 1992. Probing understanding. Falmer Press, London.

Wittrock. M. C., 1985. Learning science by generating new conceptions from old ideas. (In) L. H. T. West & A. L. Pines (eds). Cognitive and conceptual change. Academic Press, Orlando, FL.

Yager, R. E., 1983. Defining science by generating new conceptions from old ideas. (In) L. H. T. West & A. L. Pines (eds) Cognitive and conceptual change. Academic Press, Orlando FL.

Yager, R. E., 1985. In defense of defining science education as the science/society interface. Science Education, 69: 143-144.

Yager, R. E., 2001. Science technology society as reform in science education

Zeitoun, H. H., 1984. Teaching scientific analogies: A proposed model. Research in Science and Technological Education, 2(2): 107-125.

Ziman, J., 1980. Teaching and learning about science and society. Cambridge University Press.

EBS 한국교육방송공사, 2002. 수능출제 유형분석. 위성 1 TV EBS, 231pp.

EBS 한국방송공사, 2002. EBS 수능 특강 생물 Ⅱ. EBS 한국방송공사, 58pp.

EBS 한국방송공사, 2004. EBS NEW 포트리스 과학. EBS 한국방송공사, 383pp.

강갑석, 조영수, 박성수, 2002. 식품과 건강문화. 광문각출판사, 537pp.

강민정, 권용주, 정완호, 2004. 생물과 비생물의 구분에 대해서 유아들의 생각하는 바탕 개념 연구. 한국생물교육학회지, 32(3): 256-266.

강빈구, 박상대, 김균언, 김동선, 김문교, 김영상, 김찬길, 김철근, 박일선, 선우양일, 성노현, 양재섭, 염경일, 운정호, 이석희, 장연규, 정영주, 조철오, 최수영, 최인순, 2001a. 세포생물학. 교보문고, 335pp.

강신성, 강영희, 길봉섭, 김영진, 김윤식, 김익수, 윤용달, 이정주, 2001. 생물과학 제3판. 아카데미서적, 565pp.

강신성, 권영명, 이병훈, 이인규, 이정주, 1998. 교양생물학. 형설출판, 332pp.

강신성, 권영명, 이정주, 이병훈, 이인규, 1991a. 교양생물학. 아카데미서적, 332pp.

강신성, 이명애, 이창중, 홍승환, 1991b. 교양생물학. 아카데미서적, 305pp.

강영희 등, 1997. 고등학교 공통과학 해설서. 두산동아, 504pp.

강영희, 강신성, 권영명, 김윤식, 김익수, 김훈수, 신유항, 안태인, 우한정, 유태형, 윤세영, 이우철, 이인규, 이정주, 최중기, 이지열, 이충원, 임양제, 장남기, 장무웅, 장정순, 채범석, 하두봉, 하재청, 하영칠, 1998. 생물학사전. 아카데미서적, 2068pp.

강영희, 나일성, 소현수, 2001a. 대성 제넥스 생물Ⅱ. 대성출판문화사, 201pp.

강영희, 조완규, 권숙일, 나일성, 소현수, 조희구, 이민호, 윤길수, 하효명, 서평웅, 김종권, 이영만, 목창수, 1999. 6차 교육과정 중학교 3학년 과학. 동아출판사, 302pp.
강화훈, 정선주, 호성오, 목창수, 이강석, 2001b. 두드림 중학 과학 3. 블랙박스, 52pp.
계오남, 1987. 국민학교 아동의 생명개념형성에 대한 연구. 한국교육학회, 70-76.
고상우, 1996. 동물생태에 관한 국민학교 아동들의 개념 연구. 한국교원대학교 석사학위논문, 84pp.
고재흥, 1996. 국민학교 학생들의 생명 개념. 한국교원대학교 석사학위논문, 84pp.
고정호, 길학균, 이길재, 1997. 유전개념의 역사적 변천과 학생들의 유전개념 발달의 비교 연구. 한국생물교육학회지, 25(2): 127-142.
고진필, 김소연, 권용성, 장지웅, 신인지, 이승희, 주창규, 조재홍, 2002. 누드교과서 생물II. (주)이투스그룹, 434pp.
고진필, 이광만, 허동, 박병훈, 정익현, 2001. 누드교과서 공통과학. 이투스그룹, 120pp.
공구영, 김득호, 정희용, 1997. 중학교 과학 3. 지학사, 72pp.
공창식, 남창주, 박성식, 차일환, 1997. 알기 쉬운 물리학 강의. 청범출판사, 697pp.
교육부, 1998a. 제7차 과학과 교육과정. 교육부 고시 제1997-15호 [별책 9]. 대한교과서, 101pp.
교육부, 1998b. 교육부 고시 제1997-15호에 따른 중학교 교육과정 해설(III) 수학, 과학, 기술· 가정. 대한교과서, 254pp.
교육부, 1999a. 제7차 교육과정에 의거한 2종 교과용 도서 집필상의 유의점(중학교). 75pp.
교육부, 1999b. 제7차 교육과정에 의거한 2종 교과용 도서 집필상의 유의점(고등학교). 95pp.
교육부, 2000a. 교육부 고시 제1997-15호 고등학교 교육과정 해설 과학. 대한교과서, 244pp.
교육부, 2000b. 제7차 교육과정에 의거한 2종 교과용 도서 검정 기준. 112pp.
교육인적자원부, 2002. 제7차 교육과정에 따른 고등학교 과학 성취 기준과 평가 기준. 231pp.
권난주, 권재술, 1998. 인지갈등을 통한 개념수업 절차 모형의 적용. 한국과학교육학회지, 18(3): 261-272.
권난주, 권재술, 2004. 인지갈등 전략을 이용한 과학 개념 변화에서 학습자 특성의 효과. 한국과학교육학회지, 24(4): 216-225.
권성기, 박승재, 1995. 교육대 학생의 과학의 본성 개념과 구성주의 학습관의 연관성 및 변화 조사. 한국과학교육학회지, 15(1): 104-115.
권성기, 임청환, 2000. 구성주의적 과학 학습 심리학. 시그마프레스, 301pp.
권영명, 고석찬, 김준철, 문병용, 박민철, 박인호, 이영숙, 이종섭, 이준상, 이진범, 이춘환, 전방욱, 조성호, 홍주봉, 1999. 식물생리학. 아카데미서적, 414pp.
권예순, 2005. 초등과학의 생식 및 유전에 대한 오개념 연구. 군산대학교 교육대학원 석사학위논문, 52pp.
권용주, 최진복, 김성하, 유병선, 김원선, 이길재, 김희백, 2003. 고등학교 생물실험. 교육인적자원부, 303pp.
권재술, 1989. 과학개념의 한 인지적 모형. 물리교육, 7(1) : 1-9.
권재술, 김범기, 우종옥, 정완호, 정진우, 최병순, 1998. 과학교육론. 교육과학사, 451pp.
권재술, 김준태, 1992. 과학개념 학습지속 효과의 유형과 그 특성 분석. 한국과학교육학회지, 12(1): 11-21.
권재술, 박범익, 1987. 통합 과학 과정의 접근 방법에 관한 비교연구. 한국과학교육학회지, 1, 35-44.
김경호, 1998. Vee map을 이용한 초등학교 자연과 교수학습 방안. 한국생물교육학회지, 26(2): 235-241.
김대권, 1997. 심리철학. 철학과 현실사. 출판사, 총쪽수 pp.

김명원, 김옥용, 김희진, 신주옥, 이혜영, 진언선, 하영미, 2004. 생명과학 - 이론과 현상의 이해(제4판). 라이프사이언스, 672pp.

김명원, 서영훈, 김명희, 하영미, 이영원, 조혜성, 김옥용, 윤미정, 이경아, 김창미, 김희진, 김미정, 조은희, 손성향, 이혜영, 윤인선, 진언선, 신주옥, 채현숙, 2001. 생명과학 - 이론과 현상의 이해 -. 라이프사이언스, 645pp.

김명원, 서영훈, 김명희, 하영미, 이영원, 조혜성, 김옥용, 윤미정, 이경아, 김창미, 김희진, 김미정, 조은희, 손성향, 이혜영, 윤인선, 진언선, 신주옥, 채현숙, 2002. 생명과학 제3판. 라이프사이언스, 646pp.

김문수, 정영란, 1997a. 확산과 삼투 개념에 관한 학생들의 이해도 및 오개념의 원인으로서의 교과서 분석. 한국과학교육학회지, 17(2): 191-200.

김미옥, 정영란, 1995a. 고등학교 생물 '세포' 단원의 개념도에 의한 분석. 한국과학교육학회지, 15(2): 213-222.

김봉섭 등, 1999. 교과서 핵심 공통과학. 지학사, 326pp.

김봉섭, 이기성, 공구영, 안태근, 2000. 홀로서기 공통과학 생물. 홍익비전, 167pp.

김수미, 정영란, 1997b. 항상성 동·식물 분류 식물의 양분생산에 대한 학생의 개념 조사와 오개념 형성 원인으로써 교사 요인의 분석. 한국과학교육학회지, 17(3): 261-271.

김안순, 유병선, 1996. 생태계에 대한 초등학생들의 개념 연구. 한국생물교육학회지, 24(2): 127-138.

김영민, 1991a. 중학생의 전류 개념 변화에 미치는 체계적 비유 수업의 영향. 서울대학교 박사학위논문. 259pp.

김영민, 1991b. 전류 개념을 설명을 위해 사용되는 물 회로 비유에 대한 학생들의 이해 조사. 한국과학교육학회지, 11(2): 1-13.

김영민, 박승재, 2001. 비유론과 과학교육. 원미사, 257pp.

김영수, 오금영, 1995. 중학교 생물 교수 전략으로서의 개념도 활용 학생 중심 개념도 수업과 교사 중심 개념도 수업. 한국생물교육학회지, 23(2): 213-230.

김영수, 최현순, 1996. 생명 현상 설명에 대한 중학교 과학 교사의 생물 철학적 인식. 한국생물교육학회지, 24(1): 25-43.

김용화, 정완호, 1995b. 인체의 구조와 기능에 관한 국민학생들의 개념 조사. 한국과학교육학회지, 15(1): 6-16.

김원숙, 정해문, 1995c. 발생 학습에 대한 고등학생들의 인식 조사 및 발생학 실험서 분석. 한국생물교육학회지, 23(1): 51-62.

김윤택, 김경호, 김남일, 백수관, 김병인, 배진호, 배미정, 이용철, 2003. 고등학교 생물Ⅰ. 중앙교육진흥연구소, 287pp.

김익균, 박윤배, 박종원, 송진웅, 최경희, 2002, 물리교육학 총론 II, (주) 북스힐, 369pp.

김일회, 강만식, 박은호, 이인규, 박영철, 1992. 현대생물학. 교학연구사, 396pp.

김재권, 하종호, 김선희, 1997. 심리철학. 철학과 현실사. 총쪽수 pp.

김재호, 장혜영, 2003. 생화학(제4판). 학술정보, 661pp.

김정성, 김창만, 1998. 공통과학. 형설출판사, 873pp.

김정성, 김창만, 2001. 통합 과학교육. 자유아카데미, 740pp.

김정성, 김창만, 김대진, 김진호, 박명숙, 2002. 공통과학. 열린교육, 675pp.

김조자, 유지수, 황애란, 1992. 기초간호과학. 수문사, 472pp.

김종윤 등, 1998. 수능잡는 교과서 공통과학. 디딤돌, 345pp.

김준태, 권재술, 1994. 과학개념의 표현 양식별 학습 지속 효과. 한국과학교육학회지, 14(2): 111-122.
김준호, 이영만, 1997. 고교해설서 생물 Ⅰ. 금성교과서, 382pp.
김준호, 이학동, 정완호, 김교창, 진익호, 박찬규, 김영수, 1996. 고등학교 생물 Ⅱ. 금성교과서, 435pp.
김준호, 이학동, 정완호, 김교창, 진익호, 박찬규, 김영수, 2000. 고등학교 생물 I. 금성출판사, 303pp.
김찬종, 박시진, 조현수, 김희백, 정진문, 양재철, 한종오, 한송희, 최후남, 오차환, 장홍식, 홍경희, 2003. 중학교 과학 1. 디딤돌, 359pp.
김찬종, 서만석, 김희백, 심재호, 현종오, 한인옥, 권성기, 박성식, 2001. 고등학교 과학 교사용 지도서. 디딤돌, 351pp.
김찬종, 채동현, 임채성, 1999. 과학교육 개론. 북스힐, 546pp.
김창만, 2003. 과학교육탐구. 박영사, 646pp.
김창만, 2004. 희소 과학과 교과교육론. 열린교육, 246pp.
김한호, 1991. 빛과 소리에 대한 국민학교 학생들의 개념조사. 한국교원대학교 석사학위논문.
김한호, 1995. 과학 수업 모형의 이론적 분석과 현장 적용 연구. 한국교원대학교 박사학위 논문, 240pp.
김효남, 1990. 국민학교 아동의 과학개념에 대한 실태조사 및 교정을 위한 방법 연구. 한국과학교육학회지, 10(2): 11-24.
노태희, 권혁순, 이선욱, 1997a. 중학교 과학 수업에서 비유물을 체계적으로 사용한 수업의 효과. 한국과학교육학회지, 17(3): 323-332.
노태희, 권혁순, 이선욱, 채우기, 1997b. 제6차 교육과정에 따른 중등 과학 교과서 화학 영역의 비유 분석. 화학교육학회지, 24(1): 1-8.
민진선, 박지영, 김희백, 2004. 유전과 진화에 관한 학생의 대안 개념 분석 - 존재론과 속성을 중심으로 -. 한국생물교육학회지, 32(2): 158-172.
민효정, 정영란, 1997. 중학교 과학 3 'II. 생명의 연속성' 단원의 개념에 대한 교사와 학생의 인식 조사. 한국과학교육학회지, 17(1): 21-29.
박강훈, 이선경, 장남기, 1992a. 중등학교 학생들의 호흡에 관한 개념 조사. 한국생물교육학회지, 20(2): 115-132.
박강훈, 이선경, 장남기, 1992b. 생물의 에너지원에 관한 중등학교 학생들의 개념 조사. 한국생물교육학회지, 20(2): 133-145.
박도순, 1995. 연구의 최근 동향과 수행 평가의 문제. 교육진흥 27호. 중앙교육진흥연구소. 148pp.
박순근, 1997. 수행 평가의 이론적 기초. 한국교육평가연구회 학술세미나 논문발표집, 3-42.
박승재, 1985. 과학교육. 교육과학사, 626pp.
박승재, 조희형, 1997. 학습론과 과학교육. 교육과학사, 서울, 411pp.
박승재, 조희형, 1999. 교수-학습 이론과 과학교육. 교육과학사, 494pp.
박완희, 1993. 교과교재 연구 및 지도법: 교육실습의 이론과 실제. 경성대학교출판부.
박인근, 손영철, 1993. 전통적 수업에 의한 중학생들의 생물학 개념 변화. 한국생물교육학회지, 21(1): 19-34.
박종석, 조희형, 1986. 고등학생들의 유전에 대한 오인의 확인 및 유전학 지도 방향. 한국과학교육학회지, 6(2): 35-42.
박지연, 이경호, 2004. 과학개념 변화 연구에서 학생의 개념에 대한 이해: 오개념(misconception)에서 정신모형(mental model)까지. 한국과학교육학회지, 24(3): 621-637.
박지영, 민진선, 김희백, 2003. 고등학생의 생태계에 대한 오개념 유형. 한국생물교육학회지, 31(3):

203-213.

박찬홍, 송호선, 2000. 교과서 핵심-생물 I. 지학사, 270pp.

박찬홍, 송호선, 2002. 교과서 핵심-생물 Ⅱ. 지학사, 320pp.

박형근, 정진우, 정재구, 2004. 공룡의 멸종 원인에 대한 고등학생의 생각과 대안적 가설에 대한 반응 유형 분석. 한국과학교육학회지, 24(5): 959-976.

박효명, 송숙일, 2000. 교과서 핵심 생물 Ⅱ. 지학사, 217pp.

박희송, 김영국, 정문호, 2001a. 텍스트 공통과학. 디딤돌, 492pp.

박희송, 이홍우, 조경주, 백운성, 김학현, 2003a. 고등학교 생물 Ⅰ. 금성출판사, 108pp.

박희송, 이홍우, 조경주, 백운성, 김학현, 2003b. 고등학교 생물 II. 금성출판산, 335pp.

박희송, 정상윤, 이홍우, 2001b. 텍스트 생물 Ⅱ. 디딤돌, 527pp.

배태수, 1990. 원자/분자에 관한 중등학교 학생과 교사의 오인 분석. 한국교원대학교 석사학위논문.

백성혜, 김혜경, 채우기, 권균, 1999a. 학습동기에 따른 학습자의 개념 변화 효과. 한국과학교육학회지, 19(1): 91-99. (화학)

백성혜, 김혜경, 채우기, 권균, 1999b. 학습자의 학습동기를 고려한 개념 변화 수업 모형의 효과 분석. 한국과학교육학회지, 19(2): 305-314. (화학)

생명과학사전편찬위원회, 2003. 생명과학사전. 아카데미서적, 1271pp.

서봉보, 강원희, 김영환, 김인선, 김한순, 문병용, 송남희, 이인중, 이정호, 조운행, 추연식, 2005. 일반식물학. 월드 사이언스, 509pp.

서울대학교 교육연구소, 1998. 교육학 대백과사전. 하우동설, 3060pp.

서평웅, 목창수, 1998. 뉴 하이탑 생물 Ⅱ. 두산동아, 687pp.

성민웅, 곽대오, 1997. 중등 과학교사들이 오기하기 쉬운 몇 가지 실험기구 명칭. 한국과학교육학회지, 17(4): 493-499.

성송길, 2002. 생물 Ⅱ. 금성교과서, 378pp.

손희도, 배미정, 2005a. High Top 고등학교 생물 I. 두산동아, 360pp.

손희도, 배미정, 2005b. High Top 고등학교 생물 II 3권. 두산동아, 267pp.

송진웅, 1997. 과학교육에서의 상황 관련 연구에 대한 개관과 분석. 한국과학교육학회지, 17(3): 273~288.

송진웅, 권성기, 김인환, 윤성규, 임청환, 2003. 과학과 교재 연구 및 지도. 시그마프레스, 564pp.

송진웅, 김익균, 김영민, 권성기, 오원균, 박종원, 2004. 학생의 물리 오개념지도. 반양장, 217pp.

송진웅, 김익균, 김영민, 권성기, 오원근, 박종원, 2004. 학생의 물리 오개념 지도. 북스힐, 445pp.

송창민, 정완호, 1996. 유전관련 개념에 대한 심리적 위계와 그에 따른 수업효과. 한국생물교육학회지, 24(1): 53-64.

송환승, 김진태, 허진규, 1999. 생물학습에 개념도를 이용한 효과에 관한 연구. 한국과학교육학회지, 19(3): 479-486.

신영준, 김성하, 정완호, 1996. 자연선택 개념의 이해에 대한 횡단적 연구. 한국생물교육학회지, 24(1): 65-85.

신인지, 이승희, 권성철, 2003a. 누드 교과서 생물 Ⅱ. 이투스, 405pp.

신인지, 이승희, 권성철, 2003b. 누드 수능 문제집 공통생물. 이투스, 335pp.

신일철, 신중섭, 1985. 현대의 과학철학. 서광사, 서울, 284pp.

심규철, 박종석, 김현섭, 박영철, 류해일, 2002. 7학년 과학 교과 생명 및 물질 영역의 과학 학습 개념의 수준 분석. 한국과학교육학회지, 22(3): 432-443.

심웅섭, 1999. 식물분자생리학, 월드사이언스, 434pp.
심재호, 정완호, 1996. 식물분류 개념에서 중학생들의 심리적 위계에 따른 수업효과. 한국생물교육학회지, 24(2): 199-209.
심재호, 정완호, 이길재, 홍준의, 2004. 개념도를 이용한 고등학생의 개념변화 유형 분석. 한국과학교육학회지, 24(2): 246-257.
안수영, 1989. 전류현상 관찰 전후에 있어서 학생들의 오인 유형 및 그 변화. 한국교원대학교 대학원 석사학위논문.
양승훈, 송진웅, 김인환, 조정일, 정원우, 1996. 과학사와 과학교육. 민음사, 374pp.
여광응, 정종진, 이승국, 문태형, 조인수, 전명남, 문병상, 2004. 교육심리학. 양서원, 347pp.
오명근, 이정섭, 2001. 평가문항집 생물 중 3. 중앙교육, 115pp.
우종옥 등, 1993. 대학 수학 능력 시험의 영역별 출제 모형 정립 모형 활용 방안 연구. 교육부 정책 연구 과제,
원영효, 1994. 생태계에 관한 초등학생의 개념 연구. 한국교원대학교 대학원 석사학위논문, 72pp.
유원일, 1992. 생장에 관한 국민학생들의 개념 조사. 한국교원대학교 석사학위논문, 93pp.
유준희, 1998. 과학과 수준별 교육과정 운영 방안 및 교수 학습자료. 한국교육과정평가원 연구자료, ORM 98-4-2.
윤상학, 1999. 과학 개념 면담을 통한 학생의 개념 변화와 교사의 전문성 향상에 대한 연구. 서울대학교 박사학위 논문, 233pp.
이경희, 정완호, 정진수, 1994. 한국 유치원 및 국민학교 저학년 아동들의 동물형태 개념에 관한 연구. 한국생물교육학회지, 22(2): 205-223.
이경희, 정완호, 정진수, 1995a. 한국 유치원 및 국민학교 저학년 아동들의 생명 개념에 관한 연구. 한국과학교육학회지, 15(1): 126-131.
이경희, 정완호, 정진수, 1995b. 한국 유치원 및 국민학교 저학년 아동들의 동물 생태 개념에 관한 연구. 한국생물교육학회지, 23(1): 93-101.
이광웅, 강봉균, 김영상, 김원, 백상기, 윤권상, 이종섭, 최청일, 홍영남, 2003. 생명-생물의 과학. 교보문고, 1080pp.
이광웅, 구혜영, 김원, 양재섭, 윤원상, 이종섭, 최성일, 홍영남, 1993. 생물학. 을유문화사, 1074pp.
이광웅, 구혜영, 김원, 양재섭, 윤권상, 이종섭, 최청일, 홍영남, 2001. 생물학. 을유문화사, 1003pp.
이규배, 2004. 식물형태학-새롭고 알기 쉬운 식물의 구조와 기능. 라이프사이언스, 349pp.
이길재, 김종권, 하효명, 이민호, 조환규, 1996. 고등학교 생물 II. 한샘출판사, 376pp.
이길재, 임건일, 김경호, 유병선, 임광택, 강석본, 이상인, 1998. 고등학교 생물II. 한샘출판, 312pp.
이유림, 2006. 임용고사의 교과교육론 출제경향 분석. 대구대학교 학사학위 논문, 42pp.
이명자, 정화숙, 김종욱, 1994. 진화개념의 형성에 있어서 유추의 영향. 한국생물교육학회지, 22(2): 147-155.
이명현, 1995. 칼 포퍼-그의 과학철학과 사회철학. 문학과 지성사, 서울, 136pp.
이미경, 1993. 우리나라 중·고등학교 학생들의 생태개념에 관한 연구. 이화여대 교육대학원, 석사학위 논문.
이미숙, 이길재, 2006. 과학사에 근거한 학생들의 진화 개념 분석. 한국과학교육학회지, 26(1): 25-39.
이범홍, 1999. 과학과 수행 평가. 한국과학교육학회 제36차 학술세미나 및 하계 논문발표회, 23~37.
이병언, 2000. 고교생이 알아야 할 생물 스페셜. 신원문화사, 219pp.
이병인, 이상인, 2000. 수능 공통과학 생물. 블랙박스, 303pp.

이상운, 1998. 정선 수행 평가문제집 중 3 생물. 동화사, 91pp.

이성묵, 채광표, 김기대, 노태희, 정지오, 서인호, 김영수, 김윤택, 이세영, 이문원, 권석민, 손영운, 2003. 중학교 과학 1. 금성출판사, 295pp.

이소영, 강태완, 김남일, 2004. 초등학생의 학년별 생물분류 개념형성에 대한 연구. 한국생물교육학회지, 32(1): 16-26.

이승우, 1999. 중학 과학 3. 대교, 80pp.

이양락, 1999. 과학과 수행 평가 방안. 과학교육 통권 415호, 1999년 4월: 50~70.

이연우, 강석본, 김인석, 김성진, 이진우, 안종제, 배미정, 전화영, 2001. 고등학교 과학. 보진재, 367pp.

이영직, 권재술, 1993. 오개념 견고성 지수. 한국과학교육학회지, 13(3): 310-316.

이종호, 1999. 공통과학 생물. 발해그후, 423pp.

이희승, 1994. 국어대사전. 민중서관, 3142pp.

임청환, 권성기, 송명섭, 송남희, 1999. 초등 과학교육 구성주의적 접근. 시그마프레스, 502pp.

장남기, 임영득, 강호감, 김영수, 김희백, 1987. 탐구과학교육론. 교육과학사, 483pp.

장남기, 정완호, 1993. 한국 고등학생의 동·식물 생리에 관한 오개념. 한국생물교육학회지, 21(1): 1-17.

장영민, 이영철, 강치욱, 박명수, 2005. 공통과학. 들풀, 311pp.

전태식, 1987. 광합성과 진화에 관한 학생들의 개념과 오인 조사. 한국교원대학교 석사학위논문, 93pp.

전태식, 허명, 1989. 광합성과 진화에 대한 학생들의 개념과 오인에 관한 연구. 한국생물교육학회지, 17(1): 1-14.

정경숙, 1999. 이너 스페이스. 세계의 여성들, 234pp.

정민화, 2002. 생태계와 관련된 단원에 대한 고등학생들의 개념조사 - 순천 인근 지역을 중심으로-. 순천대학교 교육대학원 석사학위 논문.

정병석, 정완호, 1992. SPACE 수업전략이 국민학생들의 빛 개념 변화에 미치는 효과. 한국교원대학교 석사학위 논문.

정봉도, 안병집, 1994. 교육실습. 대구대학교 출판부, 308pp.

정선주, 차현철, 태건식, 피재호, 출판년도. 생명과학. 단국대학교 출판부.

정영란, 계보아, 1998. 생명공학의 기본 개념에 대한 고등학생의 이해도 조사 및 개념 분석. 한국과학교육학회지, 18(4): 463-472.

정영란, 이은파, 2003. 고등학생들의 생물학습에서 개념도와 순환학습을 통합한 수업의 효과. 한국과학교육학회지, 23(6): 617-626.

정완호, 1993. 한국 고등학생의 생물오개념에 관한 연구. 서울대학교 박사학위 논문, 305pp.

정완호, 1997. 고등학생들의 생물 오개념 처치를 위한 수업모형 연구. 한국과학교육학회지, 17(3): 333-343.

정완호, 권재술, 김대수, 김범기, 신영준, 우종옥, 이길재, 정진우, 최병순, 황원기, 2002. 고등학교 과학. 교학사, 350pp.

정완호, 권재술, 정진우, 김효남, 최범술, 허명, 1997. 과학과 수업모형. 교육과학사, 442pp.

정완호, 우종욱, 권재술, 김범기, 최병순, 정진우, 김성하, 백성혜, 이석형, 이봉호, 2000. 중학교 과학 1. 교학사, 299pp.

정완호, 차희영, 1992. 한국 초·중·고등학교 학생들의 생명개념에 관한 연구. 한국생물교육학회지, 20(2): 147-151.

정완호, 차희영, 1994. 고등학생들의 유전과 진화에 대한 오개념. 한국과학교육학회지, 14(2): 170-183.

정완호, 차희영, 강석본, 1993a. 고등학교 학생들의 생리학적 오개념. 한국생물교육학회지, 21(1), 35-53.

정완호, 차희영, 최진복, 1992. 교사들이 제시한 학생들의 생물 오개념. 한국과학교육학회지, 12(1): 23-33.

정완호, 차희영, 최진복, 1995a. 한국 고등학생들의 생식과 발생에 대한 오개념. 한국교원대학교 교수논총, 11(2): 225-231.

정완호, 최돈희, 1993. 초·중·고등학교 생물 용어의 연계성 비교분석. 한국생물교육학회지, 21(1): 71-78.

정완호, 최병순, 김정호, 1993b. 식물의 생장에 관한 아동들의 개념변화에 미치는 SPACE 수업전략의 효과. 한국과학교육학회지, 13(3): 327-333.

정완호, 최진복, 차희영, 1995b. 한국 고등학생들의 생태학적 오개념. 한국생물교육학회지, 23(2): 187-199.

정완호, 허명, 박문규, 1993c. 식물의 생장에 대한 국민학생들의 개념. 한국생물교육학회지, 21(1): 55-69.

정완호, 허명, 차희영, 1991a. 한국 초·중·고등학교 학생들의 식물 분류 개념에 관한 연구. 한국과학교육학회지, 11(1): 25-36.

정완호, 허명, 차희영, 1991b. 한국 초·중·고등학교 학생들의 동물 분류 개념에 관한 연구. 한국생물교육학회지, 19(2): 95-114.

정재춘, 1993. 기초생태학. 자유아카데미, 607pp.

정진우, 조선형, 임청환, 1996. 과학개념의 위계적 분석 및 그 적용을 통한 교수 효과와 과학교육과정 계열성의 타당화 평가 연구. 한국과학교육학회지, 16(1): 1-12.

정해문, 1997. 자율학습 공통과학. 지학사, 455pp.

조경주, 오현선, 배미정, 2005. 파사쥬 과학탐구영역 생물 Ⅰ. 대한교과서, 176pp

조성진, 박천서, 엄대익, 1984. 토양학. 향문사, 323pp.

조용복, 류숙희, 복완근, 정규호, 1995. 중학교 과학 교육에 의한 인체에 대한 개념 변화. 한국생물교육학회지, 23(2): 173-185.

조정일, 김정, 2002. 생물 개념 이해의 평가 도구로서 개념도의 타당도, 신뢰도, 그리고 현실 적용 가능성에 대한 연구. 한국과학교육학회지, 22(2): 398-409.

조희영, 정화숙, 장정찬, 최승일, 여경환, 2003. 고등학교 생물Ⅰ. 대한교과서, 243pp.

조희형, 1984. 선입관의 철학적 배경 및 오인과 과학학습의 관계. 한국과학교육학회지, 4(1): 34-43.

조희형, 1985. 고등학교 생물과정에 필요한 기본개념의 확인 및 결정. 한국과학교육학회지, 5(1): 11-17.

조희형, 1988. 과학교육과정 및 교수/학습의 이론적 배경과 과학교육에 대한 시사점. 한국과학교육학회지, 8(2): 33-41.

조희형, 1994. 잘못 알기 쉬운 과학 개념. 전파과학사, 192pp.

조희형, 2003. 일반과학교육학. 교육과학사, 582pp.

조희형, 박승재, 1994. 학습론과 과학교육. 교육과학사, 411pp.

조희형, 박승재, 1999. 과학 교수-학습 제2판. 교육과학사, 492pp.

조희형, 이문원, 조영신, 강순희, 박종윤, 허명, 김찬종, 송진웅, 1994. 중등 과학 교과의 수업 모형 개발에 관한 연구. 한국과학교육학회지, 14(1): 1~11.

조희형, 정화숙, 장정찬, 최승일, 여경환, 2002a, 고등학교 생물 I. 대한교과서, 243pp.

조희형, 정화숙, 장정찬, 최승일, 여경환, 2002b. 고등학교 생물II. 대한교과서, 359pp.

조희형, 최경희, 2000b. 과학 교수-학습과 수행평가. 교육과학사, 339pp.

조희형, 최경희, 2001. 과학교육총론. 교육과학사, 590pp.

조희형, 최경희, 2002. 구성주의와 과학교육. 한국과학교육학회지, 22(4): 820~836.

조희형, 최경희, 2005. 과학교육의 이론과 실제. 교육과학사, 669pp.

채규완, 1999. 초등학생들의 식물단원에 대한 개염형성 조사. 군산대학교 석사학위논문, 84pp.

최경희, 1996. STS 교육의 이해와 적용. 교학사, 265pp.

최병순, 강석진, 강순민, 강순희, 공영태, 권혁순, 김재현, 남정희, 노석구, 박종석, 박현주, 백성혜, 이범홍, 이상권, 최미화, 2004. 화학 교재연구 및 지도. 자유아카데미, 422pp.

최세용, 1993. 생물과 환경에 관한 국민학생의 개념 연구. 한국교원대학교 석사학위논문, 64pp.

최우섭 등(꼭 찾아야 함), 2000. 과학탐구 오답노트. 블랙박스, 278pp.

최주영, 허명, 1994. 순환, 배설에 대한 중학생의 개념조사 및 오개념 교정을 위한 개념도 수업의 효과. 한국과학교육학회지, 14(3): 285-292.

최한용, 김지나, 최혁준, 권재술, 2004. 인지갈등 해소 지연이 중학생의 과학 개념변화에 미치는 효과. 한국과학교육학회지, 24(2): 408-415.

최현수, 김영수, 1995. 중학교 고학 교과서에 사용된 생명 현상 설명의 생물 철학적 분석. 한국생물교육학회지, 23(1): 63-79.

추영국, 고현숙, 김동일, 김병진, 김주필, 류재혁, 박흠대, 선우양일, 윤성규, 이주하, 정해문, 진덕희, 2003. 신경향 성의 세계. 아카데미서적, 326pp.

추영국, 권혁찬, 김병진, 김주필, 박 열, 박흠대, 윤가현, 윤성규, 정해만, 진덕희, 2007. 제2판 신경향 성의 과학, 월드사이언스, 304pp.

한경렬, 정축덕, 1997. 중학교 과학 교과에 대한 선개념 조사 및 개념도 수업 효과에 대한 연구 - 주변 동 · 식물 단원을 중심으로 -. 한국생물교육학회지, 25(2): 221-234.

한국과학교육학회, 1998. 과학교육용어집. 교육과학사, 294pp.

한국동물분류학회, 2003. 동물분류학. 집현사, 458pp.

한국생물과학협회, 1998. 생물학사전. 아카데미서적, 2068pp.

한국생물과학협회, 2003. 생명과학사전. 아카데미서적, 1271pp.

한민석, 2002. 교육학 단원별 운제은행. 서울고시각, 256pp.

한복수, 1999. 창의성 신장 과학과 수준별 학습 방법. 교육과학사, 543pp.

한종하, 1998. 과학과 교육론. 갑을출판사, 476pp.

홍재상, 1998. 한국의 갯벌. 대원사, 143pp.

홍정림, 장남기, 1994. 환경오염에 관한 중·고등학생들의 개념 조사. 한국생물교육학회지, 22(2): 115-124.

홍준의, 1999. 수행 평가의 적용. 과학교육 통권 415호, 1999년 4월: 71-75.

황영록, 2002. 초등학생의 생물학적 오개념에 대한 연구. 경희원대학교 석사학위논문, 63pp.

부록

임용고사에서 과학교육학의 출제경향과 학습방법

1. 임용고사에서 과학교육학의 출제경향 (이유림, 2006)

기출문제 중에서도 과학 학습지도 전략분야는 배점도 높고 문항수도 많았기 때문에 고득점을 획득하기 위해서는 이 분야를 세심하게 학습할 필요가 있다. 또한 과학교육학을 준비하기 위해서는 교육부에서 발간하는 교육과정해설서를 반드시 숙지하여야 한다. 제7차 교육과정으로 개정된 이래로 1999학년도부터 제7차 교육과정의 목표와 방법과 개정의 특징 등은 매년 출제되고 있다. 최근 과학과 임용고사 기출 문제 중 1번 문제는 교육과정 해설서에 대한 내용을 바탕으로 출제되고 있으니 그 중요성이 크다고 볼 수 있다.

예전의 기출문제를 보면 과학교육학의 이론을 중심으로 그 개념을 묻거나 이론의 특징을 묻는 문제가 많이 출제되었지만, 최근에는 실제 교육현장에서 일어나는 일을 바탕으로 즉, 좀 더 현상학적으로 접근하는 경향이다. 그러므로 과학교육학을 학습할 때 기본서를 암기한다는 생각으로 접근하지 말고, 그 이론에 대한 여러 가지 예와 상황을 비추어 실제 문제에 적용하는 능력을 길러야 한다.

부록표 1. 교사임용고사에서 과학교육학 분야의 문항수(배점)

실시학년도		과학교육 과정	과학적 방법	과학 철학	심리철학과 학습이론	과학과 학습지도 모형	과학 학습 지도 전략	과학교육 평가	계
1997		1(3)		1(3)		2(4)	3(8)	2(5)	9(23)
1998		1(7)			2(3.2)	2(2.8)	2(7)	1(3)	8(23)
1999	1차	1(3)	1(3)			1(3)	3(10)	1(3)	7(22)
	2차	1(4)	2(9)	1(3)			1(5)	1(3)	6(24)
2000		1(4)		1(3)			2(6)	1(3)	5(16)
2001		1(4)		1(4)	1(4)		1(4)	1(4)	5(20)
2002		1(5)			2(7)	1(3)	2(8)		6(23)
2003		1(2)	1(4)				2(8)	1(4)	5(18)
2004		1(2)	1(4)	1(4)		1(4)	1(4)		5(18)
2005		1(3)	2(8)		2(7)	1(4)		1(4)	7(26)
2006		1(3)		1(4)	2(6)	1(3)	2(7)	1(3)	8(26)

2. 과학교육학의 학습 방법 (이유림, 2006)

임용고시는 선발인원이 해마다 달라지는 점, 교과목에 대한 부담감, 임용고시의 높은 경쟁률 등은 심리적으로 위축감이 들게 한다. 또한 과학이라는 과목은 선발인원이 소수에 해당하므로 더욱 더 심리적 부담감을 가지게 한다. 그렇더라도 교원자격증을 가지고 있는 사람들은 모두 임용고시를 치게 된다. 그 중에서 누가 선발되는지는 학습 방법에 따라서 크게 달라질 것으로 보인다. 수학능력시험을 위해서 고등학교 때부터 모의고사를 매달 친다. 그러면서 문제풀이 방식에 능숙하게 되고 문제 해결력을 기르게 된다. 이처럼 임용고사를 치르기 위해서는 임용기출문제를 풀어보고 출제 범위에 해당되는 범위는 선정하여 나름대로의 공부 방식을 통해서 임용에 접근해 나가도록 해야 할 것이다. 즉 임용고사 기출문제를 분석하고 파악하는 것은 임용을 합격하기 위한 지름길이라고 보아도 될 것이다.

특히 과학교육학은 그 범위가 방대하여 처음 임용고사를 준비하는 학생이라면 접근하기가 참으로 까다롭다. 그러므로 과학교육학에 대한 기출문제는 우리에게 어떤 방법으로 접근해야 하는지 어떤 방법으로 학습해야하는지에 대해 많은 도움을 준다. 기출문제는 임용고사를 준비하는 학생이라면 반드시 보아야 하는 지침서가 될 것이다.

많은 학생들은 교과교육학 보다 교과내용학에 많은 시간을 투자하는 경향이 있다. 물론 교과내용학에 배점이 높으니 그럴 수도 있다고 보지만 교과교육학을 포기하고 임용고사를 합격할 수는 없다. 교과교육학에서 고득점을 획득하려면 우선 기출문제를 분석하고 기출문제를 바탕으로 체계적으로 학습하는 것이 가장 중요한 방법이라 할 수 있다.

임용고사에서 과학 오개념에 관한 기출문제

[1997학년도]

6. 다음은 수직 위로 올려진 공에 작용하는 힘에 대한 어떤 학생의 생각이다. "공이 위로 올라가는 동안(A→B)에는 위쪽으로 힘이 작용하고, 최고점에 도달했을 때(B)에는 작용하는 힘이 없고, 다시 아래로 떨어지는 동안(B→C)에는 아래쪽으로 힘이 작용한다."

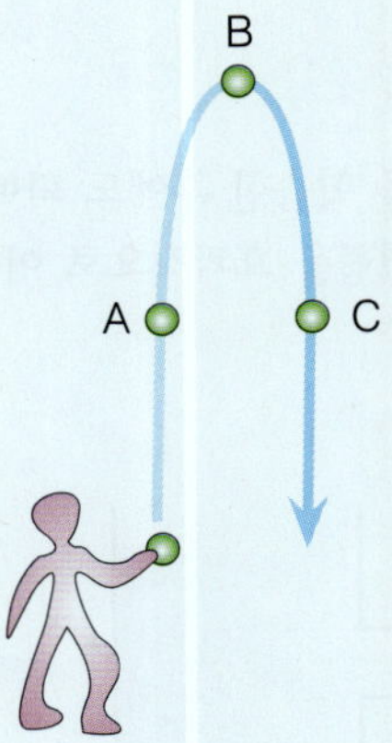

6-1. 이 학생은 힘과 운동에 대한 어떤 오개념을 가지고 있는가? (1점)

6-2. 이 학생에게 효과적으로 인지 갈등을 일으킬 수 있는 다른 운동의 구체적인 예를 한 가지 쓰시오.(1점)

[1998학년도]

4. 과학 시간에 김 선생님은 학생들이 일반적으로 무거운 물체는 물속으로 가라앉고, 가벼운 물체는 물 위로 뜬다는 잘못된 생각을 갖고 있음을 알고 학생들의 이러한 잘못된 생각을 '밀도' 개념의 학습에 활용하기로 하였다.

4-1. 위의 경우와 같이 학생들이 갖고 있는 잘못된 생각을 지칭하는 용어는? (1점)

4-2. 위의 경우, 학생들에게 자신의 생각이 잘못되었다는 것을 인식시키기 위한 인지 갈등 방안을 한 가지 제시하시오.

7. 다음은 지구에 대한 학생들의 개념을 조사하여 그 결과를 5가지 유형으로 분류한 그림이다. (단, 화살표는 학생이 생각하는 문체의 운동 방향을 나타낸 것임)

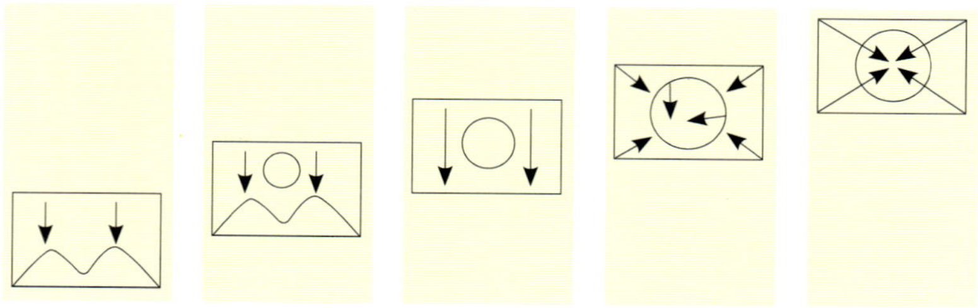

위의 그림에서 학생이 생각하는 지구에 대한 개념은 〈개념1〉에서 〈개념5〉까지 일련의 단계를 거쳐 점진적 분화에 의해서 변화되어 간다고 할 때, 학생의 개념이 어떻게 바뀌어 갔는지 그 특징적 내용을 2가지 쓰시오. (3점)

9. 많은 학생들은 화학 평형을 학습한 후에도 화학반응에서의 동적 평형 상태를 이해하는데 어려움을 느낀다. 그래서 동적 평형을 효과적으로 이해시킬 목적으로 아래 그림과 같은 금붕어 비유를 많이 활용한다.

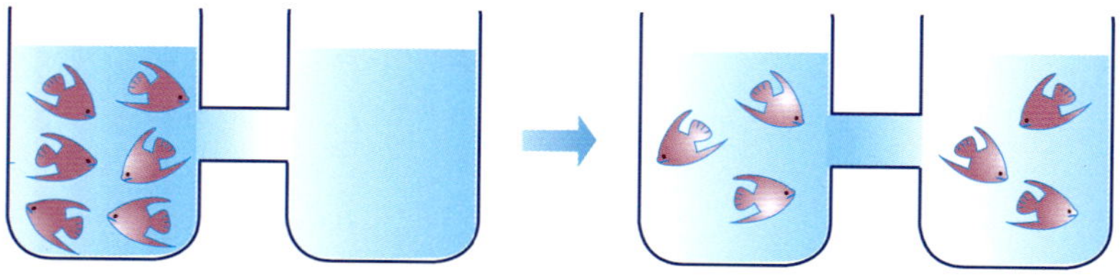

(화학 평형의 이해를 위한 금붕어의 비유)

9-1. 피아제(Piaget)의 인지 발달 이론에 근거하여, 학생들이 화학반응에서의 동적 평형을 이해하기 어려워하는 이유를 100자 이내로 설명하시오. (1점)

9-2. 학습 지도 시 비유를 활용할 때의 이점은 무엇인가? (1점)

9-3. 연구 결과에 의하면, 화학 평형과 관련하여 일부 학생들은 다음과 같은 오인을 갖고 있음이 밝혀졌다. ①~③ 중에서 금붕어 비유에 의해서 유발될 가능성이 가장 높은 것은 ? (1점)

① 화학반응에서 정반응과 역반응은 순차적으로 일어난다.
② 평형 사이에서는 반응물질과 생성물질의 농도가 같다.
③ 화학평형을 정적 평형상태로 이해한다.

9-4. 학습 지도 시 비유를 사용할 때 발생 가능한 문제점을 최소화하기 위해서 고려해야 할 점을 간단히 쓰시오. (1점)

[1999학년도]

7-4. 흔히 물리학에서는 직관적 개념(오개념, 선개념 등)이 광범위하게 나타난다. 그러나 생물학에서는 '식물은 낮에는 광합성을 하고 밤에는 호흡을 한다.' '잡종 사이에서 나오는 자손은 반드시 우성 형질을 가진다.' 등의 직관적 개념들이 광합성, 유전학, 진화론 등의 분야에서 나타난다. 물리학에 비해 생물학 분야에서 이와 같이 직관적 개념이 적게 나타나는 이유는 생물학 개념이 어떤 특성을 가지기 때문이다. (1점)

[2000학년도]

2. 빛의 굴절을 잘 이해하지 못하는 학생들을 위하여 김 선생님은 이 개념을 보다 쉽게 이해시키기 위해서 다음과 같은 비유를 사용하였다. (3점)

(빛의 굴절) 빛이 공기에서 물로 비스듬히 진행되면 물에서의 빛의 속도가 공기에서보다 느리기 때문에 빛의 진행 경로는 법선 쪽으로 꺾이게 된다.

(비유) 장난감 자동차가 보도에서 잔디밭으로 비스듬히 진행할 때 잔디밭에 먼저 도달한 바퀴는 더 느리게 움직이고, 보도에 있는 바퀴는 상대적으로 더 빠르게 움직이기 때문에 자동차의 방향은 꺾이게 된다.

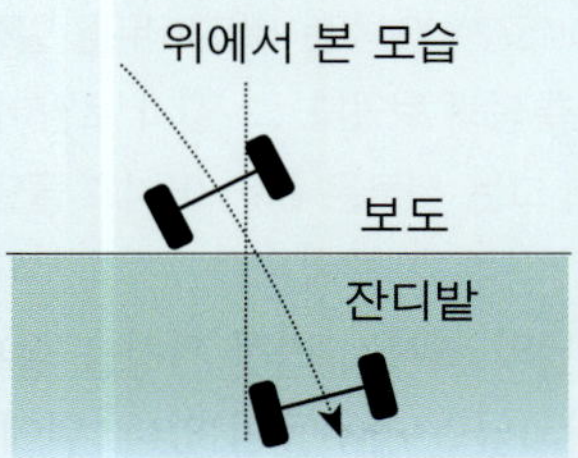

2-1. 이와 같이 비유를 활용한 수업을 함으로써 얻게 되는 수업의 효과를 인지 발달 단계와 관련지어 하나만 쓰시오.

2-2. 이와 같이 비유를 활용하여 과학 개념을 가르칠 경우 학습자에게 유발될 수 있는 문제점을 하나만 쓰시오.

[2002학년도]

2. 다음은 진자의 왕복 운동에 관한 것이다. (총 3점, 물리교육 전공 기출)

2-1. 진자가 최하점을 지날 때 진자에 작용하는 모든 힘의 크기와 방향을 그림에 화살표로 나타내시오. (1점)

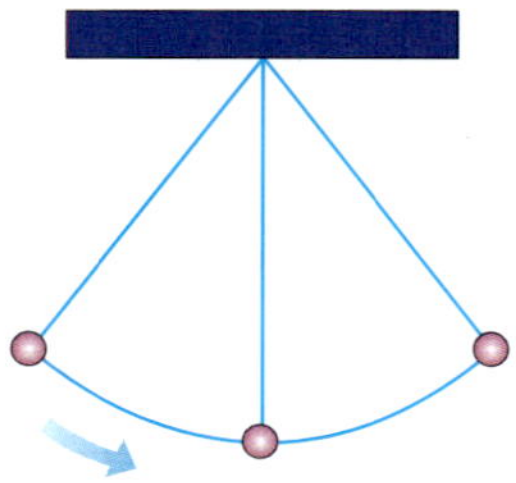

문제

2-2. 물체의 운동에 대한 학생들의 개념은 과학사를 통하여 확인된 물리 개념과 유사한 경우가 있다. 중세 사람들은 물체의 운동을 "임피투스(기동력)" 개념으로 서명하였다. 만약 어떤 학생이 물체의 운동에 대해 임피투스적 개념을 갖고 있다면 진자가 왼쪽의 최고점에서 출발하여 최하점을 지날 때 이 학생은 물체에 작용하는 힘의 방향이 어떤 방향이라고 생각할 것인가? 그림에 화살표로 표시하고 그 이유를 설명하시오. (2점)

1. 아래 글은 광합성에 대한 이해와 연구 역사의 일부를 기술한 것이다. (총5점, 생물교육 전공 기출)

> 식물의 영양과 관련된 고대로부터의 발견들을 검토해 보자. 그리스의 철학자 아리스토텔레스 (BC 384~322)는 토양이 먹이를 저장하고 있으며 동물이 먹이를 먹고 자라듯이 식물도 뿌리를 통해 먹이를 섭취하여 생장한다고 생각했다.
> 판 헬몬트 (AD 1577~1644)는 버드나무를 일정량의 흙이 들어있는 화분에 심어 5년 동안 물만으로 기른 후 무게를 측정해 보았다. 그 결과 토양이 감소된 양보다 버드나무의 생장량이 훨씬 많다는 것을 알았다. 그래서 그는 식물은 흙이 아니고 물만을 재료로 하여 성장한다고 결론지었다.

1-1. 과학적 개념의 역사적 변천 과정을 살펴보면 지금의 학생들이 갖고 있는 오개념과 유사한 개념들이 주장되었던 경우들이 있다. 위에 제시된 아리스토텔레스와 헬몬트의 생각 혹은 결론에서 학생들이 가질 수 있는 유사한 오개념을 찾아 쓰고 그에 대한 과학적 개념을 쓰시오. (2점)

1-2. 영양소 혹은 영양분이라는 용어가 광합성을 학습하는데 혼동 혹은 방해를 줄 수 있다고 밝혀졌다. 어떤 점에서 그러한가? 이 문제를 해결하기 위해 교사가 해야 할 일은 무엇인가? (2점)

1-3. 지금 우리가 헬몬트의 실험을 반복한다면, 밑줄 친 부분과 같이 적지만 토양 무게의 감소를 측정할 수 있다. 물을 고려하지 않을 때 실제로 감소되는 토양 성분은 무엇인가? (1점)

2-2. 아래 주장을 학생의 선개념과 인지 갈등을 고려하여 합리화하시오. (2점, 화학교육 전공 기출)
탄소 화합물의 작용기에 대한 수업에서 개념도를 그리는 활동은 개념 학습에 많은 도움을 준다. 그러나, 기체가 발생하는 나무의 연소 반응에서 질량 보존의 법칙을 학습할 때에는 개념도보다 순환 학습 수업 모형이 더 효과적이라는 주장도 있다.

1. 고등학교에 다니는 영민이는 지구과학 시간에 케플러의 법칙에 관하여 배운 후, 계절 변화에 대하여 다음과 같이 이해하게 되었다. (총 4점, 지구과학교육 전공 기출)

1-1. 케플러의 법칙을 학습한 영민이가 계절 변화의 주된 원인과 관련하여 가질 수 있는 오개념은 무엇인가? (30자 내외로 쓰시오) (2점)

1-2 지구의 계절 변화의 주된 원인과 관련된 과학 개념은 무엇인가? (30자 내외로 쓰시오.) (2점)

[2003학년도]

3. 그림과 같은 회로에서 스위치를 작동시키기 전에 학생들에게 똑같은 꼬마전구 A와 B의 밝기를 예상하도록 하였다. (총 4점, 물리교육 전공 기출)

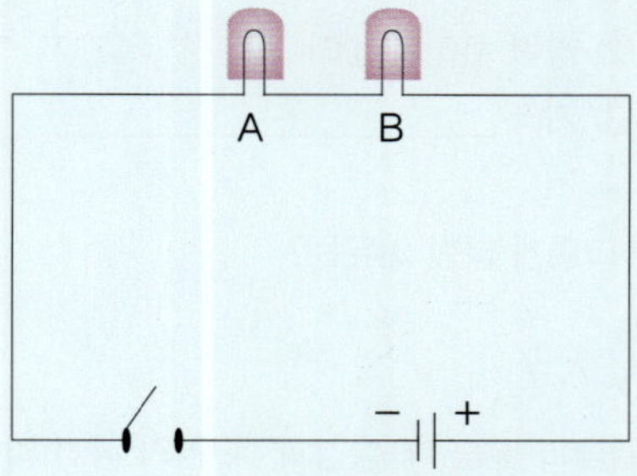

3-1. 많은 학생들은 꼬마전구 B의 밝기가 더 밝을 것이라고 예상하였다. 학생들이 가질 수 있는 오개념 중 가장 그럴듯한 것을 〈보기〉에서 고르시오.(2점)

〈보 기〉

(A) : 시계바늘 방향으로 흐르는 전자와 시계 반대 방향으로 흐르는 전류가 꼬마전구 A에서 충돌하기 때문이다.

(B) : 전류가 꼬마전구 B에서 소모되어 꼬마전구 A에는 조금만 흐르기 때문이다.

3-2. 위와 같은 학생들의 오개념을 해소시키기 위해 갈등을 겪도록 할 수 있는 구체적인 일들 중 가장 효과적인 것을 〈보기〉에서 고르시오. (2점)

〈보 기〉

① : 꼬마전구를 병렬로 연결해 전구에 흐르는 전류의 세기와 두 전구의 밝기를 비교해 본다.

② : 꼬마전구를 한 번에 하나씩 연결해 각각의 전구에 흐르는 전류의 세기와 전구의 밝기를 측정해 본다.

③ : 꼬마전구 A와 B의 위치를 바꾸어서 밝기를 비교해 본다.

④ : 꼬마전구 A와 B에 흐르는 전류의 세기와 두 꼬마전구의 밝기가 같음을 전류계와 조도계를 통해 보여준다.

[2004학년도]

2. 다음은 중학교 1학년의 '호흡 운동의 원리'에 대한 수업과정이다. 물음에 답하시오. (총4점, 공통과학교육 전공 기출)

학생의 선개념 평가 : 학생들에게 다음 문항에 응답하게 하고, 그 응답을 검토한다.

< 검사지 >

(1) 우리가 숨을 들이쉴 때 몸 밖의 공기가 폐 안으로 이동해 들어간다. 이 때 몸 밖의 공기와 폐 안의 공기 사이에 압력 차이가 있을까?

① 압력 차이가 있다.

② 압력 차이가 없다.

③ 기타 ________________________

(2) (1)번에서 그렇게 답한 이유는?

<수업 과정>

단계 1. 들숨과 날숨 때 흉강과 폐 안의 공기 압력에 관한 자료를 제시하고, 앞에서 평가한 자신의 생각과 비교하게 한다.

단계 2. 오른쪽 그림과 같은 모형을 이용한 활동을 통해 흉강과 폐 안의 공기 압력이 변화하는 이유를 설명할 수 있도록 한다.

단계 3. 스스로 숨을 쉴 수 없는 환자에게 인공호흡기로 숨을 쉬게 할 때, 공기 압력 차이가 어떻게 나타날지 생각해보게 한다.

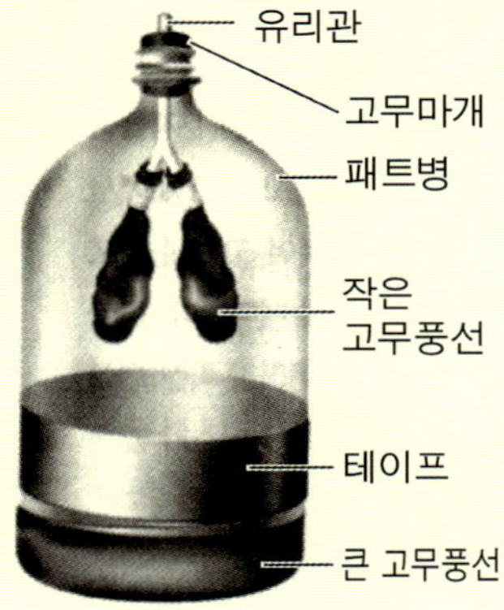

2-1. 학생의 선개념 평가에서 약 30 %의 학생들이 (1)번 문항에 대해 '압력 차이가 없다'고 답하고, (2)번 문항에 대해 '생물은 스스로 숨을 쉬기 때문'이라고 답했다. 이러한 학생들의 개념과 대비되는 올바른 과학적 개념을 쓰시오. (1점)

2. 다음은 단순 전기 회로에서 전류가 흐르는 것을 닫힌 수도관 안에서 물이 흐르는 것에 비유한 그림이다. 물음에 답하시오. (총4점, 물리교육 전공 기출)

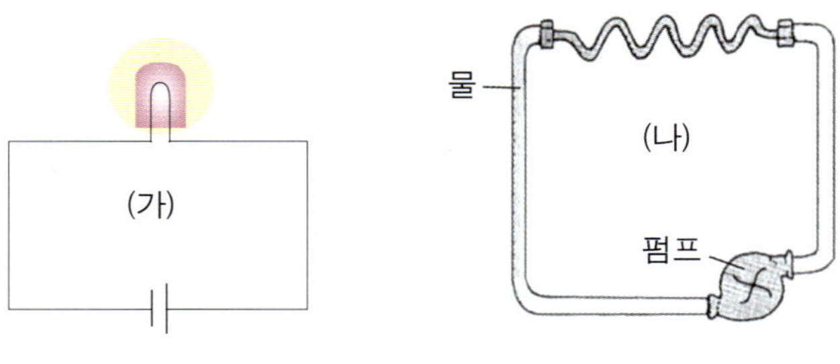

2-1. 어떤 학생들은 '전구에 불이 켜지면, 전류가 전구에서 소모된다.' 는 오개념을 갖고 있다. 이 오개념을 과학적 개념으로 변화시키려면 그림 (나)의 비유에서 어떤 점을 활용해야 하는지 쓰시오. (2점)

2-2. 전류의 흐름을 물의 흐름으로 비유할 수 없는 경우도 있다. 그런 경우 중 한 가지만 찾아서 50자 이내로 쓰시오. (2점)

1. 다음은 '산과 염기의 반응' 에 대한 수업 과정이다. 물음에 답하시오. (총4점, 화학교육 전공 기출)

<수업 과정>

학생의 선개념 평가 : 학생들에게 다음의 문항에 응답하게 한 후, 그 응답 결과를 검토한다.

A. 진한 황산은 묽은 황산보다 산의 세기가 강한가?

① 강하다.

② 강하지 않다.

③ 기타________________

B. 문항 A에서 그렇게 답한 이유는?

____

단계 1 : 진한 황산과 묽은 황산에 아연을 넣으면 묽은 황산에서 반응이 더 활발히 일어나는 현상을 실험으로 확인하게 한다.

단계 2 : 묽은 황산은 진한 황산보다 이온화도가 크기 때문에 같은 부피의 묽은 황산에 들어있는 수소 이온이 더 많다는 것을 설명한다.

단계 3 : 5% 염산과 10% 아세트산에 각각 같은 크기의 마그네슘 리본을 넣었을 때, 5% 염산에서 수소가 더 활발히 발생되는 현상을 실험으로 확인하게 한다.

1-1. 학생의 선개념 평가에서 약 30%의 학생들이 A 문항에 대해 '강하다' 라고 답하고, B 문항에 대해 '농도가 진하기 때문' 이라고 답했다. 이러한 학생들의 개념과 대비되는 올바른 과학적 개념을 제시하시오. (1점)

1-2. 포스너(Posner) 등은 개념 변화를 위한 조건을 다음과 같이 제시하였다. 위 학생들의 개념 변화를 유발하는 수업을 하려고 할 때,(나)~(라)의 조건을 충족시키기 위한 수업 단계를 찾아 쓰시오. (3점)

개념 변화 조건	수업 단계
(가) 현재의 개념에 불만족해야 한다	단계(1)
(나) 새로운 개념은 이해될 수 있어야 한다	
(다) 새로운 개념은 그럴듯해야 한다	
(라) 새로운 개념은 유용성을 가져야 한다	

4. 다음은 '해수의 성질' 에 대한 어떤 수업 과정이다. 물음에 답하시오. (총3점, 지구과학교육 전공 기출)

〈학생의 선개념 평가〉

학생들에게 다음 문항에 응답하도록 하고, 그 응답을 검토한다.

(1) 바다 물의 온도는 수심이 깊어질수록 어떻게 될까?

① 수심이 깊어질수록 수온은 높아진다.

② 수심이 깊어질수록 수온은 낮아진다.

③ 기타 ______________________

(2) 문항 (1)에서 그렇게 답한 이유는?

____

〈수업 과정〉

단계 1. 해수의 수온 연직 분포 그래프를 제시하고 해수 온도가 그렇게 변화하는 이유를 자신의 생각과 비교하게 한다.

단계 2. 오른쪽 그림과 같은 실험 장치를 이용한 탐구 활동을 통해 수심에 따른 온도 변화가 나타나는 이유를 이해하게 한다.

단계 3. 겨울과 여름, 위도에 따라 해수 온도의 연직 분포가 어떻게 달라질 것인지를 생각해 보게 한다.

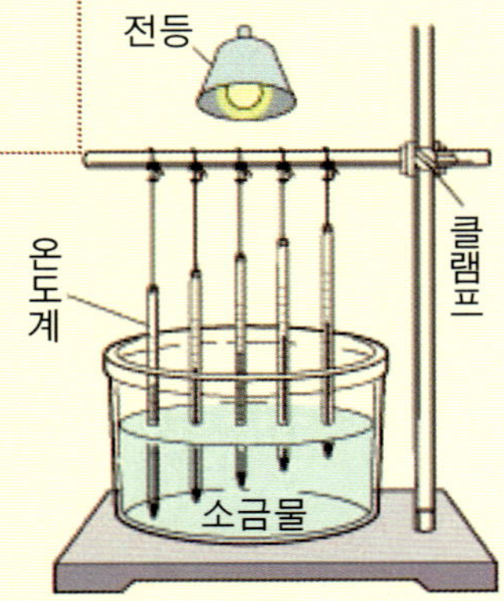

4-1. 학생의 선개념 평가 문항 (1)에서 '수심이 깊어질수록 수온은 높아진다.' 라고 응답하고, 그 이유로 '지하 깊은 곳으로 갈수록 온도가 올라가기 때문' 이라고 설명한 학생이 전체의 30% 정도를 차지하였다. 이러한 학생들의 개념과 대비되는 올바른 과학적 개념을 쓰시오. (1점)

[2005학년도]

27. 다음 글을 읽고 물음에 답하시오. (물리교육 전공 기출)

K교사는 개념 조사를 통하여 학생들이 "운동하는 물체에 작용하는 힘은 물체의 속력에 비례하고 작용한 힘의 방향과 운동방향이 같다." 라는 선개념을 가지고 있음을 알았다. 또한 "물체에 작용하는 중력은 지구중심을 향하며 그 크기는 일정하다." 라는 선개념도 지니고 있음을 파악하였다. K교사는 자유 낙하 하는 물체가 지구중심을 향하여 가속 운동을 한다는 것을 보여 주면 학생들이 인지적 갈등을 느낄 것으로 생각하였다. 그러나 가속 운동을 실제로 보여 주었지만 일부 학생들은 기대와는 달리 인지적 갈등을 느끼지 않았다.

위 글에서 학생들이 인지적 갈등을 느끼지 않은 여러 가지 이유 중, '관찰의 이론 의존성' 과 관련된 것을 쓰시오. (3점)

※ 관찰자는 동일한 관찰 사실에 각자의 지식, 신념, 가치관에 따라 그 결과를 다르게 진술한다.

26. [25번]의 기조력과 관련하여 초·중등학교 학생들이 지니고 있는 대표적인 오개념을 하나 쓰고, 그에 대한 과학 개념을 쓰시오. (2점, 지구과학교육 전공 기출)

오개념 관련 문제의 풀이에서 기본적인 요령

오개념(misconception)은 당대의 과학적 개념에 위배되는 개념이고, 과학적 개념(scientific concept)은 당대의 과학자들의 합의과정을 거친 적응된 개념이다.

따라서 진술된 오개념에 대하여 반대의 형식을 갖도록 설명을 한다. (명심 할 것!)

찾아보기

저자약력

윤성규

국립 경상대학교 사범대학 과학교육과 생물교육전공 이학사
일본 국립 Kyushu University 이학박사
일본 국립 Kumamoto University 객원교수
(현) 대구대학교 사범대학 과학교육학부 생물교육전공 교수
sgyun@daegu.ac.kr

김창만

대구대학교 사범대학 화학교육과 이학사
대구대학교 교육대학원 화학교육전공 교육학석사
대구대학교 과학교육학박사
(현) 희소고시학원 강사/대구대학교 강사/국책과학교육연구센터 연구원 (한양대학교)
cmkim250@hanmail.net

박양희

대구대학교 사범대학 과학교육학부 생물교육전공 이학사
공립 중등교사 과학(생물) 임용시험 합격
대구대학교 교육대학원 생물교육전공 교육학석사
(현) 경북 김천농공고등학교 교사
yapark@hanmail.net